Jürgen Ackermann

Robuste Regelung

Analyse und Entwurf von linearen
Regelungssystemen mit unsicheren
physikalischen Parametern

Unter Mitarbeit von
Andrew Bartlett, Dieter Kaesbauer, Wolfgang Sienel
und Reinhold Steinhauser

Mit 86 Abbildungen

Springer-Verlag Berlin Heidelberg GmbH

Prof. Dr.-Ing. Jürgen Ackermann
Deutsche Forschungsanstalt
für Luft- und Raumfahrt e.V.
Oberpfaffenhofen
Institut für Robotik und Systemdynamik
82234 Weßling

ISBN 978-3-662-09778-6   ISBN 978-3-662-09777-9 (eBook)
DOI 10.1007/978-3-662-09777-9

Einbandgestaltung: Struve & Partner, Heidelberg
Satz: Reproduktionsfertige Vorlage des Autors

60/3020 - 5 4 3 2 1 0 - Gedruckt auf säurefreiem Papier

Vorwort

Dieses Buch besteht aus vier Teilen.

Teil I: Einführung in einige praktische Probleme der robusten Regelung

Im ersten Teil, bestehend aus den Kapiteln 1 bis 3, werden einige regelungstechnische Beispiele eingeführt, die den Ursprung der Probleme illustrieren, die in den weiteren Teilen des Buchs behandelt werden. Zuerst untersuchen wir einen Kran. Die Lastmasse ist ein unsicherer Parameter, für den beim Reglerentwurf nur die untere Schranke (leerer Lasthaken) und die obere Schranke (Tragfähigkeit des Krans) bekannt ist. Entsprechend kennen wir untere und obere Schranken für die Seillänge und für die Masse der Laufkatze.

Das zweite Beispiel ist die Allradlenkung von Autos mit zwei Stellgrößen, nämlich vorderer und hinterer Lenkwinkel. Die unsicheren Parameter sind Fahrgeschwindigkeit, Beladung und Kraftschluß zwischen Reifen und Fahrbahn. Dieses unsichere Modell der Lenkdynamik wird erweitert für das Problem einer automatischen Spurführung mit den gleichen unsicheren Parametern.

Schließlich wird ein Flugregelungsproblem für ein Experimentalflugzeug - eine F4-E mit Entenflügeln - eingeführt. Dieses Flugzeug ist aerodynamisch stabil, aber schwach gedämpft im Überschallflug und aerodynamisch instabil mit einem reellen Pol in der rechten Halbebene im Unterschallflug. Die unsicheren Parameter sind Geschwindigkeit und Flughöhe. Für dieses Beispiel werden Daten nur für vier repräsentative Flugzustände angegeben.

In allen genannten Beispielen ist die Parametrierung des Modells durch einen unsicheren reellen Parametervektor q physikalisch motiviert. Im Gegensatz dazu findet man in der Literatur häufig mathematisch motivierte Parametrierungen (z.B. Unsicherheiten beschränkter Norm in den Matrizen eines Zustandsmodells, Intervallmatrizen, komplexe Parameter, Unsicherheiten im Frequenzbereich, Überabschätzung durch ein Intervallpolynom). Die Auswahl und Darstellung des Materials in diesem Buch orientiert sich an der Nützlichkeit verschiedener Methoden für die Lösung von Problemen mit physikalisch motivierten Unsicherheiten. Als Regel bevorzugen wir nichtkonservative Methoden und veranschaulichen ihre Anwendung anhand der Beispiele aus Kapitel 1.

In Kapitel 2 werden Regelkreisstrukturen eingeführt und diskutiert unter Aspekten, wie Auswahl der Sensoren für robuste Beobachtbarkeit, Zustands- und Ausgangs-

Rückführung, Integralanteil, relativer Grad und Bandbreite des Reglers. Für das in Kapitel 1 eingeführte Beispiel der Allradlenkung wird ein robust entkoppelnder Regler hergeleitet, sowie zwei mit der Fahrgeschwindigkeit veränderliche Rückführungen, die zum einen die Giereigenwerte und zum anderen die Lenkübertragungsfunktion unabhängig von der Fahrgeschwindigkeit machen. Dieses Beispiel zeigt, wie die Modellstruktur der Regelstrecke bei der Wahl der Reglerstruktur ausgenutzt werden kann.

Wir versuchen allgemein, das Robustheitsproblem mit einem Regler niedriger Ordnung zu lösen. Dieser Ansatz unterscheidet sich grundlegend von Entwurfsverfahren (z.B. H_∞), die die Reglerordnung liefern. Im allgemeinen sind solche Reglerordnungen hoch, d.h. es werden viele zusätzliche Eigenwerte im geschlossenen Kreis eingeführt, deren Wanderung in der Robustheitsanalyse überwacht werden muß. In der angenommenen Reglerstruktur treten noch zu bestimmende Reglerparameter $\boldsymbol{k}$ auf. Zusammen mit den unsicheren Streckenparametern $\boldsymbol{q}$ gehen sie in das charakteristische Polynom des geschlossenen Kreises $p(s, \boldsymbol{q}, \boldsymbol{k}) = \sum a_i(\boldsymbol{q}, \boldsymbol{k})s^i$ ein. Die Polynome können nun nach der Art der Koeffizientenfunktionen $a_i(\boldsymbol{q}, \boldsymbol{k})$ klassifiziert werden. Von besonderem Interesse sind Intervallpolynome, affine, multilineare und polynomiale Koeffizientenfunktionen $a_i(\boldsymbol{q}, \boldsymbol{k})$.

In Kapitel 3 werden die Spezifikationen für den geschlossenen Regelkreis diskutiert. Unbefriedigende Zeitverläufe, z.B. von Sprungantworten, geben Hinweise, welche Eigenwerte verschoben werden müssen. Als Ergebnis erhält man ein Gebiet Γ in der komplexen s-Ebene, in das die Eigenwerte des geschlossenen Kreises durch den Entwurfsprozeß verschoben werden sollen. Ein Polynom wird „Γ-stabil" genannt, wenn alle seine Wurzeln in Γ liegen. Das Problem der Robustheitsanalyse ist dann: Ist $p(s, \boldsymbol{q}, \boldsymbol{k}^*)$ (für einen festen Regler $\boldsymbol{k}^*$) Γ-stabil für alle zulässigen Werte der Streckenparameter $\boldsymbol{q}$? Das Problem des robusten Reglerentwurfs ist: Man finde ein $\boldsymbol{k} = \boldsymbol{k}^*$, so daß $p(s, \boldsymbol{q}, \boldsymbol{k}^*)$ für alle zulässigen Werte der Streckenparameter $\boldsymbol{q}$ Γ-stabil ist. Im Hinblick auf notwendige Kompromisse mit anderen Entwurfsforderungen ist es wünschenswert, auch eine Antwort auf die folgende allgemeinere Frage zu finden: Man finde eine Menge K, so daß $p(s, \boldsymbol{q}, \boldsymbol{k})$ für alle $\boldsymbol{k} \in K$ und alle zulässigen Werte der Streckenparameter $\boldsymbol{q}$ Γ-stabil ist. Dann kann ein $\boldsymbol{k}$ aus K so gewählt werden, daß auch weitere Entwurfsanforderungen erfüllt werden. Man ist z.B. an kleinen Rückführverstärkungen interessiert, wenn die Stellgrößenbeschränkungen einschneidend sind.

Das Ziel von Teil I des Buchs ist, den Leser mit unsicheren physikalischen Parametern vertraut zu machen, sowie mit Regleransätzen für diese Strecken und mit Spezifikationen für den jeweiligen Regelkreis. Teil I sollte den praxisorientierten Ingenieur motivieren, im Teil II unsichere Polynome genauer zu studieren. Gleichzeitig gibt Teil I dem Regelungstheoretiker einige nichttriviale Beispiele und Probleme.

Teil II: Stabilitätsanalyse von Polynomfamilien

Die Beispiele im ersten Teil des Buchs haben einige Gemeinsamkeiten:

- Die Modelle sind linear und zeitinvariant.

- Damit können wesentliche dynamische Eigenschaften aus ihren Eigenwerten geschlossen werden, d.h. aus den Wurzeln des charakteristischen Polynoms des geschlossenen Kreises.

- Unsichere Parameter im charakteristischen Polynom stammen sowohl von unsicheren Streckenparametern als auch von freien Parametern in einer angenommenen Reglerstruktur.

Im Teil II des Buchs bewegen wir uns nun aus der Welt der Ingenieurkunst in die Welt der Ingenieurwissenschaft und analysieren unsichere Polynome $p(s, \boldsymbol{q}) = \sum_{i=0}^{n} a_i(\boldsymbol{q})s^i$. Üblicherweise variiert $\boldsymbol{q}$ in einem gegebenen Betriebsbereich Q, typischerweise einer „Box" mit den Schranken $q_j \in [q_j^- \; ; \; q_j^+]$ für jedes Element von $\boldsymbol{q}$. Ein unsicheres Polynom mit gegebenem Q wird „Polynomfamilie" $P(s, Q) = \{p(s, \boldsymbol{q}) \,|\, \boldsymbol{q} \in Q\}$ genannt. Das charakteristische Polynom wird nun als einzige Schnittstelle zwischen den Teilen I und II genommen. Andere Verbindungen zwischen regelungstechnischen Problemen und Robustheitstheorie werden in Teil III behandelt. Teil II ist primär nach Methoden strukturiert.

In Kapitel 4 werden verschiedene klassische Stabilitätstests rekapituliert und auf unsichere Polynome angewendet. Wenn möglich, benutzen wir grafische Ergebnisdarstellungen, da sie zusätzliche Information über die „Nähe zur Instabilität" geben anstelle nur einer Ja-oder-Nein-Antwort auf die Frage der Robustheitsanalyse: Ist eine gegebene Polynomfamilie stabil?

Eine etwas gewaltsame Lösung basiert darauf, den Betriebsbereich Q durch Gitterpunkte zu repräsentieren und die resultierenden Wurzeln in der s-Ebene als Wurzelmenge darzustellen. Rechnerisch effizientere Verfahren prüfen, ob Wurzeln von $p(s, \boldsymbol{q})$ die imaginäre Achse der s-Ebene überqueren können. Eine algebraische Lösung des Problems benutzt die kritischen Hurwitz-Bedingungen. Bei Frequenzbereichsmethoden ist es wichtig, „singuläre Frequenzen" separat zu bestimmen und zu analysieren. Grafische Darstellungen können aus den Stabilitätsgrenzen im Raum der Parameter $\boldsymbol{q}$ (z.B. in einer Schnittebene) gewonnen werden. Eine Alternative ist die Stabilitätsuntersuchung durch eine Schar von Mikhailov-(Cremer-Leonhard-)Ortskurven; dieser Zugang führt zu dem Konzept „Nullausschluß von der Wertemenge".

In Kapitel 5 werden neuere Resultate über Testmengen behandelt. Eine Teilmenge Q_T von Q wird Testmenge genannt, wenn aus der Stabilität von $P(s, Q_T)$ auch die Stabilität von $P(s, Q)$ folgt. Mit dem Satz von Kharitonov ist der Fall des Intervallpolynoms gelöst. Der Kantensatz von Bartlett, Hollot und Huang löst den Fall affiner Koeffizientenfunktionen $a_i(\boldsymbol{q})$. Bei nichtlinearen Koeffizientenfunktionen müssen im allgemeinen auch innere Punkte von Q geprüft werden, sie können durch Jacobi-Bedingungen gefunden werden.

Die Beispiele der ersten Kapitel zeigen, daß bei Problemen der Praxis ein Bedarf besteht, Werkzeuge zur Robustheitsanalyse für den Fall nichtlinearer Koffizientenfunktionen $a_i(\boldsymbol{q})$ zu entwickeln. Eine Möglichkeit wird in Kapitel 6 untersucht, es ist die Konstruktion von Wertemengen. Das Konzept des Nullausschlusses wurde in Kapitel 5 nur für Beweisführungen benutzt. Jetzt konstruieren wir tatsächlich Wertemengen

$\mathcal{P}(j\omega^*, Q)$ für eine feste Frequenz ω^*, wiederholen dies für ein Raster von Frequenzwerten und prüfen die grafische Darstellung am Bildschirm auf Nullausschluß von der Wertemenge. Mit diesem Werkzeug kann auch eine größere Anzahl von unsicheren Parametern behandelt werden, vorausgesetzt, daß sie in einer bestimmten Struktur auftreten, die eine „baumstrukturierte Zerlegung" des charakteristischen Polynoms gestattet. Die Wertemenge kann dann durch eine Folge von Operationen konstruiert werden, die jeweils nur eine Teilmenge der unsicheren Parameter verarbeiten.

In Kapitel 7 ist der Betriebsbereich Q nicht mehr von vornherein gegeben. Festgelegt sind der Mittelpunkt von Q und die Proportionen. Q kann dann durch einen skalaren Faktor verkleinert oder vergrößert werden. Unter der Voraussetzung, daß der Mittelpunkt von Q ein stabiler Betriebspunkt ist, wird Q nun vergrößert, bis er an die Stabilitätsgrenze stößt. Damit kann ein „Stabilitätsradius" bestimmt werden, sowie die kleinste destabilisierende Parameteränderung und die zugehörige Frequenz, bei der die zugehörige Wurzelmenge zuerst die imaginäre Achse der s-Ebene berührt. Im affinen Fall wird die Tsypkin-Polyak-Ortskurve benutzt, im multilinearen und polynomialen Fall wird zunächst eine endliche Anzahl von Kandidaten ermittelt, der kleinste davon ist dann der Stabilitätsradius. Die Berechnung des Stabilitätsradius im affinen Fall vereinfacht sich, wenn als Grundform von Q nicht ein Quader (Würfel), sondern ein Ellipsoid (Kugel) der entsprechenden Dimension genommen und um einen nominalen Betriebspunkt herum aufgeblasen wird.

Teil III: Robustheitsanalyse von Regelkreisen

In Teil II dieses Buchs wurde das charakteristische Polynom als Schnittstelle zwischen der realen Welt der regelungstechnischen Robustheitsprobleme (Teil I) und der mathematischen Welt der robusten Stabilität von unsicheren Polynomen und Polynomfamilien (Teil II) benutzt. Aus der klassischen Regelungstechnik wissen wir, daß viele andere Aspekte bei der Analyse und beim Entwurf von Regelungssystemen berücksichtigt werden müssen, z.B. Stellglied-Nichtlinearität, andere Entwurfsforderungen als nur Stabilität und digitale Implementierung des Reglers. Analyse und Entwurf vereinfachen sich zudem bei einer einschleifigen Regelkreisstruktur. Einige solche für die Praxis wichtige Themen wurden für Teil III ausgewählt. Sie werden speziell unter dem Aspekt der Robustheit behandelt.

In Kapitel 8 nehmen wir einen einschleifigen Regelkreis an mit der Übertragungsfunktion $-g_0(s, \boldsymbol{q})$ des aufgeschnittenen Kreises. Dann kann die charakteristische Gleichung als $g_0(s, \boldsymbol{q}) = -1$ geschrieben werden. Einige nützliche Resultate für Intervallregelstrecken (Intervallpolynome im Zähler und Nenner) in einem Regelkreis mit Kompensator werden dargestellt. Es wird gezeigt, wann es genügt, für einige Extremwerte der Parameter die Stabilität des geschlossenen Kreises zu prüfen. Weiter wird die Robustheit von Regelkreisen mit positiv reeller Strecke und Kompensator behandelt. Nyquist-Wertemengen werden mit Hilfe der baumstrukturierten Zerlegung von rationalen Ausdrücken konstruiert. Eines der ersten Robustheitsresultate ist das Popov-Kriterium für Stabilitätsrobustheit gegenüber einer unbekannten nichtlinearen Kennlinie, von der nur der Sektor bekannt ist, in dem sie verläuft. Dieses Kriterium wird auf Regelstrecken mit unsicheren Parametern erweitert.

Es gibt verschiedene Möglichkeiten, die Stabilitätsreserve eines Regelkreises als indirektes Gütemaß zu definieren, z.B. als Mindestabstand der Nyquist-Wertemenge vom kritischen Punkt -1 oder als Stabilitätsradius im Parameterraum (Kapitel 7). In Kapitel 9 wird eine dritte Möglichkeit betrachtet, die durch die Eigenwertspezifikationen von Kapitel 3 nahegelegt wird. Es handelt sich um die Gamma-Stabilität, wie sie durch ein Gebiet Γ in der komplexen Ebene definiert wird, in dem alle Eigenwerte des geschlossenen Kreises liegen sollen. Die Stabilitätstests aus Teil II werden in Kapitel 9 im Hinblick auf die Anwendung für Γ-Stabilität diskutiert und modifiziert.

Regler werden üblicherweise durch Digitalrechner implementiert. Die Übertragungsfunktion des diskreten Kompensators erhält man entweder durch Diskretisierung eines für kontinuierliche Zeit entworfenen Kompensators oder durch simultanen Entwurf eines Abtastreglers für einige repräsentative Arbeitspunkte. In beiden Fällen wird eine robuste Stabilitätsanalyse für den resultierenden Abtastregelkreis mit einem Kontinuum von möglichen Betriebspunkten erforderlich. Die Abschnitte von Kapitel 10 entsprechen direkt den Kapiteln 1 bis 9 und behandeln die entsprechenden Resultate für Abtastsysteme. Exakte Methoden für den Test, ob alle Wurzeln eines Polynoms im Einheitskreis liegen, werden rekapituliert. Für den besonders schwierigen, aber realistischen Fall von exponentiellen Koeffizientenfunktionen $a_i(q)$ wird ein nützliches Näherungsverfahren angegeben.

Teil IV: Einige Entwurfswerkzeuge für robuste Regelungssysteme

Es gibt leider keine allgemeingültigen Resultate für die robuste Stabilisierbarkeit einer Familie von Regelstrecken, nicht einmal für den Fall, daß das Kontinuum von Regelstrecken durch eine endliche Anzahl von Repräsentanten ersetzt wird. Für die letztere Problemformulierung der „simultanen Stabilisierung" werden zwei Entwurfswerkzeuge eingeführt, die nicht auf konservativen Abschätzungen basieren.

Mit dem ersten Werkzeug für den Entwurf im Parameterraum wird für jeden repräsentativen Betriebspunkt ein zulässiges Gebiet im Raum der freien Reglerparameter bestimmt. Die Schnittmenge dieser Gebiete ist die Menge der simultanen Gamma-Stabilisierer. Ein geeigneter Regler kann im Hinblick auf kleine Verstärkungen, Verstärkungsreserven und Robustheit gegenüber Sensorausfall aus dieser Schnittmenge ausgewählt werden. Dieses Werkzeug wird grafisch mit Hilfe von zweidimensionalen Schnitten benutzt. Es wird durch Ansätze zur geschickten Wahl solcher Schnittebenen unterstützt. Die Anwendung wird durch Entwurfsstudien für den Kran, für ein automatisches Spurführungssystem für einen Stadtbus und für eine robuste Stabilisierung der Flugzeuglängsbewegung illustriert.

Das zweite Entwurfswerkzeug ist der simultane Entwurf mit Gütevektoren. Bei diesem Verfahren lenkt der Entwurfsingenieur den Entwurfsprozeß im Reglerparameterraum interaktiv zu einer Pareto-optimalen Lösung. Verschiedenartige Gütekriterien können in den Gütevektor einbezogen werden. Im Zusammenhang der robusten Regelung sind wir insbesondere an Entwurfskompromissen zwischen verschiedenen repräsentativen Betriebspunkten interessiert. Der Entwurfsprozeß für ein aktives Autolenksystem wird als Beispiel erläutert.

Anhänge

Ein detailliertes Modell der Lenkdynamik von Autos wird aus regelungstechnischer Sicht im Anhang A hergeleitet. Der Anhang B rekapituliert einige nützliche mathematische Ergebnisse über Polynome und polynomiale Gleichungssysteme.

Allgemeine Bemerkungen

Voraussetzung für den Leser ist eine Grundvorlesung in Regelungstechnik. Wir versuchen, den mathematischen Aufwand gering zu halten. Das Buch ist für eine Fortgeschrittenen-Vorlesung über „Robuste Regelung" geeignet. In der Tat wurde das Material ausgewählt und für solche Vorlesungen an der University of California in Irvine, an der Technischen Universität München und in einem Intensivkurs für skandinavische Doktoranden der Regelungstechnik in Lynbgy (Dänemark) verwendet. Der Lehrstoff wurde auch in Lehrgängen der Carl-Cranz-Gesellschaft (CCG) in Oberpfaffenhofen benutzt, die sich primär an Teilnehmer aus der Industrie wenden.

Für die Zwecke solcher Vorlesungen und Lehrgänge mußte eine sehr strenge Auswahl aus der großen und rasch anwachsenden Literatur zur robusten Regelung getroffen werden. Es konnten daher viele Beiträge und alternative Methoden nicht behandelt werden. Einige Querverweise werden in Form von Anmerkungen gegeben. Anmerkungen weisen auch auf mögliche Verallgemeinerungen, offene Probleme und andere Ergänzungen hin, die nicht Voraussetzung für das Verständnis des nachfolgenden Textes sind. Leser, die sich zum erstenmal mit der robusten Regelung befassen, sollten die Anmerkungen überspringen.

In den Beispielen mit physikalischen Parameterwerten werden die Einheiten in eckigen Klammern angegeben, z.B. [m] für Meter (zur Unterscheidung vom Symbol m für Masse) oder [s] für Sekunde (zur Unterscheidung von der komplexen Variablen s der Laplace-Transformation). In den Rechenschritten werden die Einheiten weggelassen. Die folgende Tabelle enthält die wichtigsten physikalischen Größen und Einheiten, die im Buch verwendet werden.

Physikalische Größe	Symbol	Einheit
Länge	ℓ	Meter [m]
Zeit	t	Sekunde [s]
Masse	m	Kilogramm [kg]
Trägheitsmoment	J	$[\mathrm{kg} \cdot \mathrm{m}^2]$
Kraft	f	Newton [N] $= [\mathrm{kg} \cdot \mathrm{m/s}^2]$
Geschwindigkeit	v	[m/s]
Beschleunigung	a	$[\mathrm{m/s}^2]$
Winkel	$\alpha, \beta, \ldots$	Radian [rad]

Die Symbole sind nur im Zusammenhang des speziellen Beispiels definiert, z.B. kann ℓ einmal die Seillänge des Krans, ein andermal der Radstand eines Autos sein. Außerhalb solcher Beispiele ist ℓ die (ganzzahlige) Anzahl der unsicheren Parameter. Ähnlich kann m der (ganzzahlige) Grad des Zählerpolynoms einer Übertragungsfunktion sein, f kann eine allgemeine Funktion sein und J eine Jacobi-Determinante, v tritt als transformierte komplexe Variable und a als Polynomkoeffizient auf.

Wir haben versucht, Bezeichnungen zu verwenden, die in der Literatur der verschiedenen berührten Fachgebiete gebräuchlich sind. Der Preis dafür ist die mehrfache Benutzung einiger Buchstaben.

Dieses Buch ist zunächst in englischer Sprache geschrieben worden, es erscheint bei Springer, London. Bei der Übertragung ins Deutsche wurde die englische Schreibweise russischer Namen beibehalten (also z.B. Kharitonov statt Charitonow, Tsypkin statt Zypkin), auch die Indizes einiger Variablen sind aus dem Englischen übernommen.

Absätze mit einer eigenen Überschrift (*Satz, Beweis, Beispiel, Anmerkung*) enden mit dem Zeichen □.

Bedankung

Die Autoren möchten sich bei C. Hollot für seine sorgfältige Durchsicht des englischen Manuskripts bedanken. Auch V. Utkin und T. Connolly haben hilfreiche Anregungen und Korrekturen gegeben.

Das kamerafertige Manuskript wurde vom Team der Co-Autoren erstellt, besonderer Dank gilt Frau G. Kieselbach für das Schreiben eines Teils des Manuskripts und Frau C. Bell für das Zeichnen eines Teils der Bilder.

<table>
<tr><td>Oberpfaffenhofen</td><td>Jürgen Ackermann</td></tr>
<tr><td>Mai 1993</td><td>Andrew Bartlett</td></tr>
<tr><td></td><td>Dieter Kaesbauer</td></tr>
<tr><td></td><td>Wolfgang Sienel</td></tr>
<tr><td></td><td>Reinhold Steinhauser</td></tr>
</table>

Inhaltsverzeichnis

Inhaltsverzeichnis

III   Robustheitsanalyse von Regelkreisen   211

IV Einige Entwurfswerkzeuge für robuste Regelungs systeme

Part I

Einige praktische Probleme der robusten Regelung

1 Beispiele zur Modellierung von Regelstrecken mit unsicheren Parametern

Die Grundlage für die Analyse und den Entwurf von Regelungssystemen ist ein mathematisches Modell. Ein gebräuchliches Modell für lineare zeitinvariante Systeme ist eine Zustandsdarstellung in der Form

$$\begin{aligned}
\dot{\boldsymbol{x}}(t) &= \boldsymbol{A}\boldsymbol{x}(t) + \boldsymbol{B}\boldsymbol{u}(t) \\
\boldsymbol{y}(t) &= \boldsymbol{C}\boldsymbol{x}(t)
\end{aligned} \tag{1.0.1}$$

Dabei ist $\boldsymbol{u}$ der Vektor der Eingangssignale (Stellgrößen), der Zustandsvektor ist $\boldsymbol{x}$ und $\boldsymbol{y}$ ist der Vektor der Ausgangssignale (Regelgrößen). Häufig sind die Ausgangssignale diejenigen Größen, die gemessen werden und damit für eine Rückführung zur Verfügung stehen. Eine andere gebräuchliche Modellform erhält man durch Laplace-Transformation von (1.0.1)

$$\begin{aligned}
s\boldsymbol{x}(s) - \boldsymbol{x}(0) &= \boldsymbol{A}\boldsymbol{x}(s) + \boldsymbol{B}\boldsymbol{u}(s) \\
\boldsymbol{y}(s) &= \boldsymbol{C}\boldsymbol{x}(s)
\end{aligned} \tag{1.0.2}$$

Löst man nach $\boldsymbol{x}(s)$ auf und multipliziert von links mit $\boldsymbol{C}$, so erhält man den transformierten Ausgangsvektor

$$\boldsymbol{y}(s) = \boldsymbol{C}(s\boldsymbol{I} - \boldsymbol{A})^{-1}\boldsymbol{x}(0) + \boldsymbol{C}(s\boldsymbol{I} - \boldsymbol{A})^{-1}\boldsymbol{B}\boldsymbol{u}(s) \tag{1.0.3}$$

mit der Übertragungsmatrix

$$\boldsymbol{G}(s) := \boldsymbol{C}(s\boldsymbol{I} - \boldsymbol{A})^{-1}\boldsymbol{B} \tag{1.0.4}$$

Beim Anfangszustand Null, d.h. $\boldsymbol{x}(0) = \boldsymbol{0}$, ist

$$\boldsymbol{y}(s) = \boldsymbol{G}(s)\boldsymbol{u}(s) \tag{1.0.5}$$

Ein Zustandmodell $(\boldsymbol{A}, \boldsymbol{B}, \boldsymbol{C})$ oder ein Übertragungsmodell $\boldsymbol{G}(s)$ kann auf zwei Weisen gewonnen werden. Die erste Möglichkeit heißt Ein-Ausgangs-Modellierung. Dabei wird das Modell aus Experimenten an der Regelstrecke bestimmt, die wie ein „schwarzer Kasten" behandelt wird. Während des Experiments werden $\boldsymbol{u}(t)$ und $\boldsymbol{y}(t)$ gemessen.

Diese Daten werden dann verarbeitet, um ein Systemmodell zu gewinnen. Der zweite Weg ist die analytische Modellierung. Dabei wird zunächst die Modellstruktur aus den Grundgesetzen der Physik hergeleitet. Ein solches Modell hängt dann typischerweise von einigen physikalischen Parametern ab, die einzeln gemessen oder durch ihre untere und obere Schranke abgeschätzt werden.

In diesem Buch wird der zweite Weg, also die analytische Modellierung, verfolgt. Ein Vorteil dabei ist, daß der Regler entworfen werden kann, bevor die Regelstrecke gebaut ist und für Experimente zur Verfügung steht (d.h. auch nicht mehr wesentlich geändert werden kann). Damit wird ein ganzheitlicher Entwurf von Regelstrecke und Regler möglich. Zudem werden sicherheitskritische Experimente mit der ungeregelten Regelstrecke vermieden. Bei einem Raumfahrzeug etwa wären solche Experimente von vornherein unmöglich. Praktisch muß man oft die Ein-Ausgangs-Modellierung mit der analytischen Modellierung kombinieren. So werden z.B. Teilmodelle für Systemkomponenten experimentell bestimmt oder auch durch numerische Approximationen wie bei der Finite Elemente Methode. Andere Subsysteme können dagegen analytisch modelliert werden. Schließlich müssen alle Teilmodelle zu einem Modell des Gesamtsystems integriert werden. Die folgenden Beispiele illustrieren die analytische Modellierung von Systemen mit unsicheren physikalischen Parametern. Solche Modelle bilden den Ausgangspunkt für die späteren Robustheitsuntersuchungen. Viele weitere Beispiele für die Modellierung kontinuierlicher Systeme sind in [43] zu finden.

1.1 Verladebrücke

Als erstes Beispiel wird die Verladebrücke nach Abb. 1.1 untersucht.

Die Aufgabe der Verladebrücke ist beispielsweise die Verladung von Containern von der Eisenbahn in ein Schiff. Am Anfang des Verladevorgangs ist die Lastmasse m_L nur die Masse des leeren Lasthakens. Der Haken soll über dem Container zur Ruhe kommen. Manchmal hilft ein Arbeiter nach, das schwingende Pendel zu dämpfen und den Lasthaken festzumachen. In unserer Fragestellung soll die Positionierung des Lasthakens und die Dämpfung der Pendelschwingung automatisch erfolgen. Der Container wird nun angehoben und über einige Entfernung bis in die Nähe der Ladeluke des Schiffes gebracht. Diese Bewegung kann ohne Sensorrückführung rein gesteuert ausgeführt werden. Dabei müssen Begrenzungen der Antriebsleistung an der Laufkatze und Sicherheitsbegrenzungen für die schwingende Last berücksichtigt werden. Für die genaue Positionierung des Containers über der Ladeluke wird dann wieder eine Rückführung benötigt. Der Container muß weitgehend zur Ruhe gekommen sein, bevor er in die Ladeluke abgesenkt werden kann. Bei dieser Anwendung variiert die Lastmasse zwischen den Transportvorgängen in weiten Grenzen zwischen der Masse des leeren Lasthakens und der Tragkraft der Verladebrücke. Darüberhinaus kann die Seillänge variieren (mehr noch bei einem Baukran). Dagegen ändert sich die Masse der Laufkatze oder des Fahrerhauses nur geringfügig (z.B. abhängig davon, ob ein schlanker oder ein wohlbeleibter Kranführer darin sitzt).

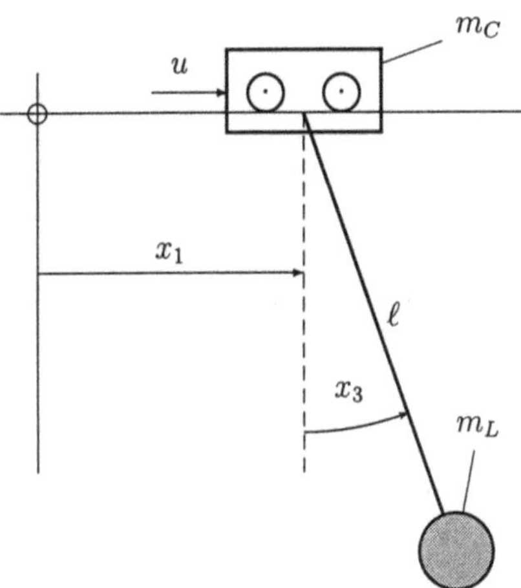

Abb. 1.1: Verladebrücke

Eingangssignal der Verladebrücke ist die Kraft u, die die Laufkatze beschleunigt. Die Masse der Laufkatze ist m_C (C für „crab" $=$ Laufkatze). Weitere Parameter sind Seillänge ℓ, Lastmasse m_L und Beschleunigung g durch die Schwerkraft. Die Position der Laufkatze ist x_1 und ihre Geschwindigkeit ist $\dot{x}_1 =: x_2$, der Seilwinkel ist x_3 (in Radian) und die Seilwinkelgeschwindigkeit ist $\dot{x}_3 =: x_4$.

Zur Vereinfachung des Modells werden die folgenden Annahmen gemacht:

A1)
Die Dynamik und Nichtlinearität des Antriebs werden vernachlässigt. Diese Annahme macht nur dann Sinn, wenn beim Reglerentwurf sichergestellt wird, daß $|u|$ und $|\dot{u}|$ keine großen Werte annehmen.

A2)
Die Laufkatze bewegt sich auf ihrer Schiene ohne Reibung oder Schlupf.

A3)
Das Seil ist masselos und unelastisch.

A4)
Die Pendelschwingung ist ungedämpft (z.B. kein Luftwiderstand).

A5)
Die Parameter sind während eines Transportvorgangs der Verladebrücke konstant.

Wie z.B. in [5] gezeigt wurde, kann die ebene Bewegung der Verladebrücke durch zwei nichtlineare Differentialgleichungen zweiter Ordnung für die horizontale und vertikale Bewegung beschrieben werden.

$$(m_L + m_C)\ddot{x}_1 + m_L\ell(\ddot{x}_3\cos x_3 - \dot{x}_3^2\sin x_3) = u$$
$$m_L\ddot{x}_1\cos x_3 + m_L\ell\ddot{x}_3 = -m_L g\sin x_3$$

$$(1.1.1)$$

Um diese Gleichungen in eine Zustandsdarstellung überzuführen, müssen sie zunächst nach den höchsten Ableitungen $\ddot{x}_1$ und $\ddot{x}_3$ aufgelöst werden. Dazu schreibt man (1.1.1) in der Form

$$\begin{bmatrix} m_L + m_C & m_L \ell \cos x_3 \\ m_L \cos x_3 & m_L \ell \end{bmatrix} \begin{bmatrix} \ddot{x}_1 \\ \ddot{x}_3 \end{bmatrix} = \begin{bmatrix} m_L \ell \dot{x}_3^2 \sin x_3 + u \\ -m_L g \sin x_3 \end{bmatrix} \qquad (1.1.2)$$

Die Determinante der Matrix auf der linken Seite ist $m_L \ell (m_C + m_L \sin^2 x_3)$. Sie verschwindet für $m_L = 0$ oder $\ell = 0$. In diesen beiden Fällen degeneriert das System zu einem System zweiter Ordnung. In der folgenden Behandlung der Verladebrücke setzen wir voraus, daß $m_L > 0$ und $\ell > 0$ ist. Dann gilt

$$\begin{aligned} \ddot{x}_1 &= f_1(x_3, x_4, u) \\ \ddot{x}_3 &= f_2(x_3, x_4, u) \end{aligned} \qquad (1.1.3)$$

mit

$$f_1(x_3, x_4, u) := \frac{u + (g \cos x_3 + \ell x_4^2) m_L \sin x_3}{m_C + m_L \sin^2 x_3}$$

$$f_2(x_3, x_4, u) := -\frac{u \cos x_3 + (g + \ell x_4^2 \cos x_3) m_L \sin x_3 + g m_C \sin x_3}{\ell (m_C + m_L \sin^2 x_3)}$$

Der folgende Zustandsvektor wird eingeführt

$$\boldsymbol{x} = \begin{bmatrix} x_1 \\ x_2 \\ x_3 \\ x_4 \end{bmatrix} = \begin{bmatrix} x_1 \\ \dot{x}_1 \\ x_3 \\ \dot{x}_3 \end{bmatrix} = \begin{bmatrix} \text{Laufkatzen-Position} \\ \text{Laufkatzen-Geschwindigkeit} \\ \text{Seilwinkel} \\ \text{Seilwinkel-Geschwindigkeit} \end{bmatrix} \qquad (1.1.4)$$

Dann kann das nichtlineare Zustandsmodell geschrieben werden als

$$\dot{\boldsymbol{x}} = f(\boldsymbol{x}, u) = \begin{bmatrix} x_2 \\ f_1(x_3, x_4, u) \\ x_4 \\ f_2(x_3, x_4, u) \end{bmatrix} \qquad (1.1.5)$$

Dieses Zustandsmodell ist für die Simulation der Bewegung der Verladebrücke durch numerische Integration geeignet. Für diesen Zweck müssen Zahlenwerte für die Parameter g, ℓ, m_L und m_C, ein Anfangswert $\boldsymbol{x}(0)$ für den Zustand und eine Eingangsgröße $u(t)$ gegeben werden.

Für die meisten Reglerentwurfsverfahren wird ein lineares Modell zugrundegelegt. Es beschreibt kleine Bewegungen für die Positionierung des Lasthakens oder des Containers mit ausreichender Genauigkeit. Beim Reglerentwurf muß darauf geachtet werden, daß die Annahmen, die zur Linearisierung gemacht wurden, nicht verletzt werden.

Das nichtlineare Modell (1.1.5) wird für kleine Seilwinkel x_3 und kleine Seilwinkelgeschwindigkeit x_4 linearisiert, d.h. es wird eingesetzt

$$\cos x_3 \approx 1, \ \sin x_3 \approx x_3, \ \sin^2 x_3 \approx 0, \ x_4^2 \approx 0$$

Damit ergibt sich das folgende lineare Zustandsmodell:

$$\dot{\boldsymbol{x}} = \boldsymbol{A}\boldsymbol{x} + \boldsymbol{b}u$$

$$\boldsymbol{A} = \begin{bmatrix} 0 & 1 & 0 & 0 \\ 0 & 0 & a_{23} & 0 \\ 0 & 0 & 0 & 1 \\ 0 & 0 & a_{43} & 0 \end{bmatrix}, \quad \boldsymbol{b} = \begin{bmatrix} 0 \\ b_2 \\ 0 \\ b_4 \end{bmatrix} \tag{1.1.6}$$

$$a_{23} = \frac{m_L}{m_C}g, \qquad b_2 = \frac{1}{m_C}$$

$$a_{43} = -\frac{(m_L + m_C)g}{m_C \ell}, \qquad b_4 = -\frac{1}{m_C \ell}$$

Das charakteristische Polynom von $\boldsymbol{A}$

$$\begin{aligned} p_A(s) &= \mathrm{Det}\,(s\boldsymbol{I} - \boldsymbol{A}) \\ &= s^2(s^2 - a_{43}) \\ &= s^2\left[s^2 + (1 + m_L/m_C)\,g/\ell\right] \end{aligned} \tag{1.1.7}$$

ergibt die parameterunabhängigen Eigenwerte

$$s_{1,2} = 0$$

und die parameterabhängigen Eigenwerte

$$s_{3,4} = \pm \mathrm{j}\sqrt{1 + m_L/m_C}\sqrt{g/\ell}$$

Der Vektor der Übertragungsfunktionen von u zum Zustandsvektor $\boldsymbol{x}(s) = \boldsymbol{g}(s)u(s)$ ergibt sich nach einigen Zwischenrechnungen zu

$$\boldsymbol{g}(s) = (s\boldsymbol{I} - \boldsymbol{A})^{-1}\boldsymbol{b} = \frac{1}{m_C \ell p_A(s)} \begin{bmatrix} s^2\ell + g \\ s(s^2\ell + g) \\ -s^2 \\ -s^3 \end{bmatrix} \tag{1.1.8}$$

Es werden nun drei Ausgangssignale betrachtet: Lastposition y_L, Laufkatzenposition y_C und Seilwinkel y_R (R für „rope" = Seil). Die zugehörigen Übertragungsfunktionen folgen aus (1.1.8).

a) Ausgang horizontale Lastposition $y_L = x_1 + \ell \sin x_3 \approx x_1 + \ell x_3$

$$g_L(s) = [1 \ 0 \ \ell \ 0]\,\boldsymbol{g}(s) = \frac{g}{s^2[m_C \ell s^2 + (m_L + m_C)g]} \tag{1.1.9}$$

b) Ausgang Laufkatzenposition $y_C = x_1$

$$g_C(s) \;=\; [1 \;\; 0 \;\; 0 \;\; 0]\, \boldsymbol{g}(s) = \frac{s^2\ell + g}{s^2[m_C\ell s^2 + (m_L + m_C)g]} \tag{1.1.10}$$

Diese Übertragungsfunktion hat parameterabhängige Nullstellen bei $\pm\mathrm{j}\sqrt{g/\ell}$. Die Pole und Nullstellen sind in Abb. 1.2 dargestellt.

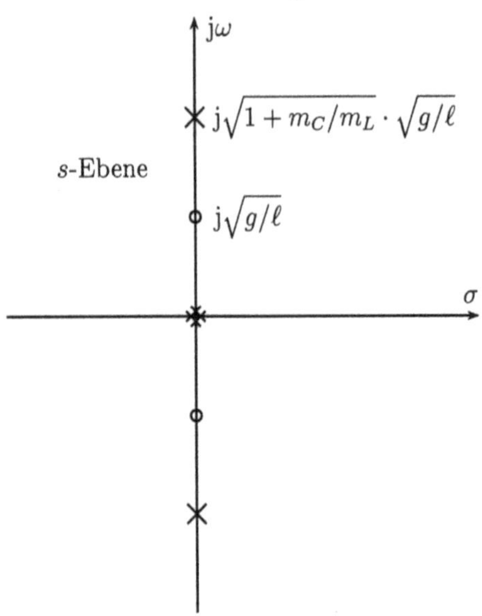

Abb. 1.2: Pole und Nullstellen der Übertragungsfunktion $g_C(s)$ von der Kraft u zur Laufkatzenposition x_1

c) Ausgang Seilwinkel $y_R = x_3$

$$g_R(s) \;=\; [0 \;\; 0 \;\; 1 \;\; 0]\, \boldsymbol{g}(s) = \frac{-1}{m_C\ell s^2 + (m_L + m_C)g} \tag{1.1.11}$$

Diese Übertragungsfunktion ist nur von zweiter Ordnung, da sich der doppelte Pol $s^2 = 0$ des Teilsystems Laufkatze gegen die doppelte Nullstelle $s^2 = 0$ kürzt. Diese Kürzung tritt ein, da das Teilsystem Laufkatze nicht vom Seilwinkel x_3 aus beobachtbar ist. Man sieht dies anhand des Zustandsmodells (1.1.6). Dieses Modell hat die kanonische Form für die Aufspaltung in ein beobachtbares und ein nicht beobachtbares Teilsystem nach Kalman [101] und Gilbert [78]

$$\dot{\boldsymbol{x}} \;=\; \begin{bmatrix} 0 & 1 & \vline & 0 & 0 \\ 0 & 0 & \vline & a_{23} & 0 \\ - & - & - & - & - \\ 0^* & 0^* & \vline & 0 & 1 \\ 0^* & 0^* & \vline & a_{43} & 0 \end{bmatrix} \boldsymbol{x} + \begin{bmatrix} 0 \\ b_2 \\ - \\ 0 \\ b_4 \end{bmatrix} u \tag{1.1.12}$$

$$y_R \;=\; \begin{bmatrix} 0^* & 0^* & \vline & 1 & 0 \end{bmatrix} \boldsymbol{x}$$

Entscheidend sind die mit Sternchen gekennzeichneten Nullen. Sie zeigen, daß die Nulleingangsdynamik der Laufkatze (Zustände x_1 und x_2) mit beliebigen Anfangsbedingungen keinen Einfluß auf den Seilwinkel x_3 haben. Die Übertragungsfunktion (1.1.11) beschreibt nur das steuerbare und beobachtbare Teilsystem

$$
\begin{aligned}
\begin{bmatrix} \dot{x}_3 \\ \dot{x}_4 \end{bmatrix} &= \begin{bmatrix} 0 & 1 \\ a_{43} & 0 \end{bmatrix} \begin{bmatrix} x_3 \\ x_4 \end{bmatrix} + \begin{bmatrix} 0 \\ b_4 \end{bmatrix} u \\
y_R &= \begin{bmatrix} 1 & 0 \end{bmatrix} \begin{bmatrix} x_3 \\ x_4 \end{bmatrix}
\end{aligned}
\tag{1.1.13}
$$

Wir werden in späteren Kapiteln auf die Verladebrücke zurückkommen. Dort werden wir die Lastmasse m_L und die Seillänge ℓ als Parameter mit großer Unsicherheit behandeln. Auch die Laufkatzenmasse m_C kann als unsicherer Parameter angesehen werden. Die Schwerebeschleunigung wird mit $g = 10\,[\mathrm{ms}^{-2}]$ als fest angenommen.

Prinzipiell könnten die Parameter m_L, m_C und ℓ vor jedem Transportvorgang der Verladebrücke gemessen werden. Dies wäre jedoch keine praktische Lösung. Im Zusammenhang der robusten Regelung werden die unsicheren Parameter als feste aber unbekannte Größen behandelt, für die nur untere und obere Schranken bekannt sind.

1.2   Allradlenkung

Das zweite Beispiel für die Modellierung einer Regelstrecke mit unsicheren Parametern ist die Allradlenkung (4WS = „four-wheel steering") von Straßenfahrzeugen. Zusätzlich zur konventionellen Vorderradlenkung mit einem Lenkwinkel δ_f werden auch die Hinterräder mit einem Lenkwinkel δ_r eingeschlagen, siehe hierzu Abb. 1.3 (f für „front" = vorn, r für „rear" = hinten).

Die Stellgrößen des Systems sind vorderer und hinterer Lenkwinkel, δ_f und δ_r. Die Zustandsgrößen sind

β Schwimmwinkel zwischen der Fahrzeuglängsrichtung und dem Geschwindigkeitsvektor $\vec{v}$ am Schwerpunkt (CG für „center of gravity" = Schwerpunkt),

r Giergeschwindigkeit.

Die Herleitung des Zustandsmodells ist im Anhang A zu finden. Die Querbeschleunigung der Vorderachse a_f wird zur Beurteilung des Lenkverhaltens herangezogen. Die Fahrzeugmasse m und der Kraftschluß zwischen Straßenoberfläche und Reifen sind unsichere Parameter. Auch die Geschwindigkeit $v = |\vec{v}|$ wird als unsicherer Parameter behandelt.

Anmerkung 1.1.   Wenn man auch Beschleunigungs- und Bremsvorgänge modelliert, dann ist v eine weitere Zustandsgröße. Wir nehmen hier jedoch an, daß v unbekannt aber konstant ist. $\square$

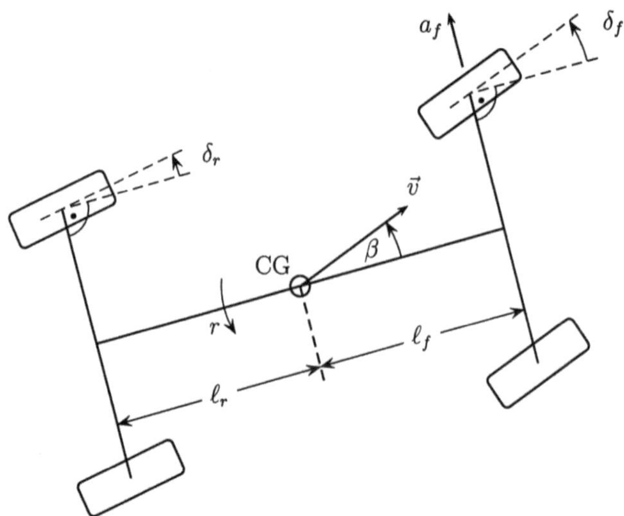

Abb. 1.3: Straßenfahrzeug mit Lenkung der Vorder- und Hinterräder

Abb. 1.4a zeigt eine Steuerungsstruktur für die Lenkung der vorderen und hinteren Räder durch ein Kommando δ_S vom Lenkrad. Dies ist die am meisten gebräuchliche Ausführungsform für die Allradlenkung. Dabei bleibt die Vorderradlenkung unverändert mit einer mechanischen Verbindung von δ_S nach δ_f über Lenksäule und Lenkgetriebe. Der Stellmotor für die Hinterradlenkung wird über ein Vorfilter F_r angesteuert. Das Vorfilter kann z.B. ein mit der Fahrgeschwindigkeit v veränderlicher Verstärkungsfaktor sein, es kann auch ein dynamisches Filter sein. Abb. 1.4b illustriert eine Struktur mit unterlagerter Regelung durch Rückführung der Giergeschwindigkeit auf die Hinterradlenkung. Diese Struktur ist mit einem Vibrationskreisel zur Messung von r implementiert worden, siehe [91]. H_r ist ein dynamischer Kompensator. In diesem Fall werden die Hinterräder nicht nur vom Fahrer über das Lenkrad gelenkt, sondern auch aufgrund der Gierbewegung des Fahrzeugs. Wenn eine externe Störung d (z.B. Seitenwind) eine Gierbewegung des Fahrzeugs anregt, dann kann das Regelungssystem unverzögert gegenlenken. Der Fahrer würde dagegen erst eine gewisse Reaktionszeit benötigen, um die Wirkung des Seitenwindes zu erkennen und die unerwünschte Gierbewegung und Spurabweichung auszuregeln. Eine Störung d entsteht z.B. auch beim Bremsen mit einem defekten Reifen oder auf einer Straße mit Eisresten am Straßenrand (μ-split Bremsung).

Eine noch größere Entwurfsfreiheit erhält man, wenn man die Giergeschwindigkeit auch auf die Vorderradlenkung zurückführt, wie in Abb. 1.4c gezeigt. Aktive Vorderradlenkungen wurden beispielsweise in [102, 59] untersucht. In Kapitel 2 wird ein spezieller Regler $H_f(s)$ eingeführt, der eine robuste Entkopplung der Seitenbewegung der Vorderachse (mit der Zustandsgröße a_f) und der Gierbewegung (mit der Zustandsgröße r) bewirkt. Für die Hinterradlenkung wird ein Regler $H_r(s, v)$ mit Verstärkungsanpassung, abhängig von der Fahrgeschwindigkeit v, hergeleitet. Schließlich kann auch noch die Querbeschleunigung der Vorderachse auf die Vorderradlenkung so zurückgeführt

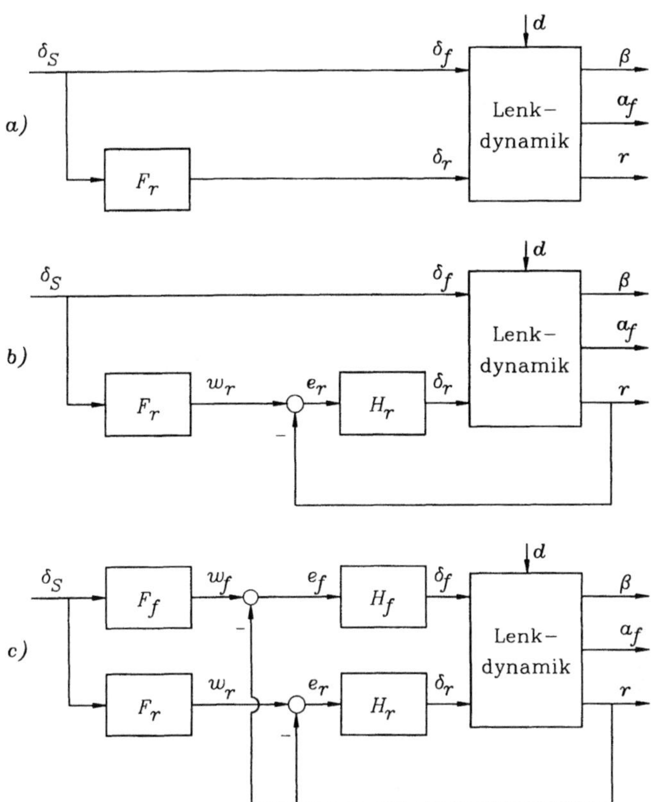

Abb. 1.4: Steuerungs- und Regelungsstrukturen für die Allradlenkung: a) Steuerung, b) Rückführung der Giergeschwindigkeit r auf die Hinterradlenkung, c) Rückführung der Giergeschwindigkeit auf die Vorder- und Hinterradlenkung

werden, daß man eine geschwindigkeitsunabhängige Lenkübertragungsfunktion erhält. Alle genannten Reglerstrukturen basieren auf einer detaillierten Analyse des Lenkdynamikmodells.

Für das System „Lenkdynamik" in Abb. 1.4 sind in der automobiltechnischen Literatur Modelle von unterschiedlichem Komplexitätsgrad bekannt, z.B. [59, 150, 130, 183]. In diesem Buch wird das klassische Riekert-Schunck Modell benutzt [145]. Die Herleitung dieses Modells wird in Anhang A beschrieben. Man erhält die linearisierten Gleichungen nach

$$\begin{bmatrix} \dot{\beta} \\ \dot{r} \end{bmatrix} = \begin{bmatrix} a_{11} & a_{12} \\ a_{21} & a_{22} \end{bmatrix} \begin{bmatrix} \beta \\ r \end{bmatrix} + \begin{bmatrix} b_{11} & b_{12} \\ b_{21} & b_{22} \end{bmatrix} \begin{bmatrix} \delta_f \\ \delta_r \end{bmatrix} \tag{1.2.1}$$

wobei

$$\begin{aligned}
a_{11} &= -(c_r + c_f)/\tilde{m}v \\
a_{12} &= -1 + (c_r \ell_r - c_f \ell_f)/\tilde{m}v^2 \\
a_{21} &= (c_r \ell_r - c_f \ell_f)/\tilde{J}
\end{aligned}$$

$$
\begin{aligned}
a_{22} &= -(c_r \ell_r^2 + c_f \ell_f^2)/\tilde{J}v \\
b_{11} &= c_f/\tilde{m}v \\
b_{12} &= c_r/\tilde{m}v \\
b_{21} &= c_f \ell_f/\tilde{J} \\
b_{22} &= -c_r \ell_r/\tilde{J}
\end{aligned}
$$

Die Schräglaufsteifigkeiten (c_r für die Hinterräder, c_f für die Vorderräder) sind empirisch bestimmte Parameter von Fahrzeug und Reifen, die in die Beziehung für die Seitenkraft eingehen, die von der Straße über den Reifen auf das Fahrzeug übertragen wird. Einzelheiten sind im Anhang A zu finden. Die Abstände ℓ_r bzw. ℓ_f vom Schwerpunkt zur Hinterachse bzw. zur Vorderachse bilden zusammen den Radstand $\ell = \ell_r + \ell_f$, siehe Abb. 1.3. Die Fahrzeugmasse wird durch einen Kraftschlußkoeffizienten μ normalisiert, d.h. $\tilde{m} = m/\mu$ ist die virtuelle Masse, siehe Anhang A.2. Entsprechend wird das Trägheitsmoment normalisiert als $\tilde{J} = J/\mu$. Das charakteristische Polynom der Systemmatrix in (1.2.1) ist

$$
\begin{aligned}
p_A(s) &= (s - a_{11})(s - a_{22}) - a_{12}a_{21} \\
&= a_0 + a_1 s + s^2
\end{aligned}
\tag{1.2.2}
$$

mit den parameterabhängigen Koeffizienten

$$
a_0 = \frac{c_f c_r \ell^2}{\tilde{m}\tilde{J}v^2} + \frac{c_r \ell_r - c_f \ell_f}{\tilde{J}}
$$

$$
a_1 = \frac{c_r + c_f}{\tilde{m}v} + \frac{c_r \ell_r^2 + c_f \ell_f^2}{\tilde{J}v}
$$

Das System ist stabil für $a_0 > 0$, $a_1 > 0$. Zwei Fälle müssen unterschieden werden:

a) für $c_r \ell_r - c_f \ell_f \geq 0$ ist das System stabil,

b) für $c_r \ell_r - c_f \ell_f < 0$ ist das System stabil, solange die kritische Geschwindigkeit v_{crit} nicht überschritten wird, wobei

$$
v_{crit}^2 := \frac{c_f c_r \ell^2}{\tilde{m}(c_f \ell_f - c_r \ell_r)}
\tag{1.2.3}
$$

Die Daten typischer Fahrzeuge entsprechen dem Fall a.

Wenn das charakteristische Polynom $p_A(s)$ stabil ist, kann es mit Hilfe von Dämpfung D und natürlicher Frequenz ω_0 in der folgenden Form geschrieben werden:

$$
p_A(s) = \omega_0^2 + 2D\omega_0 s + s^2
\tag{1.2.4}
$$

Dabei hängen ω_0 und D wie folgt von den physikalischen Parametern ab

$$
\omega_0^2 = \frac{c_f c_r \ell^2 + \tilde{m}v^2(c_r \ell_r - c_f \ell_f)}{\tilde{m}\tilde{J}v^2}
\tag{1.2.5}
$$

$$D = \frac{\tilde{J}(c_r + c_f) + \tilde{m}(c_r \ell_r^2 + c_f \ell_f^2)}{2\sqrt{\tilde{m}\tilde{J}[c_r c_f \ell^2 + \tilde{m}v^2(c_r \ell_r - c_f \ell_f)]}} \tag{1.2.6}$$

Bei hoher Geschwindigkeit v geht die Dämpfung D gegen Null und die Eigenwerte nähern sich der imaginären Achse bei

$$\omega_\infty = \lim_{v \to \infty} \omega_0 = \sqrt{\frac{c_r \ell_r - c_f \ell_f}{\tilde{J}}} \tag{1.2.7}$$

Der Term $c_r\ell_r - c_f\ell_f$ in (1.2.7) ist positiv für typische Fahrzeugdaten. Mit abnehmender Geschwindigkeit v nimmt die Dämpfung D zu. Bei $D = 1$ vereinigt sich das komplexe Eigenwertpaar auf der reellen Achse und verzweigt sich für $D > 1$ in zwei reelle Eigenwerte. Für $v \to 0$ gehen die beiden reellen Eigenwerte nach $-\infty$. Abb. 1.5 illustriert die Geschwindigkeitsabhängigkeit der Giereigenwerte.

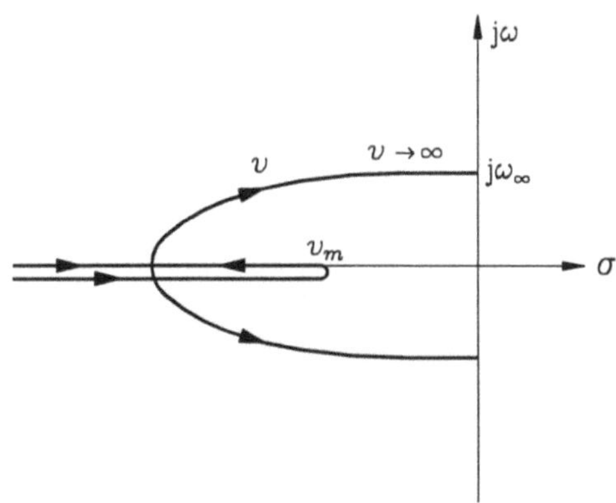

Abb. 1.5: Geschwindigkeitsabhängigkeit der Giereigenwerte

Man beachte, daß Abb. 1.5 nicht einer Standard-Wurzelortskurve entspricht, da der Parameter v nichtlinear eingeht. Bei einer Geschwindigkeit v_m hat einer der reellen Eigenwerte ein Maximum.

Die Übertragungsfunktionen für (1.2.1) sind

$$\begin{bmatrix} \beta(s) \\ r(s) \end{bmatrix} = \begin{bmatrix} s - a_{11} & -a_{12} \\ -a_{21} & s - a_{22} \end{bmatrix}^{-1} \begin{bmatrix} b_{11} & b_{12} \\ b_{21} & b_{22} \end{bmatrix} \begin{bmatrix} \delta_f(s) \\ \delta_r(s) \end{bmatrix}$$

$$= \frac{1}{a_0 + a_1 s + s^2} \begin{bmatrix} n_{11}(s) & n_{12}(s) \\ n_{21}(s) & n_{22}(s) \end{bmatrix} \begin{bmatrix} \delta_f(s) \\ \delta_r(s) \end{bmatrix} \tag{1.2.8}$$

mit

$$n_{11}(s) = c_f \left(\frac{s}{\tilde{m}v} - \frac{\ell_f}{\tilde{J}} + \frac{c_r \ell_r \ell}{\tilde{J}\tilde{m}v^2} \right)$$

$$n_{12}(s) = c_r \left(\frac{s}{\tilde{m}v} + \frac{\ell_r}{\tilde{J}} + \frac{c_f \ell_f \ell}{\tilde{J}\tilde{m}v^2} \right)$$

$$n_{21}(s) \;=\; \frac{c_f}{\tilde{J}}\left(\ell_f s + \frac{c_r \ell}{\tilde{m} v}\right)$$

$$n_{22}(s) \;=\; \frac{-c_r}{\tilde{J}}\left(\ell_r s + \frac{c_f \ell}{\tilde{m} v}\right)$$

Sowohl im Zustandsmodell (1.2.1) als auch im Übertragungsmodell (1.2.8) werden die folgenden sieben Parameter benutzt: c_f, c_r, $\tilde{m}$, $\tilde{J}$, v, ℓ_f und ℓ_r. Man beachte, daß diese unsicheren Parameter nicht voneinander unabhängig sind. Das Fahrzeug hat z.B. einen festen Radstand

$$\ell = \ell_r + \ell_f \tag{1.2.9}$$

Ebenso sind Trägheitsmoment J und Masse m nicht voneinander unabhängig. Daimler-Benz [49] gibt für einen Stadtomnibus die Daten nach Tabelle 1.1 an.

	Masse m [kg]	Trägheitsmoment J [kg $\cdot$ m^2]
Bus leer	9950	105700
Bus voll	16000	171300

Tabelle 1.1: Daten für den Omnibus O 305

In der Ebene der Parameter m und J in Abb. 1.6 sind die gegebenen Unsicherheitsintervalle durch einen gestrichelten Kasten dargestellt. Offensichtlich können die Betriebsfälle A und B in Abb. 1.6 nicht auftreten und sollten nicht in einem Unsicherheitsmodell enthalten sein. Nimmt man an, daß sich die Passagiere gleichmäßig über den Bus verteilen, dann variieren J und m nur entlang dem Geradenstück zwischen den Ecken *leer* und *voll*. Mit anderen Worten, es gibt nur einen unsicheren Parameter m, der auch in eine bekannte Funktion $J(m)$ eingeht. Das gestrichelte Rechteck in Abb. 1.6 ist eine „Überabschätzung" der Parameterunsicherheit.

Wir vermeiden solche Überabschätzungen und postulieren als **erste Grundregel der robusten Regelung**:

Man verlange Robustheit eines Regelungssystems nur für physikalisch motivierte Parameterwerte und nicht für beliebig angenommene Unsicherheiten des mathematischen Modells.

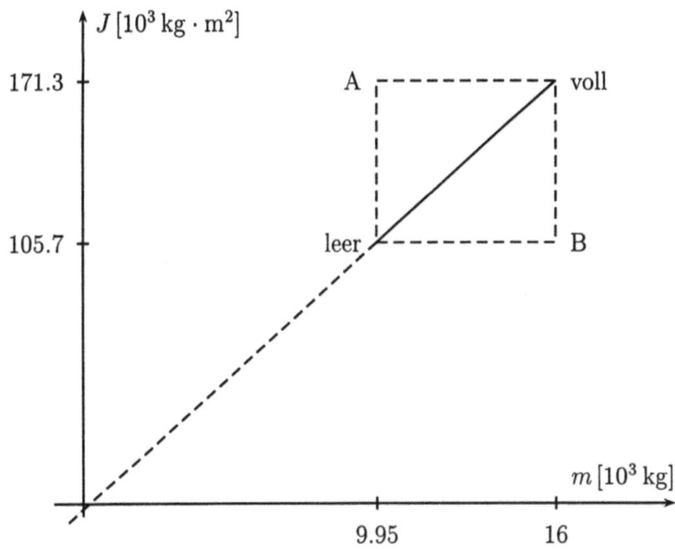

Abb. 1.6: Beziehung zwischen Trägheitsmoment J und Masse m für den Bus O 305

Anmerkung 1.2.   Die gerade Linie durch die Ecken *leer* und *voll*, Abb. 1.6, geht (fast genau) durch den Ursprung. Ihre Steigung ist i^2, wobei i als „Trägheitsradius" bezeichnet wird, siehe [130], also

$$J = i^2 m \tag{1.2.10}$$

Für den Bus O 305 erhält man $i = 3.29\,[\mathrm{m}]$. Üblicherweise wird der Trägheitsradius durch den Radstand skaliert, d.h. hier $\ell = 5.60\,[\mathrm{m}]$ und $i/\ell = 0.59$. Im Interesse einer guten Manövrierbarkeit hat der Bus im Verhältnis zur Fahrzeuglänge einen besonders kurzen Radstand. Für 31 Autos, die in [130] untersucht wurden, liegt der skalierte Trägheitsradius i/ℓ im Intervall $[0.43\,;\,0.53]$. $\qquad\square$

Die Unsicherheit in $\tilde{m} = m/\mu$ und $\tilde{J} = J/\mu$ erfaßt zugleich die Unsicherheit des Kraftschlußkoeffizienten μ, siehe (A.2.6). Deshalb kann die virtuelle Masse durchaus um einen Faktor 10 variieren. Für die Geschwindigkeit kann der Faktor v_{max}/v_{min} sogar noch größer sein, abhängig von der Minimalgeschwindigkeit v_{min}, für die ein robustes Regelungssystem arbeiten muß. (Man beachte, daß das Fahrzeug für $v = 0$ nicht steuerbar ist.)

1.3 Automatische Fahrzeuglenkung

Der Fahrer eines Autos plant seine Bahn auf Sichtweite voraus und regelt die seitliche Abweichung des Fahrzeugs von der geplanten Bahn durch Lenkbewegungen aus. In einem automatischen Lenksystem wird diese Bahnverfolgungsaufgabe automatisiert. Ein Leitkabel in der Straße kann die Rolle der geplanten Bahn übernehmen. Das

Magnetfeld des Leitkabels wird durch einen Sensor am Bug des Fahrzeugs gemessen, so daß die seitliche Abweichung des Sensors vom Leitkabel bestimmt werden kann. Diese Abweichung wird durch die Rückführung auf die Lenkmotoren klein gehalten. Die Referenzbahn kann auch durch permanent-magnetische Nägel in der Straße markiert sein oder die Bahn wird aufgrund eines Fernsehbildes generiert [55]. Automatische Lenksysteme für Stadtomnibusse sind in Deutschland von Daimler-Benz [49] und MAN [162] entwickelt worden. Sie können kostensparend eingesetzt werden, indem sie auf separaten Fahrwegen fahren, die aufgrund der automatischen Lenkung billiger gebaut werden können (z.B. Tunnels, Brücken).

Separate Fahrspuren für die automatische Spurführung entsprechend ausgestatteter Autos werden auch für das Umfeld großer Städte diskutiert. Dabei wird die automatische Lenkung mit der automatischen Abstandshaltung kombiniert. Das Ziel ist es, Züge von z.B. 20 Autos zu bilden, die in einem Abstand von 1 [m] voneinander auf einer schmalen Spur fahren können. Dies stellt eine Alternative zum Bau von immer mehr Fahrspuren dar [170].

Für die Untersuchung der automatischen Lenkung muß zunächst das Modell der Lenkdynamik erweitert werden. Es muß nicht nur die Geschwindigkeiten, sondern auch Fahrzeugrichtung und seitliche Ablage des Sensors von der Referenzbahn berücksichtigen. Der Einfachheit halber wird dieses erweiterte Modell als lineares Modell hergeleitet, das nur für kleine Abweichungen von der stationären Kreisfahrt gilt. Es wird angenommen, daß die Referenzbahn aus Kreisbögen besteht. Abb. 1.7 zeigt den Übergang von einem Kreisbogen mit dem Radius R_1 und dem Mittelpunkt M_1 auf einen Kreisbogen mit dem Radius R_2 und dem Mittelpunkt M_2. Beim Übergang der Kreisbögen ist die Tangentenrichtung stetig. Es ergibt sich jedoch eine sprungförmige Änderung der Führungsgröße von $R_{ref} = R_1$ auf $R_{ref} = R_2$. Für gerade Streckenabschnitte ist der Kreisradius unendlich. Es ist praktischer, die Bahnkrümmung $\rho_{ref} := 1/R_{ref}$ als die Eingangsgröße einzuführen, die die Referenzbahn erzeugt. Die Krümmung ist positiv für die in Abb. 1.7 dargestellte Linkskurve und negativ für eine Rechtskurve.

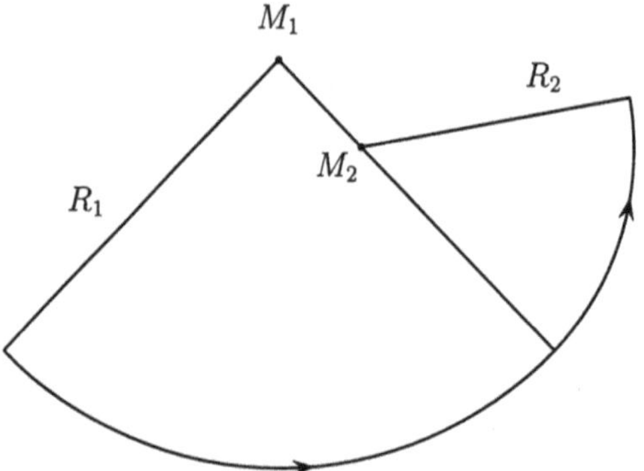

Abb. 1.7: Die Referenzbahn besteht aus Kreisbögen mit stetigem Übergang

Die Fahrzeugbewegung in der stationären Kreisfahrt wird nun für kleine Abweichungen von der Referenzbahn modelliert, siehe Abb. 1.8. Die radiale Linie vom Bahnzentrum M durch den Fahrzeugschwerpunkt schneidet die Referenzbahn bei einem Punkt z_{ref}. Der

Abstand zwischen z_{ref} und dem Schwerpunkt wird als y_{CG} bezeichnet. Abb. 1.8 zeigt ein inertialfestes Koordinatensystem x_0, y_0 und ein fahrzeugfestes Koordinatensystem x, y, das um den Gierwinkel ψ gedreht ist. Die Tangente an die Referenzbahn bei z_{ref} (als $\vec{v}_t$ bezeichnet) ist um einen Sollgierwinkel ψ_t gegenüber x_0 gedreht.

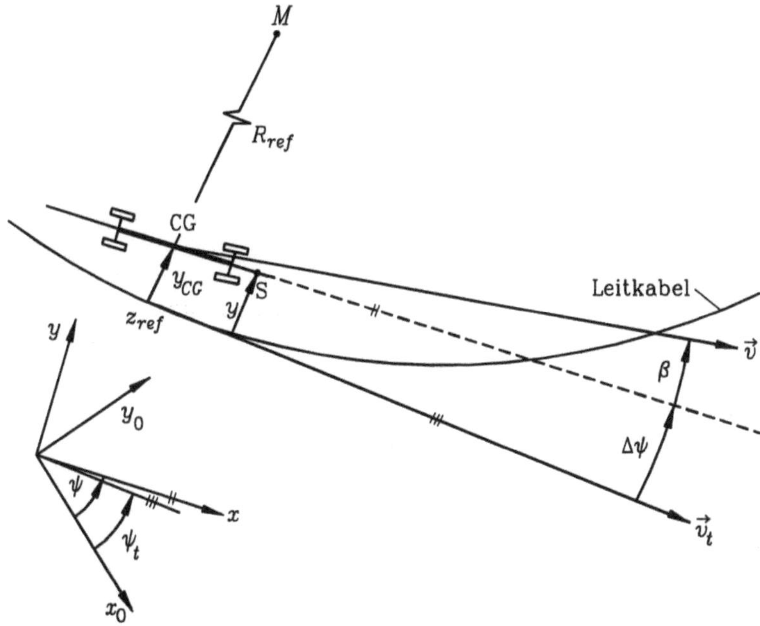

Abb. 1.8: Fahrzeugrichtung und gemessene Abweichungen vom Leitkabel bei der stationären Kreisfahrt

Es wird nun ein Modell für die Änderungsgeschwindigkeit von y_{CG} entwickelt. Sie ist gleich der Komponente der Fahrgeschwindigkeit $\vec{v}$, die senkrecht zu $\vec{v}_t$ ist. Diese senkrechte Komponente ist $v\sin(\beta+\Delta\psi)$, wobei β der Schwimmwinkel ist. $\Delta\psi := \psi-\psi_t$ ist der Winkel zwischen der Bahntangente bei z_{ref} und der Fahrzeuglängsrichtung, siehe Abb. 1.8.

Mit der Linearisierung $\sin(\beta + \Delta\psi) \approx \beta + \Delta\psi$ wird die Änderungsgeschwindigkeit von y_{CG}

$$\dot{y}_{CG} = v(\beta + \Delta\psi) \tag{1.3.1}$$

Tatsächlich ist der Sensor S nicht im Schwerpunkt montiert, sondern in einem Abstand ℓ_s davor, wobei $\ell_s \ll R_{ref}$. Die gemessene Abweichung y vom Leitkabel ändert sich nun sowohl mit $\dot{y}_{CG}$ als auch unter dem Einfluß der Giergeschwindigkeit $r = \dot{\psi}$. Die Änderungsgeschwindigkeit der gemessenen Ablage vom Leitkabel ist

$$\dot{y} = v(\beta + \Delta\psi) + \ell_s r \tag{1.3.2}$$

In $\dot{y}$ gehen die drei Variablen β, r und $\Delta\psi$ ein. Dabei ergeben sich β und r aus dem Modell (1.2.1) der Lenkdynamik. Den Winkel $\Delta\psi$ erhält man durch Integration seiner

Ableitung

$$\Delta\dot\psi \;=\; \dot\psi - \dot\psi_t$$
$$=\; r - r_{st}$$

Der Term r_{st} ist die Giergeschwindigkeit der Bahntangente, d.h. $r_{st} = v/R_{ref} = v\rho_{ref}$ in der stationären Kreisfahrt. Also

$$\Delta\dot\psi = r - v\rho_{ref} \tag{1.3.3}$$

Kombiniert man (1.2.1), (1.3.2) und (1.3.3), so erhält man das erweiterte Zustandsmodell

$$\begin{bmatrix} \dot\beta \\ \dot r \\ \Delta\dot\psi \\ \dot y \end{bmatrix} = \begin{bmatrix} a_{11} & a_{12} & 0 & 0 \\ a_{21} & a_{22} & 0 & 0 \\ 0 & 1 & 0 & 0 \\ v & \ell_s & v & 0 \end{bmatrix} \begin{bmatrix} \beta \\ r \\ \Delta\psi \\ y \end{bmatrix} - \begin{bmatrix} 0 \\ 0 \\ v \\ 0 \end{bmatrix}\rho_{ref} + \begin{bmatrix} b_{11} & b_{12} \\ b_{21} & b_{22} \\ 0 & 0 \\ 0 & 0 \end{bmatrix} \begin{bmatrix} \delta_f \\ \delta_r \end{bmatrix} \tag{1.3.4}$$

Zusätzlich zu den Eigenwerten von (1.2.1) tritt ein doppelter Eigenwert bei $s^2 = 0$ auf. Die Referenzbahnkrümmung ist ein zusätzlicher Eingang des Systems. Der Übergang auf einen neuen Krümmungsradius entspricht einem Sprungeingang ρ_{ref}. Abb. 1.9 illustriert (1.3.4) in Form eines Blockdiagramms.

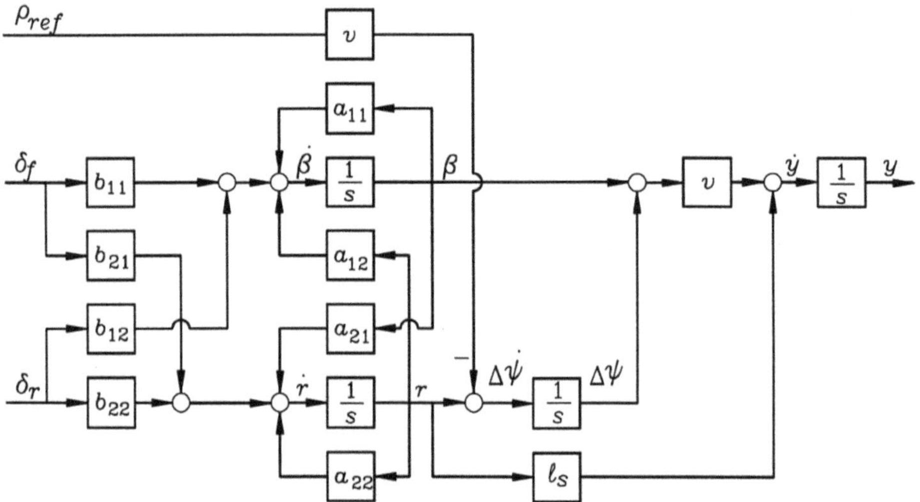

Abb. 1.9: Blockdiagramm eines automatischen Lenkregelungssystems mit Bahnkrümmung ρ_{ref}

Die Übertragungsfunktionen von den Lenkwinkeln δ_f, δ_r zur gemessenen Ablage vom Leitkabel y genügen der Gleichung

$$y(s) = \frac{1}{(a_0 + a_1 s + s^2)s^2} \begin{bmatrix} n_f(s) & n_r(s) \end{bmatrix} \begin{bmatrix} \delta_f(s) \\ \delta_r(s) \end{bmatrix} \tag{1.3.5}$$

wobei a_0 und a_1 in (1.2.2) gegeben sind und

$$n_f(s) = v[sn_{11}(s) + n_{21}(s)] + \ell_s sn_{21}(s)$$
$$n_r(s) = v[sn_{12}(s) + n_{22}(s)] + \ell_s sn_{22}(s)$$

durch (1.2.8) und (1.3.4) bestimmt sind.

In späteren Kapiteln werden wir auf den Entwurf eines robusten automatischen Lenkregelungssystems für einen frontgelenkten Bus zurückkommen. Der vordere Lenkwinkel δ_f wird durch ein integrierendes Stellglied (z.B. hydraulischer oder elektrischer Aktuator ohne Positionsrückführung) erzeugt, d.h.

$$\dot{\delta}_f = u_f \qquad (1.3.6)$$

Damit wird die Streckenübertragungsfunktion

$$g(s) = \frac{y(s)}{u_f(s)} = \frac{n_f(s)}{(a_0 + a_1 s + s^2)s^3} \qquad (1.3.7)$$

$$n_f(s) = \frac{c_f}{\tilde{m}}\left[(1 + \frac{\ell_s \ell_f}{i^2})s^2 + \frac{c_r\ell(\ell_r + \ell_s)}{i^2 \tilde{m} v}s + \frac{c_r\ell}{i^2 \tilde{m}}\right] \qquad (1.3.8)$$

mit a_0 und a_1 nach (1.2.2). Multiplikation von Zähler und Nenner mit $i^2\tilde{m}^2v^2$ ergibt

$$\begin{aligned}
g(s) &= \frac{c_f v(e_0 + e_1 s + e_2 s^2)}{(d_0 + d_1 s + d_2 s^2)s^3} \qquad (1.3.9)\\
e_0 &= c_r\ell v\\
e_1 &= c_r\ell(\ell_r + \ell_s)\\
e_2 &= (i^2 + \ell_s\ell_f)\tilde{m}v\\
d_0 &= c_f c_r\ell^2 + (c_r\ell_r - c_f\ell_f)\tilde{m}v^2\\
d_1 &= \left[(c_f + c_r)i^2 + (c_f\ell_f^2 + c_r\ell_r^2)\right]\tilde{m}v\\
d_2 &= i^2\tilde{m}^2v^2
\end{aligned}$$

Die Zähler- und Nennerkoeffizienten der Streckenübertragungsfunktion (1.3.9) enthalten die Terme $v, v^2, \tilde{m}v, \tilde{m}v^2$ und $\tilde{m}^2v^2$.

1.4 Ein Flugregelungsproblem

Modelle der Flugzeugdynamik findet man in Standardreferenzen der Flugzeugdynamik und -regelung, z.B. [61,126,161]. Als Starrkörper behandelt, hat ein Flugzeug sechs Bewegungsfreiheitsgrade: die drei Schwerpunktskoordinaten und die drei Drehwinkel für Rollen, Gieren und Nicken. Im stationären Flug können zwei Teilsysteme als entkoppelt betrachtet werden:

1. die Längsdynamik in den Freiheitsgraden Nicken, Höhe und Position in Längsrichtung,

2. die Querdynamik in den Freiheitsgraden Rollen, Gieren und seitlicher Position.

Als Beispiel wird hier das erste Teilsystem betrachtet. Es ist durch eine langsame
Schwingung des Schwerpunkts um die Bahn (Phygoide) und die wesentlich schnellere
Nickbewegung des Flugzeugrumpfs um den Schwerpunkt gekennzeichnet. Die letztere
wird als „kurzperiodische Anstellwinkelschwingung" bezeichnet. Wir untersuchen hier
nur die letztgenannte Bewegungsform. Sie kann mit einem Kreisel für die Nickgeschwindigkeit und einem Beschleunigungsmesser für die Normalbeschleunigung gemessen und
durch das Höhenruder gesteuert werden. Untersucht wird das Hochleistungsflugzeug
F4-E nach Abb. 1.10.

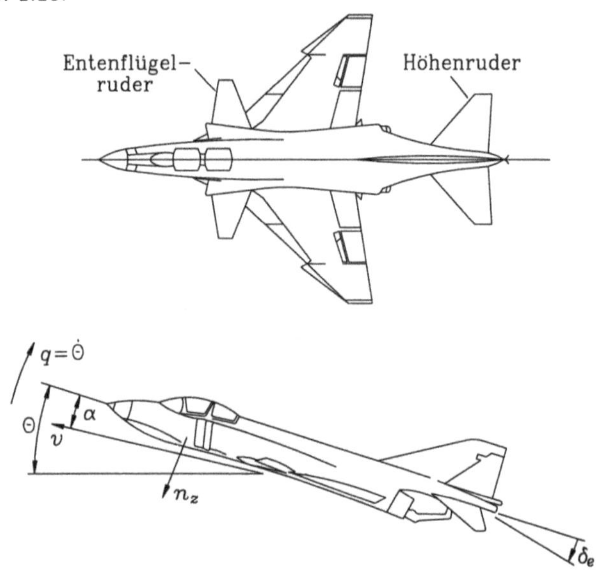

Abb. 1.10: Hochleistungsflugzeug F4-E

Eine F4-E Phantom wurde zu einem Experimentalflugzeug umgebaut. Dabei wurde
durch zusätzliche horizontale Entenflügel (Canards) die Manövrierfähigkeit erhöht. Dies
geht jedoch auf Kosten der Stabilität der Längsbewegung. Die kurzperiodische Anstellwinkelschwingung ist instabil im Unterschallflug und nur schwach gedämpft im Überschallflug.

Untersucht wird hier nur die Stabilisierung der kurzperiodischen Anstellwinkelschwingung, durch die das Flugzeug für den Piloten beherrschbar wird.

Für kleine Abweichungen von einem stationären Flugzustand (d.h. konstante Höhe und
Geschwindigkeit, kleine Anstellwinkel α) können die Bewegungsgleichungen linearisiert
werden. Als Zustandsgrößen wurden hier nicht, wie in der Flugmechanik üblich, Anstellwinkel α und Nickwinkelgeschwindigkeit q benutzt. Die Zustandsgleichungen wurden vielmehr auf die Größen q und Normalbeschleunigung n_z umgerechnet, da diese

beiden Größen gemessen werden und damit der Entwurf auf Robustheit gegen Ausfall des Beschleunigungsmessers [4, 68] übersichtlicher wird. In das Modell aufgenommen wurde die Stellglieddynamik des Höhenruder- und Canard-Antriebs als Tiefpaß mit der Übertragungsfunktion $14/(s + 14)$. Seine Zustandsgröße ist δ_e, die Abweichung des Höhenruderausschlags von seiner Trimmposition. δ_e wird nicht zur Rückführung verwendet, da dies eine Schätzung der Trimmposition voraussetzen würde. Mit dem Zustandsvektor

$$\boldsymbol{x} = [n_z \ q \ \delta_e]^T \tag{1.4.1}$$

lauten die linearisierten Bewegungsgleichungen

$$\dot{\boldsymbol{x}} = \boldsymbol{A}\boldsymbol{x} + \boldsymbol{b}u$$

$$\boldsymbol{A} = \begin{bmatrix} a_{11} & a_{12} & a_{13} \\ a_{21} & a_{22} & a_{23} \\ 0 & 0 & -14 \end{bmatrix}, \quad \boldsymbol{b} = \begin{bmatrix} b_1 \\ 0 \\ 14 \end{bmatrix} \tag{1.4.2}$$

Das Modell (1.4.2) basiert auf einigen vereinfachenden Annahmen.

a) Im stationären Flug werden Höhenruder (δ_e) und Entenflügelruder (δ_c) nicht unabhängig voneinander benutzt, die beiden Stellgrößen sind gekoppelt durch

$$\begin{aligned} \delta_{ecom} &= u \\ \delta_{ccom} &= -0.7u \end{aligned} \tag{1.4.3}$$

Der Faktor -0.7 wurde im Hinblick auf den minimalen Luftwiderstand gewählt. Deswegen hat das System (1.4.2) nur einen Eingang u.

b) Strukturschwingungen sind in dieses Modell nicht aufgenommen worden, die Bandbreite des Regelkreises für die Starrkörperfreiheitsgrade sollte jedoch deutlich unterhalb der ersten Strukturschwingungsfrequenz von 85 [rad/sec] begrenzt werden, um diese nicht anzuregen.

Die Flugzustände (FC), die dieses Flugzeug stationär fliegen kann, sind im Höhen-Machzahl-Diagramm Abb. 1.11 durch eine Einhüllende dargestellt. Sie werden hier repräsentiert durch die vier eingetragenen typischen Flugzustände.

Zahlenwerte für die vier Flugzustände wurden aus [36] entnommen und wurden für das Modell (1.4.2) umgerechnet. Sie sind zusammen mit den Eigenwerten s_1, s_2 in Tabelle 1.2 zusammengestellt. Der dritte Eigenwert von (1.4.2) liegt bei $s_3 = -14$.

1.5 Schreibweisen für unsichere Regelstrecken

In Kapitel 1 wurden einige Beispiele von Regelstrecken mit unsicheren reellen Parametern $\boldsymbol{q} = [q_1 \ q_2 \ \ldots \ q_\ell]^T$ eingeführt. Bei der Verladebrücke wurden drei unsichere

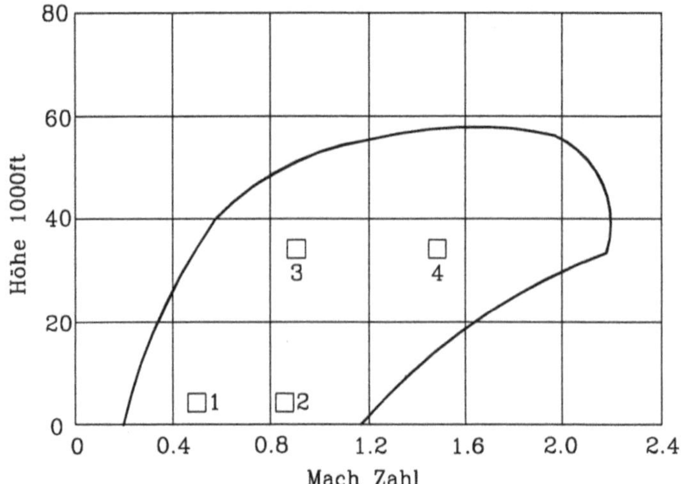

Abb. 1.11: Einhüllende der möglichen Flugzustände und vier repräsentative Fälle

Parameter berücksichtigt, nämlich $q_1 = \ell$, $q_2 = m_L$ und $q_3 = m_C$. Für das Auto wurden $q_1 = v$, $q_2 = \tilde{m} = m/\mu$ eingeführt und beim Flugregelungsproblem sind die unsicheren Parameter $q_1 = $ Machzahl und $q_2 = $ Flughöhe.

Die Abhängigkeit des Zustandsmodells von dem Vektor $\boldsymbol{q}$ der unsicheren Parameter wird allgemein geschrieben als

$$\begin{aligned}
\dot{\boldsymbol{x}}(t) &= \boldsymbol{A}(\boldsymbol{q})\boldsymbol{x}(t) + \boldsymbol{B}(\boldsymbol{q})\boldsymbol{u}(t) \\
\boldsymbol{y}(t) &= \boldsymbol{C}(\boldsymbol{q})\boldsymbol{x}(t)
\end{aligned} \tag{1.5.1}$$

Die Schreibweise für die $\boldsymbol{q}$-Abhängigkeit eines Übertragungsmodells ist

$$\boldsymbol{y}(s) = \boldsymbol{G}(s, \boldsymbol{q})\boldsymbol{u}(s) \tag{1.5.2}$$

Wenn $\boldsymbol{q}$ nicht weiter spezifiziert wird, heißen (1.5.1) und (1.5.2) „unsichere parametrische Modelle der Regelstrecke". Wenn eine Menge zulässiger Parameter Q gegeben ist, dann wird (1.5.1) bzw. (1.5.2) mit $\boldsymbol{q} \in Q$ als „Familie von Regelstrecken" bezeichnet. Ein Beispiel für Q ist die Flugenveloppe nach Abb. 1.11. Bei manchen Problemen wird Q nur durch einige Betriebsfälle $\boldsymbol{q}^{(j)} \in Q$ repräsentiert, d.h.

$$\begin{aligned}
\dot{\boldsymbol{x}} &= \boldsymbol{A}^{(j)}\boldsymbol{x} + \boldsymbol{B}^{(j)}\boldsymbol{u} , \quad j = 1, 2, \ldots, J \\
\boldsymbol{y} &= \boldsymbol{C}^{(j)}\boldsymbol{x}
\end{aligned} \tag{1.5.3}$$

wobei

$$\boldsymbol{A}^{(j)} := \boldsymbol{A}(\boldsymbol{q}^{(j)}), \quad \boldsymbol{B}^{(j)} := \boldsymbol{B}(\boldsymbol{q}^{(j)}), \quad \boldsymbol{C}^{(j)} := \boldsymbol{C}(\boldsymbol{q}^{(j)}) \tag{1.5.4}$$

Alternativ benutzt man die Beschreibung als Familie von Übertragungsfunktionen

$$\boldsymbol{G}^{(j)}(s) = \boldsymbol{C}^{(j)}(s\boldsymbol{I} - \boldsymbol{A}^{(j)})^{-1}\boldsymbol{B}^{(j)}, \quad j = 1, 2, \ldots, J \tag{1.5.5}$$

	FC 1	FC 2	FC 3	FC 4
Mach	0.5	0.85	0.9	1.5
Flughöhe (Fuß)	5000	5000	35000	35000
a_{11}	-0.9896	-1.702	-0.667	-0.5162
a_{12}	17.41	50.72	18.11	26.96
a_{13}	96.15	263.5	84.34	178.9
a_{21}	0.2648	0.2201	0.08201	-0.6896
a_{22}	-0.8512	-1.418	-0.6587	-1.225
a_{23}	-11.39	-31.99	-10.81	-30.38
b_1	-97.78	-272.2	-85.09	-175.6
s_1	-3.07	-4.90	-1.87	$-0.87 \pm \mathrm{j}4.3$
s_2	1.23	1.78	0.56	

Tabelle 1.2: Modelldaten für ein Flugzeug F4-E für vier typische Flugzustände. Die Eigenwerte s_1 und s_2 ergeben sich aus $(s - a_{11})(s - a_{22}) - a_{12}a_{21} = 0$

Jetzt werden (1.5.3) bzw. (1.5.5) als „endliche Familie von Regelstrecken" bezeichnet.

Bei vielen praktischen Problemen ist die Annahme gerechtfertigt, daß die unsicheren Parameter q_i stückweise konstant oder im Vergleich zu der Systemdynamik langsam veränderlich sind. Die Lastmasse einer Verladebrücke ist während eines Transportvorgangs konstant. Sie kann einmal die Masse des leeren Lasthakens sein, beim nächsten Mal gleich der Tragkraft der Verladebrücke. Die Fahrgeschwindigkeit des Autos ändert sich langsam im Verhältnis zur Periode der Gierschwingung. Die Schräglaufsteifigkeit kann sich schlagartig ändern, wenn das Fahrzeug z.B. auf eine vereiste Brücke kommt. Hier betrachtet man ein neues dynamisches System mit konstanten Parametern und Anfangsbedingungen, die über den Endzustand des vorher betrachteten Systems ererbt werden. Wir nehmen an, daß die Parameter konstant aber unbekannt sind. Häufig kann die Unsicherheit eines Parameters q_i durch seine unteren und oberen Grenzen q_i^- und q_i^+ beschrieben werden. Man schreibt

$$q_i \in [q_i^-\,;\,q_i^+] \qquad (1.5.6)$$

Der Parameter q_i wird dann als „Intervallparameter" bezeichnet. Das häufigste Beispiel eines Betriebsbereichs ist das Hyperrechteck (Parameterbox)

$$Q = \left\{ \boldsymbol{q} \mid q_i \in [q_i^-\,;\,q_i^+],\ i = 1, 2, \ldots, \ell \right\} \qquad (1.5.7)$$

Für $\ell = 2$ Parameter wird die Box durch Abb. 1.12 illustriert.

In diesem Buch wird fast ausschließlich die Parameterbox (1.5.7) behandelt, nur die Ausnahmefälle sind entsprechend gekennzeichnet.

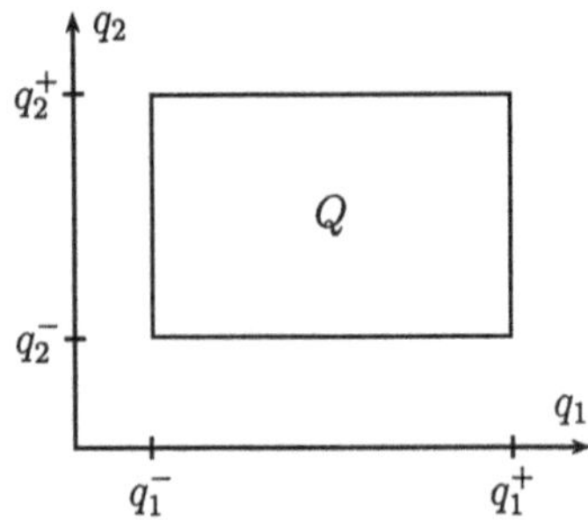

Abb. 1.12: Der Betriebsbereich Q für zwei unabhängige Parameter q_1 und q_2

1.6 Übungen

1.1. a) Leiten Sie das Modell (1.1.1) der Verladebrücke her.
b) Nehmen Sie nun an, daß sich die Seillänge während eines Transportvorgangs ändert. Welche zusätzlichen Terme treten in dem Modell mit dem zusätzlichen Eingang ℓ auf?

1.2. Leiten Sie die Zustandsgleichungen für das „invertierte Pendel" her. Es entspricht der Verladebrücke, wobei das Seil durch einen masselosen Stab ersetzt wird. Die Lastmasse m_L kann in einem beliebigen Abstand ℓ vom Gelenk angebracht werden. In der Gleichgewichtslage ist die Lastmasse senkrecht über dem Fahrzeug. Wie lautet die Übertragungsfunktion von der Kraft u am Fahrzeug zur Position des Fahrzeugs?

1.3. Schreiben Sie das Modell der Lenkdynamik von Autos um, indem Sie die Quergeschwindigkeit $v_y = v \sin \beta \approx v\beta$ anstelle des Schwimmwinkels β als Zustandsgröße einführen. Vergleichen Sie den Typ der Koeffizientenfunktionen der Elemente von $\boldsymbol{A}$ und $\boldsymbol{B}$ mit der Darstellung (1.2.1).

1.4. Zeichnen Sie das Pol- und Nullstellengebiet für einen Stadtomnibus O 305 (siehe (1.3.9)) mit den Daten aus Tabelle 1.3. Der Unsicherheitsbereich der virtuellen Masse $\tilde{m}$ resultiert aus der Unsicherheit der Fahrzeugmasse im Intervall $[9950\,;16000]\,[\text{kg}]$ und einem Kraftschlußkoeffizienten (zwischen Reifen und Straßenoberfläche) $\mu \in [0.5\,;1]$.

$$\ell_f \;=\; 3.67\,[\mathrm{m}],$$

$$\ell_r \;=\; 1.93\,[\mathrm{m}],$$

$$\ell_s \;=\; 6.12\,[\mathrm{m}],$$

$$c_f \;=\; 198000\,[\mathrm{N/rad}],$$

$$c_r \;=\; 470000\,[\mathrm{N/rad}],$$

$$v \;\in\; [1\,;\,20]\,[\mathrm{ms}^{-1}],$$

$$\tilde{m} \;\in\; [9950\,;\,32000]\,[\mathrm{kg}],$$

$$\tilde{J} \;=\; i^2\tilde{m},\;\; i^2 = 10.85\,[\mathrm{m}^2]$$

Tabelle 1.3: Daten für den Stadtomnibus O 305

2 Regelungssystem-Strukturen

Den Beispielen aus Kapitel 1 ist gemeinsam, daß die Regelstrecke im Betriebsbereich Q schwach gedämpft oder sogar instabil ist. Eine primäre Aufgabe des Regelungssystems ist daher die Stabilisierung mit ausreichender Dämpfung für alle Betriebszustände $q \in Q$. Da die Eigenwerte durch eine Steuerung nicht verändert werden können, benötigen wir eine Rückführungsstruktur. Abb. 2.1 zeigt ein Beispiel eines Regelungssystems mit einer Streckenfamilie $G(s, Q) = \{g(s, q)|\ q \in Q\}$, einem Kompensator (oder Regler) $c(s)$ im geschlossenen Kreis und einem Vorfilter $f(s)$.

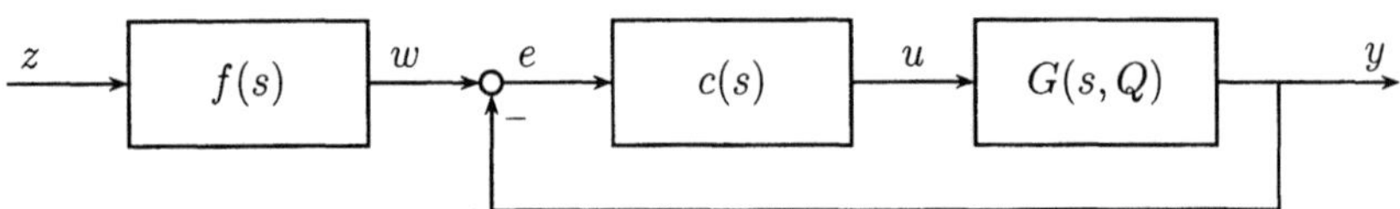

Abb. 2.1: Regelungssystem mit einer Streckenfamilie $G(s, Q)$

Dieses Buch befaßt sich primär mit der Analyse des geschlossenen Kreises mit dem Eingang w und dem Ausgang y und mit dem Entwurf eines Kompensators $c(s)$. In diesem Kreis müssen die ungünstigen Auswirkungen der Unsicherheit von q durch einen robusten Entwurf vermindert werden.

Anmerkung 2.1. Ein weiterer Grund für die Verwendung einer Rückführungsstruktur ist, daß der Kompensator $c(s)$ den Effekt von nicht modellierten Unsicherheiten und von Störungen, die auf die Regelstrecke einwirken, reduzieren kann. □

Ein wesentlicher Unterschied zwischen dem klassischen Problem der Stabilisierung einer bekannten Regelstrecke und der robusten Stabilisierung einer Streckenfamilie $G(s, Q)$ soll durch das folgende Beispiel illustriert werden.

Beispiel 2.1. Wir untersuchen die folgende Streckenfamilie

$$g^{(1)}(s) = \frac{1}{s - 1}, \quad g^{(2)}(s) = \frac{-1}{s - 1} \tag{2.0.1}$$

und nehmen proportionale Rückführung $c(s) = k$ an. Offensichtlich kann $g^{(1)}(s)$ mit $k > 1$ stabilisiert werden, und $g^{(2)}(s)$ mit $k < -1$, es existiert aber kein k, das beide

Strecken simultan stabilisiert. Nehmen wir nun einen Kompensator $c(s) = (c_0 + c_1 s + \ldots + c_m s^m)/(d_0 + d_1 s + \ldots + d_m s^m)$ an und schreiben die Streckenfamilie $g(s,q) = q/(s-1), q \in \{1, -1\}$, dann sind die Koeffizienten des charakteristischen Polynoms des geschlossenen Kreises

$$
\begin{aligned}
a_0 &= c_0 q - d_0 \\
a_1 &= c_1 q + d_0 - d_1 \\
&\vdots \\
a_m &= c_m q + d_{m-1} - d_m \\
a_{m+1} &= d_m
\end{aligned}
$$

Die notwendigen Stabilitätsbedingungen $a_i > 0$, $i = 0, 1, \ldots, m$, erfordern $d_i < 0$, $i = 0, 1, \ldots, m$, die letzte Bedingung $d_m < 0$ widerspricht jedoch der notwendigen Stabilitätsbedingung $a_{m+1} > 0$. Das heißt, die beiden Regelstrecken (2.0.1) können durch keinen linearen Kompensator simultan stabilisiert werden. $\qquad\square$

Aus dem Beispiel ergibt sich eine fundamentale Frage der robusten Regelung: Gegeben sei eine Streckenfamilie $G(s,Q)$. Existiert ein fester Kompensator $c(s)$, der die Streckenfamilie stabilisiert?

Leider ist die vollständige Antwort auf diese Frage bis heute nicht bekannt. Im streng wissenschaftlichen Sinne ist es daher voreilig, systematische Methoden zur Bestimmung robuster Kompensatoren entwickeln zu wollen. Andererseits sind viele Regelungssysteme in Betrieb, die eine bemerkenswerte Robustheit gegenüber Unsicherheit in den Parametern q_i zeigen, und es besteht ein praktischer Bedarf, solche Systeme zu analysieren und zu entwerfen. Schließlich gibt es guten Grund zu der Annahme, daß praktische Beispiele, wie sie in Kapitel 1 beschrieben werden, nicht solche häßlichen Eigenschaften wie die Vorzeichenumkehr in Beispiel 2.1 haben. Wir müssen aber derzeit damit leben, daß der Ansatz einer Reglerstruktur mehr eine Kunst als eine Wissenschaft ist.

In diesem Kapitel werden Reglerstrukturen für die Beispiele aus Kapitel 1 behandelt. Verschiedene Reglerstrukturen werden angenommen und das charakteristische Polynom des geschlossenen Kreises wird als Funktion der Streckenparameter und der freien Reglerparameter aufgestellt. Derartige unsichere Polynome werden in späteren Kapiteln analysiert.

2.1 Robuste Steuerbarkeit und Beobachtbarkeit

Es wird vorausgesetzt, daß der Leser mit den Begriffen Steuerbarkeit und Beobachtbarkeit von linearen Zustandsmodellen vertraut ist, siehe z.B. [99]. Im parameterabhängigen Fall sind wir besonders an Betriebsfällen q interessiert, für die diese Eigenschaften verlorengehen. Die Steuerbarkeits- und Beobachtbarkeitsbedingungen werden rekapituliert und auf einige Beispiele angewendet. Wir untersuchen eine Streckenfamilie in

Zustandsform

$$\dot{x} \;=\; A(q)x + B(q)u$$

$$y \;=\; C(q)x$$

(2.1.1)

mit $q \in Q$. Das Paar $(A(q), B(q))$ ist robust steuerbar, wenn

$$\mathrm{Rang}\,[\,B(q) \quad A(q)B(q) \quad \dots \quad A^{n-1}(q)B(q)\,] = n \ \text{für alle}\ q \in Q \qquad (2.1.2)$$

Beispiel 2.2. Die Steuerbarkeitsmatrix des Krans ist nach (1.1.6)

$$\begin{bmatrix} b & Ab & A^2b & A^3b \end{bmatrix} = \begin{bmatrix} 0 & b_2 & 0 & b_4 a_{23} \\ b_2 & 0 & b_4 a_{23} & 0 \\ 0 & b_4 & 0 & b_4 a_{43} \\ b_4 & 0 & b_4 a_{43} & 0 \end{bmatrix} \qquad (2.1.3)$$

(Zur Schreibvereinfachung wurde die Abhängigkeit von q nicht ausgeschrieben.) Die
Determinante der Steuerbarkeitsmatrix ist

$$\mathrm{Det}\,[b \quad Ab \quad A^2b \quad A^3b] = b_4^2 (b_2 a_{43} - b_4 a_{23})^2 \qquad (2.1.4)$$

Sie verschwindet für

$$b_4 = -1/m_C \ell = 0$$

und für

$$b_2 a_{43} - b_4 a_{23} = -g/m_C \ell = 0$$

Die Steuerbarkeit geht nur in der Schwerelosigkeit verloren. $\square$

Beispiel 2.3. Für die Vorderradlenkung des Autos (1.2.1) lautet die Steuerbarkeitsmatrix

$$[b \quad Ab] = \begin{bmatrix} b_{11} & a_{11}b_{11} + a_{12}b_{21} \\ b_{21} & a_{21}b_{11} + a_{22}b_{21} \end{bmatrix}$$

und ihre Determinante ist

$$\begin{aligned}
\mathrm{Det}\,[b \quad Ab] &= b_{11}(a_{21}b_{11} + a_{22}b_{21}) - b_{21}(a_{11}b_{11} + a_{12}b_{21}) \\
&= \frac{c_f^2}{\tilde{m}^2 \tilde{J}^2 v^2}\left\{ \ell_f^2 \tilde{m}^2 v^2 + \ell c_r \tilde{J} - \ell_f \ell_r \ell c_r \tilde{m} \right\}
\end{aligned} \qquad (2.1.5)$$

Die Steuerbarkeit geht verloren für $c_f = 0$ und bei einer Geschwindigkeit v_{nc}, wobei

$$v_{nc}^2 = \frac{\ell c_r (\ell_f \ell_r \tilde{m} - \tilde{J})}{\ell_f^2 \tilde{m}^2} \qquad (2.1.6)$$

für $\tilde{J} > \tilde{m}\ell_f\ell_r$ erhält man einen imaginären Wert v_{nc}, der ohne praktische Bedeutung
ist. Falls jedoch

$$\tilde{J} < \tilde{m}\ell_f\ell_r \qquad (2.1.7)$$

dann geht die Steuerbarkeit bei einer reellen Geschwindigkeit verloren. Setzt man
$v^2 = v_{nc}^2$ in a_0 nach (1.2.2) ein und nimmt (2.1.7) an, dann erhält man $a_0 > 0$. Da
auch $a_1 > 0$, ist der nicht steuerbare Eigenwert stabil. Die Lenkdynamik ist also robust
stabilisierbar, aber nicht robust steuerbar. $\square$

Beispiel 2.4. Untersucht wird nun die konvexe Kombination der beiden Regelstrecken von Beispiel 2.1, d.h.

$$g(s,q) = \frac{q}{s-1}, \quad q \in [-1;1] \tag{2.1.8}$$

Der instabile Eigenwert ist für $q = 0$ nicht steuerbar oder nicht beobachtbar. Also ist die Streckenfamilie nicht stabilisierbar.   □

Das Paar $(C(q),\ A(q))$ ist robust beobachtbar, wenn

$$\text{Rang} \begin{bmatrix} C(q) \\ C(q)A(q) \\ \vdots \\ C(q)A^{n-1}(q) \end{bmatrix} = n \text{ für alle } q \in Q \tag{2.1.9}$$

Beispiel 2.5. Die Beobachtbarkeitsmatrix des Krans mit Ausgang $y_1 = c^T x = [1\ 0\ 0\ 0]x$ ist

$$\begin{bmatrix} c^T \\ c^T A \\ c^T A^2 \\ c^T A^3 \end{bmatrix} = \begin{bmatrix} 1 & 0 & 0 & 0 \\ 0 & 1 & 0 & 0 \\ 0 & 0 & a_{23} & 0 \\ 0 & 0 & 0 & a_{23} \end{bmatrix} \tag{2.1.10}$$

Wenn die Lastmasse m_L gegen 0 geht, geht auch $a_{23} = m_L g/m_C$ gegen 0 und der Rang der Matrix fällt bei $m_L = 0$ von vier auf zwei ab. Für kleine m_L ist das System „fast unbeobachtbar". Physikalisch bedeutet dies: Bei leerem Lasthaken ist die vom Lastpendel auf die Laufkatze übertragene Kraft so gering, daß ihre Wirkung kaum in der Messung von x_1 und x_2 zu erkennen ist.   □

Beispiel 2.6. Bei dem Kran sei die Ausgangsmatrix

$$C = \begin{bmatrix} 0 & 1 & 0 & 0 \\ 0 & 0 & 1 & 0 \\ 0 & 0 & 0 & 1 \end{bmatrix}$$

d.h. alle Zustandsgrößen mit Ausnahme der Laufkatzenposition x_1 werden gemessen.

$$CA = \begin{bmatrix} 0 & 0 & a_{23} & 0 \\ 0 & 0 & 0 & 1 \\ 0 & 0 & a_{43} & 0 \end{bmatrix}$$

In C, CA und allen weiteren $CA^i, i = 2,3,\ldots$ ist die erste Spalte gleich Null, d.h. die Strecke ist nicht beobachtbar. Genauer gesagt ist die Laufkatzenposition x_1 nicht beobachtbar und einer der beiden Eigenwerte bei $s = 0$ kann durch Ausgangsvektorrückführung $u = -KCx$ nicht verschoben werden. Das bedeutet: In einer stabilisierenden Rückführungsstruktur muß die Laufkatzenposition (oder eine Größe, die die Laufkatzenposition enthält, wie die Lastposition) gemessen und zurückgeführt werden.

2.2　Zustands- und Ausgangsrückführung

Untersucht wird ein Zustandmodell mit einem Eingang u, d.h.

$$\begin{aligned}
\dot{x} &= A(q)x + b(q)u, \quad q \in Q \\
y &= C(q)x
\end{aligned} \tag{2.2.1}$$

in Verbindung mit dem Regelgesetz

$$u = -k^T y + w \tag{2.2.2}$$

siehe Abb. 2.2. Die Zustandsvektorrückführung entspricht dem Fall $C(q) = I$.

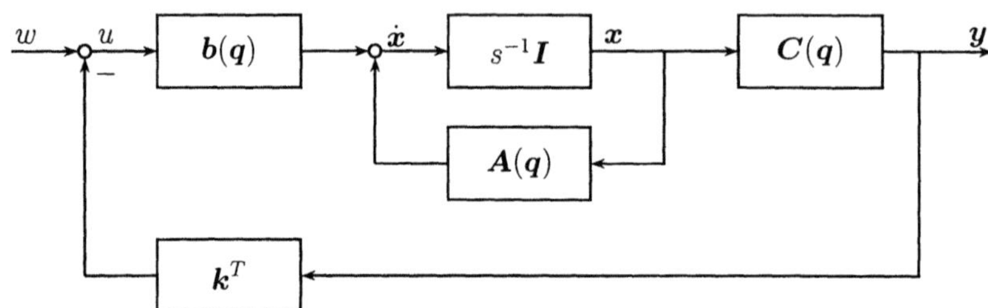

Abb. 2.2: Ausgangsvektorrückführung

Das charakteristische Polynom ist

$$p(s, q, k) = \mathrm{Det}\,[sI - A(q) + b(q)k^T C(q)] \tag{2.2.3}$$

Bei gegebenem q und k ist es leicht, die Eigenwerte von $A(q) - b(q)k^T C(q)$ numerisch zu berechnen. Für Rechnungen mit unbestimmtem q und k können Symbolrechenprogramme verwendet werden, um $p(s, q, k)$ zu ermitteln.

Die einfachen Beispiele aus Kapitel 1 können noch mit Handrechnungen untersucht werden. Für diesen Zweck (und für die spätere Abbildung von Stabilitätsgrenzen in den k-Raum) ist es hilfreich, (2.2.3) in einer Form ohne Determinantenberechnung zu schreiben.

Betrachten wir den bei u aufgeschnittenen Regelkreis von Abb. 2.2. Die Übertragungsfunktion des offenen Kreises ist

$$g_0(s, q, k) = k^T C(q)[sI - A(q)]^{-1}b(q) \tag{2.2.4}$$

und die charakteristische Gleichung des geschlossenen Kreises kann geschrieben werden als

$$p(s, q, k) = \text{Zähler}\,\{1 + g_0(s, q, k)\} \tag{2.2.5}$$

Mit Hilfe des Zusammenhangs

$$[sI - A(q)]^{-1} = \frac{\mathrm{Adj}\,\{sI - A(q)\}}{p_0(s, q)}$$

wobei

$$p_0(s, \boldsymbol{q}) = \mathrm{Det}\,[s\boldsymbol{I} - \boldsymbol{A}(\boldsymbol{q})] = a_{00} + a_{01}s + \ldots + a_{0n-1}s^{n-1} + s^n \qquad (2.2.6)$$

ist, kann das charakteristische Polynom des geschlossenen Kreises geschrieben werden als

$$p(s, \boldsymbol{q}, \boldsymbol{k}) = p_0(s, \boldsymbol{q}) + \boldsymbol{k}^T \boldsymbol{M}(s, \boldsymbol{q}) \qquad (2.2.7)$$

mit

$$\boldsymbol{M}(s, \boldsymbol{q}) := \boldsymbol{C}(\boldsymbol{q})\,\mathrm{Adj}\,\{s\boldsymbol{I} - \boldsymbol{A}(\boldsymbol{q})\}\boldsymbol{b}(\boldsymbol{q})$$

Für symbolische Handrechnungen sei der Leverrier-Algorithmus [73] empfohlen, da er mit seinem letzten Schritt eine Kontrolle liefert. Nach diesem Algorithmus ist (Abhängigkeit von $\boldsymbol{q}$ nicht ausgeschrieben)

$$\mathrm{Adj}\,\{s\boldsymbol{I} - \boldsymbol{A}\} = \boldsymbol{D}_0 + \boldsymbol{D}_1 s + \ldots + \boldsymbol{D}_{n-1}s^{n-1} \qquad (2.2.8)$$

wobei

$$\boldsymbol{D}_{n-1} = \boldsymbol{I}$$

$$a_{0n-1} = -\tfrac{1}{1}\,\mathrm{Spur}\,\boldsymbol{A}\boldsymbol{D}_{n-1}, \qquad \boldsymbol{D}_{n-2} = \boldsymbol{A}\boldsymbol{D}_{n-1} + a_{0n-1}\boldsymbol{I}$$

$$a_{0n-2} = -\tfrac{1}{2}\,\mathrm{Spur}\,\boldsymbol{A}\boldsymbol{D}_{n-2}, \qquad \boldsymbol{D}_{n-3} = \boldsymbol{A}\boldsymbol{D}_{n-2} + a_{0n-2}\boldsymbol{I}$$

$$\vdots \qquad\qquad\qquad\qquad \vdots$$

$$a_{01} = -\frac{1}{n-1}\,\mathrm{Spur}\,\boldsymbol{A}\boldsymbol{D}_1, \qquad \boldsymbol{D}_0 = \boldsymbol{A}\boldsymbol{D}_1 + a_{01}\boldsymbol{I}$$

$$a_{00} = -\tfrac{1}{n}\,\mathrm{Spur}\,\boldsymbol{A}\boldsymbol{D}_0, \qquad \boldsymbol{D}_{-1} = \boldsymbol{A}\boldsymbol{D}_0 + a_{00}\boldsymbol{I} = \boldsymbol{0}$$

Die letzte Gleichung $\boldsymbol{D}_{-1} = \boldsymbol{0}$ dient als Kontrolle. Der Algorithmus liefert auch die Koeffizienten des charakteristischen Polynoms des offenen Kreises (2.2.6).

Die Polynomgleichung (2.2.7) kann auch in Form ihrer Koeffizientenvektoren geschrieben werden. Der Koeffizientenvektor des monischen (d.h. $a_{0n} = 1$) Polynoms des offenen Kreises ist

$$\hat{\boldsymbol{a}}_0^T = [a_{00}\ a_{01}\ \ldots\ a_{0n-1}] \qquad (2.2.9)$$

Das monische (d.h. $a_n = 1$) Polynom p des geschlossenen Kreises hat den Koeffizientenvektor

$$\hat{\boldsymbol{a}}^T = [a_0\ a_1\ \ldots\ a_{n-1}] \qquad (2.2.10)$$

Damit lautet (2.2.7)

$$\begin{bmatrix} \hat{\boldsymbol{a}}^T & 1 \end{bmatrix}\begin{bmatrix} 1 \\ s \\ \vdots \\ s^n \end{bmatrix} = \begin{bmatrix} \hat{\boldsymbol{a}}_0^T & 1 \end{bmatrix}\begin{bmatrix} 1 \\ s \\ \vdots \\ s^n \end{bmatrix} + \boldsymbol{k}^T\boldsymbol{C}\begin{bmatrix} \boldsymbol{D}_0\boldsymbol{b} & \boldsymbol{D}_1\boldsymbol{b} & \ldots & \boldsymbol{D}_{n-1}\boldsymbol{b} \end{bmatrix}\begin{bmatrix} 1 \\ s \\ \vdots \\ s^{n-1} \end{bmatrix}$$

$$(2.2.11)$$

Durch Koeffizientenvergleich für die Potenzen von s erhält man

$$\hat{a}^T = \hat{a}_0^T + k^T W \tag{2.2.12}$$

wobei

$$W = C[D_0 b \; D_1 b \; \ldots \; D_{n-1} b] \tag{2.2.13}$$

Man beachte, daß der Rückführvektor k^T affin in die Koeffizienten des charakteristischen Polynoms des geschlossenen Kreises eingeht. $\square$

Anmerkung 2.2. Die Schreibweise $\hat{a}$ bezieht sich auf die Koeffizienten des monischen Polynoms $p(s) = [1 \, s \, \ldots \, s^n] \begin{bmatrix} \hat{a} \\ 1 \end{bmatrix}$, d.h. $\hat{a}$ lebt in einem n-dimensionalen Raum. Bei parameterabhängigen Polynomen ist es häufig vorteilhafter, das Polynom in nicht-monischer Form $p(s) = [1 \; s \, \ldots \, s^n] \, a$ zu schreiben, wobei $a = [a_0 \; a_1 \, \ldots \, a_n]$ ein Vektor in einem $(n+1)$-dimensionalen Raum ist. $\square$

Beispiel 2.7. Kran

Untersucht wird die Bewegung des Krans (1.1.6) in der Nähe einer Ruhelage $x = [w \, 0 \, 0 \, 0]^T$, wobei w ein konstanter Sollwert für die Laufkatzenposition ist. Der Kran wird durch eine Zustandsvektorrückführung

$$u = k_1(w - x_1) - k_2 x_2 - k_3 x_3 - k_4 x_4 \tag{2.2.14}$$

geregelt. Nach (1.1.6) sind die Matrizen des Zustandsmodells

$$A = \begin{bmatrix} 0 & 1 & 0 & 0 \\ 0 & 0 & a_{23} & 0 \\ 0 & 0 & 0 & 1 \\ 0 & 0 & a_{43} & 0 \end{bmatrix}, \; b = \begin{bmatrix} 0 \\ b_2 \\ 0 \\ b_4 \end{bmatrix}$$

$$a_{23} = \frac{m_L}{m_C} g \,, \qquad b_2 = \frac{1}{m_C}$$

$$a_{43} = -\frac{(m_L + m_C)g}{m_C \ell} \,, \quad b_4 = -\frac{1}{m_C \ell}$$

und $C = I$ für Zustandsvektorrückführung. Der Leverrier-Algorithmus liefert

$$\boldsymbol{D}_3 \;=\; \begin{bmatrix} 1 & 0 & 0 & 0 \\ 0 & 1 & 0 & 0 \\ 0 & 0 & 1 & 0 \\ 0 & 0 & 0 & 1 \end{bmatrix}$$

$$a_{03} \;=\; -\,\mathrm{Spur}\begin{bmatrix} 0 & 1 & 0 & 0 \\ 0 & 0 & a_{23} & 0 \\ 0 & 0 & 0 & 1 \\ 0 & 0 & a_{43} & 0 \end{bmatrix} = 0 \qquad \boldsymbol{D}_2 \;=\; \begin{bmatrix} 0 & 1 & 0 & 0 \\ 0 & 0 & a_{23} & 0 \\ 0 & 0 & 0 & 1 \\ 0 & 0 & a_{43} & 0 \end{bmatrix}$$

$$a_{02} \;=\; -\tfrac{1}{2}\,\mathrm{Spur}\begin{bmatrix} 0 & 0 & a_{23} & 0 \\ 0 & 0 & 0 & a_{23} \\ 0 & 0 & a_{43} & 0 \\ 0 & 0 & 0 & a_{43} \end{bmatrix} = -a_{43}\,, \qquad \boldsymbol{D}_1 \;=\; \begin{bmatrix} -a_{43} & 0 & a_{23} & 0 \\ 0 & -a_{43} & 0 & a_{23} \\ 0 & 0 & 0 & 0 \\ 0 & 0 & 0 & 0 \end{bmatrix}$$

$$a_{01} \;=\; -\tfrac{1}{3}\,\mathrm{Spur}\begin{bmatrix} 0 & -a_{43} & 0 & a_{23} \\ 0 & 0 & 0 & 0 \\ 0 & 0 & 0 & 0 \\ 0 & 0 & 0 & 0 \end{bmatrix} = 0\,, \qquad \boldsymbol{D}_0 \;=\; \begin{bmatrix} 0 & -a_{43} & 0 & a_{23} \\ 0 & 0 & 0 & 0 \\ 0 & 0 & 0 & 0 \\ 0 & 0 & 0 & 0 \end{bmatrix}$$

$$a_{00} \;=\; -\tfrac{1}{4}\,\mathrm{Spur}\begin{bmatrix} 0 & 0 & 0 & 0 \\ 0 & 0 & 0 & 0 \\ 0 & 0 & 0 & 0 \\ 0 & 0 & 0 & 0 \end{bmatrix} = 0\,, \qquad \boldsymbol{D}_{-1} \;=\; \begin{bmatrix} 0 & 0 & 0 & 0 \\ 0 & 0 & 0 & 0 \\ 0 & 0 & 0 & 0 \\ 0 & 0 & 0 & 0 \end{bmatrix}$$

Die Kontrolle $\boldsymbol{D}_{-1} = \boldsymbol{0}$ hat eine beruhigende Wirkung nach solchen Handrechnungen. Es ist nun

$$\boldsymbol{W} \;=\; \begin{bmatrix} \boldsymbol{D}_0\boldsymbol{b} & \boldsymbol{D}_1\boldsymbol{b} & \boldsymbol{D}_2\boldsymbol{b} & \boldsymbol{D}_3\boldsymbol{b} \end{bmatrix}$$

$$=\; \begin{bmatrix} -a_{43}b_2 + a_{23}b_4 & 0 & b_2 & 0 \\ 0 & -a_{43}b_2 + a_{23}b_4 & 0 & b_2 \\ 0 & 0 & b_4 & 0 \\ 0 & 0 & 0 & b_4 \end{bmatrix}$$

$$
= \begin{bmatrix}
g/m_C\ell & 0 & 1/m_C & 0 \\
0 & g/m_C\ell & 0 & 1/m_C \\
0 & 0 & -1/m_C\ell & 0 \\
0 & 0 & 0 & -1/m_C\ell
\end{bmatrix}
$$

$$
= \frac{1}{m_C\ell} \begin{bmatrix}
g & 0 & \ell & 0 \\
0 & g & 0 & \ell \\
0 & 0 & -1 & 0 \\
0 & 0 & 0 & -1
\end{bmatrix}
\tag{2.2.15}
$$

Der Koeffizientenvektor für den geschlossenen Kreis ist nach (2.2.12)

$$
\hat{\boldsymbol{a}}^T = \begin{bmatrix} 0 & 0 & \dfrac{(m_L + m_C)g}{m_C\ell} & 0 \end{bmatrix} +
$$

$$
+ \begin{bmatrix} k_1 & k_2 & k_3 & k_4 \end{bmatrix}
\begin{bmatrix}
g & 0 & \ell & 0 \\
0 & g & 0 & \ell \\
0 & 0 & -1 & 0 \\
0 & 0 & 0 & -1
\end{bmatrix}
\frac{1}{\ell m_C}
$$

$$
= \frac{1}{\ell m_C} \begin{bmatrix} k_1 g & k_2 g & (m_L + m_C)g + k_1\ell - k_3 & k_2\ell - k_4 \end{bmatrix}
\tag{2.2.16}
$$

Für $\ell > 0$, $m_C > 0$ kann man das monische Polynom $p(s)$ mit rationalen Koeffizientenfunktionen ersetzen durch das nicht-monische Polynom

$$
\bar{p}(s) := \ell m_C p(s) = a_0 + a_1 s + a_2 s^2 + a_3 s^3 + a_4 s^4
\tag{2.2.17}
$$
$$
a_0 = k_1 g
$$
$$
a_1 = k_2 g
$$
$$
a_2 = (m_L + m_C)g + k_1\ell - k_3
$$
$$
a_3 = k_2\ell - k_4
$$
$$
a_4 = \ell m_C
$$

Man beachte, daß $\bar{p}(s)$ und $p(s)$ die gleichen Wurzeln haben, die Koeffizienten von $\bar{p}(s)$ sind jedoch multilinear in den unsicheren Parametern. Dieses Beispiel vierter Ordnung ist so einfach, daß die Stabilität mit Hilfe der Hurwitz-Bedingungen analysiert werden kann. Notwendige und hinreichende Bedingungen sind

a) alle Koeffizienten a_i sind positiv, d.h.

$$
\begin{aligned}
a_0 > 0 &\implies k_1 > 0 \\
a_1 > 0 &\implies k_2 > 0 \\
a_2 > 0 &\implies k_3 < (m_L + m_C)g + k_1\ell \\
a_3 > 0 &\implies k_4 < k_2\ell
\end{aligned}
\tag{2.2.18}
$$

b)
$$\Delta_3 = \text{Det } \boldsymbol{H}_3 = \begin{vmatrix} a_3 & a_1 & 0 \\ a_4 & a_2 & a_0 \\ 0 & a_3 & a_1 \end{vmatrix} > 0$$

Die Ausrechnung liefert

$$\Delta_3 = [k_2(m_L g - k_3) + k_1 k_4](k_2\ell - k_4) - k_2 k_4 m_C g > 0 \qquad (2.2.19)$$

Ein interessanter Spezialfall ergibt sich für $k_3 = 0$, $k_4 = 0$. Dann ist nämlich

$$\Delta_3 = k_2^2 \ell m_L g > 0 \qquad (2.2.20)$$

d.h. eine Ausgangsvektorrückführung

$$k_1 > 0, \quad k_2 > 0, \quad k_3 = 0, \quad k_4 = 0 \qquad (2.2.21)$$

stabilisiert alle Kräne (die durch (1.1.6) modelliert sind).

Wenn man nur an Stabilität interessiert ist, dann ist die Aufgabe damit für alle Kräne gelöst. Ein gut entworfenes Regelungssystem sollte jedoch mehr als nur stabil sein. In Kapitel 9 wird die Gamma-Stabilität behandelt, das ist die Eigenschaft, daß alle Eigenwerte in einem spezifizierten Gebiet Γ in der komplexen Ebene liegen. $\qquad \square$

Beispiel 2.8. Γ-Stabilität des Krans
Wir führen hier ein einfaches Beispiel ein, mit dem einige nichttriviale Γ-Stabilitätsaufgaben in den nächsten Kapiteln behandelt werden. Für das Polynom (2.2.18) mit $k_3 = 0$, $k_4 = 0$, verlangen wir eine Stabilitätsreserve in der Form, daß der Realteil aller Eigenwerte kleiner als $-a$ sein muß. Die Halbebene Re $s < -a$ wird mit Hilfe von

$$v = s + a \qquad (2.2.22)$$

auf die linke Halbebene der neuen komplexen Variablen v abgebildet. Die notwendige und hinreichende Bedingung für robuste Γ-Stabilität ist, daß das neue Polynom in v robust Hurwitz-stabil sein muß. Dieses neue Polynom lautet

$$\begin{aligned}
\bar{p}(v) &= p(v - a) \\
&= k_1 g + k_2 g(v - a) + [(m_L + m_C)g + k_1\ell](v - a)^2 + \\
&\quad + k_2\ell(v - a)^3 + \ell m_C(v - a)^4
\end{aligned} \qquad (2.2.23)$$

Um einen Hurwitz-Stabilitätstest ausführen zu können, muß dieser Ausdruck zunächst nach Potenzen von v geordnet werden. Bei späterer Bezugnahme auf dieses Beispiel werden wir wieder s statt v benutzen und p statt $\bar{p}$ schreiben, d.h. es wird Hurwitz-Stabilität des folgenden Polynoms untersucht:

$$\begin{aligned}
p(s) : &= a_0 + a_1 s + a_2 s^2 + a_3 s^3 + a_4 s^4 \\
a_0 &= k_1 g - k_2 g a + [(m_L + m_C)g + k_1\ell]a^2 - k_2\ell a^3 + \ell m_C a^4 \\
a_1 &= k_2 g - 2[(m_L + m_C)g + k_1\ell]a + 3k_2\ell a^2 - 4\ell m_C a^3 \\
a_2 &= (m_L + m_C)g + k_1\ell - 3k_2\ell a + 6\ell m_C a^2 \\
a_3 &= k_2\ell - 4\ell m_C a \\
a_4 &= \ell m_C
\end{aligned} \qquad (2.2.24)$$

$\qquad \square$

2.3 Wahl der Sensoren

In den Beispielen von Kapitel 1 sind die Stellglieder bereits in der Problemformulierung festgelegt. Es gibt jedoch mehrere Alternativen für die Wahl der Sensoren und damit der Meßgleichung

$$y = C(q)x \qquad (2.3.1)$$

In diesem Abschnitt werden verschiedene Möglichkeiten der Sensorwahl unter den Aspekten Beobachtbarkeit, Reglerstruktur und Sensorkosten verglichen. Bei Regelstrecken mit bekannten Parameterwerten kann man ein Regelungssystem mit dynamischer Ausgangsvektorrückführung mit Hilfe des Separationsprinzips entwerfen. Die Zustände werden dabei z.B. durch einen Beobachter rekonstruiert und der rekonstruierte Zustand $\hat{x}$ ersetzt den tatsächlichen Zustand x in einer Zustandsvektorrückführung.

Bei Regelstrecken mit unsicheren Parametern ist die Zustandsschätzung durch einen Beobachter oder ein Kalman-Filter weniger vorteilhaft, da hierzu ein Modell der Regelstrecke benötigt wird. Wenn die Parameter der Regelstrecke von dem verwendeten Modell abweichen, dann gilt im allgemeinen die Separation nicht mehr und der Vorteil des getrennten Entwurfs von Zustandsvektorrückführung und Beobachter geht verloren. Mit anderen Worten, die robuste Stabilität des geschlossenen Kreises muß ohnehin analysiert werden und die Reglerstruktur kann genauso gut in der Form eines dynamischen Kompensators angenommen werden. Wir ziehen es vor, einen Kompensator niedriger Ordnung anzusetzen, da jede Ordnungserhöhung in zusätzlichen Eigenwerten resultiert, die ebenfalls robust stabilisiert werden müssen. Eine pragmatische Vorgehensweise ist, mit einem sehr einfachen Regler zu beginnen, z.B. mit einem PI-Regler und ihn nur dann zu erweitern, wenn die Resultate noch unbefriedigend sind. Es wird empfohlen, das beste Entwurfsergebnis der einfacheren Reglerstruktur als Startwert für weitere Verbesserungen in einem höherdimensionalen Raum der freien Reglerparameter zu verwenden.

Beispiel 2.9. Kran

Die Laufkatzenposition x_1 muß gemessen werden, siehe Beispiel 2.6. Die Rückführung $u = -k_1x_1$ reicht zur Stabilisierung nicht aus, wie in (2.2.18) gezeigt wurde. Stabilisierung kann durch zusätzliche Rückführung der Laufkatzengeschwindigkeit x_2 erreicht werden, d.h. mit

$$u = k_1(w - x_1) - k_2x_2\,, \quad k_1 > 0\,, \ k_2 > 0 \qquad (2.3.2)$$

Im Hinblick auf (2.1.10) sollte jedoch auch der Seilwinkel x_3 zur schnellen Positionierung des leeren Lasthakens verwendet werden. Der Regler (2.3.2) wird entsprechend erweitert zu

$$u = k_1(w - x_1) - k_2x_2 - k_3x_3 \qquad (2.3.3)$$

Beginnend mit den in (2.3.2) gewählten besten Werten $k_1 > 0$, $k_2 > 0$ und $k_3 = 0$ können nun die mit $k_3 \neq 0$ möglichen Verbesserungen analysiert werden.

Bezüglich der Kosten von Sensoren ist man daran interessiert, mit wenigen Sensoren auszukommen. Im vorliegenden Beispiel bietet es sich an, $x_2 = \dot{x}_1$ durch tiefpaßgefilterte

Differentiation aus x_1 zu erzeugen. Im Laplace-Bereich ist die Reglerstruktur dann

$$u(s) = (k_1 + k_2 s/d(s))(w(s) - x_1(s)) - k_3 x_3(s) \qquad (2.3.4)$$

Um einen realisierbaren Regler zu erhalten, muß der Nenner $d(s)$ mindestens vom Grad eins sein, z.B.

$$d(s) = 1 + Ts \qquad (2.3.5)$$

oder auch

$$d(s) = 1 + 2Ds/\omega_0 + s^2/\omega_0^2 \qquad (2.3.6)$$

Das Regelungssystem ist in Abb. 2.3 dargestellt.

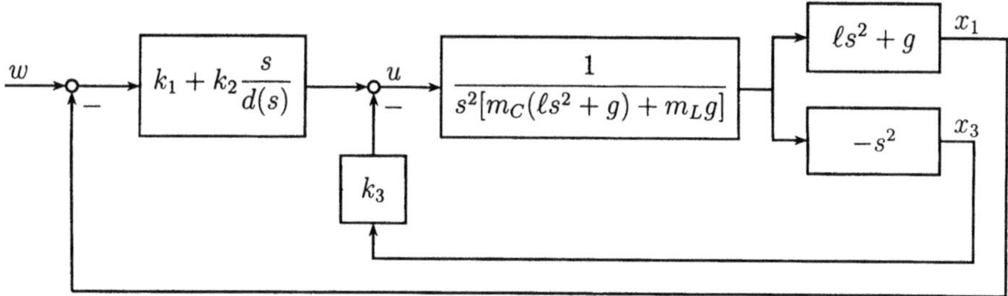

Abb. 2.3: Struktur des Kranregelungssystems

Die Zeitkonstante $T =: k_4$ in (2.3.5) stellt einen vierten freien Reglerparameter dar (entsprechend kann in (2.3.6) D festgelegt und $k_4 = 1/\omega_0$ gewählt werden). Der Entwurf für die Reglerstruktur (2.3.4) beginnt nun mit $k_4 = 0$ und den besten Werten k_1, k_2, k_3 aus dem Entwurf für die Reglerstruktur (2.3.3). In den weiteren Entwurfsschritten mit $k_4 \neq 0$ kann selbstverständlich auch k_1, k_2 und k_3 variiert werden. Man hat jedenfalls einen stabilen Startwert im vierdimensionalen Entwurfsraum. Die Erweiterung des Reglers durch zusätzliche freie Parameter macht den Entwurfsprozeß transparenter als ein vollständiger Entwurf, der unmittelbar mit (2.3.4) beginnt. Beim Regleransatz für den Kran sind wir von zwei auf drei Sensoren übergegangen und schließlich wieder zu zwei Sensoren zurückgekehrt, wobei aber anstelle von x_2 nun x_3 gemessen wird.

Die Streckenübertragungsfunktionen (1.1.10) und (1.1.11) und der Regler (2.3.4) führen auf das charakteristische Polynom des geschlossenen Kreises

$$\ell m_C p(s) = (s^2\ell + g)[d(s)(k_1 + m_C s^2) + k_2 s] + d(s)s^2(m_L g - k_3) \qquad (2.3.7)$$

□

Anmerkung 2.3. Man beachte, daß (2.3.7) in einer Form geschrieben wurde, in der jeder der unsicheren oder freien Parameter $\ell, m_C, m_L, k_1, k_2, k_3$ nur einmal auftritt. Diese Form hat bei einer bestimmten Methode der Robustheitsanalyse deutliche Vorteile, wie in Kapitel 6 gezeigt wird. Benutzt man die Hurwitz-Stabilitätsanalyse, so muß das Polynom zunächst ausmultipliziert und nach Potenzen von s geordnet werden, wie in (2.2.18). Diese Operationen haben jedoch den Nachteil, daß sie die sechs Parameter über die Polynomkoeffizienten „verschmieren". □

Beispiel 2.10.   Automatische Lenkung

Beim Lenken eines Autos führt der Fahrer die Funktion eines Reglers aus. Welche
Sensoren benutzt er für diese Aufgabe? Mit den Augen erfaßt er die seitliche Ablage
des Fahrzeugs von seiner geplanten Fahrspur und die Giergeschwindigkeit (Änderung
der Sichtlinie). Über den Sitz spürt er die seitliche Beschleunigung. Zusätzliche Information erhält er aus den Reaktionskräften am Lenkrad. Bei einer automatischen
Lenkung wird zumindest die Messung der seitlichen Ablage von der Referenzbahn (z.B.
Leitkabel) benötigt, da y nicht von den anderen Zustandsgrößen aus beobachtbar ist,
siehe Abb. 1.9. Man beachte, daß die Führungsgröße w (inertiale Position des Leitkabels) und die Regelgröße y_{abs} (inertiale Sensorposition) nicht einzeln zur Verfügung
stehen. Nur ihre Differenz $y = y_{abs} - w$ wird gemessen und zurückgeführt. Wenn nur
die Vorderräder gelenkt werden, ergibt sich damit das Regelungssystem von Abb. 2.4.

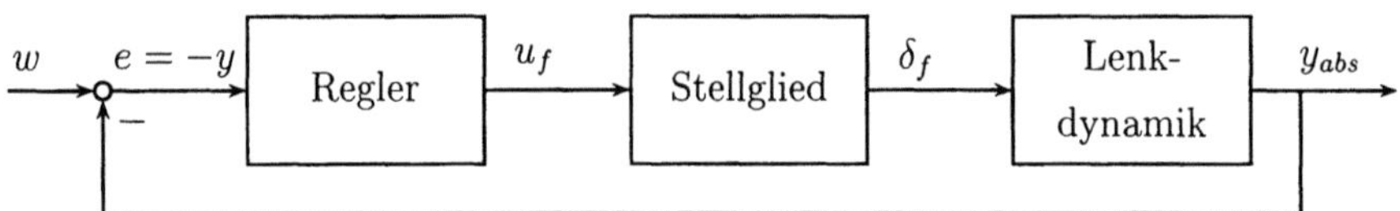

Abb. 2.4: Automatische Lenkung. Gemessen wird die Regelabweichung $e = w - y_{abs}$ zwischen Leitka-
belverlauf w und Sensorposition y_{abs}

Der Regler von Abb. 2.4 kann erweitert werden, wenn weitere Zustandsgrößen der Lenkdynamik gemessen werden, z.B. durch einen Kreisel für die Giergeschwindigkeit oder
durch einen Beschleunigungsmesser für die Querbeschleunigung. Die Abweichung vom
Leitkabel kann an mehreren Stellen des Fahrzeugs gemessen werden, z.B. an der vorderen und hinteren Stoßstange. Auch der Lenkwinkel δ_f kann, z.B. durch ein Potentiometer, gemessen und zurückgeführt werden. Schließlich kann auch die Fahrgeschwindigkeit
v gemessen und zur Verstärkungsanpassung des Reglers verwendet werden. In diesem
Abschnitt werden verschiedene Sensorkonzepte verglichen. In einer frühen Version eines automatischen Lenksystems für einen Stadtomnibus wurden die Ablagen y_f und y_r
vorn und hinten gemessen, sowie der Lenkwinkel δ_f. In diesem Fall ist es übersichtlich,
die Zustandsgleichungen (1.3.4) so zu transformieren, daß y_f und y_r und deren Ableitungen Zustandsgrößen werden. Das Zustandsmodell wird vervollständigt durch das
Tiefpaß-Servolenksystem

$$\dot{\delta}_f = -\frac{1}{T}\delta_f + \frac{1}{T}u \tag{2.3.8}$$

mit der Übertragungsfunktion $1/(1 + Ts)$. Ein geeigneter Zustandsvektor ist

$$\bar{x} = \begin{bmatrix} y_f \\ \dot{y}_f \\ y_r \\ \dot{y}_r \\ \delta_f \end{bmatrix} \tag{2.3.9}$$

mit der Meßgleichung

$$y = C\bar{x}$$

$$C = \begin{bmatrix} 1 & 0 & 0 & 0 & 0 \\ 0 & 0 & 1 & 0 & 0 \\ 0 & 0 & 0 & 0 & 1 \end{bmatrix} \tag{2.3.10}$$

Der Regler wurde in zwei Schritten entworfen [20]. Zunächst wurde eine robuste Zustandsvektorrückführung

$$u = -\begin{bmatrix} k_1 & k_2 & k_3 & k_4 & k_5 \end{bmatrix} \bar{x} \tag{2.3.11}$$

bestimmt. Dann wurde der nicht meßbare Term $k_2\dot{y}_f + k_4\dot{y}_r$ durch angenäherte Differentiation von $k_2y_f + k_4y_r$ gebildet. Es ergibt sich die Reglerstruktur

$$u(s) = -k_1y_f(s) - k_3y_r(s) - k_5\delta_f(s) - \frac{s}{d(s)}[k_2y_f(s) + k_4y_r(s)] \tag{2.3.12}$$

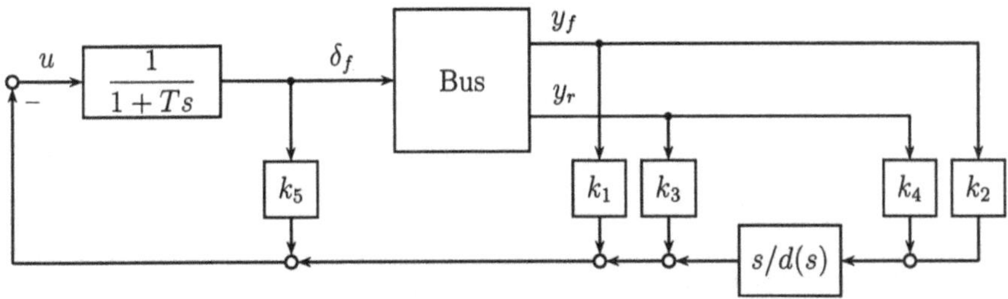

Abb. 2.5: Rückführungsstruktur für die automatische Lenkung mit drei Sensoren

Abb. 2.5 illustriert die Struktur des Regelungssystems. Der Nenner $d(s)$ wurde wie in (2.3.6) gewählt

$$d(s) = 1 + 2Ds/\omega_0 + s^2/\omega_0^2 = 1 + 2k_6Ds + k_6^2s^2 \tag{2.3.13}$$

Für niedrige Frequenzen $\omega < \omega_0$ ist der Term $s/d(s)$ eine Annäherung für den idealen Differenzierer mit der Übertragungsfunktion s. Im zweiten Entwurfsschritt wurde $D = 1/\sqrt{2}$ festgelegt und die reziproke Bandbreite $k_6 = 1/\omega_0$ wurde, beginnend mit $k_6 = 0$, vergrößert. Die hier verwendete angenäherte Differentiation einer Position zur Rekonstruktion der Geschwindigkeit kann auch bei anderen mechanischen Systemen angewendet werden. Im Vergleich mit einem Beobachter hat die Struktur (2.3.12) den großen Vorteil, daß kein Modell der Regelstrecke im Regler gebraucht wird.

Bei einer späteren Version der automatischen Buslenkung wurde der Sensoraufwand reduziert und nur y_f wurde zurückgeführt. Es verbleibt damit der Regelkreis nach Abb. 2.4. Zugleich wurde der Aktuator geändert in ein integrierendes Stellglied ohne Positionsrückführung, d.h. die Stellgliedübertragungsfunktion ist $1/s$ und die Übertragungsfunktion vom Stellgliedeingang zur seitlichen Ablage vom Leitkabel ist

$$g(s) = \frac{n_f(s)}{(a_0 + a_1s + s^2)s^3} \tag{2.3.14}$$

mit den Koeffizienten nach (1.3.8). Um das Entwurfsproblem zu erläutern, wird zunächst eine proportionale Rückführung $u_f = ke$ angesetzt, Abb. 2.6 zeigt die Wurzelortskurve (WOK) für den Fall maximaler Geschwindigkeit v und maximaler virtueller Masse $\tilde{m}$.

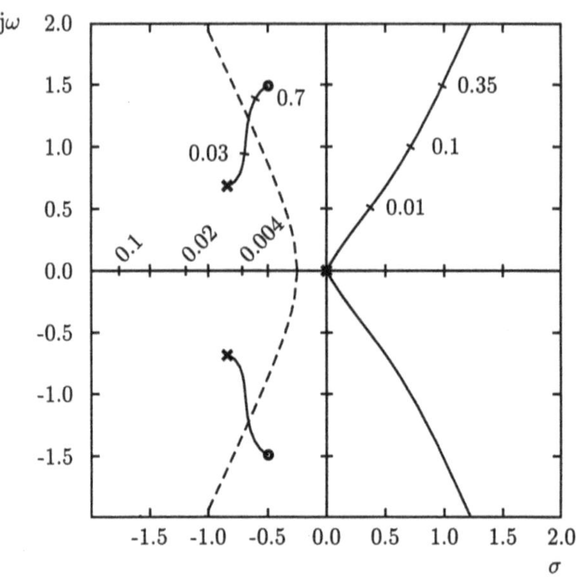

Abb. 2.6: Wurzelortskurve eines automatischen Lenksystems mit proportionaler Rückführung der Ablage vorn auf den integrierenden Stellmotor

Die Übertragungsfunktion (2.3.14) hat einen dreifachen Pol bei $s = 0$. Deshalb verzweigt sich die WOK dort unter den Winkeln $\pm 60°$ und $180°$ und der geschlossene Kreis ist bei kleinen Kreisverstärkungen instabil. Der Regelkreis ist auch bei hohen Kreisverstärkungen instabil, da die Asymptoten der Wurzelortskurve unter den Winkeln $\pm 60°$ und $180°$ verlaufen. Die unsichere Geschwindigkeit v im Zähler hat einen Effekt wie eine unsichere Verstärkung. Die Schwierigkeit eines robusten Entwurfs kann also grob beschrieben werden als die Aufgabe, die WOK durch einen geeigneten Kompensator für ein genügend großes Geschwindigkeitsintervall in die linke s-Halbebene zu ziehen.

Zur Erreichung dieses Ziels ist es wesentlich, ein Nullstellenpaar in der Nähe von $s = 0$ sehr genau zu plazieren. Die Lage der weiter links liegenden Reglerpole ist dagegen weit weniger kritisch. Ein Regler mit dem relativen Grad eins und einer Butterworth-Polkonfiguration wurde angenommen, d.h.

$$u_f(s) = \frac{k_1 + k_2 s + k_3 s^2}{(1 + s/\omega_0 + s^2/\omega_0^2)(1 + s/\omega_0)} e(s) \qquad (2.3.15)$$

Für Frequenzen $\omega < \omega_0$ kann k_1 als Proportionalverstärkung angesehen werden, während k_2 bzw. k_3 die Verstärkungen des differenzierenden bzw. doppelt differenzierenden Anteils anzusehen sind. Beim Entwurf wurden primär k_1, k_2 und k_3 variiert, d.h. ein Nullstellenpaar und die Kreisverstärkung. Die reziproke Bandbreite $1/\omega_0 =: k_4$ wurde solange erhöht, wie sich kein signifikanter Verlust an Stabilitätsreserve einstellte. Das resultierende Tiefpaßverhalten hält hochfrequente Störungen, die vom Sensor oder vom Leitkabel kommen, vom Stellglied fern. Das charakteristische Polynom des geschlossenen Kreises folgt aus (1.3.9) und (2.3.15) als

$$p(s, \boldsymbol{q}, \boldsymbol{k}) = (k_1 + k_2 s + k_3 s^2) c_f v \left[e_0(\boldsymbol{q}) + e_1(\boldsymbol{q}) s + e_2(\boldsymbol{q}) s^2 \right] +$$
$$+ (1 + k_4 s + k_4^2 s^2)(1 + k_4 s) \left[d_0(\boldsymbol{q}) + d_1(\boldsymbol{q}) s + d_2(\boldsymbol{q}) s^2 \right] \quad (2.3.16)$$

$\square$

Beispiel 2.11. Stabilisierung der Anstellwinkelschwingung eines Flugzeugs

Im Flugregelungsproblem von Abschnitt 1.4 mit dem Zustandsvektor $\boldsymbol{x} = [n_z \ q \ \delta_e]^T$ kann die Normalbeschleunigung n_z mit einem Beschleunigungsmesser und die Nickgeschwindigkeit q mit einem Kreisel gemessen werden. Die dritte Zustandsgröße δ_e ist die Abweichung des Höhenruders von seiner Trimmposition. Da die letztere nicht mit genügender Genauigkeit bekannt ist, wird δ_e nicht im Regleransatz berücksichtigt. Damit ist die Meßgleichung

$$\boldsymbol{y} = \boldsymbol{C}\boldsymbol{x}, \quad \boldsymbol{C} = \begin{bmatrix} 1 & 0 & 0 \\ 0 & 1 & 0 \end{bmatrix} \quad (2.3.17)$$

Die einfachste Reglerstruktur ist die Ausgangsrückführung

$$u = -[k_{nz} \ k_q] \boldsymbol{y} \quad (2.3.18)$$

Aus der Sicht der Beobachtbarkeit würde jeder der beiden Sensoren für sich ausreichen. Es ist jedoch an dieser Stelle nicht klar, welcher der beiden Sensoren für die robuste Regelung besser geeignet ist. Beim Entwurf in Kapitel 11 werden beide Alternativen untersucht und es wird gezeigt, warum der Kreisel die bessere Wahl ist. Dieses Beispiel zeigt, daß die Struktur des Regelungssystems nicht immer vor dem Entwurf endgültig festgelegt werden kann, sie kann auch Ergebnis des Entwurfsprozesses sein. $\square$

2.4 Weitere Aspekte von Reglerstrukturen

Um Robustheit gegenüber großen Parameteränderungen zu erreichen, ist es zunächst einmal wichtig, daß der Regler die Eigenwerte für alle Betriebsfälle $\boldsymbol{q} \in Q$ in ein gewünschtes Eigenwertgebiet verschiebt. In diesem Abschnitt werden nun einige zusätzliche Anforderungen an das geregelte System betrachtet, soweit sie Einfluß auf den Ansatz der Reglerstruktur haben. Einige wohlbekannte qualitative Regeln der Regelungstechnik werden in ihrer einfachsten Form diskutiert und die Robustheitsaspekte werden betont.

Freiheitsgrade

Horowitz [85] klassifiziert Reglerstrukturen nach der Zahl der Reglereingänge. Er nennt dies die Zahl der Freiheitsgrade (nicht zu verwechseln mit den Freiheitsgraden mechanischer Systeme!). In diesem Sinne ist die Rückführung der Spurabweichung bei der automatischen Lenkung eine Struktur mit einem Freiheitsgrad, siehe Abb. 2.4.

Ein zweiter Freiheitsgrad wird verfügbar, wenn die Führungsgröße w und die Regelgröße y separate Eingangsgrößen des Reglers sind, wie in Abb. 2.1. Ein Beispiel ist das Flugregelungsproblem, bei dem das Pilotenkommando $z(t)$ tiefpaßgefiltert wird, um die Sättigung der Höhenruderstellmotoren zu vermeiden. Das Vorfilter $f(s)$ modifiziert die Führungsübertragungsfunktion von z nach y. Spezifikationen für den geschlossenen Kreis beziehen sich häufig auf die Sprungantwort. Das Vorfilter $f(s)$ gibt mehr Möglichkeiten, solche Spezifikationen zu erfüllen. In der eigenwertorientierten Robustheitsanalyse sind wir am Entwurf des Kompensators $c(s)$ im geschlossenen Kreis interessiert. Die Aufteilung der Funktionen auf $c(s)$ und $f(s)$ kann so gesehen werden, daß $c(s)$ dafür sorgt, daß die Regelgröße $y(t)$ eine Summe von gut gedämpften und rasch abklingenden Lösungstermen ist, während Amplitude und Phase dieser Terme von $f(s)$ und von den Nullstellen von $g(s, \boldsymbol{q})$ abhängen.

Integralregler

Bei dem Regelungssystem von Abb. 2.1 sei die Eingangsgröße w ein Einheitssprung mit der Laplace-Transformierten $w(s) = 1/s$. Es wird angenommen, daß der Regelkreis für alle $\boldsymbol{q} \in Q$ stabil ist. Die Sprungantworten der Signale im geschlossenen Kreis haben die stationären Werte e_{stat}, u_{stat} und y_{stat}. Nach dem Endwertsatz der Laplace-Transformation ist

$$
\begin{aligned}
e_{stat} &= \lim_{t \to \infty} e(t) = \lim_{s \to 0} s e(s) \\
&= \lim_{s \to 0} s \frac{1}{1 + c(s)g(s, \boldsymbol{q})} w(s) \\
&= \lim_{s \to 0} \frac{1}{1 + c(s)g(s, \boldsymbol{q})}
\end{aligned}
\tag{2.4.1}
$$

Angenommen wird schließlich $g(0, \boldsymbol{q}) \neq 0$ für alle $\boldsymbol{q} \in Q$. Die stationäre Regelabweichung wird 0, d.h. $y_{stat} = w_{stat} = 1$, wenn die Übertragungsfunktion des offenen Kreises $c(s)g(s, \boldsymbol{q})$ eine Integration enthält, d.h. einen Pol bei $s = 0$. Falls die Regelstrecke keinen Pol bei $s = 0$ hat, dann sollte der Kompensator diesen Pol haben, d.h. einen Integralterm. Diese strukturelle Annahme garantiert stationäre Genauigkeit für alle $\boldsymbol{q} \in Q$. Ein Integralterm im Regler kann auch dann nützlich sein, wenn die Regelstrecke bereits einen Pol bei $s = 0$ hat und konstante Störungen vor der Integration in der Regelstrecke angreifen. Ein Beispiel ist eine konstante Seitenwindkraft, die auf ein Fahrzeug mit automatischer Spurführung einwirkt.

Im Regelungssystem mit Vorfilter nach Abb. 2.1 mit Sprungeingang $z(s) = 1/s$ gelten die gleichen Überlegungen bezüglich des Integralterms im geschlossenen Kreis. Die Vorfilterübertragungsfunktion muß $f(0) = 1$ erfüllen, so daß $w_{stat} = z_{stat}$.

Relativer Grad und Reglerbandbreite

Bei der Festlegung der Reglerstruktur muß der Relativgrad des Reglers (Nennergrad minus Zählergrad) beachtet werden. Eine hohe oder sogar unendliche Bandbreite, wie sie beim Relativgrad Null auftritt, hat den Effekt, daß höherfrequente Störungen, die bei y auf den Regelkreis einwirken, höherfrequente Stellgliedaktivität verursacht. Dieser Effekt ist, insbesondere in elastischen mechanischen Systemen (wie dem Flugzeug), unerwünscht, da hiermit höherfrequente Strukturschwingungen angeregt werden können. Wir bevorzugen daher Regler mit dem Differenzgrad eins bei Systemen mit Elastizität oder Meßrauschen. Die Asymptoten der Wurzelortskurven sind dann mehr nach rechts in der s-Ebene orientiert als bei Relativgrad Null. Formal ist damit die robuste Stabilisierung erschwert, man ist insbesondere gezwungen, mit mäßigeren Kreisverstärkungen auszukommen. Im Hinblick auf die Stellgliedsättigung ist diese Reglerstruktur jedoch vorteilhafter gegenüber der mit Relativgrad Null und hoher Kreisverstärkung. Die Reglerpole nehmen wir meist alle im gleichen Abstand ω_0 vom Ursprung $s = 0$ an, siehe z.B. (2.3.6), (2.3.13), (2.3.15), so daß der Betrag des Frequenzgangs des offenen Kreises $|c(j\omega)g(j\omega, \boldsymbol{q})|$ für Frequenzen $\omega > \omega_0$ rasch abnimmt. Damit wird der Einfluß von Modellierungsungenauigkeiten bei hohen Frequenzen gering gehalten.

Kaskadenstruktur

Einige Regelstrecken haben eine Kaskadenstruktur, d.h. ihre Übertragungsfunktion kann geschrieben werden als

$$g(s, \boldsymbol{q}) = g_B(s, \boldsymbol{q}_B)g_A(s, \boldsymbol{q}_A) \tag{2.4.2}$$

Wenn das Zwischensignal $u(s)g(s, \boldsymbol{q}_A)$ gemessen werden kann und für die Rückführung zur Verfügung steht, dann bietet sich die Kaskadenstruktur des Regelungssystems nach Abb. 2.7 an.

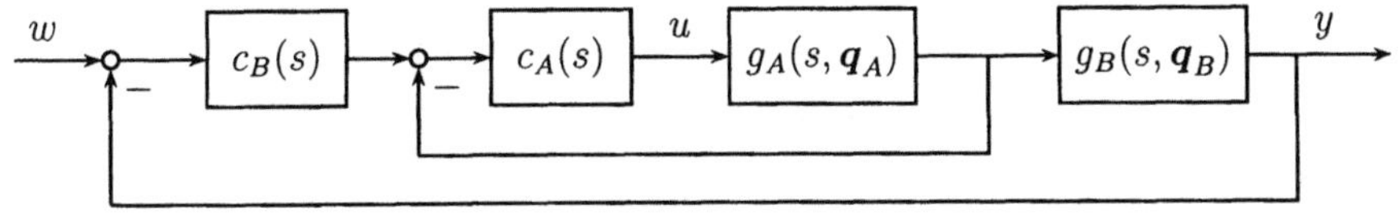

Abb. 2.7: Kaskadenstruktur des Regelungssystems

Kaskadensysteme können sequentiell analysiert und entworfen werden. Zuerst wird der Kompensator $c_A(s)$ so entworfen, daß der innere Kreis robust gegenüber der Parameterunsicherheit $\boldsymbol{q}_A$ wird. Anschließend wird $c_B(s)$ so entworfen, daß der äußere Kreis robust gegenüber der Unsicherheit $\boldsymbol{q}_B$ wird. Wenn $\boldsymbol{q}_A$ und $\boldsymbol{q}_B$ keine gemeinsamen unsicheren Parameter haben, dann kann auch die Robustheitsanalyse sequentiell durchgeführt werden, siehe Kapitel 9.

Reglerstrukturen für Mehrgrößensysteme

Das Zustandsmodell eines Mehrgrößensystems sei

$$\begin{aligned} \dot{\boldsymbol{x}} &= \boldsymbol{A}(\boldsymbol{q})\boldsymbol{x} + \boldsymbol{B}(\boldsymbol{q})\boldsymbol{u} \\ \boldsymbol{y} &= \boldsymbol{C}(\boldsymbol{q})\boldsymbol{x} \end{aligned} \tag{2.4.3}$$

Es wird eine Zustandsvektorrückführung angenommen, d.h.

$$u = -Ky + w \tag{2.4.4}$$

Das charakteristische Polynom ist

$$p(s, q, K) = \mathrm{Det}\,[sI - A(q) + B(q)KC(q)] \tag{2.4.5}$$

Die Elemente der Matrix K gehen jetzt nicht mehr linear in das charakteristische Polynom ein, sondern multilinear. Das Problem der Robustheitsanalyse und Entwurfs eines robusten Reglers für diese Klasse von Polynomen ist schwieriger.

Es ist hilfreich, wenn es gelingt, das Mehrgrößenproblem in mehrere Eingrößenprobleme aufzuspalten. Angenommen, es gelingt, ein K zu finden, so daß $A(q) - B(q)KC(q), B(q)$ und $C(q)$ durch eine Ähnlichkeitstransformation $T(q)$ in die folgende Form gebracht werden können

$$T(q)[A(q) - B(q)KC(q)]T^{-1}(q) = \begin{bmatrix} A_{11}(q) & 0 \\ A_{21}(q) & A_{22}(q) \end{bmatrix}$$

$$T(q)B(q) = \begin{bmatrix} B_{11}(q) & 0 \\ B_{21}(q) & B_{22}(q) \end{bmatrix} \tag{2.4.6}$$

$$C(q)T^{-1}(q) = \begin{bmatrix} C_{11}(q) & 0 \\ C_{21}(q) & C_{22}(q) \end{bmatrix}$$

mit einer entsprechenden Unterteilung von Eingang, transformiertem Zustand und Ausgang.

$$u = \begin{bmatrix} u_1 \\ u_2 \end{bmatrix}, \; T(q)x = \begin{bmatrix} x_1 \\ x_2 \end{bmatrix}, \; y = \begin{bmatrix} y_1 \\ y_2 \end{bmatrix}$$

Es wurde in [101, 78] gezeigt, daß die Form (2.4.6) die folgenden Schlüsse zuläßt

1. Das erste Teilsystem

$$\begin{aligned} \dot{x}_1 &= A_{11}(q)x_1 + B_{11}(q)u_1 \\ y_1 &= C_{11}(q)x_1 \end{aligned} \tag{2.4.7}$$

ist nicht steuerbar von u_2.

2. Der Zustand x_2 des zweiten Teilsystems

$$\begin{aligned} \dot{x}_2 &= A_{22}(q)x_2 + B_{21}(q)u_1 + B_{22}(q)u_2 + A_{21}(q)x_1 \\ y_2 &= C_{22}(q)x_2 + C_{21}(q)x_1 \end{aligned} \tag{2.4.8}$$

ist nicht beobachtbar von y_1.

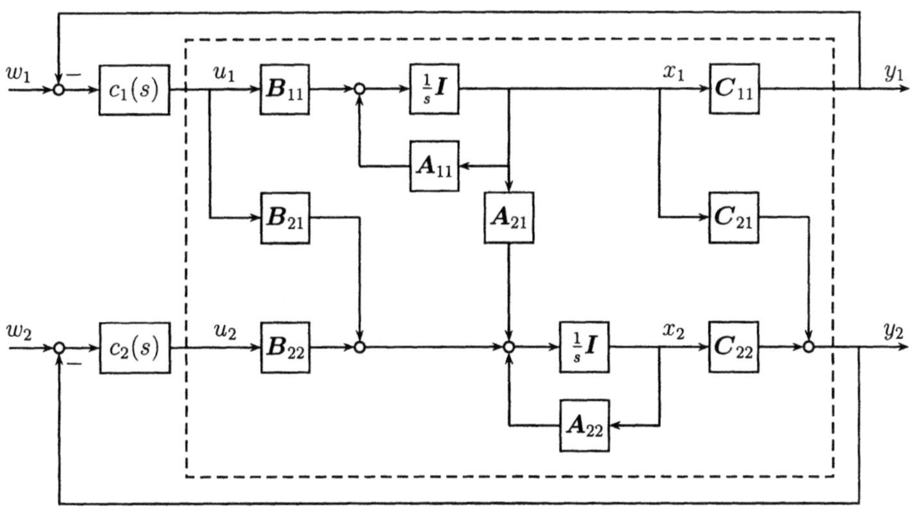

Abb. 2.8: Triangularisiertes System und dezentrale Regler $c_1(s), c_2(s)$

Abb. 2.8 illustriert das obige System im gestrichelten Kasten sowie eine dezentrale Reglerstruktur.

Die Übertragungsmatrix des Systems hat eine Dreiecksform

$$\begin{bmatrix} \boldsymbol{y}_1(s) \\ \boldsymbol{y}_2(s) \end{bmatrix} = \begin{bmatrix} \boldsymbol{G}_{11}(s,\boldsymbol{q}) & \boldsymbol{0} \\ \boldsymbol{G}_{21}(s,\boldsymbol{q}) & \boldsymbol{G}_{22}(s,\boldsymbol{q}) \end{bmatrix} \begin{bmatrix} \boldsymbol{u}_1(s) \\ \boldsymbol{u}_2(s) \end{bmatrix} \tag{2.4.9}$$

Die beiden Regler $c_1(s)$ und $c_2(s)$ können nun unabhängig voneinander entworfen werden. Die Eigenwerte von $\boldsymbol{A}_{11}$ (= Pole von $\boldsymbol{G}_{11}(s,\boldsymbol{q})$) können nur durch $c_1(s)$ verschoben werden und die Eigenwerte von of $\boldsymbol{A}_{22}$ (= Pole von $\boldsymbol{G}_{22}(s,\boldsymbol{q})$) können nur durch $c_2(s)$ verschoben werden.

Im Zusammenhang der robusten Regelung ist wichtig, daß die Nullelemente in (2.4.6) und (2.4.9) nicht nur für einen bestimmten Betriebspunkt numerisch zu Null werden, sie müssen vielmehr für alle zulässigen $\boldsymbol{q}$ identisch Null sein.

Es gibt kein allgemeingültiges Verfahren, um ein solches robust triangularisierendes $\boldsymbol{K}$ zu finden, es ist auch noch nicht vollständig klar, wann es existiert. Im folgenden Abschnitt wird gezeigt, daß für allradgelenkte Autos mit Rückführung der Giergeschwindigkeit ein robust triangularisierendes $\boldsymbol{K}$ gefunden werden kann. In diesem Zusammenhang sprechen wir von „Entkopplung", auch wenn (2.4.9) keine Diagonalform hat. In diesem Sinne wird der Fahrer, der die Abweichung von seiner geplanten Fahrspur ausregelt, von einem automatischen Gierstabilisierungssystem entkoppelt.

2.5 Robuste Entkopplung der Lenkdynamik von Autos

Beim Lenken eines Autos können vier Teilaufgaben unterschieden werden

1. Planung der Fahrspur auf Sichtweite;

2. Ausregelung der seitlichen Abweichung des Fahrzeugs von der geplanten Fahrspur;

3. Dämpfung der Gierbewegung, die durch die Lenkkommandos ausgelöst wird;

4. Kompensation des Störgrößeneinflusses (z.B. Seitenwind, Querneigung der Straße, μ-split-Bremsung mit unsymmetrischem Rad-Fahrbahnkontakt).

In diesem Abschnitt wird die Lenkdynamik durch Giergeschwindigkeitsrückführung entkoppelt (genauer: triangularisiert). Das Resultat ist eine Struktur, wie sie in Abb. 2.8 in gestricheltem Kasten gezeigt ist. Eingänge sind die vorderen und hinteren Lenkwinkel $u_1 = \delta_f$, $u_2 = \delta_r$. Ausgänge sind $y_1 = a_f$, das ist die Querbeschleunigung der Vorderachse, und $y_2 = r$, das ist die Giergeschwindigkeit. Es werden damit zwei Regelungsprobleme entkoppelt und unabhängig voneinander gelöst. Ein Regelungssystem mit dem Kompensator $c_2(s)$ regelt die Gierbewegung. Die Seitenbewegung kann entweder ganz dem Fahrer überlassen bleiben, oder sie wird durch einen Kompensator $c_1(s)$ robust gemacht, um den Fahrer zu entlasten.

Die Dynamik des ersten Teilsystems in Abb. 2.8 ist durch $\boldsymbol{A}_{11}$ charakterisiert, wir nennen sie die „Seitenbewegung". Die Dynamik des zweiten Teilsystems ist durch $\boldsymbol{A}_{22}$ charakterisiert, wir nennnen sie die „Gierbewegung".

In Abschnitt 2.6 werden voneinander unabhängige Kompensatoren $c_1(s)$ und $c_2(s)$ für die Geschwindigkeitsunabhängigkeit des Gesamtsystems entworfen.

Das erste Problem ist nun, ein robust triangularisierendes (= „entkoppelndes") $\boldsymbol{K}$ zu finden, das die Gierbewegung vom Ausgang a_f aus unbeobachtbar macht. Eine einfache Lösung existiert, wenn zwei zusätzliche Annahmen A5 und A6 getroffen werden. (Die Annahmen A1 bis A4 sind im Anhang A erklärt.)

A5)
Die Massenverteilung in Längsrichtung des Fahrzeugs entspricht zwei konzentrierten Massen m_f und m_r an der Vorder- und Hinterachse, siehe Abb. 2.9. Gemäß der Definition des Schwerpunkts (CG) folgt

$$m_f \ell_f = m_r \ell_r \tag{2.5.1}$$

A6)
Es wird angenommen, daß der vordere Lenkwinkel δ_f durch einen integrierenden Stellmotor mit der Übertragungsfunktion $1/s$ eingestellt wird. Dieses kann ein hydraulischer oder elektrischer Motor ohne die bei Servolenkungen übliche Positionsrückführung sein.

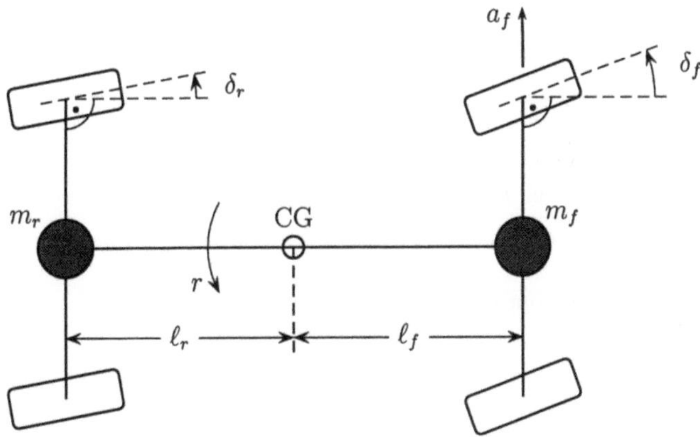

Abb. 2.9: Allradgelenktes Auto mit Trägheitsmoment entsprechend zwei konzentrierten Massen m_f und m_r an Vorder- und Hinterachse

Ein integrierender Stellmotor wird beispielsweise bei dem automatischen Spurführungssystem des Stadtomnibus O 305 verwendet, siehe (1.3.6) Es gilt also

$$\dot{\delta}_f = e_f \tag{2.5.2}$$

und e_f ist die Eingangsgröße der um den Integrator erweiterten Regelstrecke.

Mit den Annahmen A5 und A6 wird das Zustandsmodell (1.2.1) mit der Querbeschleunigung an der Vorderachse a_f gemäß (A.2.10) als Ausgang

$$\begin{bmatrix} \dot{\beta} \\ \dot{r} \\ \dot{\delta}_f \end{bmatrix} = \begin{bmatrix} a_{11} & a_{12} & b_{11} \\ a_{21} & a_{22} & b_{21} \\ 0 & 0 & 0 \end{bmatrix} \begin{bmatrix} \beta \\ r \\ \delta_f \end{bmatrix} + \begin{bmatrix} 0 & b_{12} \\ 0 & b_{22} \\ 1 & 0 \end{bmatrix} \begin{bmatrix} e_f \\ \delta_r \end{bmatrix}$$

$$a_f = \begin{bmatrix} c_1 & c_2 & d_1 \end{bmatrix} \begin{bmatrix} \beta \\ r \\ \delta_f \end{bmatrix} \tag{2.5.3}$$

wobei

$$\begin{aligned}
a_{11} &= -(c_r + c_f)/\tilde{m}v \\
a_{12} &= -1 + (c_r\ell_r - c_f\ell_f)/\tilde{m}v^2 \\
a_{21} &= (c_r\ell_r - c_f\ell_f)/\tilde{m}\ell_r\ell_f \\
a_{22} &= -(c_r\ell_r^2 + c_f\ell_f^2)/\tilde{m}v\ell_r\ell_f \\
b_{11} &= c_f/\tilde{m}v \\
b_{12} &= c_r/\tilde{m}v \\
b_{21} &= c_f/\tilde{m}\ell_r \\
b_{22} &= -c_r/\tilde{m}\ell_f \\
c_1 &= -\ell c_f/\tilde{m}\ell_r
\end{aligned}$$

$$c_2 = -\ell\ell_f c_f/\tilde{m}v\ell_r$$
$$d_1 = \ell c_f/\tilde{m}\ell_r$$

Man beachte, daß c_1, c_2 und d miteinander in Beziehung stehen über $c_1 = -d, c_2 = -d\ell_f/v, d_1 = d$, wobei $d = \ell c_f/\tilde{m}\ell_r$

Das Hauptresultat dieses Abschnitts wird nun als Satz formuliert [6,7].

Satz 2.1. (Ackermann)

Das Regelgesetz

$$\begin{bmatrix} e_f \\ \delta_r \end{bmatrix} = -\boldsymbol{K} \begin{bmatrix} \beta \\ r \\ \delta_f \end{bmatrix} + \begin{bmatrix} u_f \\ \delta_r \end{bmatrix}, \quad \boldsymbol{K} = \begin{bmatrix} 0 & 1 & 0 \\ 0 & 0 & 0 \end{bmatrix} \tag{2.5.4}$$

bewirkt eine robuste Entkopplung des Systems (2.5.3).

$\square$

Das robust entkoppelnde Regelgesetz wird durch Abb. 2.10 veranschaulicht. Die Gier-

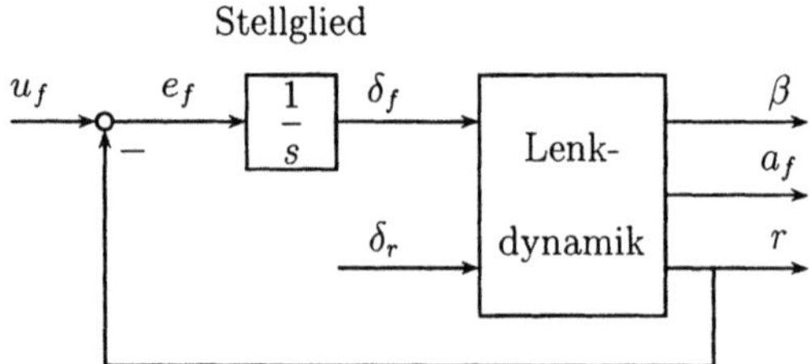

Abb. 2.10: Robust entkoppelndes Regelgesetz

geschwindigkeit r wird mit einem Kreisel gemessen und von dem neuen Eingangssignal u_f subtrahiert. Das Fehlersignal $e_f = u_f - r$ wird direkt mit dem Eingang des integrierenden Lenkmotors $\dot{\delta}_f = e_f$ verbunden. Die Frage, wie u_f aus dem Lenkradkommando erzeugt werden kann, wird in Abschnitt 2.6 diskutiert.

Beweis.

Die Wirkung des Regelgesetzes (2.5.4) wird offensichtlich, wenn man zunächst eine andere Basis des Zustandsraums einführt. Der Zustandsvektor wird gewählt als

$$\begin{bmatrix} a_f \\ r \\ \delta_f \end{bmatrix} = \boldsymbol{T}(\boldsymbol{q}) \begin{bmatrix} \beta \\ r \\ \delta_f \end{bmatrix}, \quad \boldsymbol{T}(\boldsymbol{q}) = \begin{bmatrix} c_1 & c_2 & d_1 \\ 0 & 1 & 0 \\ 0 & 0 & 1 \end{bmatrix} \tag{2.5.5}$$

Die transformierten Zustandsgleichungen sind

$$
\begin{bmatrix} \dot{a}_f \\ \dot{r} \\ \dot{\delta}_f \end{bmatrix} =
\begin{bmatrix} d_{11} & d_1 & 0 \\ d_{21} & d_{22} & d_{23} \\ 0 & 0 & 0 \end{bmatrix}
\begin{bmatrix} a_f \\ r \\ \delta_f \end{bmatrix} +
\begin{bmatrix} d_1 & 0 \\ 0 & b_{22} \\ 1 & 0 \end{bmatrix}
\begin{bmatrix} e_f \\ \delta_r \end{bmatrix}
\qquad (2.5.6)
$$

mit

$$
\begin{aligned}
d_1 &= \ell c_f / \tilde{m}\ell_r \\
d_{11} &= -\ell c_f / \tilde{m} v \ell_r \\
d_{21} &= (c_f \ell_f - c_r \ell_r)/c_f \ell_f \ell \\
d_{22} &= -c_r \ell / \tilde{m} v \ell_f \\
d_{23} &= c_r / \tilde{m}\ell_f \\
b_{22} &= -c_r / \tilde{m}\ell_f
\end{aligned}
$$

und dem Trägheitsmoment

$$
\begin{aligned}
J &= m_f \ell_f^2 + m_r \ell_r^2 \\
&= m_r \ell_r \ell_f + m_f \ell_f \ell_r \\
&= m \ell_f \ell_r
\end{aligned}
\qquad (2.5.7)
$$

wobei

$$
m = m_f + m_r
\qquad (2.5.8)
$$

die Gesamtmasse des Fahrzeugs ist.

Ein Vergleich von (2.5.8) mit (1.2.10) zeigt die Beziehung zum Trägheitsradius i

$$
i^2 = \ell_f \ell_r
\qquad (2.5.9)
$$

Das virtuelle Trägheitsmoment $\tilde{J} = J/\mu$ und die virtuelle Masse $\tilde{m} = m/\mu$ stehen miteinander über $\tilde{J} = \tilde{m}\ell_f \ell_r$ in Beziehung.

Entscheidend für die robuste Entkopplung ist, daß

1. der Term d_1 zweimal identisch in den Matrizen A und B auftritt und

2. der Term d_{13} verschwindet.

Setzt man das Regelgesetz (2.5.4), d.h. $e_f = u_f - r$, in (2.5.6) ein, so erhält man

$$
\begin{bmatrix} \dot{a}_f \\ - \\ \dot{r} \\ \dot{\delta}_f \end{bmatrix} =
\left[\begin{array}{c|cc} d_{11} & 0^* & 0^* \\ \hline d_{21} & d_{22} & d_{23} \\ 0 & -1 & 0 \end{array}\right]
\begin{bmatrix} a_f \\ - \\ r \\ \delta_f \end{bmatrix} +
\begin{bmatrix} d_1 & 0^* \\ 0 & b_{22} \\ 1 & 0 \end{bmatrix}
\begin{bmatrix} u_f \\ \delta_r \end{bmatrix}
$$
$$
a_f = \left[\begin{array}{c|cc} 1 & 0^* & 0^* \end{array}\right]
\begin{bmatrix} a_f \\ r \\ \delta_f \end{bmatrix}
\qquad (2.5.10)
$$

Die mit Sternchen gekennzeichneten Nullen beschreiben die von Kalman [101] und Gilbert [78] eingeführte kanonische Form für die Separation des beobachtbaren und nicht beobachtbaren (bzw. steuerbaren und nicht steuerbaren) Teilsystems. An der Struktur von (2.5.10) läßt sich ablesen, daß

- die Zustandsgrößen r und δ_f nicht von a_f aus beobachtbar sind und

- a_f nicht von δ_r aus steuerbar ist.

Damit ist der Beweis von Satz 2.1 vollständig.

$\square$

In (2.5.10) wurde die Lenkdynamik in zwei Teilsysteme aufgespalten

a) die Seitenbewegung der Vorderachse, beschrieben durch

$$\dot{a}_f = d_{11}a_f + d_1 u_f \tag{2.5.11}$$

b) die Gierbewegung, beschrieben durch

$$\begin{bmatrix} \dot{r} \\ \dot{\delta}_f \end{bmatrix} = \begin{bmatrix} d_{22} & d_{23} \\ -1 & 0 \end{bmatrix} \begin{bmatrix} r \\ \delta_f \end{bmatrix} + \begin{bmatrix} d_{21} \\ 0 \end{bmatrix} a_f + \begin{bmatrix} 0 & b_{22} \\ 1 & 0 \end{bmatrix} \begin{bmatrix} u_f \\ \delta_r \end{bmatrix} \tag{2.5.12}$$

Die durch die robuste Entkopplung modifizierte Gierbewegung (2.5.4) hat das charakteristische Polynom

$$\begin{aligned} p_d(s) &= s(s - d_{22}) + d_{23} = \omega_d^2 + 2D_d\omega_d s + s^2 \tag{2.5.13} \\ \omega_d^2 &= \frac{c_r}{\tilde{m}\ell_f} \\ D_d &= \frac{\ell}{2v}\sqrt{\frac{c_r}{\tilde{m}\ell_f}} \end{aligned}$$

Es ist stabil, jedoch bei höheren Geschwindigkeiten schwach gedämpft. Seine natürliche Frequenz ω_d ist geschwindigkeitsunabhängig. Die Dämpfung kann konstruktiv durch einen langen Radstand ℓ erhöht werden oder mit regelungstechnischen Mitteln über die Hinterradlenkung, wie in Abschnitt 2.6 gezeigt wird.

Der Fahrer muß nur das Teilsystem a) regeln. Er hält das Fahrzeug - betrachtet als Massenpunkt an der Vorderachse - auf seiner geplanten Fahrspur, indem er über die Übertragungsfunktion

$$\begin{aligned} a_f(s) &= g_f(s, \mathbf{q})u_f(s) \tag{2.5.14} \\ g_f(s, \mathbf{q}) &= \frac{d_1}{s - d_{11}} = \frac{v}{1 + Ts}, \quad T = \frac{\tilde{m}v\ell_r}{\ell c_f} \end{aligned}$$

eine Querbeschleunigung erzeugt. Diese neue Übertragungsfunktion für die Lenkaufgabe des Fahrers hat einen unsicheren Pol auf der negativ reellen Achse. Die

Verstärkung ist proportional zur Geschwindigkeit v. Falls dieser Effekt unerwünscht ist, kann über ein Vorfilter mit der Verstärkungsanpassung $1/v$ eine konstante Verstärkung erreicht werden. Zum Vergleich sei hier die Übertragungsfunktion von δ_S nach a_f für das konventionelle Fahrzeug ohne Entkopplung angegeben.

$$\left(\frac{a_f(s)}{\delta_S(s)}\right)_{\text{konvent.}} = \frac{K_f(1 + T_1 s + T_2 s^2)}{1 + \tau_1 s + \tau_2 s^2} \qquad (2.5.15)$$

$$K_f = \frac{\ell c_f c_r v^2}{c_f c_r \ell^2 + \tilde{m} v^2 (c_r \ell_r - c_f \ell_f)}$$

$$T_1 = \frac{\ell}{v}, \quad T_2 = \frac{\ell_f \tilde{m}}{c_r}$$

$$\tau_1 = \frac{\ell \tilde{m} v (c_f \ell_f + c_r \ell_r)}{c_f c_r \ell^2 - \tilde{m} v^2 (c_f \ell_f - c_r \ell_r)}$$

$$\tau_2 = \frac{\ell_f \ell_r \tilde{m}^2 v^2}{c_f c_r \ell^2 - \tilde{m} v^2 (c_f \ell_f - c_r \ell_r)}$$

Sie hat zwei unsichere Pole und zwei unsichere Nullstellen. Beide nähern sich bei hohen Geschwindigkeiten der imaginären Achse. Es erfordert die Übung eines erfahrenen Fahrers, a_f über eine so komplizierte und stark parameterabhängige Übertragungsfunktion zu lenken. Es sollte für den Fahrer wesentlich einfacher sein, das System (2.5.15) zu regeln.

Das Ergebnis dieses Abschnitts ist mit Abb. 2.12 zusammengefaßt. Die Gierdynamik wird durch (2.5.12) beschrieben. Das Resultat ist, daß die beiden Blockdiagramme von Abb. 2.10 und Abb. 2.11 äquivalent sind.

Anmerkung 2.4. In [11, 12] wurde gezeigt, daß die robust entkoppelnde Wirkung des Regelgesetzes (2.5.4) auch für das nichtlineare System mit beliebiger nichtlinearer Reifencharakteristik gilt. $\square$

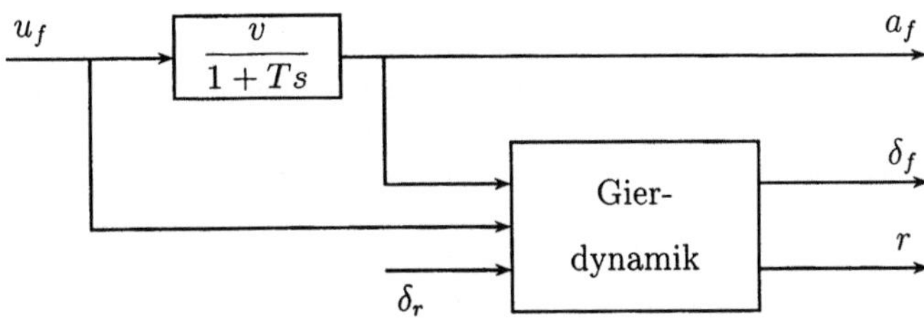

Abb. 2.11: Illustration des entkoppelnden Regelgesetzes. Das Regelungssystem von Abb. 2.3 ist dem oben gezeigten System äquivalent.

2.6 Regler mit Verstärkungsanpassung

Bei Systemen mit großen Parameteränderungen ist es üblich, eine Verstärkungsanpassung im Regler vorzunehmen, um im gesamten Betriebsbereich eine hohe Regelgüte zu erreichen.

Bei Flugregelungssystemen kann z.B. der Staudruck gemessen werden. In dem Betriebsbereich von Abb. 1.11 ist der Staudruck hoch in der rechten unteren Ecke (hohe Geschwindigkeit in geringer Höhe, d.h. dichte Luft), er ist niedrig im linken oberen Bereich (langsamer Flug in dünner Luft). Die Staudruckmessung erlaubt daher eine gewisse Unterscheidung der Betriebsfälle und ist zur Verstärkungsanpassung geeignet [36].

Bei der automatischen Fahrzeuglenkung kann die Fahrgeschwindigkeit v z.B. digital durch induktive Zählung der Zähne eines Zahnrads am Getriebeausgang [162] gemessen werden. Auch bei allradgelenkten Autos ist die Verwendung der gemessenen Geschwindigkeit zur Anpassung von Vorfiltern üblich, siehe z.B. [57, 91].

In der regelungstheoretischen Literatur wird die Verstärkungsanpassung kaum erwähnt. Numerische Entwurfsverfahren (z.B. Polvorgabe, Optimierung eines quadratischen Gütekriteriums) setzen ein nominales Streckenmodell voraus und die Entwurfsprozedur führt auf eine eindeutige Lösung. Solche Reglerentwürfe erlauben keine Flexibilität für große Parameteränderungen. Es werden in der Praxis daher oft Reglerentwürfe für verschiedene nominale Parameterwerte gemacht und die resultierende Familie von Reglern wird durch Messung der aktuellen Parameterwerte dem jeweiligen Betriebsfall angepaßt. Der zugrundeliegende Denkfehler ist, daß der Reglerentwurf im gesamten Betriebsbereich die gleichen indirekten Synthesekriterien möglichst gut erfüllen sollte. Verstärkungsanpassung ist dann nur ein unbefriedigender Kunstgriff, um eine geeignete Reglerstruktur zu erhalten.

Andererseits gibt es auch Regelungsprobleme, bei denen die Struktur eines verstärkungsangepaßten Reglers aus einer genauen Analyse der Modellstruktur folgt. In solchen Fällen kann es auch gelingen, während des Betriebs einstellbare Reglerparameter in der Reglerstruktur einzuführen, die ganz gezielt nur eine spezielle Systemeigenschaft beeinflußen. Es gibt wiederum keine allgemeingültige Theorie für diese Vorgehensweise, sie kann nur nach ihrem Erfolg bei der jeweiligen Struktur des Streckenmodells beurteilt werden. Um konkreter zu werden, werden diese allgemeinen Überlegungen am Beispiel des allradgelenkten Autos ausgeführt. Es wird das robust entkoppelte System von Abb. 2.11 untersucht. Zunächst wird ein verstärkungsangepaßter Regler für die Rückführung von a_f auf u_f entworfen. Er liefert eine geschwindigkeitsunabhängige Lenkübertragungsfunktion und ein einstellbarer Reglerparameter bestimmt die Lage des reellen Pols. Als zweites wird ein verstärkungsangepaßter Regler für die Rückführung von r nach δ_r entworfen. Er führt zu geschwindigkeitsabhängigen Giereigenwerten und der einstellbare Reglerparameter bestimmt gezielt nur die Gierdämpfung. Hier nutzen wir die Tatsache aus, daß die beiden Entwürfe aufgrund der robusten Entkopplung unabhängig voneinander durchgeführt werden können.

Die geschwindigkeitsunabhängige Lenkübertragungsfunktion

Satz 2.2.   (Ackermann)

Das Regelgesetz

$$u_f = k_S(a_{fref} - a_f) + \frac{1}{v}a_f \qquad (2.6.1)$$

ergibt eine geschwindigkeitsunabhängige Lenkübertragungsfunktion, die $a_{fref}(s)$ und a_f miteinander in Beziehung setzt gemäß

$$a_f(s) = \frac{1}{1 + (a/k_S)s}a_{fref}(s), \quad a = m\ell_r/c_f\ell \qquad (2.6.2)$$

Die Zeitkonstante $T_S = a/k_S$ kann durch den einstellbaren Parameter k_S nach Wunsch gewählt werden, z.B. so klein, daß die Verzögerung nicht vom Fahrer empfunden wird.

$\square$

Beweis.

Das Regelgesetz (2.6.1) wird in (2.5.11) eingesetzt

$$\dot{a}_f \;=\; -\frac{\ell c_f}{mv\ell_r}a_f + \frac{\ell c_f}{m\ell_r}[k_S(a_{fref} - a_f) + \frac{1}{v}a_f]$$

$$=\; -\frac{\ell c_f k_S}{m\ell_r}a_f + \frac{\ell c_f k_S}{m\ell_r}a_{fref}$$

Die entsprechende Übertragungsfunktion ist

$$a_f(s) = \frac{1}{1 + T_S s}\,, \; T_S = \frac{m\ell_r}{\ell c_f k_S}$$

$\square$

Geschwindigkeitsunabhängige Giereigenwerte

In [10] wurde das folgende Resultat bewiesen

Satz 2.3.   (Ackermann)

Das Regelgesetz

$$\delta_r = u_r - \left(\frac{\ell}{v} - k_D\right) r \qquad (2.6.3)$$

ergibt geschwindigkeitsunabhängige Giereigenwerte. Es verschiebt die Giereigenwerte zu den Wurzeln von

$$p_r(s) = \omega_r^2 + 2D_r\omega_r s + s^2$$

mit der natürlichen Frequenz

$$\omega_r = \frac{c_r}{m\ell_f} \tag{2.6.4}$$

und der Dämpfung

$$D_r = \frac{k_D}{2}\sqrt{\frac{c_r}{m\ell_f}} \tag{2.6.5}$$

Die Dämpfung kann durch den einstellbaren Reglerparameter k_D nach Wunsch eingestellt werden.

$$\square$$

Man beachte, daß sich das Vorzeichen der Rückführung bei der Geschwindigkeit $v = \ell/k_D$ umkehrt.

Beweis.

Die Wirkung des Reglers (2.6.3) wird durch Einsetzen in (2.5.12) gezeigt.

$$\begin{bmatrix} \dot{r} \\ \dot{\delta}_f \end{bmatrix} = \begin{bmatrix} d_{22} - b_{22}(\ell/v - k_D) & d_{23} \\ -1 & 0 \end{bmatrix} \begin{bmatrix} r \\ \delta_f \end{bmatrix} + \begin{bmatrix} d_{21} \\ 0 \end{bmatrix} a_f + \begin{bmatrix} 0 & b_{22} \\ 1 & 0 \end{bmatrix} \begin{bmatrix} u_f \\ u_r \end{bmatrix}$$

und mit d_{22}, b_{22} und d_{23} gemäß (2.5.6)

$$\begin{bmatrix} \dot{r} \\ \dot{\delta}_f \end{bmatrix} = \begin{bmatrix} -k_D c_r/m\ell_f & c_r/m\ell_f \\ -1 & 0 \end{bmatrix} \begin{bmatrix} r \\ \delta_f \end{bmatrix} + \begin{bmatrix} d_{21} \\ 0 \end{bmatrix} a_f + \begin{bmatrix} 0 & b_{22} \\ 1 & 0 \end{bmatrix} \begin{bmatrix} u_f \\ u_r \end{bmatrix}$$

$$d_{21} = (c_f\ell_f - c_r\ell_r)/c_f\ell_f\ell$$

$$b_{22} = -c_r/m\ell_f$$

$$\tag{2.6.6}$$

Das charakteristische Polynom ist

$$p_r(s) = \omega_r^2 + 2D_r\omega_r s + s^2 \tag{2.6.7}$$

$$\omega_r^2 = \frac{c_r}{m\ell_f}$$

$$D_r = \frac{k_D}{2}\sqrt{\frac{c_r}{m\ell_f}}$$

$$\square$$

Man beachte, daß die Rückführung (2.6.3) keinen Einfluß auf die natürliche Frequenz der Gierbewegung hat, ein Vergleich von (2.5.14) und (2.6.8) ergibt $\omega_r = \omega_d$.

Um eine gewünschte Mindestdämpfung zu erzielen, muß der Reglerparameter k_D für die maximale Masse m^+ und minimale hintere Schräglaufsteifigkeit c_r^- festgelegt werden zu

$$k_D = 2D_r\sqrt{\frac{m^+\ell_f}{c_r^-}} \tag{2.6.8}$$

Die Ergebnisse der Abschnitte 2.5 und 2.6 sind in Abb. 2.12 zusammengefaßt.

Für die Implementierung des Regelgesetzes werden die folgenden Sensoren benötigt:

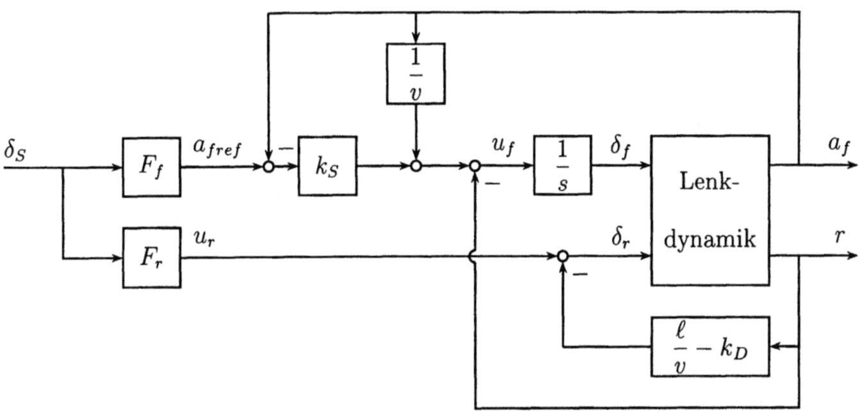

Abb. 2.12: Geschwindigkeitsunabhängige Allradlenkung. Der Reglerparameter k_S beeinflußt gezielt die Lenkungszeitkonstante, der Reglerparameter k_D beeinflußt gezielt die Gierdämpfung

i) ein Beschleunigungsmesser an der Vorderachse zur Messung von a_f,

ii) ein Kreisel zur Messung von r,

iii) ein Sensor für die Geschwindigkeit v.

i) und ii) werden zur Rückführung benutzt, iii) für die Verstärkungsanpassung. Der einzige Fahrzeugparameter, der bekannt sein muß, ist der Radstand ℓ, im übrigen ist das Regelgesetz allgemeingültig für alle allradgelenkten Straßenfahrzeuge.

Die Vorfilter

In Abb. 2.12 werden zwei Vorfilter F_f und F_r angenommen, die die Führungsgrößen für die beiden unterlagerten Regelkreise, d.h. a_{fref} und u_r aus dem Lenkwinkelkommando δ_S erzeugen.

Eine einfache Wahl ist $F_f = 1$, $F_r = 0$, d.h. die Hinterradlenkung wird nur zur Gierstabilisierung benutzt und der Fahrer kommandiert die vordere Querbeschleunigung a_f direkt. Diese Lösung erscheint besonders günstig für einen Spurwechsel mit geringer Gierbewegung. Eine andere Situation ist die Einfahrt in eine Kurve vom Radius R. Die stationäre Giergeschwindigkeit

$$r_{stat} = v/R \tag{2.6.9}$$

sollte möglichst schnell erreicht werden. Ein anderes Entwurfsziel, das in der automobiltechnischen Literatur erwähnt wird [57], ist Schwimmwinkel Null, d.h. $\beta \equiv 0$. Die Fahrzeugmittellinie bleibt dabei stets tangential zur Fahrspur. Es ist leicht, das benötigte Vorfilterverhältnis F_r/F_f für diesen Zweck zu berechnen, siehe Übung 2.7.

2.7 Problemklassen parametrischer Polynome

In den vorausgegangenen Abschnitten dieses Kapitels wurden verschiedene Reglerstrukturen angenommen und die charakteristischen Polynome des geschlossenen Kreises wurden in der parametrischen Form als

$$p(s, \boldsymbol{q}, \boldsymbol{k}) = \sum_{i=0}^{n} a_i(\boldsymbol{q}, \boldsymbol{k})\, s^i \tag{2.7.1}$$

berechnet. Mit nicht angegebenem $\boldsymbol{k}$ und $\boldsymbol{q}$ wird dies als „unsicheres Polynom" bezeichnet. Wird ein Regler $\boldsymbol{k} = \boldsymbol{k}^*$ und ein Betriebsbereich Q vorgegeben, dann erzeugt p eine Polynomfamilie. Bei der Stabilitätsanalyse einer Polynomfamilie spielt die Art der Koeffizientenfunktionen $a_i(\boldsymbol{q}, \boldsymbol{k})$ eine wichtige Rolle. Aus der Gleichung (2.2.18), d.h. der Verladebrücke mit Zustandsrückführung und den Koeffizienten des charakteristischen Polynoms

$$
\begin{aligned}
a_0 &= k_1 g \\
a_1 &= k_2 g \\
a_2 &= (m_L + m_C)g + k_1\ell - k_3 \\
a_3 &= k_2\ell - k_4 \\
a_4 &= \ell m_C
\end{aligned}
\tag{2.7.2}
$$

können verschiedene Beispiel konstruiert werden.

Typische Klassen parametrischer Polynome sind

<u>1. Intervallkoeffizienten</u>

$$a_i \in [a_i^-\,;\, a_i^+] \tag{2.7.3}$$

Beispiel 2.12. Gegeben ist die Verladebrücke mit fester Zustandsrückführung und unsicherer Lastmasse m_L. Damit sind a_0, a_1, a_3 und a_4 festgelegt und a_2 variiert in
$$a_2 \in [(m_L^- + m_C)g + k_1\ell - k_3\,;\, (m_L^+ + m_C)g + k_1\ell - k_3] \qquad \qquad \square$$

<u>2. Affine Koeffizienten</u>

$$a_i(\boldsymbol{q}) = b_i + \boldsymbol{c}_i^T \boldsymbol{q} \tag{2.7.4}$$

Eine affine Funktion besitzt einen konstanten Term (b_i) und einen Term, der linear von dem Parametervektor $\boldsymbol{q}$ abhängt.

Beispiel 2.13. Gegeben ist die Verladebrücke mit fester Zustandsrückführung und unsicherer Seillänge ℓ. Jetzt sind dadurch a_0 und a_1 festgelegt, die Koeffizienten a_2, a_3 und a_4 hängen nun affin von ℓ ab. $\qquad \square$

Beispiel 2.14. Gegeben ist die Verladebrücke mit unbestimmter Zustandsrückführung und unsicherer Lastmasse m_L und unsicherer Masse der Laufkatze m_C. Die unsicheren Parameter k_1, k_2, k_3, k_4, m_L und m_C gehen linear in die Koeffizienten ein. $\qquad \square$

3. Multilineare Koeffizienten

Beispiel 2.15. Gegeben ist die Verladebrücke mit unbestimmter Zustandsrückführung, unsicherer Lastmasse, unsicherer Laufkatzenmasse und unsicherer Seillänge. Nun enthalten die Koeffizienten a_2, a_3 und a_4 die bilinaren Terme $k_1\ell$, $k_2\ell$ und ℓm_C. Die Parameter k_3, k_4 und m_L gehen linear in die Koeffizienten ein. $\square$

4. Polynomiale Koeffizienten

Beispiel 2.16. Gegeben ist das Problem der automatischen Spurführung (2.3.16) und (1.3.6) mit unsicherer Masse und Geschwindigkeit und einer fest eingestellten Reglerübertragungsfunktion. Die Koeffizientenfunktionen enthalten die Terme v, mv, v^2, mv^2 und m^2v^2. $\square$

Für die spätere Robustheitsanalyse ist es wichtig, daß das unsichere Polynom in die einfachste Kategorie eingeordnet wird. In manchen Fällen erscheinen einfache Polynome kompliziert, sie können jedoch zerlegt werden in

$$p(s, \boldsymbol{q}) = f(\boldsymbol{q})\bar{p}(s, \boldsymbol{q}) \ , \ f(\boldsymbol{q}) \neq 0 \text{ für alle } \boldsymbol{q} \in Q \tag{2.7.5}$$

Dann besitzen $p(s, \boldsymbol{q})$ und $\bar{p}(s, \boldsymbol{q})$ die gleichen Wurzeln, aber $\bar{p}(s, \boldsymbol{q})$ kann einfacher sein.

Beispiel 2.17. Das Polynom $p(s, \boldsymbol{q}) = q_1 + q_1^2 s + q_1 q_2 s^2 + q_1 s^3$ kann in ein Intervallpolynom transformiert werden, da

$$\bar{p}(s, \boldsymbol{q}) = \frac{p(s, q)}{q_1} = (1 + q_1 s + q_2 s^2 + s^3)$$

$\square$

Beispiel 2.18. Das Polynom

$$p(s, \boldsymbol{q}) = \left(1 + \frac{q_1}{q_2}\right) + \frac{1 + q_1}{q_2}s + \left(5 + \frac{2 + q_1}{q_2}\right)s^2 + s^3$$

kann in ein affines Polynom

$$\bar{p}(s, \boldsymbol{q}) = q_2 p(s, \boldsymbol{q}) = (q_1 + q_2) + (1 + q_1)s + (2 + q_1 + 5q_2)s^2 + q_2 s^3$$

transformiert werden. Siehe auch Übung 2.4. $\square$

2.8 Übungen

  2.1. Überprüfen Sie die robuste Steuerbarkeit und Stabilisierbarkeit des Fahrzeugs mit Hinterradlenkung.

  2.2. Ist die Fahrzeugdynamik vom Gierwinkel aus beobachtbar?

2.3. Gegeben ist die Übertragungsfunktion (1.3.7) des Busses O 305 mit den in Übung 1.4 gegebenen Daten.

  a) Für den kritischsten Fall $\mu = 0.5$, $m = 16000\,[\text{kg}]$, $v = 20\,[\text{m} \cdot \text{s}^{-1}]$ soll die Wurzelortskurve bei proportionaler Rückführung der Abweichung y auf den Lenkmotor u ermittelt werden. Vergleichen Sie mit Abb. 2.6.

  b) Wiederholen Sie die Übung a) mit einem Kompensator erster Ordnung $c(s) = k(s + 0.5)^2/(s + 6.16)^2$.

2.4. Gegeben ist ein hydraulischer Antrieb für einen Roboterarm. Unsichere Parameter sind die Stellmotorzeitkonstante $q_2 \in [0.05\,;\,0.2]$ sowie die Greifermasse, die sich in einem unsicheren Trägheitsmoment $q_1 \in [1\,;\,10]$ auswirkt. Eine Reglerübertragungsfunktion ist in Abb. 2.13 gegeben. Auf welche Art gehen die unsicheren Parameter in das charakteristische Polynom ein? Kann das Problem auf den affinen Fall reduziert werden?

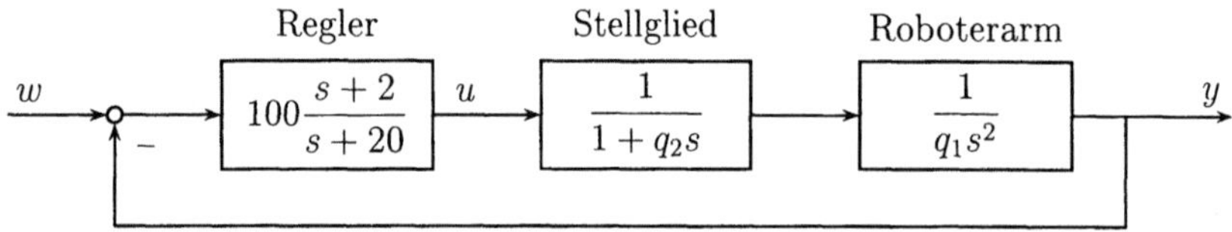

Abb. 2.13: Regelungssystem für einen hydraulischen Roboterarm

2.5. Zeigen Sie, daß die Entkopplung in Abschnitt 2.5 auch für nichtlineare Reifencharakteristik f_α gültig ist, siehe [12].

2.6. Überprüfen Sie die vier Flugzustände des Flugzeugs auf

  a) Steuerbarkeit,

  b) Beobachtbarkeit von der Nickgeschwindigkeit q aus,

  c) Beobachtbarkeit von der Normalbeschleunigung n_z aus.

2.7. Berechnen Sie für das Fahrzeugregelungssystem in Abb. 2.12 die Übertragungsfunktionen vom Lenkradwinkel δ_S zur Querbeschleunigung a_f (Querbeschleunigung an der Vorderachse), zur Giergeschwindigkeit r und zum Schwimmwinkel β, siehe (2.5.3). Untersuchen Sie die Wahl der Vorfilter F_f und F_r im Hinblick auf den Abschnitt 2.6 über Vorfilter.

3 Analyse und Entwurf

Durch die Annahme von Reglerstrukturen in Kapitel 2 wurden etliche Beispiele für charakteristische Polynome des geschlossenen Kreises $p(s, q, k)$ erzeugt, wobei der Vektor k die freien Reglerparameter und q die unsicheren Parameter enthält. Die unsicheren Parameter können beliebige Werte in einem Betriebsbereich Q annehmen, d.h. $q \in Q$.

Die grundlegende Frage der Robustheitsanalyse ist: Ist die Polynomfamilie

$$P(s, Q, k^*) = \{p(s, q, k^*) \mid q \in Q\}$$

für ein gegebenes $k = k^*$ und den Betriebsbereich Q stabil?

Die grundlegende Frage beim Reglerentwurf ist: Gegeben sei Q, bestimme ein $k = k^*$, so daß $P(s, Q, k^*)$ stabil ist.

In diesem Kapitel werden die Entwurfsanforderungen erweitert, so daß mehr als nur Stabilität gefordert werden kann. Insbesondere werden Gütemaße anhand von Eigenwertlagen erläutert. Ein System (oder sein charakteristisches Polynom) werde als „Gamma"-stabil bezeichnet, wenn alle Eigenwerte in einem festgelegten Gebiet Γ in der komplexen Ebene enthalten sind.

Beim Entwurf von robusten Regelungssystemen müssen Kompromisse mit anderen Anforderungen geschlossen werden. In diesem Fall ist nicht so sehr eine besondere Lösung $k = k^*$ von Interesse, sondern vielmehr die gesamte Menge K_H, so daß $P(s, Q, k, q)$ dann und nur dann stabil ist, wenn $k \in K_H$. K_H beschreibt die Menge aller (Hurwitz-) stabilisierenden Regler für die angenommene Struktur.

Verschiedene Aspekte für Entwurf und Analyse werden ebenfalls diskutiert.

3.1   Eigenwertanforderungen

Die Güte eines Regelungssystems wird in erster Linie anhand typischer Eingangs- und Störsignale beurteilt. Beispiele dazu sind:

- Transport einer Ladung mit einer Verladebrücke über eine Distanz von 1 Meter, wobei die Anfangs- und Endzustände des Seilwinkels, der Seilwinkelgeschwindigkeit sowie der Geschwindigkeit der Laufkatze als Null angenommen werden.

- Einfahrt eines Fahrzeugs von einer geraden Strecke in eine Kurve.

- Rasches Anwachsen des Seitenwinds bei einem Fahrzeug.

- Aufstieg eines Flugzeugs zu einer größeren Flughöhe.

Üblicherweise ist man bei den Simulationen an verschiedenen Zustandsgrößen und Stellsignalen interessiert. Bei Systemen mit unsicheren Parametern können die Simulationen lediglich für ein Parameterraster durchgeführt werden und somit ist ein hoher Rechenaufwand bei der Analyse und bei eventuellen Entwurfsiterationen notwendig.

Es ist daher sehr viel praktischer, die Zeitantworten indirekt durch Eigenwertspezifikationen zu verbessern. Unerwünschte Eigenschaften und zweckmäßige Gegenmaßnahmen sind:

1. Schwingungen nehmen nicht schnell genug ab und verursachen beträchtliches Überschwingen. Die Frequenz $\omega = 2\pi/T$ kann anhand der Periode T der unerwünschten Schwingung ermittelt werden. Im Abstand ω vom Ursprung der s-Ebene gibt es ein komplexes Eigenwertpaar mit ungenügender Dämpfung. Im nächsten Entwurfsschritt wird zunächst die Dämpfung dieses Polpaars verbessert.

2. Die Antwort ist träge, sie nähert sich nur langsam dem stationären Wert. Ein Eigenwert auf der negativ reellen Achse liegt sehr nahe am Ursprung und muß im nächsten Entwurfsschritt nach links verschoben werden.

3. Der Hochfrequenzanteil im Stellsignal ist zu hoch. Gegenmaßnahmen sind Verminderung der Bandbreite des Reglers, Erhöhung des Differenzgrads des Reglers, Verschieben von Eigenwerten mit großem Abstand vom Ursprung in einen Kreis mit Radius ω_b, so daß die Verstärkung für $\omega > \omega_b$ rasch vermindert wird. Bei Abtastsystemen schafft ein Anti-aliasing-Filter Abhilfe.

Bei Systemen mit einem Eingang und einem Ausgang müssen einige weitere Aspekte beim Verschieben der Eigenwerte beachtet werden:

4. Werden die Eigenwerte zu nahe an Nullstellen verschoben, so können sehr hohe Kreisverstärkungen entstehen, wie aus der Wurzelortskurve ersichtlich ist. Hohe Kreisverstärkungen sind besonders bei mechanischen Systemen im Hinblick auf die begrenzten Stellsignale unerwünscht.

5. Besitzt der offene Kreis einen Differenzgrad zwei oder größer (dies ist ein häufiger Fall), so kann der Schwerpunkt der Eigenwerte der Strecke und des Reglers nicht verschoben werden. (In diesem Fall wird der Koeffizient a_{m-1} in einem Polynom $\prod_{i=1}^{m}(s - s_i) = a_0 + \ldots + a_{m-1}s^{m-1} + s^m$ nur durch Strecken- und Reglerpole bestimmt und nicht durch deren Nullstellen. Dieser Koeffizient bestimmt den Schwerpunkt der Eigenwerte s_i mit $a_{m-1} = -\sum_{i=1}^{m} s_i$.) Müssen einige Eigenwerte nach links verschoben werden, dann wandern notwendigerweise andere Eigenwerte nach rechts. In diesem Fall müssen die Pole des Kompensators weit genug links angesetzt werden, so daß nach der Rechtsverschiebung noch immer die Eigenwertanforderungen erfüllt sind.

6. Pol-Nullstellen-Kürzungen außerhalb des gewünschten Eigenwertgebiets Γ sollten vermieden werden. Für den Führungsfrequenzgang mögen sie vielleicht akzeptabel sein, aber es gibt immer eine Störung oder Anfangsbedingung, die das Subsystem mit der unerwünschten Antwort anregt. Das Regelungssystem sollte „intern Γ-stabil" sein, d.h. die Pole aller Übertragungsfunktionen von jedem möglichen Eingang zu jedem Ausgang sollten in dem Gebiet Γ liegen.

In den folgenden Abschnitten werden einige einfache Zusammenhänge zwischen Zeitantworten und Eigenwertlagen für Systeme zweiter und dritter Ordnung rekapituliert. Solche Beziehungen sind dann hilfreich, wenn ein „dominantes Regelkreisverhalten" ähnlich wie bei diesen einfachen Systemen verlangt wird.

Liegen alle Eigenwerte links einer Parallelen zur imaginären Achse der s-Ebene bei $\sigma = -a$, dann nehmen alle Lösungsterme mindestens mit e^{-at} ab. Abb. 3.1 zeigt zwei Beispiele.

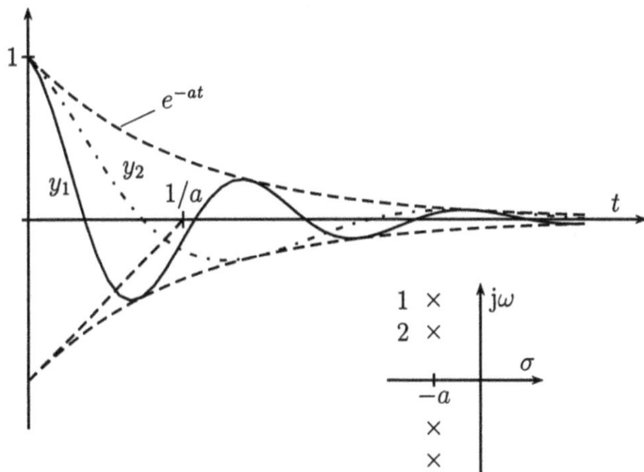

Abb. 3.1: Zwei Lösungsterme mit dem gleichen negativen Realteil $\sigma = -a$ der Eigenwerte

y_1 und y_2 besitzen den gleichen negativen Realteil $\sigma = -a$ der Eigenwerte. Terme des Typs y_1 erzeugen im Gegensatz zu Lösungen des Typs y_2 mit kleinerer Frequenz ω_2 unerwünschtes Überschwingen und starkes Schwingen innerhalb der Einhüllenden $\pm e^{-at}$. Deshalb sollten Eigenwerte mit größerer Frequenz weiter links in der s-Ebene liegen, ein Mindestmaß D an Dämpfung ist notwendig. Ein konjugiert komplexes Polpaar $\sigma_i \pm \mathrm{j}\omega_i$ kann als Faktor zweiter Ordnung des charakteristischen Polynoms dargestellt werden:

$$p_i(s) = (s - \sigma_i - \mathrm{j}\omega_i)(s - \sigma_i + \mathrm{j}\omega_i) = s^2 - 2\sigma_i s + \sigma_i^2 + \omega_i^2 = s^2 + 2D\omega_0 s + \omega_0^2$$

Der Abstand der Eigenwerte vom Ursprung ist die natürliche Frequenz $\omega_0 = \sqrt{\sigma_i^2 + \omega_i^2}$ und $D = -\sigma_i/\omega_0$ ist die Dämpfung. Der umgekehrte Zusammenhang zwischen Realteil σ_i und Imaginärteil ω_i der Eigenwerte ist $\sigma_i = -D\omega_0$, $\omega_i = \omega_0\sqrt{1 - D^2}$. Abb. 3.2 illustriert diesen Zusammenhang in der s-Ebene.

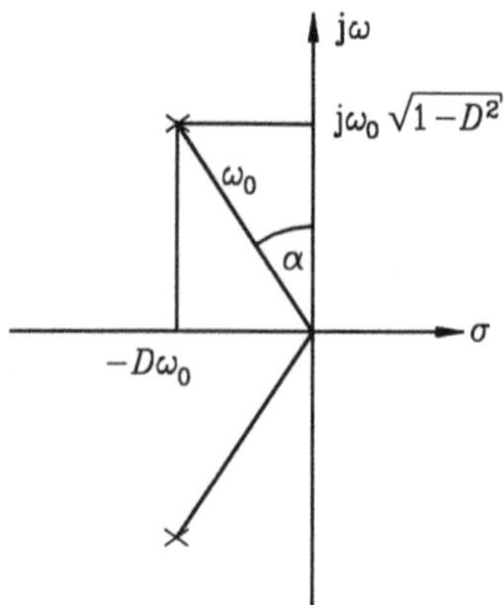

Abb. 3.2: Natürliche Frequenz ω_0 und Dämpfung D eines konjugiert komplexen Polpaars

Die Dämpfung D entspricht einem Winkel α bezüglich der imaginären Achse, wobei

$$D = \sin \alpha \tag{3.1.1}$$

Der entsprechende Lösungsterm im Zeitbereich lautet

$$y_i(t) = e^{-D\omega_0 t} \cos\left(\sqrt{1 - D^2}\,\omega_0 t + \varphi\right) \text{ für } |D| < 1 \tag{3.1.2}$$

Die natürliche Frequenz ω_0 und die Zeit t erscheinen immer nur als Produkt $\omega_0 t$, d.h. ω_0 kann als Skalierungsfaktor der Zeit aufgefaßt werden. Als Beispiel werden die Sprungantworten des Systems

$$g(s) = \frac{1}{1 + 2Ds/\omega_0 + s^2/\omega_0^2} \tag{3.1.3}$$

für verschiedene Dämpfungswerte betrachtet. Für $\omega_0 = 1$, $u(s) = 1/s$ und $y(s) = g(s)u(s)$ erhält man

$$y(s) = \frac{1}{(s^2 + 2Ds + 1)s} = \frac{1}{s} - \frac{(s + D) + D}{(s + D)^2 + (1 - D^2)}$$

Die inverse Laplace-Transformierte ist

$$y(t) = 1 - e^{-Dt}\left[\cos\left(\sqrt{1 - D^2}\,t\right) + \frac{D}{\sqrt{1 - D^2}} \sin\left(\sqrt{1 - D^2}\,t\right)\right] \tag{3.1.4}$$

Die Sprungantworten für $D = 0.5$, $D = 1/\sqrt{2}$ und $D = 0.9$ sind in Abb. 3.3 dargestellt. Die Sprungantwort für $D = 1/\sqrt{2} \approx 0.7$ wird als besonders günstig angesehen. Das maximale Überschwingen von 4.3% erfolgt bei $\omega_0 t = 4.4$. Der Wert $D = 1/\sqrt{2}$ wird durch die Tatsache gekennzeichnet, daß der Betrag des Frequenzgangs $|g(j\omega)|$ nur für kleinere Dämpfungswerte ein Maximum besitzt, die Resonanzfrequenz liegt bei $\omega_0 = \sqrt{1 - 2D^2}$. Bei größerer Dämpfung tritt keine Resonanz auf. In Abb. 3.2 ergibt sich der Winkel bei $D = 1/\sqrt{2}$ zu $\alpha = 45°$.

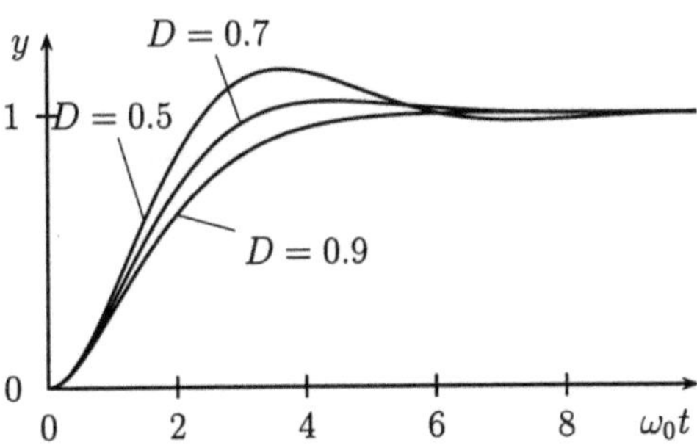

Abb. 3.3: Sprungantworten des Systems (3.1.3)

Als nächstes wird eine zusätzliche Nullstelle bei $s = -b\omega_0$ angenommen:

$$g(s) = \frac{(1 + s/(b\omega_0))}{1 + 2Ds/\omega_0 + s^2/\omega_0^2} \tag{3.1.5}$$

Die Sprungantwort lautet

$$y(t) = 1 - e^{-D\omega_0 t} \left[\cos\left(\sqrt{1 - D^2}\omega_0 t\right) + \frac{D - 1/b}{\sqrt{1 - D^2}} \sin\left(\sqrt{1 - D^2}\omega_0 t\right) \right] \tag{3.1.6}$$

Wiederum kann $\omega_0 t$ als skalierte Zeit verwendet werden. Für $D = 1/\sqrt{2}$ und verschiedene Werte für b werden die Pol-Nullstellen-Verteilungen und die Sprungantworten in Abb. 3.4 dargestellt.

Alle Kurven besitzen einen gemeinsamen Punkt bei $\omega_0 t = \pi\sqrt{2} = 4.44$, da hier der Sinusterm in (3.1.6) verschwindet, der als einziger Term den variierenden Parameter b beinhaltet. Der Kurvenverlauf für $b \to \infty$ ist mit der mittleren Kurve in Abb. 3.3 identisch. Es ist der einzige mit relativem Grad zwei, so daß (nach dem Anfangswertsatz der Laplace-Transformation) die Sprungantwort mit der Steigung Null beginnt. Eine Nullstelle mit $b = 2$ ändert die Sprungantwort nicht signifikant, sogar bei $b = 1$ ist der Zeitverlauf noch akzeptabel. Liegt die Nullstelle jedoch näher am Ursprung als die Pole, kommt es zu starkem Überschwingen (40.7% bei $b = 0.5$). Das kann in der Sprungantwort durch Kürzung der Nullstelle bei $s = -0.5$ unterdrückt werden. Soll diese Kürzung jedoch vermieden werden, dann kann entweder der Abstand ω_0 der Eigenwerte vom Ursprung verkleinert werden (d.h. die Bandbreite wird verkleinert) oder die Dämpfung wird erhöht.

Bei negativem b hat das System nicht-phasenminimales Verhalten, die Sprungantwort beginnt in negativer Richtung. Kürzung ist nicht möglich, da dadurch ein instabiler Eigenwert eingeführt werden würde. Das unerwünschte Unterschwingen kann durch Kürzung der spiegelbildlichen Nullstellen durch ein Vorfilter $1/(1 - s/(b\omega_0))$ vermindert werden. Für das Beispiel lautet es $0.5/(s+0.5)$. Die Sprungantwort mit diesem Vorfilter ist gestrichelt in Abb. 3.4 eingetragen; sie ist wesentlich langsamer.

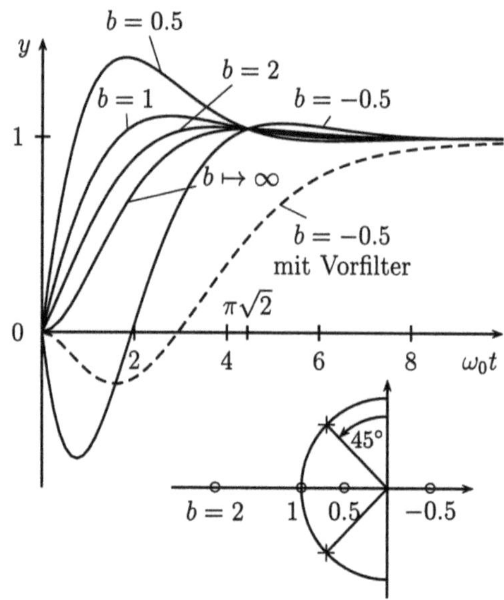

Abb. 3.4: Sprungantworten des Systems (3.1.5) für verschiedene Nullstellenvorgaben b

Als nächstes wird die Wechselwirkung der Pole untereinander betrachtet. Das System (3.1.5) wird um einen Tiefpaß mit einem Pol bei $-a\omega_0$ ergänzt, d.h.

$$g(s) = \frac{1}{(1 + 2Ds/\omega_0 + s^2/\omega_0^2)(1 + s/(a\omega_0))} \tag{3.1.7}$$

Die Sprungantwort dafür lautet

$$y(t) = 1 - \frac{1}{a^2 - 2aD + 1}\{e^{-a\omega_0 t} + \tag{3.1.8}$$

$$+ e^{-Dt}[a(a - 2D)\cos(\sqrt{1 - D^2}\omega_0 t) + \frac{a(1 + aD - 2D^2)}{\sqrt{1 - D^2}}\sin(\sqrt{1 - D^2}\omega_0 t)]\}$$

Jetzt kann eine kleinere Dämpfung gewählt werden, da der zusätzliche Pol einer Resonanz bei der Frequenzantwort entgegenwirkt. Der gewählte Wert ist für die Dämpfung $D = 0.5$, so daß sich das Butterworth-Filter dritter Ordnung für $a = 1$ ergibt. Für $a \to \infty$, d.h. ohne den zusätzlichen Pol, ist die Sprungantwort mit der Kurve in Abb. 3.3 für $D = 0.5$ identisch. In Abb. 3.5 sind einige typische Sprungantworten dargestellt.

Der Pol für $a = 2$ hat wenig Einfluß, für $a = 1$ wird das Überschwingen von 15.5% auf 8.1% reduziert, für $a = 0.5$ tritt kein Überschwingen auf. Die Lösung verlangsamt sich, wenn der reelle Pol nach rechts wandert. Schließlich dominiert der reelle Pol und die komplexen Eigenwerte wirken sich nur noch am Anfang der Sprungantwort aus.

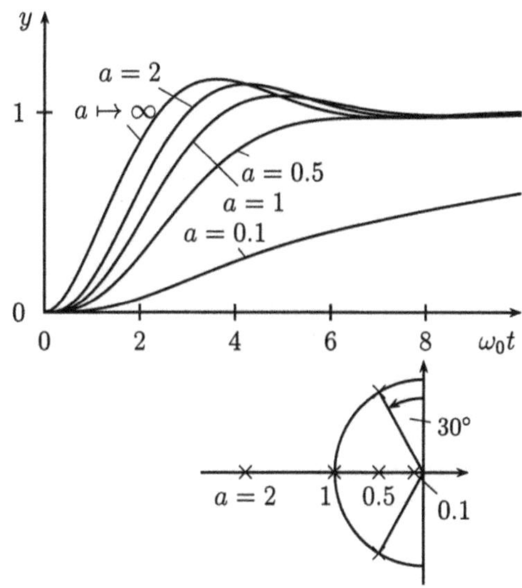

Abb. 3.5: Einfluß eines Pols bei $s = -a$ auf die Sprungantwort

Zusammenfassung

Die Frage, wann die Sprungantwort eines robust stabilen Systems ihren stationären Wert erreicht, hängt lediglich von den dominanten Polen mit dem kleinsten Abstand vom Ursprung $s = 0$ ab. Weiter links liegende und entferntere Pole und Nullstellen (mehr als der doppelte Abstand) nehmen nur auf das anfängliche Einschwingverhalten der Sprungantwort Einfluß, die entsprechenden Zeitantworten sind längst ausgeklungen, bevor das gesamte System einen stationären Zustand erreicht. Sie können jedoch starke Auswirkungen auf die anfängliche Stellamplitude haben. Nullstellen in der linken Halbebene haben ähnlichen Einfluß wie verminderte Dämpfung. Ihre Auswirkungen können durch Kürzungen im geschlossenen Kreis oder durch ein Vorfilter reduziert werden.

Der unerwünschte Einfluß von Nullstellen in der rechten Halbebene kann durch Kürzung der spiegelbildlichen Nullstellen erfolgen, dadurch wird jedoch die Zeitantwort verlangsamt.

Es wird angeraten, im geschlossenen Kreis mehrere Eigenwerte im etwa gleichen Abstand vom Ursprung zu plazieren. Tragen mehrere Pole auf diesem Kreis zum dominanten Einschwingverhalten bei, so kann die geringste Dämpfung klein sein.

Γ-Stabilität

Die obige Diskussion über Eigenwertspezifikationen illustriert, wie die Güte eines Regelkreises durch Verschieben der Pole in das Gebiet Γ iterativ verbessert werden kann. Aus diesen Überlegungen entspringt die folgende Definition:

Definition 3.1.   Ein Polynom $p(s) = (s - s_1)(s - s_2)\ldots(s - s_n)$ wird als Γ-stabil bezeichnet, wenn alle $s_i \in \Gamma$, $i = 1,\ldots,n$. $\square$

Das Gebiet Γ besitzt eine Berandung $\partial\Gamma$, die aus einer oder mehreren Kurven in der s-Ebene besteht, so daß die Zugehörigkeit oder Nichtzugehörigkeit eines Pols s_i zu dem Gebiet Γ in jedem Fall eindeutig ist.

Bislang waren die Überlegungen über Eigenwertlagen nicht direkt mit dem Problem der Robustheit befaßt. Sie sind beispielsweise auch beim Entwurf mit Wurzelortskurven für eine fest gegebene Strecke oder bei Polvorgabe nützlich. Die Polvorgabe ist besonders bei Systemen mit nur einem Eingang eine bevorzugte Entwurfsmethode, da sie eine eindeutige Lösung für den Rückführvektor oder den Kompensator liefert. Dieser Vorteil wendet sich bei Systemen mit unsicheren Parametern zu einem Nachteil. Eine eindeutige Lösung läßt keinerlei Flexibilität zu: Ändern sich Streckenparameter, so müssen auch die Reglerparameter geändert werden, um die gleichen Eigenwertlagen zu erhalten. Die vorausgegangenen Überlegungen über Eigenwertlagen haben ergeben, daß bei einer genauen Vorgabe aller Eigenwerte mehr erfüllt wird, als von den Entwurfsanforderungen her verlangt wird. Bei unsicheren Parametern ist es eine vernünftige Forderung, daß alle Eigenwerte in einem festgelegten Gebiet Γ in der s-Ebene enthalten sind und dort bei allen möglichen Parametervariationen verbleiben. Diese Methode wird als „Polgebietsvorgabe" bezeichnet.

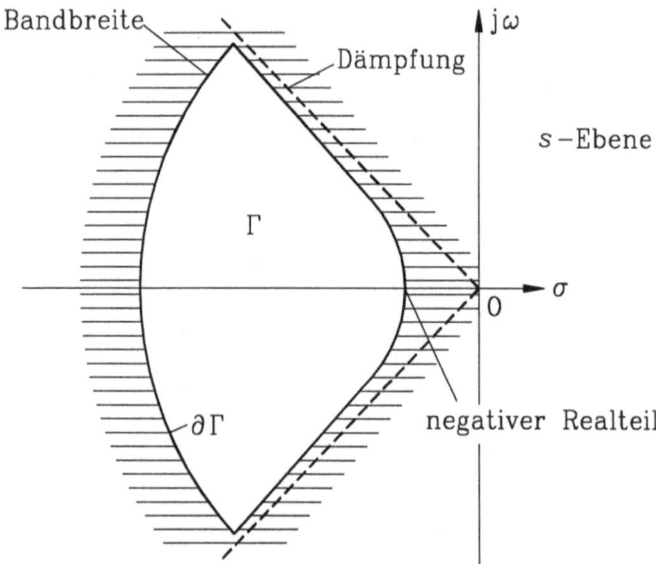

Abb. 3.6: Spezifikation eines Polgebiets Γ, das eine Begrenzung der Bandbreite, des negativen Realteils und der Dämpfung garantiert

In Abb. 3.6 ist ein Beispiel für ein Polgebiet Γ dargestellt. Das Gebiet wird durch einen Kreisbogen zur Begrenzung der Bandbreite und durch eine Hyperbel berandet, die eine obere Grenze für den negativen Realteil und eine Mindestdämpfung entsprechend der Asymptoten gewährleistet.

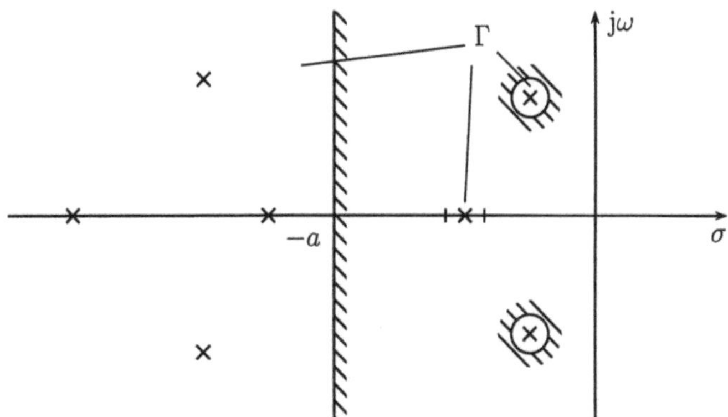

Abb. 3.7: Eine dominante Butterworth-Konfiguration soll bei Parametervariationen ungefähr erhalten bleiben.

Das Polgebiet muß nicht zusammenhängend sein, es können auch Variationen um eine bestimmte Polverteilung zugelassen werden. In Abb. 3.7 wird beispielsweise das dominante Verhalten durch eine Butterworth-Konfiguration dreier Eigenwerte bestimmt, während der Realteil der anderen Eigenwerte kleiner als $-a$ sein muß. Ist das Gebiet Γ nicht zusammenhängend, dann muß zusätzlich die Anzahl der Pole in jedem der Einzelgebiete von Γ angegeben werden.

In den in Kapitel 1 vorgestellten mechanischen Beispielen ist der Streckeneingang u meist eine Kraft, die Stellgliedbeschränkungen, wie z.B. $|u| \leq 1$, unterliegt. Deshalb sind besonders Lösungen mit geringer Kreisverstärkung („soft control") von Interesse, die dem System genügende Dämpfung verleihen, die aber keine unnötige Stellenergie aufwenden, um die natürlichen Frequenzen zu ändern.

Wenn Parametervariationen die Entfernung der Streckeneigenwerte vom Ursprung ändern, dann sollten sich auch die Eigenwerte des geschlossenen Kreises um den ungefähr gleichen Betrag verändern. Abb. 3.8 zeigt das Ergebnis eines Reglerentwurfs für die Verladebrücke mit relativ kleinen Rückführverstärkungen für $m_C = 1000\,[\mathrm{kg}]$, $\ell = 10\,[\mathrm{m}]$, $m_L \in [50\,;\,2395]\,[\mathrm{kg}]$. Der robuste Ausgangsrückführvektor $u = -\begin{bmatrix} 500 & 2769 & -21557 & 0 \end{bmatrix} x$ wurde in [5] so entworfen, daß alle Eigenwerte links des linken Asts der Hyperbel $(\sigma/0.25)^2 - (\omega/0.5)^2 = 1$ liegen. Die Strecke hat ein imaginäres Eigenwertpaar. Kleine Lastmassen $m_L = 50\,[\mathrm{kg}]$ schwingen langsam, die Eigenwerte ($\triangle$) liegen nahe am Ursprung. Durch die Γ-Stabilisierung werden sie lediglich nach links über die hyperbolische Begrenzung verschoben, die beiden Eigenwerte bei $s = 0$ werden auf die negativ reelle Achse verschoben. Eine schwerere Last $m_L = 2395\,[\mathrm{kg}]$ schwingt mit höherer Frequenz. Die Eigenwerte des offenen Kreises ($\square$) sind vom Ursprung $s = 0$ weiter entfernt. Im geschlossenen Kreis wandern die imaginären Eigenwerte auf die linke Seite des Hyperbelasts und zusätzlich tritt ein zweites komplexes Polpaar auf der Hyperbel auf. Es dominieren die langsamen Terme der Übergangsbewegung. Diese Beobachtungen werden in der **zweiten Grundregel der robusten Regelung** festgeschrieben:

Beim Schließen eines Kreises mit Stellgliedbeschränkungen soll ein langsames System langsam und ein schnelles System schnell bleiben.

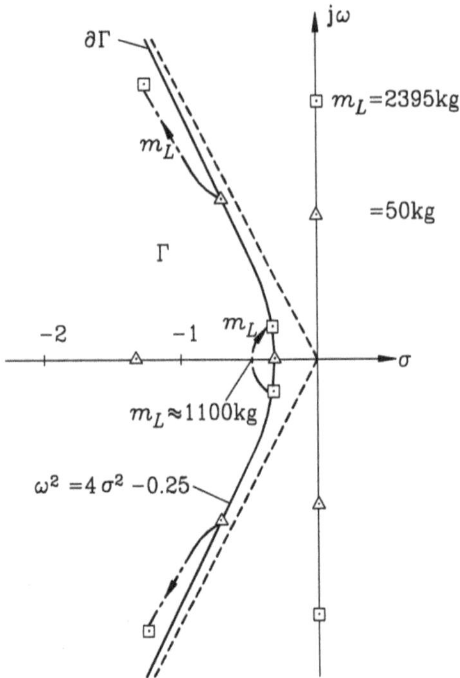

Abb. 3.8: Ein schnelles System bleibt schnell, ein langsames System langsam

Für das Beispiel der Flugzeugregelung müssen die Zeitbereichsanforderungen nicht in Eigenwertanforderungen umgesetzt werden. Basierend auf der Bewertung von Piloten wurden zulässige Intervalle für die Dämpfung und Frequenz der kurzperiodischen Anstellwinkelschwingung festgelegt und müssen bei der Zulassung neuer Flugzeuge nachgewiesen werden [1].

Für das charakteristische Polynom $p(s) = a_0 + a_1 s + s^2 = \omega_0^2 + 2D\omega_0 s + s^2$ wurden die folgenden Intervallgrenzen ermittelt:

$$0.35 \leq D \leq 1.3\,; \quad \omega_a \leq \omega_0 \leq \omega_b \qquad\qquad (3.1.9)$$

Die Anforderungen an die Eigenwerte können besser in der s-Ebene formuliert werden. Die Forderung $\omega_a < \omega < \omega_b$ beschreibt einen Kreisring. Die Forderung, daß D größer als 0.35 sein muß, schneidet daraus das in Abb. 3.9. mit durchgezogener Linie dargestellte Segment Γ heraus. Die obere Grenze für D wird in Kapitel 11 diskutiert.

Eine Schwierigkeit ergibt sich durch die Tatsache, daß die Spezifikationen (3.1.9) für die kurzperiodische Anstellwinkelschwingung für ungeregelte Flugzeuge erstellt wurden. Beim Entwurf eines Regelungssystems kommen zusätzliche Eigenwerte vom Regler und Stellglied hinzu. Die einfachste Möglichkeit, um die Bedingungen in (3.1.9) für die kurzperiodische Anstellwinkelschwingung zu erfüllen, wäre, daß *alle* Eigenwerte in dem

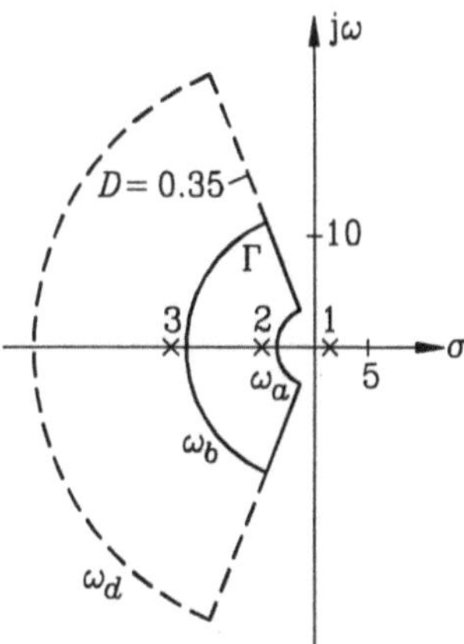

Abb. 3.9: Γ-Stabilitätsgebiet in der s-Ebene

Gebiet Γ beinhaltet sind. Dazu müssen jedoch die Pole des Stellglieds unnötigerweise nach rechts verschoben werden. Im offenen Kreise liegt der Stellgliedpol links des Polgebiets Γ bei $s = -14$. Die ungeregelte kurzperiodische Anstellwinkelschwingung hat zwei reelle Eigenwerte, einen in Γ und einen in der rechten Halbebene, siehe Abb. 3.9.

Hier stellt sich die Frage, ob nach dem Schließen des Kreises noch zwischen dem Stellgliedpol und den Eigenwerten der kurzperiodische Anstellwinkelschwingung unterschieden werden kann. Dazu wird angenommen, daß keine weitere Rückführdynamik vorhanden ist und der Rückführvektor $\boldsymbol{k}_y$ aus (2.3.18) ausgehend von $\boldsymbol{k}_y = [k_{nz} \quad k_q]^T = [0 \quad 0]^T$ kontinuierlich variiert wird. Die eindeutige Zuordnung geht verloren, wenn sich der linke Pol der kurzperiodische Anstellwinkelschwingung mit dem Stellgliedpol in einem Verzweigungspunkt vereinigt und danach ein komplexes Polpaar bildet. Solch ein Pfad im $\boldsymbol{k}_y$-Raum muß vermieden werden. Bilden hingegen die beiden Pole der kurzperiodischen Anstellwinkelschwingung ein komplexes Polpaar, das dann in das Polgebiet Γ verschoben wird, dann können sie auch im geschlossenen Kreis noch immer als Streckenpole identifiziert werden. Das ursprüngliche Gebiet Γ wird nun durch einen dritten Kreis zur Bandbreitenbegrenzung ergänzt, siehe Abb. 3.9. Diese Grenze $ω_b$ trennt die Eigenwerte der kurzperiodische Anstellwinkelschwingung von allen Stellmotoreigenwerten und eventuellen zusätzlichen Kompensatoreigenwerten ab.

3.2 Einführung in die Robustheitsanalyse

Die grundlegende Frage der Robustheitsanalyse is

Ist eine Polynomfamilie $P(s, Q)$ stabil (oder Γ-stabil)?

Die klassischen Stabilitätstests beziehen sich in erster Linie auf Polynome $p(s, \boldsymbol{q}^{(1)})$ mit numerisch gegebenem $\boldsymbol{q} = \boldsymbol{q}^{(1)}$. Man könnte sich nun vorstellen, solche Tests für eine große Anzahl von Rasterpunkten $q^{(i)} \in Q$ zu wiederholen. Auf diese Weise ist man jedoch niemals sicher, ob nicht doch ein instabiler Punkt in dem gegebenen Betriebsbereich Q existiert. Ein pragmatischer Lösungsweg ist die grafische Darstellung, die nicht nur eine Ja/Nein-Antwort über die Stabilität der Rasterpunkte gibt, sondern auch die „Nähe zur Instabilität" anzeigt. Beispiele dazu sind:

1. Bestimme die Lage der Wurzeln in der s-Ebene und überprüfe, ob sie der Stabilitätsgrenze nahe kommen.

2. Stelle eine große Anzahl von Nyquist-Ortskurven grafisch dar und überprüfe, ob sie in der Nähe des kritischen Punktes -1 verlaufen.

3. Bei nur zwei Parametern q_1 und q_2 kann das Stabilitätsgebiet in der $(q_1,\, q_2)$-Ebene gezeichnet werden und überprüft werden, ob der Betriebsbereich Q darin enthalten ist.

Die grafische Darstellung gibt mehr oder weniger Vertrauen in die ausreichend genaue Annäherung des gesamten Parameterkontinuums durch das gewählte Parameterraster. Verschiedene Stabilitätstests für unsichere Polynome werden in Kapitel 4 eingeführt. Ein anderer Lösungsansatz ist die symbolische Berechnung der Hurwitz-Determinanten. Dies führt zu nichtlinearen Ungleichungen in den unsicheren Parametern und es ist im allgemeinen schwierig zu überprüfen, ob sie für alle $q \in Q$ erfüllt sind. In einfachen Fällen können jedoch Hurwitz-Determinanten sogar den kritischsten Betriebsfall identifizieren helfen.

Beispiel 3.1. Gegeben ist die Verladebrücke mit Zustandsrückführung. Laut (2.2.19) ergibt sich die dritte Hurwitz-Bedingung zu

$$\Delta_3 = [k_2(m_L g - k_3) + k_1 k_4](k_2 \ell - k_4) - k_2 k_4 m_C g > 0 \qquad (3.2.1)$$

Die Parameter m_L, m_C, ℓ, k_1 und k_3 gehen linear in Δ_3 ein, d.h. der kritische Wert ist entweder ihr maximaler oder minimaler Wert (abhängig vom Vorzeichen der entsprechenden Faktoren). Im Gegensatz dazu gehen k_2 und k_4 quadratisch in Δ_3 ein, diese Parameter können somit ihre kritischen Werte in den Intervallen $k_2 \in [k_2^- ;\, k_2^+]$ und $k_4 \in [k_4^- ;\, k_4^+]$ besitzen.

In einer weiteren Analyse zeigt sich, daß für stabile Systeme der leere Lasthaken $m_L = m_L^-$ den kritischsten Fall darstellt, da m_L mit einem positiven Faktor $k_2 g a_3 = k_2 g(k_2 \ell - k_4)$ in $\Delta_3 > 0$ und mit einem positiven Faktor g in $a_2 > 0$ aus (2.2.18) eingeht. $\qquad \square$

Das obige Beispiel läßt vermuten, daß es harmlose Parameter q_i gibt, für die nur einer oder beide Extremwerte q_i^- und q_i^+ auf Stabilität überprüft werden müssen, und „unangenehme" Parameter gibt, bei denen der kritischste Fall in dem Intervall $q_i \in [q_i^- ;\, q_i^+]$ liegt. Nur im letzteren Fall muß das gesamte Kontinuum der Parameter untersucht werden. Die Frage der „Extremwertresultate" ist ein aktuelles Forschungsthema, einige nützliche Ergebnisse werden in den Kapiteln 5 und 8 vorgestellt.

Eine andere Methode zur Robustheitsanalyse beruht auf der Idee des Stabilitätsradius im q-Raum. Ausgehend von einem stabilen Punkt q^0 des Betriebsbereichs wird eine Box (oder Kugel) aufgeblasen, bis sie eine der Stabilitätsgrenzen berührt. Diese Methode wird in Kapitel 7 vorgestellt.

Die Robustheitsanalyse ist bei Intervallkoeffizienten (2.7.3) und im affinen Fall (2.7.4) relativ einfach. Für den multilinearen oder polynomialen Fall ist sie sehr viel schwieriger. Diese nichtlinearen Fälle können manchmal vereinfacht werden, wenn bestimmte Unsicherheitsstrukturen des charakteristischen Polynoms ausgenutzt werden können, siehe Kapitel 6. Der nichtlineare Fall kann bei nur zwei unsicheren Parametern gelöst werden, siehe Kapitel 9. Ein noch schwierigerer Fall tritt auf, wenn eine kontinuierliche Strecke durch einen Abtastregler geregelt wird. Durch die Diskretisierung gehen die unsicheren Parameter exponentiell in das charakteristische Polynom ein. Für diesen Fall wird ein Näherungsverfahren in Kapitel 10 angegeben.

In der Regel werden Näherungsverfahren und Überabschätzungen (Overbounding) bei der Robustheitsanalyse vermieden. Es kann unvermeidbar sein, einige Parameter (oder die Frequenz ω bei Frequenzbereichsverfahren) zu rastern. Unter diesen Einschränkungen soll eine Ja/Nein-Antwort auf die grundlegende Frage der Robustheitsanalyse erzielt werden. Aus diesen Gründen werden hier keine konservativen Abschätzungen abgehandelt, die lediglich unter günstigen Umständen aussagen, daß eine bestimmte Polynomfamilie stabil ist, aber in vielen anderen Fällen keine schlüssige Aussage liefern.

Beispiele für Überabschätzung von realen regelungstechnischen Robustheitsproblemen sind:

i) Zustandsdarstellung mit Matrixunsicherheit von beschränkter Norm , z.B. $A + \Delta A$, $\|\Delta A\| < R$,

ii) Zustandsdarstellung in Form von Intervallmatrizen mit Elementen $a_{ij} \in [a_{ij}^- \, ; \, a_{ij}^+]$,

iii) Überabschätzung reeller Unsicherheiten durch komplexe Unsicherheiten,

iv) Einbetten eines unsicheren Polynoms mit abhängigen Koeffizienten in eine Familie von Intervallpolynomen.

Beispiel 3.2. Gegeben ist die Verladebrücke mit noch unbestimmter Ausgangsvektorrückführung $u = -[k_1 \ k_2 \ 0 \ 0]x$. Durch (2.2.21) ist bekannt, daß das System genau dann stabil ist, wenn $k_1 > 0$, $k_2 > 0$. Nun sei $m_C = 1000\,[\mathrm{kg}]$, $m_L = 1\,[\mathrm{kg}]$, $g = 10\,[\mathrm{m} \cdot \mathrm{s}^{-2}]$, $\ell \in [9.99\,;\,10.01]\,[\mathrm{m}]$, d.h. die Seillänge ist unsicher und sie variiert lediglich um 1 Zentimeter um ihre nominale Länge von 10 [m]. Die Koeffizientenintervalle sind

$$
\begin{aligned}
a_0 &= k_1 g \in [10k_1^- \, ; \, 10k_1^+] \\
a_1 &= k_2 g \in [10k_2^- \, ; \, 10k_2^+] \\
a_2 &= (m_L + m_C)g + k_1\ell \in 10010 + [9.99k_1^- \, ; \, 10.01k_1^+] \\
a_3 &= k_2\ell \in [9.99k_2^- \, ; \, 10.01k_2^+] \\
a_4 &= \ell m_C \in [9990 \, ; \, 10010]
\end{aligned}
\tag{3.2.2}
$$

Dieses affine Polynom wird unter der Annahme, daß die Koeffizienten a_0 bis a_4 unabhängig voneinander in ihren jeweiligen Intervallen variieren können, überabgeschätzt. Diese Intervalle werden in die Hurwitz-Determinante eingesetzt:

$$\Delta_3 = a_1 a_2 a_3 - a_0 a_3^2 - a_1^2 a_4$$

Die Intervallgrenzen für $\Delta_3 \in [\Delta_3^-, \ \Delta_3^+]$ ergeben sich zu

$$\Delta_3^- = 10 k_2^2 [(9.99^2 - 10.01^2) k_1 - 100.1]$$

$$\Delta_3^+ = 10 k_2^2 [(10.01^2 - 9.99^2) k_1 + 300.1]$$

Es existiert kein positives k_1, so daß $\Delta_3^- > 0$. Das überraschende Ergebnis ist, daß Stabilität für keines der $(k_1, \ k_2)$ durch diese konservative Schätzung nachgewiesen werden kann. Eine Erklärung kann anhand der Übertragungsfunktion (1.1.10) mit dem Pol-Nullstellen-Muster in Abb. 1.2 gegeben werden. Wird für den Zähler $\ell = \ell^-$ angenommen und für den Nenner $\ell = \ell^+$, dann besitzt $g_C(s)$ Nullstellen bei $s_0 = \pm\mathrm{j}\sqrt{g/\ell^-}$ mit

$$\frac{g}{\ell^-} = \frac{10}{9.99} > 1$$

und Pole bei $s_p = \pm\mathrm{j}\sqrt{g/\ell^+}\sqrt{1 + m_L/m_C}$ mit

$$\frac{g}{\ell^+}\left(1 + \frac{m_L}{m_C}\right) = \frac{10.01}{10.01} = 1$$

Somit enthält die konservative Abschätzung Fälle, in denen die Nullstelle einen größeren Abstand vom Ursprung besitzt als der Pol. Durch dieses Vertauschen von Pol und Nullstelle wird die anfängliche Richtung der Wurzelortskurve um 180° verdreht. Dieser Fall beschreibt keine Verladebrücke und muß somit auch nicht durch $(k_1, \ k_2)$ stabilisiert werden. $\qquad\qquad\square$

Das obige Beispiel wurde zugegebenermaßen konstruiert, um einen extremen Effekt der Überabschätzung zu zeigen. Für ein anderes Seillängenintervall erhält man vielleicht durch die gleiche Art der Abschätzung eine einfache hinreichende Bedingung für ein Gebiet in der (k_1, k_2)-Ebene. Für die praktische Anwendung ist Überabschätzung dann nützlich, wenn sich daraus ein sehr einfacher Test ergibt. Für die Fälle i) bis iv) trifft dies lediglich auf iv), Überabschätzung durch ein Intervallpolynom, zu.

In der Literatur zur robusten Regelung trifft man häufig auf verwirrende Unterscheidungen zwischen „unstrukturierten" und „strukturierten" oder sogar „hoch strukturierten" Unsicherheiten. Diese beziehen sich gewöhnlicherweise auf die verschiedenen Normen der Unsicherheiten im Frequenzbereich oder Koeffizientenraum von Standardmodellstrukturen. In diesem Buch vermeiden wir diese Klassifizierung und sprechen dagegen von „physikalisch motivierten" Unsicherheiten (wie in den Beispielen in Kapitel 1) im Gegensatz zu „mathematisch motivierten" Unsicherheiten. Um ein physikalisch motiviertes Unsicherheitsmodell zu erhalten muß die Strecke analytisch modelliert werden. Für allgemeine regelungstechnische Theorien ist es natürlich bequemer, mit einem nominalen Standardmodell zu beginnen (z.B. Zustandsdarstellung, Übertragungsfunktion, Frequenzverläufe, Sprungantworten) und eine Unsicherheit mit begrenzter Norm hinzuzufügen. Es kann Situationen geben, in denen keine andere Wahl bleibt, wenn eine analytische Modellierung nicht durchführbar ist oder einige Einflüsse unmodelliert bleiben.

Bei der Verladebrücke und bei der Fahrzeugregelung traten große Parametervariationen in einer bekannten Modellstruktur auf. Zusätzlich gibt es Modellunsicherheiten bedingt durch nichtmodellierte Dynamik. Bei der Verladebrücke wurden beispielsweise die folgenden Punkte vernachlässigt:

- der elektrische Motor, der die Kraft u zur Beschleunigung der Laufkatze erzeugt,

- die Elastizität und Masse des Seils.

Bei der Fahrzeugregelung wurden vernachlässigt:

- Die Kopplung mit der Vertikalbewegung (Hub, Nicken, Rollen),

- die Masse der Räder,

- die Beschleunigung des Fahrzeugs und die Dynamik des Antriebsstrangs.

Werden die obigen Effekte modelliert, dann erhält man ein kompliziertes Modell hoher Ordnung mit einem höherdimensionalem Zustandsraum und höherem Grad der Übertragungsfunktion. Frequenzbereichsverfahren sind für solche dynamische Modellunsicherheiten und Unsicherheiten in der Systemordnung vorteilhaft. Bei klassischen Verfahren wird das Regelungssystem so entworfen, daß der geschlossene Kreis genügend Verstärkungs- und Phasenreserve besitzt, so daß solche Modellunsicherheiten berücksichtigt werden können. Damit ist gewährleistet, daß Phasenverzögerungen, wie sie beispielsweise durch vernachlässigte Stellglieddynamik oder Abtastglieder erzeugt werden, nicht zur Instabilität führen. Bei höheren Frequenzen sollte der Betrag des Frequenzgangs des offenen Kreises rasch abnehmen, um dadurch Resonanzen von höher harmonischen Strukturschwingungen zu vermeiden. In manchen Fällen berücksichtigen wir solche Maßnahmen gegen die Auswirkungen nicht modellierter Dynamik. Das Hauptthema dieses Buchs sind jedoch unsichere physikalische Parameter in bekannten Modellstrukturen.

3.3 Einführung in den robusten Reglerentwurf

Die grundlegende Frage des robusten Reglerentwurfs ist:

Gegeben ist eine Polynomfamilie $P(s, Q, k)$. Zu bestimmen ist ein $k = k^*$, so daß $P(s, Q, k^*)$ robust Γ-stabil ist.

Existiert solch ein $\boldsymbol{k}^*$, dann gibt es auch eine Nachbarschaft von $\boldsymbol{k}^*$, die die Strecken-familie Γ-stabilisiert. Somit kann $\boldsymbol{k}$ ausgehend von $\boldsymbol{k}^*$ variiert werden, um zusätzliche Entwurfsanforderungen verbessern zu können. Im Grunde ist eine Beschreibung der Menge aller Γ-stabilisierender Regler wünschenswert.

$$K_\Gamma = \{\, \boldsymbol{k} \mid P(s, Q, \boldsymbol{k}) \text{ ist robust } \Gamma\text{-stabil}\,\} \tag{3.3.1}$$

Dann können andere Entwurfsanforderungen eingebracht werden, um ein bestimm-tes $\boldsymbol{k} \in K_\Gamma$ auszuwählen. Abb. 3.10 illustriert das Problem des robusten Reglerent-wurfs in einer Situation mit nur einem unsicheren Parameter $q \in Q$ und einem freien Verstärkungsparameter k.

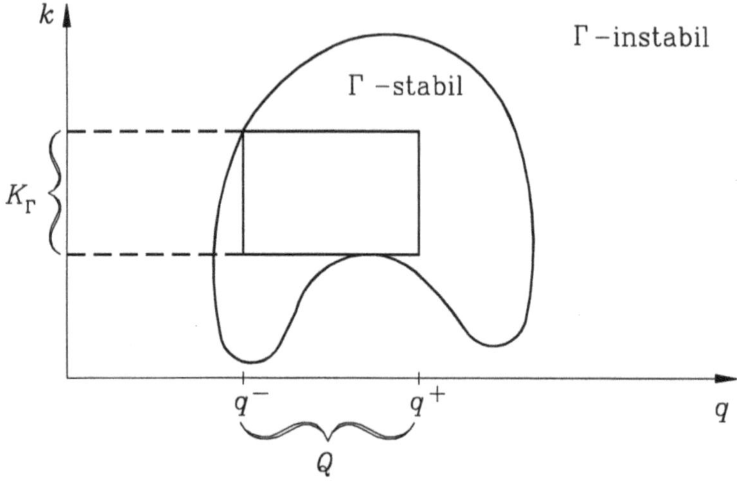

Abb. 3.10: Γ-stabilisierende Regler aus K_Γ ergeben Γ-Stabilität für alle Parameterwerte $q \in Q$

Das Γ-Stabilitätsgebiet in der (q, k)-Ebene ist nicht konvex. Deshalb genügt es nicht, einen simultan Γ-stabilisierendes k für q^- und q^+ zu bestimmen. In Abb. 3.10 kann K_Γ grafisch konstruiert werden. Abb. 3.11 zeigt eine Situation, in der die Menge K_Γ leer ist.

Vom mathematischen Standpunkt aus gesehen ist das Syntheseproblem wohl formuliert, aber ungelöst, da es keine notwendigen und hinreichenden Bedingungen für die Existenz eines robust Γ-stabilisierenden Reglers gibt. Somit benötigt der Ingenieur ein gewisses Maß an Optimismus, um Entwurfswerkzeuge zu entwickeln und anzuwenden.

Hat man exakte Methoden für die Robustheitsanalyse, dann kann man es sich leisten, während der Entwurfsphase optimistisch zu sein. Jeder Lösungsansatz ist zulässig, wenn anschließend das Ergebnis analysiert wird. Damit wird nun die **dritte Grundregel der robusten Regelung** formuliert:

> *Wenn man bei der Analyse ein Pessimist ist, kann man es sich leisten, beim Entwurf ein Optimist zu sein.*

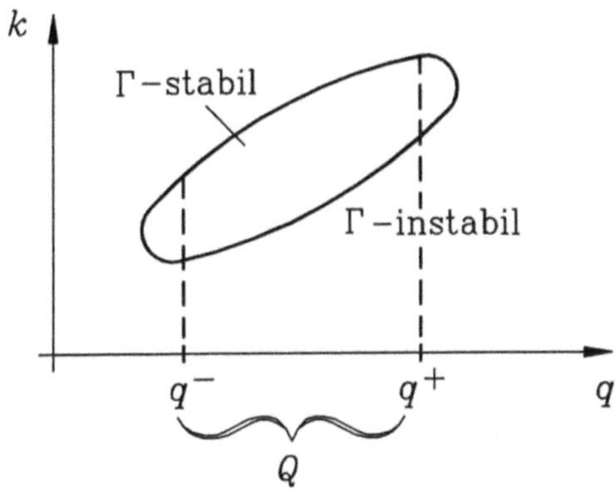

Abb. 3.11: Es existiert kein simultan stabilisierendes k für alle $q \in Q$

Es ist ein Frage von persönlichem Geschmack, Ausbildung, Erfahrung und verfügbarer Software, welche Entwurfsmethode der Ingenieur bevorzugt. Es gibt bereits mehrere Programmbibliotheken („toolboxes") für Matlab für den robusten Reglerentwurf und mehr und mehr Vorschläge und Algorithmen werden veröffentlicht. Die Mehrzahl dieser Lösungsvorschläge basiert auf konservativen Abschätzungen für die kritischsten Parameterunsicherheiten. Eine Ausnahme ist die „Quantitative Feedback Theory" von Horowitz [86]. Sie basiert auf einer Darstellung der Unsicherheiten im Frequenzbereich. Insbesondere ist sie für Ingenieure geeignet, die Erfahrung mit dem Entwurf im Nichols-Diagramm haben.

Der robuste Entwurf selbst kann als Rückkopplungsprozeß [120] mit Robustheitsanalyse aufgefaßt werden, siehe Abb. 3.12.

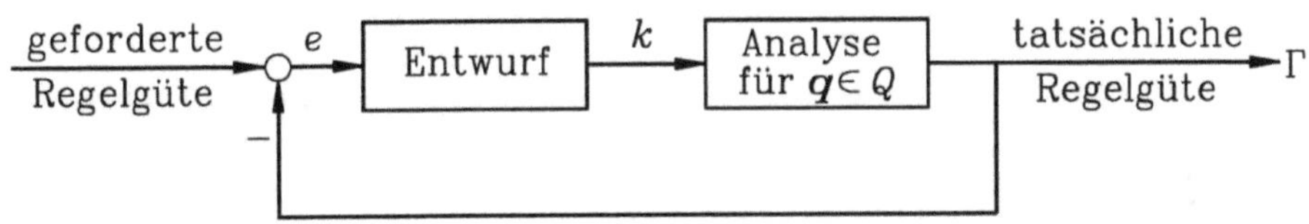

Abb. 3.12: Entwurfsprozeß als Rückkopplungsprozeß mit Analyse dargestellt

Die aktuelle Regelgüte für das Ergebnis k des letzten Entwurfsschritts kann auf verschiedene Arten gemessen werden und aus diesen Maßen für die Regelgüte ergeben sich unterschiedliche Strategien für die Richtung des nächsten Entwurfsschritts im k-Raum.

1. Robustheit in der s-Ebene.
   Gegeben ist Q. Das aktuelle Eigenwertgebiet für alle $q \in Q$ wird in der s-Ebene dargestellt und im nächsten Schritt so kontrahiert, daß es besser dem gewünschten Polgebiet Γ entspricht. Wenn es nicht gelingt, alle Eigenwerte in das Gebiet Γ zu bringen, muß Γ entsprechend vergrößert werden.

2. Robustheit im q-Raum.

Gegeben ist Γ. Das aktuelle Γ-stabile Gebiet

$$Q_\Gamma = \{\, \boldsymbol{q} \mid p(s, \boldsymbol{q}, \boldsymbol{k}) \text{ ist } \Gamma\text{-stabil} \,\} \tag{3.3.2}$$

wird mit dem gewünschten robusten Parametergebiet Q verglichen. Im nächsten Schritt wird Q_Γ so vergrößert, daß es möglichst viel von Q abdeckt. Wenn es nicht gelingt, $Q \subset Q_\Gamma$ zu erreichen, muß der Betriebsbereich Q verkleinert werden.

3. Robustheit in der Nyquist-Ebene.
   Gegeben sei Q. Die Nyquist-Wertemenge (Menge aller Nyquist-Ortskurven für alle $\boldsymbol{q} \in Q$) des offenen Regelkreises wird dargestellt. Wenn der geschlossene Kreis bereits für alle $\boldsymbol{q} \in Q$ stabil ist, wird $\boldsymbol{k}$ im nächsten Entwurfsschritt so gewählt, daß sich der kleinste Abstand der Nyquist-Wertemenge vom kritischen Punkt -1 vergrößert. Wenn es nicht gelingt, die gewünschte Stabilitätsreserve (Verstärkungs- und Phasenreserve, minimaler singulärer Wert) zu erreichen, muß diese Spezifikation gelockert werden.

Die meisten Entwurfsmethoden verwenden ein eindimensionales Maß $\|\boldsymbol{e}\|$ für die Abweichung zwischen tatsächlicher und gewünschter Regelgüte. Dann kann eine Standardoptimierung $\min_k \|\boldsymbol{e}\|$ ausgeführt werden, wobei viele Kombinationen von Normen und Optimierungsroutinen möglich sind. Zweidimensionale Maße der Abweichung zwischen tatsächlicher und gewünschter Regelgüte können durch den Ingenieur in einer Darstellung als Computergrafik beurteilt werden.

Vom Standpunkt des Ingenieurs aus gesehen wird der Entwurf am besten als eine mehrdimensionale Kompromißlösung zwischen mehreren Entwurfsanforderungen dargestellt. Eine systematische Suche in höherdimensionalen Räumen kann dabei durch eine Visualisierung von vektoriellen Gütekriterien oder Pareto-Optimierungstechniken erleichtert werden.

In Teil IV dieses Buchs werden zwei Entwurfswerkzeuge zum robusten Reglerentwurf vorgestellt, die von den Autoren entwickelt und erfolgreich angewandt wurden. Die optimistische Vorgehensweise beim Entwurf wurde dabei durch die Beobachtung unterstützt, daß all die häßlichen Beispiele (z.B. wird in Kapitel 5 ein Beispiel mit einem instabilen, isolierten Punkt in einem ansonsten stabilen Betriebsbereich vorgestellt) nicht typisch für realistische Anwendungen sind. Es ist vielmehr wahrscheinlich, daß die Γ-Instabilität zuerst an einer der Ecken der Q-Box auftritt, wenn die Reglerparameter verändert werden. Deshalb ist ein Regler, der die Ecken der Q-Box simultan stabilisiert ein guter Kandidat zur weiteren Robustheitsanalyse (und Verbesserungen, falls erforderlich). In der Tat genügt es unter einigen Einschränkungen, die Ecken der Q-Box simultan zu Γ-stabilisieren, siehe Kapitel 8. Sind die einschränkenden Annahmen nicht erfüllt, dann kann es sich eventuell um eine Entwurfssituation handeln, wie sie in Abb. 3.13 dargestellt ist.

Im ersten Schritt werden die Ecken A, B, C und D als Repräsentanten des Betriebsbereichs Q gewählt. Kann nun ein fester Regler bestimmt werden, der die vier Ecken simultan Γ-stabilisiert, so muß in einer darauf folgenden Analyse das genaue Γ-Stabilitätsgebiet Q_Γ (gestrichelte Berandung) bestimmt werden. Bedingt durch die Konstruktion

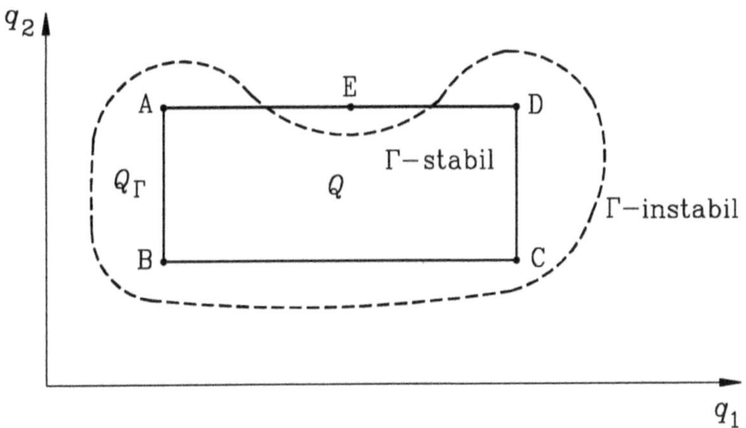

Abb. 3.13: Die Stabilität der Ecken ABCD garantiert nicht die Stabilität des gesamten Rechtecks ABCD

muß das Γ-stabile Gebiet die Punkte A, B, C und D enthalten, aber nicht notwendigerweise den gesamten Betriebsbereich Q. Anhand der Situation in Abb. 3.13 ist es eine naheliegende empirische Vorgehensweise, den Entwurf mit dem zusätzlichen Repräsentanten E zu wiederholen. Es gibt keinerlei Erfolgsgarantie bei dieser Vorgehensweise mit abwechselnden Synthese- und Analyseschritten. Zumindest wurde das Problem des Parameterkontinuums auf einen Multimodellansatz mit guten Aussichten auf Erfolg reduziert. Im Entwurfsschritt muß nun lediglich eine endliche Streckenfamilie simultan stabilisiert werden. Dieses „Multimodellproblem" kann beispielsweise durch simultane Γ-Stabilisierung oder „Polgebietsvorgabe" bewältigt werden.

Polvorgabe ist eine Standardtechnik für den Entwurf von Regelungssystemen. Der Einfachheit halber wird sie hier nur für Systeme mit einem Eingang diskutiert.

Gegeben ist das System

$$\dot{x} = Ax + bu, \quad (A, b) \text{ steuerbar} \tag{3.3.3}$$

Gesucht ist ein Regelgesetz

$$u = -k^T x + w \tag{3.3.4}$$

so daß der geschlossene Kreis

$$\dot{x} = (A - bk^T)x + bw \tag{3.3.5}$$

die vorgegebenen reellen oder komplexen Eigenwerte $s_1, s_2, \ldots, s_n$ besitzt, d.h. das charakteristische Polynom des geschlossenen Kreises sei

$$p(s) = \text{Det}\,(sI - A + bk^T) = (s - s_1)(s - s_2)\ldots(s - s_n) \tag{3.3.6}$$

Es gibt mehrere Methoden, um diese Gleichung nach k^T zu lösen [99]. In einer davon wird (2.2.12) mit dem aus (3.3.6) resultierenden Koeffizientenvektor a^T gelöst. Das

Verschieben der einzelnen Eigenwerte durch Ackermanns Formel [2] liefert einen transparenteren Lösungsansatz:

$$k^T = e^T p(A) \tag{3.3.7}$$

wobei

$$e^T = [0 \ldots 0 \ 1][b \ Ab \ \ldots \ A^{n-1}b]^{-1} \tag{3.3.8}$$

Mit der faktorisierten Form des Polynoms $p(s)$ in (3.3.6) ergibt sich

$$k^T = e^T(A - s_1 I)(A - s_2 I) \ldots (A - s_n I) \tag{3.3.9}$$

Im Normalfall wird die Polvorgabe verwendet, um die gewünschten Eigenwerte des geschlossenen Kreises $s_1, s_2, \ldots, s_n$ festzulegen und dafür den erforderlichen Rückführvektor k zu berechnen. Bei der Polgebietsvorgabe wird das zulässige Gebiet Γ in der s-Ebene festgelegt, d.h. es ist nur erforderlich, daß

$$s_1, s_2, \ldots, s_n \in \Gamma \tag{3.3.10}$$

Diese Art der Spezifikation ist sehr viel natürlicher für den Ingenieur, da er in der Regel nicht genau weiß, wie die s_i bestimmt werden sollen, aber er hat zumindest eine Vorstellung über das Gebiet Γ. Die Lösung von (3.3.9) ist dann eine zulässige Lösungsmenge $K_\Gamma^{(1)}$, so daß

$$s_1, s_2, \ldots, s_n \in \Gamma \iff k \in K_\Gamma^{(1)} \tag{3.3.11}$$

Im Vergleich mit der Polvorgabe bietet die Polgebietsvorgabe mehr Flexibilität für die simultane Γ-Stabilisierung einer Streckenfamilie (A_j, b_j), $j = 1, 2, \ldots, N$ durch einen festen Rückführvektor k. Jedes Streckenmodell (A_j, b_j) liefert ein entsprechendes zulässiges Gebiet $K_\Gamma^{(j)}$ im k-Raum. Die Menge der simultan Γ-stabilisierenden Regler ist die Schnittmenge

$$K_\Gamma = \bigcap_{j=1}^{N} K_\Gamma^{(j)} \tag{3.3.12}$$

Abb. 3.14 illustriert den Fall für zwei Streckenmodelle. $k \in K_\Gamma^{(1)}$ verschiebt alle Eigenwerte des geschlossenen Regelkreises $(A_1 - b_1 k^T)$ und $k \in K_\Gamma^{(2)}$ verschiebt die Eigenwerte von $(A_2 - b_2 k^T)$ in das Polgebiet Γ. Die Schnittmenge $K_\Gamma = K_\Gamma^{(1)} \cap K_\Gamma^{(2)}$ beschreibt die Menge der simultan Γ-stabilisierenden Reglerparameter für die beiden Strecken.

Eine grafische Darstellung der Menge K_Γ kann in zweidimensionalen [3,5] und dreidimensionalen [142] Schnitten im k-Raum erfolgen. Die Wahl der Schnitte kann durch die Reglerstruktur vorgegeben sein [68] oder durch die Wahl einer Invarianzebene [20], in der nur bestimmte Eigenwerte verschoben werden können. Sie kann auch so gewählt werden, daß die Größe des zulässigen Gebiets in dem Unterraum maximiert wird [142]. Die Reglerparameter können aus der zulässigen Menge im Hinblick auf weitere Entwurfsanforderungen ausgewählt werden [3,5]:

- kleines $\|k\|$ um die Stellgröße $|u|$ zu beschränken,

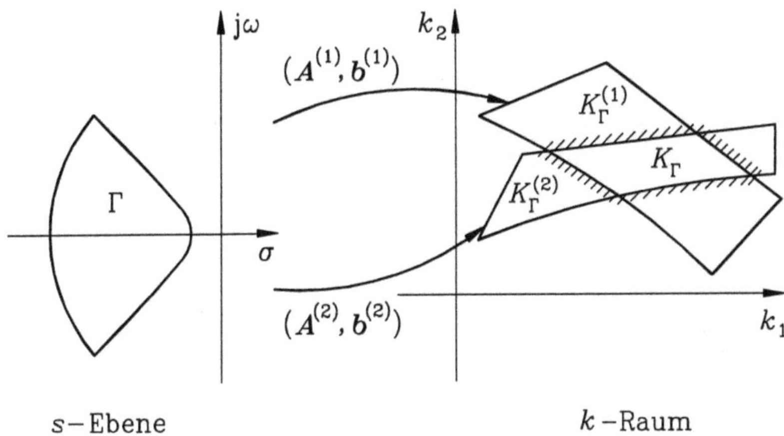

Abb. 3.14: Eine notwendige und hinreichende Bedingung für die Reglerparameter k_1 und k_2 zur simultanen Stabilisierung der Strecken (A_1, b_1) und (A_2, b_2) ist $k \in K_\Gamma$.

- ein Sicherheitsabstand für k von der Berandung der Menge K_Γ, um Ungenauigkeiten bei der Implementierung (z.B. Quantisierung) tolerieren zu können,

- Robustheit gegenüber Sensorausfällen,

- Verstärkungsreduktionsreserve.

Auf diese Punkte wird in Kapitel 11 eingegangen.

3.4 Die drei Grundregeln der robusten Regelung

Am Ende von Teil I werden die drei Grundregeln der robusten Regelung zusammengefaßt, die in den ersten drei Kapiteln postuliert wurden:

Regel 1

Man verlange Robustheit eines Regelungssystems nur für physikalisch motivierte Parameterwerte und nicht für beliebig angenommene Unsicherheiten des mathematischen Modells.

Regel 2

Beim Schließen eines Kreises mit Stellgliedbeschränkungen soll ein langsames System langsam und ein schnelles System schnell bleiben.

Regel 3

Wenn man bei der Analyse ein Pessimist ist, kann man es sich leisten, beim Entwurf ein Optimist zu sein.

3.5 Übungen

3.1. Für das Beispiel in Abb. 3.8 soll die Lage der Eigenwerte für die extremen Betriebszustände ermittelt werden, wenn das Regelgesetz zu

$$u = - \begin{bmatrix} 500 & 2000 & -20000 & 0 \end{bmatrix} x$$

abgeändert wird.

3.2. Gegeben ist die Verladebrücke wie in Beispiel 3.2. Ändern Sie das Intervall der Seillänge ab auf $\ell \in [4\,;\,6]\,[\text{m}]$. Ermitteln Sie das Stabilitätsgebiet in der (k_1, k_2)-Ebene unter der Annahme, daß die Koeffizientenfunktionen des charakteristischen Polynoms voneinander unabhängig seien.

Part II

Stabilitätsanalyse einer Polynomfamilie

4 Anwendung klassischer Stabilitätstests auf unsichere Polynome

Es ist bekannt, daß ein lineares zeitinvariantes System stabil ist, wenn alle Wurzeln seines charakteristischen Polynoms negativen Realteil besitzen. Wir sprechen dann kurz von „Stabilität eines Polynoms".

Mit Kapitel 4 beginnen wir Teil II des Buches über die Stabilitätsanalyse von Polynomfamilien. Teil II ist methodenorientiert mit stärkerem Schwerpunkt auf der Ingenieurwissenschaft als auf der Ingenieurkunst wie in Teil I. Um die Darstellung einfach zu halten, werden alle Methoden für den Fall der Hurwitz-Stabilität eingeführt und erst in Kapitel 9 auf Γ-Stabilität verallgemeinert.

In diesem Kapitel werden klassische Methoden zum Stabilitätstest eines gegebenen Polynoms für die Analyse der robusten Stabilität eines unsicheren Polynoms verallgemeinert. Zum einen werden damit einige klassische Stabilitätstests wiederholt und zum anderen erläutert, wann sie sich vorteilhaft zur Stabilitätsanalyse einer Polynomfamilie

$$P(s, Q) = \{ \, p(s, \boldsymbol{q}) \mid \boldsymbol{q} \in Q \, \} \tag{4.0.1}$$

die von einem unsicheren Polynom

$$p(s, \boldsymbol{q}) = a_0(\boldsymbol{q}) + a_1(\boldsymbol{q})s + a_2(\boldsymbol{q})s^2 + \ldots + a_n(\boldsymbol{q})s^n \tag{4.0.2}$$

erzeugt wird, erweitern lassen. Es wird angenommen, daß die Koeffizienten

$$a_0(\boldsymbol{q}), \; a_1(\boldsymbol{q}), \; a_2(\boldsymbol{q}), \; \ldots, \; a_n(\boldsymbol{q}) \tag{4.0.3}$$

reell sind und stetig von einem reellen Parametervektor

$$\boldsymbol{q} = [q_1 \;\; q_2 \;\; \ldots \;\; q_\ell \,]^T \tag{4.0.4}$$

abhängen. Außerdem seien für jeden Parameter q_i voneinander unabhängige Intervallschranken vorgegeben,

$$q_i \in \left[\, q_i^- \, ; \, q_i^+ \, \right] \tag{4.0.5}$$

Damit ist die Menge möglicher Parametervektoren gegeben durch ein Hyperrechteck Q,

$$Q = \{ \, \boldsymbol{q} = [q_1 \, q_2 \, \ldots \, q_\ell]^T \mid q_i \in [q_i^- \, ; \, q_i^+], \; i = 1, 2, \ldots, \ell \, \} \tag{4.0.6}$$

Statt als Hyperrechteck werden wir Q als Box oder Q-Box bezeichnen. Ecken und Kanten der Q-Box sind von besonderem Interesse. Eine *Ecke* ist ein Parametervektor

$$\boldsymbol{q}_v = [\,q_1\,q_2\,\ldots\,q_\ell\,]^T \quad \text{mit} \quad q_i \in \{q_i^-,\,q_i^+\},\ i = 1, 2, \ldots, \ell$$

Eine *Kante* ist eine Menge von Parametervektoren

$$Q_E = \{\,\boldsymbol{q}\,|\,q_i \in [q_i^-;\,q_i^+],\ q_j \in \{q_j^-,\,q_j^+\}\ \text{für alle}\ \ j \neq i\,\}$$

In diesem Kapitel wird angenommen, daß

$$a_n(\boldsymbol{q}) > 0 \quad \text{für alle} \quad \boldsymbol{q} \in Q \tag{4.0.7}$$

wenn nicht ausdrücklich etwas anderes gesagt wird. Somit ändert sich der Polynomgrad im Betriebsbereich Q nicht.

Anmerkung 4.1.   Untersucht wird die Polynomfamilie $P(s, Q) = \{p(s, q) = 1 + qs\,|\,q \in [-1;\,1]\}$, wobei q von $+1$ bis -1 variiert. Eine stabile Wurzel, anfänglich bei $s = -1$, bewegt sich längs der reellen Achse nach $-\infty$, kommt auf der positiv reellen Achse zurück, bis sie die instabile Wurzel $s = 1$ erreicht hat. Es wurde also eine Stabilitätsgrenze für $q = 0$ überschritten. Die Annahme (4.0.7) schränkt das Unsicherheitsintervall auf $[-1;\,\varepsilon]$ oder $[\varepsilon;\,1]$ ein. Für die physikalischen Systeme von Kapitel 1 werden durch die Annahme (4.0.7) singuläre Fälle wie $a_4 = \ell m_C = 0$ bei der Verladebrücke (Beispiel 2.8) oder $a_5 = J^2 v^2 / \omega_0^4 = 0$ bei der automatischen Lenkung (Beispiel 2.10) ausgeschlossen. Immer, wenn wir über ein unsicheres Polynom (4.0.2) (ohne vorgegebenes Q) reden, dann ist

$$a_n(\boldsymbol{q}) = 0 \tag{4.0.8}$$

eine Gültigkeitsgrenze im Koeffizientenraum, die eine Gültigkeitsgrenze im $\boldsymbol{q}$-Raum erzeugt. Die Bedeutung einer Gültigkeitsgrenze wird durch das Beispiel 2.7 der Verladebrücke mit $a_n(\boldsymbol{q}) = \ell m_C$ veranschaulicht. Die Bedingung $\ell = 0$ oder $m_C = 0$ impliziert nicht notwendigerweise, daß ein Eigenwert bei ∞ liegt. Tatsächlich ist das System im singulären Fall $\ell = 0$ nur von zweiter Ordnung. Für $\ell < 0$ jedoch (das invertierte Pendel) ist das System instabil und die Gültigkeitsgrenze ist auch Stabilitätsgrenze. Für robuste Stabilität einer Q-Box darf diese nicht von einer Gültigkeitsgrenze geschnitten werden. Mit dieser Erläuterung können wir im folgenden auf die Unterscheidung von Gültigkeits- und Stabilitätsgrenze verzichten. □

Die Voraussetzungen dieses Kapitels sind nicht sehr einschränkend. Eine große Zahl physikalischer Systeme, wie die Verladebrücke oder die Fahrzeuglenkung aus Teil I, erfüllen diese schwachen Voraussetzungen. Deshalb sind die Stabilitätstests, die in diesem Kapitel behandelt werden, zur Analyse von Robustheitseigenschaften unsicherer Systeme nützlich.

Wenn sämtliche Wurzeln des charakteristischen Polynoms $p(s, \boldsymbol{q})$ eines linearen zeitinvarianten Systems für einen bestimmten Parametervektor $\boldsymbol{q} = \boldsymbol{q}^*$ in der offenen linken s-Halbebene liegen, dann bezeichnen wir $\boldsymbol{q}^*$ kurz als „stabilen Betriebspunkt". In gleicher Weise sprechen wir von „stabilen Kanten" und „stabilen Ecken" einer Q-Box.

4.1 Formulierung des Robustheitsproblems über Wurzelmengen

In diesem Abschnitt wird eine Stabilitätsdefinition und eine Methode zur Stabilitätsanalyse von Polynomfamilien eingeführt. Zunächst wiederholen wir die klassische Definition der Stabilität über die Wurzeln des Polynoms. Für ein gegebenes Polynom werden Wurzeln und Stabilität des Polynoms folgendermassen definiert: Wenn $p(s)$ ein Polynom n-ter Ordnung ist,

$$p(s) = a_0 + a_1 s + a_2 s^2 + \cdots + a_n s^n, \qquad a_n > 0, \tag{4.1.1}$$

dann kann es in ein Produkt von n Faktoren zerlegt werden,

$$p(s) = a_n \prod_{i=1}^{m} (s - \sigma_i - j\omega_i)(s - \sigma_i + j\omega_i) \prod_{k=2m+1}^{n} (s - \sigma_k) \tag{4.1.2}$$

Die $2m$ komplexen Zahlen, $\sigma_1 + j\omega_1$, $\sigma_2 + j\omega_2$, $\ldots$, $\sigma_m + j\omega_m$, $\sigma_1 - j\omega_1$, $\sigma_2 - j\omega_2$, $\ldots$, $\sigma_m - j\omega_m$ und die $n-2m$ reellen Zahlen σ_{2m+1}, σ_{2m+2}, $\ldots$, σ_n sind die Wurzeln von $p(s)$. Das charakteristische Polynom eines linear zeitinvarianten Systems wird stabil genannt, wenn sämtliche Wurzeln des Polynoms in der linken offenen komplexen Halbebene

$$\mathbb{C}^- = \{ \, s \in \mathbb{C} \mid \mathrm{Re}\,[s] < 0 \, \} \tag{4.1.3}$$

liegen.

Wenn eine oder mehr Wurzeln nicht in der linken Halbebene liegen, dann wird das Polynom instabil genannt. (Man beachte, daß diese Definition äquivalent zur Definition der asymptotischen Stabilität nach Lyapunov ist.)

Mit dieser Definition können wir die Stabilität eines Polynoms bestimmen, indem wir alle Wurzeln des Polynoms finden. Zur Kennzeichnung der Menge aller Wurzeln von $p(s)$ benutzen wir folgende Schreibweise:

$$\mathrm{Roots}\,[\,p(s)\,] = \{ \, v \in \mathbb{C} \mid p(v) = 0 \, \} \tag{4.1.4}$$

Ist die Wurzelmenge bekannt, dann kann die Stabilitätsbedingung

$$\mathrm{Roots}\,[\,p(s)\,] \subset \mathbb{C}^- \tag{4.1.5}$$

überprüft werden. Für eine solche Überprüfung ist ein grafischer Test am besten geeignet. Jedes Element von $\mathrm{Roots}\,[\,p(s)\,]$ wird in der komplexen Ebene dargestellt. Ein Bild der Wurzelmenge zeigt auf einen Blick, ob sich alle Wurzeln in der linken Halbebene befinden. Die Verfügbarkeit konventioneller Softwarepakete zur Berechnung und bildlichen Darstellung hat die Überprüfung der Stabilität anhand der Wurzelmenge zur Standardmethode gemacht.

Beispiel 4.1. Die Methode der Stabilitätsanalyse mit Hilfe der Wurzelmenge wird nun an Beispielen durchgeführt. Betrachten wir dazu die drei Polynome

$$
\begin{aligned}
p_1(s) &= 81 + 9s + 16s^2 + s^3 + s^4 \\
p_2(s) &= 192 + 196s + 77s^2 + 14s^3 + s^4 \\
p_3(s) &= 36 + 43s + 25s^2 + 7s^3 + s^4
\end{aligned}
\tag{4.1.6}
$$

Die berechneten Wurzeln sind:

$$
\begin{aligned}
\text{Roots}[p_1(s)] &= \{-1 + \mathrm{j}2.828,\ -1 - \mathrm{j}2.828,\ 0.5 + \mathrm{j}2.958,\ 0.5 - \mathrm{j}2.958\} \\
\text{Roots}[p_2(s)] &= \{-3,\ -4,\ -3.5 + \mathrm{j}1.937,\ -3.5 - \mathrm{j}1.937\} \\
\text{Roots}[p_3(s)] &= \{-1.5 + \mathrm{j}1.323,\ -1.5 - \mathrm{j}1.323,\ -2 + \mathrm{j}2.236,\ -2 - \mathrm{j}2.236\}
\end{aligned}
$$

Abb. 4.1 zeigt die Wurzeln von $p_1(s)$, $p_2(s)$ und $p_3(s)$, gekennzeichnet durch Fünfecke, Quadrate und Dreiecke. Aus der Abbildung wird klar, daß die Wurzeln von $p_2(s)$ und $p_3(s)$ in der linken offenen Halbebene liegen. Diese beiden Polynome sind also stabil. Das Polynom $p_1(s)$ hat jedoch ein Wurzelpaar in der rechten Halbebene und dieses Polynom ist somit instabil. $\qquad\square$

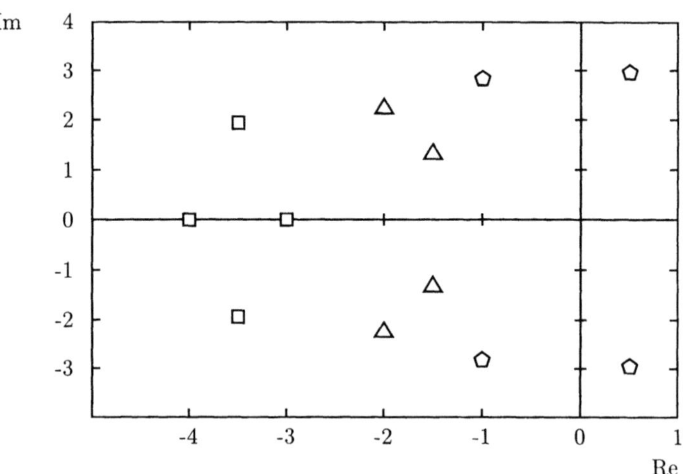

Abb. 4.1: Wurzeln von $p_1(s)$ - Fünfecke, $p_2(s)$ - Quadrate und $p_3(s)$ - Dreiecke

Die Methode zur Stabilitätsanalyse mittels der Wurzelorte kann offensichtlich von individuellen Polynomen auf Polynomfamilien erweitert werden. Dazu ist es zunächst notwendig, die Stabilität einer Polynomfamilie zu definieren. Die Definition in diesem Buch bezieht sich auf robuste Stabilität. Sie beruht auf einer „worst case"-Betrachtungsweise. Eine gegebene Polynomfamilie $P(s,Q)$ wird als robust stabil bezeichnet, wenn jedes Polynom aus $P(s,Q)$ stabil ist. Ist umgekehrt eines, oder sind mehrere Polynome aus $P(s,Q)$ instabil, dann ist $P(s,Q)$ nicht robust stabil.

Die Stabilität eines unsicheren Polynoms kann nun grundsätzlich auf die gleiche Weise wie bei einem bekannten Polynom überprüft werden. Die Wurzelmenge einer Polynomfamilie $P(s,Q)$ wird wie folgt bezeichnet:

$$
\text{Roots}[P(s,Q)] = \{\, v \in \mathbb{C} \mid p(v,\boldsymbol{q}) = 0,\ p(s,\boldsymbol{q}) \in P(s,Q) \,\}
\tag{4.1.7}
$$

Die Polynomfamilie ist genau dann robust stabil, wenn die Wurzelmenge in der linken offenen Halbebene enthalten ist.

$$\text{Roots}\,[\,P(s,Q)\,] \subset \mathbb{C}^- \tag{4.1.8}$$

Die Ähnlichkeit der Stabilitätsbedingungen für ein bekanntes Polynom (4.1.5) und ein unsicheres Polynom (4.1.8) ist offensichtlich. Wie bei einem bekannten Polynom kann die robuste Stabilität überprüft werden, wenn die Lage sämtlicher Wurzeln festgestellt ist. Auch hierbei ist die grafische Darstellung der Wurzelmenge für den Stabilitätstest sehr geeignet.

Beispiel 4.2. Anhand zweier einfacher Beispiele wird die Definition der robusten Stabilität noch einmal verdeutlicht. Mit den Polynomen aus (4.1.7) definieren wir die folgenden zwei Polynomfamilien

$$P_a(s) \;=\; \{p_2(s),\; p_3(s)\} \tag{4.1.9}$$
$$P_b(s) \;=\; \{p_1(s),\; p_2(s),\; p_3(s)\} \tag{4.1.10}$$

Die Wurzelmenge $\text{Roots}\,[\,P_a(s)\,]$ von $P_a(s)$ ist die Vereinigungsmenge der Dreiecke und Quadrate aus Abb. 4.1. Alle Wurzeln von $P_a(s)$ liegen in der linken offenen Halbebene und somit ist die Polynomfamilie robust stabil. Die Wurzelmenge $\text{Roots}\,[\,P_b(s)\,]$ der Polynomfamilie $P_b(s) \supset P_a(s)$ ist die Vereinigungsmenge der Fünfecke, Quadrate und Dreiecke aus Abb. 4.1. Man sieht, daß Wurzeln in der rechten Halbebene enthalten sind und damit ist die Polynomfamilie nicht robust stabil. Dieses letzte Beispiel zeigt, warum die robuste Stabilität eine „worst case"-Bedingung darstellt. Die meisten, nämlich zwei von drei, Polynome aus $P_b(s)$ sind stabil, aber als ganzes ist die Polynomfamilie nicht robust stabil. Die der robusten Stabilität zugrunde liegende Betrachtungsweise ist, daß jede Möglichkeit der Instabilität nicht akzeptiert werden kann. $\qquad\square$

Von den beiden obigen akademischen Beispielen ausgehend wollen wir nun zur Stabilitätsanalyse von Polynomfamilien übergehen, die sich aus den in Teil I eingeführten physikalisch motivierten Systemmodellen ergeben.

Beispiel 4.3. Man betrachte das linearisierte Modell der Verladebrücke aus Kapitel 1. Mit der Zustandsvektorrückführung

$$u(t) = [\, k_1 \;\; k_2 \;\; k_3 \;\; k_4 \,]\, \boldsymbol{x}(t) \tag{4.1.11}$$

erhält man das charakteristische Polynom des geschlossenen Kreises (2.2.18),

$$p(s, g, \ell, m_L, m_C, k_1, k_2, k_3, k_4) = p(s, \boldsymbol{q}, \boldsymbol{k})$$

$$= \frac{gk_1}{\ell m_C} + \frac{gk_2}{\ell m_C}s + \frac{-k_3 + k_1\ell + gm_C + gm_L}{\ell m_C}s^2 + \frac{-k_4 + k_2\ell}{\ell m_C}s^3 + s^4 \tag{4.1.12}$$

Um aus dieser symbolischen Darstellung des Polynoms ein bestimmtes Polynom zu erhalten, müssen die numerischen Werte jedes Parameters und jedes Reglerkoeffizienten eingesetzt werden. Nun sind aber nicht alle diese Werte bekannt, das charakteristische

Polynom ist also ein unsicheres Polynom. Um die Menge aller möglichen Polynome zu erzeugen, müssen wir zunächst die Parameter genauer untersuchen. Der Parameter g ist die Erdbeschleunigung, die als bekannte Konstante angenommen wird,

$$g = 10 \, [\mathrm{ms}^{-2}]$$

Als nächstes geben wir die Reglerkoeffizienten mit den folgenden Werten vor,

$$[\, k_1 \quad k_2 \quad k_3 \quad k_4 \,] = [\, 600 \quad 2000 \quad -10000 \quad 0 \,]$$

Damit verbleiben noch drei unsichere physikalische Parameter der Verladebrücke. Die Greifermasse sei genügend genau bekannt mit

$$m_C = 1000 \, [\mathrm{kg}]$$

Betrachten wir noch einen Vorgang mit konstanter Seillänge,

$$\ell = 10 \, [\mathrm{m}]$$

so erhalten wir die vereinfachte symbolische Darstellung des charakteristischen Polynoms:

$$p(s, m_L) = 0.6 + 2s + (2.6 + 0.001 m_L)s^2 + 2s^3 + s^4 \qquad (4.1.13)$$

Der verbleibende Parameter der Lastmasse kann nicht als bekannt vorausgesetzt werden, da mit dem Greifer die unterschiedlichsten Dinge gehoben werden. Wir wissen nur, daß die Lastmasse in folgendem Intervall variiert,

$$m_L \in [50 \,;\, 2395] \, [\mathrm{kg}] \qquad (4.1.14)$$

mit dem leeren Haken als unterer Grenze und der maximal zulässigen Beladung als oberer Grenze. Insgesamt wissen wir also jetzt, daß das charakteristische Polynom irgendein Element aus der Menge

$$P(s, Q) = \left\{ 0.6 + 2s + 2.6s^2 + 2s^3 + s^4 + \frac{m_L}{1000}s^2 \;\middle|\; m_L \in [\, 50 \,;\, 2395 \,] \, [\mathrm{kg}] \right\}$$
$$(4.1.15)$$

ist. Im Gegensatz zu obigen Lehrbeispielen hat das physikalisch motivierte Beispiel der Verladebrücke nicht mehr eine endliche Anzahl von Elementen, sondern die Anzahl aller möglichen Polynome in (4.1.15) ist jetzt unendlich. Bei Beispielen mit Unsicherheiten in physikalischen Parametern ist das die Regel. $\square$

Die Tatsache, daß $P(s, Q)$ im allgemeinen eine unendliche Anzahl von Elementen besitzt, erschwert natürlich die Stabilitätsanalyse mit Hilfe der Wurzelmengenerzeugung. Wie man bei endlicher Anzahl von Polynomen Roots$[\, P(s, Q) \,]$ von $P(s, Q)$ erzeugt, ist klar. Man nimmt ein Polynom nach dem anderen und berechnet jeweils die Wurzeln. Das geht nicht mehr bei unendlich vielen Polynomen und tatsächlich gibt es, außer in ganz speziellen Fällen, keinen gangbaren Weg zur vollständigen Bestimmung von Roots$[\, P(s, Q) \,]$, wenn $P(s, Q)$ eine unendliche Menge ist.

Das hat die Ingenieure jedoch nicht davon abgehalten, über die approximative Erzeugung der Wurzelmenge zur gewünschten Information zu gelangen. 1948 stellte

Evans [62] eine Methode zur Konstruktion der Wurzelmenge vor, die als Wurzelortskurvenverfahren bekannt ist. Diese Methode betrachtet im wesentlichen die Wurzelmengenkonstruktion für einen besonderen Fall von (4.0.1–4.0.7). Dazu wird eine Strecke

$$y(s) = \frac{n(s)}{d(s)} u(s)$$

mit einem Eingang u und einem Ausgang y angenommen, die mit einem Proportionalregler

$$u(s) = -ky(s)$$

geregelt werden soll. Mit Hilfe der Wurzelortskurvenmethode können die Wurzeln des charakteristischen Polynoms des geschlossenen Kreises

$$p(s,k) = d(s) + kn(s) \tag{4.1.16}$$

bestimmt werden, wenn k in einem Intervall von k^- (gewöhnlicherweise 0) bis k^+ (gewöhnlicherweise $+\infty$) variiert, d.h.

$$k \in K = [k^- ; k^+]$$

Das entspricht der Bestimmung der Wurzelmenge der unendlichen Polynomfamilie

$$P(s,K) = \{\, d(s) + kn(s) \mid k^- \le k \le k^+ \,\} \tag{4.1.17}$$

die durch den *unsicheren* Parameter k erzeugt wird. Die Menge Roots$[\,P(s,K)\,]$, genannt Wurzelortskurve, zeigt die Variation der Pole des geschlossenen Kreises bei variierender Kreisverstärkung. Trotz der unendlichen Anzahl der Wurzelorte liefert die Wurzelortskurvenmethode von Evans eine nützliche Annäherung der Menge Roots$[\,P(s,K)\,]$.

Die traditionellen Techniken zur Erzeugung der WOK werden hier nicht diskutiert, es soll vielmehr die typische Methode zur rechnergestützten Konstruktion der WOK erläutert werden. Wie schon oben erwähnt, gibt es bereits Software, die die Wurzeln eines nominal gegebenen Polynoms $p(s)$ mit genügender Genauigkeit ermitteln kann. Über diesen elementaren Algorithmus zur Nullstellenbestimmung können die Wurzeln des charakteristischen Polynoms (4.1.16) für jeden beliebigen, aber festen Wert für k bestimmt werden. Die Wurzelortskurve wird typischerweise durch Berechnung der Wurzeln des Polynoms für mehrere verschiedene feste Werte für k angenähert. Die gewählten Werte für k bezeichnet man als *Raster*. Häufig wird ein gleichmäßig unterteiltes Raster verwendet, das von k^- bis k^+ läuft, zum Beispiel mit $k^- = 0$ und $k^+ = 8$ erhält man für ein gleichmäßiges Raster mit fünf Rasterpunkten die folgende Menge der k-Werte:

$$\{\, 0,\ 2,\ 4,\ 6,\ 8 \,\}$$

Zur Verbesserung der Genauigkeit der Wurzelortskurvenannäherung muß im allgemeinen die Anzahl der Rasterpunkte erhöht werden, zum Beispiel erhält man mit dem Raster mit neun gleichmäßigen Rasterpunkten

$$\{\, 0,\ 1,\ 2,\ 3,\ 4,\ 5,\ 6,\ 7,\ 8 \,\}$$

eine bessere Annäherung als mit dem obigen Raster mit nur fünf Punkten. Das Problem bei einer großen Anzahl von Rasterpunkten ist der damit verbundene Anstieg an Rechenschritten und Rechenzeit. Um unnütze Berechnungen zu vermeiden, sollte das Raster gerade so dicht sein, daß damit eine genügende Annäherung an die tatsächliche Wurzelortskurve erhalten wird.

Einer der besten Indikatoren für die Genauigkeit ist die Stetigkeit der Wurzelorte. Die Wurzeln eine Polynoms

$$p(s) = a_0 + a_1 s + \ldots + a_n s^n, \quad a_n > 0$$

hängen stetig von den Koeffizienten a_i ab. Unter der Annahme, daß auch die Koeffizienten $a_i(\boldsymbol{q})$ stetig sind, ergibt sich der folgende Satz:

Satz 4.1.

Die Polynomfamilie $P(s, Q)$ erfülle die in (4.0.1–4.0.7) getroffenen Annahmen. Für beliebige $\boldsymbol{q}^1$, $\boldsymbol{q}^2 \in Q$ existiert eine paarweise Zuordnung der Wurzeln von

$$a_0(\boldsymbol{q}^1) + a_1(\boldsymbol{q}^1)s + a_2(\boldsymbol{q}^1)s^2 + \ldots + a_n(\boldsymbol{q}^1)s^n = a_n(\boldsymbol{q}^1)(s - \alpha_1)(s - \alpha_2) \cdots (s - \alpha_n)$$

$$a_0(\boldsymbol{q}^2) + a_1(\boldsymbol{q}^2)s + a_2(\boldsymbol{q}^2)s^2 + \ldots + a_n(\boldsymbol{q}^2)s^n = a_n(\boldsymbol{q}^2)(s - \beta_1)(s - \beta_2) \cdots (s - \beta_n)$$

so daß die Menge Roots $[\, P(s, Q) \,]$ mindestens einen stetigen Weg enthält, der in α_i beginnt und in β_i, $i = 1, 2, \ldots, n$ endet.

$\square$

Ein Beweis dieser bekannten Stetigkeitseigenschaft wird hier nicht gegeben, der Leser wird hierzu auf Marden [124] verwiesen. Variiert nun die Annäherung einer Wurzelortskurve von (4.1.17) zwischen den Wurzeln von $d(s) + k^- n(s)$ und den Wurzeln von $d(s) + k^+ n(s)$ nicht stetig, so kann man aus Satz 4.1 schließen, daß der Genauigkeitsgrad nicht besonders hoch ist.

Anmerkung 4.2. Ein Leser mit einiger Kenntnis der Wurzelortskurvenmethode wird sich fragen, wie Satz 4.1 den Fall einer Wurzelortskurve abdeckt, die Wurzeln im Unendlichen besitzt. Ein Beispiel ist ein Polynom $d(s) + kn(s)$, das für ein endliches $k = k^-$ den Grad n und für ein endliches $k = k^+$ den Grad $n - m$ besitzt. In diesem Fall wandern m der Wurzeln von $d(s) + kn(s)$ gegen Unendlich, wenn sich k dem Wert k^+ nähert. Die Annahme (4.0.7), d.h. $a_n(\boldsymbol{q}) > 0$ für alle $\boldsymbol{q} \in Q$, erlaubt keine Änderung des Polynomgrades. Diese Annahme, zusammen mit der zusätzlichen Annahme (4.0.3), verhindert den Fall, daß Wurzeln gegen Unendlich streben.

Ein Änderung des Polynomgrades ist qualitativ verschieden von einer Änderung von Parameterwerten. Leser, die am Fall einer Änderung des Polynomgrades interessiert sind, werden auf die Erweiterung von Satz 4.1 durch Zedek [182] verwiesen. $\square$

Beispiel 4.4. Mit Hilfe der Wurzelortskurvenmethode kann nun endlich eine Stabilitätsanalyse für die Verladebrücke ausgeführt werden. Durch den Vergleich der beiden Gleichungen (4.1.15) und (4.1.17) kann man erkennen, daß man das charakteristische Polynom der Verladebrücke in ein WOK-Problem umformulieren kann, wenn man den unsicheren Parameter m_L als Kreisverstärkung auffaßt. Eine Wurzelortskurve für die Verladebrücke wurde wie folgt erzeugt. Für jeden Wert der Lastmasse aus einem gleichmäßigen Raster mit 101 Punkten werden die Wurzeln des Polynoms (4.1.13) berechnet und in der komplexen Ebene mit „+" gekennzeichnet. Zusätzlich wurden die Wurzeln für die minimalen und maximalen Werte von m_L mit Quadraten und Dreiecken gekennzeichnet. Die Annäherung der Wurzelortskurve ist in Abb. 4.2 dargestellt. Die Genauigkeit ist ziemlich gut, wie man aus den stetigen Ästen von den Quadraten zu den Dreiecken erkennen kann. Die Genauigkeit ist sogar so gut, daß man aus Abb. 4.2 die Stabilität des charakteristischen Polynoms des geschlossenen Kreises für alle möglichen Lastmassen (4.1.14) schließen kann. □

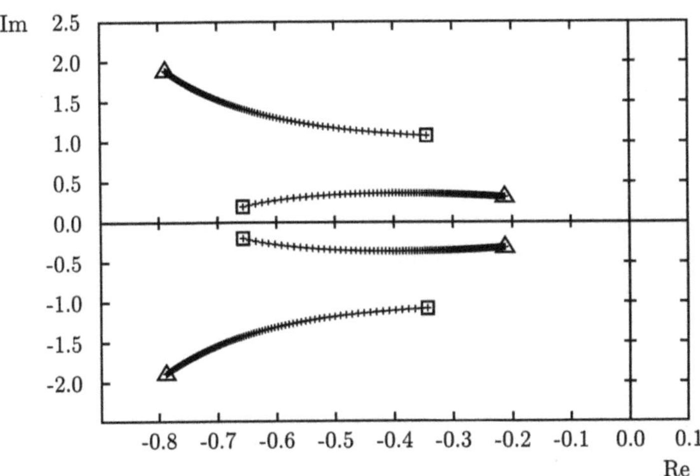

Abb. 4.2: Wurzelorte der Verladebrücke mit unsicherer Lastmasse

Die Wurzelortskurvenmethode kann verallgemeinert werden. Bei der traditionellen Methode von Evans wird von dem unsicheren Polynom angenommen, daß es der Form (4.1.17) entspricht. Bei der rechnergestützten Ermittlung der Wurzeln des Polynoms für jeden Parameterwert aus einem vorgegebenen Raster ist diese Einschränkung nicht notwendig. Die Methode kann sogar auf Polynomfamilien $P(s, Q)$ verallgemeinert werden, die durch stetige Abhängigkeiten von mehreren unsicheren Parametern wie in (4.0.1–4.0.7) entstanden sind. Wie im Falle eines unsicheren Parameters kann die Menge der Wurzelorte für den Mehrparameterfall Roots$[P(s, Q)]$ durch Rastern angenähert werden. Normalerweise wird zur Erzeugung eines Rasters der Menge Q das kartesische Produkt der Rasterpunkte jedes Intervalls $[q_i^- \,;\, q_i^+]$ gebildet. Als Beispiel wird der Fall zweier Parameter mit

$$q_1 \in [1\,;\,4]$$

$$q_2 \in [6\,;\,7]$$

angenommen. Verwendet man 4, bzw. 3 gleichmäßig verteilte Rasterpunkte für q_1 und q_2, so erhält man für den gesamten Bereich Q die 12 Rasterpunkte

$$\{\,1,\,2,\,3,\,4\,\} \times \{\,6,\,6.5,\,7\,\}$$

Nachdem das Raster festgelegt wurde, kann die mehrparametrige Wurzelmenge durch Berechnung der Wurzeln der durch die Rasterpunkte erzeugten, nominalen Polynome gefunden werden. (Ein mehrdimensionales Raster wird auch als Gitter bezeichnet.)

Beispiel 4.5. Zur Illustration einer mehrparametrigen Wurzelmenge wird wiederum die geregelte Verladebrücke (4.1.11–4.1.14) verwendet. Diesmal ist auch die Seillänge unbekannt:

$$\ell \in [7\,;\,12]\,[\mathrm{m}] \tag{4.1.18}$$

Der Betriebsbereich ist

$$Q = \left\{ \begin{bmatrix} m_L \\ \ell \end{bmatrix} \,\Big|\, m_L \in [50\,;\,2395]\,[\mathrm{kg}],\ \ell \in [7\,;\,12]\,[\mathrm{m}] \right\}$$

Die entsprechende Polynomfamilie wird durch

$$P(s,Q) = \left\{ \frac{6}{\ell} + \frac{20}{\ell}s + \frac{0.6\ell + 20 + 0.01 m_L}{\ell}s^2 + 2s^3 + s^4 \,\Big|\, [\,m_L\ \ell\,]^T \in Q \right\} \tag{4.1.19}$$

beschrieben. Für 101 bzw. 11 gleichmäßig unterteilte Rasterpunkte für m_L und ℓ wurden die Wurzeln berechnet und in Abb. 4.3 dargestellt. Die Abbildung zeigt, daß die Verladebrücke für alle zulässigen Werte für die Lastmasse (4.1.14) und Seillänge (4.1.18) stabil ist. $\qquad\qquad\square$

Der gravierende Nachteil bei der Durchführung der Stabilitätsanalyse durch Konstruktion der Wurzelmenge ist die große Rechenzeit. Der Algorithmus zur Bestimmung der Wurzeln eines einzigen nominalen Polynoms ist nicht besonders zeitraubend. Im allgemeinen benötigt selbst die Wiederholung bis zu mehreren tausend mal für ein Polynom mit relativ geringer Ordnung wenig Rechenzeit. Nun wird der allgemeine Fall mit ℓ Parametern angenommen. Würde für jeden Parameter ein Raster mit N Punkten verwendet werden, so müßte der Algorithmus N^ℓ mal wiederholt werden. Unabhängig davon, wie schnell der Rechner ist, können relativ kleine Werte für ℓ und N gefunden werden, die den Stabilitätstest über Stunden, Wochen, ja sogar Jahre andauern lassen. Wegen dieser Einschränkungen wird in den folgenden Abschnitten nach alternativen, effizienteren Analysemethoden Ausschau gehalten.

4.2 Grenzüberschreitung

In dem vorhergehenden Abschnitt wurde eine Methode zur Stabilitätsanalyse von unsicheren Polynomen vorgestellt. Die Vorgehensweise dort verlangte, daß alle möglichen Wurzeln eines Polynoms bestimmt werden. In diesem Abschnitt wird gezeigt, daß die

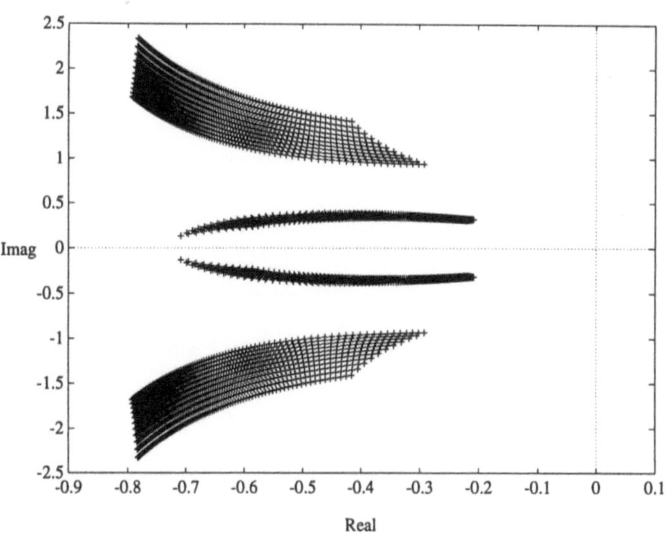

Abb. 4.3: Wurzelmenge der Verladebrücke für unsichere Masse und Seillänge

Bestimmung aller möglichen Wurzeln nicht nötig ist. Ausgehend von der Stetigkeitseigenschaft der Wurzeln kann man folgern, daß die Wurzeln auf der Berandung des Stabilitätsgebiets in der s-Ebene die kritischen sind. In späteren Abschnitten wird auf diese Tatsache zurückgegriffen, um rechnerisch effizientere Alternativen zur Analysemethode durch Wurzelmengenkonstruktion zu entwickeln.

1929 untersuchten Frazer und Duncan [69] die Auswirkungen von Parametervariationen auf die Stabilität. In ihrer Arbeit verwendeten sie die folgende wichtige Eigenschaft von Polynomen:

Satz 4.2.

Die Polynomfamilie $P(s, Q)$ erfülle die in (4.0.1–4.0.7) getroffenen Annahmen. Existieren Parameterwerte $\boldsymbol{q}^1$, $\boldsymbol{q}^2 \in Q$, so daß

$$p(s, \boldsymbol{q}^1) = a_0(\boldsymbol{q}^1) + a_1(\boldsymbol{q}^1)s + a_2(\boldsymbol{q}^1)s^2 + \ldots + a_n(\boldsymbol{q}^1)s^n$$

stabil ist und

$$p(s, \boldsymbol{q}^2) = a_0(\boldsymbol{q}^2) + a_1(\boldsymbol{q}^2)s + a_2(\boldsymbol{q}^2)s^2 + \ldots + a_n(\boldsymbol{q}^2)s^n$$

instabil ist, so enthält die Wurzelmenge von $P(s, Q)$ mindestens einen Punkt auf der imaginären, nicht negativen jω-Achse, d.h. es existiert ein $\omega \geq 0$, so daß

$$j\omega \in \mathrm{Roots}\,[\,P(s, Q)\,]$$

$\square$

Beweis.

Satz 4.1 hat zur Folge, daß eine Faktorisierung

$$a_0(\boldsymbol{q}^1) + a_1(\boldsymbol{q}^1)s + a_2(\boldsymbol{q}^1)s^2 + \ldots + a_n(\boldsymbol{q}^1)s^n = a_n(\boldsymbol{q}^1)(s - \alpha_1)(s - \alpha_2)\cdots(s - \alpha_n)$$

$$a_0(\boldsymbol{q}^2) + a_1(\boldsymbol{q}^2)s + a_2(\boldsymbol{q}^2)s^2 + \ldots + a_n(\boldsymbol{q}^2)s^n = a_n(\boldsymbol{q}^2)(s - \beta_1)(s - \beta_2)\cdots(s - \beta_n)$$

existiert, so daß die Wurzelmenge Roots$[\,P(s,Q)\,]$ mindestens einen stetigen Weg enthält, der beginnend bei α_i nach β_i, $i = 1, 2, \ldots, n$ verläuft. Alle α_i befinden sich in der offenen linken Halbebene und mindestens ein β_i liegt in der abgeschlossenen rechten Halbebene. Ohne Einschränkung der Allgemeinheit wird angenommen, daß sich β_1 in der abgeschlossenen rechten Halbebene befindet. Die stetige Wurzelortskurve von α_1 nach β_1 muß die jω-Achse überqueren. Somit existiert ein $\omega \in \mathbb{R}$, so daß j$\omega \in$ Roots$[\,P(s,Q)\,]$. Da $P(s,Q)$ lediglich reelle Polynome enthält, gilt auch $-$j$\omega \in$ Roots$[\,P(s,Q)\,]$. Da aber $\omega \geq 0$ oder $-\omega \geq 0$ kann hiermit der Beweis abgeschlossen werden.

$$\square$$

Mit dieser Eigenschaft von Polynomen erarbeiteten Frazer und Duncan den Grenzüberschreitungssatz. Da dieser Satz mühelos aus Satz 4.2 folgt, wird auf den Beweis verzichtet.

Satz 4.3.　*(Grenzüberschreitungssatz von Frazer und Duncan)*

Die Polynomfamilie $P(s,Q)$ erfülle die in (4.0.1–4.0.7) getroffenen Annahmen. Die Familie $P(s,Q)$ ist dann und nur dann robust stabil, wenn

1) ein stabiles Polynom $p(s,\boldsymbol{q}) \in P(s,Q)$ existiert und

2) j$\omega \notin$ Roots$[\,P(s,Q)\,]$ für alle $\omega \geq 0$.

$$\square$$

Anmerkung 4.3.　Der Leser, der etwas mit der Literatur zur robusten Regelung vertraut ist, mag bereits auf Versionen des Grenzüberschreitungssatzes mit einer dritten Bedingung gestoßen sein. Diese dritte Bedingung verhindert, daß eine stabile Wurzel durch den Punkt bei Unendlich in die rechte Halbebene wandert. In diesem Kapitel wird diese dritte Bedingung nicht verwendet, da Wurzeln, die gegen Unendlich streben, nicht möglich sind, wie bereits in Anmerkung 4.2 erläutert wurde.　$\square$

Die erste Bedingung des Grenzüberschreitungssatzes ist einfach zu überprüfen. Man wählt einfach irgendein Polynom von $P(s,Q)$ aus und überprüft dessen Stabilität. Ist das gewählte Polynom nicht stabil, so ist die gesamte Polynomfamilie $P(s,Q)$ nicht robust stabil und die Analyse ist somit abgeschlossen. Ist hingegen das gewählte Polynom stabil, dann muß zusätzlich die zweite Bedingung überprüft werden, um Auskunft über die Stabilität der gesamten Polynomfamilie zu erhalten. Die Überprüfung der zweiten Bedingung, d.h. die Suche nach Wurzeln auf der imaginären jω-Achse, ist in der Regel effizienter, als alle möglichen Wurzelorte zu bestimmen.

Der Grenzüberschreitungssatz erweist sich zur Erläuterung der Gültigkeit der drei gebräuchlichsten Analysemethoden für robuste Stabilität als nützlich. In den folgenden Abschnitten werden diese drei Methoden eingeführt. Diese Lösungsansätze haben als Ergebnis Stabilitätstests, die im allgemeinen effizienter sind als die direkte Berechnung der Wurzelmenge.

4.3 Algebraische Problemformulierung

Dieser Abschnitt betrachtet algebraische Methoden für den Stabilitätstest. In Abschnitt 4.1 wurde erläutert, daß die Stabilität eines Polynoms mit Hilfe eines Rechners überprüft werden kann, indem die Wurzeln bestimmt werden. Vor der Erfindung des Computers war es nicht einfach, die Wurzeln eines Polynoms zu bestimmen, aber natürlich war man dennoch an Stabilitätsaussagen interessiert. Deshalb waren Stabilitätstest, die mit Papier und Bleistift durchgeführt werden konnten, besonders wichtig. Diese Tests verwendeten meist Ungleichungen mit einfachen algebraischen Umformungen der Polynomkoeffizienten. Dieser Abschnitt rekapituliert die Anwendung der algebraischen Methoden zur Stabilitätsuntersuchung eines vorgegebenen Polynoms und verallgemeinert diese Resultate auf den Fall unsicherer Polynome.

Es gibt drei Hauptquellen für algebraische Stabilitätstests. Der erste algebraische Test wurde von Hermite im Jahre 1856 in [82] vorgestellt. Wegen seiner abstrakten Formulierung blieb dieser Aufsatz in der Regelungstechnik weitgehend unbeachtet. 1875 entwickelte Routh [146] unabhängig von Hermite einen anderen algebraischen Stabilitätstest. Ohne Bezug zu der Arbeit von Routh fand Hurwitz [90] 1895 einen Stabilitätstest, ausgehend von der Methode von Hermite, der von unnötigen Abstraktionen befreit war und somit attraktiver erscheint. Von den drei Methoden wird in diesem Abschnitt nur die Hurwitz-Methode erläutert. Dieser Stabilitätstest kann am einfachsten auf den Fall von unsicheren Parametern erweitert werden. Hurwitz brachte die Stabilität eines Polynoms n-ter Ordnung

$$p(s) = a_0 + a_1 s + a_2 s^2 + \cdots + a_n s^n, \qquad a_n > 0, \qquad (4.3.1)$$

mit einer Reihe von Determinanten $\Delta_i = \mathrm{Det}\, \boldsymbol{H}_i$ in Verbindung. Die Determinanten ergeben sich aus den n Hurwitz-Matrizen

$$\boldsymbol{H}_1 = \begin{bmatrix} a_{n-1} \end{bmatrix}$$

$$\boldsymbol{H}_2 = \begin{bmatrix} a_{n-1} & a_{n-3} \\ a_n & a_{n-2} \end{bmatrix}$$

$$\boldsymbol{H}_3 = \begin{bmatrix} a_{n-1} & a_{n-3} & a_{n-5} \\ a_n & a_{n-2} & a_{n-4} \\ 0 & a_{n-1} & a_{n-3} \end{bmatrix} \qquad (4.3.2)$$

$$\vdots$$

Dieses Muster setzt sich fort, bis man eine $n \times n$ Matrix erhält. Für gerades n hat diese letzte Matrix $\boldsymbol{H}_n$ die Form

$$
\boldsymbol{H}_n = \begin{bmatrix}
a_{n-1} & a_{n-3} & a_{n-5} & \cdots & a_1 & 0 & 0 & 0 & \cdots & 0 \\
a_n & a_{n-2} & a_{n-4} & \cdots & a_2 & a_0 & 0 & 0 & \cdots & 0 \\
0 & a_{n-1} & a_{n-3} & \cdots & a_3 & a_1 & 0 & 0 & \cdots & 0 \\
0 & a_n & a_{n-2} & \cdots & a_4 & a_2 & a_0 & 0 & \cdots & 0 \\
\vdots & & & & & \ddots & & & & \vdots \\
0 & \cdots & 0 & a_{n-1} & a_{n-3} & a_{n-5} & \cdots & a_3 & a_1 & 0 \\
0 & \cdots & 0 & a_n & a_{n-2} & a_{n-4} & \cdots & a_4 & a_2 & a_0
\end{bmatrix}
$$

während für ungerades n die Matrix die Form

$$
\boldsymbol{H}_n = \begin{bmatrix}
a_{n-1} & a_{n-3} & a_{n-5} & \cdots & a_0 & 0 & 0 & \cdots & 0 \\
a_n & a_{n-2} & a_{n-4} & \cdots & a_1 & 0 & 0 & \cdots & 0 \\
0 & a_{n-1} & a_{n-3} & \cdots & a_2 & a_0 & 0 & \cdots & 0 \\
0 & a_n & a_{n-2} & \cdots & a_3 & a_1 & 0 & \cdots & 0 \\
\vdots & & & & & \ddots & & & \vdots \\
0 & \cdots & 0 & a_{n-1} & a_{n-3} & a_{n-5} & \cdots & a_1 & 0 \\
0 & \cdots & 0 & 0 & a_n & a_{n-2} & \cdots & a_2 & a_0
\end{bmatrix}
$$

besitzt. Ist beispielsweise die Systemordnung $n = 4$, so ergibt sich die größte Hurwitz-Matrix zu

$$
\boldsymbol{H}_4 = \begin{bmatrix}
a_3 & a_1 & 0 & 0 \\
a_4 & a_2 & a_0 & 0 \\
0 & a_3 & a_1 & 0 \\
0 & a_4 & a_2 & a_0
\end{bmatrix}
$$

und für $n = 5$ erhält man

$$
\boldsymbol{H}_5 = \begin{bmatrix}
a_4 & a_2 & a_0 & 0 & 0 \\
a_5 & a_3 & a_1 & 0 & 0 \\
0 & a_4 & a_2 & a_0 & 0 \\
0 & a_5 & a_3 & a_1 & 0 \\
0 & 0 & a_4 & a_2 & a_0
\end{bmatrix}
$$

Der Zusammenhang zwischen diesen Matrizen und der Stabilität des Polynoms wird mit dem folgenden Satz geklärt. Ein Beweis für dieses bekannte Resultat von Hurwitz wird nicht gegeben.

Satz 4.4.   *(Hurwitz)*

Ein Polynom (4.3.1) n-ter Ordnung ist dann und nur dann stabil, wenn

$$\mathrm{Det}\,\boldsymbol{H}_i > 0 \tag{4.3.3}$$

für alle $i = 1, 2, \ldots, n$.

$\square$

Für gerades oder ungerades n folgt aus der Entwicklung von Det $\boldsymbol{H}_n$ nach der letzten Spalte, daß

$$\mathrm{Det}\,\boldsymbol{H}_n = a_0\,\mathrm{Det}\,\boldsymbol{H}_{n-1} \tag{4.3.4}$$

Somit ist die Stabilitätsbedingung (4.3.3) identisch zu Det $\boldsymbol{H}_i > 0$ für alle $i = 1, 2, \ldots, n - 1$, und $a_0 > 0$.

Ist nun ein Polynom mit den Koeffizienten a_0, a_1, a_2, $\ldots$, a_n gegeben, so ist die Anwendung des Hurwitz-Tests sehr einfach. Die resultierenden Determinanten sind reelle Zahlen, die einfach mit Null verglichen werden. Hängen die Koeffizienten von unsicheren Parametern ab, also $a_0(\boldsymbol{q})$, $a_1(\boldsymbol{q})$, $a_2(\boldsymbol{q})$, $\ldots$, $a_n(\boldsymbol{q})$, so können die Hurwitz-Determinanten symbolisch gebildet werden.

Beispiel 4.6.   Gegeben ist die geregelte Verladebrücke mit unsicherer Masse und unsicherer Seillänge (4.1.19). Die vier symbolisch berechneten Hurwitz-Determinanten sind

$$\mathrm{Det}\,\boldsymbol{H}_1(\boldsymbol{q}) = \mathrm{Det}\,\begin{bmatrix} 2 \end{bmatrix} = 2$$

$$\mathrm{Det}\,\boldsymbol{H}_2(\boldsymbol{q}) = \mathrm{Det}\begin{bmatrix} 2 & \dfrac{20}{\ell} \\[3mm] 1 & \dfrac{0.6\ell + 20 + 0.01m_L}{\ell} \end{bmatrix} = \dfrac{1000 + 60\ell + m_L}{50\ell}$$

$$\mathrm{Det}\,\boldsymbol{H}_3(\boldsymbol{q}) = \mathrm{Det}\begin{bmatrix} 2 & \dfrac{20}{\ell} & 0 \\[3mm] 1 & \dfrac{0.6\ell + 20 + 0.01m_L}{\ell} & \dfrac{6}{\ell} \\[3mm] 0 & 2 & \dfrac{20}{\ell} \end{bmatrix} = \dfrac{2000 + 2m_L}{5\ell^2}$$

$$\mathrm{Det}\,\boldsymbol{H}_4(\boldsymbol{q}) = a_0\,\mathrm{Det}\,\boldsymbol{H}_3(\boldsymbol{q}) = \dfrac{6}{\ell}\,\mathrm{Det}\,\boldsymbol{H}_3(\boldsymbol{q})$$

Diese symbolischen Matrizen können bei der Stabilitätsanalyse eines unsicheren Systems nützlich sein. Beispielsweise ist es leicht erkennbar, daß die obigen Hurwitz-Determinanten der Verladebrücke für beliebige positive Werte von m_L und ℓ positiv sind. Da nur positive Werte physikalisch möglich sind, kann man daraus schließen, daß die Verladebrücke robust stabil ist. Dieses Beispiel der Verladebrücke ist trügerisch einfach. $\qquad\square$

Im allgemeinen ist es ein schwieriges Problem, die Positivität einer Hurwitz-Determinante für einen vorgegebenen Parameterbereich zu überprüfen. Angesichts dieser Schwierigkeiten ist die Tatsache hilfreich, daß bis auf eine Determinante alle anderen im Grunde ignoriert werden können. In anderen Worten, es genügt, nur eine einzige Determinante für den Stabilitätstest zu verwenden. Dieses Resultat geht auf Frazer und Duncan zurück und wird in der folgenden Version des Grenzüberschreitungssatzes vorgestellt.

Satz 4.5. *(Frazer und Duncan)*

Die Polynomfamilie $P(s,Q)$ erfülle die in (4.0.1–4.0.7) getroffenen Annahmen. Die Polynomfamilie $P(s,Q)$ ist dann und nur dann robust stabil, wenn

1) ein stabiles Polynom $p(s,\boldsymbol{q}) \in P(s,Q)$ existiert und

2) Det $\boldsymbol{H}_n(\boldsymbol{q}) \neq 0$ für alle $\boldsymbol{q} \in Q$.

$\qquad\square$

Beweis.

Die Notwendigkeit der Bedingung 1 ist offensichtlich, die Notwendigkeit der Bedingung 2 folgt aus den Hurwitz-Bedingungen für Stabilität. Zum Beweis, daß Satz 4.5 auch hinreichend ist, wird gezeigt, daß aus der Erfüllung der Bedingung 2 dieses Satzes die Erfüllung der zweiten Bedingung des Grenzüberschreitungssatzes folgt. Das Polynom

$$p(s,\boldsymbol{q}) = a_0(\boldsymbol{q}) + a_1(\boldsymbol{q})s + a_2(\boldsymbol{q})s^2 + a_3(\boldsymbol{q})s^3 + \ldots + a_n(\boldsymbol{q})s^n \qquad (4.3.5)$$

sei ein beliebiges Polynom aus $P(s,Q)$. Es kann auch als

$$p(s,\boldsymbol{q}) = p_{even}(s,\boldsymbol{q}) + p_{odd}(s,\boldsymbol{q}) \qquad (4.3.6)$$

dargestellt werden, wobei

$$p_{even}(s,\boldsymbol{q}) = h(s^2,\boldsymbol{q}) = a_0(\boldsymbol{q}) + a_2(\boldsymbol{q})s^2 + a_4(\boldsymbol{q})s^4 + \ldots \qquad (4.3.7)$$

der Realteil und

$$p_{odd}(s,\boldsymbol{q}) = sg(s^2,\boldsymbol{q}) = a_1(\boldsymbol{q})s + a_3(\boldsymbol{q})s^3 + a_5(\boldsymbol{q})s^5 + \ldots \qquad (4.3.8)$$

der Imaginärteil der Polynoms ist. Zuerst wird gezeigt, daß die Bedingung 2 von Satz 4.5 identisch zur Bedingung ist, daß $p_{even}(s,\boldsymbol{q})$ und $p_{odd}(s,\boldsymbol{q})$ keine gemeinsamen Wurzeln besitzen. Da $s = 0$ eine Wurzel von $p_{odd}(s,\boldsymbol{q})$ ist, besitzen $p_{even}(s,\boldsymbol{q})$ und $p_{odd}(s,\boldsymbol{q})$ dann und nur dann eine gemeinsame Wurzel (d.h. beide werden für den gleichen Wert für s zu Null), wenn $h(s^2,\boldsymbol{q})$ und $s^2g(s^2,\boldsymbol{q})$ eine gemeinsame

Wurzel haben. Mit der neuen komplexen Variablen $v := s^2$ haben $h(s^2, \boldsymbol{q})$ und $s^2 g(s^2, \boldsymbol{q})$ genau dann eine gemeinsame Wurzel, wenn die beiden Polynome

$$h(v, \boldsymbol{q}) = a_0(\boldsymbol{q}) + a_2(\boldsymbol{q})v + a_4(\boldsymbol{q})v^2 + \ldots$$
$$vg(v, \boldsymbol{q}) = a_1(\boldsymbol{q})v + a_3(\boldsymbol{q})v^2 + a_5(\boldsymbol{q})v^3 + \ldots$$

in der Variablen v eine gemeinsame Wurzel besitzen. Diese beiden Polynome haben eine Wurzel gemeinsam, wenn die Determinante der Resultantenmatrix (siehe Anhang B) zu Null wird. Für gerades n ergibt sich diese $n \times n$-Resultantenmatrix zu

$$\boldsymbol{R}(\boldsymbol{q}) = \begin{bmatrix} a_{n-1} & a_{n-3} & a_{n-5} & \cdots & a_1 & 0 & 0 & 0 & \cdots & 0 \\ 0 & a_{n-1} & a_{n-3} & \cdots & a_3 & a_1 & 0 & 0 & \cdots & 0 \\ \vdots & & & & & \ddots & & & & \vdots \\ 0 & \cdots & 0 & a_{n-1} & a_{n-3} & a_{n-5} & \cdots & a_3 & a_1 & 0 \\ a_n & a_{n-2} & a_{n-4} & \cdots & a_2 & a_0 & 0 & 0 & \cdots & 0 \\ 0 & a_n & a_{n-2} & \cdots & a_4 & a_2 & a_0 & 0 & \cdots & 0 \\ \vdots & & & & & \ddots & & & & \vdots \\ 0 & \cdots & 0 & a_n & a_{n-2} & a_{n-4} & \cdots & a_4 & a_2 & a_0 \end{bmatrix}$$

wobei die Abhängigkeit der Koeffizienten von $\boldsymbol{q}$ der Einfachheit halber nicht angegeben wurde. Durch Vertauschen der Zeilen ist es möglich, die Matrix $\boldsymbol{R}(\boldsymbol{q})$ in die Hurwitz-Determinante $\boldsymbol{H}_n(\boldsymbol{q})$ zu überführen. (Die Beziehung zwischen $\boldsymbol{R}(\boldsymbol{q})$ und $\boldsymbol{H}_n(\boldsymbol{q})$ ist sowohl für gerades als auch für ungerades n gültig.) Aus diesem Zusammenhang folgt

$$\text{Det } \boldsymbol{R}(\boldsymbol{q}) = \pm \text{Det } \boldsymbol{H}_n(\boldsymbol{q}). \tag{4.3.9}$$

Wegen Bedingung 2 ist Det $\boldsymbol{H}_n(\boldsymbol{q}) \neq 0$, somit ist die Determinante der Resultantenmatrix ebenfalls verschieden von Null. Aus den obigen Argumenten folgt, daß Real- und Imaginärteil des Polynoms nicht bei gleichem Wert v zu Null werden.

Nun sei $s = j\omega$ und damit

$$p(j\omega, \boldsymbol{q}) = h(-\omega^2, \boldsymbol{q}) + j\omega g(-\omega^2, \boldsymbol{q}) \tag{4.3.10}$$

Der Realteil $h(-\omega^2, \boldsymbol{q})$ und der Imaginärteil $\omega g(-\omega^2, \boldsymbol{q})$ werden nicht für den gleichen Wert für ω zu Null, deshalb ist

$$p(j\omega, \boldsymbol{q}) \neq 0 \quad \text{für alle reellen } \omega \tag{4.3.11}$$

Daraus folgt, daß keines der Polynome $p(s) \in P(s, Q)$ eine reelle Wurzel auf der $j\omega$-Achse besitzt. Bedingung 2 des Grenzüberschreitungssatzes ist erfüllt und der Beweis ist abgeschlossen.

$\square$

Anmerkung 4.4. Dem Beweis von Satz 4.5 kann neben der Resultantenmethode auch Orlandos Formel [136] zugrunde gelegt werden. Gegeben sei ein Polynom n-ter Ordnung in faktorisierter Form

$$p(s) = a_n(s - \sigma_1 - j\omega_1)(s - \sigma_2 - j\omega_2) \cdots (s - \sigma_n - j\omega_n),$$

Orlandos Formel knüpft die Verbindung zwischen Det $\boldsymbol{H}_n$ und den Wurzeln des Polynoms:

$$\text{Det } \boldsymbol{H}_n = (-1)^{n(n+1)/2} \, a_n^n \prod_{i=1}^{n} (\sigma_i + j\omega_i) \prod_{j=1}^{n-1} \prod_{k=j+1}^{n} (\sigma_j + j\omega_j + \sigma_k + j\omega_k) \qquad (4.3.12)$$

Hat das reelle Polynom (4.1.1) eine Wurzel auf der positiven $j\omega$-Achse, dann gilt ohne Einschränkung der Allgemeinheit $\sigma_1 = 0$, $\sigma_2 = 0$ und $\omega_1 = -\omega_2$. In diesem Fall wird einer der Faktoren

$$(\sigma_1 + j\omega_1 + \sigma_2 + j\omega_2)$$

in Orlandos Formel zu Null und somit wird auch Det $\boldsymbol{H}_n$ zu Null. Wenn das Polynom eine Wurzel bei $s = 0$ besitzt, dann gilt auch hier ohne Einschränkung der Allgemeinheit $\sigma_1 = 0$ und $\omega_1 = 0$. In diesem Fall wird der Faktor

$$(\sigma_1 + j\omega_1)$$

zu Null und somit auch Det $\boldsymbol{H}_n$. Diese Tatsache liefert eine andere Beweismethode zu Satz 4.5, wieder unter Verwendung des Grenzüberschreitungssatzes. $\qquad\square$

Satz 4.5 zeigt, daß eine von n Ungleichungen ausreicht. Es mag vielleicht unnötig erscheinen, aber diese eine kritische Ungleichung kann in zwei Ungleichungen aufgespalten werden. Diese beiden einzelnen Ungleichungen sind jeweils einfacher als die eine Ungleichung, was bei Berechnungen nützlich ist. Die Trennung geht aus (4.3.4) hervor:

$$\text{Det } \boldsymbol{H}_n = a_0 \text{ Det } \boldsymbol{H}_{n-1} \qquad (4.3.13)$$

Das heißt, daß

$$\text{Det } \boldsymbol{H}_n \neq 0 \qquad (4.3.14)$$

nur dann gilt, wenn

$$a_0 \neq 0 \qquad (4.3.15)$$

$$\text{Det } \boldsymbol{H}_{n-1} \neq 0 \qquad (4.3.16)$$

Für $a_0 = 0$ besitzt das Polynom eine reelle Wurzel bei $s = 0$. Deshalb wird $a_0 = 0$ als reelle Grenze bezeichnet.

Eine interessante und nützliche Anwendung von Satz 4.5 wurde von Bialas [37] vorgestellt. Dieses Resultat liefert eine einfache Methode zur Stabilitätsanalyse von Polynomfamilien, die durch lineare Abhängigkeit von einem einzigen unsicheren Parameter erzeugt werden. Das Ergebnis von Bialas wird in dem folgenden Satz dargestellt.

Satz 4.6. *(Bialas)*

Die Matrizen $\boldsymbol{H}_n^b$ und $\boldsymbol{H}_n^c$ seien die Hurwitz-Matrizen der beiden Polynome

$$p_b(s) = b_0 + b_1 s + b_2 s^2 + \cdots + b_n s^n \,, \qquad b_n > 0,$$

$$p_c(s) = c_0 + c_1 s + c_2 s^2 + \cdots + c_n s^n \,, \qquad c_n > 0,$$

Die Polynomfamilie

$$P(s, Q) = \{ \, (1 - q)p_b(s) + qp_c(s) \mid q \in [0\,;\,1] \, \}$$

ist genau dann stabil, wenn

1) $p_b(s)$ stabil ist und

2) die Matrix $(\boldsymbol{H}_n^b)^{-1}\boldsymbol{H}_n^c$ keine nicht positiven, *reellen* Eigenwerte besitzt.

$\square$

Beweis.

Die Polynomfamilie, die dem Satz zugrunde gelegt wurde, ist ein Sonderfall der Polynomfamilie, von der in Satz 4.5 ausgegangen wurde. Für diese besondere Polynomfamilie wird im Beweis der Zusammenhang zwischen den Bedingungen für die beiden Sätze gezeigt werden. Das Polynom $p_b(s)$ ist in $P(s, Q)$ enthalten, somit ist die Bedingung 1 des aktuellen Satzes notwendig. Aus deren Erfüllung folgt Bedingung 1 von Satz 4.5. Unter der Annahme, daß Bedingung 1 tatsächlich erfüllt ist, wird der Zusammenhang zwischen den beiden zweiten Bedingungen untersucht. Für ein beliebiges Polynom

$$p(s, q) = (1 - q)p_b(s) + qp_c(s),$$

aus $P(s, Q)$ kann durch algebraische Umformungen gezeigt werden, daß die Hurwitz-Matrix des Polynoms die folgende Bedingung erfüllt:

$$\boldsymbol{H}_n(q) = (1 - q)\boldsymbol{H}_n^b + q\boldsymbol{H}_n^c.$$

Die Bedingung 1 und Satz 4.4 lassen schließen, daß für $q = 0$

$$\mathrm{Det}\ \boldsymbol{H}_n(0) = \mathrm{Det}\ \boldsymbol{H}_n^b \neq 0.$$

Daraus folgt, daß $\boldsymbol{H}_n^b$ invertierbar ist und deshalb für beliebige $q \in (\,0\,;\,1\,]$ dargestellt werden kann als

$$\begin{aligned}
\mathrm{Det}\ \boldsymbol{H}_n(q) &= \mathrm{Det}\ \left(-q\boldsymbol{H}_n^b \left[\left(\frac{1-q}{-q}\right)\boldsymbol{I} - (\boldsymbol{H}_n^b)^{-1}\boldsymbol{H}_n^c\right]\right) \\
&= (-q)^n\ \mathrm{Det}\ \boldsymbol{H}_n^b\ \mathrm{Det}\ \left(\left(\frac{1-q}{-q}\right)\boldsymbol{I} - (\boldsymbol{H}_n^b)^{-1}\boldsymbol{H}_n^c\right)
\end{aligned}$$

Daraus folgt, daß für ein beliebiges $q \in (\,0,\,1\,]$ die Bedingung Det $\boldsymbol{H}_n(q) = 0$ nur dann gültig sein kann, wenn

$$\text{Det} \left(\left(\frac{1-q}{-q}\right) \boldsymbol{I} - (\boldsymbol{H}_n^b)^{-1} \boldsymbol{H}_n^c \right) = 0 \qquad (4.3.17)$$

Laut Definition ist $s \in \mathbb{C}$ genau dann ein Eigenwert der Matrix $\boldsymbol{A}$, wenn Det $(s\boldsymbol{I} - \boldsymbol{A}) = 0$. Nun wird klar, daß (4.3.17) nur dann erfüllt ist, wenn ein $q \in (0\,;1]$ existiert, so daß $-(1-q)/q$ ein Eigenwert der Matrix $(\boldsymbol{H}_n^b)^{-1} \boldsymbol{H}_n^c$ ist. Da $-(1-q)/q$ reell ist und für $q \in (0\,;1]$ in dem Bereich von $-\infty$ bis 0 variiert, folgt, daß (4.3.17) nur dann erfüllt ist, wenn $(\boldsymbol{H}_n^b)^{-1} \boldsymbol{H}_n^c$ einen nicht positiven, reellen Eigenwert besitzt. Damit wurde die Gleichheit der Bedingung 2 diese Satzes mit der Bedingung 2 von Satz 4.5 gezeigt (unter der Annahme, daß Bedingung 1 erfüllt ist). Diese Gleichheit beider Bedingungen beendet den Beweis.

□

Der Test der zweiten Bedingung in Satz 4.6 kann vereinfacht werden. Aus (4.3.13) ergibt sich

$$\text{Det } \boldsymbol{H}_n(q) = a_0(q) \text{ Det } \boldsymbol{H}_{n-1}(q)$$

wobei

$$\begin{aligned}
a_0(q) &= (1-q)b_0 + qc_0 \\
\boldsymbol{H}_{n-1} &= (1-q)\boldsymbol{H}_{n-1}^b + q\boldsymbol{H}_{n-1}^c
\end{aligned}$$

Laut Bedingung 1 ist $p_b(s)$ stabil, somit ist $b_0 > 0$ und $c_0 = p_c(0) > 0$ erforderlich, damit $a_0(q) > 0$. Für den zweiter Faktor kann in dem Beweis von Satz 4.6 $\boldsymbol{H}_n$ durch $\boldsymbol{H}_{n-1}$ ersetzt werden [13]. Somit erhält man

Satz 4.7.

> Die Polynomfamilie $P(s,Q) = \{(1-q)p_b(s) + qp_c(s) \mid q \in [0\,;1]\}$ ist dann und nur dann stabil, wenn
>
> 1) $p_b(s)$ stabil ist
> 2) $p_c(0) > 0$
> 3) die Matrix $(\boldsymbol{H}_{n-1}^b)^{-1} \boldsymbol{H}_{n-1}^c$ keine nicht positiven, reellen Eigenwerte besitzt.

□

Bevor dieser Abschnitt abgeschlossen wird, soll einer der am einfachsten anzuwendenden Stabilitätstests vorgestellt werden. Dieses Ergebnis gestattet es, auf einen Blick festzustellen, ob ein Polynom (eine Polynomfamilie) instabil (robust instabil) ist. Leider liefert dieses einfache Ergebnis keine hinreichenden Bedingungen.

Satz 4.8.

> Ist ein Polynom (4.3.1) n-ter Ordnung stabil, dann gilt
>
> $$a_i > 0$$
>
> für alle $i = 0, 1, 2, \ldots, n-1$.

□

Beweis.

Der Beweis dieses Satzes folgt aus der Tatsache, daß (4.3.1) ein reelles Polynom ist und als

$$p(s) = a_n \prod_{i=1}^{m}(s - \sigma_i - \mathrm{j}\omega_i)(s - \sigma_i + \mathrm{j}\omega_i) \prod_{k=2m+1}^{n}(s - \sigma_k)$$

$$= a_n \prod_{i=1}^{m}(s^2 - 2\sigma_i s + \sigma_i^2 + \omega_i^2) \prod_{k=2m+1}^{n}(s - \sigma_k).$$

faktorisiert werden kann, wobei die σ's und ω's reelle Zahlen sind. Ist das Polynom stabil, so sind alle σ negativ. Damit haben alle Subpolynome

$$s^2 + (-2\sigma_i)s + (\sigma_i^2 + \omega_i^2)$$

$$s + (-\sigma_k)$$

positive Koeffizienten und somit kann ihr Produkt $p(s)$ nur positive Koeffizienten besitzen.

$\square$

Für die Fälle $n = 1$ und $n = 2$ ist die Positivität der Koeffizienten hinreichend für Stabilität.

Beispiel 4.7. Das Kriterium der positiven Koeffizienten ist offensichtlich auf unsichere Polynome anwendbar. Das charakteristische Polynom der Verladebrücke mit Zustandsrückführung ist in (4.1.12) gegeben.

$$p(s, \boldsymbol{q}) = \frac{gk_1}{\ell m_C} + \frac{gk_2}{\ell m_C}s + \frac{-k_3 + k_1\ell + gm_C + gm_L}{\ell m_C}s^2 + \frac{-k_4 + k_2\ell}{\ell m_C}s^3 + s^4$$

Da Massen, Längen und die Erdbeschleunigung g positiv sind, erhält man anhand des Kriteriums der positiven Koeffizienten die folgenden notwendigen Stabilitätsbedingungen.

$$\begin{aligned}
k_1 &> 0 \\
k_2 &> 0 \\
k_3 &< k_1\ell + gm_C + gm_L \\
k_4 &< k_2\ell
\end{aligned}$$

Diese Stabilitätsbedingungen sind nützlich und können schnell und problemlos berechnet werden. Es soll an dieser Stelle noch einmal ausdrücklich darauf hingewiesen werden, daß es sich um keine hinreichenden Bedingungen handelt. Ist beispielsweise

$$\begin{aligned}
k_1 &= m_C \\
k_2 &= m_C \\
k_3 &= gm_C + \ell m_C + gm_L - \ell \\
k_4 &= m_C\ell - m_C,
\end{aligned}$$

dann besitzt das Polynom

$$p(s, \boldsymbol{q}) = \frac{g}{\ell} + \frac{g}{\ell}s + \frac{1}{m_C}s^2 + \frac{1}{\ell}s^3 + s^4$$

positive Koeffizienten für alle Massen und Längen. Für

$$m_C > \frac{1}{g}$$

wird jedoch die zweite Hurwitz-Determinante

$$\text{Det } \boldsymbol{H}_2 = \frac{1 - gm_C}{\ell m_C}$$

negativ und deshalb ist das Polynom trotz der Positivität der Koeffizienten instabil.

$\square$

Anmerkung 4.5.   Das Kriterium der positiven Koeffizienten von Satz 4.8 kann zur Reduzierung der Anzahl der Determinantenkriterien in Satz 4.4 verwendet werden. Diese Vereinfachung geht auf Liénard und Chipart [117] zurück, ein einfacherer Beweis ist in [72] gegeben. Damit können die notwendigen und hinreichenden Stabilitätsbedingungen eines Polynoms

$$p(s) = a_0 + a_1 s + \ldots + a_n s^n, \ a_n > 0$$

auf eine der folgenden vier Arten dargestellt werden:

$$
\begin{array}{lll}
1. & a_0 > 0, \ a_2 > 0, \ \ldots; \ \Delta_1 > 0, \ \Delta_3 > 0, \ \ldots & \\
2. & a_0 > 0, \ a_2 > 0, \ \ldots; \ \Delta_2 > 0, \ \Delta_4 > 0, \ \ldots & \\
3. & a_0 > 0, \ a_1 > 0, \ a_3 > 0, \ \ldots; \ \Delta_1 > 0, \ \Delta_3 > 0, \ \ldots & (4.3.18)\\
4. & a_0 > 0, \ a_1 > 0, \ a_3 > 0, \ \ldots; \ \Delta_2 > 0, \ \Delta_4 > 0, \ \ldots &
\end{array}
$$

$\square$

In diesem Abschnitt wurde eine klassische Methode des Stabilitätstests vorgestellt. Mit Hilfe der symbolischen Berechnung von Hurwitz-Determinanten konnte diese Methode auf unsichere Polynome ausgeweitet werden. Anhand des Grenzüberschreitungssatzes wurde gezeigt, daß nur eine der symbolischen Hurwitz-Determinanten kritisch für die Robustheitsanalyse ist. Die Kompaktheit dieser Robustheitsbedingungen ist vorteilhaft. Für den Spezialfall einer Polynomfamilie, die lediglich von einem unsicheren Parameter linear abhängt, liefert das Ergebnis von Bialas eine einfache Methode zur Überprüfung der Ungleichungen. Der Schwierigkeitsgrad eines Stabilitätstests für allgemeine Polynomfamilien kann von trivial bis sehr schwierig variieren. In einigen Situationen hat die algebraische Methode fast keinen Wert, in anderen Situationen hingegen kann sie außerordentlich nützlich sein.

4.4 Singuläre Frequenzen

Der Grenzüberschreitungssatz liefert zwei Bedingungen für die Stabilität einer Polynomfamilie. Die erste Bedingung erfordert die Überprüfung eines einzelnen Polynoms, was eine relativ einfache Aufgabe ist. Die zweite Bedingung

$$j\omega \notin \text{Roots}\,[\,P(s,Q)\,] \tag{4.4.1}$$

die für alle Frequenzen $\omega \geq 0$ überprüft werden muß, ist wesentlich schwieriger. Die Schwierigkeit besteht darin, daß es nicht möglich ist, diese Bedingung bei jeder Frequenz $\omega \geq 0$ zu überprüfen, da dies eine unendlich große Anzahl von Rechenschritten erfordert. Ausgehend von der Erfahrung mit anderen Frequenzbereichsmethoden könnte man nun annehmen, daß es nicht notwendig ist, alle Werte für ω zu überprüfen. Beispielsweise ist es gängige Praxis, die Nyquist-, Bode- und Mikhailov-Ortskurven nur für ein Frequenzraster für ω zu erzeugen. Es gibt jedoch Fälle, in denen „singuläre Frequenzen" auftreten, die bei allen Frequenzbereichsmethoden besonderer Aufmerksamkeit bei der Robustheitsanalyse bedürfen. Zuerst soll anhand eines Beispiels der Begriff der singulären Frequenz eingeführt werden.

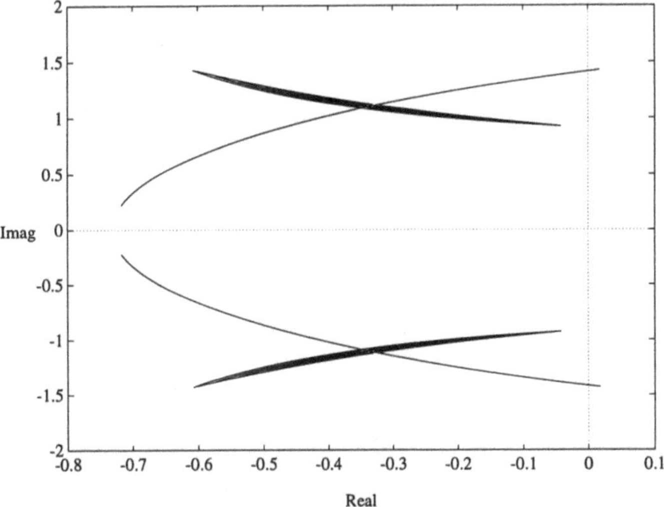

Abb. 4.4: Wurzeln des transformierten charakteristischen Polynoms der Verladebrücke in Abhängigkeit von k_2 und k_3

Beispiel 4.8. Für das Beispiel der Verladebrücke mit Zustandsrückführung soll der Einfluß der Parameter k_2 und k_3 auf die Wurzelorte des charakteristischen Polynoms (4.1.12) untersucht werden. Die Parameterwerte $k_1 = 300$, $k_4 = 0$, $g = 10\,[\text{m}\cdot\text{s}^{-2}]$ und $m_C = 100\,[\text{kg}]$ werden als konstant angenommen, die Parameter m_L und ℓ werden zunächst noch nicht festgelegt. Es soll untersucht werden, ob der Realteil aller Wurzeln des charakteristischen Polynoms kleiner als -1 ist. Das ist identisch zu der Frage, ob die Wurzeln des transformierten Polynoms (2.2.23) mit $a = 1$, d.h.

$$
\begin{aligned}
p(s, k_2, k_3) \;=\; & (4000 - 10k_2 - k_3 + 400\ell - k_2\ell + 10m_L) + \\
& + (-2000 + 10k_2 + 2k_3 - 1000\ell + 3k_2\ell - 20m_L)\,s + \\
& + (1000 - k_3 + 900\ell - 3k_2\ell + 10m_L)\,s^2 + (-400\ell + k_2\ell)\,s^3 + 100\ell s^4
\end{aligned}
\tag{4.4.2}
$$

robust stabil sind. Die Wurzelmenge von $p(s, k_2, k_3)$ für

$$
\begin{aligned}
m_L \;&=\; 1000\,[\text{kg}] \\[2mm]
\ell \;&=\; \frac{10}{3}\,[\text{m}] \\[2mm]
530 \;\leq\; &k_2 \;\leq\; 540 \\[2mm]
7575 \;\leq\; &k_3 \;\leq\; 7750
\end{aligned}
$$

wird in Abb. 4.4 dargestellt. Für diesen Verstärkungsbereich ist $p(s, k_2, k_3)$ nicht robust stabil. Es kann auch aus der Abbildung abgelesen werden, daß die mehrparametrige Wurzelmenge die imaginäre Achse der s-Ebene auf einem sehr kleinen Bereich in der Nähe von $\omega = 1.4$ überschreitet. Später wird sogar gezeigt werden, daß die Wurzelmenge die imaginäre Achse lediglich bei genau der Frequenz $\omega = \sqrt{2}$ schneidet. Dieser isolierte Übergang über die jω-Achse hat wichtige Auswirkungen auf die Anwendung der Frequenzbereichsmethoden zur Stabilitätsuntersuchung dieser Polynomfamilie. Nun wird angenommen, daß der Test eines einzelnen Polynoms aus dieser Polynomfamilie erfolgreich war. Da die erste Bedingung des Grenzüberschreitungssatzes damit erfüllt ist, kann mit der Überprüfung der zweiten Bedingung fortgefahren werden. Wird nun ein dichtes Frequenzraster gewählt, das jedoch den Punkt $\omega = \sqrt{2}$ nicht beinhaltet, so wird die zweite Bedingung (4.4.1) für alle Rasterpunkte nicht verletzt. Man könnte nun annehmen, daß die Polynomfamilie robust stabil sei, obwohl sie in Wahrheit instabil ist. Für eine genaue Analyse hätte man auch den Punkt $\omega = \sqrt{2}$ in das Raster mit aufnehmen müssen. Eine isolierte Frequenz dieses Typs ist ein Beispiel für eine singuläre Frequenz. $\qquad\qquad\qquad\qquad\qquad\qquad\qquad\qquad\qquad\qquad\qquad\qquad\qquad$ $\square$

Zur systematischen Vorgehensweise zur Identifikation singulärer Frequenzen wird eine algebraische Definition gegeben. Zuvor müssen jedoch einige Begriffe eingeführt werden. Wird der Wert eines Polynoms $p(s, \boldsymbol{q})$ bei einer festen Frequenz ω ausgerechnet, so erhält man eine komplexe Zahl $p(\mathrm{j}\omega, \boldsymbol{q}) = h(-\omega^2, \boldsymbol{q}) + \mathrm{j}\omega g(-\omega^2, \boldsymbol{q})$, siehe (4.3.10). Real- und Imaginärteil dieser komplexen Zahl sind

$$
h(-\omega^2, \boldsymbol{q}) = a_0(\boldsymbol{q}) - a_2(\boldsymbol{q})\omega^2 + a_4(\boldsymbol{q})\omega^4 - \ldots
\tag{4.4.3}
$$

$$
\omega g(-\omega^2, \boldsymbol{q}) = a_1(\boldsymbol{q})\omega - a_3(\boldsymbol{q})\omega^3 + a_5(\boldsymbol{q})\omega^5 - \ldots
\tag{4.4.4}
$$

In dem Beweis von Satz 4.5 wurde gezeigt, daß

$$
\mathrm{j}\omega \in \mathrm{Roots}\,[p(s, \boldsymbol{q})]
$$

dann und nur dann gilt, wenn die beiden reellen Gleichungen

$$
\begin{aligned}
h(-\omega^2, \boldsymbol{q}) &= 0 \\
\omega g(-\omega^2, \boldsymbol{q}) &= 0
\end{aligned}
\tag{4.4.5}
$$

simultan erfüllt sind. Diese beiden simultanen Gleichungen kann man sich als eine Funktion vorstellen, die implizit ω für einen gegebenen Vektor $\boldsymbol{q}$ definiert. Mit dieser impliziten Funktion hängt eine Jacobi-Matrix

$$
\boldsymbol{J}(\omega, \boldsymbol{q}) =
\begin{bmatrix}
\dfrac{\partial h(-\omega^2, \boldsymbol{q})}{\partial q_1} & \dfrac{\partial h(-\omega^2, \boldsymbol{q})}{\partial q_2} & \cdots & \dfrac{\partial h(-\omega^2, \boldsymbol{q})}{\partial q_\ell} \\[2ex]
\dfrac{\partial \omega g(-\omega^2, \boldsymbol{q})}{\partial q_1} & \dfrac{\partial \omega g(-\omega^2, \boldsymbol{q})}{\partial q_2} & \cdots & \dfrac{\partial \omega g(-\omega^2, \boldsymbol{q})}{\partial q_\ell}
\end{bmatrix}
$$

zusammen. Die Jacobi-Matrix $\boldsymbol{J}(\omega, \boldsymbol{q})$, der Realteil $h(-\omega^2, \boldsymbol{q})$, sowie der Imaginärteil $\omega g(-\omega^2, \boldsymbol{q})$ werden zur algebraischen Definition der singulären Frequenzen verwendet.

Definition 4.1. Die nicht negative Frequenz ω_s ist eine *singuläre Frequenz* des unsicheren Polynoms $p(s, \boldsymbol{q})$, wenn ein $\boldsymbol{q}^0 \in \mathbb{R}^\ell$ existiert, so daß die drei Bedingungen

$$
h(-\omega_s^2, \boldsymbol{q}^0) = 0
$$

$$
\omega_s g(-\omega_s^2, \boldsymbol{q}^0) = 0
$$

$$
\mathrm{Rang}\, \boldsymbol{J}(\omega_s, \boldsymbol{q}^0) < 2
$$

gleichzeitig erfüllt sind. $\qquad\square$

In jedem Fall wird für $\omega = 0$ der Rang der Jacobi-Matrix kleiner als zwei und der Imaginärteil zu Null. Somit ist $\omega = 0$ eine singuläre Frequenz (im allgemeinen vom Typ isolierte Frequenz), wenn ein $\boldsymbol{q}$ existiert, so daß der Realteil zu Null wird:

$$
h(0, \boldsymbol{q}) = a_0(\boldsymbol{q}) = 0
$$

Wie man vermuten kann, ist $\omega = 0$ häufig eine isolierte Frequenz. Sie beschreibt die Situation, daß eine reelle Wurzel die imaginäre Achse bei $s = 0$ bei variierenden Werten für $\boldsymbol{q}$ überschreitet.

Die algebraische Definition ist zur Identifikation der singulären Frequenzen nützlich. Bei ℓ unsicheren Parametern liefert die Rangbedingung $\ell - 1$ Determinantengleichungen, zusammen mit den anderen beiden Gleichungen erhält man somit $\ell + 1$ Gleichungen. Durch die Bestimmung der reellen Lösungen dieses Gleichungssystems (z.B. mit der Resultantenmethode, siehe Anhang B) ergeben sich alle möglichen singulären Frequenzen.

Der Begriff der singulären Frequenz ist in der Literatur nicht geläufig, das Konzept wurde jedoch schon von mehreren Autoren, z.B. [154, 176, 56] verwendet.

Beispiel 4.9. Dieses Beispiel soll verdeutlichen, wie isolierte Frequenzen im Fall affiner Koeffizienten bestimmt werden können. Wiederum wird die Auswirkung der Verstärkungen k_2 und k_3 auf das transformierte charakteristische Polynom der Verladebrücke (4.4.2) untersucht. Die ersten beiden Bedingungen in der Definition der singulären Frequenzen beziehen sich auf Real- und Imaginärteil des charakteristischen Polynoms

$$\begin{aligned} h(-\omega^2, \boldsymbol{q}) &= 0 \\ \omega g(-\omega^2, \boldsymbol{q}) &= 0 \end{aligned}$$

Diese beiden Terme lauten mit $\boldsymbol{q} = [k_2 \, k_3]^T$ wie folgt:

$$\begin{aligned} h(-\omega^2, \boldsymbol{q}) = &\ (4000 - 10k_2 - k_3 + 400\ell - k_2\ell + 10m_L) - \\ &- (1000 - k_3 + 900\ell - 3k_2\ell + 10m_L)\,\omega^2 + 100\ell\omega^4 \end{aligned} \qquad (4.4.6)$$

$$\begin{aligned} \omega g(-\omega^2, \boldsymbol{q}) = &\ (-2000 + 10k_2 + 2k_3 - 1000\ell + 3k_2\ell - 20m_L)\,\omega - \\ &- (-400\ell + k_2\ell)\,\omega^3 \end{aligned} \qquad (4.4.7)$$

Die Jacobi-Matrix dieser beiden Gleichungen bezüglich der unsicheren Parameter k_2 und k_3 ist

$$\boldsymbol{J}(\omega, \boldsymbol{q}) = \begin{bmatrix} -10 - \ell + 3\ell\omega^2 & -1 + \omega^2 \\ (10 + 3\ell)\omega - \ell\omega^3 & 2\omega \end{bmatrix} \qquad (4.4.8)$$

Anhand der Determinante erkennt man, daß der Rang dieser Matrix für

$$0 = \omega \left(1 + \omega^2\right) \left(-10 + \ell + \ell\omega^2\right)$$

kleiner als zwei ist. Da diese Determinantengleichung nicht von den unsicheren Parametern abhängt, sind alle potentiellen singulären Frequenzen durch die nichtnegativen, reellen Wurzeln gegeben. Ganz sicherlich hat sie zumindest eine Wurzel bei

$$\omega_{s1} = 0$$

und für $0 < \ell < 10\,[\mathrm{m}]$ existiert eine zweite, nicht negative Wurzel

$$\omega_{s2} = \sqrt{\frac{10 - \ell}{\ell}}$$

Um festzustellen, ob $\omega_{s1} = 0$ eine singuläre Frequenz ist, muß überprüft werden, ob Real- und Imaginärteil die in der Definition gegebenen Bedingungen erfüllen können. Die beiden Gleichungen (4.4.6) und (4.4.7) ergeben mit $\omega = \omega_{s1}$ die beiden simultanen Gleichungen

$$(4000 - 10k_2 - k_3 + 400\ell - k_2\ell + 10m_L) = 0$$

$$0 = 0$$

Dieses Gleichungssystem ist erfüllt, wenn für k_3 gilt

$$k_3 = (4000 - 10k_2 + 400\ell - k_2\ell + 10m_L)$$

Daraus kann geschlossen werden, daß $\omega_{s1} = 0$ eine singuläre Frequenz ist. In ähnlicher Weise wird nun ω_{s2} in (4.4.6) und (4.4.7) eingesetzt, um zu bestimmen, ob es sich wirklich um eine singuläre Frequenz handelt.

$$(20 - 4\ell)\, k_2 + \left(-2 + \frac{10}{\ell}\right) k_3 + \left(-6000 + 1400\ell + 20m_L - \frac{100m_L}{\ell}\right) = 0$$

$$(4\ell)\, k_2 + (2)\, k_3 + (2000 - 1400\ell - 20m_L) = 0$$

Bei der Elimination von k_2 wird gleichzeitig auch gleich k_3 mit eliminiert und es resultiert die Gleichung

$$3000 - \frac{10000}{\ell} = 0$$

Diese Gleichung zeigt, daß ω_{s2} nur dann eine singuläre Frequenz sein kann, wenn

$$\ell = \frac{10}{3}\,[\mathrm{m}]$$

Für diese Seillänge bestimmt sich die singuläre Frequenz unabhängig von der Lastmasse zu

$$\omega_{s2} = \sqrt{2}$$

Mit dieser Analyse bestätigt sich die obige Vermutung, daß die Wurzelmenge in Abb. 4.4 die jω-Achse nur bei $\omega = \sqrt{2}$ überschreitet.

In Systemen ohne unsichere Parameter ist die Jacobi-Bedingung immer erfüllt. Das Auftreten von singulären Frequenzen, wie z.B. ω_{s2}, ist der Standardfall. Dies ist der Fall, wenn die Wurzelortskurve die imaginäre Achse und die Nyquist-Ortskurve die negativ reelle Achse überquert. Bei parametrischen Unsicherheiten ist der Normalfall der, daß die Übertrittsfrequenz von q abhängt. In diesem Beispiel der Verladebrücke tritt der Spezialfall auf, daß die Übertrittsfrequenz unabhängig von den unsicheren Parametern ist. $\qquad\square$

In den folgenden Beispielen wird der Fall einer reellen Wurzel bei $\omega = 0$ gesondert betrachtet und die Jacobi-Matrix wird aus den Gleichungen $h(-\omega^2, q)$ und $g(-\omega^2, q)$ gebildet.

Für den Fall affiner Abhängigkeit, wie in dem vorhergehenden Beispiel, erhält man

$$h(-\omega^2, q) = (b_0 + c_0^T q) - (b_2 + c_2^T q)\omega^2 + (b_4 + c_4^T q)\omega^4 - \ldots = 0$$
$$g(-\omega^2, q) = (b_1 + c_1^T q) - (b_3 + c_3^T q)\omega^2 + (b_5 + c_5^T q)\omega^4 - \ldots = 0$$

was wie folgt dargestellt werden kann:

$$\begin{bmatrix} c_0^T - c_2^T \omega^2 + c_4^T \omega^4 - \ldots \\ c_1^T - c_3^T \omega^2 + c_5^T \omega^4 - \ldots \end{bmatrix} q = \begin{bmatrix} -b_0 + b_2\omega^2 - b_4\omega^4 + \ldots \\ -b_1 + b_3\omega^2 - b_5\omega^4 + \ldots \end{bmatrix} \qquad (4.4.9)$$

Es läßt sich leicht überprüfen, daß in der obigen Gleichung die Matrix auf der linken Seite mit der Jacobi-Matrix identisch ist, sie ist nicht von q abhängig

$$J(\omega) = \begin{bmatrix} c_0^T - c_2^T \omega^2 + c_4^T \omega^4 - \ldots \\ c_1^T - c_3^T \omega^2 + c_5^T \omega^4 - \ldots \end{bmatrix}$$

Die Rangbedingung $\boldsymbol{J}(\omega_s) < 2$ ist nur bei einer endlichen Anzahl von Frequenzen ω_i, $i = 1, 2, \ldots, N$ erfüllt. Geometrisch gedeutet beschreiben die simultanen Lösungen von $h(-\omega^2, \boldsymbol{q}) = 0$ und $g(-\omega^2, \boldsymbol{q}) = 0$ bei einer festen Frequenz $\omega = \omega^*$ den Schnitt zweier Hyperebenen. Bei der Frequenz $\omega^* = \omega_i$ seien die beiden Hyperebenen parallel. Die Frequenz ω_i ist eine singuläre Frequenz, wenn die beiden Hyperebenen identisch sind. Dann sind die erste und zweite Zeile von (4.4.9) bis auf einen konstanten Faktor identisch. Im affinen Fall sind isolierte Frequenzen die einzige Erscheinungsform von singulären Frequenzen.

Bei nichtlinearen Koeffizientenfunktionen $a_i(\boldsymbol{q})$ ist die Jacobi-Determinante eine Funktion der Unsicherheiten $\boldsymbol{q}$.

Beispiel 4.10.   Gegeben ist die bilineare Polynomfamilie

$$P(s, q_1, q_2) = \{\, p(s, q_1, q_2) \mid q_1 \in [0\,;\,2], \; q_2 \in [0.25\,;\,3]\,\} \tag{4.4.10}$$

die durch das unsichere Polynom

$$p(s, q_1, q_2) = 2 + r^2 + 6(q_1 + q_2) + 2q_1 q_2 + (2 + q_1 + q_2)s + (2 + q_1 + q_2)s^2 + s^3$$

erzeugt wurde. Die durch Rastern der beiden unsicheren Parameter angenäherte Wurzelmenge von $P(s, q_1, q_2)$ für $r = 0.5$ ist in Abb. 4.5 dargestellt. Die gestrichelten Linien sind die Abbildung der vier Kanten der Q-Box. Die singulären Frequenzen werden durch

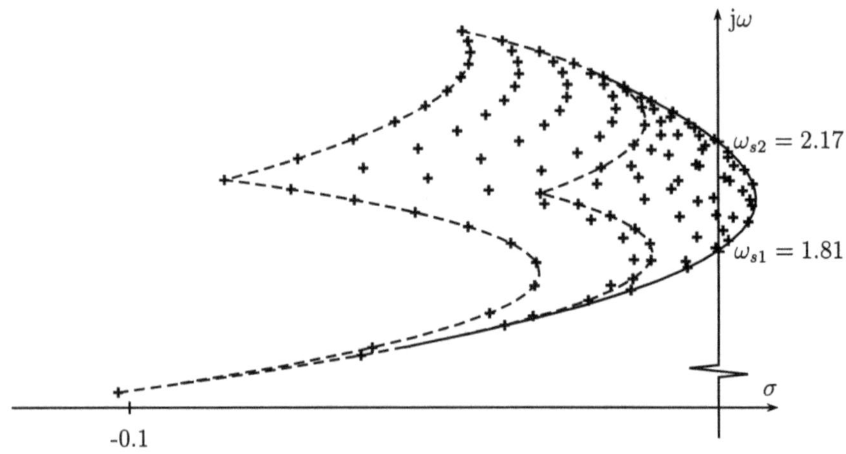

Abb. 4.5: Wurzeln der Polynomfamilie (4.4.10)

die simultanen Lösungen von

$$\begin{aligned}
h(-\omega^2, q_1, q_2) &= \; 2 + r^2 + 6(q_1 + q_2) + 2q_1 q_2 - (2 + q_1 + q_2)\omega^2 &= 0 \\
g(-\omega^2, q_1, q_2) &= \qquad\qquad\quad 2 + q_1 + q_2 - \omega^2 &= 0
\end{aligned}$$

$$\text{Det } \boldsymbol{J}(\omega, q) = 0$$

bestimmt, wobei

$$J(\omega, q) = \begin{bmatrix} 6 + 2q_2 - \omega^2 & 6 + 2q_1 - \omega^2 \\ 1 & 1 \end{bmatrix} \text{ für } \omega \neq 0$$

d.h. die Jacobi-Bedingung Det $J(\omega, q) = 2(q_1 - q_2) = 0$ ist für $q = q_1 = q_2$ erfüllt. Die Gleichung $g(-\omega^2, q) = 0$ wird damit zu $\omega^2 = 2(1 + q)$ und das wiederum in die Gleichung $h(-\omega^2, q)$ eingesetzt, erhält man

$$h(-\omega^2, q) = -2 + r^2 + 4q - 2q^2 = 0$$

Diese Gleichung ist erfüllt für $q = 1 \pm r/\sqrt{2}$ und die singulären Frequenzen sind somit $\omega_{s1,2}^2 = 2(2 \pm r/\sqrt{2})$.

Für den in Abb. 4.5 gewählten Wert $r = 0.5$ ergeben sich die singulären Frequenzen zu $\omega_{s1} = 1.81$ und $\omega_{s2} = 2.17$. Für $r = 0$ sind die beiden singulären Frequenzen identisch $\omega_{s1} = \omega_{s2} = 2$. In diesem Fall ist es wieder wichtig, daß die Frequenz $\omega = 2$ in das ω-Raster mit aufgenommen wird. $\qquad\square$

Beispiel 4.11. Gegeben ist die Familie von Intervallpolynomen

$$P(s, q_1, q_2) = \{ \, p(s, q_1, q_2) = q_1 + q_2 s + s^2 \mid q_1 > 0, \; q_2 > 0 \, \} \qquad (4.4.11)$$

Lediglich die Gleichung

$$h(-\omega^2, q_1) = q_1 - \omega^2 = 0$$

hängt von der Frequenz ab und alle Punkte auf der gesamten imaginären Achse $\omega^2 = q_1$, $q_1 > 0$ sind singuläre Frequenzen. $\qquad\square$

In diesem Abschnitt wurde der Begriff der singulären Frequenz eingeführt. Es wurde ein algebraisches Verfahren zur Bestimmung dieser Frequenzen vorgestellt. Zusätzlich wurde erläutert, warum diese Frequenzen bei der Robustheitsanalyse eine wichtige Rolle spielen können. In den folgenden beiden Abschnitten wird dies in Beispielen verdeutlicht, in späteren Kapiteln werden wir auf diese singulären Frequenzen zurückkommen.

4.5 Problemformulierung im Parameterraum

Dieser Abschnitt beschäftigt sich mit den Stabilitätsgebieten im Parameterraum. Für ein gegebenes unsicheres Polynom $p(s, q)$ ist der Stabilitätsbereich im Parameterraum die Menge der Parametervektoren q, für die das Polynom $p(s, q)$ stabil ist. Die Menge wird als Q_{stabil} bezeichnet. Es ist dabei eine möglichst effiziente grafische Beschreibung der Menge Q_{stabil} gesucht. Für den Stabilitätstest der Strecke $P(s, Q)$ muß dann überprüft werden, ob $Q \subset Q_{stabil}$.

1876 untersuchte Vishnegradsky [175] die Konstruktion von Q_{stabil}, wenn $p(s, q)$ dritter Ordnung mit zwei unsicheren Parametern ist, d.h. $q = [\, q_1 \; q_2 \,]^T$. Vishnegradsky führte erstmals die Idee ein, die Menge Q_{stabil} grafisch darzustellen. Unter der Verwendung des Grenzüberschreitungssatzes zeigten Frazer und Duncan [69], wie Q_{stabil} grafisch für den allgemeinen Fall eines Polynoms n-ter Ordnung mit zwei unsicheren Parametern dargestellt werden könnte. Die Methode von Frazer und Duncan läuft darauf hinaus, alle Parameterwerte $\boldsymbol{q} = [\, q_1 \ q_2]^T$ zu bestimmen, die Wurzeln der symbolisch berechneten $n \times n$-Hurwitz-Determinante sind. Der Nachteil dieser Methode besteht darin, daß normalerweise Det $\boldsymbol{H}_n$ selbst bei relativ einfachen Unsicherheiten ein Polynom mit sehr hoher Ordnung in q_1 und q_2 ist. Als 1947 Neimark [134] seine Methode der *D-Zerlegung* zur Konstruktion von Q_{stabil} präsentierte, waren keine rechnerischen Werkzeuge verfügbar, mit denen die Gleichungen von Frazer und Duncan hätten gelöst werden können. Neimarks Methode basiert ebenfalls auf dem Grenzüberschreitungssatz, aber sie hat rechnerische Vorteile. Bei einfacher Form der Unsicherheiten kann Q_{stabil} mit der Methode von Neimark relativ unkompliziert bestimmt werden, selbst wenn $p(s, \boldsymbol{q})$ ein Polynom hoher Ordnung ist. Mehr geschichtlicher Hintergrund und Beschreibungen von allgemeineren Anwendungen der Parameterraummethode können bei Šiljak [154] gefunden werden. Eine Parameterraummethode für den Entwurf robuster Regelungssysteme wurde von Ackermann [3] vorgestellt. Dieser Abschnitt wird sich auf die Konstruktion von Q_{stabil} beschränken.

Ausgehend vom Grenzüberschreitungssatz wird in zwei Schritten vorgegangen. Zuerst werden die Parameter Q_ω bestimmt, die zu einem Polynom mit Wurzeln auf der imaginären Achse führen. Im zweiten Schritt wird ein nominaler Vektor $\boldsymbol{q}^0$ auf Stabilität überprüft. Ist er stabil, so ist die Stabilität auch in der Umgebung von $\boldsymbol{q}^0$ gewährleistet, bis man durch kontinuierliches Verändern von $\boldsymbol{q}$ ausgehend von $\boldsymbol{q}^0$ auf die Menge Q_ω stößt. Im ersten Schritt wird

$$Q_\omega = \{\, \boldsymbol{q} \,|\, p(\mathrm{j}\omega, \boldsymbol{q}) = 0 \ \text{für} \ \omega \geq 0 \,\}$$

mit $p(\mathrm{j}\omega, \boldsymbol{q}) = \mathrm{Re}\, p(\mathrm{j}\omega, \boldsymbol{q}) + \mathrm{j}\,\mathrm{Im}\, p(\mathrm{j}\omega, \boldsymbol{q})$.

$$\begin{aligned}
\mathrm{Re}\, p(\mathrm{j}\omega, \boldsymbol{q}) &= a_0(\boldsymbol{q}) - a_2(\boldsymbol{q})\omega^2 + a_4(\boldsymbol{q})\omega^4 - \ldots \\
\mathrm{Im}\, p(\mathrm{j}\omega, \boldsymbol{q}) &= \omega(a_1(\boldsymbol{q}) - a_3(\boldsymbol{q})\omega^2 + a_5(\boldsymbol{q})\omega^4 - \ldots)
\end{aligned}$$

bestimmt. Die Parameter $\boldsymbol{q} \in Q_\omega$ lassen gleichzeitig den Real- und Imaginärteil von $p(\mathrm{j}\omega, \boldsymbol{q})$ zu Null werden.

Für $\omega \neq 0$ sind die Parameter, für die $p(\mathrm{j}\omega, \boldsymbol{q}) = 0$ gilt, die simultanen Lösungen von

$$\begin{aligned}
\mathrm{Re}\, p(\mathrm{j}\omega, \boldsymbol{q}) &= a_0(\boldsymbol{q}) - a_2(\boldsymbol{q})\omega^2 + a_4(\boldsymbol{q})\omega^4 - \ldots = 0 \\
\frac{1}{\omega}\, \mathrm{Im}\, p(\mathrm{j}\omega, \boldsymbol{q}) &= a_1(\boldsymbol{q}) - a_3(\boldsymbol{q})\omega^2 + a_5(\boldsymbol{q})\omega^4 - \ldots = 0
\end{aligned} \tag{4.5.1}$$

Für $\omega = 0$ wird die Menge Q_ω durch die Lösungen der Gleichung

$$a_0(\boldsymbol{q}) = 0 \tag{4.5.2}$$

gebildet. Die Annahme $a_n(\boldsymbol{q}) > 0$ für alle $\boldsymbol{q} \in Q$ erzeugt einen dritten Teil von Q_ω, so daß

$$a_n(\boldsymbol{q}) = 0 \tag{4.5.3}$$

(Wie bereits in Verbindung mit Anmerkung 4.1 diskutiert soll kein Unterschied zwischen einer Gültigkeitsgrenze und einer Stabilitätsgrenze getroffen werden.)

Die Menge Q_ω enthält die Berandung von Q_{stabil}. Wurde Q_ω bestimmt, ist der Großteil der Arbeit zur Bestimmung des Stabilitätsgebiets erledigt. Der letzte Schritt, in dem das Innere des Stabilitätsgebiets gefunden werden muß, kann einfach mit der ersten Bedingung des Grenzüberschreitungssatzes ausgeführt werden. Anhand von Beispielen in diesem Abschnitt wird die vollständige Konstruktion von Q_{stabil} erläutert.

Zuerst soll jedoch die Lösung der beiden simultanen Gleichungen (4.5.1) erklärt werden. Ein systematisches Vorgehen ist die Elimination entweder von ω^2 oder von einem der Parameter von q. Die Elimination von ω^2 durch die Resultantenmethode (siehe Anhang B) ergibt im Grunde die Methode von Frazer und Duncan. Die Elimination einer der unsicheren Parameter durch die Resultantenmethode, oder falls möglich durch lineare Techniken, ergibt die Methode von Neimark. Die beiden Gleichungen (4.5.1) werden nach zwei der unsicheren Parameter aufgelöst, z.B. q_1 und q_2. Damit kann $p(\mathrm{j}\omega, q) = 0$, $\omega > 0$, in der Form

$$q_1 = q_1(\omega, q_3, q_4, \ldots, q_\ell)$$

$$(4.5.4)$$

$$q_2 = q_2(\omega, q_3, q_4, \ldots, q_\ell)$$

dargestellt werden.

Die Größen $\omega, q_3, q_4, \ldots, q_\ell$ werden gerastert und für jeden Rasterpunkt werden die Begrenzungspunkte in der (q_1, q_2)-Ebene bestimmt und eingezeichnet. Einige oder sogar alle unsicheren Parameter q_i können auch wie in dem folgenden Beispiel Reglerparameter sein.

Beispiel 4.12. Gegeben ist das charakteristische Polynom der Verladebrücke mit Zustandsrückführung (4.4.2). Für feste Werte für m_L und ℓ sollen nun alle k_2 und k_3 bestimmt werden, so daß der Realteil aller Wurzeln des charakteristischen Polynoms kleiner als -1 ist. Das entspricht der Bestimmung aller Werte k_2 und k_3, für die das transformierte Polynom $p(s, k_2, k_3)$ von (4.4.2) stabil ist In einem ersten Schritt soll Q_ω ermittelt werden, wozu die simultanen Gleichungen (4.5.1) gelöst werden. Da diese Gleichungen linear sind, können sie in Matrixschreibweise angegeben werden.

$$J(\omega) \begin{bmatrix} k_2 \\ k_3 \end{bmatrix} = \begin{bmatrix} -4000 - 400\ell - 10m_L + (1000 + 900\ell + 10m_L)\,\omega^2 - 100\ell\omega^4 \\ (2000 + 1000\ell + 20m_L)\omega - 400\ell\omega^3 \end{bmatrix}$$

$J(\omega)$ ist die Jacobi-Matrix aus (4.4.8). Für alle $\omega > 0$ kann nun die Lösung dieser beiden Gleichungen für Det $J(\omega) \neq 0$ in geschlossener Form angegeben werden:

$$\begin{bmatrix} k_2 \\ k_3 \end{bmatrix} = [J(\omega)]^{-1} \begin{bmatrix} -4000 - 400\ell - 10m_L + (1000 + 900\ell + 10m_L)\,\omega^2 - 100\ell\omega^4 \\ (2000 + 1000\ell + 20m_L)\omega - 400\ell\omega^3 \end{bmatrix}$$

$$(4.5.5)$$

Diese Gleichung verdeutlicht, daß im allgemeinen jeder ω-Wert einen Lösungsvektor $q = [k_2\ k_3]^T$ ergibt, wobei diese Lösung stetig von ω abhängt.

Die Sonderfälle für ω, für die Det $\boldsymbol{J}(\omega) = 0$, müssen gesondert untersucht werden. In Beispiel 4.9 wurde gezeigt, daß die Jacobi-Determinante für alle positiven Frequenzen verschieden von Null ist, falls $\ell \geq 10\,[\mathrm{m}]$. Liegt die Seillänge in dem Bereich $0 < \ell < 10\,[\mathrm{m}]$, dann ist die Jacobi-Matrix bei der Frequenz

$$\omega_{s2} = \sqrt{\frac{10 - \ell}{\ell}}$$

nicht invertierbar. Die Analyse in Beispiel 4.9 zeigte, daß für (4.4.6) und (4.4.7) keine gleichzeitige Lösung bei ω_{s2} existiert, falls $\ell \neq 10/3\,[\mathrm{m}]$. In diesem Fall streben die Lösungspunkte gegen Unendlich. Für den Fall $\ell = 10/3\,[\mathrm{m}]$ erkennt man, daß die simultane Lösung bei der isolierten Frequenz ω_{s2} eine Gerade bildet.

$$k_3 = -\frac{20}{3}k_2 + \left(\frac{4000 + 30m_L}{3}\right) \tag{4.5.6}$$

Dies zeigt, daß die Lösungsmenge bei isolierten Frequenzen unendlich groß sein kann und somit erheblich zur Berandung des Stabilitätsgebiets beitragen kann.

Im zweiten Schritt zur Konstruktion des Stabilitätsgebiets müssen die Werte für k_2 und k_3 bestimmt werden, für die $p(s, k_2, k_3)$ Wurzeln im Ursprung $s = 0$ besitzt. Diese werden durch die Lösungen von

$$p(0, k_2, k_3) = a_0(k_2, k_3) = 4000 - 10k_2 - k_3 + 400\ell - k_2\ell + 10m_L = 0$$

ermittelt. Die Lösungsmenge, die die reelle Grenze beschreibt, ist die Gerade

$$k_3 = (-10 - \ell)\,k_2 + (4000 + 400\ell + 10m_L) \tag{4.5.7}$$

Und schließlich erhält man durch die Gleichung $a_n(\boldsymbol{q}) = 100\ell = 0$ eine weitere Grenze $\ell > 0$.

Für feste Werte $\ell > 0$ und m_L kann nun Q_ω durch Gleichungen beschrieben werden. Zur grafischen Darstellung dieser Mengen müssen Werte für ℓ und m_L angegeben werden, z.B. $\ell = 10/3\,[\mathrm{m}]$ und $m_L = 1000\,[\mathrm{kg}]$. Diese Werte in (4.5.7) eingesetzt ergeben die reelle Grenze, die in Abb. 4.6 als gestrichelte Linie eingetragen ist. Der Teil von Q_ω, der durch nicht singuläre Frequenzen erzeugt wird, kann durch Invertieren von $\boldsymbol{J}(\omega)$ in (4.5.5) explizit angegeben werden:

$$\begin{bmatrix} k_2 \\ k_3 \end{bmatrix} = \begin{bmatrix} \dfrac{200(4 + \omega^2)}{(1 + \omega^2)} \\[2em] \dfrac{1000(14 + 34\omega^2 - \omega^4)}{3(1 + \omega^2)} \end{bmatrix}$$

Für ein Frequenzraster wurde diese Menge in Abb. 4.6 mit durchgezogenen Linien dargestellt. Einige der Lösungspunkte sind mit der zugehörigen Frequenz markiert. Der Lösungsast der komplexen Grenze beginnt für $s = 0$ in einem Punkt auf der reellen Grenze, d.h. in einem Punkt, in dem sowohl ein reeller Pol als auch ein komplexes Polpaar bei $s = 0$ zu den entsprechenden Berandungen beitragen. Der Teil von Q_ω,

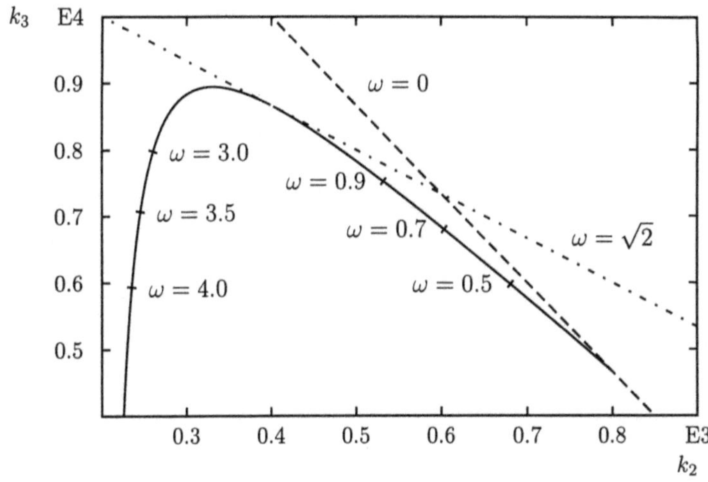

Abb. 4.6: Parameterraumdarstellung der Polynome mit Wurzeln auf der jω-Achse

der durch die singuläre Frequenz ω_{s2} erzeugt wird, ist durch (4.5.6) beschrieben. Die Lösungsmenge, wiederum eine Gerade, ist in Abb. 4.6 strichpunktiert eingetragen.

Die Kurven in Abb. 4.6, die Q_ω repräsentieren, teilen die (k_2, k_3)-Ebene in sechs zusammenhängende Gebiete. Enthält eines dieser Gebiete einen stabilen Punkt, so folgt aus dem Grenzüberschreitungssatz, daß das gesamte Gebiet stabil ist. Enthält hingegen eines dieser Gebiete einen instabilen Punkt, so enthält das gesamte Gebiet nur instabile Polynome. Somit kann durch Überprüfen eines beliebigen Polynoms pro Gebiet die Menge Q_{stabil} herausgefunden werden. In Abb. 4.7 ist das nicht schraffierte Gebiet das gesuchte stabile Gebiet Q_{stabil}. $\square$

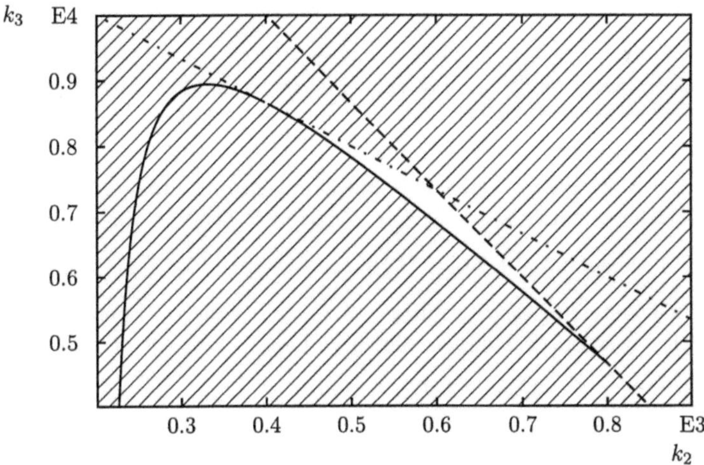

Abb. 4.7: Parameterraumdarstellung des Stabilitätsgebiets (nicht schraffiert)

Beispiel 4.13. Gegeben ist wiederum die Verladebrücke wie oben mit den Verstärkungsbereichen

$$530 \leq k_2 \leq 540$$

$$7575 \leq k_3 \leq 7750$$

In einer vergrößerten Darstellung von Abb. 4.7 ist diese rechteckige Box eingezeichnet, siehe Abb. 4.8. Einige dieser Verstärkungsparameter in der rechten oberen Ecke des Rechtecks entsprechen (4.4.2), was sich als instabil erwies. Dies wurde in Abb. 4.4 bestätigt, wo die Wurzelorte dieses Polynoms dargestellt wurden. Der große Vorteil der Parameterraummethode ist, daß der Aufwand zur Stabilitätsanalyse für verschiedene Verstärkungsbereiche sehr gering ist. Das unschraffierte Gebiet in Abb. 4.7 stellt eine exakte Beschreibung aller stabilisierender Reglerparameter in dieser zweidimensionalen Ebene dar. Stabilität bezieht sich hier jedoch auf die Stabilität des transformierten Polynoms (2.2.23) mit $a = 1$. Dies bedeutet, daß alle Eigenwerte einen Realteil kleiner als -1 besitzen. $\square$

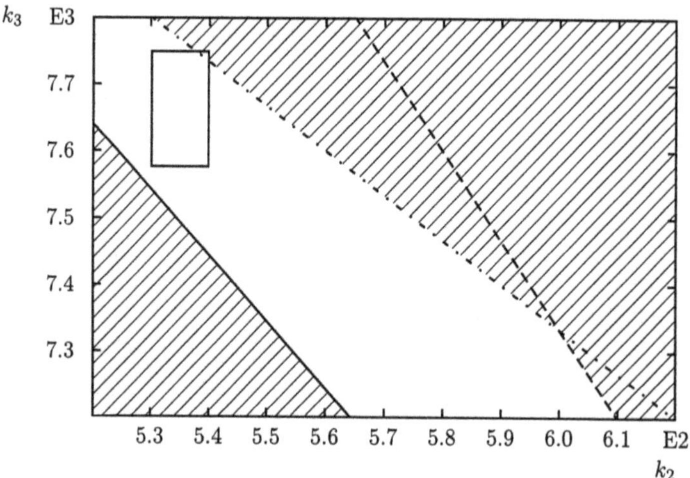

Abb. 4.8: Robustheitstest im Parameterraum. Der durch das Rechteck dargestellte Verstärkungsbereich ist nicht robust stabil, da die Box teilweise in dem instabilen Gebiet (schraffiert) liegt.

Beispiel 4.14. Für spätere Vergleiche und Übungen mit anderen Methoden wird ein weiteres, einfacheres numerisches Beispiel eingeführt. Dazu ist das unsichere Polynom

$$p(s, \boldsymbol{q}) = (14 - 0.3q_1 + 2q_2 + 2q_3) + (10 + 2q_1 + 8q_2)s + 10s^2 + 2(1 + q_1)s^3 + s^4 \quad (4.5.8)$$

gegeben. Zur Darstellung der Stabilitätsgrenzen in der (q_1, q_2)-Ebene muß der Parameter q_3 festgelegt werden. Für diesen affinen Fall erhält man für (4.5.1)

$$\boldsymbol{J}(\omega)\boldsymbol{q} = \boldsymbol{b}(\omega, q_3) \quad (4.5.9)$$

mit $\boldsymbol{q} = [\,q_1 \; q_2\,]^T$ und

$$\boldsymbol{J}(\omega) = \begin{bmatrix} -0.3 & 2 \\ (\omega^2 - 1)2 & -8 \end{bmatrix}, \quad \boldsymbol{b}(\omega, q_3) = \begin{bmatrix} -\omega^4 + 10\omega^2 - 14 - 2q_3 \\ -2\omega^2 + 10 \end{bmatrix}$$

Die Jacobi-Determinante Det $\boldsymbol{J}(\omega)$ wird zu Null für $\omega = \omega_1 = \sqrt{1.6}$. Für diese Frequenz ergeben sich die erste und zweite Zeile von (4.5.9) zu

$$\begin{aligned} -0.3q_1 + 2q_2 &= -0.56 - 2q_3 \\ 1.2q_1 - 8q_2 &= 6.8 \end{aligned}$$

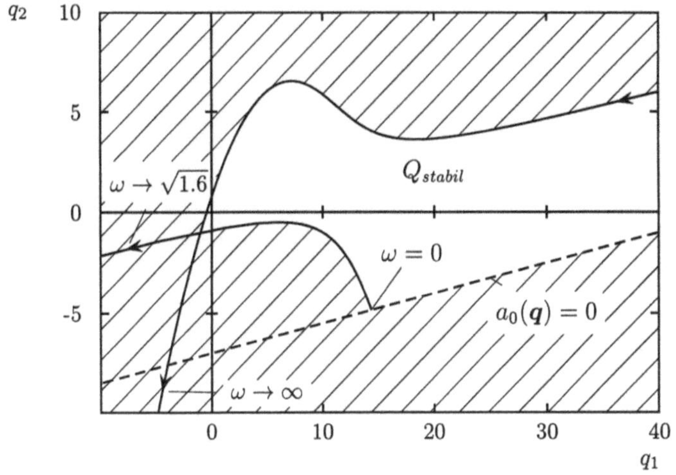

Abb. 4.9: Die Stabilitätsgrenzen haben eine Asymptote bei $\omega_1 = \sqrt{1.6}$

Die beiden Gleichungen beschreiben zwei parallele Geraden. Für $q_3 \neq 0.57$ sind diese Geraden nicht identisch und wenn sich ω der Frequenz ω_1 nähert, wandert der Schnittpunkt dieser beiden Geraden gegen Unendlich, d.h. für $\omega = \omega_1$ ergibt sich eine Asymptote. Für den Sonderfall $q_3 = 0.57$ sind die beiden Geraden identisch und ω_1 ist eine isolierte Frequenz.

Die komplexe Grenze erhält man aus $\boldsymbol{q} = [\, q_1 \ q_2 \,]^T = \boldsymbol{J}(\omega)^{-1}\boldsymbol{b}(\omega, q_3)$ mit

$$\begin{aligned} q_1 &= (-10\omega^2 + 79)/5 \\ q_2 &= (-5\omega^4 + 47\omega^2 - 52)/10 \end{aligned}$$

und die reelle Grenze ergibt sich aus $a_0(\boldsymbol{q}) = 0$ zu

$$-0.15q_1 + q_2 + 6.43 = 0$$

Die Bedingung $a_n(\boldsymbol{q}) > 0$ ist immer erfüllt, d.h. es existiert keine Grenze $a_n(\boldsymbol{q}) = 0$. Abb. 4.9 zeigt die Stabilitätsgrenzen für $q_3 = 0$ und Abb. 4.10 den Fall $q_3 = 0.57$. Für den Fall $q_3 = 0$ ist das stabile Gebiet Q_{stabil} einfach zusammenhängend, im Fall $q_3 = 0.57$ hingegen nicht. $\qquad\qquad\square$

Wie die obigen Beispiele gezeigt haben, kann die Stabilitätsanalyse mit Hilfe des Parameterraumverfahrens sehr nützlich und vorteilhaft sein. Der wesentliche Nachteil ist, daß die Parameterraummethode am besten für unsichere Polynome mit nur zwei unsicheren Parametern geeignet ist. Die Methode kann auf Polynome mit mehr als zwei Parametern ausgeweitet werden, dazu ist jedoch erheblich mehr Aufwand nötig, was den Rahmen dieses Abschnitts sprengen würde.

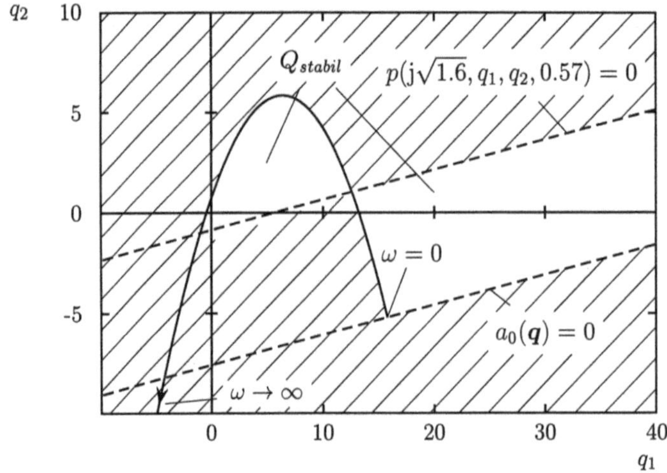

Abb. 4.10: Die Stabilitätsgrenzen beinhalten eine isolierte Frequenz bei $\omega_1 = \sqrt{1.6}$ für $q_3 = 0.57$

4.6 Problemformulierung im Frequenzbereich

Dieser Abschnitt präsentiert Methoden zur Stabilitätsanalyse, die auf einer grafischen Darstellung von Frequenzkennlinien beruhen. Die komplexe Zahl, die man erhält, wenn man eine feste Frequenz $s = \mathrm{j}\omega$ in ein Polynom einsetzt, bezeichnet man als *Polynomwert* bei der Frequenz ω. Durch Berechnung und grafische Darstellung der Polynomwerte für alle nicht negativen Frequenzen erhält man die Frequenzkennlinie des Polynoms. Die Frequenzkennlinie eines Polynoms bezeichnet man als Mikhailov-Ortskurve. Durch Auswertung dieser Ortskurve kann über Stabilität oder Instabilität des Polynoms entschieden werden. Dieser Abschnitt wiederholt die klassische Anwendung dieser Methode für nominale Polynome und präsentiert eine Erweiterung auf Polynomfamilien.

Stabilitätsbedingungen in der Form von Frequenzkennlinien haben eine lange Geschichte. In ihrer allgemeinsten Form wurden diese Bedingungen erstmals durch das Prinzip vom Argument von Cauchy um 1829 vorgestellt. Für den speziellen Anwendungsfall der Polynome können Bedingungen auch aus dem Satz von Hermite und Biehler abgeleitet werden, siehe auch [72], S. 228. Die grafische Interpretation des Prinzips vom Argument wurde 1932 von Nyquist [135] in die Regelungstechnik eingeführt. 1938 gab Mikhailov [129] eine einfachere grafische Bedingung zur Stabilitätsanalyse eines gegebenen Polynoms an. In den Jahren 1944, bzw. 1947 erarbeiteten Leonhard [116] und Cremer [48] ähnliche Bedingungen. Aus diesem Grund wird die Mikhailov-Ortskurve manchmal auch als Cremer-Leonhard-Ortskurve bezeichnet. Erweiterungen dieser Methode auf Polynomfamilien existieren ebenfalls. 1950 wurde die Frequenzkennlinienmethode von Curtis auf Polynomfamilien übertragen. Diese Methode wurde durch Zadeh und Desoer [181] in der Regelungstechnik bekannt gemacht. Kürzlich wurde dieser Lösungsansatz von Barmish [29] als *Wertemengenmethode* zur Analyse mit Hilfe des Nullausschlußsatzes (Satz 4.10) bezeichnet. Es ist nicht vollkommen klar, welchem Autor dieser Satz zuzuschreiben ist. Eine ähnliches Ergebnis wie in Satz 4.10 wurde in einem Buch von Zadeh und Desoer [181] gegeben. Auch das Resultat von Frazer und Duncan [69] liegt nicht weit davon entfernt. Ein historischer Überblick über den Nullausschlußsatz ist in einer Zusammenfassung von Barmish [28] nachzulesen. Barmish verwendet diesen Satz eingehend in seinem Buch [30] über robuste Regelung.

Dieser Abschnitt behandelt die Stabilitätsbedingungen von Mikhailov, sowie das Prinzip der Wertemengenmethode.

Satz 4.9. (Mikhailov, Leonhard und Cremer)

Das Polynom

$$p(s) = a_0 + a_1 s + \cdots + a_n s^n, \quad a_n > 0 \tag{4.6.1}$$

ist dann und nur dann stabil, wenn die Frequenzkennlinie $p(j\omega)$, $0 \leq \omega < \infty$ die folgenden beiden Bedingungen erfüllt.

1. $p(j0) = a_0 > 0$, d.h. die Ortskurve beginnt auf der positiv reellen Achse.

2. Für wachsendes ω umschlingt die Ortskurve von $p(j\omega)$ den Ursprung im Gegenuhrzeigersinn und die Phase strebt für $\omega \to \infty$ gegen $n\frac{\pi}{2}$.

$\square$

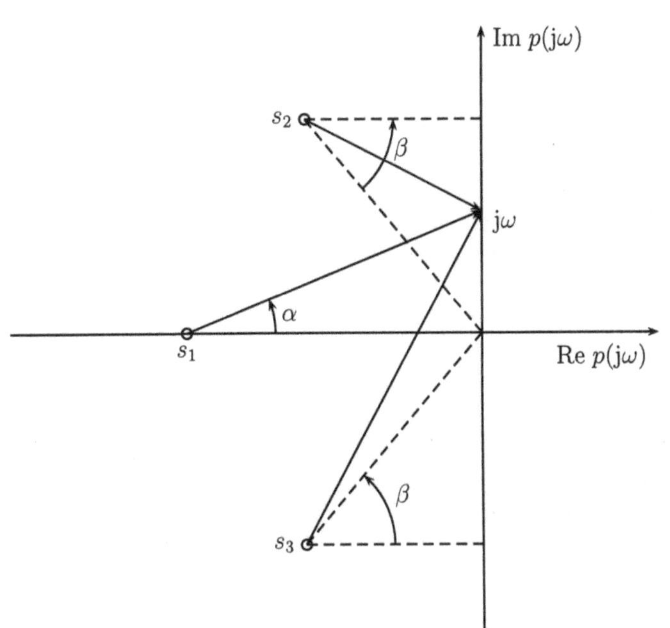

Abb. 4.11: Phasenänderung von $(j\omega - s_i)$

Beweis.

Zum Beweis der Notwendigkeit wird unter der Annahme, das Polynom sei stabil, gezeigt, daß die Mikhailov-Bedingungen erfüllt sein müssen. Die erste Bedingung $a_0 > 0$ ist bei stabilen Polynomen erfüllt. Die zweite Bedingung folgt aus dem Phasenprinzip. Das stabile Polynom kann faktorisiert werden:

$$p(s) = a_n \prod_{i=1}^{n}(s - s_i)$$

wobei die Realteile aller s_i negativ sind. Die Phase des Produkts

$$p(j\omega) = a_n \prod_{i=1}^{n}(j\omega - s_i) = a_n \prod_{i=1}^{n} \mid j\omega - s_i \mid e^{\,j\arg(j\omega - s_i)}$$

ist die Summe der Phasen von $(j\omega - s_i)$, $i = 1, 2, \ldots, n$. Ist eine Wurzel, beispielsweise s_1, reell, dann wächst $\alpha := \arg(j\omega - s_1)$ von Null auf $\frac{\pi}{2}$, wenn ω von Null nach ∞ läuft, siehe Abb. 4.11. Ist eine Wurzel komplex, beispielsweise s_2, dann ist $s_3 = \bar{s}_2$ ebenfalls eine Wurzel von $p(s)$. Die Phase von $(j\omega - s_2)$ ändert sich von $-\beta$ nach $\frac{\pi}{2}$ und die Phase von $(j\omega - s_3)$ von β nach $\frac{\pi}{2}$, wenn ω von Null nach ∞ wächst. Somit beträgt die gesamte Phasenänderung eines konjugiert komplexen Polpaars $2\frac{\pi}{2}$. Summiert man die Beiträge aller Wurzeln, so erhält man als maximale Phasenänderung $n\frac{\pi}{2}$. Somit muß $p(j\omega)$ den Ursprung entsprechend der zweiten Bedingung umwandern.

Um zu beweisen, daß die Bedingungen von Satz 4.9 hinreichend sind, wird angenommen, daß die Mikhailov-Bedingungen erfüllt sind. Es muß nun gezeigt werden, daß das Polynom stabil ist, hier wird jedoch der Umkehrsatz bewiesen: Wenn ein Polynom instabil ist, verletzt es die Mikhailov-Bedingungen. Dazu wird angenommen, das Polynom besitzt m Wurzeln in der rechten Halbebene und $n - m$ Wurzeln in der linken Halbebene. Wegen des Phasenprinzips trägt jede Wurzel in der rechten Halbebene zur Phasenänderung $-\pi/2$ bei, wenn ω von Null nach Unendlich läuft. Somit beträgt die gesamte Phasenänderung $(n-2m)\pi/2$ und die zweite Bedingung von Mikhailov ist verletzt. Bei einer Wurzel auf der positiven imaginären Achse muß sie durch einen kleinen Halbkreis in der linken Halbebene umgangen werden, damit die Wurzel als instabil in die Phasenänderung eingeht. Somit springt die Phase um $-\pi$, wenn ω die imaginäre Wurzel überquert, siehe Abb. 4.12.

$\square$

Der obige Satz zeigt, daß die Phase der Mikhailov-Ortskurve für stabile Polynome monoton zunimmt, d.h.

$$\frac{\partial \, \arg\{p(j\omega)\}}{\partial \omega} > 0 \ \text{für alle} \ \omega \qquad (4.6.2)$$

Durch die maximale Phasenänderung $(n-2m)\pi/2$ eines Polynoms $p(j\omega)$ kann die Anzahl $n - m$ der Wurzeln in der linken Halbebene und die Anzahl m der Wurzeln in der

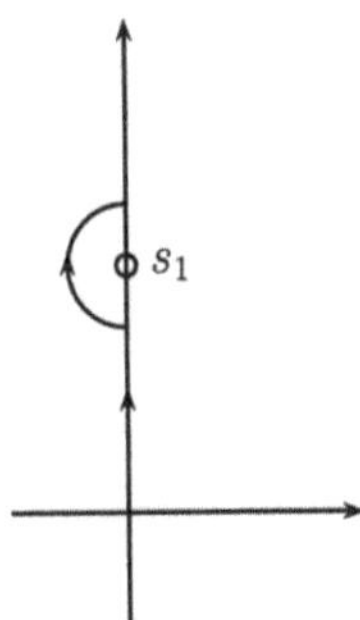

Abb. 4.12: Phasenänderung arg $(j\omega - s_i)$ bei einer instabiler Wurzel

rechten Halbebene bestimmt werden. Des weiteren kann die Phase von Polynomen mit mindestens einer instabilen Wurzel den Wert $(n-1)\frac{\pi}{2}$ niemals übersteigen, d.h. hat die Mikhailov-Ortskurve einmal den n-ten Quadranten erreicht, so ist die Stabilität des Polynoms bereits gewährleistet. Durch diese Bedingung erhält man eine obere Schranke ω^+ für die Frequenz, bis zu der die Mikhailov-Bedingung untersucht werden muß, nämlich

$$\arg p(j\omega^+) = (n-1)\frac{\pi}{2} \tag{4.6.3}$$

Der minimale Abstand der Mikhailov-Ortskurve vom Ursprung ist kein absolutes Maß für die Stabilitätsreserve eines stabilen Polynoms, da $p(s)$ mit einem beliebigen Faktor multipliziert werden kann, ohne daß dabei die Lage der Wurzeln verändert wird. Dieser Abstand ist jedoch ein relatives Maß, mit dem kritische Frequenzbereiche erkannt werden können. Durchläuft die Mikhailov-Ortskurve direkt den Ursprung, dann besitzt das Polynom genau bei dieser Frequenz eine Nullstelle auf der imaginären Achse.

Die Mikhailov-Bedingung wird oft in anderer Form interpretiert. Die Phasenbedingung ist äquivalent zur Bedingung, daß die Ortskurve die Koordinatenachsen in der folgenden Reihenfolge schneiden muß: positiv reell (bei $\omega = 0$), positiv imaginär, negativ reell, negativ imaginär, positiv reell, ..., bis insgesamt n Schnitte erfolgt sind. Diese Formulierung entspricht dem Satz von Hermite und Biehler [82, 38], der diese „interlacing"-Eigenschaft der Wurzeln von Re $p(j\omega) = 0$ und Im $p(j\omega) = 0$ zum Stabilitätstest benutzt.

Beispiel 4.15. Mit einer grafisch dargestellten Frequenzkennlinie eines Polynoms kann anhand der Mikhailov-Bedingungen die Stabilität des Polynoms auf einen Blick überprüft werden. Als Beispiel sei das transformierte Polynom der Verladebrücke (4.4.2) mit $\ell = 10/3\,[\mathrm{m}]$ und $m_L = 1000\,[\mathrm{kg}]$ gegeben. Für $k_2 = 540$ und zwei unterschiedliche Parameterwerte für die Verstärkung k_3 ergibt sich $p(s, 540, k_3)$ zu

$$p_1(s) = p(s, 540, 7575) = \frac{1675}{3} + \frac{1850}{3}s + 1025s^2 + \frac{1400}{3}s^3 + \frac{1000}{3}s^4 \tag{4.6.4}$$

$$p_2(s) = p(s, 540, 7750) = \frac{1150}{3} + \frac{2900}{3}s + 850s^2 + \frac{1400}{3}s^3 + \frac{1000}{3}s^4 \tag{4.6.5}$$

Begrenzte Ausschnitte der Frequenzkennlinien von $p_1(j\omega)$ und $p_2(j\omega)$ sind in Abb. 4.13 dargestellt. Einige Punkte auf den Kurven sind mit den zugehörigen Frequenzwerten versehen. Für $\omega \to \infty$ streben beide Ortskurven gegen Unendlich. Die Ortskurve des Polynoms vierter Ordnung $p_1(j\omega)$ erfüllt die Mikhailov-Bedingungen und somit ist $p(s, 540, 7575)$ stabil. Die Ortskurve von $p_2(j\omega)$ hingegen schneidet die Koordinatenachsen in der Reihenfolge: positiv reell, positiv imaginär, positiv imaginär, positiv reell. Die Folge der Schnittpunkte widerspricht den Mikhailov-Bedingungen und somit ist das Polynom $p(s, 540, 7750)$ instabil. Die Analyse wird durch Abb. 4.8 bestätigt. Die beiden Polynome $p(s, 540, 7575)$ und $p(s, 540, 7750)$ entsprechen der rechten unteren und rechten oberen Ecke des Verstärkungsbereichs. $\square$

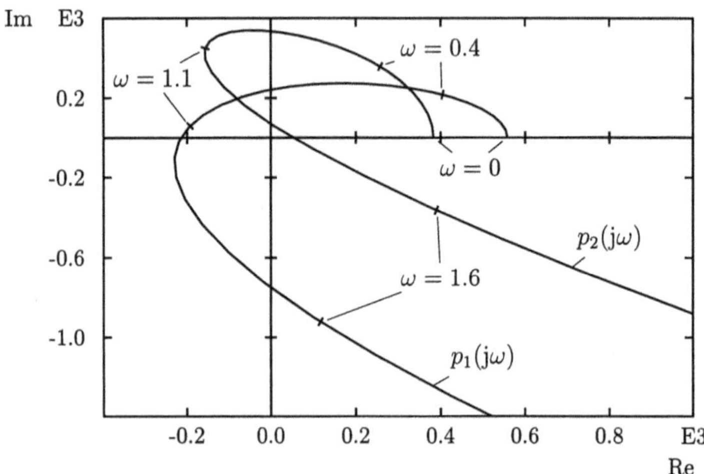

Abb. 4.13: Frequenzkennlinie zweier Polynome

Ein naheliegender Weg um die Mikhailov-Bedingungen auf Polynomfamilien anwenden zu können, wäre die Berechnung der Frequenzkennlinie für jedes Polynom der Familie und Anwendung der Mikhailov-Bedingungen auf diese Ortskurven. Wie bereits in dem Abschnitt über Wurzelmengen erläutert wurde, haben die Polynomfamilien normalerweise eine unendliche Anzahl von Mitgliedern und somit ist dieses Vorgehen eigentlich nicht möglich. In der praktischen Anwendung genügt es, die Frequenzkennlinien für ein dichtes Raster der Parametermenge zu berechnen. Um dabei eine zu große Anzahl von Grafiken zu vermeiden, werden die Ortskurven typischerweise in einer einzigen Grafik dargestellt. Das Vorgehen wird durch zwei Beispiele illustriert.

Beispiel 4.16. Gegeben sei das charakteristische Polynom der Verladebrücke aus (4.4.2) mit $\ell = 10/3\,[\mathrm{m}]$ und $m_L = 1000\,[\mathrm{kg}]$

$$p(s, k_2, k_3) = \left(\frac{46000 - 40k_2 - 3k_3}{3}\right) + \left(\frac{-76000 + 60k_2 + 6k_3}{3}\right)s + {}$$
$$+ (14000 - 10k_2 - k_3)\,s^2 + \left(\frac{-4000 + 10k_2}{3}\right)s^3 + \frac{1000}{3}s^4 \quad (4.6.6)$$

Für den Verstärkungsbereich

$$530 \leq k_2 \leq 540 \qquad (4.6.7)$$

$$7575 \leq k_3 \leq 7750 \qquad (4.6.8)$$

wurde ein Raster mit 21 Rasterpunkten pro Parameter gewählt, um dafür die Menge der Frequenzkennlinien zu bestimmen. Die entsprechenden Ortskurven sind in Abb. 4.14 dargestellt. Für diesen Verstärkungsbereich ist das Polynom nicht robust stabil, da in Abb. 4.14 mindestens eine Ortskurve durch den Ursprung läuft und somit die Mikhailov-Bedingungen verletzt werden.

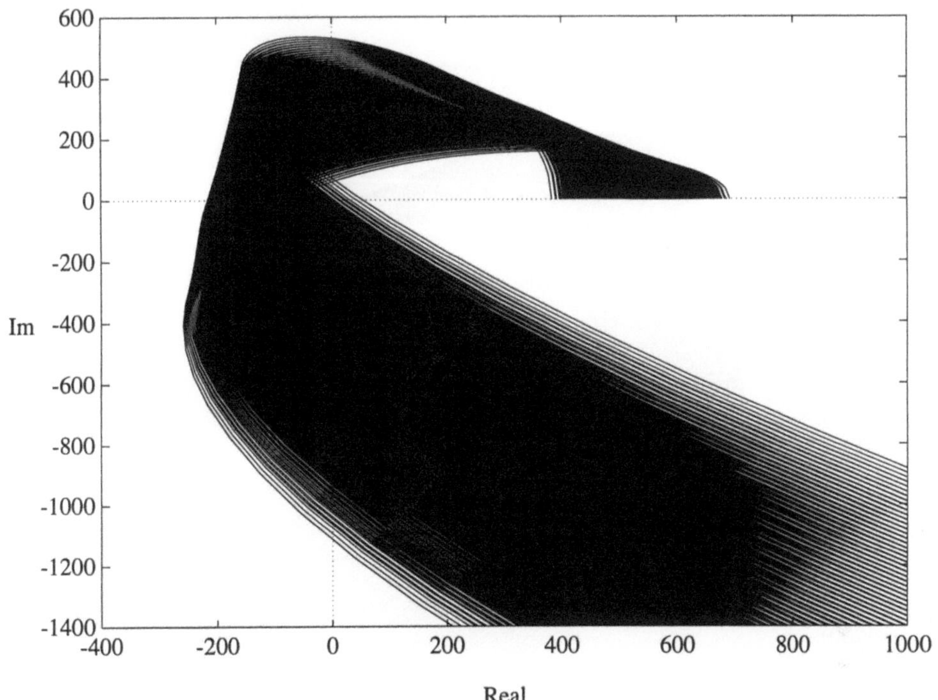

Abb. 4.14: Frequenzkennlinien einer instabilen Polynomfamilie. Das Bild besteht aus der Überlagerung der Ortskurven für die gewählten Rasterpunkte im Verstärkungsbereich.

Dieses Beispiel wird für den kleineren Verstärkungsbereich

$$530 \leq k_2 \leq 540 \qquad (4.6.9)$$

$$7575 \leq k_3 \leq 7700 \qquad (4.6.10)$$

wiederholt. Die entsprechend kleinere Anzahl von Ortskurven wurde berechnet und in Abb. 4.15 dargestellt. Da die verschiedenen Mikhailov-Ortskurven in der Abbildung nicht voneinander unterschieden werden können, ist es nicht eindeutig erkennbar, ob das Polynom für diesen Verstärkungsbereich robust stabil ist. Tatsache ist, daß es robust stabil ist; mit Hilfe des Grenzüberschreitungssatzes kann dies am einfachsten bewiesen werden. Von der Polynomfamilie ist bekannt, daß sie wenigsten ein stabiles Polynom (4.6.1) enthält. Ein Mitglied dieser Familie hat genau dann eine Wurzel auf der jω-Achse, wenn Parameterwerte k_2 und k_3 in dem Verstärkungsbereich, sowie eine Frequenz ω existieren, so daß $p(\mathrm{j}\omega, k_2, k_3) = 0$. Abb. 4.15 zeigt, daß die Frequenzkennlinien den Ursprung nicht schneiden und somit ist keine der komplexen Zahlen $p(\mathrm{j}\omega, k_2, k_3)$ identisch Null. Daraus folgt, daß es keine Wurzeln auf der jω-Achse geben kann und somit ist wegen des Grenzüberschreitungssatzes das Polynom für den gegebenen Verstärkungsbereich robust stabil. Der Gedankengang in diesen beiden Beispielen trifft allgemein zu und wird in dem folgenden Satz formuliert. $\square$

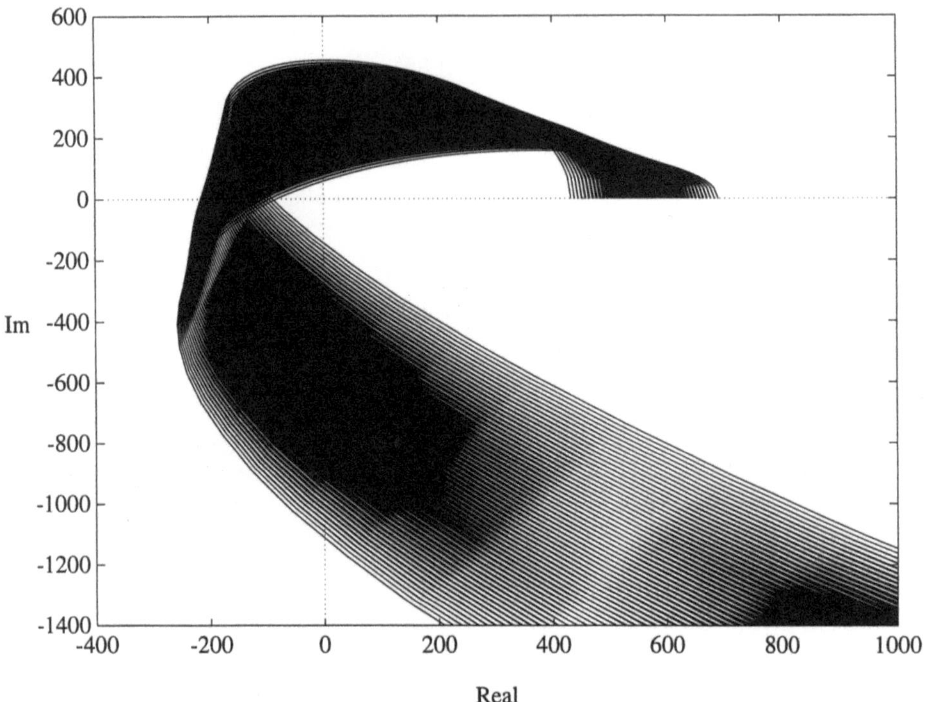

Abb. 4.15: Frequenzkennlinien einer stabilen Polynomfamilie

Satz 4.10.

Die Polynomfamilie $P(s, Q)$ erfülle die in (4.0.1–4.0.7) getroffenen Annahmen. Die Menge $P(s, Q)$ ist dann und nur dann robust stabil, wenn

1) ein stabiles Polynom $p(s, \boldsymbol{q}) \in P(s, Q)$ existiert und

2) kein $q \in Q$ existiert, so daß die Frequenzkennlinie $p(j\omega, q)$, $\omega \geq 0$, den Ursprung durchläuft.

$\square$

Das in diesem Abschnitt vorgeschlagene Rastern hat hier den gleichen entscheidenden Nachteil wie bei der mehrparametrigen Wurzelmenge. Mit Leichtigkeit kann man ein Raster wählen, für das die Berechnungen extrem lange dauern würden. Deshalb ist es ratsam, eine leicht abgeänderte Methode zur Berechnung der Menge der Frequenzkennlinien anzuwenden.

Anstatt die Frequenzkennlinie $p(j\omega, q)$, $\omega \geq 0$, für jedes q aus dem Raster von Q zu berechnen, ist es angebrachter, die *Wertemenge*

$$\mathcal{P}(j\omega, Q) = \{\, p(j\omega, q) \in \mathbb{C} \mid q \in Q \,\}$$

für jeden Frequenzrasterpunkt ω von 0 bis $+\infty$ zu berechnen. Diese geringe Abänderung ermöglicht erhebliche Rechenzeitgewinne unter Ausnutzung der Struktur des zu untersuchenden Polynoms. In Kapitel 6 wird detailliert auf dieses Problem eingegangen werden. An dieser Stelle soll lediglich die Wertemenge für eines der letzten Beispiele ermittelt werden.

Beispiel 4.17. Gegeben ist das Polynom (4.6.6). Da die Verstärkungsparameter affin in die Koeffizienten eingehen, ist die Wertemenge dieses Polynoms immer ein konvexes Viereck. Die Ecken dieses Vierecks werden durch die Extremwerte der Verstärkungen bestimmt. Dies sind die vier komplexen Zahlen $p(j\omega, k_2^-, k_3^-)$, $p(j\omega, k_2^-, k_3^+)$, $p(j\omega, k_2^+, k_3^-)$ und $p(j\omega, k_2^+, k_3^+)$. Lediglich anhand dieser vier Verstärkungswerte kann die Wertemenge bei jeder Frequenz bestimmt werden. Für $\omega = 0.85$ und für den großen Verstärkungsbereich (4.6.7) und (4.6.8) wird die Wertemenge durch das in Abb. 4.16 dargestellte Viereck begrenzt. Für den Stabilitätstest müßte die Wertemengenkonstruktion für das gesamte Frequenzraster wiederholt werden um daraus die Menge aller möglichen Frequenzkennlinien zu ermitteln. Anhand dieser Menge kann dann über Stabilität oder Instabilität mit Hilfe des folgenden Satzes entschieden werden. $\square$

Satz 4.11. *(Nullausschlußsatz)*

> Die Polynomfamilie $P(s, Q)$ erfülle die in (4.0.1–4.0.7) getroffenen Annahmen. Die Polynomfamilie $P(s, Q)$ ist dann und nur dann robust stabil, wenn
>
> 1) ein stabiles Polynom $p(s, q) \in P(s, Q)$ existiert und
>
> 2) $0 \notin \mathcal{P}(j\omega, Q)$ für alle $\omega \geq 0$.

$\square$

Da dieser Satz eine Anwendung des Grenzüberschreitungssatzes im Frequenbereich ist, können sich auch hier singuläre Frequenzen auswirken. Es ist deshalb bei Anwendung dieses Satzes angebracht, die singulären Frequenzen zu bestimmen und in das Frequenzraster mit aufzunehmen.

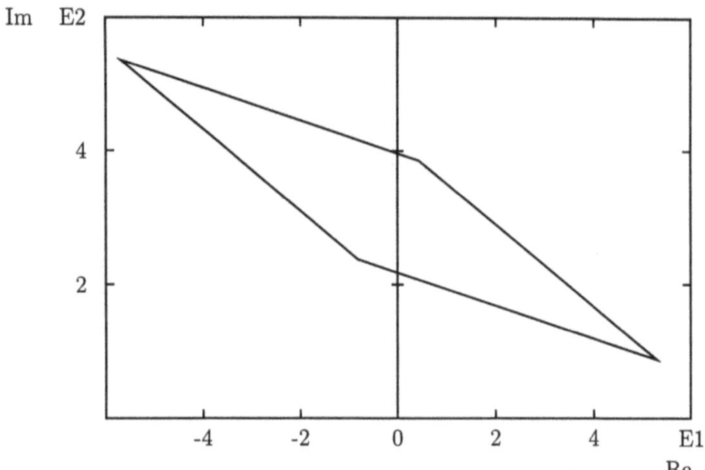

Abb. 4.16: Eine typische Wertemenge eines unsicheren Polynoms mit affiner Parameterabhängigkeit

Zusammenfassung

In diesem Abschnitt wurden vier verschiedene Methoden vorgestellt, um die Stabilität einer Polynomfamilie zu überprüfen. Das Wurzelortskurvenverfahren, die algebraische Methode und zwei Frequenzbereichsmethoden; sie alle können auf die allgemeinere Klasse der Polynomfamilien (4.0.1–4.0.7) angewandt werden. Das Parameterraumverfahren ist zwar prinzipiell auch bei vielen unsicheren Parametern gültig, es ist aber nur bei zwei unsicheren Parametern effizient anwendbar. Jede dieser vier Methoden hat ihre Vor- und Nachteile. Einige Vorzüge jeder Methode sollen nochmals kurz erörtert werden.

Die Robustheitsanalyse durch Konstruktion der Wurzelmenge wurde als erstes vorgestellt. In der praktischen Anwendung kann die Wurzelmenge meist nur durch Rasterung der unsicheren Parameter angenähert werden. Die angenäherte Menge enthält nicht alle Wurzeln der Wurzelmenge, aber jede Wurzel in der angenäherten Menge liegt in der tatsächlichen Wurzelmenge. Deshalb kann man mit der angenäherten Menge selbst bei schlechter Annäherung eine klare Aussage über Instabilität treffen. Diese Tatsache und die Immunität gegen Auswirkungen singulärer Frequenzen sind die Stärken dieses Verfahrens. Um Aussagen über die Stabilität einer Polynomfamilie treffen zu können, muß der Grad der Approximation schon relativ gut sein. Leider gibt es keine festen Regeln, um eine Wurzelmenge mit der gewünschten Genauigkeit zu erhalten. Bekannt ist jedoch, daß ein Kompromiß zwischen Rechenzeit und Genauigkeit getroffen werden muß. In vielen Fällen wird ein Parameterraster, das zur gewünschten Genauigkeit führt, eine nicht mehr tragbare Rechenzeit mit sich bringen. Die überlangen Rechenzeiten sind der hauptsächliche Nachteil der Wurzelmengenmethode.

Der algebraische Lösungsansatz zur Robustheitsanalyse ist die an zweiter Stelle vorgestellte Methode. Hierbei wird in der Analyse versucht zu zeigen, daß eine einzige Determinante verschieden von Null ist. Mit dem Bialas-Test, der auf dieser Methode beruht, kann ein Polynom mit affiner Abhängigkeit von einem unsicheren Parameter auf Stabilität überprüft werden. Bei allgemeineren Problemen kann sich die Anwendbarkeit dieser Determinantenbedingung von Fall zu Fall ändern. In einigen Fällen kann mit dieser Bedingung eine einfache Aussage über Stabilität getroffen werden, in anderen Fällen kann sie zu kompliziert sein, um noch ausgewertet werden zu können. Der hauptsächliche Nachteil bei Anwendung dieser Determinantenbedingung ist deren Kompliziertheit schon bei relativ einfacher Parameterabhängigkeit.

Die dritte in diesem Abschnitt angeführte Methode ist das Parameterraumverfahren. Bei nicht zu komplizierten Parameterabhängigkeiten kann diese Methode sehr einfach angewandt werden. Eine Schwierigkeit ist das Auftreten von singulären Frequenzen. Die grafische Darstellung der Stabilitätsgebiete durch diese Methode ist sehr informativ und attraktiv. Leider ist das hauptsächliche Anwendungsgebiet auf Probleme mit zwei unsicheren Parametern eingeschränkt.

Die letzte besprochene Methode in diesem Kapitel war die Analyse mit Frequenzkennlinien. Anstatt alle unsicheren Parameter zu rastern, genügt es, die Frequenz zu rastern und bei jeder Frequenz die Wertemenge des Polynoms auf Nullausschluß zu prüfen.

Keine der in diesem Kapitel vorgestellten Methoden zur Stabilitätsanalyse ist perfekt. Alle Methoden können relativ lange Rechenzeit beanspruchen. In dem nächsten Kapitel werden Klassen von unsicheren Polynomen betrachtet, bei denen die Stabilitätsanalyse wesentlich vereinfacht werden kann.

4.7 Übungen

4.1. Die Wurzelmenge des unsicheren Polynoms (4.1.13) ist für den Parameterbereich

$$10\,[\text{kg}] \le m_L \le 5000\,[\text{kg}]$$

zu konstruieren. Die berechnete Wurzelmenge muß die in Abb. 4.2 berechnete Menge beinhalten.

4.2. Die Wurzelmenge des unsicheren Polynoms (4.1.19) soll in zwei Abschnitte unterteilt werden. Berechnen Sie zuerst die Wurzelmenge für kürzere Seillängen

$$7\,[\text{m}] \le \ell \le 9.5\,[\text{m}]$$

und anschließend für längere Seillängen

$$9.5\,[\text{m}] \le \ell \le 12\,[\text{m}]$$

Die Vereinigungsmenge der beiden Wurzelmengen muß dabei identisch mit Abb. 4.3 sein. Welche dieser Wurzelmengen ist weiter von der $j\omega$-Achse entfernt? Was kann man aus dieser Entfernung schließen?

4.3. Überprüfen Sie die Stabilität der drei Polynome (4.1.6) mit Hilfe der Hurwitz-Matrizen. Stimmen die Resultate mit denen in Abb. 4.1 überein?

4.4. Gegeben ist das transformierte Polynom 4.4.2. Für $m_L = 1000\,[\text{kg}]$, $\ell = 10/3\,[\text{m}]$, $k_2 = 560$ und $k_3 = 7500$ soll die Stabilität dieses Polynoms mit den Hurwitz-Determinanten überprüft werden. Stimmt dieses Resultat mit dem durch Überprüfung des Punktes $k_2 = 560$ und $k_3 = 7500$ in dem Stabilitätsgebiet des Parameterraums Abb. 4.8 überein? Berechnen Sie nun die größte Hurwitz-Determinante in Abhängigkeit von m_L, ℓ, k_2 und k_3. Kann man anhand dieser symbolischen Determinante Aussagen über die Stabilität der Verladebrücke bei als positiv angenommenen Längen und Massen treffen? Für $m_L = 1000\,[\text{kg}]$, $\ell = 10/3\,[\text{m}]$ und $k_2 = 560$ sollen nun mit Hilfe der Hurwitz-Determinante alle Werte für k_3 um den Punkt $k_2 = 560$ herum bestimmt werden, für die das gegebene Polynom stabil ist. Stimmt das Ergebnis mit Abb. 4.8 überein?

4.5. Das unsichere System in Beispiel 4.12 hat eine singuläre Frequenz genau bei $\ell = 10/3\,[\text{m}]$. In diesem Fall wird durch diese singuläre Frequenz ein beträchtlicher Teil der in Abb. 4.7 dargestellten Stabilitätsgrenzen im Parameterraum erzeugt. Für kleinste Änderungen der Seillänge ausgehend von $\ell = 10/3\,[\text{kg}]$ verschwinden diese durch die singuläre Frequenz erzeugten Stabilitätsgrenzen. Man könnte nun vermuten, daß sich das Stabilitätsgebiet bei Variation der Seillänge um diesen Wert $\ell = 10/3\,[\text{kg}]$ dramatisch verändert. Ermitteln Sie die Stabilitätsgrenzen im Parameterraum für $\ell = 10/3\,[\text{kg}] + \varepsilon$ und $\ell = 10/3\,[\text{kg}] - \varepsilon$. Hat sich das Stabilitätsgebiet stark verändert?

4.6. Die Überlagerung der Mikhailov-Ortskurven für die instabile Polynomfamilie (4.6.6)–(4.6.8) ist in Abb. 4.14 dargestellt. Sie schneiden den Ursprung und somit muß mindestens eine Wertemenge existieren, deren Berandung den Ursprung beinhaltet. Konstruieren Sie verschiedene Wertemengen dieser Polynomfamilie, um die entsprechenden Frequenzen bestimmen zu können. Wenn das nicht gelingt, so versuchen Sie zumindest, möglichst genaue Frequenzbereiche anzugeben, in denen eine Frequenz enthalten ist, bei der der Ursprung auf der Berandung der Wertemenge liegt.

4.7. Für Übung 4.6 kann nicht ohne weiteres die exakte Lösung ermittelt werden. Bei numerischen Rechnungen mit begrenzter Genauigkeit kann zwar ein sehr enger Frequenzbereich bestimmt werden, aber die exakte Lösung für die gesuchten Frequenzen ist nicht möglich. Versuchen Sie, auf analytischem Weg die gesuchten Frequenzen zu bestimmen. Stellen Sie die entsprechenden Wertemengen grafisch dar.

4.8. Überprüfen Sie die folgenden unsicheren Polynome auf singuläre Frequenzen:

a) Das charakteristische Polynom der Verladebrücke (2.2.18) mit den in Beispiel 4.8 festgelegten Parameterwerten.

b) Das charakteristische Polynom für das Beispiel der Fahrzeugregelung in (1.2.2) mit den unsicheren Parametern virtuelle Masse $\tilde{m}$ und Geschwindigkeit v.

4.9. Gegeben ist das charakteristische Polynom
$$p(s,q) = 8.64 + 3s + 3s^2 + s^3 + q(8 + s + s^2).$$

a) Für welchen Bereich von q ist das Polynom stabil?

b) Bei welchen Frequenzen wird die Stabilitätsgrenze überschritten?

4.10. Gegeben ist die Verladebrücke mit Zustandsrückführung und den folgenden Parametern:

$m_L = 2\,[\text{kg}]$, $m_C = 2\,[\text{kg}]$, $g = 10\,[\text{m} \cdot \text{s}^{-2}]$, $k_1 = 0.4$, $k_2 = 3$, $k_3 = -10$, $k_4 = 0.3$.

a) Für welche Seillängen ist die Verladebrücke stabil?

b) Welche Frequenzen treten an den Stabilitätsgrenzen auf?

5 Testmengen

Im Kapitel 4 wurden mehrere Testmethoden vorgestellt, die es erlauben, eine Familie von Polynomen

$$P(s, Q) = \{p(s, \boldsymbol{q}) \mid \boldsymbol{q} \in Q\} \qquad (5.0.1)$$

auf Stabilität zu prüfen. Diese Familie wird durch ein unsicheres Polynom

$$p(s, \boldsymbol{q}) = a_0(\boldsymbol{q}) + a_1(\boldsymbol{q})s + \ldots + a_{n-1}(\boldsymbol{q})s^{n-1} + a_n(\boldsymbol{q})s^n\,, \qquad \boldsymbol{q} \in Q \qquad (5.0.2)$$

erzeugt, wobei die Koeffizienten a_i in einer Box Q variieren. Wie in Kapitel 4 werden reelle und stetige Koeffizientenfunktionen $a_i(\boldsymbol{q})$ mit

$$a_n(\boldsymbol{q}) > 0 \qquad (5.0.3)$$

für alle $\boldsymbol{q} \in Q$ vorausgesetzt, wobei Q den Variationsbereich beschreibt:

$$Q = \{\boldsymbol{q} \mid q_i \in [q_i^- \,;\, q_i^+]\,, \;\; i = 1, \ldots, \ell\} \qquad (5.0.4)$$

Die bisher betrachteten Robustheitstests basierten auf der vollständigen Menge der unsicheren Parameter. Die Testmenge zur Überprüfung auf Robustheit der Polynome in Q war Q selbst. Hier erhebt sich die Frage, ob es ausreicht, nur eine Untermenge von Q zu prüfen. Betrachten wir z.B. das Polynom

$$p(s, \boldsymbol{q}) = q_1 + q_2 s + s^2 \qquad (5.0.5)$$

mit den zwei unsicheren Parametern q_1 und q_2, die in einem Rechteck

$$Q = \{\boldsymbol{q} \mid q_i \in [q_i^- \,;\, q_i^+]\,, \;\; i = 1, 2\} \qquad (5.0.6)$$

variieren. Dafür existiert ein sehr einfacher Robustheitstest. $P(s, Q)$ ist stabil für alle $\boldsymbol{q} = [q_1 \, q_2]^T$ in Q dann und nur dann, wenn $q_1 > 0$ und $q_2 > 0$. Trivialerweise ist dies genau dann erfüllt, wenn $q_1^- > 0$ und $q_2^- > 0$. Für ein unsicheres Polynom zweiten Grades ergibt sich daraus ein einfacher Robustheitstest: Das Polynom (5.0.5) ist im Rechteck Q genau dann stabil, wenn die Ecke

$$\boldsymbol{q}^{--} := [q_1^- \, q_2^-]^T \qquad (5.0.7)$$

von Q einem stabilen Polynom entspricht (vereinfacht ausgedrückt: $\boldsymbol{q}^{--}$ ist stabil). Daher muß nur ein Punkt des Rechtecks Q auf Stabilität geprüft werden. Die Menge

$$Q_T := \{\boldsymbol{q}^{--}\} \subset Q \qquad (5.0.8)$$

ist eine Testmenge für einen Robustheitstest des unsicheren Polynoms (5.0.5). Eine Testmenge läßt sich wie folgt definieren:

Definition 5.1. Eine Menge $Q_T \subset Q$ heißt *Testmenge* (von Q), wenn aus der Stabilität der Polynomfamilie $P(s, Q_T)$ die Stabilität von $P(s, Q)$ folgt. $\qquad\square$

Für das obige Beispiel ist offensichtlich jede Untermenge von Q, die den Punkt q^{--} enthält, eine Testmenge. Die Testmenge $Q_T = \{q^{--}\}$ ist minimal in dem Sinne, daß keine Testmenge mit weniger Elementen existiert.

Das obige Beispiel führt uns zur Hauptfrage dieses Kapitels: Welche Eigenschaften muß ein unsicheres Polynom $p(s, q)$, definiert in einer ℓ-dimensionalen Box Q, besitzen, damit Testmengen Q_T existieren, die eine echte Untermenge von Q bilden. Vom praktischen Standpunkt aus gesehen sind solche Testmengen von besonderem Interesse, die zu einer drastischen Reduzierung der zu überprüfenden Elemente führen. Zum Beispiel wären Klassen von unsicheren Polynomen interessant, für die die Testmenge nur aus den Kantenpolynomen besteht. Noch vorteilhafter wäre eine endliche Menge, unabhängig von der Anzahl ℓ der unsicheren Parameter.

Im Abschnitt 5.1 zeigen wir, daß die besondere Klasse der Intervallpolynome tatsächlich eine Testmenge besitzt, die nur aus vier Elementen besteht. Wenn die Polynomkoeffizienten als affine Funktionen der unsicheren Parameter vorausgesetzt werden, ist die Testmenge nicht mehr endlich, wie im Abschnitt 5.2 gezeigt wird. Es existiert jedoch eine Testmenge, die nur aus den Kanten vom Q besteht, d.h. die Testmenge besteht aus einem eindimensionalen Kontinuum. Für allgemeinere nichtlineare Polynomkoeffizienten existieren keine Ergebnisse über einfache Testmengen. Im Abschnitt 5.3 wird gezeigt, daß zumindest ihre konvexe Hülle konstruiert werden kann, falls die Polynomkoeffizienten multilinear von den Parametern q_i abhängen. Im Abschnitt 5.4 sehen wir, daß die Menge der Punkte, für die eine Jacobi-Determinante verschwindet, zusammen mit den Kanten von Q, eine Testmenge für Polynome $p(s, q)$ bildet, die eine nichtlineare Abhängigkeit von q aufweisen. Die Jacobi-Bedingung kann zur Bildung der Wertemenge und für algebraische Stabilitätstests herangezogen werden.

5.1 Intervallpolynome: Der Satz von Kharitonov

In diesem Abschnitt wird die spezielle Klasse der Intervallpolynome eingeführt. Für sie existiert ein einfacher Stabilitätstest.

Beispiel 5.1. Im Beispiel 2.7 wurde das charakteristische Polynom (2.2.17) der Verladebrücke mit Zustandsvektorrückführung hergeleitet. Falls alle Parameter mit den Werten aus Beispiel 4.3 mit Ausnahme der Lastmasse m_L fest vorgegeben sind, lautet nach (4.1.13) das unsichere Polynom

$$p(s, m_L) = 0.6 + 2s + (2.6 + 0.001 m_L)s^2 + 2s^3 + s^4 \qquad (5.1.1)$$

Der Koeffizient a_2 hängt von der Lastmasse

$$m_L \in [50\,;\, 2395]\,[\text{kg}] \qquad (5.1.2)$$

ab und die Koeffizientenfunktion

$$a_2(m_L) = 2.6 + 0.001 m_L \tag{5.1.3}$$

nimmt alle Werte im Intervall

$$a_2 \in [2.65\,;\,4.995] \tag{5.1.4}$$

an. Der Polynomkoeffizient a_2 ist unsicher in diesem Intervall. Die übrigen Koeffizienten

$$a_0 = 0.6\,,\ a_1 = 2\,,\ a_3 = 2\,,\ a_4 = 1 \tag{5.1.5}$$

können formal als konstante Koeffizientenfunktionen aufgefaßt werden.

$$a_0 \in [0.6\,;\,0.6]\,,\quad a_1 \in [2\,;\,2]\,,\quad a_3 \in [2\,;\,2]\,,\quad a_4 \in [1\,;\,1] \tag{5.1.6}$$

Der Koeffizientenvektor

$$\boldsymbol{a} = [\,a_0\ \ldots\ a_4\,]^T \tag{5.1.7}$$

des charakteristischen Polynoms (5.1.1) ist nunmehr unsicher innerhalb von

$$\mathcal{A} := \{\, \boldsymbol{a}\ |\quad a_0 \in [0.6\,;\,0.6]\,,\quad a_1 \in [2\,;\,2]\,,\quad a_2 \in [2.65\,;\,4.995]\,, \tag{5.1.8}$$
$$a_3 \in [2\,;\,2]\,,\qquad a_4 \in [1\,;\,1]\,\}$$

Man bemerkt, daß die unabhängige Variable m_L nur in einer einzigen Koeffizientenfunktion auftritt und deshalb jeder Polynomkoeffizient unabhängig von den anderen ist. Deshalb ist die Menge

$$\mathcal{A}(m_L) := \{\, \boldsymbol{a}(m_L)\ |\ m_L \in [50\,;\,2395]\,\} \tag{5.1.9}$$

die ganze Box $\mathcal{A}$ von (5.1.9),

$$\mathcal{A}(m_L) = \mathcal{A} \tag{5.1.10}$$

Das Polynom (5.1.1) ist ein Beispiel für ein Intervallpolynom.   □

Beispiel 5.2.   Falls im charakteristischen Polynom (4.1.14) des Beispiels 4.3 auch die Lastmasse als konstant angesetzt wird, $m_L = 2395\,[\mathrm{kg}]$, der Reglerkoeffizient k_2 aber im Intervall

$$k_2 \in [1000\,;\,3000] \tag{5.1.11}$$

variiert, dann ist das charakteristische Polynom des geschlossenen Kreises gegeben durch

$$p(s, k_2) = 0.6 + 0.001 k_2 s + 4.995 s^2 + 0.001 k_2 s^3 + s^4 \tag{5.1.12}$$

Die unabhängige Variable k_2 erscheint in zwei Koeffizientenfunktionen. Es ist $a_1 = a_3 = 0.001 k_2$. Daher sind die zwei Koeffizienten a_1, a_3 nicht voneinander unabhängig. Der Variationsbereich der Koeffizienten $[a_0(k_2)\ a_1(k_2)\ a_2(k_2)\ a_3(k_2)\ a_4(k_2)]^T$, d.h.

$$\mathcal{A}(k_2) := \{\, \boldsymbol{a}(k_2)\ |\ k_2 \in [1000\,;\,3000]\,\} \tag{5.1.13}$$

ist keine Box. Deshalb ist das Polynom (5.1.12) kein Intervallpolynom.   □

Definition 5.2. Ein Polynom

$$p(s, \boldsymbol{a}) = a_0 + a_1 s + \ldots + a_n s^n \tag{5.1.14}$$

mit dem unsicheren Koeffizientenvektor

$$\boldsymbol{a} := [a_0 \; a_1 \; \ldots \; a_n]^T \tag{5.1.15}$$

heißt *Intervallpolynom*, falls $\boldsymbol{a}$ in der Box

$$\mathcal{A} := \{\boldsymbol{a} \,|\, a_i \in [a_i^- \,;\, a_i^+], \quad i = 0, 1, \ldots, n\} \tag{5.1.16}$$

variiert. $\qquad\qquad\qquad\qquad\qquad\qquad\qquad\qquad\qquad\qquad\qquad\qquad\qquad\qquad$ □

Bei einem Intervallpolynom können die unsicheren Parameter mit den Polynomkoeffizienten a_i identifiziert werden, d.h. die a_i werden nicht als Funktion von weiteren Parametern betrachtet. Damit ist jeder unsichere Parameter in (5.1.14) unabhängig von allen anderen Koeffizienten. Ein Intervallpolynom erzeugt die Polynomfamilie

$$P(s, \mathcal{A}) = \{ \, p(s, \boldsymbol{a}) \,|\, \boldsymbol{a} \in \mathcal{A} \, \} \tag{5.1.17}$$

Das Problem, eine notwendige und hinreichende Bedingung für die robuste Stabilität eines Intervallpolynoms anzugeben, wurde 1953 von Faedo [63] gestellt. Faedo fand nur eine hinreichende Bedingung. Kharitonov veröffentlichte 1979 eine überraschend einfache notwendige und hinreichende Stabilitätsbedingung für Intervallpolynome [106]. Kharitonovs Ergebnis besagt, daß eine Testmenge $\mathcal{A}_T \subset \mathcal{A}$ existiert, die aus nur *vier* Punkten besteht. Dies bedeutet zusätzlich, daß diese Anzahl unabhängig von der Anzahl ℓ der unsicheren Parameter ist. Daher müssen nur *vier* Polynome aus dem Kontinuum $\mathcal{A}$ von Polynomen auf robuste Stabilität getestet werden.

Satz 5.1. *(Kharitonov)*

Die Polynomfamilie

$$P(s, \mathcal{A}) = \{ \, p(s, \boldsymbol{a}) = a_0 + a_1 s + \ldots + a_n s^n \,|\, \boldsymbol{a} \in \mathcal{A} \, \}, \; a_n > 0 \tag{5.1.18}$$

ist genau dann stabil, falls die folgenden vier Polynome

$$\begin{aligned}
p^{+-}(s) &= a_0^+ + a_1^- s + a_2^- s^2 + a_3^+ s^3 + a_4^+ s^4 + \ldots \\
p^{++}(s) &= a_0^+ + a_1^+ s + a_2^- s^2 + a_3^- s^3 + a_4^+ s^4 + \ldots \\
p^{-+}(s) &= a_0^- + a_1^+ s + a_2^+ s^2 + a_3^- s^3 + a_4^- s^4 + \ldots \\
p^{--}(s) &= a_0^- + a_1^- s + a_2^+ s^2 + a_3^+ s^3 + a_4^- s^4 + \ldots
\end{aligned} \tag{5.1.19}$$

stabil sind.

$$\qquad\qquad\qquad\qquad\qquad\qquad\qquad\qquad\qquad\qquad\qquad\qquad\qquad\qquad\qquad\quad$$ □

Die Polynome (5.1.19) werden als Kharitonov-Polynome bezeichnet. Die hochgestellten Indizes bezeichnen die oberen und unteren Werte, die die Koeffizienten a_0 und a_1 annehmen.

Anmerkung 5.1. Ein einfache Regel zur Konstruktion der Kharitonov-Polynome ist die „Kharitonov-Melodie" ... *zweimal oben, zweimal unten, zweimal oben* .... Die oberen und unteren Grenzen erscheinen in den vier Polynomen in der folgenden Form:

$$+ - - + + - - +$$

$$+ + - - + + - -$$

$$- + + - - + + -$$

$$- - + + - - + +$$

$\square$

Der Originalbeweis von Satz 5.1 von Kharitonov ist relativ kompliziert. In der Zwischenzeit wurde in [21] ein einfacherer Beweis angegeben, der auf dem Prinzip des Nullausschlusses aus der Wertemenge von $p(j\omega, \boldsymbol{a})$ basiert, d.h. der Ursprung darf nicht in der Wertemenge enthalten sein. Zunächst beweisen wir den folgenden Hilfssatz, [50]:

Hilfssatz.

Für jede feste Frequenz $\omega = \omega^* \geq 0$, ist die Wertemenge $\mathcal{P}(j\omega^*, \mathcal{A}) = \{p(j\omega^*, \boldsymbol{a}) \mid \boldsymbol{a} \in \mathcal{A}\}$ ein Rechteck mit achsenparallelen Kanten. Dessen Ecken werden durch die vier Kharitonov-Polynome $p^{+-}(j\omega^*)$, $p^{++}(j\omega^*)$, $p^{-+}(j\omega^*)$, $p^{--}(j\omega^*)$ festgelegt, siehe Abb. 5.1.

$\square$

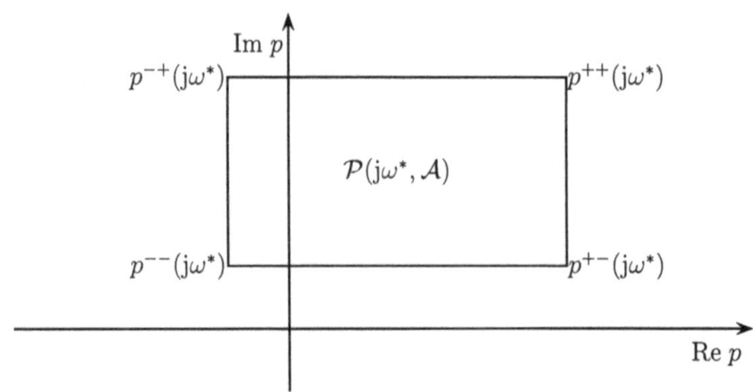

Abb. 5.1: Die Wertemenge eines Intervallpolynoms bei festem $\omega = \omega^*$

Beweis.

Für alle $\omega \geq 0$ und alle $\boldsymbol{a} \in \mathbb{R}^{n+1}$ liegen Real- und Imaginärteil von $p(j\omega, \boldsymbol{a}) = \operatorname{Re} p(j\omega, \boldsymbol{a}) + j\operatorname{Im} p(j\omega, \boldsymbol{a})$ zwischen folgenden oberen und unteren Schranken

$$a_0^- - a_2^+\omega^2 + a_4^-\omega^4 - \ldots \leq \operatorname{Re} p(j\omega, \boldsymbol{a}) \leq a_0^+ - a_2^-\omega^2 + a_4^+\omega^4 - \ldots \qquad (5.1.20)$$

$$\omega(a_1^- - a_3^+\omega^2 + a_5^-\omega^4 - \ldots) \leq \operatorname{Im} p(j\omega, \boldsymbol{a}) \leq \omega(a_1^+ - a_3^-\omega^2 + a_5^+\omega^4 - \ldots) \qquad (5.1.21)$$

Da $\operatorname{Re} p(j\omega, \boldsymbol{a})$ nur eine Funktion der Parameter a_i mit geraden Indizes ist und $\operatorname{Im} p(j\omega, \boldsymbol{a})$ eine Funktion der Parameter a_i mit ungeraden Indizes, sind die beiden oberen Grenzen voneinander unabhängig. Dies gilt ebenso für die unteren Grenzen. Da beide Funktionen stetig sind, hat die Menge $\mathcal{P}(j\omega^*, \mathcal{A})$ die Form eines Rechtecks, dessen Kanten achsenparallel sind.

Die in Satz 5.1 definierten vier Kharitonov-Polynome können wie folgt dargestellt werden:

$$\begin{aligned} p^{+-}(s) &= a_0^+ - a_2^-\omega^2 + a_4^+\omega^4 - \ldots + j\omega(a_1^- - a_3^+\omega^2 + a_5^-\omega^4 - \ldots) \\ p^{++}(s) &= a_0^+ - a_2^-\omega^2 + a_4^+\omega^4 - \ldots + j\omega(a_1^+ - a_3^-\omega^2 + a_5^+\omega^4 - \ldots) \\ p^{-+}(s) &= a_0^- - a_2^+\omega^2 + a_4^-\omega^4 - \ldots + j\omega(a_1^+ - a_3^-\omega^2 + a_5^+\omega^4 - \ldots) \\ p^{--}(s) &= a_0^- - a_2^+\omega^2 + a_4^-\omega^4 - \ldots + j\omega(a_1^- - a_3^+\omega^2 + a_5^-\omega^4 - \ldots) \end{aligned} \qquad (5.1.22)$$

Offensichtlich sind für jedes $\omega \geq 0$ die Ecken des Rechtecks $\mathcal{P}(j\omega, \mathcal{A})$ die Werte der vier Kharitonov-Polynome.

$\square$

Unter Verwendung dieses Hilfssatzes kann nun der Satz von Kharitonov bewiesen werden.

Beweis.

Die notwendige Bedingung des Satzes ist offensichtlich. Setzen wir nun die vier Kharitonov-Polynome als stabil voraus, dann beginnt die Mikhailov-Kurve (siehe Abschnitt 4.6) jedes Kharitonov-Polynoms auf der positiv reellen Achse und umschlingt den Ursprung im Gegenuhrzeigersinn bis ihre Phase auf $n\pi/2$ angewachsen ist. Da die Kanten der Wertemenge achsenparallel sind und die Ecken die Stabilitätsbedingungen von Mikhailov erfüllen, kann der Ursprung nicht auf einer Kante des Rechtecks liegen. Daher entsprechen alle Mikhailov-Kurven für $p(j\omega, a)$ und $a \in \mathcal{A}$ stabilen Polynomen und die Familie $P(s, \mathcal{A})$ ist stabil.

$\square$

Gemäß unserer früheren Definition 5.1 einer Testmenge $\mathcal{A}_T$ (von $\mathcal{A}$) hat ein Intervallpolynom die folgende, nur aus vier Elementen bestehende Testmenge:

$$\mathcal{A}_T = \{\boldsymbol{a}^{+-}, \boldsymbol{a}^{++}, \boldsymbol{a}^{-+}, \boldsymbol{a}^{--}\} \qquad (5.1.23)$$

mit

$$a^{+-} := [a_0^+ \ a_1^- \ a_2^- \ a_3^+ \ a_4^+ \ \ldots]^T$$
$$a^{++} := [a_0^+ \ a_1^+ \ a_2^- \ a_3^- \ a_4^+ \ \ldots]^T$$
$$a^{-+} := [a_0^- \ a_1^+ \ a_2^+ \ a_3^- \ a_4^- \ \ldots]^T \qquad (5.1.24)$$
$$a^{--} := [a_0^- \ a_1^- \ a_2^+ \ a_3^+ \ a_4^- \ \ldots]^T$$

Die Frage, ob Testmengen mit noch weniger Elementen existieren, wird durch den nächsten Satz [22] beantwortet.

Satz 5.2. *(Anderson, Jury, Mansour)*

Für ein Intervallpolynom

$$p(s, a) = a_0 + a_1 s + \ldots + a_n s^n \qquad (5.1.25)$$

mit dem unsicheren Parametervektor

$$a = [\, a_0 \ a_1 \ \ldots \ a_n \,]^T \qquad (5.1.26)$$

der in einer Box

$$\mathcal{A} = \{a \mid a_i \in [a_i^- ; a_i^+], \quad a_i^- > 0, \quad i = 0, 1, \ldots, n\} \qquad (5.1.27)$$

variiert, lassen sich folgende Testmengen $\mathcal{A}_T$ angeben:

$$\mathcal{A}_T = \{a^{+-}, a^{++}, a^{-+}, a^{--}\} \quad \text{für} \ \ n > 5$$
$$\mathcal{A}_T = \{a^{+-}, a^{++}, a^{-+}\} \qquad \text{für} \ \ n = 5$$
$$\mathcal{A}_T = \{a^{+-}, a^{++}\} \qquad\qquad \text{für} \ \ n = 4$$
$$\mathcal{A}_T = \{a^{+-}\} \qquad\qquad\qquad \text{für} \ \ n = 3$$

$$\square$$

Für $n = 2$ und $n = 1$ ist die Bedingung $a_i^- > 0$ notwendig und hinreichend.

Beweis.

Sei $n = 3$ und $p^{+-}(\mathrm{j}\omega) := p(\mathrm{j}\omega, a^{+-})$ stabil. Dann läuft die zugehörige Mikhailov-Kurve durch die Quadranten I, II und III, wie in Abb. 5.2 dargestellt und

mit $a_0^- > 0$ gilt dies auch für alle $p(\mathrm{j}\omega, a) \in \mathcal{P}(\mathrm{j}\omega, \mathcal{A})$. Sei $n = 4$ und sowohl $p^{+-}(\mathrm{j}\omega)$ als auch $p^{++}(\mathrm{j}\omega)$ seien stabil. Die entsprechenden Mikhailov-Kurven sind in Abb. 5.3 dargestellt. Mit $a_0^- > 0$ gilt dies ebenso für das ganze Rechteck $\mathcal{P}$. Schließlich muß für $n = 5$ auch $p^{-+}(\mathrm{j}\omega)$ stabil sein, um sicherzustellen, daß alle $p \in \mathcal{P}$ stabil sind, siehe Abb. 5.4. Für $n > 4$ muß die Bedingung $a_0^- > 0$ nicht separat getestet werden, sie ist implizit durch die Stabilität von a^{-+} sichergestellt.

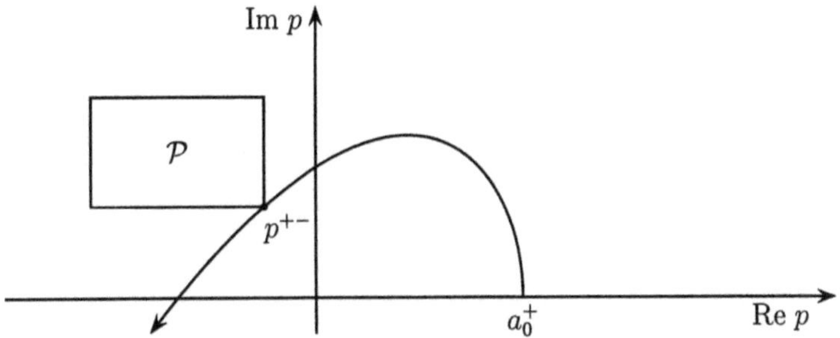

Abb. 5.2: Bei Polynomen mit Grad drei muß nur $p^{+-}(s)$ geprüft werden

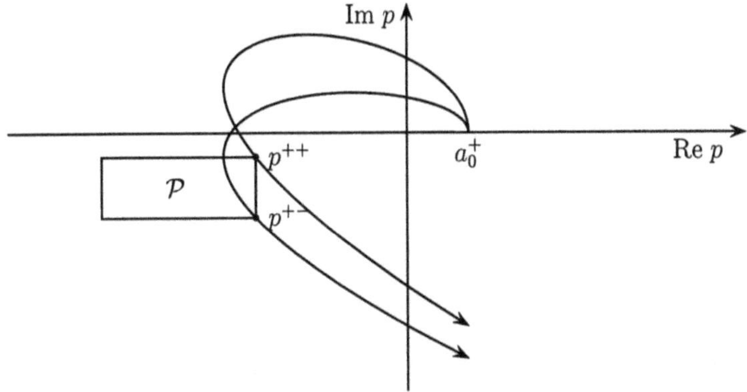

Abb. 5.3: Bei Polynomen mit Grad vier müssen $p^{+-}(s)$ und $p^{++}(s)$ geprüft werden

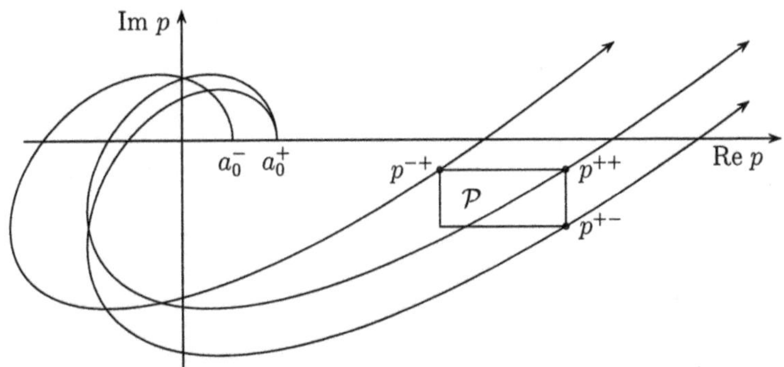

Abb. 5.4: Bei Polynomen mit Grad fünf müssen $p^{+-}(s), p^{++}(s)$ und $p^{-+}(s)$ geprüft werden

$\square$

Das Zeichnen der Mikhailov-Kurve ist eine Möglichkeit, ein Polynom auf Stabilität zu testen. Der Hurwitz-Test oder die Faktorisierung des Polynoms sind weitere Möglichkeiten.

Beispiel 5.3. Gegeben sei das charakteristische Polynom der Verladebrücke mit Zustandsvektorrückführung (Beispiel 4.3) mit den festen physikalischen Parametern $g = 10$, $m_C = 1000$, $\ell = 10$, $m_L = 1000$, festen Rückführverstärkungen $k_1 = 600$, $k_2 = 2000$ und den Nominalwerten $k_3 = -10000$ und $k_4 = 0$. Die Reglerparameter mögen in den Intervallen $k_3 \in [-20000\,;\,0]$ und $k_4 \in [-10000\,;\,10000]$ variieren. Die Stabilität dieser Polynomfamilie ist zu überprüfen. Mit den gegebenen Parameterwerten lautet das charakteristische Polynom

$$p(s, k_3, k_4) = 6000 + 20000s + (26000 - k_3)s^2 + (20000 - k_4)s^3 + 10000s^4 \qquad (5.1.28)$$

Dies ist offensichtlich ein Intervallpolynom. Da dessen Grad vier beträgt, sind nur $p^{+-}(s)$ und $p^{++}(s)$ zu prüfen.

$$p^{+-}(s) = 2000(3 + 10s + 23s^2 + 5s^3 + 5s^4) \qquad (5.1.29)$$

$$p^{++}(s) = 2000(3 + 10s + 23s^2 + 15s^3 + 5s^4) \qquad (5.1.30)$$

Beide Polynome sind stabil, wie z.B. der Hurwitz-Test zeigt. Daraus folgt die Stabilität der gesamten Polynomfamilie. $\qquad\qquad\Box$

Betrachten wir nun das allgemeine unsichere Polynom

$$p(s, \boldsymbol{q}) = a_0(\boldsymbol{q}) + a_1(\boldsymbol{q})s + \ldots + a_{n-1}(\boldsymbol{q})s^{n-1} + a_n(\boldsymbol{q})s^n\,, \qquad \boldsymbol{q} \in Q \qquad (5.1.31)$$

das nicht notwendigerweise die Intervalleigenschaft besitzt. Seien $\boldsymbol{a}(\boldsymbol{q})$ in Vektorschreibweise die stetigen Koeffizientenfunktionen. Im allgemeinen stellt die Menge

$$\mathcal{A}(Q) := \{\,\boldsymbol{a}(\boldsymbol{q})\,|\,\boldsymbol{q} \in Q\,\} \qquad (5.1.32)$$

keine Box dar und deshalb ist (5.1.31) kein Intervallpolynom. Andererseits kann es kompliziertere Koeffizientenfunktionen $\boldsymbol{a}(\boldsymbol{q})$ geben, die zu einer Box $\mathcal{A}(Q) = \mathcal{A}$ führen.

Beispiel 5.4. Betrachten wir das Polynom

$$p(s, \boldsymbol{q}) = (1 + q_1^2) + (q_2\, e^{q_3^2} + q_3^2)s + s^2\,, \qquad q_i \in [1\,;\,2]\,, \quad i = 1, 2, 3 \qquad (5.1.33)$$

mit den drei unsicheren Parametern

$$\boldsymbol{q} = [\,q_1\ q_2\ q_3\,]^T \qquad (5.1.34)$$

Auf den ersten Blick erscheint dieses Polynom als zu kompliziert für eine Robustheitsanalyse. Aber jede unabhängige Variable q_i erscheint nur in einer einzigen Koeffizientenfunktion,

$$\begin{aligned}
a_0(\boldsymbol{q}) &= a_0(q_1) &&= 1 + q_1^2 \\
a_1(\boldsymbol{q}) &= a_1(q_2, q_3) &&= q_2\, e^{q_3^2} + q_3^2 \\
a_2(\boldsymbol{q}) &= a_2 &&= 1
\end{aligned} \qquad (5.1.35)$$

Daher sind die Koeffizientenfunktionen voneinander unabhängig und es folgt daraus, daß die Koeffizientenfunktion $\boldsymbol{a}(\boldsymbol{q}) = [a_0(\boldsymbol{q})\, a_1(\boldsymbol{q})\, a_2(\boldsymbol{q})]^T$ eine Wertemenge

$$\mathcal{A}(Q) := \{\boldsymbol{a}(\boldsymbol{q}) \mid q_i \in [1\,;2]\,, \quad i = 0,1,2\} \tag{5.1.36}$$

erzeugt, die eine Box

$$\mathcal{A}(Q) = \mathcal{A} = \{\boldsymbol{a} \mid a_i \in [a_i^-\,;a_i^+]\,, \quad i = 0,1,2\} \tag{5.1.37}$$

darstellt mit

$$a_i^- = \min_Q a_i(\boldsymbol{q})\,, \qquad a_i^+ = \max_Q a_i(\boldsymbol{q}) \tag{5.1.38}$$

Nachdem also die Grenzen der Box bestimmt worden sind, kann der Satz von Kharitonov angewendet werden, um die Robustheitsfrage zu klären. Bei einem unsicheren Polynom, das in der allgemeinen Form

$$p(s,\boldsymbol{q}) = a_0(\boldsymbol{q}) + a_1(\boldsymbol{q})s + \ldots + a_{n-1}(\boldsymbol{q})s^{n-1} + a_n(\boldsymbol{q})s^n\,, \qquad \boldsymbol{q} \in Q \tag{5.1.39}$$

(a_i stetig in $\boldsymbol{q}$, Q eine Box) gegeben ist, kann sehr leicht festgestellt werden, ob es die versteckte Intervalleigenschaft besitzt: Erscheint jede unabhängige (unsichere) Variable q_i nur in einer einzigen Koeffizientenfunktion, dann handelt es sich um ein Intervallpolynom. Allerdings ist für die Anwendung des Kharitonov-Tests noch die Bestimmung der Intervallgrenzen (5.1.38) erforderlich. Diese Aufgabe kann z.T. schwierig sein. $\quad\Box$

Für Polynomfamilien, deren Parameter jeweils nur in einem einzigen Koeffizienten erscheinen, ist der Satz von Kharitonov eine notwendige und hinreichende Bedingung für Stabilität. Wenn jedoch unsichere Parameter in mehr als einen Koeffizienten eingehen, dann sind diese Koeffizienten voneinander abhängig. Man kann dann zwar eine Überabschätzung („overbounding") durch die Extremwerte der abhängigen Koeffizienten durchführen, erhält damit aber nur ein hinreichendes Stabilitätskriterium, wie im nächsten Beispiel gezeigt wird.

Beispiel 5.5. Gegeben sei das Polynom

$$p(s,q_1,q_2) = a_0 + a_1(q_1,q_2)s + a_2(q_1,q_2)s^2 + a_3 s^3 \tag{5.1.40}$$

mit

$$\begin{aligned} a_0 &= 1 \\ a_1 &= 3 - 2q_1 - 0.5q_2 \\ a_2 &= 0.5 + q_1 + 1.5q_2 \\ a_3 &= 1 \end{aligned} \tag{5.1.41}$$

wobei die unsicheren Parameter q_1, q_2 in den Intervallen

$$q_i \in [0\,;1]\,, \qquad i = 1,2 \tag{5.1.42}$$

liegen. Die zwei Koeffizientenfunktionen a_1, a_2 sind voneinander nicht unabhängig. Deshalb ist die Wertemenge $\mathcal{A}(Q)$ keine Box, das vorgelegte Polynom ist kein Intervallpolynom. Die Box

$$\hat{\mathcal{A}} = \{\boldsymbol{a} \mid a_i \in [a_i^-\,;a_i^+]\,, \quad i = 1,2,3\} \tag{5.1.43}$$

mit

$$a_0^- = 1\,, \qquad a_0^+ = 1$$
$$a_1^- = 0.5\,, \qquad a_1^+ = 3$$
$$a_2^- = 0.5\,, \qquad a_2^+ = 3 \tag{5.1.44}$$
$$a_3^- = 1\,, \qquad a_3^+ = 1$$

überabschätzt die Wertemenge $\mathcal{A}(Q)$,

$$\hat{\mathcal{A}} \supset \mathcal{A}(Q) \tag{5.1.45}$$

Für den Robustheitstest von (5.1.40) mit der Box $\hat{\mathcal{A}}$ muß nur das einzige Kharitonov-Polynom

$$p^{+-}(s) = a_0^+ + a_1^- s + a_2^- s^2 + a_3^+ s^3 = 1 + 0.5s + 0.5s^2 + s^3 \tag{5.1.46}$$

getestet werden. Dieses Polynom ist instabil. Daher ist $p(s, q_1, q_2)$ nicht robust stabil in der Box $\hat{\mathcal{A}}$. Mit diesem Ergebnis können wir nicht feststellen, ob die Polynomfamilie in $\mathcal{A}(Q)$ robust stabil ist. Wir führen nun eine Robustheitsanalyse im Koeffizientenraum mit Hilfe des Hurwitz-Tests durch. Die Stabilitätsgrenzen in der (a_1, a_2)-Ebene sind durch die Gleichung

$$a_1 a_2 - 1 = 0 \tag{5.1.47}$$

gegeben. Das Polynom ist Hurwitz-stabil für alle Koeffizienten a_1, a_2 im Gebiet $\mathcal{A}_{stabil}$ von Abb. 5.5. Wie wir bereits aus dem oben durchgeführten Kharitonov-Test wissen, ist die Box $\hat{\mathcal{A}}$ nicht in $\mathcal{A}_{stabil}$ enthalten. Falls jedoch die Unsicherheitsbox Q in den Koeffizientenraum abgebildet wird, so zeigt sich, daß $\mathcal{A}(Q)$ in $\mathcal{A}_{stabil}$ enthalten ist. Daher ist $p(s, \boldsymbol{a}(q_1, q_2))$ robust stabil in Q. Dieses Beispiel zeigt, daß die Überabschätzung von $\mathcal{A}(Q)$ durch eine Box $\hat{\mathcal{A}}$ und die nachfolgende Anwendung des Satzes von Kharitonov auf $p(s, \boldsymbol{a})$ und der Box $\hat{\mathcal{A}}$ zu sehr konservativen Ergebnissen führen kann. $\qquad\square$

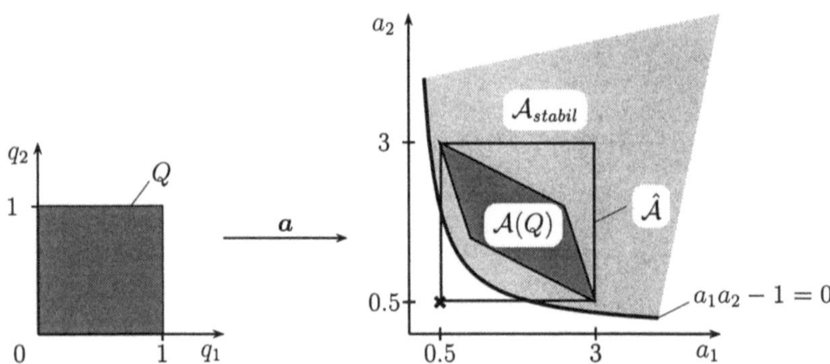

Abb. 5.5: Überabschätzung der Wertemenge $\mathcal{A}(Q)$ durch eine Box $\hat{\mathcal{A}}$

Anmerkung 5.2. Im Beispiel 5.5 lagen affine Koeffizientenfunktionen vor und eine allgemeine Testmenge für diese Klasse von Polynomfamilien wird im Abschnitt 5.2 hergeleitet. Zunächst soll noch diskutiert werden, welche Schlüsse im affinen Fall aus der

Stabilität aller Ecken der Q-Box gezogen werden können. Ein innerer Punkt q der ℓ-dimensionalen Q-Box kann durch seine *baryzentrischen Koordinaten* dargestellt werden. Eine physikalische Interpretation davon ist, daß man q zum Schwerpunkt (oder Baryzentrum) der Box macht, indem man den Ecken der Q-Box positive Massen zuordnet. Für irgendeinen Punkt q außerhalb der Q-Box ist mindestens eine dieser Massen negativ und falls alle Massen in den Ecken positiv sind, ist q innerhalb der Box.

Mathematisch gesprochen ist $q \in Q$ dann und nur dann, wenn $\lambda_m \geq 0$, $m = 1, 2, \ldots, 2^\ell$ existieren, so daß

$$q = \sum_{m=1}^{2^\ell} \lambda_m q_m \tag{5.1.48}$$

wobei die q_m die Ecken der Q-Box sind. Die Massensumme wird durch

$$\sum_{m=1}^{2^\ell} \lambda_m = 1 \tag{5.1.49}$$

normalisiert. Betrachten wir nun ein unsicheres Polynom

$$p(s, q) = [1\ s\ \ldots\ s^n]\, a_n(q)$$

mit dem Koeffizientenvektor

$$a_n(q) = [a_0(q)\ a_1(q)\ \ldots\ a_n(q)]^T$$

und setzen eine affine Abhängigkeit der Koeffizienten von den unsicheren Parametern q voraus, d.h.

$$a(q) = a^0 + F q$$

Ein Einsetzen der baryzentrischen Koordinaten (5.1.48) von q ergibt

$$a(q) = a^0 + F \sum_{m=1}^{2^\ell} \lambda_m q_m$$

und mit (5.1.49)

$$a(q) = \sum_{m=1}^{2^\ell} \lambda_m (a^0 + F q_m) \tag{5.1.50}$$

Setzen wir weiter voraus, daß alle Ecken der Q-Box stabil sind, d.h. alle Koeffizientenvektoren $a^0 + F q_m$, $m = 1, 2, \ldots, 2^\ell$ ergeben Hurwitz-Polynome. Dann müssen die Koeffizienten positiv sein und mit $\lambda \geq 0$, $\sum_{m=1}^{2^\ell} \lambda_m = 1$ gilt das gleiche für $a(q)$. Man kann daraus den Schluß ziehen, daß die notwendige Stabilitätsbedingung $a_i(q) > 0$, $i = 0, 1, \ldots, n$ für alle $q \in Q$ erfüllt ist.

Nach Satz 4.5 und (4.3.3) ist die hinreichende Stabilitätsbedingung, die noch zu prüfen ist, Det $H_{n-1}(q) \neq 0$ für alle $q \in Q$, oder mit dem Ungleichheitszeichen des Satzes von Hurwitz

$$\inf_{q \in Q} \text{Det } H_{n-1}(q) > 0 \tag{5.1.51}$$

Nach der Definition der Hurwitz-Matrix und (5.1.50) gilt

$$\boldsymbol{H}_{n-1}(\boldsymbol{q}) = \sum_{m=1}^{2^\ell} \lambda_m \boldsymbol{H}_{n-1}(\boldsymbol{q}_m) \tag{5.1.52}$$

$\boldsymbol{H}_{n-1}(\boldsymbol{q})$ kann eine negative Determinante haben, obwohl alle Hurwitz-Determinanten $\boldsymbol{H}_{n-1}(\boldsymbol{q}_m)$ der Ecken positiv sind. Daher kann aus der Stabilität aller Ecken von Q nicht auf die Stabilität für alle $\boldsymbol{q} \in Q$ geschlossen werden. Im affinen Beispiel 4.12 ist das nichtkonvexe Stabilitätsgebiet in Fig. 4.8 dargestellt. Man kann leicht eine Q-Box wählen, die vier stabile Ecken besitzt und die nicht in Q_{stabil} enthalten ist. □

Anmerkung 5.3.   Der Beweis des Satzes von Kharitonov war einfach durchzuführen, da die Wertemenge $p(\mathrm{j}\omega, \mathcal{A})$ eines Intervallpolynoms bei festem ω ein Rechteck mit achsenparallelen Kanten ist. Es erhebt sich die Frage, ob es andere Klassen von Polynomen gibt, die eine rechtecksförmige Wertemenge besitzen. Tatsächlich ist leicht zu zeigen, daß Polynome mit *„even-odd decoupling“*

$$p(s, \boldsymbol{q}, \boldsymbol{r}) = h(s^2, a_0(\boldsymbol{q}), a_2(\boldsymbol{q}), \ldots) + sg(s^2, a_1(\boldsymbol{r}), a_3(\boldsymbol{r}), \ldots)$$

diese Eigenschaft besitzen. Die unsicheren Parameter $\boldsymbol{q}$ erscheinen nur in den Koeffizienten mit geraden Indizes, die unsicheren Parameter $\boldsymbol{r}$ nur in den Koeffizienten mit ungeraden Indizes. Dann sind wie in (5.1.8) und (5.1.9) die Schranken der Real- und Imaginärteile voneinander unabhängig und die Wertemenge ist ein Rechteck mit achsenparallelen Kanten.

$$h^-(\omega^2, a_0(\boldsymbol{q}), a_2(\boldsymbol{q}), \ldots) \leq \ \mathrm{Re}\ p(\mathrm{j}\omega, \boldsymbol{q}) \leq h^+(\omega^2, a_0(\boldsymbol{q}), a_2(\boldsymbol{q}), \ldots)$$
$$\omega g^-(\omega^2, a_1(\boldsymbol{r}), a_3(\boldsymbol{r}), \ldots) \leq \ \mathrm{Im}\ p(\mathrm{j}\omega, \boldsymbol{q}) \leq \omega g^+(\omega^2, a_1(\boldsymbol{r}), a_3(\boldsymbol{r}), \ldots)$$

Die Bestimmung von h^-, h^+, g^- und g^+ fällt leicht, falls die unsicheren Parameter $\boldsymbol{q}$ und $\boldsymbol{r}$ affin in die Koeffizienten a_i eingehen. Dann besteht eine zulässige Testmenge aus allen Kombinationen der Extremwerte von $\boldsymbol{q}$ und $\boldsymbol{r}$, siehe Panier et al. [137]. □

5.2 Affine Koeffizienten: Der Satz von Bartlett, Hollot, Huang

Der nächste Schritt ist die Untersuchung von Polynomfamilien der Form

$$P(s, Q) = \{\, p(s, q_1, q_2, \ldots, q_\ell) = p_0(s) + \sum_{i=1}^{\ell} q_i p_i(s) \mid q_i \in [q_i^-; q_i^+], \quad i = 1, 2, \ldots, \ell \,\} \tag{5.2.1}$$

Die Koeffizienten hängen linear vom unsicheren Parametervektor $\boldsymbol{q} = [q_1 \ q_2 \ \ldots \ q_\ell]^T$ ab. Genauer gesagt handelt es sich wegen des zusätzlichen konstanten Terms $p_0(s)$ um eine affine Abhängigkeit, d.h. jeder Koeffizient a_i hat die Form

$$a_i = a_i^0 + f_{1i} q_1 + f_{2i} q_2 + \ldots + f_{\ell i} q_\ell, \quad i = 0, 1, \ldots, n \tag{5.2.2}$$

Die Parameter q_i mögen in einer ℓ-dimensionalen Box Q variieren:

$$q_i \in [q_i^- \, ; \, q_i^+], \quad i = 1, 2, \ldots, \ell \tag{5.2.3}$$

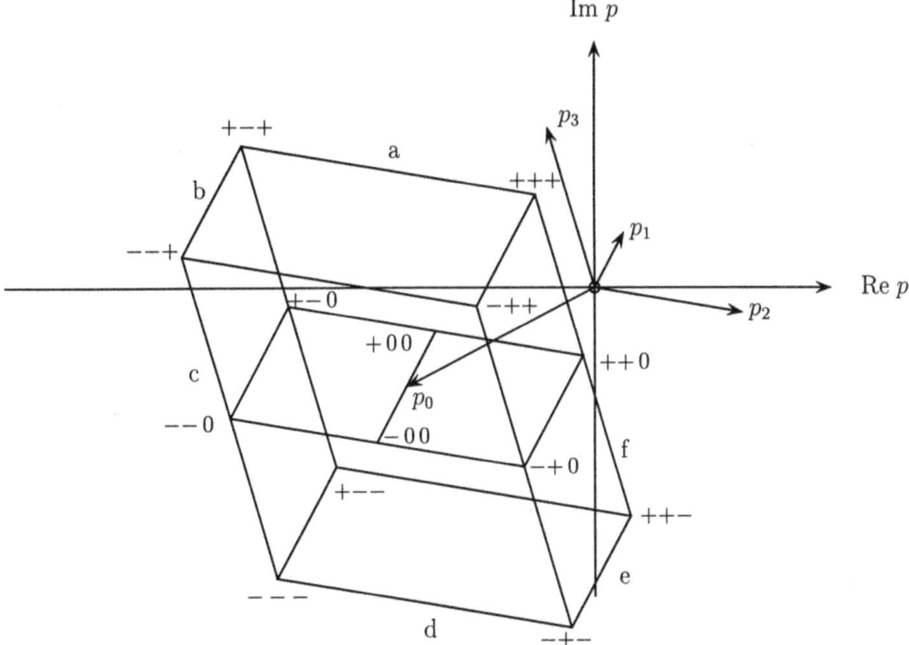

Abb. 5.6: Die Konstruktion der Wertemenge bei drei unsicheren Parametern und festem ω

Die Polynomfamilie $P(s, Q) = \{\, p(s, \boldsymbol{q}) \mid \boldsymbol{q} \in Q \,\}$ stellt wegen der affinen Abbildung (5.2.2) im Koeffizientenraum ein Parallelepiped (die Verallgemeinerung eines Parallelogramms auf höherdimensionale Räume) dar, siehe zum Beispiel das Parallelogramm $\mathcal{A}(Q)$ in Abb. 5.5. Seine Ecken und Kanten werden durch die Ecken und Kanten der Q-Box erzeugt. Wenn alle Parameter q_i ihren größten oder kleinsten Wert annehmen, dann heißt das entsprechende Polynom Eckenpolynom. Variiert genau einer dieser Parameter zwischen seinem kleinsten und größtem Wert, während die restlichen $\ell - 1$ Parameter entweder ihren kleinsten oder größten Wert annehmen, dann heißt diese Polynomfamilie Kantenpolynom. Die Anzahl der Ecken und Kanten dieses Parallelepipeds kann kleiner sein als die Anzahl der Ecken und Kanten der ursprünglichen Q-Box abhängig von den Zahlen ℓ und n. Für $\ell > n$ bilden sich nicht alle Kanten der Box auf Kanten des Parallelepipeds ab. Einige Kanten bilden sich in das Innere ab. Man könnte vermuten, daß die Stabilität der Ecken des Parallelepipeds (oder möglicherweise einer Untermenge) die Stabilität der gesamtem Box impliziert. Die Notwendigkeit ist trivial, aber die Menge der Ecken ist nicht hinreichend. Eine Testmenge wurde von Bartlett et al. [35] gefunden. Sie besteht aus einer endlichen Menge von eindimensionalen Tests.

Satz 5.3.　(Der Kantensatz von Bartlett, Hollot und Huang)

Die Polynomfamilie $P(s, Q) = \{\, p(s, \boldsymbol{q}) = \sum_{i=0}^{n} a_i(\boldsymbol{q})s^i \mid \boldsymbol{q} \in Q \,\}$ mit affinen Koeffizientenfunktionen $a_i(\boldsymbol{q})$ and $Q = \{\, \boldsymbol{q} \mid q_i \in [q_i^- \,;\, q_i^+], \; i = 1, 2, \ldots, \ell \,\}$ ist dann und nur dann stabil, wenn die Kanten von Q stabil sind.

$\square$

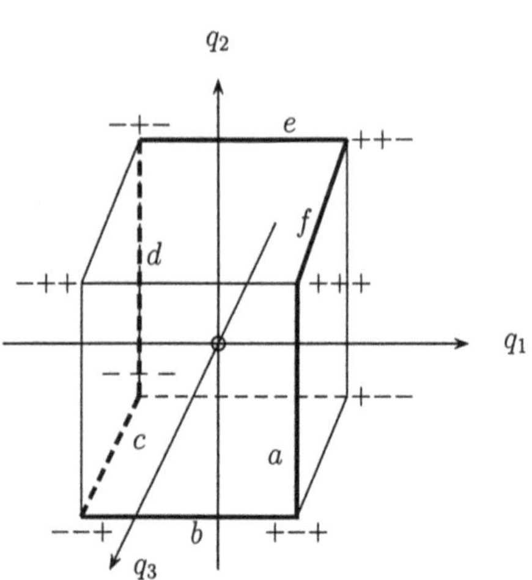

Abb. 5.7: Die Kanten a - f erzeugen die Berandung der Wertemenge von Abb. 5.6

Um im Beweis die Bezeichnungsweise zu vereinfachen, wird die ursprüngliche Box durch die Transformation

$$\tilde{q}_i = \frac{2q_i - q_i^+ - q_i^-}{q_i^+ - q_i^-}, \quad i = 1, 2, \ldots, \ell \tag{5.2.4}$$

auf eine Einheitsbox mit der Seitenlänge zwei skaliert. Sie bildet $q_i = q_i^-$ auf $\tilde{q}_i = -1$ und $q_i = q_i^+$ auf $\tilde{q}_i = +1$ ab. Die Tilde wird weggelassen und ohne Verlust an Allgemeinheit gilt $q_i \in [-1 \,;\, +1]$.

Bevor Satz 5.3 bewiesen wird, soll die Wertemenge $\mathcal{P}(\mathrm{j}\omega, Q)$ mit affinen Koeffizientenfunktionen konstruiert werden. Für den Fall zweier Parameter (siehe Beispiel 4.14) ist die Wertemenge $\mathcal{P}(\mathrm{j}\omega, Q)$ bei festem ω ein Parallelogramm in der komplexen Ebene.

Führen wir einen dritten Parameter ein, dann liegt die affine Polynomfamilie

$$\{\, p(s, q_1, q_2, q_3) = p_0(s) + q_1 p_1(s) + q_2 p_2(s) + q_3 p_3(s) \mid q_i \in [-1 \,;\, +1], \quad i = 1, 2, 3 \,\} \tag{5.2.5}$$

vor.

Bei fester Frequenz $s = \mathrm{j}\omega^*$ berechnen wir die vier komplexen Zahlen $p_0(\mathrm{j}\omega^*)$, $p_1(\mathrm{j}\omega^*)$, $p_2(\mathrm{j}\omega^*)$, $p_3(\mathrm{j}\omega^*)$ und zeichnen vier Pfeile („Vektoren"), die diese Zahlen repräsentieren und im Ursprung beginnen (siehe Abb. 5.6).

Beginnend bei p_0, werden die Vektoren $q_1^+ p_1$ und $q_1^- p_1$ addiert und man gelangt zu den Punkten $+00$ bzw. -00. Der Abschnitt $[+00 \,; -00]$ ist die Wertemenge für die

Polynomfamilie $p(s, q_1, 0, 0)$. Im Punkt $+00$ wird $q_2^+ p_2$ addiert (endend im Punkt $++0$) bzw. $q_2^- p_2$ (endend im Punkt $+-0$). Dies wird ebenso für den Punkt -00 durchgeführt. Man erhält das Parallelogramm $++0, +-0, --0, -+0$, das die Wertemenge der Polynomfamilie $p(s, q_1, q_2, 0)$ darstellt. In einem letzten Schritt. werden an allen vier Ecken $q_3^+ p_3$ bzw. $q_3^- p_3$ addiert, um zum Sechseck $+++, +-+, --+, ---, -+-, ++-$ zu gelangen, der Wertemenge der Polynomfamilie (5.1.20) bei fester Frequenz ω^*.

Die sechs Kanten, die die Wertemenge beranden, seien mit a bis f bezeichnet, siehe Abb. 5.6. Sie sind die Bilder von sechs aufeinanderfolgenden Kanten der Q-Box wie in Abb. 5.7 dargestellt. Die restlichen sechs Kanten sowie zwei Ecken werden in das Innere des Sechsecks abgebildet. Man beachte, daß nicht immer die gleichen Ecken und Kanten zur Berandung des Sechsecks beitragen. Verschiedene Frequenzen führen zu verschiedenen Werten von $p_i(\mathrm{j}\omega)$, $i = 0, 1, 2, 3$, wohingegen $p_0(\mathrm{j}\omega)$ den Mittelpunkt des Sechsecks festlegt und die Vektoren $p_1(\mathrm{j}\omega), p_2(\mathrm{j}\omega)$ and $p_3(\mathrm{j}\omega)$ die Größe und Orientierung festlegen. Die Übergangsfrequenzen, bei denen das Bild einer Kante der Q-Box von der Berandung ins Innere wandert (und umgekehrt) können durch Vergleich der Phasen von $p_1(\mathrm{j}\omega), p_2(\mathrm{j}\omega)$ und $p_3(\mathrm{j}\omega)$ bestimmt werden. Sind zwei von ihnen gleich, so erfolgt ein Übergang. Bei einer Übergangsfrequenz entartet die Wertemenge von $\mathcal{P}(\mathrm{j}\omega, Q)$ von einem Sechseck zu einem Parallelogramm.

Das Hinzufügen eines weiteren Terms $q_4 p_4(s)$ zu (5.2.5) erfordert die Addition von $q_4^+ p_4$ bzw. $q_4^+ p_4$, was nunmehr zu einem Achteck führt. Offensichtlich ist die Wertemenge einer affinen Polynomfamilie bei fester Frequenz immer ein konvexes Polygon mit höchstens 2ℓ Kanten (diese Anzahl kann sich bei bestimmten Frequenzen reduzieren). Zwei gegenüberliegende Kanten sind immer parallel. Diese spezielle Art von Polygon heißt *Parpolygon*. Nach diesen vorbereitenden Feststellungen kann nunmehr der Kantensatz bewiesen werden.

Beweis.

Die Notwendigkeit ist trivial. Zum Beweis der hinreichenden Bedingung wird das Prinzip des Nullausschlusses verwendet. Mit sich ändernder Frequenz wandert das Parpolygon um den Ursprung und gleichzeitig ändert sich die Form des Parpolygons. Falls die Polynomfamilie instabil ist, dann gibt es eine Frequenz, wo die Berandung des Parpolygons, eine Kante, durch den Ursprung der p-Ebene wandert. Da diese Kante das Bild einer Kante der Q-Box ist, genügt es, alle Kanten der Q-Box zu prüfen, um die Instabilität festzustellen.

$\square$

Anmerkung 5.4. Es ist nicht notwendig, alle Kanten zu prüfen. Aber der Rechenaufwand zur Feststellung der kritischen Kanten ist in etwa gleich dem Aufwand zur Prüfung aller Kanten. Ein Verfahren, das die Abbildung von überflüssigen Kanten vermeidet, wurde von Fu [70] angegeben. Das Problem der Berechnung von allen 2^ℓ Punkten reduziert sich dabei auf die Berechnung von ℓ Punkten mit einem nachfolgenden Sortierproblem. $\square$

ℓ	2^ℓ Ecken	$\ell\,2^{\ell-1}$ Kanten
1	2	1
2	4	4
3	8	12
4	16	32
5	32	80
10	1024	5120
20	1048576	10485760

Tabelle 5.1: Anzahl der Ecken und Kanten einer ℓ-dimensionalen Box

Anmerkung 5.5. Der Kantensatz gilt für eine allgemeinere Klasse von Polynomfamilien. In [35] wurde gezeigt, daß ein „Polytop" von Polynomen genau dann stabil ist, wenn dies für alle Kanten gilt. Ein Polytop von Polynomen ist die mehrdimensionale Verallgemeinerung eines konvexen Polygons bei zwei Dimensionen. Es ist die konvexe Hülle einer endlichen Anzahl von Punkten. Ein Polytop von Polynomen kann in der Form

$$P_\ell = \text{conv}\,\{\,p_1(s), p_2(s), \ldots, p_\ell(s)\,\} =$$
$$= \{\,p(s) = \sum_{i=1}^{\ell} \lambda_i p_i(s), \quad \sum_{i=1}^{\ell} \lambda_i = 1, \quad \lambda_i \geq 0, \quad i = 1, 2, \ldots, \ell\,\}$$

geschrieben werden. Jede Kante entspricht Polynomen $p(s, \boldsymbol{q})$, bei denen genau ein Parameter q_i zwischen seinen beiden Extremwerten variiert, wohingegen die restlichen $\ell-1$ Parameter ihren maximalen oder minimalen Wert annehmen. Die λ_i können wieder als baryzentrische Koordinaten wie in (5.1.48) angesehen werden. Dort hingegen wurde nur ein spezielles Polytop, nämlich eine Box betrachtet. Die obige Formulierung des Kantensatzes gilt hingegen für ein beliebiges Polytop im Raum der Koeffizientenvektoren $\boldsymbol{a}$.   □

Der Kantensatz führt die Robustheitsanalyse einer affinen Polynomfamilie auf eine endliche Menge von eindimensionalen Tests zurück. Im Vergleich zur vollständigen Menge ist dies eine sehr beachtliche Reduzierung der Testmenge. Eine ℓ-dimensionale Box hat 2^ℓ Ecken. Von jeder Ecke gehen ℓ Kanten aus, so daß zunächst $\ell\,2^\ell$ Kanten vorzuliegen scheinen. Jede Kante wird aber bei dieser Zählweise zweimal erfaßt. Die Gesamtzahl von Kanten ist demnach $\ell\,2^{\ell-1}$. Für einige Werte von ℓ sind die Anzahl der Ecken und Kanten in Tabelle 5.1 angegeben. Die Anzahl der zu testenden Kanten wächst exponentiell mit der Anzahl der Parameter ℓ, so daß die praktische Durchführung sehr schnell an ihre Grenzen stößt. Die Grenzen lassen sich immerhin etwas hinausschieben, wenn man einen effizienten Stabilitätstest für die einzelne Kante hat.

Betrachten wir eine Kante mit den Ecken p_a und p_b, d.h. die Polynomfamilie

$$P(s,Q) = \{\ (1-q_1)p_a(s) + q_1 p_b(s) \mid q_1 \in [0\,;1]\ \} \tag{5.2.6}$$

Der Bialas-Test nach Satz 4.7 kann mit Hilfe eines Standardprogramms zur Berechnung aller Eigenwerte der Bialas-Matrizen $(H_{n-1}^a)^{-1} H_{n-1}^b$ erfolgen. Man beachte, daß für jede Kante nur die $n-1$ Eigenwerte einer Matrix berechnet werden müssen. Dies ist effizienter als der Wurzelortstest für die Kante (5.2.6), welcher die Faktorisierung zahlreicher Polynome, abhängig von der Rasterbreite, erfordert. Die grafische Darstellung der Eigenwerte gibt uns eine grafische Warnung. Je näher ein komplexes Paar von Eigenwerten an der negativ reellen Achse liegt, umso mehr nähert man sich der Instabilität.

Beispiel 5.6. Wir betrachten das charakteristische Polynom aus Beispiel 4.12 mit $q_3 = 0$

$$p(s,q_1,q_2) = (14 - 0.3q_1 + 2q_2) + (10 + 2q_1 + 8q_2)s + 10s^2 + 2(1+q_1)s^3 + s^4 \tag{5.2.7}$$

und $q_1 \in [15\,;25]$, $q_2 \in [0\,;3.6]$. Den vier Ecken entsprechen die vier Eckpolynome

$$
\begin{aligned}
p^{(1)}(s,15,0\ ) &= 9.5 + 40s + 10s^2 + 32s^3 + s^4 \\
p^{(2)}(s,15,3.6) &= 16.7 + 68.8 + 10s^2 + 32s^3 + s^4 \\
p^{(3)}(s,25,0\ ) &= 6.5 + 60s + 10s^2 + 52s^3 + s^4 \\
p^{(4)}(s,25,3.6) &= 13.7 + 88.8s + 10s^2 + 52s^3 + s^4
\end{aligned}
$$

mit den zugehörigen Hurwitz-Matrizen

$$
H^{(1)} = \begin{bmatrix} 32 & 40 & 0 \\ 1 & 10 & 9.5 \\ 0 & 32 & 40 \end{bmatrix}, \quad
H^{(2)} = \begin{bmatrix} 32 & 68.8 & 0 \\ 1 & 10 & 6.7 \\ 0 & 32 & 68.8 \end{bmatrix} \tag{5.2.8}
$$

$$
H^{(3)} = \begin{bmatrix} 52 & 60 & 0 \\ 1 & 10 & 6.5 \\ 0 & 52 & 40 \end{bmatrix}, \quad
H^{(4)} = \begin{bmatrix} 52 & 88.8 & 0 \\ 1 & 10 & 13.7 \\ 0 & 52 & 88.8 \end{bmatrix} \tag{5.2.9}
$$

Der Bialas-Test ergibt

$$
\begin{aligned}
\text{Eigenwerte von } H^{(1)}(H^{(2)})^{-1} &= \{13.04,\ 0.62,\ 1.00\} \\
\text{Eigenwerte von } H^{(4)}(H^{(2)})^{-1} &= \{1.77,\ -1.85 \pm 0.67\mathrm{j}\} \\
\text{Eigenwerte von } H^{(4)}(H^{(3)})^{-1} &= \{0.82,\ 1.00,\ 1.00\} \\
\text{Eigenwerte von } H^{(1)}(H^{(3)})^{-1} &= \{5.22,\ 0.65,\ 0.29\}
\end{aligned}
$$

Alle Bialas-Eigenwerte sind in Abb. 5.8 dargestellt.

Die zweite Menge enthält ein komplexes Eigenwertpaar in der Nähe der negativ reellen Achse. Dies deutet darauf hin, daß die Kante von $p^{(2)}(s)$ nach $p^{(4)}(s)$ in der Nähe des

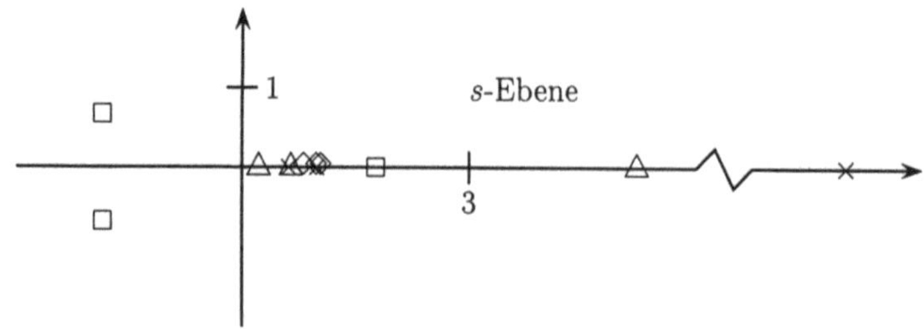

Abb. 5.8: Die Eigenwerte der Bialas-Matrizen entsprechend den vier Kantenpolynomen, gekennzeichnet durch $\times$, $\square$, $\triangle$ und $\diamond$

instabilen Gebiets liegt. Dies wird bestätigt, indem man die Q-Box in das Gebiet Q_{stabil} von Abb. 4.9 einzeichnet. $\square$

Kompliziertere Polynome $p(s, \boldsymbol{q})$ können manchmal in eine Produktform

$$p(s, \boldsymbol{q}) = f(\boldsymbol{q})\bar{p}(s, \boldsymbol{q}) \tag{5.2.10}$$

gebracht werden, wobei $\bar{p}(s, \boldsymbol{q})$ affin in $\boldsymbol{q}$ und $f(\boldsymbol{q}) \neq 0$ für alle zulässigen $\boldsymbol{q}$. Dann haben $p(s, \boldsymbol{q})$ und $\bar{p}(s, \boldsymbol{q})$ die gleichen Wurzeln und der Kantensatz kann angewendet werden. Man bezeichnet diese Eigenschaft der Faktorisierbarkeit als *versteckt affinen Fall*, siehe dazu auch (2.7.5) und Übung 2.4.

Beispiel 5.7. Man betrachte das charakteristische Polynom aus Beispiel 4.3 mit $m_C = 1000$ und den unsicheren Parametern m_L und ℓ. Mit den Koeffizienten der Rückführverstärkung $k_1 = 500$, $k_2 = 2769$, $k_3 = -21557$ und $k_4 = 0$ ergibt sich das charakteristische Polynom zu

$$p(s, \ell, m_L) = \frac{5}{\ell} + \frac{27.69}{\ell}s + \left(0.5 + \frac{31.557}{\ell} + \frac{0.01m_L}{\ell}\right)s^2 + \frac{2.769}{\ell}s^3 + s^4$$

welches multilinear in m_L und $1/\ell$ ist. Nach Einführung neuer unsicherer Parameter $q_1 = \ell, q_2 = m_L$ und Multiplikation mit $q_1 = \ell > 0$ ergibt sich

$$q_1 p(s, q_1, q_2) = 5 + 27.69s + (31.557 + 0.5q_1 + 0.01q_2)s^2 + 2.769s^3 + q_1 s^4 \tag{5.2.11}$$

Nunmehr sind die Koeffizientenfunktionen affin in q_1 und q_2. $\square$

5.3   Ein warnendes Beispiel

Die beiden letzten Abschnitte zeigten, daß für Intervallpolynome und Polynome mit affiner Koeffizientenabhängigkeit Testmengen Q_T existieren, die echte Untermengen von Q bilden. Im ersten Fall besteht die Testmenge aus vier speziellen Eckpolynomen, im zweiten Fall aus allen Kantenpolynomen der Q-Box.

Eine allgemeinere Polynomfamilie ist die mit multilinearen Koeffizientenfunktionen. Dies sind Funktionen, die bei Festhalten von $\ell - 1$ Parametern affin vom restlichen Parameter abhängen, also Funktionen mit Termen wie $q_1 q_2$, $q_2 q_3$, $q_1 q_2 q_3$, aber keine Terme wie q_1^2 oder $q_1 q_2^2$. Für diese Klasse von Koeffizientenfunktionens $a_i(\boldsymbol{q})$ existieren i.a. keine Testmengen (echte Teilmengen der Q-Box), wie im nächsten Beispiel [9] gezeigt wird.

Beispiel 5.8. Wir betrachten das unsichere Polynom dritten Grades

$$p(s, \boldsymbol{q}) = a_0(\boldsymbol{q}) + a_1(\boldsymbol{q})s + a_2(\boldsymbol{q})s^2 + s^3 \tag{5.3.1}$$

mit den multilinearen Koeffizientenfunktionen

$$
\begin{aligned}
a_0(\boldsymbol{q}) &= \ell(\ell - 1) + r^2 + 2(\ell + 1)\sum_{i=1}^{\ell} q_i + 2\sum_{i=1}^{\ell-1}\sum_{j=i+1}^{\ell} q_i q_j \\
a_1(\boldsymbol{q}) &= \ell + \sum_{i=1}^{\ell} q_i \\
a_2(\boldsymbol{q}) &= a_1(\boldsymbol{q})
\end{aligned}
$$

Sei $\boldsymbol{q} \in Q^+ = \{\, \boldsymbol{q} \mid q_i > 0,\ i = 1, 2, \ldots, \ell \,\}$, dann sind alle Koeffizienten $a_i(\boldsymbol{q})$ positiv und die einzig verbleibende Hurwitz-Bedingung für Stabilität ist $a_1(\boldsymbol{q})a_2(\boldsymbol{q}) - a_0(\boldsymbol{q}) > 0$. Man zeigt unmittelbar, daß

$$a_1(\boldsymbol{q})a_2(\boldsymbol{q}) - a_0(\boldsymbol{q}) = \sum_{i=1}^{\ell} (q_i - 1)^2 - r^2 \tag{5.3.2}$$

Die resultierende Stabilitätsbedingung

$$\sum_{i=1}^{\ell} (q_i - 1)^2 > r^2 \tag{5.3.3}$$

ist außerhalb einer Hyperkugel mit dem Radius r und dem Mittelpunkt $\boldsymbol{q}^0 = [1\ 1\ \ldots\ 1]^T$ erfüllt.

Nun lassen wir r gegen Null gehen. Die instabile Hyperkugel schrumpft auf einen isolierten, instabilen Punkt $\boldsymbol{q}^0$ zusammen. Mit Ausnahme dieses Punktes ist das Polynom stabil für alle $\boldsymbol{q} \in Q^+$. Wählen wir nun einen beliebigen Unsicherheitsbereich $Q \subset Q^+$ mit $\boldsymbol{q}^0 \in Q$. Die Menge Q ist nicht robust stabil, weil sie einen instabilen Punkt enthält, sie ist aber stabil für alle anderen Punkte. Keine Teilmenge ist geeignet, die Stabilität von Q zu zeigen. Ein Beispiel dieser Art wurde schon 1961 von Truxal [164] angegeben.

$\square$

Das obige Beispiel zeigt, daß für nichtlineare Koeffizientenfunktionen auch innere Punkte von Q auf Stabilität geprüft werden müssen. Eine unvernünftige Methode wäre es, die Q-Box zu rastern und eine große Anzahl von Rasterpunkten Q_g auf Stabilität hin zu überprüfen. Es ist nicht hinreichend, numerische Tests auf diesem Raster durchzuführen. Ein isolierter instabiler Punkt wie in obigem Beispiel würde nicht erfaßt werden und die Instabilität würde unentdeckt bleiben. In der Praxis hilft jedoch eine grafische Darstellung der Resultate, um zumindest eine grafische Warnung auf die „Nähe zur Instabilität" zu erhalten. Diese Grafik erhält man zum Beispiel, indem man in jedem Rasterpunkt das entsprechende Polynom faktorisiert und die Wurzelmenge wie in Abschnitt 4.1 darstellt. Ein effizienterer Test beruht auf Satz 4.5. Der ungünstigste Parametervektor $\boldsymbol{q}_w$ auf dem Raster Q_g ergibt sich aus

$$\boldsymbol{q}_w = \min_{\boldsymbol{q} \in Q_g} \mathrm{Det}\ \boldsymbol{H}_n(\boldsymbol{q}) \tag{5.3.4}$$

Falls erforderlich, müßte sich eine genauere Untersuchung in der Umgebung von $\boldsymbol{q}_w$ anschließen. Wegen $\mathrm{Det}\ \boldsymbol{H}_n = a_0\ \mathrm{Det}\ \boldsymbol{H}_{n-1}$ (4.3.3) kann diese Rechnung noch vereinfacht werden. Die Determinante der Hurwitz-Matrix muß dabei zunächst mit Hilfe eines Computeralgebra-Programms ausgewertet und vereinfacht werden.

Die Rastermethoden sind nur für eine kleine Anzahl von Parametern geeignet. Sei z.B. $\ell = 5$ und jedes Parameterintervall $q_i \in [q_i^-\,;\,q_i^+]$, $i = 1, 2, \ldots, 5$ durch zehn Rasterpunkte dargestellt. Dann müssen 10^5 Auswertungen von $\mathrm{Det}\ \boldsymbol{H}_n(\boldsymbol{q})$ gemacht werden, um das ungünstigste $\boldsymbol{q}_w$ zu finden. Im affinen Fall mit $\ell = 5$ sind 80 Kanten zu testen, siehe Tabelle 5.1.

Rastern sollte also soweit wie möglich vermieden werden. Deshalb sollen in den nächsten Kapiteln die Frequenzbereichsmethoden von Abschnitt 4.4 bis 4.6 verwendet werden. Für die Durchführung eines Stabilitätstests verbleibt hierbei nur noch die Rasterung eines Parameters, nämlich der Frequenz ω.

5.4   Jacobi-Bedingungen

Im Beispiel 5.8 konnten wir eine Q-Box derart wählen, daß ihre Ecken und Kanten stabil waren, ein innerer Punkt hingegen instabil. Für den Fall zweier Parameter sollen nun die entstehenden Wertemengen näher untersucht werden. Nach Einführung der Jacobi-Bedingungen läßt sich ein weiteres Ergebnis über Testmengen angeben.

Beispiel 5.9.   Gegeben sei das unsichere Polynom (5.3.1) mit $\ell = 2$, $r = 0.5$.

$$p(s, q_1, q_2) = 2q_1q_2 + 6q_1 + 6q_2 + 2.25 + (q_1 + q_2 + 2)s + (q_1 + q_2 + 2)s^2 + s^3$$

und $q_1 \in [0.3\,;\,2.5]$, $q_2 \in [0\,;\,1.7]$. Die Wertemenge $\mathcal{P}(\mathrm{j}\omega, q_1, q_2)$ bei fester Frequenz $\omega^* = 2$ soll bestimmt werden. Eine Approximation der Wertemenge ergibt sich durch Rastern von q_2. Bei festem $q_2 = q_2^*$ ist die Koeffizientenfunktion affin, d.h. ein Geradenstück parallel zur q_1-Achse bildet sich in ein (nicht achsenparalleles) Geradenstück in der p-Ebene ab.

Abb. 5.9 zeigt das Bild des Rechteckrandes (durchgezogen) und das Bild der Geradenstücke $\boldsymbol{q}_A - \boldsymbol{q}_B$ (gepunktet), welche schrittweise das Intervall $q_2 \in [0\,;\,1.7]$ durchlaufen. Es gibt innere Punkte von Q, die auf die Berandung der Wertemenge abgebildet werden. Eine notwendige Bedingung dafür, daß ein innerer Punkt von Q auf

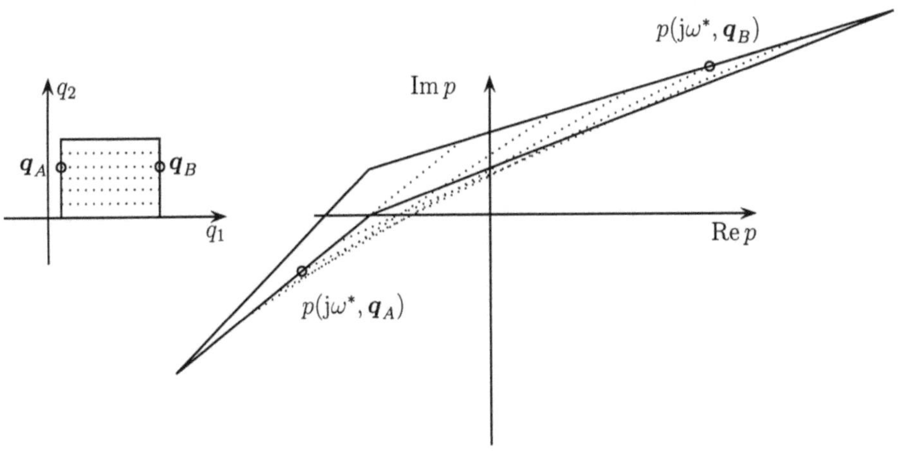

Abb. 5.9: Ein Geradenstück parallel zur q_1-Achse bildet sich ab auf ein Geradenstück

die Berandung von $\mathcal{P}(j\omega^*, q_1, q_2)$ abgebildet wird, ist, daß die Jacobi-Determinante von $p(j\omega^*, q_1, q_2)$ verschwindet. $\qquad\square$

Definition 5.3. Gegeben sind zwei reelle Funktionen $x = x(q_1, q_2)$, $y = y(q_1, q_2)$ in zwei Variablen q_1 und q_2. Die *Jacobi-Matrix* der beiden Funktionen ist definiert durch

$$
\boldsymbol{J} := \begin{bmatrix} \dfrac{\partial x}{\partial q_1} & \dfrac{\partial x}{\partial q_2} \\[2ex] \dfrac{\partial y}{\partial q_1} & \dfrac{\partial y}{\partial q_2} \end{bmatrix}
$$

Die dazugehörige Determinante $J = \mathrm{Det}\,\boldsymbol{J}$ heißt *Jacobi-Determinante.* $\qquad\square$

Zunächst soll die Bedeutung der Jacobi-Matrix bei affinen Koeffizientenfunktionen erläutert werden.

$$
\begin{bmatrix} x(q_1, q_2) \\ y(q_1, q_2) \end{bmatrix} = \begin{bmatrix} \mathrm{Re}\, p(j\omega^*, q_1, q_2) \\ \mathrm{Im}\, p(j\omega^*, q_1, q_2) \end{bmatrix} = \begin{bmatrix} a_0(\omega^*) + a_1(\omega^*)q_1 + a_2(\omega^*)q_2 \\ b_0(\omega^*) + b_1(\omega^*)q_1 + b_2(\omega^*)q_2 \end{bmatrix} \tag{5.4.1}
$$

sind affine Funktionen von q_1 und q_2 bei festem ω. In Kurzschreibweise gilt

$$
\begin{bmatrix} x \\ y \end{bmatrix} = \boldsymbol{J} \begin{bmatrix} q_1 \\ q_2 \end{bmatrix} + \begin{bmatrix} a_0(\omega^*) \\ b_0(\omega^*) \end{bmatrix} = \boldsymbol{e}_0 + q_1\boldsymbol{e}_1 + q_2\boldsymbol{e}_2 \tag{5.4.2}
$$

mit der Jacobi-Determinante

$$
J = a_1 b_2 - a_2 b_1 \tag{5.4.3}
$$

Sei $J \neq 0$, dann wird jede Q-Box der (q_1, q_2)-Ebene durch (5.4.2) auf ein Parallelogramm in der (x, y)-Ebene abgebildet. Es wird aufgespannt von den beiden Vektoren $\boldsymbol{e}_1$ und $\boldsymbol{e}_2$, die an den Endpunkt von $\boldsymbol{e}_0$ angeheftet werden, siehe Abb. 5.10.

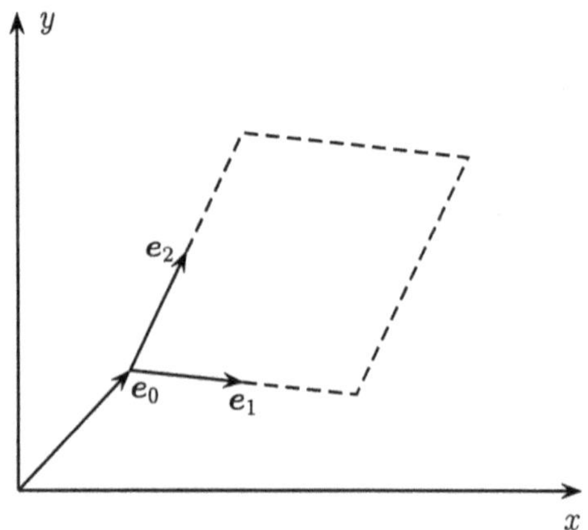

Abb. 5.10: Das Bild einer Q-Box bei $J \neq 0$

Falls $J > 0$, dann bleibt die Orientierung erhalten, dies heißt: Bewegt man sich entlang der Bilder der Kanten der Q-Box in der Reihenfolge $p^{--}, p^{+-}, p^{++}, p^{-+}$, dann liegt das Bild der Q-Box zur Linken. Ist $J < 0$, dann wird die Orientierung vertauscht, das Bild der Q-Box liegt zur Rechten. Der interessante Fall ergibt sich für $J = 0$. Die Vektoren e_1 und e_2 sind linear abhängig und das Bild der Q-Box entartet in ein Geradenstück.

Nunmehr seien die beiden Funktionen $x = x(q_1, q_2)$, $y = y(q_1, q_2)$ multilinear in q_1 und q_2. Anstelle von (5.4.1) gilt

$$\begin{bmatrix} x \\ y \end{bmatrix} = \begin{bmatrix} \operatorname{Re} p(j\omega^*, q_1, q_2) \\ \operatorname{Im} p(j\omega^*, q_1, q_2) \end{bmatrix} = \begin{bmatrix} a_0(\omega^*) + a_1(\omega^*)q_1 + a_2(\omega^*)q_2 + a_{12}(\omega^*)q_1q_2 \\ b_0(\omega^*) + b_1(\omega^*)q_1 + b_2(\omega^*)q_2 + b_{12}(\omega^*)q_1q_2 \end{bmatrix} \tag{5.4.4}$$

und die dazugehörige Jacobi-Matrix ist

$$\boldsymbol{J} = \begin{bmatrix} a_1 + a_{12}q_2 & a_2 + a_{12}q_1 \\ b_1 + b_{12}q_2 & b_2 + b_{12}q_1 \end{bmatrix} \tag{5.4.5}$$

mit

$$J = (a_1 b_2 - a_2 b_1) + (a_1 b_{12} - a_{12} b_1)q_1 + (a_{12} b_2 - a_2 b_{12})q_2 \tag{5.4.6}$$

Die Jacobi-Determinante ist jetzt eine Funktion von q_1 und q_2. Ist $J \neq 0$ für alle $\boldsymbol{q} \in Q$, dann ist die Wertemenge bei festem ω^* ein Viereck. Seine Kanten sind die Bilder der Kanten der Q-Box. Die Orientierung hängt wieder vom Vorzeichen von J ab.

Ein Spezialfall ergibt sich, falls $J = 0$ für irgendwelche $\boldsymbol{q} \in Q$. Aus (5.4.6) kann man erkennen, daß diese Punkte auf einer Geraden liegen (Jacobi-Gerade), die die Q-Box schneidet. Zur Bestimmung der vollständigen Berandung der Wertemenge muß dieses Geradenstück noch zusätzlich abgebildet werden.

Beispiel 5.10. Betrachten wir wieder Beispiel 5.9. Diese Polynomfamilie ist innerhalb des Kreises $(q_1 - 1)^2 + (q_2 - 1)^2 - 0.5^2 = 0$ instabil, (siehe Beispiel 5.4). Die Abbildungsgleichungen sind

$$\left[\begin{array}{c} \operatorname{Re} p(\mathrm{j}\omega, q_1, q_2) \\ \operatorname{Im} p(\mathrm{j}\omega, q_1, q_2) \end{array} \right] = \left[\begin{array}{c} 2.25 - 2\omega^2 + (6 - \omega^2)q_1 + (6 - \omega^2)q_2 + 2q_1 q_2 \\ \omega(2 - \omega^2) + \omega q_1 + \omega q_2 \end{array} \right] \tag{5.4.7}$$

Die Jacobi-Matrix ergibt sich zu

$$\boldsymbol{J} = \left[\begin{array}{cc} 6 - \omega^2 + 2q_2 & 6 - \omega^2 + 2q_1 \\ \omega & \omega \end{array} \right] \tag{5.4.8}$$

und ihre Determinante ist

$$J = 2\omega(q_2 - q_1) \tag{5.4.9}$$

Anstelle einer Rasterung von q_2 und einer Abbildung der Geradenstücke wie in Beispiel 5.9 genügt es, die Kanten von Q und zusätzlich die Jacobi-Gerade $q_1 = q_2 = q$ abzubilden. Die Funktionen x und y hängen nur vom Parameter q ab und wir haben

$$\begin{aligned} x &= 2.25 - 2\omega^2 + (12 - 2\omega^2)q + 2q^2 \\ y &= \omega(2 - \omega^2) + 2\omega q \end{aligned}$$

mit $q \in [0.3\,;\,1.7]$ entsprechend den Schnittpunkten der Jacobi-Geraden mit der Q-Box, siehe Abb. 5.11. Das Bild der Jacobi-Geraden ist kein Geradenstück, deshalb muß dieses Stück gerastert werden.

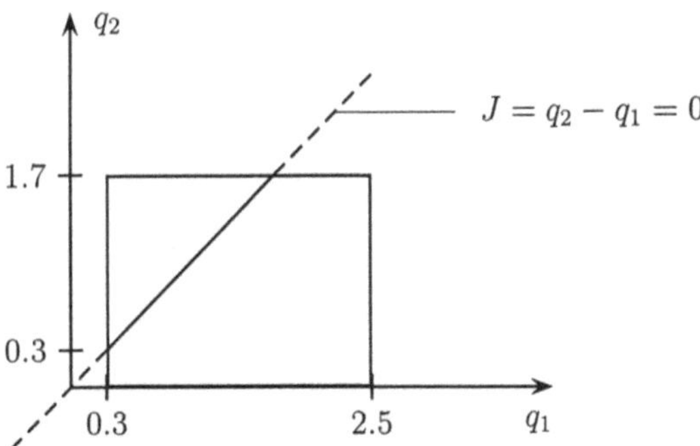

Abb. 5.11: Die Q-Box und die Jacobi-Gerade haben gemeinsame Punkte, deshalb muß die Jacobi-Gerade ebenfalls abgebildet werden, um die Berandung der Wertemenge zu bestimmen

Die Parameterdarstellung zeigt, daß das Bild der Jacobi-Geraden bei festem ω Teil einer Parabel ist. Abb. 5.12 zeigt die vollständige Wertemenge für $\omega = 2.2$, bestehend aus einem nichtkonvexen Viereck und einem Parabelteil, der sich aus der Bedingung $J = 0$ ergibt. $\qquad\qquad\qquad\qquad\qquad\qquad\qquad\qquad\qquad\qquad\qquad\qquad\qquad\qquad\qquad$ □

Im letzten Beispiel war die Gleichung der Jacobi-Geraden frequenzunabhängig. Deshalb ist zusätzlich zu den Ecken nur ein festes Segment der Jacobi-Geraden abzubilden. Im

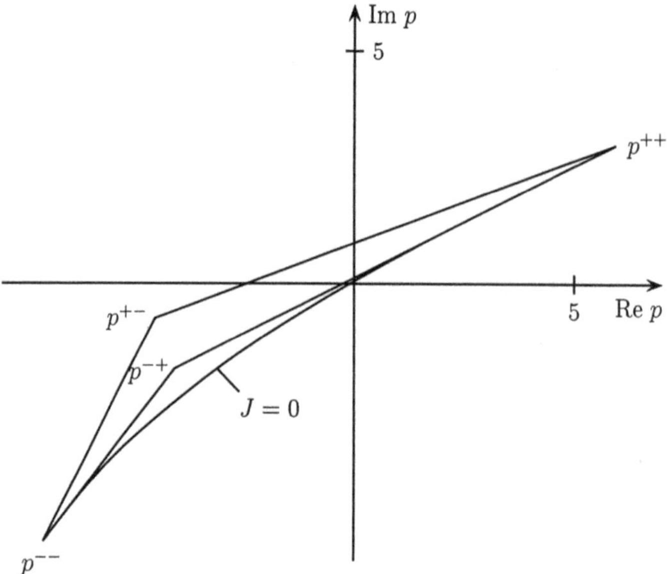

Abb. 5.12: Die Wertemenge, bestehend aus den Bilder der Kanten und der Jacobi-Geraden

allgemeinen ist die Jacobi-Gerade jedoch frequenzabhängig. Innere Punkte von Q, die zur Berandung der Wertemenge gehören, müssen für jede Frequenz neu bestimmt werden.

Anmerkung 5.6. Hängt eine der beiden Funktionen (5.4.4) nur von einem Parameter ab (z.B. sei x unabhängig von q_2), dann lauten die Abbildungsgleichungen

$$\begin{bmatrix} x \\ y \end{bmatrix} = \begin{bmatrix} \operatorname{Re} p(\mathrm{j}\omega^*, q_1) \\ \operatorname{Im} p(\mathrm{j}\omega^*, q_1, q_2) \end{bmatrix} = \begin{bmatrix} a_0(\omega^*) + a_1(\omega^*)q_1 \\ b_0(\omega^*) + b_1(\omega^*)q_1 + b_2(\omega^*)q_2 + b_{12}(\omega^*)q_1 q_2 \end{bmatrix}$$
(5.4.10)

Die Kanten parallel zur q_2-Achse bilden sich in Geradenstücke parallel zur imaginären Achse ab. Die dazugehörige Jacobi-Matrix ist

$$\boldsymbol{J} = \begin{bmatrix} a_1 & 0 \\ b_1 + b_{12}q_2 & b_2 + b_{12}q_1 \end{bmatrix}$$
(5.4.11)

mit

$$J = a_1(b_2 + b_{12}q_1) = 0$$
(5.4.12)

Die Jacobi-Gerade

$$q_1^* = -b_2/b_{12}$$

ist parallel zur imaginären Achse. Trotz der Tatsache, daß die Jacobi-Gerade die Q-Box schneidet, ist die Berandung der Wertemenge bereits vollständig durch das Bild der Kanten bestimmt. Eine Klassifikation aller möglichen Berandungen der Wertemenge im bilinearen Fall findet sich in [8]. $\square$

In der obigen Diskussion war $\ell = 2$ vorausgesetzt, wir ließen nur zwei unsichere Parameter q_1 und q_2 zu und demzufolge auch nur einen bilinearen Term $q_1 q_2$. Die nächste Definition ist die Erweiterung von Definition 5.3 auf ℓ Variable.

Definition 5.4. Seien $x = x(q_1, q_2, \ldots, q_\ell)$, $y = y(q_1, q_2, \ldots, q_\ell)$ zwei reelle Funktionen von ℓ Variablen. Dann ist die *Jacobi-Matrix* J der Funktionen x und y definiert durch

$$J := \begin{bmatrix} \dfrac{\partial x}{\partial q_1} & \dfrac{\partial x}{\partial q_2} & \cdots & \dfrac{\partial x}{\partial q_\ell} \\[2ex] \dfrac{\partial y}{\partial q_1} & \dfrac{\partial y}{\partial q_2} & \cdots & \dfrac{\partial y}{\partial q_\ell} \end{bmatrix}$$

$\square$

Die Bestimmung der Wertemenge bei ℓ Parametern erfordert wieder eine Abbildung der Kanten. Anstelle der Paare $[q_1 \; q_2]^T$ mit $J = 0$ müssen zunächst die Punkte $[q_1 \; q_2 \; \ldots \; q_\ell]^T \in Q$ bestimmt werden, für die J einen Rang < 2 besitzt. Dies bedeutet, daß alle 2×2-Unterdeterminanten von J verschwinden müssen. Die Lösungsvektoren dieses Systems von nichtlinearen Gleichungen tragen ebenfalls zur Berandung der Wertemenge bei. Diese Vektoren sind im allgemeinen nicht einfach zu beschreiben. Nur in Sonderfällen existiert eine zufriedenstellende Beschreibung. In den meisten Fällen wird es günstiger sein, die gerasterte Q-Box abzubilden, als das Gleichungssystem zu lösen. Ein Verfahren, das in speziellen Fällen die Anzahl der Rasterpunkte entscheidend reduzieren kann, wird im nächsten Kapitel gezeigt.

5.5 Der Abbildungssatz von Desoer

Für Polynomfamilien mit multilinearen Koeffizientenfunktionen ist der „Abbildungssatz" von Desoer [181] eine nützliche hinreichende Stabilitätsbedingung, die die Frequenzrasterung auf eine Teilmenge der nichtnegativen Frequenzen einschränken kann. Der robuste Stabilitätstest beruht auf dem Nullausschluß aus der Wertemenge, siehe Satz 4.11. Der Abbildungssatz liefert eine einfache Beschreibung der konvexen Hülle der Wertemenge.

Satz 5.4. *(Abbildungssatz von Desoer)*

Die konvexe Hülle der Wertemenge $\mathcal{P}(j\omega^*, Q)$ eines Polynoms mit multilinearen Koeffizientenfunktionen ist die konvexe Hülle der Bilder der Ecken von Q.

$\square$

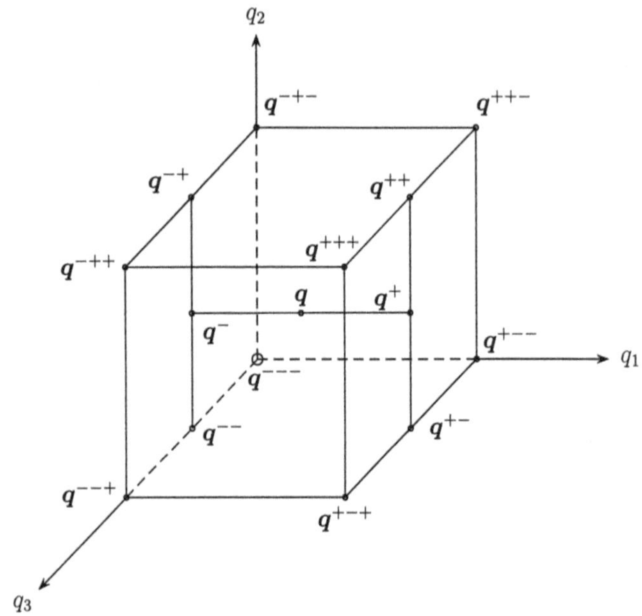

Abb. 5.13: Im Beweis von Satz 5.4 verwendete Bezeichnungen

Beweis.

Ohne Einschränkung der Allgemeinheit kann $q_i \in [0\,;1]$, $i = 1, 2, \ldots, \ell$ angenommen werden. Wir werden den Beweis des Abbildungssatzes für drei Parameter q_1, q_2, q_3 führen. Die Verallgemeinerung auf ℓ Parameter wird dann offensichtlich sein (Induktion über ℓ). In vier Schritten wird gezeigt werden, daß das Bild eines inneren Punktes der Q-Box in der konvexen Hülle der Bilder der acht Ecken enthalten sein muß, siehe Abb. 5.13. Mit conv$\{p_1, p_2, \ldots, p_m\}$ sei die konvexe Hülle von m Punkten bezeichnet, also

$$\text{conv}\{p_1, p_2, \ldots, p_m\} :=$$
$$\{p \mid p = \sum_{i=1}^{m} \lambda_i p^{(i)}, \quad \sum_{i=1}^{m} \lambda_i = 1, \quad \lambda_i \geq 0, \quad i = 1, 2, \ldots, m\} \quad (5.5.1)$$

Die Polynome $p^{(i)} = p(q^{(i)})$ werden erzeugt durch die entsprechenden Vektoren $q^{(i)}$, wie in Abb. 5.13 angedeutet. Bei festem $q_2 = q_2^*$, festem $q_3 = q_3^*$ und $q_1 \in [0\,;1]$ gilt

$$p(\mathrm{j}\omega^*, q_1, q_2^*, q_3^*) = (1 - q_1)p^- + q_1 p^+ \quad (5.5.2)$$

mit $p^- = p(\mathrm{j}\omega^*, 0, q_2^*, q_3^*)$, $p^+ = p(\mathrm{j}\omega^*, 1, q_2^*, q_3^*)$. Unter Benutzung der Bezeichnung von (5.5.1) läßt sich (5.5.2) schreiben als

$$p \subset \text{conv}\{p^-, p^+\} \quad (5.5.3)$$

Analog gilt

$$p^- \subset \operatorname{conv}\left\{p^{--}, p^{-+}\right\}, \quad p^+ \subset \operatorname{conv}\left\{p^{+-}, p^{++}\right\} \tag{5.5.4}$$

Im dritten Schritt kombinieren wir (5.5.3) mit (5.5.4) und erhalten

$$p \subset \operatorname{conv}\left\{p^{--}, p^{-+}, p^{+-}, p^{++}\right\} \tag{5.5.5}$$

und der letzte Schritt ergibt

$$p \subset \operatorname{conv}\left\{p^{---}, p^{--+}, p^{-+-}, p^{-++}, p^{+--}, p^{+-+}, p^{++-}, p^{+++}\right\} \tag{5.5.6}$$

$\square$

Beispiel 5.11.

$$p(s, q_1, q_2) = (1 + q_1 + q_2) + (1 + 0.5q_1 + q_2 + q_1 q_2)s \tag{5.5.7}$$

$$Q = \left\{\, q_1, q_2 \mid q_1 \in [0\,;\,1], q_2 \in [0\,;\,2]\,\right\} \tag{5.5.8}$$

Die Bilder der Ecken von Q sind mit $s = \mathrm{j}\omega$

$$
\begin{aligned}
p^{++} &= p(\mathrm{j}\omega, 1, 2) &&= 4 + 5.5\mathrm{j}\omega \\
p^{+-} &= p(\mathrm{j}\omega, 1, 0) &&= 2 + 1.5\mathrm{j}\omega \\
p^{--} &= p(\mathrm{j}\omega, 0, 0) &&= 1 + \mathrm{j}\omega \\
p^{-+} &= p(\mathrm{j}\omega, 0, 2) &&= 3 + 3\mathrm{j}\omega
\end{aligned}
$$

Für $\omega = 1$ sind in Abb. 5.14 die Bilder der vier Ecken von Q in der p-Ebene gezeigt (mit $p^{++}, p^{+-}, p^{--}, p^{-+}$ bezeichnet).

Die konvexe Hülle ist das Viereck p^{++}, p^{--}, p^{+-}, p^{-+}. Entlang der Kanten, d.h. bei festem q_1 oder festem q_2, ist p linear in den variierenden Parametern. Das Bild einer Kante von Q ist ein Geradenstück, welches die Bilder der entsprechenden Ecken von Q verbindet. Diese Kanten sind in Abb. 5.14 durchgezogen und gehören offensichtlich zur Wertemenge. Falls das Bild einer Kante zur konvexen Hülle gehört, wie z.B. $\overline{p^{--}\, p^{+-}}$, dann gehören diese Geradenstücke zur Berandung der Wertemenge, wie $\overline{p^{++}\, p^{-+}}$ und $\overline{p^{--}\, p^{+-}}$. Die punktierten Linien $\overline{p^{--}\, p^{++}}$ und $\overline{p^{+-}\, p^{-+}}$ vervollständigen die konvexe Hülle der Wertemenge. $\square$

Beispiel 5.12. Gegeben sei die Verladebrücke aus (1.1.6) mit $\ell \in [8\,;\,16]\,[\mathrm{m}]$, $m_C \in [100\,;\,2000]\,[\mathrm{kg}]$, $m_L = 2000\,[\mathrm{kg}]$ und $g = 10\,[\mathrm{ms}^{-2}]$ und dem Regelgesetz

$$u = -[500 \ \ 100 \ \ -100 \ \ 0]\,\boldsymbol{x}$$

und zu überprüfen ist die Hurwitz-Stabilität. Das charakteristische Polynom ist

$$p(s, m_C, \ell) = 5000 + 1000s + (20100 + 500\ell + 10m_C)s^2 + 100\ell s^3 + \ell m_C s^4$$

Für einen nominalen Punkt im Arbeitsbereich, zum Beispiel $\ell = 8\,[\mathrm{m}]$ und $m_C = 1000\,[\mathrm{kg}]$, läßt sich die Stabilität unmittelbar verifizieren. Die Frequenz wird gerastert

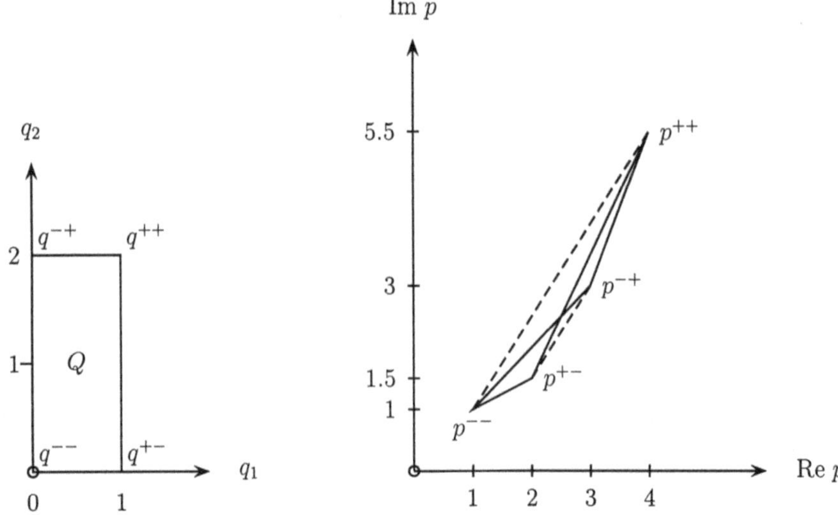

Abb. 5.14: Die Kantenbilder von Q und die konvexe Hülle der Wertemenge

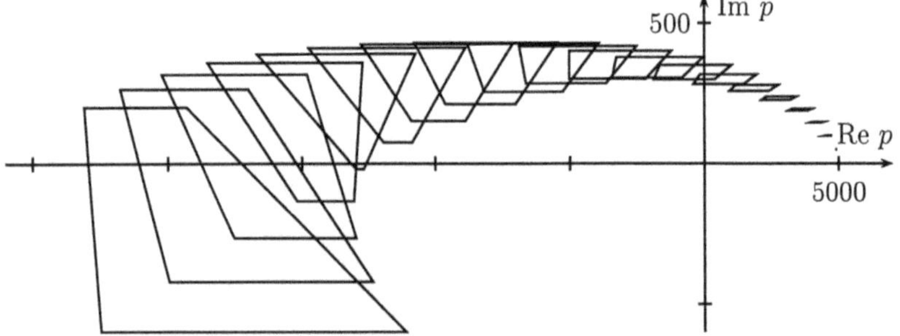

Abb. 5.15: Die konvexen Hüllen für das gegebene Beispiel und $\omega^* = k \cdot 0.05$, $k = 0, 1, \ldots, 20$

und für jeden Rasterpunkt $s = j\omega^*$ wird die konvexe Hülle der Wertemenge konstruiert. Das Ergebnis ist in Abb. 5.15 dargestellt. Für höhere Frequenzen (aus Skalierungsgründen nicht gezeigt) bewegen sich die Vierecke vom Ursprung weg in den vierten Quadranten hinein. Die Frequenzrasterung für ein Polynom vierten Grades kann abgebrochen werden, sobald die gesamte konvexe Hülle im vierten Quadranten liegt.

Offensichtlich liegt der Ursprung nicht in der konvexen Hülle für alle Frequenzen. Daher kann der Ursprung auch nicht in der Wertemenge für alle Frequenzen liegen und das Polynom ist robust stabil.   □

Liegt der Ursprung für ein gewisses Frequenzband $\omega \in \Omega$ in der konvexen Hülle der Wertemengen, dann liefert der Abbildungssatz keine endgültige Aussage über die Stabilität der Polynomfamilie. Eine notwendige und hinreichende Stabilitätsbedingung ergibt sich erst aus der Konstruktion der Wertemenge für ein Raster $\omega \in \Omega$ und der nachfolgenden Prüfung des Nullausschlusses von der Wertemenge. Für Frequenzen $\omega \notin \Omega$ ist die Konstruktion der Wertemenge nicht erforderlich. Dies ist durch die hinreichende Bedingung über die konvexe Hülle der Wertemenge bereits geklärt.

Eine interessante Anwendung des Abbildungssatzes sind die „Domain-splitting-Algorithmen" [53, 151, 152]. Diese Idee wird im nächsten Beispiel vorgestellt.

Beispiel 5.13. Betrachten wir das charakteristische Polynom

$$p(s, q_1, q_2) = 3 + 2s + (0.25 + 2q_1 + 2q_2)s^2 + 0.5(q_1 + q_2)s^3 + q_1 q_2 s^4$$

mit den unsicheren Parametern $q_i \in [1\,;\ 5]$, $i = 1, 2$. Die Eckenpolynome für $s = \mathrm{j}$ (d.h. $\omega = 1$) sind

$$
\begin{aligned}
p^{--} = p(\mathrm{j}, q_1^-, q_2^-) &= -0.25 + \mathrm{j} \\
p^{-+} = p(\mathrm{j}, q_1^-, q_2^+) &= -4.25 - \mathrm{j} \\
p^{++} = p(\mathrm{j}, q_1^+, q_2^+) &= 7.75 - 3\mathrm{j} \\
p^{+-} = p(\mathrm{j}, q_1^+, q_2^-) &= -4.25 - \mathrm{j}
\end{aligned}
$$

Die konvexe Hülle dieser Punkte ist in Abb. 5.16 dargestellt, sie enthält den Ursprung. Die Kanten $\overline{p^{--}\,p^{-+}}$ (zusammenfallend mit $\overline{p^{--}\,p^{+-}}$) und $\overline{p^{++}\,p^{-+}}$ (zusammenfallend mit $\overline{p^{++}\,p^{+-}}$) sind die Bilder der Kanten der Q-Box, sie gehören demnach zur Berandung der Wertemenge. Die Kante $\overline{p^{--}\,p^{++}}$ ist nicht das Bild einer Kante der Q-Box.

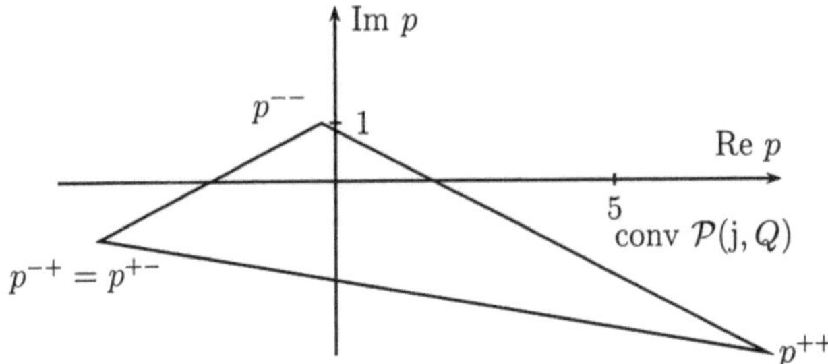

Abb. 5.16: Konvexe Hülle der Wertemenge für $s = \mathrm{j}$

In einem ersten Schritt wird der Variationsbereich der q_i in zwei Teilbereiche $Q_1 = \{q_1, q_2 \mid q_1 \in [1\,;\ 3],\ q_2 \in [1\,;\ 5]\}$ und $Q_2 = \{q_1, q_2 \mid q_1 \in [3\,;\ 5],\ q_2 \in [1\,;\ 5]\}$ aufgespalten, siehe Abb. 5.18. Das Polynom ist stabil genau dann, wenn es sowohl für Q_1 als auch für Q_2 stabil ist. Für beide Teilbereiche wird nun die konvexe Hülle konstruiert. Nunmehr liegt der Ursprung in conv $\mathcal{P}(\mathrm{j}, Q_1)$. Die sich jetzt ergebenden konvexen Hüllen sind nun in Abb. 5.17 dargestellt zusammen mit der konvexen Hülle aus dem vorhergehenden Schritt (gestrichelt).

Q_1 wird nun weiter aufgeteilt in $Q_3 = \{q_1, q_2 \mid q_1 \in [1\,;\ 3],\ q_2 \in [1\,;\ 3]\}$ und $Q_4 = \{q_1, q_2 \mid q_1 \in [1\,;\ 3],\ q_2 \in [3\,;\ 5]\}$ wie in Abb. 5.18 gezeigt. Die konvexen Hüllen, die von den Teilbereichen Q_2, Q_3 und Q_4 erzeugt wurden, enthalten nicht mehr den Ursprung. Die Vereinigungsmenge der konvexen Hüllen sind in Abb. 5.19 dargestellt.

$\square$

Bei polynomialer Abhängigkeit können die Koeffizienten überabgeschätzt werden. Man nimmt dabei die abhängigen Parameter als unabhängig an, z.B. $q_1^2 = q_1 q_1^*$ und der

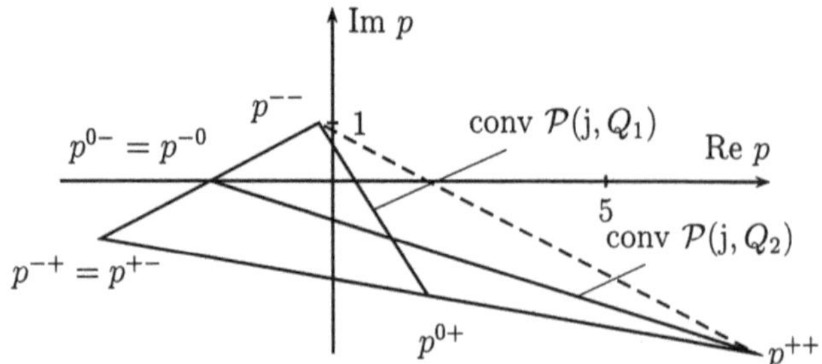

Abb. 5.17: Die konvexen Hüllen der Wertemengen nach der ersten Aufteilung

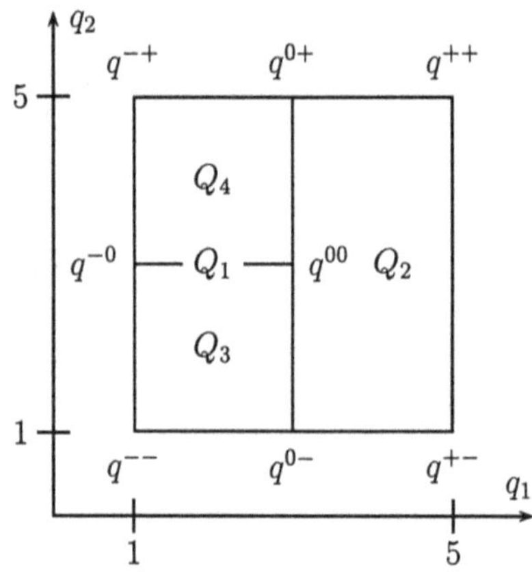

Abb. 5.18: Aufteilung des Unsicherheitsbereichs Q

überabgeschätzte Variationsbereich für q_1 und q_1^* ist das Intervall $[q_1^- \; ; \; q_1^+]$. Einzelheiten und Algorithmen zur Methode des „Domain-splitting" findet man in [53, 151, 152]. Diese Algorithmen erzeugen neben dem äußeren Rand der Wertemenge (hinreichende Bedingung) auch einen inneren Rand (notwendige Bedingung). Bilder der zusätzlichen Kanten müssen nämlich ebenfalls zur Wertemenge gehören. Im Beispiel 5.13 sind dies die Geradenstücke von p^{0-} nach p^{0+} und p^{-0} nach p^{00}. Der Algorithmus endet, wenn entweder die hinreichende Bedingung des Nullausschlusses erfüllt ist oder die notwendige Bedingung des Nullausschlusses verletzt wird.

Zusammenfassung

Im Kapitel 5 wurden mehrere Testmengen eingeführt. Bei Intervallpolynomen ersten oder zweiten Grades wird die Stabilität durch positive Koeffizienten garantiert. Testmengen Q_T für Polynome höheren Grades sind

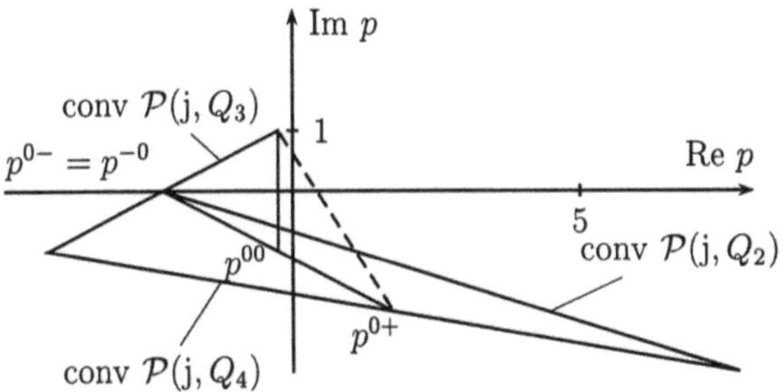

Abb. 5.19: Die konvexen Hüllen der Wertemengen nach der zweiten Aufteilung

n	Q_T
3	p^{+-}
4	p^{+-}, p^{++}
5	p^{+-}, p^{++}, p^{-+}
6	$p^{+-}, p^{++}, p^{-+}, p^{--}$

Die Anzahl der zu prüfenden Polynome erhöht sich für $n > 6$ nicht mehr. Der Test von vier Polynomen ist hinreichend für beliebige n. Für Polynomfamilien mit affinen Koeffizientenfunktionen in einer Parameterbox genügt es, die Kanten der Q-Box zu prüfen. Diese beiden Tests sind notwendige und hinreichende Stabilitätsbedingungen für Polynomfamilien. Für multilineare Koeffizientenfunktionen steht nur ein hinreichender Test zur Verfügung, der erfüllt ist, wenn der Ursprung für alle Frequenzen nicht in der konvexen Hülle der Wertemengen $\mathcal{P}(\mathrm{j}\omega, Q)$ liegt. Aufgespannt wird die konvexe Hülle von den Polynomen, die den Ecken von Q entsprechen. Im Falle zweier Parameter (bilineare Abhängigkeit) ist es möglich, diejenigen inneren Punkte von Q zu berechnen, die sich auf den Rand der Wertemenge abbilden.

5.6 Übungen

5.1. Prüfen Sie die folgenden unsicheren Polynome auf robuste Hurwitz-Stabilität:

a)
$$p(s, q_1, q_2, q_3) = (1 - q_1) + (-3 + q_2)s - q_3 s^2 - s^3$$

mit $q_1 \in [2\,;\,3]$, $q_2 \in [1\,;\,2]$ und $q_3 \in [3\,;\,4]$.

b)
$$p(s, q) = (3 - q) + (2 + 3q)s + (5 - 2q)s^2 + (3 + q)s^3$$

mit $q \in [0\,;\,2]$.

c)
$$p(s, q_1, q_2, q_3) = (3 + q_1) + (4 - q_2)s + 21s^2 + (6 + 2q_3)s^3 + s^4$$

mit $q_1 \in [-1 \, ; \, 1]$, $q_2 \in [0 \, ; \, 2]$ und $q_3 \in [1 \, ; \, 2]$.

d)

$$p(s, q_1, q_2) = (1 + 8q_1) + (2 + q_1 + q_2)s + (2 + q_1)s^2 + s^3$$

mit $q_1 \in [0 \, ; \, 4]$ und $q_2 \in [0 \, ; \, 1]$.

e)

$$p(s, q_1, q_2) = (6 + q_1 + q_2) + (5 + q_1 + 4q_2)s + 5s^2 + (1 + q_1)s^3 + 0.5(1 - q_2)s^4$$

mit $q_1 \in [-0.4 \, ; \, 0.4]$ und $q_2 \in [-0.7 \, ; \, 0.7]$.

5.2. Im Beispiel 5.8 sei $\ell = 2$ und $r = 0.1$.

a) Stellen Sie in der (q_1, q_2)-Ebene die stabilen und instabilen Gebiete dar.

b) Sei $q_1 \in [0 \, ; 1]$, $q_2 \in [0 \, ; 1]$. Welche inneren Punkte bilden sich auf den Rand der Wertemenge ab?

5.3. Zu untersuchen ist die Polynomfamilie $P(s, Q) = \{\, p(s, q_1, q_2, q_3) = \prod_{i=1}^{3}(s - q_i) \mid q_i \in [-\sqrt{3}; \sqrt{3}] \,\}$. Zeichnen Sie die konvexe Hülle der Wertemenge für $\omega^* = 0.5$.

5.4. Das das charakteristische Polynom (4.4.2) des Beispiels 4.8 soll untersucht werden. Die Polynomfamilie ist gegeben durch

$$p(s, q_1, q_2) = p_0(s) + q_1 p_1(s) + q_2 p_2(s) \tag{5.6.1}$$

mit

$$
\begin{aligned}
p_0(s) &= 183 + 50s + 135s^2 + 52s^3 + 40s^4 \\
p_1(s) &= -16 + 24s - 12s^2 + 4s^3 \\
p_2(s) &= -21 + 42s - 21s^2
\end{aligned}
$$

und $q_1 \in [530 \, ; 540]$, $q_2 \in [7575 \, ; 7750]$. Prüfen Sie die Stabilität mit Hilfe des Kantensatzes und vergleichen Sie das Ergebnis mit Abb. 4.7.

5.5. Sei $q_3 = 0$ im charakteristischen Polynom von Beispiel 4.14. Führen Sie einen Kantentest für $q_1 \in [10 \, ; 30]$ durch und zeichnen Sie die entsprechenden Eigenwerte der Bialas-Matrizen für a) $q_2 \in [0 \, ; 3]$, b) $q_2 \in [0 \, ; 5]$.

6 Wertemengenkonstruktion

In den vorausgehenden Kapiteln wurde der Stabilitätstest mit Nullausschluß von der Wertemenge als Konzept für die Beweise des Satzes von Kharitonov und des Kantensatzes benutzt. Für nichtlineare Parameterabhängigkeiten existieren keine solch einfachen Tests, es ist jedoch in bestimmten Fällen möglich, die Wertemenge zu konstruieren und diese für den Stabilitätstest mit Hilfe des Nullausschlusses zu verwenden. Die Wertemengenkonstruktion kann sehr schnell ausgeführt werden, wenn das System eine „Baumstruktur" besitzt.

In Kapitel 4 wurde gezeigt, daß ein unsicheres System mit dem charakteristischen Polynom $p(s, \boldsymbol{q})$ genau dann stabil ist, wenn

- ein $\boldsymbol{q}_0 \in Q$ existiert, so daß $p(s, \boldsymbol{q}_0)$ stabil ist und

- die Wertemengen $\mathcal{P}(j\omega, Q)$ für alle Frequenzen $\omega \in [0\,;\,\infty)$ den Ursprung ausschließen.

Ein Vorteil dieser Vorgehensweise ist, daß selbst ein hochdimensionaler Betriebsbereich immer in die zweidimensionale komplexe Ebene $\mathbb{C}$ abgebildet wird. Deshalb ist bei der Konstruktion von Wertemengen eine grafische Darstellung besonders geeignet. Die Mengen können für verschiedene Frequenzen auf dem Computerbildschirm dargestellt werden und der Anwender kann durch einfaches Betrachten der Mengen die Stabilität des unsicheren Polynoms untersuchen. Ist die Wertemengenkonstruktion schnell genug, so kann sogar eine Computeranimation der Mengen erzeugt werden, wobei die Wertemengen für anwachsende Frequenz auf dem Bildschirm dargestellt werden.

6.1 Sequentielle Wertemengenoperationen

Ist man an einer möglichst exakten Erzeugung der Wertemenge interessiert, so wird dichtes Rastern des Betriebsbereichs oft die einzige Möglichkeit dazu sein. In Fällen, in denen die charakteristische Gleichung bestimmte Eigenschaften besitzt, kann jedoch die Wertemengenkonstruktion drastisch vereinfacht werden.

Beispiel 6.1. Gegeben ist die Verladebrücke mit der Reglerstruktur aus Beispiel 2.9. Das charakteristische Polynom (2.3.7) ist

$$\tilde{p}(s) = (s^2\ell + g)[d(s)(k_1 + m_C s^2) + k_2 s] + d(s)s^2(m_L g - k_3) \qquad (6.1.1)$$

Die unsicheren Parameter sind m_L, m_C, ℓ, k_1, k_2 und k_3. Das Rastern dieser sechs Parameter soll so weit wie möglich vermieden werden. Gibt es andere Wege, um die Wertemenge für eine feste Frequenz zu erzeugen?

Vor der Erzeugung der Wertemengen von (6.1.1) betrachten wir ein einfacheres Teilproblem. Die Wertemenge des Terms $k_1 + m_C s^2$ soll für eine feste Frequenz $s = j\omega$ konstruiert werden. Dies ist einfach: der Parameter k_1 variiert in dem reellen Intervall mit den Grenzen k_1^- und k_1^+, der Parameter m_C variiert in den Grenzen m_C^- und m_C^+. Die Multiplikation von m_C mit $s^2 = -\omega^2$ ergibt das reelle Intervall $[-m_C^+\omega^2\,;\ -m_C^-\omega^2]$. Die Addition dieser beiden Intervalle ergibt $[-m_C^+\omega^2+k_1^-\,;\ -m_C^-\omega^2+k_1^+]$, welches wiederum reell ist. Im nächsten Schritt muß die Wertemenge des Terms $d(j\omega)(k_1 - m_C\omega^2) + k_2 j\omega$ erzeugt werden. Das Polynom $d(j\omega)$ ist für eine feste Frequenz eine komplexe Zahl. Wird nun die Wertemenge von $k_1 - m_C\omega^2$ als ein reeller Streckenabschnitt in der komplexen Ebene aufgefaßt, so bedeutet eine Multiplikation dieser Strecke mit $d(j\omega)$ eine Rotation und Skalierung der Menge entsprechend dem Real- und Imaginärteil von $d(j\omega)$. Die von $k_2 j\omega$ erzeugte Wertemenge muß nun zu dieser komplexen Strecke addiert werden. Das Ergebnis ist in Abb. 6.1 dargestellt, wobei sich die Kanten zu

$$p_1 = d(j\omega)(k_1^- - m_C^+\omega^2) + k_2^- j\omega, \quad p_2 = d(j\omega)(k_1^+ - m_C^-\omega^2) + k_2^- j\omega$$

$$p_3 = d(j\omega)(k_1^+ - m_C^-\omega^2) + k_2^+ j\omega, \quad p_4 = d(j\omega)(k_1^- - m_C^+\omega^2) + k_2^+ j\omega$$

ergeben.

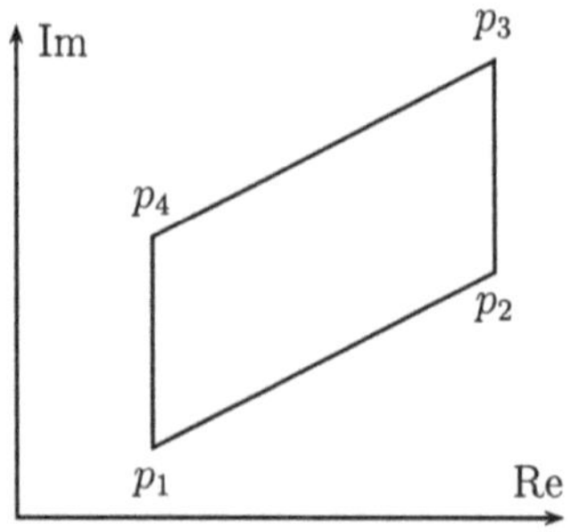

Abb. 6.1: Wertemenge von $d(s)(k_1 + m_C s^2) + k_2 s$ für eine feste Frequenz $s = j\omega$

In ähnlicher Weise kann die Wertemenge von $s^2\ell + g$ und $d(s)s^2(m_L g - k_3)$ einfach erzeugt werden. Der abschließende Konstruktionsschritt wäre dann die Multiplikation der Mengen $s^2\ell + g$ und $d(s)(k_1 + m_C s^2) + k_2 s$. Die Werkzeuge, mit deren Hilfe die Mengenmultiplikation ausgeführt werden kann, werden in den folgenden Abschnitten vorgestellt. Der Hauptpunkt ist, daß die Wertemengen sequentiell konstruiert werden können. Wesentlich mehr Aufwand wäre nötig gewesen, hätte man den Betriebsbereich dicht gerastert. $\qquad\square$

Das vorhergehende Beispiel zeigte, daß die Konstruktion wesentlich vereinfacht werden kann, wenn das Polynom in bestimmter Weise strukturiert ist. Dies ist der Fall, wenn jeder unsichere Parameter genau einmal in der charakteristischen Gleichung auftaucht. Nur dann können die „Submengen" (z.B. $[-m_C^+\omega^2 + k_1^- ; -m_C^-\omega^2 + k_1^+]$ in Beispiel 6.1) unabhängig voneinander erzeugt werden. In Kapitel 8 wird gezeigt, daß solche Strukturen häufig in Übertragungsfunktionen auftreten, die von Blockschaltbildern erzeugt wurden, in denen die Unsicherheiten jeweils in nur einem Block auftauchen.

Die Addition zweidimensionaler Wertemengen im letzten Beispiel war sehr einfach. Werden die Mengen jedoch komplizierter, so wird sich auch die Konstruktion mit Bleistift und Papier zunehmend schwieriger gestalten, von der Multiplikation noch gar nicht zu reden. Für solch schwierige Fälle ist es angebracht, die Multiplikation und Addition von komplexen Mengen algorithmisch zu beschreiben. Damit können dann diese Operationen mit Hilfe eines Rechenprogramms ausgeführt werden. Derartige Algorithmen sind bereits bekannt [24, 81], sie beschränken sich jedoch auf bestimmte Parameterabhängigkeiten oder sind nur auf konvexe Wertemengen anwendbar. Für unsere Anwendungen sollen die resultierenden (im allgemeinen nicht konvexen) Wertemengen nicht durch ihre konvexe Hülle angenähert werden, vielmehr ist eine exakte Berechnung der Wertemengen von Interesse.

6.2 Vereinfachung elementarer Wertemengenoperationen

Für die Mengenoperationen werden alle Mengen als abgeschlossen und beschränkt angenommen. Die vorerst benötigten Operationen sind Addition und Multiplikation. Sie sind wie folgt definiert:

$$\mathcal{C} = \mathcal{A} + \mathcal{B} = \{a + b \mid a \in \mathcal{A},\ b \in \mathcal{B}\} \tag{6.2.1}$$

$$\mathcal{C} = \mathcal{A} \cdot \mathcal{B} = \{a \cdot b \mid a \in \mathcal{A},\ b \in \mathcal{B}\} \tag{6.2.2}$$

Jeder Punkt der Menge $\mathcal{A}$ wird zu (mit) jedem Punkt der Menge $\mathcal{B}$ addiert (multipliziert). Im folgenden werden Vereinfachungen dieser beiden Operationen vorgestellt.

Angenommen, ein Punkt $a \in \mathcal{A}$ besitzt eine offene Umgebung $\mathcal{N}(a)$ in der Menge $\mathcal{A}$. Wird diese offene Menge $\mathcal{N}(a)$ mit einem Punkt $b \in \mathcal{B}$ multipliziert, so ist das Ergebnis wiederum eine offene Menge. Deshalb können Punkte in der Menge $\mathcal{C} = \mathcal{A} \cdot \mathcal{B}$, für die keine offene Umgebung in der Menge $\mathcal{C}$ existiert, nur von Punkten $a \in \mathcal{A}$ und $b \in \mathcal{B}$ herrühren, die ebenfalls keine offenen Umgebungen in den Mengen $\mathcal{A}$ und $\mathcal{B}$ besitzen. Dies sind Berandungspunkte $a \in \partial\mathcal{A}$ und $b \in \partial\mathcal{B}$, und deshalb

$$\partial\mathcal{C} \subset \partial\mathcal{A} \cdot \partial\mathcal{B} \tag{6.2.3}$$

In ähnlicher Weise gilt für die Addition $C = A + B$ zweier Mengen

$$\partial C \subset \partial A + \partial B \tag{6.2.4}$$

Die Wertemengen werden in erster Linie für den Stabilitätstest mit Hilfe des Nullausschlusses konstruiert. Zu diesem Zweck genügt es, die Berandung der Wertemenge zu kennen, die mit Hilfe von (6.2.3) und (6.2.4) vereinfacht konstruiert werden kann.

Addition

Wie bereits in (6.2.4) gezeigt wurde, ist die Berandung der Menge $C = A + B$ in der Menge $\partial A + \partial B =: C_A$ enthalten. Es können Punkte $a \in \partial A$ und $b \in \partial B$ existieren, so daß $c = a + b \notin \partial C$: Auch innere Punkte der Menge C werden durch die Operation $\partial A + \partial B$ erzeugt. Die Berandung der Menge C_A ist nicht notwendigerweise identisch mit der Berandung der Menge C. Es können Punkte auf der Berandung ∂C_A existieren, die eine offene Umgebung in der Menge C besitzen und somit nicht Randpunkte von C sind. Die Menge dieser Punkte soll mit C_{AI} bezeichnet werden:

$$\partial C_A = \partial(\partial A + \partial B) = \partial C \cup C_{AI}, \quad \partial C \cap C_{AI} = \emptyset \tag{6.2.5}$$

Beispiel 6.2. Die in Abb. 6.2 dargestellten Wertemengen A und B sollen addiert werden. Das Ergebnis der Operation $C_A = \partial A + \partial B$ ist in Abb. 6.3 dargestellt. Die Menge

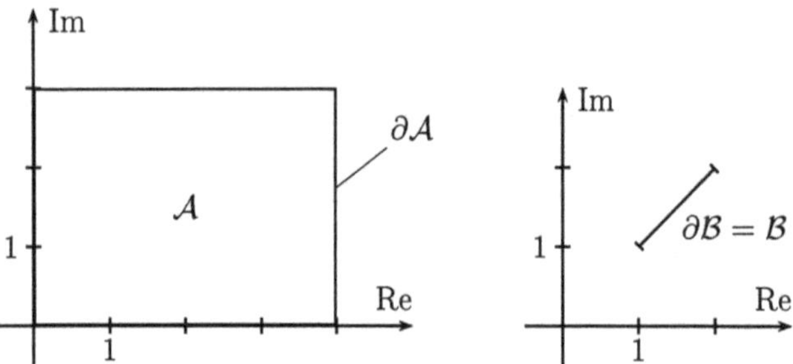

Abb. 6.2: Wertemengen A und B

$C = A + B$ wird grau dargestellt, die Menge $C_A = \partial A + \partial B$ schraffiert. Die Menge C_{AI} ist die Berandung der Menge C_A, aber nicht die der Menge C. Der innere rechteckige Teil C_{AI} der Berandung der Menge $\partial A + \partial B$ gehört nicht zu ∂C. $\qquad \square$

Multiplikation

Auch bei der Multiplikation ist die Berandung der resultierenden Wertemenge von Interesse. Ähnlich wie bei der Addition kann die Berandung des Produkts $C_M := \partial A \cdot \partial B$ Punkte mit einer offenen Umgebung in der Menge C beinhalten, die somit keine Berandungspunkte der Menge C sein können. Die Menge dieser Punkte soll als C_{MI} bezeichnet werden:

$$\partial C_M = \partial(\partial A \cdot \partial B) = \partial C \cup C_{MI}, \quad \partial C \cap C_{MI} = \emptyset \tag{6.2.6}$$

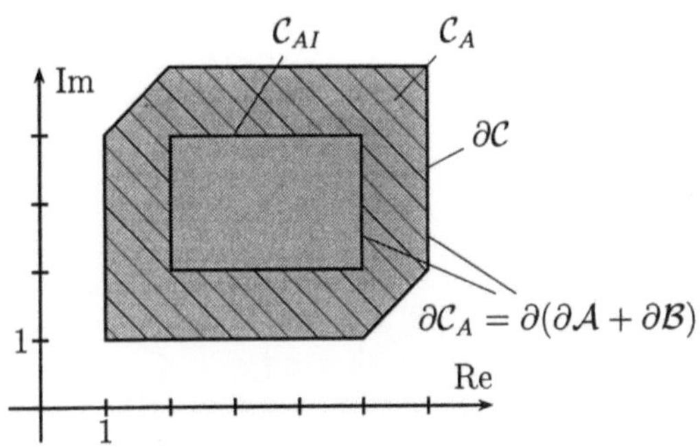

Abb. 6.3: Summe der Wertemengen $\partial\mathcal{A}$ und $\partial\mathcal{B}$

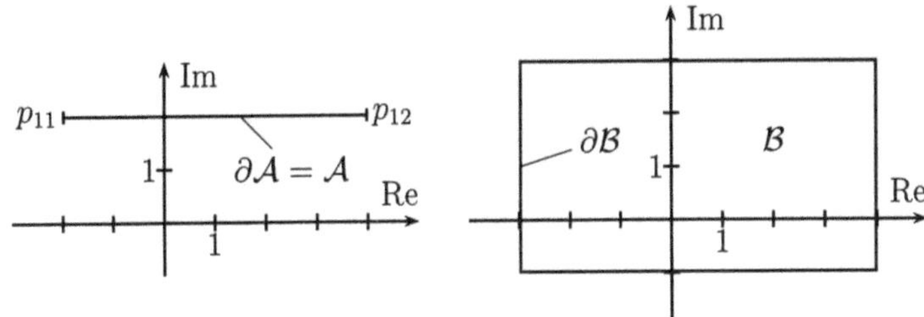

Abb. 6.4: Wertemengen $\mathcal{A}$, $\mathcal{B}$

Beispiel 6.3. Die in Abb. 6.4 dargestellten Mengen $\mathcal{A}$ und $\mathcal{B}$ sollen miteinander multipliziert werden. Abbildung 6.5 zeigt das Produkt $\mathcal{C}_M = \partial\mathcal{A} \cdot \partial\mathcal{B}$ der Berandungen. Die Wertemenge $\mathcal{C} = \mathcal{A} \cdot \mathcal{B}$ wurde grau dargestellt, die Menge $\mathcal{C}_M = \partial\mathcal{A} \cdot \partial\mathcal{B}$ schraffiert. Der innere Teil $\mathcal{C}_{MI}$ der Berandung der Mengen $\partial\mathcal{A} \cdot \partial\mathcal{B}$ gehört nicht zur Berandung $\mathcal{C}$. In Abb. 6.5 ist die konvexe Hülle der Menge $\mathcal{A} \cdot \mathcal{B}$ gestrichelt eingezeichnet. Sie wird durch den Abbildungssatz (Satz 5.4) bestimmt. $\qquad\Box$

Das obige Beispiel zeigt, daß die resultierende Wertemenge $\mathcal{C} = \mathcal{A} \cdot \mathcal{B}$ nicht konvex sein muß, obwohl die Mengen $\mathcal{A}$ und $\mathcal{B}$ konvex sind. Das nächste Beispiel zeigt, daß die Wertemenge $\mathcal{C} = \mathcal{A} \cdot \mathcal{B}$ nicht einfach-zusammenhängend sein muß, selbst wenn die Mengen $\mathcal{A}$ und $\mathcal{B}$ diese Eigenschaft besitzen.

Beispiel 6.4. Die Wertemenge des Polynoms

$$p(s, \boldsymbol{q}) = \prod_{i=1}^{3}(s + q_i) \tag{6.2.7}$$

ist für $s = 0.5\mathrm{j}$ und $q_i \in [-\sqrt{3}\,;\ \sqrt{3}]$ zu konstruieren. Die Wertemengen der drei Subpolynome sind Streckenabschnitte in der komplexen Ebene, parallel zur reellen Achse, siehe Abb. 6.6. Somit müssen zur Erzeugung der Menge $\mathcal{P}$ drei Streckenabschnitte miteinander multipliziert werden. Das Resultat ist in Abb. 6.7 dargestellt. Die Berandung der Wertemenge ist nun nicht mehr einfach zusammenhängend. Die Frage, wann die innere Berandung einer Wertemenge vernachlässigt werden kann, ist noch offen. Es sind

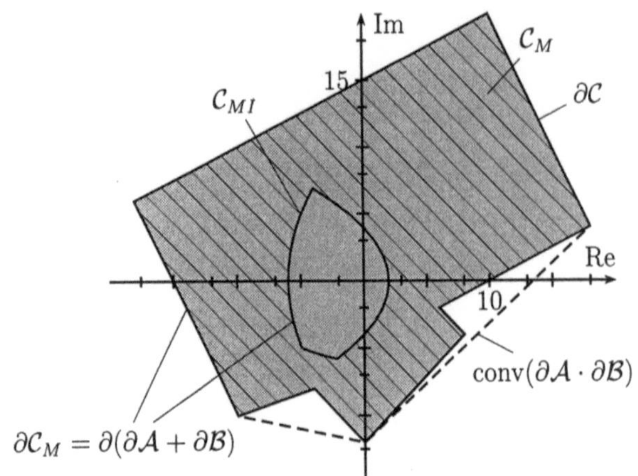

Abb. 6.5: Produkt der Berandung zweier komplexer Mengen

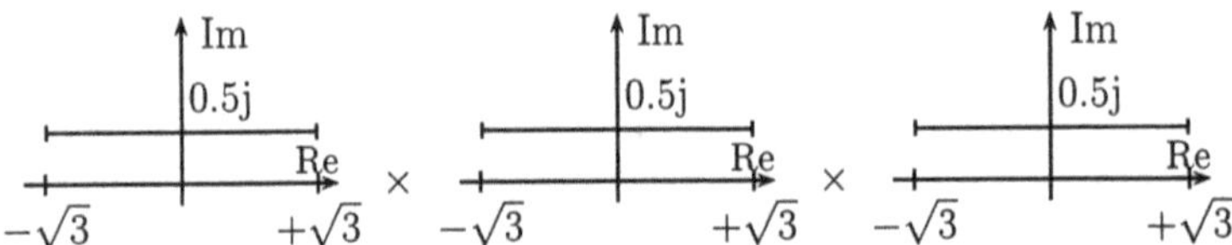

Abb. 6.6: Wertemengen der Subpolynome

Fälle vorstellbar, in denen die Wertemenge für einen Frequenzbereich den Ursprung umschlingt, ohne ihn zu enthalten. Einige Wertemengen des Polynoms (6.2.7) sind in Abb. 6.8 dargestellt.

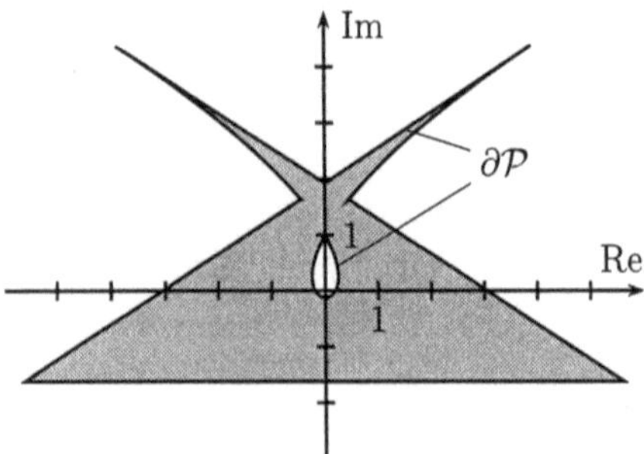

Abb. 6.7: Produkt dreier Streckenabschnitte

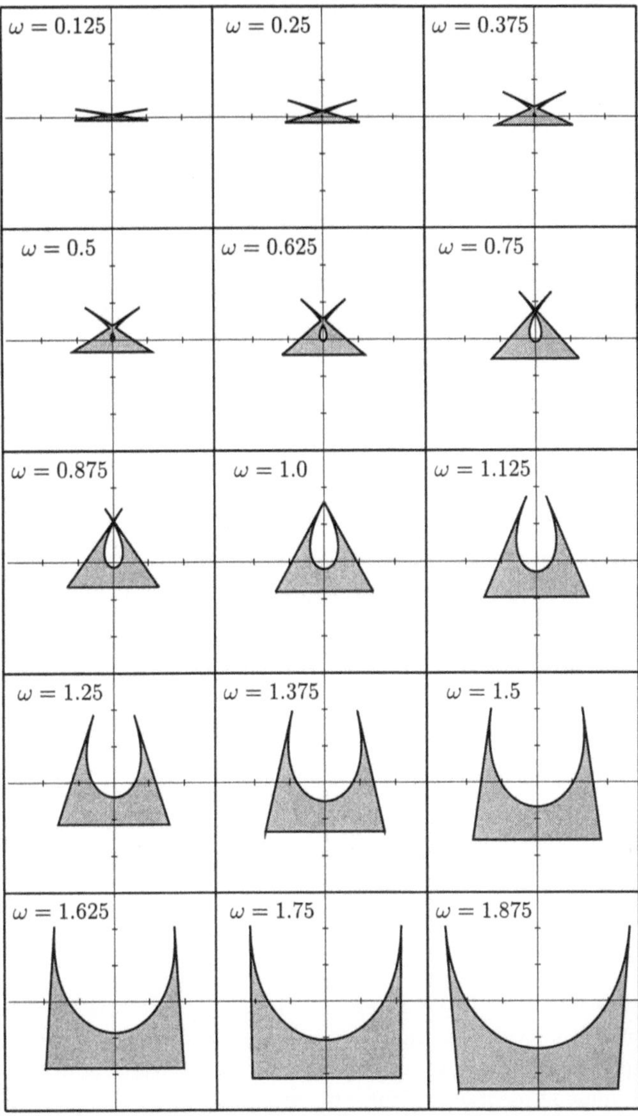

Abb. 6.8: Wertemengen des unsicheren Polynoms (6.2.7)

6.3   Rechnergestützte Wertemengenoperationen

Im letzten Abschnitt wurden Vereinfachungen für die Wertemengenoperationen untersucht. Es wurde gezeigt, daß es ausreicht, die Wertemengenberandungen zu addieren bzw. zu multiplizieren. Bei mehreren aufeinanderfolgenden Mengenoperationen werden diese am besten mit Hilfe eines Rechners ausgeführt. Die dazu benötigten Algorithmen müssen effizient und schnell sein.

Ein erstes Problem ist die Darstellungsweise der Wertemenge durch den Rechner. Eine analytische Berechnung der Berandung der Wertemenge ist durchaus vorstellbar. In diesem Fall würde die Berandung durch stückweise stetige und differenzierbare Kurvenzüge dargestellt werden. Werden zwei Mengen miteinander multipliziert, so steigt nicht nur die Ordnung dieser Kurven, sondern auch die Anzahl der an der Berandung beteiligten Kurvenzüge. Mit jeder weiteren Operation wird es somit immer schwieriger und aufwendiger, die genaue Berandung zu bestimmen.

Eine andere Möglichkeit, die hier verfolgt werden soll, ist die Annäherung der Wertemengenberandung durch Polygonzüge. Beispiel 6.2 und Beispiel 6.3 zeigten, daß auch innere Punkte bei den betrachteten Wertemengenoperationen entstehen können. Diese müssen vor jeder erneuten Mengenoperation eliminiert werden, um wieder eine Polygondarstellung der Mengenberandung zu erhalten.

Vor jeder Wertemengenoperation $\mathcal{A} + \mathcal{B}$ oder $\mathcal{A} \cdot \mathcal{B}$ werden nun die beiden Berandungen der Mengen $\mathcal{A}$ und $\mathcal{B}$ durch Polygone approximiert. Beide Polygone bestehen aus Streckenzügen, wie sie z.B. in Abb. 6.9 dargestellt sind.

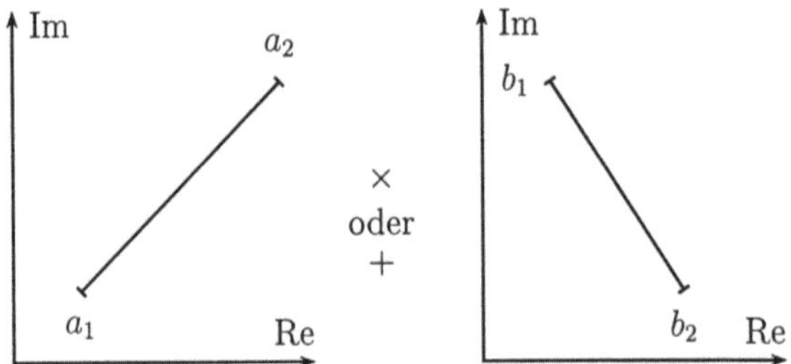

Abb. 6.9: Elementare Wertemengenoperationen

Für die Addition muß nun jeder Streckenabschnitt der Berandung der Menge $\mathcal{A}$ zu jedem Streckenabschnitt der Berandung der Menge $\mathcal{B}$ addiert werden. Das gleiche gilt bei der Multiplikation. Das gewünschte Ergebnis ist die Vereinigungsmenge der Mengen, die durch diese elementaren Mengenoperationen entstanden sind. Die Ausführung dieser Elementaroperationen wird im folgenden besprochen.

Addition

Das Ergebnis einer Addition zweier Streckenabschnitte ist ein Parallelogramm, wie es in Abb. 6.10 dargestellt ist. Die Kanten werden durch $c_{ij} = a_i + b_j$, $i,j = 1,2$ gebildet.

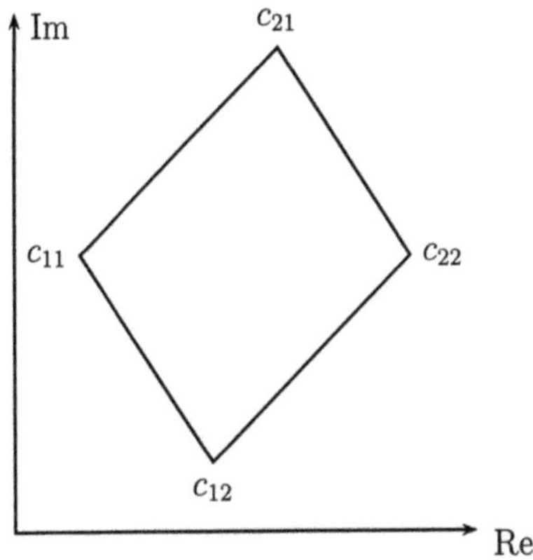

Abb. 6.10: Summe zweier Streckenabschnitte

Multiplikation

Die in Abb. 6.9 dargestellten Strecken sollen miteinander multipliziert werden. Die Streckenabschnitte können durch $a_1 + \alpha(a_2 - a_1)$, $\alpha \in [0\,;\,1]$, und $b_1 + \beta(b_2 - b_1)$, $\beta \in [0\,;\,1]$, beschrieben werden. Das Produkt ist dann

$$\mathcal{C} = \{c(\alpha, \beta) \mid \alpha \in [0\,;\,1], \; \beta \in [0\,;\,1]\}$$

wobei

$$c(\alpha, \beta) = [a_1 + \alpha(a_2 - a_1)] \cdot [b_1 + \beta(b_2 - b_1)]$$

Diese Gleichung kann als unsicherer, multilinearer Term in α und β aufgefaßt werden. Somit kann seine Wertemenge sehr einfach mit Hilfe der Jacobi-Bedingung bestimmt werden, siehe Kapitel 5. Neben den Kanten des Unsicherheitsbereichs tragen auch Punkte, für die die Jacobi-Determinante

$$J(\alpha, \beta) = \begin{vmatrix} \dfrac{\partial \mathrm{Re}\, c(\alpha, \beta)}{\partial \alpha} & \dfrac{\partial \mathrm{Re}\, c(\alpha, \beta)}{\partial \beta} \\[2ex] \dfrac{\partial \mathrm{Im}\, c(\alpha, \beta)}{\partial \alpha} & \dfrac{\partial \mathrm{Im}\, c(\alpha, \beta)}{\partial \beta} \end{vmatrix}$$

verschwindet, zur Berandung der resultierenden Wertemenge bei. Die entstehende Jacobi-Kurve ist eine Parabel, die wiederum durch einen Polygonzug angenähert wird. Die Ergebniswertemenge ist konvex, wenn die Jacobi-Determinante für $\alpha \in [0\,;\,1]$ und $\beta \in [0\,;\,1]$ nicht verschwindet. Die Ecken dieser konvexen Menge sind durch die vier Punkte $c_{ij} = a_i \cdot b_j$, $i, j = 1, 2$ bestimmt. Zwei mögliche Formen der resultierenden Wertemenge sind in Abb. 6.11 dargestellt.

Die Bestimmung dieser Wertemenge ist auch ohne Ermittlung der Jacobi-Determinante möglich. Dazu werden zunächst die vier Punkte c_{ij} berechnet und in der Reihenfolge c_{11}-c_{12}-c_{22}-c_{21}-c_{11} miteinander verbunden. Das Endergebnis hat man bereits erhalten, wenn die entstehende Menge konvex ist. Ist dies nicht der Fall, so werden zwei gegenüberliegende Strecken im gleichen Teilungsverhältnis unterteilt und die Teilungspunkte entsprechend miteinander verbunden, siehe Abb. 6.12. Dadurch wird die Jacobi-Kurve

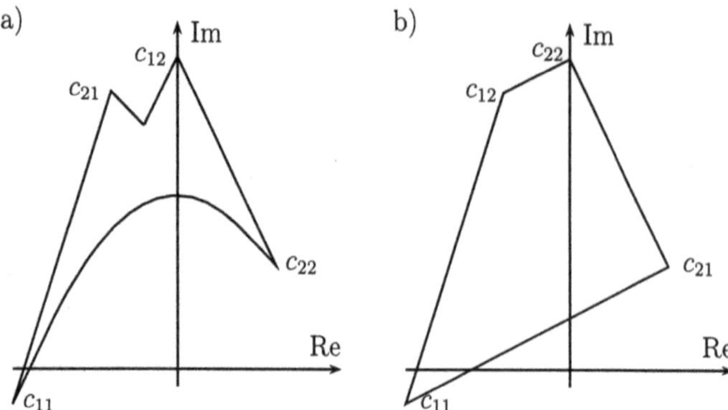

Abb. 6.11: Produkt zweier Streckenabschnitte: a) die Jacobi-Determinante verschwindet, b) die Jacobi-Determinante verschwindet nicht, d.h. die Wertemenge ist konvex

angenähert, die Anzahl der Teilungspunkte bestimmt dabei die Genauigkeit der Approximation.

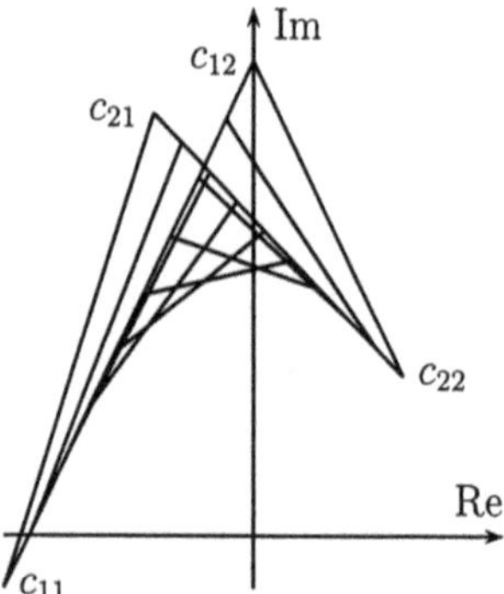

Abb. 6.12: Konstruktion des Produkts zweier Strecken durch Approximation

Elimination innerer Punkte

Für weitere Wertemengenoperationen müssen innere Punkte, die durch eine vorausgegangene Addition oder Multiplikation entstanden sein können, eliminiert werden. Eine Möglichkeit sind dabei modifizierte Schnittalgorithmen, wie sie z.B. in [141] vorgeschlagen werden. Eine andere Möglichkeit ist wie folgt: Die sich durch die Elementaroperationen ergebenden Polygone werden an einen Grafikprozessor weitergegeben, der diese in einem internen, unsichtbaren Rasterdisplay ausgibt. Anschließend ermittelt ein Konturalgorithmus die Berandung dieser grafisch dargestellten Wertemenge. Das Ergebnis ist eine Liste von Pixelkoordinaten, die vereinfacht werden kann, indem z.B. Pixel, die auf einer Geraden liegen, entfernt werden. In Abb. 6.13 ist schematisch dieser Algorithmus dargestellt. Links ist ein Teil der Vereinigungsmenge der Wertemengen zu sehen, rechts davon dessen Darstellung in einem Rasterdisplay. Die grauen Pixel bezeichnen diejenigen Pixel, die bereits vom Konturalgorithmus gefunden wurden. Nachdem der

Algorithmus einen Startpunkt gefunden hat, sucht er sukzessiv benachbarte Pixel entlang der Berandung der dargestellten Menge, bis er wieder auf das Startpixel trifft. In Abb. 6.13 muß der Algorithmus noch zusätzlich die vier durch x gekennzeichneten Pixel finden, bis der Startpunkt wieder erreicht wurde und die Kontur geschlossen ist.

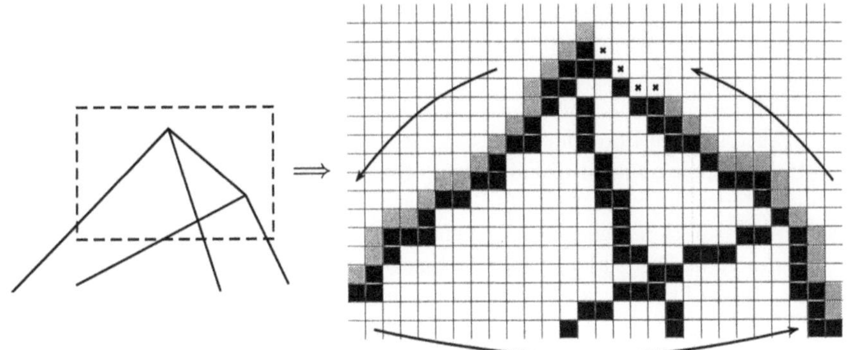

Abb. 6.13: Konturalgorithmus

6.4 Farbkodierung von Wertemengen

Mit den Wertemengen erhält man wichtige Informationen über das System. Man kann jedoch z.B. nicht aus ihnen schließen, für welche Parameterkombinationen sich der geringste Abstand der Wertemenge zum Ursprung ergibt. Für den Reglerentwurf ist die Kenntnis solch kritischer Betriebspunkte sehr wertvoll. Eine Möglichkeit zur Identifikation dieser kritischen Betriebszustände ist die Farbkodierung der Wertemenge. Im Fall von zwei unsicheren Parametern wird jeder Ecke des Betriebsbereichs ein Farbwert zugewiesen. Somit kann für jeden inneren Punkt des Betriebsbereichs ein entsprechender Farbwert interpoliert werden. Der farbige Wertebereich wird dann über das charakteristische Polynom in die komplexe Ebene abgebildet.

Beispiel 6.5. Gegeben sei der Bus O 305 mit den Daten aus Tabelle 1.3. Das charakteristische Polynom der Gierdynamik ist

$$p(s, \tilde{m}, v) = 270 \cdot 10^9 + 16670\tilde{m}v^2 + 1.08 \cdot 10^6\tilde{m}vs + \tilde{m}^2v^2s^2 \qquad (6.4.1)$$

Die unsicheren Parameter Geschwindigkeit v und virtuelle Masse $\tilde{m}$ variieren in den Intervallen $v \in [3\,;\ 20]\,[\mathrm{m} \cdot \mathrm{s}^{-1}]$ und $\tilde{m} \in [9950\,;\ 32000]\,[\mathrm{kg}]$. Die Gierdynamik ist stabil für positive Geschwindigkeiten, unabhängig von den Parameterwerten für Geschwindigkeit und virtuelle Masse; die Koeffizientenfunktionen sind immer positiv und das ist eine notwendige und hinreichende Stabilitätsbedingung für dieses System zweiter Ordnung. In der Stabilitätsanalyse soll untersucht werden, ob der maximale Realteil der Eigenwerte der Gierdynamik den Wert -0.8 nicht überschreitet. Nun ist die Frage nach robuster Stabilität nicht mehr so einfach zu beantworten. Die komplexe Frequenz s in (6.4.1) wird durch $-0.8 + j\omega$ ersetzt und die Wertemenge kann nun für feste Frequenzen $\omega = \omega^*$ konstruiert werden. Der Einfluß der verschiedenen Betriebszustände wird dabei durch Farbkodierung illustriert.

Für die Farbkodierung wird jeder Ecke des Betriebsbereichs eine Farbe zugewiesen, so bezeichnet z.B. die Farbe grün den Betriebsfall mit minimaler Masse und minimaler Geschwindigkeit. Ein Raster wird nun dem farbigen Betriebsbereich überlagert und dieses Farbraster, das in Farbtafel 1 (am Ende des Buchs) dargestellt ist, wird über das charakteristische Polynom (6.4.1) in die komplexe Ebene abgebildet. Einige farbkodierte Wertemengen sind in Farbtafel 2 abgebildet. Die Wertemenge wird nicht nur durch die Bilder der Kanten der Q-Box begrenzt, auch innere Punkte des Betriebsbereichs tragen zur Berandung der Wertemenge bei. Für niedrige Frequenzen ist besonders der durch die Farbe blau gekennzeichnete Betriebsfall (hohe Geschwindigkeit, hohe virtuelle Masse) kritisch, bei höheren Frequenzen erweisen sich die mit grün und gelb gekennzeichneten Betriebsfälle (niedrige Geschwindigkeit) als kritisch. Keine der konstruierten Wertemengen beinhaltet den Ursprung. Mit weiteren Konstruktionen von Wertemengen bestätigt sich die robuste Stabilität der Giergeschwindigkeit für den gegebenen Betriebsbereich, d.h. für den gesamten Betriebsbereich liegen alle Eigenwerte der Gierdynamik links von der Geraden parallel zur imaginären Achse und Realteil -0.8.

Interessanterweise ändert die Wertemenge kaum ihre Gestalt mit anwachsender Frequenz. Vom Ursprung aus betrachtet liegt derjenige Teil der Berandung der Wertemenge, der durch innere Betriebspunkte erzeugt wird, immer auf der gegenüberliegenden Seite der Wertemenge. Deshalb würde in diesem Fall eine mögliche Instabilität zuerst an den Kanten des Betriebsbereichs auftreten. $\qquad\qquad\qquad\qquad\square$

6.5 Baumstrukturierte Zerlegung

Mit Beispiel 6.1 wurde bereits das Konzept der Baumstruktur eines Polynoms zur Wertemengenberechnung eingeführt. Die Struktur des charakteristischen Polynoms kann grafisch in einem Baumdiagramm dargestellt werden. Deshalb spricht man auch von baumstrukturierter Zerlegung (engl. *tree structured decomposition*, TSD). Der Baum des unsicheren Polynoms (6.1.1) ist in Abb. 6.14 zu sehen. Die Terme in der untersten Zeile werden elementare Subpolynome genannt. In diesem einfachen Beispiel hängen die Subpolynome jeweils von nur einem unsicheren Parameter in linearer Weise ab. Im allgemeinen können auch multilineare und polynomiale Parameterabhängigkeiten auftreten. Der Grundgedanke ist, Subpolynome mit voneinander unabhängigen Unsicherheiten zu erhalten, wobei die Anzahl der in diesen Subpolynomen enthaltenen unsicheren Parameter klein sein soll. Für diese Fälle können die Wertemengen auch für kompliziertere Parameterabhängigkeiten konstruiert werden. Weitere Subpolynome in den höheren Zeilen entstehen durch Addition bzw. Multiplikation von Subpolynomen aus darunterliegenden Zeilen.

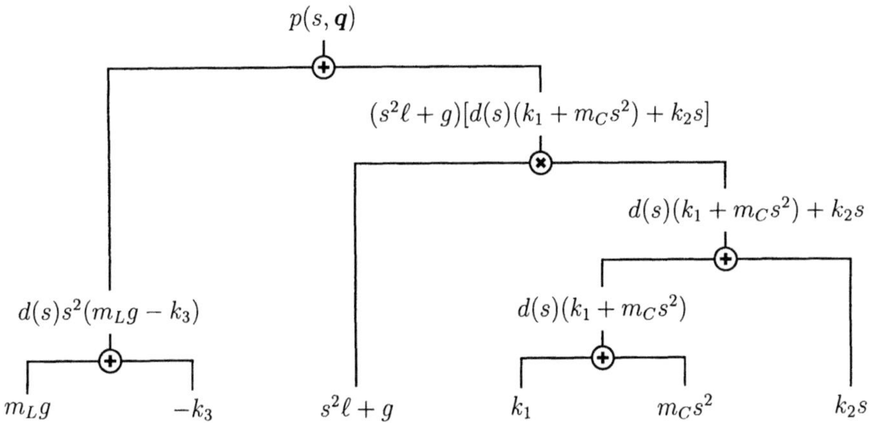

Abb. 6.14: Baumstruktur des charakteristischen Polynoms (6.1.1)

Welche Polynome $p(s, \boldsymbol{q})$ sind nun strukturiert wie das Polynom (6.1.1)? Im folgenden werden einige Definitionen aus [31] vorgestellt, mit denen die baumstrukturierte
Zerlegung eines Polynoms definiert werden kann.

Die *Indexmenge I* von ℓ Intervallparametern ist definiert als

$$I := \{1, 2, \ldots, \ell\} \tag{6.5.1}$$

Die *Indexzerlegung* einer Indexmenge I ist definiert als

$$\begin{aligned} I_1 \cup I_2 &= I \\ I_1 \cap I_2 &= \emptyset \\ I_1 \neq \emptyset,\ I_2 &\neq \emptyset \end{aligned} \tag{6.5.2}$$

Somit wird ein Element von I entweder der Indexmenge I_1 oder der Indexmenge I_2
zugeordnet. Der *Subvektor $\boldsymbol{q}^{I_j}$* besteht aus den Parametern q_i mit $i \in I_j$.

Ein Polynom $p(s, \boldsymbol{q})$ wird *summenzerlegbar* genannt, wenn eine Indexzerlegung I_1, I_2
existiert, so daß

$$p(s, \boldsymbol{q}) = p_1(s, \boldsymbol{q}^{I_1}) + p_2(s, \boldsymbol{q}^{I_2}) \tag{6.5.3}$$

Ein Polynom $p(s, \boldsymbol{q})$ ist *produktzerlegbar*, falls eine Indexzerlegung I_1, I_2 existiert, so daß

$$p(s, \boldsymbol{q}) = p_1(s, \boldsymbol{q}^{I_1}) \cdot p_2(s, \boldsymbol{q}^{I_2}) + p_0(s) \tag{6.5.4}$$

Die Polynome $p_1(s, \boldsymbol{q}^{I_1})$ und $p_2(s, \boldsymbol{q}^{I_2})$ werden als *Subpolynome* des Polynoms $p(s, \boldsymbol{q})$ bezeichnet. In weiteren möglichen Summen- oder Produktzerlegungen können zusätzliche
Subpolynome entstehen. Ein Polynom ist *unzerlegbar*, wenn weder eine Summen- noch
eine Produktzerlegung möglich ist. Ein unsicheres Polynom $p(s, \boldsymbol{q})$ ist *k-zerlegbar*, wenn
eine Folge von Zerlegungen existiert, so daß die unzerlegbaren Subpolynome höchstens
von k unsicheren Parametern abhängen. Für den Fall $k = 1$ ist das Polynom *vollständig
zerlegbar*.

Beispiel 6.6. Gegeben ist das Polynom

$$p(s, \boldsymbol{q}) = (q_1 q_2 + q_3 + q_3^2) + (q_1 - 4q_2 + q_3 + 3)s \qquad (6.5.5)$$

In einem ersten Schritt kann eine Summenzerlegung durchgeführt werden, die die Parameter q_1 und q_2 von q_3 trennt. Sie lautet

$$p(s, \boldsymbol{q}) = p_1(s, q_1, q_2) + p_2(s, q_3)$$

mit

$$\begin{aligned} p_1(s, q_1, q_2) &= q_1 q_2 + (q_1 - 4q_2)s \\ p_2(s, q_3) &= q_3 + q_3^2 + q_3 s + 3s \end{aligned}$$

Diese Summenzerlegung ist nicht eindeutig bezüglich des konstanten Terms $3s$. Jedes Polynom $\tilde{p}(s)$ könnte zu $p_1(s, q_1, q_2)$ hinzuaddiert werden, wenn es gleichzeitig von $p_2(s, q_3)$ subtrahiert wird. Das Polynom $p_1(s, q_1, q_2)$ ist in einem weiteren Schritt produktzerlegbar, indem der Term $(-4s^2)$ hinzuaddiert und der Term $(+4s^2)$ dem Polynom $p_0(s)$ zugeordnet wird, so daß

$$p_1(s, q_1, q_2) = p_{11}(s, q_1) \cdot p_{12}(s, q_2) + p_0(s)$$

mit

$$\begin{aligned} p_{11}(s, q_1) &= q_1 - 4s \\ p_{12}(s, q_2) &= q_2 + s \\ p_0(s) &= 4s^2 \end{aligned}$$

Somit ist das Polynom $p(s, \boldsymbol{q})$ vollständig zerlegbar. Dieses Beispiel demonstriert, daß der Grad eines Subpolynoms in s höher sein kann, als der Grad des Polynoms selbst. Bei der Wertemengenkonstruktion spielen jedoch diese höheren Potenzen von s keine Rolle, da sich für feste Frequenzen $s = \mathrm{j}\omega^*$ lediglich komplexe Zahlen ergeben.   □

Polynomzerlegung [153]

In vielen Fällen ist die Baumstruktur nicht offensichtlich, z.B. wenn es sich um ein charakteristisches Polynom mit einer hohen Anzahl von unsicheren Parametern handelt oder die Systemordnung zu hoch ist, so daß eine Baumstruktur nicht schon bei der Modellbildung erkannt werden kann. Für diese Fälle benötigt man ein geeignetes Werkzeug, mit dessen Hilfe diese Strukturen wieder sichtbar gemacht werden können.

Dazu wird zunächst angenommen, daß das Polynom in seiner strukturierten Form vorliegt. Bei der Wertemengenkonstruktion des Polynoms werden die Wertemengen der Subpolynome entsprechend der Baumstruktur miteinander verknüpft. Dabei wird in jedem Schritt jeweils entweder eine Mengenaddition oder eine Mengenmultiplikation mit zwei Wertemengen ausgeführt. Dies bedeutet, daß die Baumstruktur nicht in einem Schritt bestimmt werden kann, sondern vielmehr die Zerlegungsoperationen schrittweise auf das Polynom und die daraus entstehenden Subpolynome angewandt werden, bis keine weiteren Zerlegungen mehr möglich sind. Die Zerlegungsmöglichkeiten eines Polynoms müssen mit geeigneten Tests überprüft werden.

Zuerst wird das Polynom auf eine Summenzerlegung hin überprüft. Laut Definition existiert genau dann eine Summenzerlegung, wenn es möglich ist, das Polynom als eine Summe zweier Subpolynome mit unabhängigen Indexmengen darzustellen:

$$p(s, \boldsymbol{q}) = p_1(s, \boldsymbol{q}^{I_1}) + p_2(s, \boldsymbol{q}^{I_2})$$

Zwei Indizes i und j gehören verschiedenen Indexmengen I_1 und I_2 an, wenn sie nicht multiplikativ gekoppelt sind, d.h. es tritt weder eine direkte multiplikative Kopplung $q_i^{m_i} q_j^{m_j}$ auf, noch eine indirekte über einen oder mehrere Zwischenterme, z.B. $q_i^{m_i} q_k^{m_k}$, $q_k^{n_k} q_j^{n_j}$.

Bei Polynomen mit einer kleinen Anzahl von unsicheren Parametern kann eine Summenzerlegung schon durch bloßes Betrachten des Polynoms erkannt werden.

Beispiel 6.7. Gegeben ist das unsichere Polynom

$$p(s, \boldsymbol{q}) = q_1^2 q_2 q_4 + q_3^2 q_6 + q_4 q_7 + q_8 + (q_1 q_4^2 + q_3 q_6^2)s + (q_2^2 q_4 q_5 + q_7)s^2 \qquad (6.5.6)$$

Man erkennt sofort, daß die unsicheren Parameter q_3 und q_6 nur mit sich selbst, aber nicht mit anderen Parametern, multipliziert werden. Der Parameter q_8 kann ebenfalls abgespalten werden. Somit existiert eine Summenzerlegung mit den Indexmengen

$$I_1 = \{1, 2, 4, 5, 7\}, \quad I_2 = \{3, 6\}, \quad I_3 = \{8\}$$

$\square$

Bei Polynomen mit vielen unsicheren Parametern kann ein systematischer Test mit Hilfe eines symbolischen Rechenprogramms ausgeführt werden. Wird ein summenzerlegbares Polynom als Polynom in mehreren Variablen dargestellt, z.B. in den Parametern $\boldsymbol{q}^{I_1}$, dann enthält der konstante Term dieses Polynoms $\boldsymbol{q}^{I_2}$, während das restliche Polynom nur von $\boldsymbol{q}^{I_1}$ abhängt. Der Subvektor $\boldsymbol{q}^{I_1}$ ist nicht im voraus bekannt, er kann jedoch iterativ bestimmt werden. Zuerst wird das Polynom als ein Polynom in einer Variablen, z.B. q_1, aufgefaßt.

$$p^{(1)}(s, \boldsymbol{q}) = p_0(s, q_2, \ldots, q_\ell) + p_1(s, q_2, \ldots, q_\ell)q_1 + p_2(s, q_2, \ldots, q_\ell)q_1^2 + \ldots$$

Der Index 1 gehöre zur Indexmenge I_1. Im ersten Iterationsschritt werden der Indexmenge $I_1^{(1)}$ alle Indizes zugeordnet, die in den Termen $p_1(s, q_2, \ldots, q_\ell)$, $p_2(s, q_2, \ldots, q_\ell)$, ... auftreten, der Indexmenge $I_2^{(1)}$ werden alle in $p_0(s, q_2, \ldots, q_\ell)$ vorkommenden Indizes zugeordnet. In weiteren Iterationen werden Elemente von $I_2^{(1)}$ in die Indexmenge $I_1^{(\cdot)}$ verschoben. Zu diesem Zweck wird das unsichere Polynom als ein Polynom in mehreren Variablen $p^{(2)}(s, \boldsymbol{q})$ in den Variablen mit den in $I_1^{(1)}$ vorkommenden Indizes geschrieben. Die im konstanten Term dieses Polynoms auftretenden Indizes bilden die Indexmenge $I_2^{(2)}$, die restlichen Terme bilden $I_1^{(2)}$. Diese Vorgehensweise wird wiederholt, bis die Indexmengen stationär und disjunkt werden, d.h. $I_1^{(N+1)} = I_1^{(N)} =: I_1$, $I_2^{(N+1)} = I_2^{(N)} =: I_2$ und $I_1 \cap I_2 = \emptyset$. Eine Summenzerlegung existiert genau dann, wenn die Indexmenge I_2 nicht leer ist. Das Subpolynom $p_2(s, \boldsymbol{q}^{I_2})$ entspricht dem konstanten Term des Polynoms $p^{(N)}(s, \boldsymbol{q})$ und $p_1(s, \boldsymbol{q}^{I_1})$ wird durch die verbleibenden Terme gebildet. Während das Subpolynom $p_1(s, \boldsymbol{q}^{I_1})$ nicht weiter summenzerlegbar ist, kann das Subpolynom $p_2(s, \boldsymbol{q}^{I_2})$ eventuell in weitere Subpolynome summenzerlegt werden.

Beispiel 6.8. Zur Illustration wird die Summenzerlegung des Polynoms (6.5.6) mit dem vorgestellten Algorithmus durchgeführt. Im ersten Schritt ergibt sich

$$p^{(1)}(s, \boldsymbol{q}) = (q_3^2 q_6 + q_4 q_7 + q_8 + q_3 q_6^2 s + (q_2^2 q_4 q_5 + q_7) s^2) + (q_4^2 s) \cdot q_1 + (q_2 q_4) \cdot q_1^2$$

Die unsicheren Parameter im linearen und quadratischen Term dieses Polynoms sind q_2 und q_4, d.h. $I_1^{(1)} = \{1, 2, 4\}$, $I_2^{(1)} = \{3, 4, 5, 6, 7, 8\}$. Nun wird das Polynom $p(s, \boldsymbol{q})$ als ein Polynom in mehreren Variablen in den durch $I_1^{(1)}$ spezifizierten Unsicherheiten dargestellt:

$$p^{(2)}(s, \boldsymbol{q}) = (q_3^2 q_6 + q_8 + q_3 q_6^2 s + q_7 s^2) + q_7 \cdot q_4 + q_5 \cdot q_4 \cdot q_2^2 + s \cdot q_4^2 \cdot q_1 + q_4 \cdot q_2 \cdot q_1^2$$

Hier ergeben sich die Indexmengen zu $I_1^{(2)} = \{1, 2, 4, 5, 7\}$ und $I_2^{(2)} = \{3, 6, 7, 8\}$; das Polynom in mehreren Variablen in den durch $I_1^{(2)}$ gekennzeichneten Unsicherheiten lautet

$$p^{(3)}(s, \boldsymbol{q}) = (q_3^2 q_6 + q_8 + q_3 q_6^2 s) + s^2 \cdot q_7 + q_7 \cdot q_4 + q_5 \cdot q_4 \cdot q_2^2 + s \cdot q_4^2 \cdot q_1 + q_4 \cdot q_2 \cdot q_1^2$$

In diesem dritten Schritt haben die Indexmengen $I_1^{(3)} = \{1, 2, 4, 5, 7\}$ und $I_2^{(3)} = \{3, 6, 8\}$ einen stationären Zustand, $I_1 = I_1^{(3)} = I_1^{(4)} = \{1, 2, 4, 5, 7\}$ und $I_2 = I_2^{(3)} = I_2^{(4)} = \{3, 6, 8\}$, erreicht. Das Subpolynom $p_2(s, \boldsymbol{q}^{I_2})$ entspricht dem konstanten Term des Polynoms $p^{(3)}(s, \boldsymbol{q})$, d.h.

$$p_2(s, \boldsymbol{q}^{I_2}) = q_3^2 q_6 + q_8 + q_3 q_6^2 s$$

und für das Subpolynom $p_1(s, \boldsymbol{q}^{I_1})$ ergibt sich

$$p_1(s, \boldsymbol{q}^{I_1}) = q_1^2 q_2 q_4 + q_4 q_7 + q_1 q_4^2 s + (q_2^2 q_4 q_5 + q_7) s^2$$

Das Subpolynom $p_1(s, \boldsymbol{q}^{I_1})$ ist nicht weiter summenzerlegbar, das Polynom $p_2(s, \boldsymbol{q}^{I_2})$ kann in einer weiteren Summenzerlegung in

$$p_2(s, \boldsymbol{q}^{I_2}) = (q_3^2 q_6 + q_3 q_6^2 s) + (q_8)$$

zerlegt werden. Die endgültig summenzerlegte Form des Polynoms (6.5.6) ist somit

$$p(s, \boldsymbol{q}) = (q_1^2 q_2 q_4 + q_4 q_7 + q_1 q_4^2 s + (q_2^2 q_4 q_5 + q_7) s^2) + (q_3^2 q_6 + q_3 q_6^2 s) + (q_8)$$

□

Existiert keine Summenzerlegung, so wird das Polynom auf eine Produktzerlegung hin überprüft.

Von dem Polynom $p(s, \boldsymbol{q})$ wird die Produktzerlegung

$$p(s, \boldsymbol{q}) = p_1(s, \boldsymbol{q}^{I_1}) \cdot p_2(s, \boldsymbol{q}^{I_2}) + p_0(s) \tag{6.5.7}$$

angenommen. Wegen des konstanten Terms $p_0(s)$ kann das Polynom $p(s, \boldsymbol{q})$ nicht faktorisiert, d.h. als ein Produkt zweier Polynome dargestellt werden. Man kann sich allerdings dieses konstanten Terms entledigen, wenn die partiellen Ableitungen des Polynoms nach den unsicheren Parametern q_i gebildet werden:

$$\frac{\partial p(s, \boldsymbol{q})}{\partial q_i} = p_2(s, \boldsymbol{q}^{I_2}) \frac{\partial p_1(s, \boldsymbol{q}^{I})}{\partial q_i} \quad \text{wenn} \quad i \in I_1 \tag{6.5.8}$$

und

$$\frac{\partial p(s, \boldsymbol{q})}{\partial q_i} = p_1(s, \boldsymbol{q}^{I_1}) \frac{\partial p_2(s, \boldsymbol{q}^{I_2})}{\partial q_i} \quad \text{wenn} \quad i \in I_2 \qquad (6.5.9)$$

Eine Produktzerlegung existiert genau dann, wenn die partiellen Ableitungen des Polynoms nach den unsicheren Parametern q_i faktorisiert werden können. Anhand der Faktoren können die Subpolynome $p_1(s, \boldsymbol{q}^{I_1})$ und $p_2(s, \boldsymbol{q}^{I_2})$ bestimmt werden. Die Faktorisierung der Polynome kann mit symbolischen Rechenprogrammen ausgeführt werden. Den konstanten Term $p_0(s)$ erhält man durch Subtraktion des Produkts der beiden Subpolynome von dem gegebenen Polynom $p(s, \boldsymbol{q})$:

$$p_0(s) = p(s, \boldsymbol{q}) - p_1(s, \boldsymbol{q}^{I_1}) \cdot p_2(s, \boldsymbol{q}^{I_2})$$

Natürlich sind die Indexmengen I_1 und I_2 nicht im vorhinein bekannt, aber falls eine Produktzerlegung existiert, dann muß jede der faktorisierten Formen der obigen partiellen Ableitungen die gleiche Indexzerlegung aufweisen, d.h. die Indexzerlegung kann bereits aus der faktorisierten Form einer beliebigen partiellen Ableitung abgelesen werden, anschließend kann sie anhand der verbleibenden partiellen Ableitungen überprüft werden.

Beispiel 6.9. Gegeben ist das Polynom

$$p(s, q_1, q_2, q_3) = \sum_{i=0}^{4} a_i(q_1, q_2, q_3) s^i$$

mit

$$
\begin{aligned}
a_0 &= 7 + q_1 + 5q_2 + q_1 q_2 - 15q_3 - 3q_1 q_3 \\
a_1 &= -38 - 8q_1 + 2q_1^2 + 7q_2 + 2q_1^2 q_2 + 10q_2^2 + 2q_1 q_2^2 + 19q_3 + 8q_1 q_3 - 6q_1^2 q_3 \\
a_2 &= 4 + q_2 + 2q_3 + q_1 q_3 + (2 - q_1 + 2q_1^2)(-7 + q_2 + 2q_2^2 + 5q_3) \\
a_3 &= -7 + q_2 + 2q_2^2 + 7q_3 - q_1 q_3 + 2q_1^2 q_3 \\
a_4 &= q_3
\end{aligned}
$$

Existiert für dieses Polynom eine baumstrukturierte Zerlegung? Eine Summenzerlegung ist hier nicht möglich. Dies kann z.B. bereits anhand der Terme $q_1 q_2$ und $3q_1 q_3$ im konstanten Koeffizienten erkannt werden.

Zur Überprüfung der Existenz einer Produktzerlegung werden die partiellen Ableitungen nach q_1, q_2 und q_3 gebildet und faktorisiert.

$$\text{Factor} \ \frac{\partial p(s, \boldsymbol{q})}{\partial q_1} = [1 + (4q_1 - 1)s][1 + q_2 - 3q_3 + (q_2 + 2q_2^2 + 5q_3 - 7)s + q_3 s^2] \qquad (6.5.10)$$

Die partielle Ableitung des charakteristischen Polynoms nach q_1 ist faktorisierbar. Der erste Faktor hängt lediglich von q_1 ab, während der zweite von q_2 und q_3 abhängt. Existiert eine Produktzerlegung, so muß die Indexmenge wie folgt lauten:

$$I_{11} = \{1\}, \qquad I_{12} = \{2, 3\} \qquad (6.5.11)$$

Nun werden die restlichen beiden Ableitungen gebildet und faktorisiert:

$$\text{Factor } \frac{\partial p(s, \boldsymbol{q})}{\partial q_2} = [5 + q_1 + (2 - q_1 + 2q_1^2)s + s^2][1 + (4q_2 + 1)s] \qquad (6.5.12)$$

$$I_{21} = \{1\}, \quad I_{22} = \{2\} \qquad (6.5.13)$$

und

$$\text{Factor } \frac{\partial p(s, \boldsymbol{q})}{\partial q_3} = [5 + q_1 + (2 - q_1 + 2q_1^2)s + s^2][-3 + 5s + s^2] \qquad (6.5.14)$$

$$I_{31} = \{1\}, \quad I_{32} = \emptyset \qquad (6.5.15)$$

Alle Ableitungen sind faktorisierbar und keine der dabei entstehenden Indexzerlegungen widerspricht der obigen Annahme. Die Indexzerlegungen (6.5.13) und (6.5.15) sind nicht identisch zu (6.5.11), jedoch sind diese Indexmengen lediglich Untermengen der beiden in (6.5.11) bestimmten Mengen. Anhand der Indexmengen kann eine Produktzerlegung

$$p(s, \boldsymbol{q}) = p_1(s, q_1) \cdot p_2(s, q_2, q_3) + p_0(s)$$

vermutet werden. In (6.5.10) wurde die partielle Ableitung des charakteristischen Polynoms nach q_1 gebildet. Somit stellt der Faktor in (6.5.10), der den Parameter q_1 nicht enthält, das Subpolynom $p_2(s, q_2, q_3)$ dar. Gleichung (6.5.12) ist die partielle Ableitung von $p(s, \boldsymbol{q})$ nach q_2. Deshalb entspricht $p_1(s, q_1)$ dem Faktor in (6.5.12), der nicht von q_2 abhängt. Die Subpolynome bestimmen sich somit zu

$$p_1(s, q_1) = 5 + q_1 + (2 - q_1 + 2q_1^2)s + s^2$$

und

$$p_2(s, q_2, q_3) = 1 + q_2 - 3q_3 + (q_2 + 2q_2^2 + 5q_3 - 7)s + q_3 s^2$$

Den konstanten Term $p_0(s)$ erhält man durch

$$p_0(s) = p(s, q_1, q_2, q_3) - p_1(s, q_1) \cdot p_2(s, q_2, q_3) = 2 - 5s + 3s^2$$

Das Polynom $p_1(s, q_1)$ ist unzerlegbar, da es nur noch von einem einzigen Parameter abhängt, das Subpolynom $p_2(s, q_2, q_3)$ hingegen ist weiter zerlegbar in eine Summe zweier Subpolynome

$$p_2(s, q_2, q_3) = [1 + q_2 + q_2(1 + 2q_2)s] + [-3q_3 + (5q_3 - 7)s + q_3 s^2]$$

Somit ist das Polynom $p(s, \boldsymbol{q})$ vollständig zerlegbar. $\square$

Bestimmung von Baumstrukturen bei der Modellbildung

Der Gedanke der Baumstruktur ist physikalisch begründet. In Regelungssystemen existieren unsichere Parameter, die nur lokal auf das System wirken, zum Beispiel die Zeitkonstante eines Stellgliedes. Häufig existiert eine Darstellung der charakteristischen Gleichung, so daß diese Parameter nur einmal auftreten. Im Gegensatz dazu existieren globale Parameter, die auf das Gesamtsystem Einfluß haben, z.B. die Öltemperatur eines Hydrauliksystems. Globale Parameter gehen an mehreren Stellen in die Systemgleichungen ein. Sind diese Parameter unsicher, wird das System keine Baumstruktur besitzen. Ist die Zahl der globalen Parameter gegenüber der der lokalen Parameter klein, so ist eine Rasterung der globalen Parameter möglich. Dann kann die Stabilitätsanalyse unter Ausnutzung der Baumstruktur, die sich nun für die verbleibenden unsicheren Parameter ergibt, durchgeführt werden.

Baumstrukturen können in einer Vielzahl von Systemkonfigurationen auftreten. Die Frage ist, wie solche Strukturen erkannt werden können. Der konventionelle Weg der Modellbildung verbirgt Baumstrukturen, indem unsichere Parameter über die Koeffizienten des charakteristischen Polynoms verstreut werden. Ein erster Ratschlag ist, die Systemgleichungen nicht unnötig zu verändern. Zum Beispiel werden für mechanische Systeme die Systemgleichungen in der Form

$$\boldsymbol{M}(\boldsymbol{q})\ddot{\boldsymbol{x}} + \boldsymbol{D}(\boldsymbol{q})\dot{\boldsymbol{x}} + \boldsymbol{K}(\boldsymbol{q}) = \boldsymbol{u} \qquad (6.5.16)$$

dargestellt. Um eine Zustandsdarstellung zu erhalten, wird das Gleichungssystem mit der Inversen der Massenmatrix $\boldsymbol{M}(\boldsymbol{q})$ multipliziert. Dies verteilt die Elemente dieser Matrix über das gesamte Gleichungssystem. Eine bessere Vorgehensweise ist die direkte Laplace-Transformation von (6.5.16). Das charakteristische Polynom ergibt sich dann zu

$$p(s, \boldsymbol{q}) = \mathrm{Det}\ (\boldsymbol{M}(\boldsymbol{q})s^2 + \boldsymbol{D}(\boldsymbol{q})s + \boldsymbol{K}(\boldsymbol{q}))$$

Diese Determinante kann schrittweise entwickelt werden und mögliche Baumstrukturen können wesentlich einfacher erkannt werden.

Beispiel 6.10. In Abb. 6.15 ist die schematische Darstellung eines mechanischen Systems aus [18] gegeben. Alle Elemente werden als unsicher angenommen. Das System

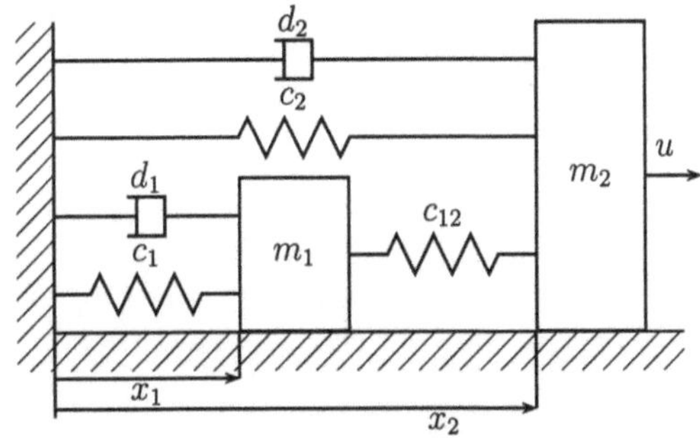

Abb. 6.15: Schematische Darstellung eines mechanischen Systems

wird durch die Differentialgleichungen

$$\begin{aligned}
m_1\ddot{x}_1 + d_1\dot{x}_1 + c_1 x_1 + c_{12}(x_1 - x_2) &= 0 \\
m_2\ddot{x}_2 + d_2\dot{x}_2 + c_2 x_2 + c_{12}(x_2 - x_1) &= u
\end{aligned}$$

beschrieben, deren Laplace-Transformierte ist

$$
\begin{bmatrix} m_1 s^2 + d_1 s + c_1 + c_{12} & -c_{12} \\ -c_{12} & m_2 s^2 + d_2 s + c_2 + c_{12} \end{bmatrix} \begin{bmatrix} x_1(s) \\ x_2(s) \end{bmatrix} = \begin{bmatrix} 0 \\ u(s) \end{bmatrix}
$$

Das charakteristische Polynom ergibt sich somit zu

$$
p(s, \boldsymbol{q}) = p_1(s, \boldsymbol{q}^{I_1}, c_{12}) \cdot p_2(s, \boldsymbol{q}^{I_2}, c_{12}) - c_{12}^2 \tag{6.5.17}
$$

mit

$$
p_i(s, \boldsymbol{q}^{I_i}, c_{12}) = m_i s^2 + d_i s + c_i + c_{12}, \quad \boldsymbol{q}^{I_i} = [m_i\ d_i\ c_i]^T, \ i = 1, 2 \tag{6.5.18}
$$

Das System hat keine Baumstruktur, da der unsichere Parameter c_{12} sowohl in $p_1(s, \boldsymbol{q})$ als auch in $p_2(s, \boldsymbol{q})$ auftaucht. Wird jedoch dieser einzige Parameter als konstant angenommen, so ergibt sich eine Baumstruktur des Systems in den verbleibenden sechs Parametern. Der Parameter c_{12} wird gerastert, und für jeden Rasterpunkt kann die Stabilitätsanalyse unter Ausnutzung der Baumstruktur sehr schnell ausgeführt werden. Dies ist wesentlich einfacher, als alle sieben unsicheren Parameter zu rastern. Für einen gegebenen Rasterpunkt $c_{12} = c_{12}^*$ und $s = j\omega^*$ erhält man für die Wertemengen der Subpolynome $p_i(s, \boldsymbol{q}^{I_i}, c_{12})$, $i = 1, 2$ Rechtecke in der komplexen Ebene. Diese beiden Rechtecke müssen miteinander multipliziert und vom Ergebnis c_{12}^2 abgezogen werden. Die Wertemenge des charakteristischen Polynoms (6.5.17) für $m_1 \in [1\,;\,3]$, $d_1 \in [0.5\,;\,2]$, $c_1 \in [1\,;\,2]$, $m_2 \in [2\,;\,5]$, $d_2 \in [0.5\,;\,2]$, $c_2 \in [2\,;\,4]$ und $c_{12}^* = 1$ ist in Abb. 6.16 für $s = j$ abgebildet. Für die Stabilitätsanalyse müssen die Wertemengen für alle Frequenzen $0 \leq \omega < \omega_{max}$ konstruiert und auf Nullausschluß hin überprüft werden. Für dieses Beispiel vierter Ordnung bezeichnet ω_{max} die Frequenz, bei der die Wertemenge zum ersten Mal vollständig im vierten Quadranten enthalten ist. In Abbildung 6.17 ist die Vereinigungsmenge $\mathcal{P}(j\Omega, Q)$ aller Wertemengen dargestellt. Der Ursprung ist nicht enthalten und somit ist das System robust stabil bezüglich des gegebenen Betriebsbereichs. $\qquad\square$

Anmerkung 6.1. Der Stabilitätstest für das obige mechanische System ist trivial. Es handelt sich hierbei um ein passives System, welches stabil ist, unabhängig von den Werten für die Massen, Federn und Dämpfer. Möchte man jedoch überprüfen, ob das System eine bestimmte Stabilitätsreserve garantiert, z.B. Dämpfung $D > D_0$ für alle $\boldsymbol{q} \in Q$, so ist der Stabilitätstest nicht mehr einfach, es kann aber noch immer die gleiche Baumstruktur ausgenützt werden. $\qquad\square$

Anmerkung 6.2. In einigen Fällen, wie in dem vorhergehenden Beispiel, ist es notwendig, eine bestimmte Anzahl von unsicheren Parametern zu rastern, um eine Baumstruktur des charakteristischen Polynoms zu erhalten. Die Anzahl der zu rasternden Parameter kann jedoch sehr „groß" werden, so daß die Rechenzeit selbst mit einer Baumstruktur sehr stark ansteigen kann. Müssen Parameter gerastert werden, so muß nicht notwendigerweise der gesamte Betriebsbereich dieser Parameter gerastert werden.

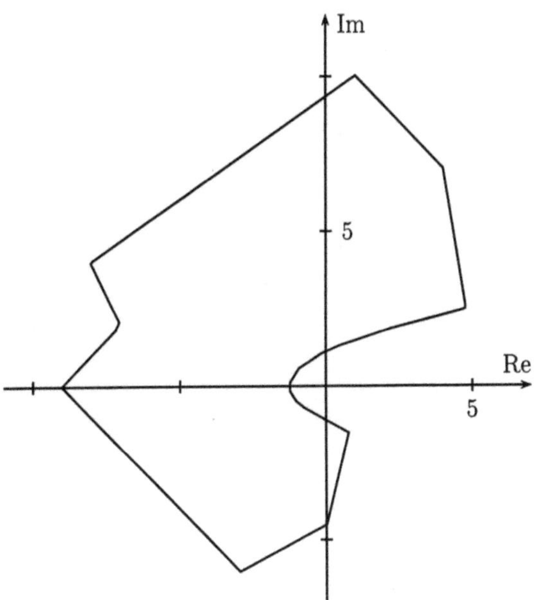

Abb. 6.16: Wertemenge des mechanischen Systems für $\omega = 1$

Um dies zu verdeutlichen, wird ein Polynom angenommen, das in der folgenden Weise dargestellt werden kann:

$$p(s, \boldsymbol{q}) = p_1(s) \cdot p_2(s) + p_1(s) \cdot p_3(s) + p_2(s) \cdot p_3(s) + p_0(s)$$

(Zur Vereinfachung werden die Parameterabhängigkeiten weggelassen, d.h. $p_1(s) = p_1(s, \boldsymbol{q}^{I_1})$, usw.) Es wird ferner angenommen, daß die Wertemengen der Polynome $p_1(s)$, $p_2(s)$ und $p_3(s)$ konstruiert werden können. Das Polynom $p(s)$ selbst hat keine Baumstruktur, eine Baumstruktur entsteht jedoch, wenn einer der drei Betriebsbereiche gerastert wird, z.B. der Betriebsbereich $\boldsymbol{q}^{I_3}$. Das Polynom $p(s)$ kann nun als

$$p(s) = (p_1(s) + p_3(s))(p_2(s) + p_3(s)) - p_3(s)^2 + p_0(s)$$

geschrieben werden. In diesem Fall ist es nicht notwendig, den gesamten Betriebsbereich $\boldsymbol{q}^{I_3}$ zu rastern. Für eine feste Frequenz ω genügt es, den Rand der Wertemenge $\mathcal{P}_3(\mathrm{j}\omega)$ zu rastern und für jeden Rasterpunkt $\partial\mathcal{P}_3^*(\mathrm{j}\omega)$ die Mengenoperation

$$(\mathcal{P}_1(\mathrm{j}\omega) + \partial\mathcal{P}_3^*(\mathrm{j}\omega))(\mathcal{P}_2(\mathrm{j}\omega) + \partial\mathcal{P}_3^*(\mathrm{j}\omega)) - \partial\mathcal{P}_3^*(\mathrm{j}\omega)^2 + p_0(\mathrm{j}\omega)$$

auszuführen, da innere Punkte dieser Wertemenge nicht zur Berandung der Wertemenge des charakteristischen Polynoms $p(\mathrm{j}\omega^*)$ beitragen können. Die gesamte Wertemenge $\mathcal{P}(\mathrm{j}\omega)$ erhält man durch die Vereinigung der Wertemengen für die Rasterpunkte. $\quad\square$

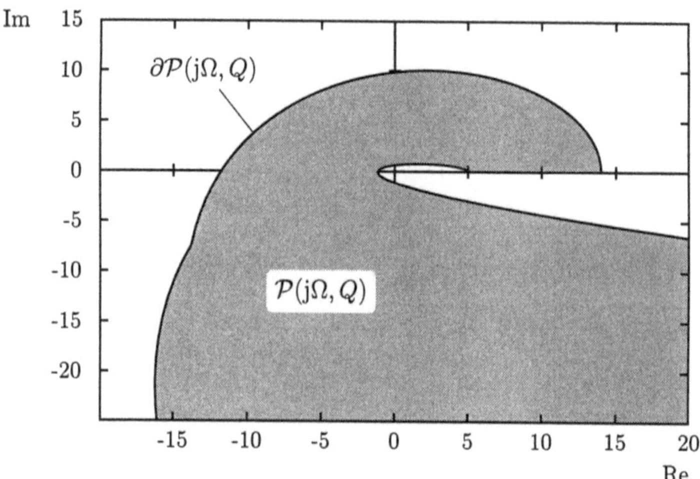

Abb. 6.17: Vereinigungsmenge der Wertemengen des mechanischen Systems

6.6   Wertemengenanimation

Die Stabilitätsanalyse durch Nullausschluß von der Wertemenge verlangt eine
Überprüfung der Wertemengen für alle Frequenzen. In Wirklichkeit werden die Mengen nur für eine endliche Anzahl von Frequenzpunkten berechnet. Mit dem Satz von
Mikhailov ergibt sich eine obere Frequenz ω_{max}, das ist die Frequenz, bei der die Wertemenge zum ersten Mal vollständig im n-ten Quadranten (n ist die Systemordnung)
enthalten ist. Ist die Berechnung der Wertemengen schnell genug, so können sie für
eine große Anzahl von Frequenzpunkten in sehr kurzer Zeit konstruiert werden. Der
Nullausschluß kann nun algorithmisch überprüft werden: Ist die Anzahl der Schnittpunkte eines vom Ursprung ausgehenden Halbstrahls, zum Beispiel der positiv reellen
Achse, mit der Berandung der Wertemenge ungerade, so ist der Ursprung eingeschlossen. Mit dieser algorithmischen Lösung erhält man eine Ja/Nein-Antwort über die
Stabilität und, im Fall einer Instabilität, einen oder mehrere Frequenzbereiche, in denen die Wertemenge den Ursprung enthält. Andere wichtige Informationen, wie z.B.
der sich mit der Frequenz ändernde minimale Abstand der Wertemenge zum Ursprung,
gehen verloren.

Eine bessere Methode ist hier die grafische Darstellung der Wertemengen mit anwachsender Frequenz. Der Ingenieur betrachtet dabei einen „Film" der animierten Wertemenge auf dem Grafikbildschirm seines Rechners und kann dabei sofort den Stabilitätstest durch bloßes Betrachten der Wertemengen ausführen. Einige Szenen des
Animationsfilms des mechanischen Systems aus Beispiel 6.10 sind in Abb. 6.18 dargestellt. Die animierten Wertemengen geben nicht nur eine Ja/Nein-Antwort über robuste
Stabilität, auch kritische Frequenzbereiche, für die die Wertemenge nahe am Ursprung
vorbeiwandert und für die eine bessere Kompensation notwendig ist, können einfach
erkannt werden. Aus Abb. 6.18 ersieht man, daß sich besonders der Frequenzbereich
$\omega \in [0.5\,;\,1.75]$ als kritisch erweist. Im Fall eines geregelten Systems können Reglerpa-

rameter während der Animation mit geeigneten Eingabegeräten (z.B. Dialbox, Joystick, Steuerkugel) verändert werden und der Ingenieur kann sofort die Auswirkungen dieser Modifikation erkennen. Mit Hilfe dieser interaktiven Suche im Reglerparameterraum kann ein robust stabilisierender Regler schnell gefunden werden [16].

6.7 Übungen

6.1. Gegeben ist die Übertragungsfunktion

$$g(s, \boldsymbol{q}) = \frac{6 + 4s + 6s^2}{(s - q_1)(s - q_2)(s - q_3)}$$

eines offenen Kreises mit $q_i \in [-\sqrt{3}\,;\ \sqrt{3}\,]$, $i = 1, 2, 3$. Konstruieren Sie die Wertemenge des geschlossenen Kreises (Einheitsrückführung) für $\omega = 0.5$. Vergleichen Sie das Ergebnis mit Abb. 6.7.

6.2. Konstruieren Sie die Wertemenge des in Beispiel 6.10 gegebenen mechanischen Systems für $s = \mathrm{j}$ und vergleichen Sie mit Abb. 6.16.

6.3. Erstellen Sie ein Matlabprogramm, das die Wertemenge des mechanischen Systems für beliebige Frequenzen berechnet. Erzeugen Sie die Vereinigungsmenge aller Wertemengen für ein dichtes Frequenzraster und vergleichen Sie das Ergebnis mit Abb. 6.17.

6.4. Was ist der minimale Dämpfungsgrad des in Beispiel 6.10 gegebenen mechanischen Systems?

6.5. Konstruieren Sie das Produkt der in Abb. 6.4 dargestellten Wertemengen. Vergleichen Sie mit Abb. 6.5.

6.6. Gegeben ist das charakteristische Polynom (5.3.1). Gestattet es eine TSD

   a) für $\ell = 2$

   b) für $\ell = 3$?

6.7. Bestimmen Sie das charakteristische Polynom der Verladebrücke mit Zustandsrückführung. Besitzt es eine TSD für alle sieben Parameter ℓ, m_L, m_C, k_1, k_2, k_3 und k_4?

6.8. Konstruieren Sie die Wertemenge der Gierdynamik für den Stadtbus O 305 mit den in Tabelle 1.3 gegebenen Daten für Frequenzpunkte Ihrer Wahl.

6.9. Gegeben ist das mechanische System von Beispiel 6.10 mit $m_1 \in [1\,;\ 3]$, $d_1 \in [0.5\,;\ 2]$, $c_1 \in [1\,;\ 2]$, $m_2 \in [2\,;\ 5]$, $d_2 \in [0.5\,;\ 2]$, $c_2 \in [2\,;\ 4]$ und $c_{12}^* = 1$. Die Position der Masse m_1 soll mit

$$u(s) = -f_C(s)x_1(s)$$

geregelt werden, um die Dämpfung des Systems zu verbessern. Ein Reglerentwurf
für den Mittelpunkt der Q-Box ergab das Regelgesetz

$$f_C(s) = \frac{471250(0.5 + 1.9s + 1.7s^2 + s^3)}{19000 + 1450s + 62s^2 + s^3}$$

Ist der geschlossene Regelkreis robust stabil für den gesamten Betriebsbereich?
Welchen maximalen Dämpfungsgrad erzielt man mit diesem Regler? Ist er besser
als der des offenen Systems?

Die Reglerkoeffizienten variieren nun 20% um ihre nominalen Werte. Ist das
System dennoch stabil? Was ist die maximal zulässige Variation in den Regler-
koeffizienten, so daß das System stabil bleibt? Versuchen Sie, diese Fragen durch
Konstruktion von Wertemengen zu beantworten.

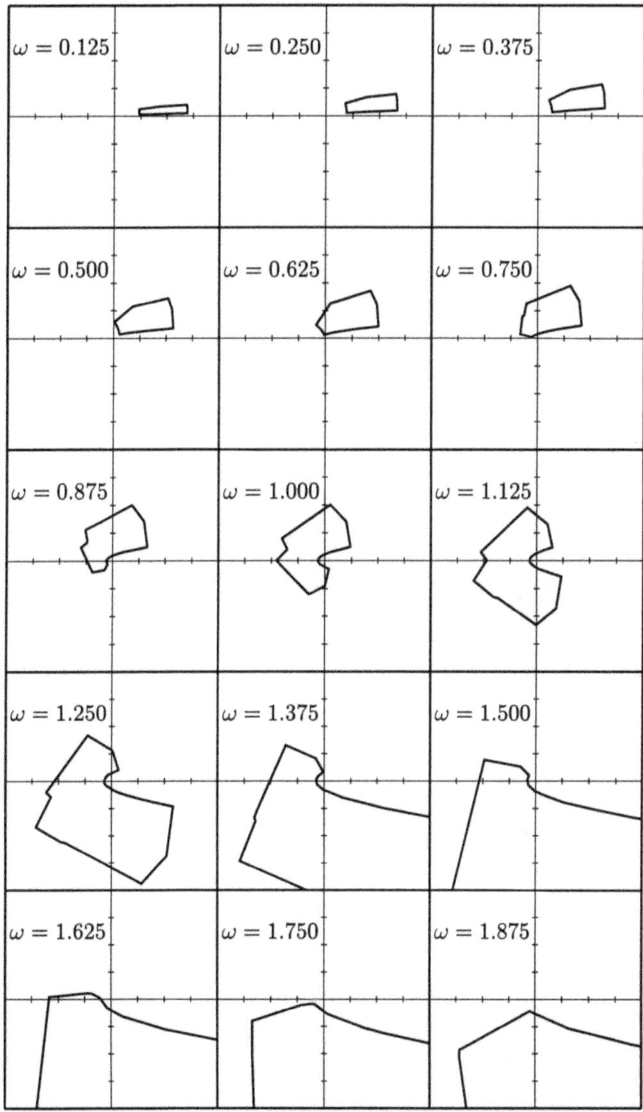

Abb. 6.18: Szenen einer Wertemengenanimation

7 Der Stabilitätsradius

In den Kapiteln 4 bis 6 wurde die Stabilität von Polynomfamilien

$$P(s, Q) = \{\, p(s, \boldsymbol{q}) \mid \boldsymbol{q} \in Q \,\} \tag{7.0.1}$$

mit $p(s, \boldsymbol{q}) = a_0(\boldsymbol{q}) + a_1(\boldsymbol{q})s + \ldots + a_n(\boldsymbol{q})s^n$ und $q_i \in [q_i^-; q_i^+]$, $i = 1, 2, \ldots, \ell$ untersucht. Das Hauptinteresse richtete sich dort auf die Herleitung von notwendigen und hinreichende Bedingungen für Stabilität. Das Prüfen dieser Bedingungen liefert als Antwort auf das robuste Stabilitätsproblem zunächst ja oder nein. Ist sie positiv, so steht für die unsicheren Parameter eine Stabilitätsreserve zur Verfügung, d.h. der Bereich Q der Parameter kann noch vergrößert werden, ohne daß die Stabilität verloren geht. Die jetzt zu behandelnde Frage lautet: Wie groß ist die kleinste Störung in den Parametern, die das System destabilisiert?

Wir setzen voraus, daß $p(s, \boldsymbol{q})$ im Mittelpunkt $\boldsymbol{q}^0$ der Q-Box stabil ist. Dann ist die Polynomfamilie wegen der Stetigkeit der Wurzeln auch in einer genügend kleinen Umgebung von $\boldsymbol{q}^0$ stabil. Durch Verschiebung des Ursprungs des Parameterraums kann $\boldsymbol{q}^0 = \boldsymbol{0}$ gesetzt werden. Die Box mit dem Mittelpunkt $\boldsymbol{q}^0 = \boldsymbol{0}$ kann nunmehr um einen Streckungsfaktor γ gedehnt werden, d.h. wir betrachten die Polynomfamilie

$$P(s, \gamma Q) = \{\, p(s, \boldsymbol{q}) \mid \boldsymbol{q} \in \gamma Q \,\} \tag{7.0.2}$$

Durch Vergrößerung von γ muß dann ein Wert ρ erreicht werden, bei dem ein Element der Polynomfamilie instabil wird. Die Box γQ erreicht die Stabilitätsgrenze und dieser Wert ρ wird als *Stabilitätsradius* der Polynomfamilie bezeichnet, er ist ein Maß für die kleinste destabilisierende Störung. Für alle $\boldsymbol{q}$ mit $\|\boldsymbol{q}\|_\infty = \max_{i\,=\,1, 2, \ldots, \ell} |q_i| < \rho$ ist die Polynomfamilie stabil. Man beachte, daß ρ auch ∞ sein kann, z.B. $p(s, q) = s+1+q^2$.

Die Seitenlänge der Q-Box erzeugt für die einzelnen unsicheren Parameter q_i eine Skalierung. Man kann also direkt von einer Einheitsbox $Q_\infty = \{\, \boldsymbol{q} \mid q_i \in [-1\,;\,1] \,\}$ ausgehen, die um den Streckungsfaktor γ vergrößert wird. Zur rechnerischen Vereinfachung kann auch von einer Einheitskugel $Q_2 = \{\, \boldsymbol{q} \mid \sum_{i=1}^\ell q_i^2 = 1 \,\}$ ausgegangen werden. Der Stabilitätsradius ρ_2 ist dann wieder das kleinste γ, für das γQ_2 die Stabilitätsgrenze berührt. Die Schwierigkeit beim Bestimmen des Stabilitätsradius hängt wieder entscheidend vom Typ der Koeffizientenfunktionen $a_i(\boldsymbol{q})$, $i = 0, 1, \ldots, n$ ab. Für affine Abhängigkeit werden zwei Methoden vorgestellt. Der Fall von polynomialer Abhängigkeit, der die multilineare Abhängigkeit umfaßt, wird im dritten Abschnitt behandelt. Dort wird die theoretische Lösung demonstriert, die praktischen Anwendungen erlauben aber nur die Behandlung weniger Parameter.

7.1 Sätze von Tsypkin und Polyak

Im Kapitel 5 wurden für Intervallpolynome und Polynome mit affinen Koeffizienten algebraische Tests benutzt, um die Stabilität von Testmengen nachzuweisen. Eine alternative Methode dazu ist die Benutzung von grafischen Verfahren im Frequenzbereich. Besonders einfach gestaltet sich diese Methode zur Bestimmung der größten stabilen Q-Box um den stabilen Mittelpunkt mit den Koordinaten

$$q_i^0 = \frac{q_i^+ + q_i^-}{2}, \quad i = 1, 2, \ldots, \ell \tag{7.1.1}$$

Eine gegebene Q-Box mit $q_i \in [q_i^- \, ; \, q_i^+]$ kann auch durch

$$|q_i - q_i^0| \leq \alpha_i = \frac{q_i^+ - q_i^-}{2}, \quad i = 1, 2, \ldots, \ell \tag{7.1.2}$$

beschrieben werden. Durch Einführung eines gemeinsamen reellen Streckungsfaktors $\gamma \geq 0$ für alle Unsicherheiten kann dann eine Unsicherheitsbox mit variabler Größe beschrieben werden:

$$|q_i - q_i^0| \leq \gamma\alpha_i, \quad i = 1, 2, \ldots, \ell \tag{7.1.3}$$

Für $\gamma = 1$ erhält man die Box in (7.1.2). Die Größe der Box wird für $\gamma < 1$ verkleinert, für $\gamma > 1$ vergrößert. Der γ-Wert, für den die Box um den stabilen Mittelpunkt (7.1.1) zum ersten Male die Stabilitätsgrenze erreicht, heißt *Stabilitätsradius*.

Fall 1: Intervallpolynome

Betrachten wir die Polynomfamilie

$$P(s) = a_0 + a_1 s + \ldots + a_n s^n \tag{7.1.4}$$

wobei die Koeffizienten den Einschränkungen

$$|a_i - a_i^0| \leq \gamma\alpha_i, \quad i = 0, 1, \cdots, n, \quad a_0^0 > 0 \tag{7.1.5}$$

unterliegen sollen. Für jeden Koeffizienten a_i gibt es demnach einen Nominalwert a_i^0 und einen Skalierungsfaktor $\alpha_i \geq 0$, der die Koeffizientenstörung charakterisiert. Wenn $p^0(s) = a_0^0 + a_1^0 s + \cdots + a_n^0 s^n$, $a_0^0 > 0$ das nominale Polynom bezeichnet, dann stellt

$$p^0(j\omega) = \operatorname{Re} p^0(j\omega) + j \operatorname{Im} p^0(j\omega) =: U(\omega) + j\omega V(\omega), \quad 0 \leq \omega < \infty \tag{7.1.6}$$

die gewöhnliche Mikhailov-Kurve dar. Zur Überprüfung der Polynomfamilie werden die beiden Polynome

$$S(\omega) = \alpha_0 + \alpha_2 \omega^2 + \alpha_4 \omega^4 + \ldots \tag{7.1.7}$$

$$T(\omega) = \alpha_1 + \alpha_3 \omega^2 + \alpha_5 \omega^4 + \ldots \tag{7.1.8}$$

eingeführt und die frequenzabhängige Kurve

$$z(\omega) = x(\omega) + jy(\omega) \tag{7.1.9}$$

mit

$$x(\omega) := \frac{U(\omega)}{S(\omega)} \tag{7.1.10}$$

$$y(\omega) := \frac{V(\omega)}{T(\omega)} \tag{7.1.11}$$

konstruiert. Man beachte, daß die Koeffizienten der Zählerpolynome nur von den Koeffizienten des nominalen Polynoms abhängen, wohingegen die Koeffizienten der Nennerpolynome von den Skalierungsfaktoren α_i abhängen. Sind die α_i positiv, dann sind die Nenner ebenfalls positiv und $z(\omega)$ ist endlich für alle endlichen $\omega > 0$. Die Anfangs- und Endpunkte $z(0)$ und $z(\infty)$ sind

$$x(0) \;\; = \;\; \frac{a_0^0}{\alpha_0}, \tag{7.1.12}$$

$$y(0) \;\; = \;\; \frac{a_1^0}{\alpha_1} \tag{7.1.13}$$

und

$$x(\infty) \;\; = \;\; \begin{cases} \dfrac{a_n^0}{\alpha_n}, & n \text{ gerade} \\[2ex] \dfrac{a_{n-1}^0}{\alpha_{n-1}}, & n \text{ ungerade} \end{cases} \tag{7.1.14}$$

$$y(\infty) \;\; = \;\; \begin{cases} \dfrac{a_n^0}{\alpha_n}, & n \text{ ungerade} \\[2ex] \dfrac{a_{n-1}^0}{\alpha_{n-1}}, & n \text{ gerade} \end{cases} \tag{7.1.15}$$

Satz 7.1.   *(Satz von Tsypkin und Polyak für Intervallpolynome)*

Für die Stabilität der Polynomfamilie (7.1.4) und (7.1.5) ist es notwendig und hinreichend, daß die Ortskurve $z(\omega)$ den folgenden Bedingungen genügt:

1. Sie verläuft für $\omega \in [0\,;\infty)$ im Gegenuhrzeigersinn durch n Quadranten.

2. Sie schneidet das Quadrat mit Mittelpunkt 0 und Seitenlänge 2γ nicht.

3. Die Absolutwerte der Koordinaten des Anfangspunkts $z(0)$ und des Endpunkts $z(\infty)$ sind größer als γ.

$\square$

Bedingung 2 besagt, daß $z(\omega)$ außerhalb des Quadrats verläuft. Bedingung 3 besagt, daß $|x(0)| > \gamma$, $\;|y(0)| > \gamma$, $\;|x(\infty)| > \gamma$, $\;|y(\infty)| > \gamma$. Daher müssen $z(0)$ und $z(\infty)$ in den Gebieten I, II, III oder IV von Abb. 7.1 liegen.

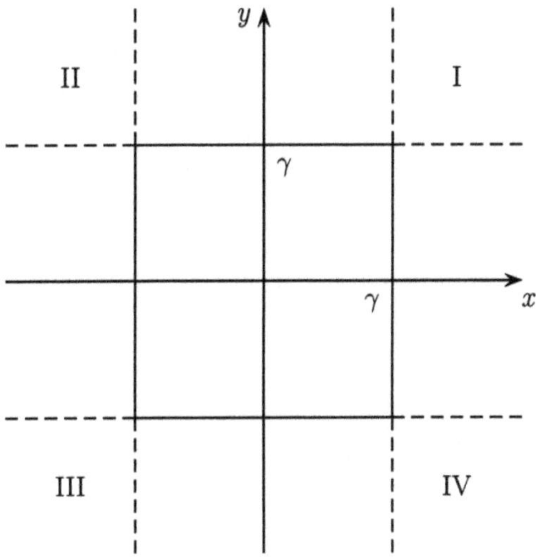

Abb. 7.1: Der zulässige Bereich für die Tsypkin-Polyak-Ortskurve

Dieser Satz ist eine Frequenzbereichsfassung des Satzes von Kharitonov. Gegenüber dem Zeichnen von vier Mikhailov-Kurven (der vier Kharitonov-Polynome) ist hier nur eine Kurve erforderlich, die für $\alpha_0 \neq 0, \alpha_1 \neq 0, \alpha_{n-1} \neq 0, \alpha_n \neq 0$ sogar beschränkt ist. Außerdem kann aus der Zeichnung, und das ist der zusätzliche Vorteil, der Stabilitätsradius abgelesen werden. Dazu muß γ nur solange vergrößert werden, bis eine der Bedingungen des Satzes verletzt wird. Durch die ω-Parametrierung ergibt sich auch die kritische Frequenz, d.h. diejenige Frequenz, bei der zumindest eine Wurzel die imaginäre Achse überschreitet.

Anmerkung 7.1. Satz 7.1 ist eine vereinfachte Version des Originalsatzes in [166]. Tsypkin und Polyak lassen dort noch andere Arten von Störungen zu. Für den Beweis sei der Leser auf die Originalarbeit verwiesen. Ein einfacherer Beweis wurde von Mansour [122] gegeben. □

Beispiel 7.1. Wir betrachten das charakteristische Polynom aus Beispiel 5.1. Zunächst ist die Polynomfamilie (5.1.36) zu skalieren. Mit $k_3^0 = -10000$, $k_4^0 = 0$, $\gamma = 1$ und

$$k_3 = -10000 + 10000q_1 \qquad (7.1.16)$$

$$k_4 = 10000q_2 \qquad (7.1.17)$$

ergibt sich die transformierte Polynomfamilie

$$p(s, q_1, q_2) = 3 + 10s + (18 + 5q_1)s^2 + (10 + 5q_2)s^3 + 5s^4 \qquad (7.1.18)$$

die im Einheitsquadrat stabil sein muß. Die Polynome (7.1.6-7.1.8) lauten $U(\omega) = 3 - 18\omega^2 + 5\omega^4$, $V(\omega) = 10 - 10\omega^2$ und $S(\omega) = T(\omega) = 5\omega^2$. Die Ortskurve

$$z(\omega) = \frac{3 - 18\omega^2 + 5\omega^4}{5\omega^2} + j\frac{10 - 10\omega^2}{5\omega^2} \qquad (7.1.19)$$

muß durch vier Quadranten verlaufen und das Einheitsquadrat meiden. Die Bedingungen an Anfangs- und Endpunkt sind erfüllt, weil $z(0) = \infty + j\infty$ und $z(\infty) = \infty - 2j$. Die Ortskurve beginnt im ersten Quadranten und verläuft durch vier Quadranten. Daher ist die Polynomfamilie stabil, siehe Abb. 7.2.

Um den Stabilitätsradius zu bestimmen, wird die Box vergrößert, bis sie die Tsypkin-Polyak-Ortskurve erreicht. Aus Abb. 7.2 folgt, daß dies für $x(\omega) = y(\omega)$, d.h. $5\omega^4 - 18\omega^2 + 3 = -10\omega^2 + 10$ oder $5\omega^4 - 8\omega^2 - 7 = 0$ erreicht wird. Die einzige reelle positive Wurzel $\omega_m = 1.49$ ergibt $z_m = -1.1 - 1.1j$ und der Stabilitätsradius ist $\rho = \gamma_{max} = 1.1$.

$$\square$$

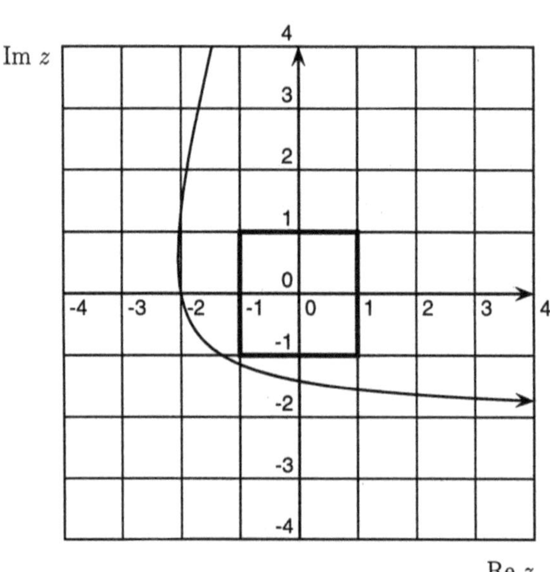

Abb. 7.2: Tsypkin-Polyak-Ortskurve

Fall 2: Affine Koeffizienten

Der nächste Schritt ist die Erweiterung der Frequenzbereichsmethode auf Polynome mit affinen Koeffizientenfunktionen. Die Polynomfamilie $P(s, Q)$ läßt sich in der Form

$$\begin{aligned}
p(s, \boldsymbol{q}) &= p_0(s) + \sum_{i=1}^{\ell} q_i p_i(s) \\
p_0(s) &= a_0^0 + a_1^0 s + \ldots + a_n^0 s^n, \quad a_n^0 > 0 \\
p_i(s) &= a_0^i + a_1^i s + \ldots + a_n^i s^n, \quad i = 1, 2, \ldots, \ell
\end{aligned} \tag{7.1.20}$$

schreiben. Der Parametervektor $\boldsymbol{q}$ möge in einer ℓ-dimensionalen Box $q_i \in [q_i^- ; q_i^+]$, $i = 1, 2, \ldots, \ell$ variieren. Nach Verschiebung des Ursprungs und einer Skalierung der q_i-Achsen im Parameterraum ist die Box Q in einen ℓ-dimensionalen Würfel mit der

Kantenlänge zwei und dem Mittelpunkt $q = [0 \ \dots \ 0]^T$ transformiert worden, siehe (5.2.4). Sei ω_s eine gemeinsame reelle Nullstelle der rationalen Funktionen

$$\text{Im} \ (p_k(j\omega)/p_0(j\omega)) = 0$$

für $k = 1, 2, \dots, \ell$. Eine reelle Funktion $\tau(\omega)$ wird durch

$$\tau(\omega) \ = \ \max_{1 \le k \le \ell} \frac{|\text{Im} \ (p_0(j\omega)/p_k(j\omega))|}{\displaystyle\sum_{i=1}^{\ell} |\text{Im} \ (p_i(j\omega)/p_k(j\omega))|}, \quad 0 < \omega < \infty, \quad \omega \ne \omega_s \quad (7.1.21)$$

$$\tau(\omega) \ = \ \frac{|p_0(j\omega)|}{\displaystyle\sum_{i=1}^{\ell} |p_i(j\omega)|}, \quad \omega = \omega_s \tag{7.1.22}$$

$$\tau(0) \ = \ \frac{|a_0^0|}{\displaystyle\sum_{i=1}^{\ell} |a_0^i|}, \quad \tau(\infty) = \frac{|a_n^0|}{\displaystyle\sum_{i=1}^{\ell} |a_n^i|} \tag{7.1.23}$$

definiert. Für $\omega = 0$, $\omega = \infty$ und $\omega = \omega_s$ ist diese Funktion im allgemeinen unstetig. Die ersten beiden Fälle entsprechen wieder Wurzeln bei $s = 0$ und $s = \infty$. Die spezielle Definition von $\tau(\omega)$ für ω_s ist erforderlich, weil $\tau(\omega)$ an den isolierten Frequenzen ω_s nicht stetig ist, eine formale Auswertung von $\tau(\omega_s)$ mit (7.1.21) ergäbe 0/0.

Satz 7.2. *(Satz von Tsypkin und Polyak für affine Koeffizienten)*

Die Polynomfamilie $P(s, Q)$ ist genau dann stabil, wenn

1. $p_0(s)$ stabil
2. $\tau(\omega) > 1 , \quad 0 \le \omega \le \infty.$

$\qquad\qquad\qquad\qquad\qquad\qquad\qquad\qquad\qquad\qquad\qquad\qquad\qquad\qquad\qquad\qquad\qquad$ $\square$

Eine leicht veränderte Form dieses Satzes, die an die Mikhailov-Kurve erinnert, ist

Satz 7.3. *(Satz von Tsypkin und Polyak für affine Koeffizienten)*

Die Polynomfamilie $P(s, Q)$ ist genau dann stabil, wenn

1. $p_0(j\omega) \ne 0$

2. $z(\omega) \ = \ \frac{p_0(j\omega)}{|p_0(j\omega)|}\tau(\omega)$ für $0 \le \omega < \infty$ durch n Quadranten läuft und den Einheitskreis meidet.

$\qquad\qquad\qquad\qquad\qquad\qquad\qquad\qquad\qquad\qquad\qquad\qquad\qquad\qquad\qquad\qquad\qquad$ $\square$

Der Unterschied zwischen Satz 7.2 und Satz 7.3 ist nur die Art der grafischen Darstellung. Für einen Stabilitätstest nach Satz 7.2 wird die Funktion $\tau(\omega)$ gezeichnet. Sie muß vollständig über der Geraden $\tau = 1$ liegen. Nach Satz 7.3 wird eine durch Polarkoordinaten gegebene Kurve erzeugt, wobei $\tau(\omega)$ der Abstand vom Ursprung ist und die Phase mit dem Phasenwinkel des nominalen Polynoms übereinstimmt, er ist $\frac{p_0(j\omega)}{|p_0(j\omega)|}$.

Anmerkung 7.2. Die Funktion $\tau(\omega)$ kann auch unter Verwendung trigonometrischer Funktionen definiert werden. Aus rechentechnischen Gründen ist eine nichttrigonometrische Version geeigneter. Für den Beweis sei der Leser wieder auf die Originalarbeit [167] verwiesen. Die Anwendung von Satz 7.2 oder 7.3 liefert neben der Ja/Nein-Antwort auch wieder die kritischen Frequenzen. $\qquad\square$

Was ist der Rechenaufwand für die Durchführung dieses Tests? Zunächst muß die Frequenz ω gerastert werden und die Polynome $p_0(s)$, $p_i(s)$, $i = 1, 2, \ldots, \ell$ sind auf diesem Raster auszuwerten. Dann sind ℓ Funktionen zu berechnen und das Maximum für jedes ω zu bestimmen. Die isolierten Frequenzen ergeben sich aus folgender Umformung. Mit $p_k = R_k + \mathrm{j}I_k$ und $p_0 = R_0 + \mathrm{j}I_0$ ist

$$\mathrm{Im}\,(p_k(\mathrm{j}\omega)/p_0(\mathrm{j}\omega)) = \mathrm{Im}\,\frac{R_k + \mathrm{j}I_k}{R_0 + \mathrm{j}I_0} = \frac{R_0 I_k - R_k I_0}{R_0^2 + I_0^2} = 0 \qquad (7.1.24)$$

Deshalb muß ω_s eine gemeinsame (reelle) Wurzel der Polynome

$$
\begin{aligned}
R_0 I_1 - R_1 I_0 &= 0 \\
R_0 I_2 - R_2 I_0 &= 0 \\
&\ \cdot \\
&\ \cdot \\
&\ \cdot \\
R_0 I_\ell - R_\ell I_0 &= 0
\end{aligned}
\qquad (7.1.25)
$$

sein.

Beispiel 7.2. Gegeben sei das charakteristische Polynom (4.4.2) aus Beispiel 4.8. Nach der Transformation

$$k_2 = 535 + 5q_1\,, \quad k_3 = 7662.5 + 87.5q_2$$

variieren q_1 und q_2 in einem Quadrat, dessen Mittelpunkt im Ursprung liegt und dessen Kantenlänge zwei beträgt. Die Polynomfamilie läßt sich als

$$p(s, q_1, q_2) = p_0(s) + q_1 p_1(s) + q_2 p_2(s) \qquad (7.1.26)$$

mit

$$
\begin{aligned}
p_0(s) &= 129 + 166s + 237s^2 + 108s^3 + 80s^4 \\
p_1(s) &= -16 + 24s - 12s^2 + 4s^3 \\
p_2(s) &= -21 + 42s - 21s^2
\end{aligned}
$$

schreiben. Zunächst sollen die isolierten Frequenzen gefunden werden. Die Polynome (7.1.25) lauten

$$
\begin{aligned}
R_0 &= 129 - 237\omega^2 + 80\omega^4 \\
I_0 &= 166\omega - 108\omega^3 \\
R_1 &= -16 + 12\omega^2 \\
I_1 &= 24\omega - 4\omega^3 \\
R_2 &= -21 + 21\omega^2 \\
I_2 &= 42\omega
\end{aligned}
$$

und

$$
\begin{aligned}
R_0 I_1 - R_1 I_0 &= -4\omega(\omega^2 - 2)(80\omega^4 - 881\omega^2 + 719) \\
R_0 I_2 - R_2 I_0 &= 84\omega(\omega^2 - 2)(67\omega^2 - 53)
\end{aligned}
$$

Gemeinsame reelle Wurzeln sind $\omega_s = 0$ (das ist immer der Fall) und $\omega_s = \sqrt{2}$.

$$
\tau(\sqrt{2}) = \frac{|p_0(\mathrm{j}\sqrt{2})|}{\displaystyle\sum_{i=1}^{2} |p_i(\mathrm{j}\sqrt{2})|} = \frac{R_0(\sqrt{2})}{R_1(\sqrt{2}) + R_2(\sqrt{2})} = \frac{I_0(\sqrt{2})}{I_1(\sqrt{2}) + I_2(\sqrt{2})} = 25/29
$$

Der Test könnte beendet werden, da $\tau(\sqrt{2})$ kleiner als Eins und die Polynomfamilie damit instabil ist. Der Vollständigkeit halber werden die anderen Werte von $\tau(\omega)$ noch berechnet. Sie lauten

$$
\begin{aligned}
\tau(0) &= \frac{R_0(0)}{R_1(0) + R_2(0)} = 129/37 \\
\tau(\infty) &= \infty
\end{aligned}
$$

und sonst

$$
\begin{aligned}
\tau_1(\omega) &= \frac{|\mathrm{Im}(p_0(\mathrm{j}\omega)/p_1(\mathrm{j}\omega))|}{|\mathrm{Im}(p_2(\mathrm{j}\omega)/p_1(\mathrm{j}\omega))|} \\[2ex]
\tau_2(\omega) &= \frac{|\mathrm{Im}(p_0(\mathrm{j}\omega)/p_2(\mathrm{j}\omega))|}{|\mathrm{Im}(p_1(\mathrm{j}\omega)/p_2(\mathrm{j}\omega))|} \\[2ex]
\tau(\omega) &= \max\{\tau_1(\omega), \tau_2(\omega)\}
\end{aligned}
$$

Aus Abb. 7.3 (mit logarithmischer Ordinate) erkennt man, daß $\tau(\omega) > 1$ für alle $\omega \neq \sqrt{2}$. Das Minimum der Funktion $\tau(\omega)$ ist $25/29$ bei der Frequenz $\omega = \sqrt{2}$. Um Stabilität zu erreichen, muß der Betrag der Komponenten q_1 und q_2 kleiner sein als $25/29$. Die entsprechenden Intervalle für die ursprünglichen Verstärkungen sind dann $k_1 \in [530.7\,;\,539.3]$ und $k_2 \in [7587\,;\,7738]$. Die Parameterkombination $q_1 = q_2 = 25/29$ erzeugt ein Polynom mit einem Wurzelpaar bei $s = \mathrm{j}\sqrt{2}$.

Eine alternative Methode ist die Anwendung von Satz 7.3. Der Betrag der komplexwertigen Funktion $z(\omega) = \frac{p_0(\mathrm{j}\omega)}{|p_0(\mathrm{j}\omega)|}\tau(\omega)$ wird für alle ω ausgewertet und das Minimum dieser Funktion bestimmt den Stabilitätsradius. Dies ist gleichbedeutend damit, den Einheitskreis soweit zu vergrößern, daß ein Schnittpunkt mit $z(\omega)$ auftritt. Abb. 7.4 zeigt die alternative Tsypkin-Polyak-Ortskurve zur Bestimmung des Stabilitätsradius. Die Funktion $z(\omega)$ ist unstetig an der isolierten Frequenz $\omega_{s1} = 0$ und $\omega_{s2} = \sqrt{2}$ (gekennzeichnet durch o). Der stetige Teil meidet den Einheitskreis, aber $z(\sqrt{2})$ liegt innerhalb des Einheitskreises. Daher ist die Polynomfamilie instabil. Um Stabilität zu erreichen, muß der Bereich von q_1 und q_2 um einen Faktor $< z(\sqrt{2}) = 25/29$ reduziert werden.

□

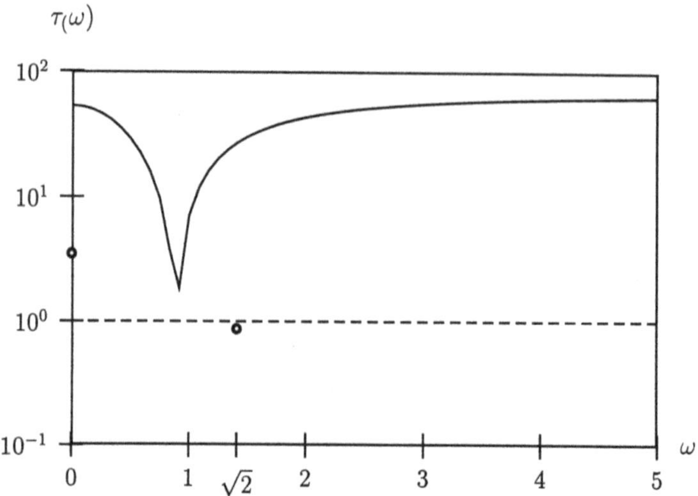

Abb. 7.3: Die Distanzfunktion $\tau(\omega)$ zum Testen der Stabilität. $\tau(\omega)$ ist > 1 im stetigen Teil, aber < 1 an der isolierten Frequenz $\omega_s = \sqrt{2}$, deshalb ist die Polynomfamilie instabil

7.2 Affine Abhängigkeit: Die größte Hyperkugel im Parameterraum

Die Auswertung von $\tau(\omega)$ und die Bestimmung der größten stabilen Box ist eine ziemlich aufwendige Aufgabe. Wir stellen daher eine Methode vor, die ein sehr ähnliches Problem wesentlich effektiver löst. Es handelt sich dabei um die Bestimmung der größten stabilen Hyperkugel im Raum der Parameter q. Dieses Problem wurde zuerst von Soh et al. [156] gelöst. Eine einfachere Lösung wurde von den Autoren [98] angegeben, sie wird hier dargestellt.

Betrachten wir ein unsicheres Polynom $p(s, q) = [1\, s \ldots s^n]\, a(q)$, in dem der Koeffizientenvektor a affin von q abhängt, d.h.

$$a = a^0 + Fq \qquad (7.2.1)$$

mit $a^0 \in \mathbb{R}^{n+1}$ und $F \in \mathbb{R}^{(n+1)\times\ell}$. Ein sinnvolles Maß für die Umgebung von $q = 0$ im q-Raum ist die Hyperkugel $\sum_{i=1}^{\ell} q_i^2 = $ konst. Der Parametervektor $q = 0$ sei der nominale Punkt, d.h. der Koeffizientenvektor des ungestörten Polynoms ist a^0. Des weiteren setzen wir voraus, daß $p(s, 0)$ stabil ist. Für $\ell = n + 1$ und $F = I$ gehören die Polynome zu den Intervallpolynomen. Setzt man das letzte Element von a^0 auf Eins und die Elemente der letzten Zeile von F auf Null, so erhält man den monischen Fall ($a_n = 1$).

Um die größte Hyperkugel zu bestimmen, benutzen wir eine geometrische Vorgehensweise. Die Kenntnis einiger grundlegender Definitionen und Formeln aus der höherdimensionalen Geometrie ist zum Verständnis notwendig. Im $\mathbb{R}^3$ ist eine Ebene durch

$$E = e_1 q_1 + e_2 q_2 + e_3 q_3 + e_0 = 0 \qquad (7.2.2)$$

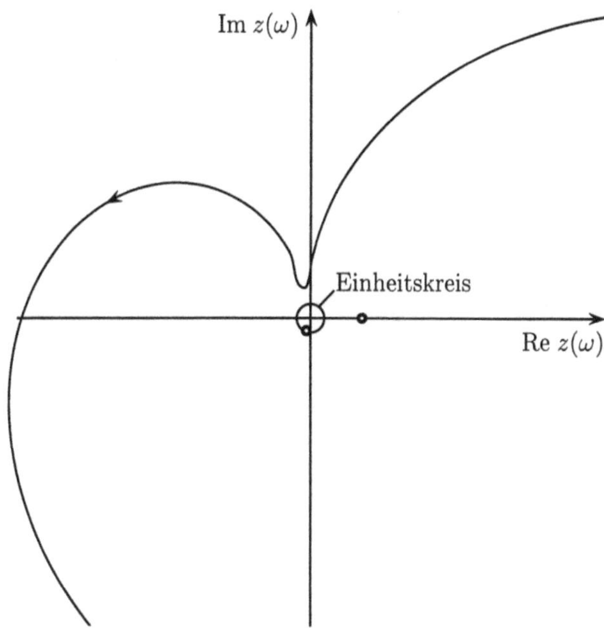

Abb. 7.4: Die alternative Tsypkin-Polyak-Ortskurve zum Testen der Stabilität. Sie ist unstetig und meidet nicht den Einheitskreis an der isolierten Frequenz $\omega_{s2} = \sqrt{2}$. Die Polynomfamilie ist instabil.

gegeben. Die Verallgemeinerung auf $\mathbb{R}^\ell$ ist die $(\ell - 1)$-dimensionale Hyperebene

$$E = e_1 q_1 + e_2 q_2 + \ldots + e_\ell q_\ell + e_0 = 0 \tag{7.2.3}$$

Der Normalenvektor einer Hyperebene ist durch

$$\boldsymbol{e} = \begin{bmatrix} e_1 \\ e_2 \\ \vdots \\ e_\ell \end{bmatrix} \tag{7.2.4}$$

gegeben ($\boldsymbol{e} \neq \boldsymbol{o}$). Zwei Hyperebenen heißen orthogonal, wenn die Normalenvektoren $\boldsymbol{e}_1, \boldsymbol{e}_2$ zueinander orthogonal sind, d.h. $\boldsymbol{e}_1{}^T \boldsymbol{e}_2 = 0$. Das Quadrat des Abstandes d^2 der Hyperebene vom Ursprung ist

$$d^2 = \frac{e_0^2}{e_1^2 + e_2^2 + \ldots + e_\ell^2} = \frac{e_0^2}{\boldsymbol{e}^T \boldsymbol{e}} \tag{7.2.5}$$

Wenn wir vom stabilen nominalen Punkt ausgehen und $\boldsymbol{q}$ variieren, dann gibt es nach dem Grenzüberschreitungssatz drei Möglichkeiten dafür, daß das Polynom instabil wird:

a) eine reelle Wurzel wandert durch den Ursprung $s = 0$

b) eine reelle Wurzel wandert durch Unendlich $s = \infty$

c) ein konjugiert komplexes Nullstellenpaar $s = \pm j\omega$ überschreitet die imaginäre Achse.

Man beachte, daß wir in diesem Kapitel die Bedingung $a_n(\boldsymbol{q}) > 0$ nicht voraussetzen. Daher ist es erforderlich, den Fall b) mit zu berücksichtigen. Im Parameterraum entspricht jeder dieser drei Fälle einer Hyperfläche. Teile dieser Hyperflächen sind die Stabilitätsgrenzen. Der minimale Abstand der Hyperflächen vom Ursprung bestimmt die größte Hyperkugel.

Die erste Hyperfläche ist durch $p(0, \boldsymbol{q}) = [1\ 0\ \ldots\ 0]\boldsymbol{a} = [1\ 0\ \ldots\ 0][\boldsymbol{a}^0 + \boldsymbol{F}\boldsymbol{q}] = 0$ gegeben. Nur die erste Zeile von (7.2.1) ist daher von Bedeutung. Wegen der affinen Abhängigkeit ist die Hyperfläche eine Hyperebene mit der Gleichung

$$E_0 = a_0^0 + f_{11}q_1 + f_{12}q_2 + \ldots + f_{1\ell}q_\ell = 0 \tag{7.2.6}$$

und das Quadrat des Abstandes vom Ursprung ist mit (7.2.5)

$$r_0^2 = \frac{(a_0^0)^2}{f_{11}^2 + f_{12}^2 + \ldots + f_{1\ell}^2} \tag{7.2.7}$$

Ist $a_0^0 \neq 0$ und $f_{11} = f_{12} = \ldots = f_{1\ell} = 0$, dann kann Fall a) nicht eintreten und die Hyperebene existiert nicht. Es gibt keine Kombination der Parameter $q_1, q_2, \ldots, q_\ell$, die zu einer Nullstelle bei $s = 0$ führen. Eine vernünftige Wahl für den Abstand ist $r_0 = \infty$.

Die gleiche Folgerung gilt auch für die Hyperebene im Fall b). Es ist $p(\infty, \boldsymbol{q}) = 0$ (der führende Koeffizient muß verschwinden) und

$$E_\infty = a_n^0 + f_{n+1,1}q_1 + f_{n+1,2}q_2 + \ldots + f_{n+1,\ell}q_\ell = 0 \tag{7.2.8}$$

mit dem Quadrat des Abstandes

$$r_\infty^2 = \frac{(a_n^0)^2}{f_{n+1,1}^2 + f_{n+1,2}^2 + \ldots + f_{n+1,\ell}^2} \tag{7.2.9}$$

Ist der führende Koeffizient a_n konstant, so setzen wir wieder $r_\infty = \infty$.

Beim komplizierteren Fall c) muß das Polynom $p(s, \boldsymbol{q}) = [1\ s\ \ldots\ s^n]\boldsymbol{a} = [1\ s\ \ldots\ s^n][\boldsymbol{a}^0 + \boldsymbol{F}\boldsymbol{q}]$ eine Wurzel auf der reellen Achse besitzen. Für $s = j\omega$ mit $\omega \neq 0$ ist diese komplexe Gleichung äquivalent mit den beiden folgenden reellen Gleichungen

$$E_1 = \operatorname{Re} p(j\omega, \boldsymbol{q}) = \left[\, 1\ \ 0\ \ -\omega^2\ \ 0\ \ \omega^4\ \ \ldots\ \right][\boldsymbol{a}^0 + \boldsymbol{F}\boldsymbol{q}] = 0 \tag{7.2.10}$$

und

$$E_2 = \tfrac{1}{\omega} \operatorname{Im} p(j\omega, \boldsymbol{q}) = \left[\, 0\ \ 1\ \ 0\ \ -\omega^2\ \ 0\ \ \omega^4\ \ \ldots\ \right][\boldsymbol{a}^0 + \boldsymbol{F}\boldsymbol{q}] = 0 \tag{7.2.11}$$

Die komplexe Begrenzungsfläche wird durch die Schnittmenge der beiden Hyperebenen $E_1 = 0$ und $E_2 = 0$ erzeugt, die mit ω variieren. Die Schnittmenge ist bei festem ω eine $(\ell - 2)$-dimensionale Hyperebene. Der Abstand dieser $(\ell - 2)$-dimensionalen

Hyperebene vom Ursprung ist dann eine Funktion von ω, sie sei mit $r_C(\omega)$ bezeichnet, und der Abstand der Begrenzungsfläche vom Ursprung ist das Minimum dieser Funktion $r_C(\omega)$.

Die Berechnung von $r_C(\omega)$ wäre leicht durchzuführen, falls die beiden Hyperebenen (7.2.10) und (7.2.11) zueinander orthogonal wären. Dies ist im allgemeinen nicht der Fall. Aber es ist möglich, $E_2 = 0$ durch eine dritte Hyperebene $E_3 = 0$ zu ersetzen, die orthogonal zu $E_1 = 0$ ist und mit $E_1 \cap E_2 = E_1 \cap E_3$ das gewünschte einfache Ergebnis liefert.

Entscheidend hierbei ist, daß die Gleichung

$$E_3 = (1 - \lambda)E_1 + \lambda E_2 = 0 \qquad (7.2.12)$$

für alle Punkte erfüllt ist, die sowohl auf $E_1 = 0$ als auch auf $E_2 = 0$ liegen. Die Gleichung (7.2.12) stellt eine weitere $(\ell - 2)$-dimensionale Hyperebene dar, die die Schnittmenge von $E_1 = 0$ mit $E_2 = 0$ enthält, gleichgültig, welchen Wert wir für λ wählen. Durch Variation von λ entsteht eine Schar von $(\ell - 2)$-dimensionalen Hyperebenen. Für $\lambda = 0$ erhält man $E_1 = 0$ und für $\lambda = 1$ erhält man $E_2 = 0$. $E_1 \cap E_3$ erzeugt die gleiche Schnittmenge wie $E_1 \cap E_2$ falls $\lambda \neq 0$ (siehe Abb. 7.5).

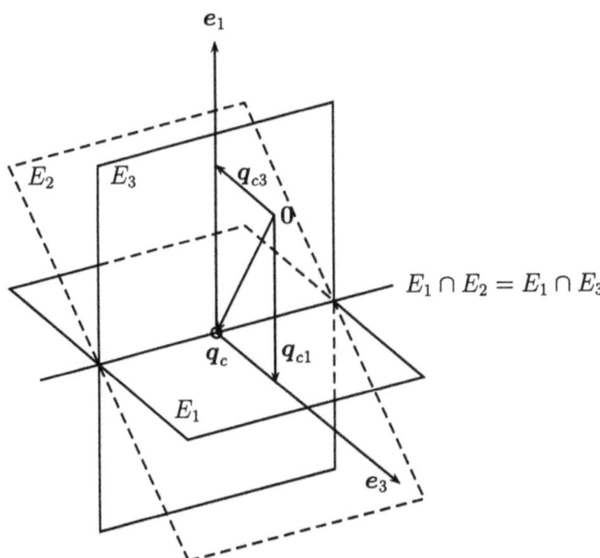

Abb. 7.5: Für jede Frequenz ω wird die komplexe Begrenzungsfläche durch die Schnittmenge zweier Hyperebenen E_1 und E_2 erzeugt, die identisch ist mit der Schnittmenge von E_1 und E_3

Der Wert von λ kann nun so gewählt werden, daß $E_1 = 0$ und $E_3 = 0$ zueinander orthogonal sind. Der Normalenvektor e_3 von $E_3 = 0$ ist

$$e_3 = (1 - \lambda)e_1 + \lambda e_2 \qquad (7.2.13)$$

und e_1 und e_3 sind zueinander orthogonal, falls

$$e_1^T e_3 = (1 - \lambda)e_1^T e_1 + \lambda e_1^T e_2 = 0 \qquad (7.2.14)$$

oder

$$\lambda = \frac{e_1^T e_1}{e_1^T e_1 - e_1^T e_2} \qquad (7.2.15)$$

Zu beachten ist, daß λ eine Funktion von ω ist. Dieses Orthogonalisierungsverfahren ist nicht durchführbar, falls für spezielle Werte von $\omega = \omega_s$ die Hyperebenen $E_1 = 0$ und $E_2 = 0$ parallel sind. Dies kann bedeuten, daß a) für diese Werte die Hyperebenen keinen gemeinsamen Punkt besitzen, dann ist $r_C(\omega_s) = \infty$, oder daß b) $E_1 \equiv E_2$ und es ist offensichtlich, wie der Abstand zum Ursprung nach (7.2.7) ermittelt wird. Der Fall b) erzeugt eine Unstetigkeit der Abstandsfunktion. Wir haben hier ein weiteres Beispiel für das Auftreten von isolierten Frequenzen, die bereits in Abschnitt 4.4 diskutiert wurden.

Variieren die Polynomkoeffizienten im Koeffizientenraum zwischen gegebenen Schranken (Intervallpolynom) und nicht im Parameterraum, dann sind die Hyperebenen $E_1 = 0$ und $E_2 = 0$ zueinander orthogonal und es können keine isolierten Frequenzen auftreten, denn es ist $F = I$ und die Normalenvektoren sind zueinander orthogonal, d.h. $d_1^T d_2 = 0$.

Der Grund für den Orthogonalisierungsprozeß ist, daß wir jetzt die Funktion $r_C(\omega)$ bestimmen können. (7.2.10) und (7.2.11) lauten

$$D(a^0 + Fq) = Da^0 + Gq = \begin{bmatrix} 0 \\ 0 \end{bmatrix} \qquad (7.2.16)$$

mit

$$D = \begin{bmatrix} 1 & 0 & -\omega^2 & 0 & \omega^4 & \dots \\ 0 & 1 & 0 & -\omega^2 & 0 & \dots \end{bmatrix} = \begin{bmatrix} d_1^{'T} \\ d_2^{'T} \end{bmatrix} \qquad (7.2.17)$$

$$G := DF = \begin{bmatrix} e_1^T \\ e_2^T \end{bmatrix} \qquad (7.2.18)$$

Im Parameterraum ergeben sich damit die Gleichungen der beiden Hyperebenen zu

$$E_1 = d_1^T a^0 + e_1^T q = 0 \qquad (7.2.19)$$

$$E_2 = d_2^T a^0 + e_2^T q = 0 \qquad (7.2.20)$$

wobei e_1 und e_2 die Normalenvektoren von $E_1 = 0$ und $E_2 = 0$ sind. Für jede nicht-isolierte Frequenz ω kann die Hyperebene $E_3 = 0$ von (7.2.12) mit λ aus (7.2.15) so konstruiert werden, daß die beiden Hyperebenen $E_1 = 0$ und $E_3 = 0$ zueinander orthogonal sind: $e_1^T e_3 = 0$. Dies ist in Abb. 7.5 veranschaulicht. Der nominale Punkt ist $q = 0$. Der am nächsten gelegene Punkt auf der komplexen Begrenzungsfläche ist $q_c = q_{c1} + q_{c3}$. Der Einheitsvektor parallel zu e_1 ist $e_1 / \sqrt{e_1^T e_1}$ und nach (7.2.5) ist $d_1^T a^0 / \sqrt{e_1^T e_1}$ die Entfernung von $E_1 = 0$ vom Ursprung. Daher ist

$$q_{c1} = -\frac{d_1^T a^0}{e_1^T e_1} e_1$$

Derselbe Schluß für $\boldsymbol{q}_{c3}$ führt auf

$$\boldsymbol{q}_c = -\frac{\boldsymbol{d}_1^T \boldsymbol{a}^0}{\boldsymbol{e}_1^T \boldsymbol{e}_1}\boldsymbol{e}_1 - \frac{\boldsymbol{d}_3^T \boldsymbol{a}^0}{\boldsymbol{e}_3^T \boldsymbol{e}_3}\boldsymbol{e}_3 \tag{7.2.21}$$

Die Abstandsfunktion $r_C(\omega)$ ist daher

$$r_C(\omega) = \|\boldsymbol{q}_c\|_2 = \sqrt{\frac{(\boldsymbol{d}_1^T \boldsymbol{a}^0)^2}{\boldsymbol{e}_1^T \boldsymbol{e}_1} + \frac{(\boldsymbol{d}_3^T \boldsymbol{a}^0)^2}{\boldsymbol{e}_3^T \boldsymbol{e}_3}} \tag{7.2.22}$$

Das Quadrat des Abstands $r_C^2(\omega)$ ist eine rationale Funktion von ω und die notwendige Bedingung für ein Minimum bei ω^* ist das Verschwinden der Ableitung. Dabei ist zu beachten, daß (7.2.22) nur für nichtisolierte Frequenzen gültig ist. An einer isolierten Frequenz ω_s sind die Normalenvektoren parallel. Daraus folgt, daß entweder die Hyperebenen $E_1 = 0$ und $E_2 = 0$ parallel und nicht identisch sind. Es wird daher keine $(\ell - 2)$-dimensionale Hyperebene erzeugt und man setzt $r_C(\omega_s) = \infty$, oder die Hyperebenen sind identisch, d.h. $E_1 = E_2 = 0$ und die Formel, die für $E_0 = 0$ benutzt wird, kann auch für diesen Fall verwendet werden.

Nachdem die Abstände $r_0, r_\infty, r_C(\omega^*)$ der drei Begrenzungsflächen vom Ursprung bestimmt sind, ergibt sich der Stabilitätsradius ρ aus

$$\rho = \min\{r_0, r_\infty, r_C(\omega^*)\} \tag{7.2.23}$$

Im Gegensatz zur Methode des Abschnitts 7.1 für den affinen Fall, für die ℓ Funktionen ausgewertet werden müssen, ist hier nur eine Funktion auszuwerten.

Beispiel 7.3. Wir betrachten Beispiel 7.2. Die Matrizen $\boldsymbol{a}^0$ und $\boldsymbol{F}$ sind

$$\boldsymbol{a}^0 = \begin{bmatrix} 129 \\ 166 \\ 237 \\ 108 \\ 80 \end{bmatrix}, \quad \boldsymbol{F} = \begin{bmatrix} -16 & -21 \\ 24 & 42 \\ -12 & -21 \\ 4 & 0 \\ 0 & 0 \end{bmatrix} \tag{7.2.24}$$

Die reelle Begrenzungsfläche für $s = 0$ ist die Gerade

$$E_0 = -16q_1 - 21q_2 + 129 = 0 \tag{7.2.25}$$

was zu $r_0 = 129/\sqrt{16^2 + 21^2} \approx 4.89$ führt. Die reelle Begrenzungsfläche für $s = \infty$ existiert nicht, daher $r_\infty = \infty$. Das Orthogonalisierungsverfahren führt für $\omega \neq \sqrt{2}$ zu

$$r_C^2(\omega) = \frac{10(640\omega^8 - 14096\omega^6 + 287085\omega^4 - 439886\omega^2 + 175573)}{441(\omega^2 + 1)^2} \tag{7.2.26}$$

und

$$\boldsymbol{q}_c = \begin{bmatrix} \dfrac{67\omega^2 - 53}{\omega^2 + 1} \\[2mm] \dfrac{80\omega^4 + 881\omega^2 + 719}{21(\omega^2 + 1)} \end{bmatrix} \tag{7.2.27}$$

Bei $\omega = \sqrt{2}$ liegt eine isolierte Frequenz vor und $E_1(\sqrt{2}) = E_2(\sqrt{2}) = 8q_1 + 21q_2 - 25 = 0$. Es folgt schließlich

$$r_C(\sqrt{2}) = \frac{25}{\sqrt{8^2 + 21^2}} \approx 1.11 \qquad (7.2.28)$$

Die grafische Darstellung von $r_C(\omega)$ (mit logarithmischem Maßstab an der Ordinate) zeigt, daß dies das Minimum ist (Abb 7.6). Der Stabilitätsradius ist daher $\rho_2 = r_C(\sqrt{2})$.

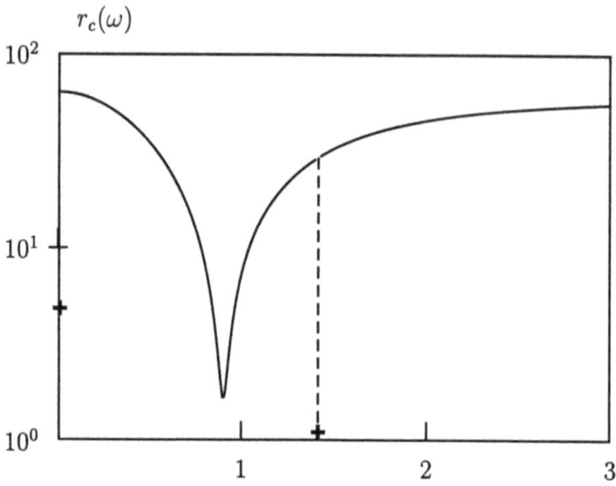

Abb. 7.6: Die Distanzfunktion $r_C(\omega)$ mit zwei Unstetigkeiten bei $\omega = 0$ und $\omega = \sqrt{2}$

In Beispiel 7.2 fanden wir einen kleineren Stabilitätsradius von $\rho = 25/29$ für die maximale Größe der Box. Die Hyperkugel, in diesem Fall ein Kreis, da $\ell = 2$, ist vollständig in der Box enthalten und kann daher weiter vergrößert werden, bevor die Stabilitätsgrenze erreicht wird. $\qquad \Box$

7.3 Polynomiale Abhängigkeit

In diesem Abschnitt werden Polynome betrachtet, deren Koeffizienten polynomial von den Elementen des unsicheren Parametervektors abhängen. Die Größe der Störung wird durch die gewichtete Norm des Parametervektors charakterisiert. Die kleinste destabilisierende Störung definiert den Stabilitätsradius der Menge der unsicheren Polynome.

Wir werden zeigen, daß die Bestimmung des Stabilitätsradius zunächst die Lösung von Systemen von algebraischen Gleichungen erfordert, an die sich die Auswahl der reellen Lösung mit der kleinsten Norm anschließt. Die Anzahl der Systeme hängt ganz entscheidend von der Dimension ℓ des Parametervektors ab, wohingegen die Komplexität der Gleichungssysteme im wesentlichen von der Art der polynomialen Abhängigkeit $a(q)$ und dem Grad n des Polynoms abhängt. Das Verfahren liefert daneben noch die kleinste destabilisierende Parameterkombination und die entsprechende kritische Frequenz.

Vicino et al. [171] transformieren das Problem in ein Optimierungsproblem und schlagen zur Lösung einen numerischen Algorithmus vor. Murdock et al. [132] lösen die gleiche Aufgabe mit einem genetischen Algorithmus. Wir werden zeigen, daß auch eine analytisch-numerische Methode verwendet werden kann, es ergeben sich Systeme von algebraischen Gleichungen [97]. Die Aufstellung und Lösung dieser Gleichungen wird in diesem Abschnitt aufgezeigt.

Gegeben sei das unsichere Polynom $p(s, q)$ mit $q \in \mathbb{R}^{\ell}$, wobei die $a_i(q)$ reelle Polynome sind. Das nominale Polynom $p(s, 0)$ sei stabil. Bestimme das maximale ρ, so daß $p(s, q)$ stabil ist für all $\|q\|_{\mathrm{p}} < \rho$. Die Zahl ρ heißt der Stabilitätsradius und der Index p soll die Art der Norm charakterisieren.

Was die Wahl der Norm betrifft, so gibt es drei wichtige Möglichkeiten. Für $\mathrm{p} = \infty$ beschreibt die Menge der zulässigen q einen ℓ-dimensionalen Hyperwürfel. Dual zu dieser Norm ist $\mathrm{p} = 1$, was für $n = 3$ beispielsweise einem regelmäßigem Oktaeder entspricht. $\mathrm{p} = 2$ ergibt eine ℓ-dimensionale Hyperkugel im Q-Raum. Von der Praxis aus gesehen, ist der Fall $\mathrm{p} = \infty$ der wichtigste, weil in diesem Falle die Komponenten unabhängig voneinander sind. Der Fall $\mathrm{p} = \infty$ wird deshalb ausführlicher behandelt, die Herleitung der entsprechenden Ergebnisse für die anderen Fälle sei als Übung dem mehr theoretisch interessierten Leser überlassen.

In Abschnitt 7.2 wurde gezeigt, daß die Menge der stabilen q durch drei Hyperflächen begrenzt ist, nämlich $a_0(q) = 0$, $a_n(q) = 0$ und $\Delta_{n-1}(q) = 0$, siehe Abb. 7.7.

Die letzte Gleichung ist die vorletzte Hurwitz-Determinante, deren Behandlung die meisten Schwierigkeiten macht. Sie ergibt sich durch die Elimination von ω aus den beiden Gleichungen Re $p(\mathrm{j}\omega) = 0$ und Im $p(\mathrm{j}\omega) = 0$, wie schon im Beweis von Satz 4.5 gezeigt wurde. Dabei spielt nun die lineare bzw. nichtlineare Abhängigkeit eine sehr wesentliche Rolle. Bei festem ω und linearer Abhängigkeit stellt Re $p = 0$, Im $p = 0$ eine lineare Mannigfaltigkeit dar. Dies bedeutet z.B., daß für $\ell = 3$, $\Delta_2(q) = 0$ durch die stetige Bewegung einer Geraden erzeugt wird. Bei nichtlinearer Abhängigkeit wird $\Delta_2 = 0$ durch eine Schar von Kurven im $\mathbb{R}^3$ erzeugt. Die Berechnung von $\Delta_{n-1}(q)$ muß im allgemeinen durch symbolische Programme erfolgen.

Die drei Gleichungen der Hyperflächen sind nun alle auf die gleiche Weise zu behandeln. Der Unterschied zwischen ihnen liegt nur darin, daß die dritte Gleichung die komplizierteste ist, was die Anzahl und den Grad der einzelnen Terme betrifft. Im folgenden verwenden wir die Bezeichnung $F(q) = 0$ für jede dieser Gleichungen.

Betrachten wir zunächst den Fall zweier Parameter, an dem die Grundidee aufgezeigt wird. Die Polynomfamilie mit $\|q\|_{\infty} \leq \gamma$ (γ hinreichend klein) ist stabil und kann durch ein Quadrat mit der Seitenlänge 2γ beschrieben werden. Eine stetige Vergrößerung dieses Quadrats führt dann zu einem Schnittpunkt mit der Kurve $F(q_1, q_2) = 0$, siehe dazu Abb. 7.7.

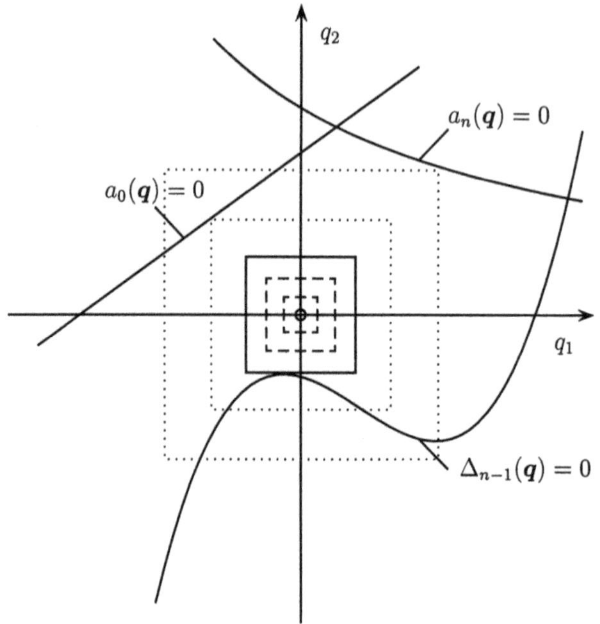

Abb. 7.7: Das stabile Gebiet ist durch höchstens drei Hyperflächen begrenzt

Die erste Berührung mit der Stabilitätsgrenze kann an einer Ecke oder auf einer Kante eintreten (siehe Abb. 7.8). Die erste Möglichkeit kann durch die Tatsache charakterisiert werden, daß $q_1 = q_2$ (mit a gekennzeichnet) oder $q_1 = -q_2$ (mit b gekennzeichnet), was zu den beiden Polynomgleichungen

$$F(q_1, q_1) = 0$$
$$F(q_1, -q_1) = 0 \qquad (7.3.1)$$

führt. Die andere Möglichkeit ist, daß dies auf einer Kante eintritt, d.h. $F(q_1, q_2) = 0$ hat eine horizontale Tangente (mit c gekennzeichnet) oder eine vertikale Tangente (mit d gekennzeichnet). Diese notwendige Bedingung führt auf die zwei Gleichungssysteme in zwei Unbekannten

$$F(q_1, q_2) = 0, \quad \frac{\partial F(q_1, q_2)}{\partial q_1} = 0$$

$$F(q_1, q_2) = 0, \quad \frac{\partial F(q_1, q_2)}{\partial q_2} = 0 \qquad (7.3.2)$$

Es kann der Fall eintreten, daß im Schnittpunkt die Kurve $F(q_1, q_2) = 0$ nicht differenziert werden kann, d.h. die Kurve hat eine Spitze oder einen isolierten Punkt. In diesen Punkten verschwinden beide partielle Ableitungen und daher tauchen diese Lösungen bereits als Lösungen von (7.3.2) auf.

Die reellen Wurzeln der beiden Polynome und die reellen Lösungsvektoren der beiden Gleichungssysteme liefern uns eine Menge von Punkten (q_1, q_2), die Kandidaten

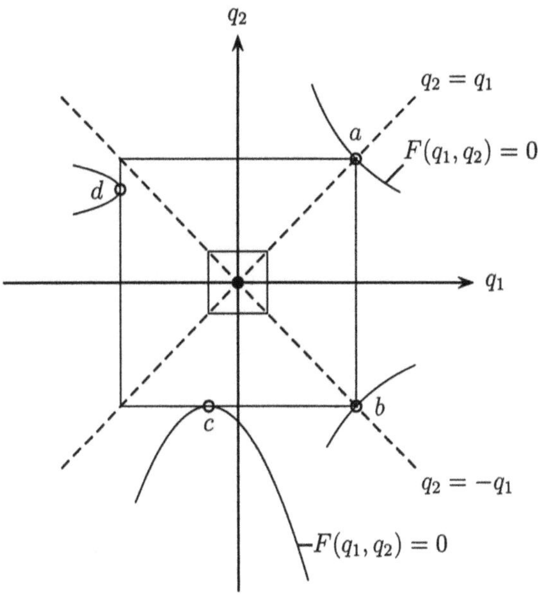

Abb. 7.8: Der Fall $= \infty$

für das erste Zusammenfallen mit der Stabilitätsgrenze sind. Im Falle einer Ecke ist $\|(\pm q, \pm q)\|_\infty = \|\boldsymbol{q}\|_\infty = |q|$ und im Falle einer Kante ist $\|(q_1, q_2)\|_\infty = \max\{|q_1|, |q_2|\}$. Der Lösungsvektor $\boldsymbol{q}^* = [q_1^*\,;\,q_2^*]^T$ mit der kleinsten Norm liefert den Stabilitätsradius. Die dazugehörige kritische Parameterkombination $\boldsymbol{q}^*$ bestimmt auch die kritische Frequenz. Das Polynom $p(s, q_1^*, q_2^*) = 0$ hat eine Wurzel bei $s = 0$ oder $s = \infty$ oder ein Wurzelpaar bei $s = \pm j\omega$. Alle restlichen Wurzeln liegen nicht in der rechten offenen Halbebene.

Gehen wir zu drei Parametern über. Die Kurve $F(q_1, q_2) = 0$ wird ersetzt durch die Fläche $F(q_1, q_2, q_3) = 0$. Diese Fläche begrenzt die stabilen Polynome und anstelle eines Quadrats wird nun ein Würfel vergrößert. Die Schnittpunkte liegen in einer Ecke, auf einer Kante oder in einer Seitenfläche des Würfels. Entsprechend den acht Ecken des Würfels beschreiben die vier Polynome

$$F(q, +q, +q) = 0$$
$$F(q, +q, -q) = 0$$
$$F(q, -q, +q) = 0$$
$$F(q, -q, -q) = 0$$

diese Möglichkeit. Liegt der Schnittpunkt auf einer Kante, so fallen zwei Schnittpunkte zusammen und eine der drei partiellen Ableitungen verschwindet. Es ergeben sich die sechs Gleichungssysteme

$$F(q_1, +q, +q) = 0\,, \qquad \left.\frac{\partial F}{\partial q_1}\right|_{q_2=+q,\,q_3=+q} = 0$$

$$F(q_1, +q, -q) = 0\,, \qquad \left.\frac{\partial F}{\partial q_1}\right|_{q_2=+q,\,q_3=-q} = 0$$

$$F(+q, q_2, +q) = 0\,, \qquad \left.\frac{\partial F}{\partial q_2}\right|_{q_1=+q,\,q_3=+q} = 0$$

$$F(-q, q_2, +q) = 0\,, \qquad \left.\frac{\partial F}{\partial q_2}\right|_{q_1=-q,\,q_3=+q} = 0$$

$$F(+q, +q, q_3) = 0\,, \qquad \left.\frac{\partial F}{\partial q_3}\right|_{q_1=+q,\,q_2=+q} = 0$$

$$F(+q, -q, q_3) = 0\,, \qquad \left.\frac{\partial F}{\partial q_3}\right|_{q_1=+q,\,q_2=-q} = 0$$

mit zwei Unbekannten.

Liegt der Schnittpunkt auf einer der sechs Seitenflächen, dann ist der Normalenvektor der Fläche $F(q_1, q_2, q_3) = 0$ parallel zu einer der Koordinatenachsen, was gleichbedeutend ist mit dem Verschwinden von zwei der drei partiellen Ableitungen. Die drei Gleichungssysteme

$$F(q_1, q_2, q_3) = 0\,, \qquad \frac{\partial F}{\partial q_1} = 0\,, \qquad \frac{\partial F}{\partial q_2} = 0$$

$$F(q_1, q_2, q_3) = 0\,, \qquad \frac{\partial F}{\partial q_1} = 0\,, \qquad \frac{\partial F}{\partial q_3} = 0$$

$$F(q_1, q_2, q_3) = 0\,, \qquad \frac{\partial F}{\partial q_2} = 0\,, \qquad \frac{\partial F}{\partial q_3} = 0$$

mit drei Unbekannten charakterisieren diese Situation.

Bei $\ell > 3$ Parametern wächst die Anzahl der Polynome und Gleichungssysteme entsprechend der Anzahl von Ecken, Kanten, Seitenflächen usw. des ℓ-dimensionalen Würfels. Die Herleitung dieser Polynome und Systeme für beliebiges ℓ erfolgt analog wie oben gezeigt. Es tritt aber jetzt eine kombinatorische Explosion ein: Die Anzahl der Gleichungssysteme wächst exponentiell mit der Anzahl der Parameter.

Die Verwendung anderer Normen (p = 2 oder p = 1) liefert ähnliche Gleichungssysteme. In jedem Falle ergeben sich Gleichungen, in denen F und seine partiellen Ableitungen auftreten.

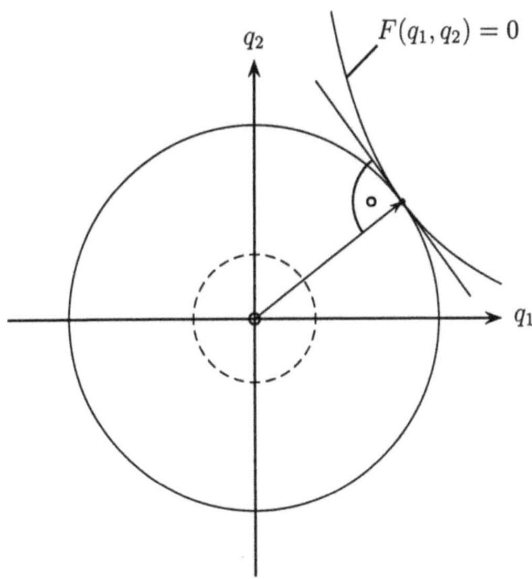

Abb. 7.9: Der Fall p = 2

Für die Norm p = 2 ist die Anzahl der Systeme geringer, dafür sind die Gleichungen komplizierter. In diesem Fall ist im Schnittpunkt der Vektor $\boldsymbol{q}$ parallel zum Gradienten von F wie in Abb. 7.9 illustriert.

Nur ein System von Gleichungen charakterisiert diese Situation

$$F(\boldsymbol{q}) = 0\,, \qquad \frac{\partial F}{\partial \boldsymbol{q}} = \lambda \boldsymbol{q}$$

Eine Einschränkung der praktischen Anwendung ergibt sich aus der Notwendigkeit, alle (reellen) Lösungen der Gleichungssysteme zu finden. Der Satz von Bezout (siehe Anhang B) besagt, daß z.B. ein System von drei Gleichungen mit den Graden m_i, $i = 1, 2, 3$ bis zu $m_1 \cdot m_2 \cdot m_3$ Lösungsvektoren haben kann. Das resultierende Polynom in einer Veränderlichen, das nach Elimination der beiden anderen Variablen entsteht, kann also bis zum Grad $m_1 \cdot m_2 \cdot m_3$ aufsteigen. Daher läßt sich dieses Verfahren nur bei wenigen ($\ell \leq 3$) unsicheren Parametern anwenden. Diese Einschränkung erscheint zunächst sehr schwerwiegend zu sein, aber eine Bemerkung in [114] von 1991 über die Software zur Lösung von algebraischen Gleichungssystemen kann uns etwas Hoffnung für die Zukunft geben: „Five years ago, problems with four or five unknowns were outside of the capabilities of most available softwares. Recent progresses made or will make accessible problems with six or seven unknowns."

Beispiel 7.4. Wir betrachten den spurgeführten Bus aus Kapitel 1. Die Übertragungsfunktion des ungeregelten Busses hängt von der virtuellen Masse $\tilde{m}$ und der Geschwindigkeit v ab. Mit den Daten aus Beispiel 1.4 lautet sie

$$g(s,\tilde{m},v) = \frac{6.079 \cdot 10^5\ \tilde{m}v^2s^2 + 3.886 \cdot 10^{11}\ vs + 4.803 \cdot 10^{10}\ v^2}{s^3(\tilde{m}^2v^2s^2 + 9.818 \cdot 10^5\ \tilde{m}vs + 1.663 \cdot 10^4\ \tilde{m}v^2 + 2.690 \cdot 10^{11})}$$

In [131] wurde ein Regler angegeben, der zu folgendem charakteristischen Polynom für den geschlossenen Kreis führt:

$$p(s,\tilde{m},v) = \sum_{i=0}^{8} a_i s^i$$

mit

$$
\begin{aligned}
a_0 &= 4.503 \cdot 10^{14}\ v^2 \\
a_1 &= 5.253 \cdot 10^{14}\ v^2 + 3.625 \cdot 10^{15}\ v \\
a_2 &= 5.699 \cdot 10^9\ \tilde{m}v^2 + 1.128 \cdot 10^{14}\ v^2 + 4.229 \cdot 10^{15}\ v \\
a_3 &= 6.908 \cdot 10^9\ \tilde{m}v^2 + 9.062 \cdot 10^{14}\ v + 4.203 \cdot 10^{15} \\
a_5 &= 1.563 \cdot 10^4\ \tilde{m}^2v^2 + 8.315 \cdot 10^5\ \tilde{m}v^2 + 1.344 \cdot 10^9\ \tilde{m}v + 1.345 \cdot 10^{13} \\
a_6 &= 1.25 \cdot 10^3\ \tilde{m}^2v^2 + 1.663 \cdot 10^4\ \tilde{m}v^2 + 5.376 \cdot 10^7\ \tilde{m}v + 2.690 \cdot 10^{11} \\
a_7 &= 50\ \tilde{m}^2v^2 + 1.075 \cdot 10^6\ \tilde{m}v \\
a_8 &= \tilde{m}^2v^2
\end{aligned}
$$

Der nominale Punkt sei $v = 20$ [ms^{-1}] und $\tilde{m} = 20$ [10^3 kg]. Um den Stabilitätsradius zu bestimmen, können wir auch das Parameterraumverfahren anwenden, d.h. in der $(v,\tilde{m})$-Ebene stellen wir grafisch die Stabilitätsgrenzen dar, siehe Abb. 7.10. Aber auch die analytische Methode dieses Abschnitts ist anwendbar. Die Abstände zu den reellen Grenzen $\tilde{m} = 0$ und $v = 0$ sind trivial, aber um den Abstand zur komplexen Grenze zu ermitteln, benötigen wir die vorletzte Hurwitz-Determinante, die von der Ordnung sieben ist. Ihre Berechnung wird wieder von einem symbolischen Programm durchgeführt. Die Lösung von (7.3.1) und (7.3.2) mit $q_1 = v - 20$ und $q_2 = \tilde{m} - 20$ ergibt einen Schnittpunkt des wachsenden Quadrats mit der komplexen Begrenzungskurve bei $q_1 = 14.8$, $q_2 = -q_1$ für $\omega = 16.3$, siehe Abb. 7.10. $\qquad\qquad\square$

7.4   Übungen

7.1. Bestimmen Sie den Stabilitätsradius (in Bezug auf eine Kugel) des unsicheren Polynoms

$$p(s,q_1,q_2,q_3) = (1 - q_1) + (-3 + q_2)s - q_3s^2 - s^3$$

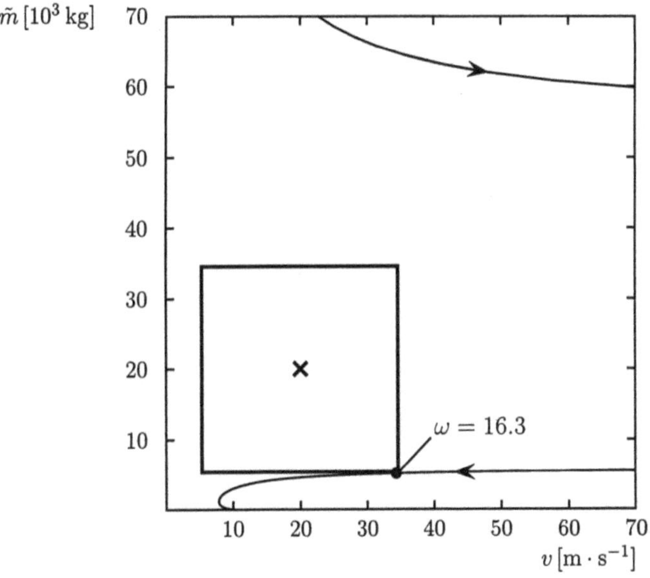

Abb. 7.10: Das größte Quadrat um den nominalen Punkt (20,20)

ausgehend vom nominalen Punkt $q_1 = 2.5$, $q_2 = 1.5$ und $q_3 = 3.5$. Welche Methoden dieses Kapitels sind anwendbar? Vergleichen Sie die möglichen Methoden.

7.2. Bestimmen Sie den Stabilitätsradius (in Bezug auf eine Quadrat) des unsicheren Polynoms

$$p(s, q_1, q_2) = (1 + q_1) + (2 + q_1 + q_2)s + (2 + q_1)s^2 + s^3$$

ausgehend vom nominalen Punkt $q_1 = 2$ und $q_2 = 0.5$. Vergleichen Sie die Methode von Tsypkin und Polyak mit der allgemeinen Methode für polynomiale Abhängigkeit.

7.3. Bestimmen Sie den Stabilitätsradius (in Bezug sowohl auf ein Quadrat als auf einen Kreis) des unsicheren Polynoms

$$p(s, q_1, q_2) = (1 + q_1 q_2) + (2 + q_1 + q_2 - 3q_1 q_2)s + (4 + 2q_1 + 5q_2)s^2 + s^3$$

ausgehend vom nominalen Punkt $q_1 = 0.5$ und $q_2 = 0.5$.

7.4. Untersucht wird das Beispiel 2.7 der Verladebrücke mit $g = 10$, $m_C = 1000$, $\ell = 10$, $k_1 = 500$, $k_2 = 5000$, $k_3 = 0$. Bestimmen Sie den Stabilitätsradius (in Bezug auf ein Quadrat) mit den unsicheren Parametern m_L und k_4, wenn

a) $m_L^0 = 50$ und $k_4^0 = 0$,

b) $m_L^0 = 3000$ und $k_4^0 = 0$.

7.5. Wie Beispiel 7.4 mit ℓ als weiterem unsicheren Parameter und $\ell^0 = 10$. Da sich für $\ell = 0$ der Polynomgrad reduziert, ist der Stabilitätsradius immer < 10. Führen Sie deshalb eine neue Variable $\ell^* = 100\ell$ ein. Bestimmen Sie den Stabilitätsradius (in Bezug auf einen Würfel und auf eine Kugel) mit den drei unsicheren Parametern m_L, k_4 und ℓ^*.

Part III

Robustheitsanalyse von Regelkreisen

8 Einschleifige Regelkreise

Mit Kapitel 8 beginnt Teil III des Buches, in dem spezielle Regelungsstrukturen, unter zusätzlichen Robustheitsforderungen an den geschlossenen Regelkreis, behandelt werden. Es geht dabei um Probleme wie unsichere nichtlineare Kennlinien innerhalb eines Sektors, Gamma-Stabilität oder die Implementierung eines diskreten robusten Reglers.

Kapitel 8 enthält Robustheitsergebnisse zur Analyse einschleifiger Regelkreise. Diese Ergebnisse basieren auf speziellen Struktureigenschaften von Subsystemen, insbesondere auf Eigenschaften des offenen Regelkreises. Zunächst betrachten wir eine einfache Einheitsrückführung wie in Abb. 8.1, in der $g(s, \boldsymbol{q})$ die unsichere Übertragungsfunktion des offenen Kreises ist

$$g(s, \boldsymbol{q}) = \frac{n(s, \boldsymbol{q})}{d(s, \boldsymbol{q})} \tag{8.0.1}$$

Dabei ist $n(s, \boldsymbol{q})$ das unsichere Zählerpolynom

$$n(s, \boldsymbol{q}) = n_0(\boldsymbol{q}) + n_1(\boldsymbol{q})s + \ldots + n_m(\boldsymbol{q})s^m \tag{8.0.2}$$

und $d(s, \boldsymbol{q})$ das unsichere Nennerpolynom

$$d(s, \boldsymbol{q}) = d_0(\boldsymbol{q}) + d_1(\boldsymbol{q})s + \ldots + d_n(\boldsymbol{q})s^n, \quad d_n(\boldsymbol{q}) > 0 \tag{8.0.3}$$

von g. Wie üblich wird $m \leq n$ vorausgesetzt. Wenn das Zählerpolynom $n(s, \boldsymbol{q})$ und das Nennerpolynom $d(s, \boldsymbol{q})$ der (Strecken-)Übertragungsfunktion $g(s, \boldsymbol{q})$ des offenen Kreises

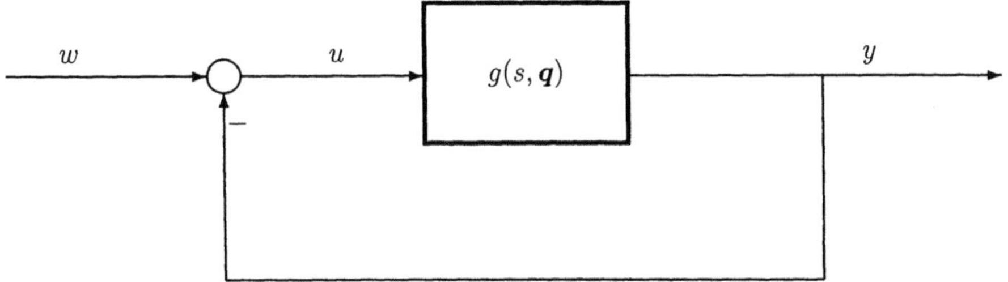

Abb. 8.1: Einheitsrückführung eines unsicheren einschleifigen Regelkreises

Intervallpolynome sind,

$$n(s, \boldsymbol{q}) = n(s, \boldsymbol{n}) = n_0 + n_1 s + \ldots + n_m s^m, \qquad n_i \in [n_i^- \, ; \, n_i^+], \qquad i = 0, 1, \ldots, m$$
$$d(s, \boldsymbol{q}) = d(s, \boldsymbol{d}) = d_0 + d_1 s + \ldots + d_n s^n, \qquad d_i \in [d_i^- \, ; \, d_i^+], \qquad i = 0, 1, \ldots, n$$
$$(8.0.4)$$

dann hat das charakteristische Polynom des geschlossenen Kreises

$$p(s, \boldsymbol{n}, \boldsymbol{d}) = n(s, \boldsymbol{n}) + d(s, \boldsymbol{d}) = a_0 + a_1 s + \ldots + a_n s^n \qquad (8.0.5)$$

offensichtlich auch die Intervalleigenschaft, da die Koeffizienten $a_i = n_i + d_i$ unabhängig voneinander sind mit den Intervallgrenzen

$$a_i^- = n_i^- + d_i^-$$
$$a_i^+ = n_i^+ + d_i^+, \qquad i = 0, 1, \ldots, n \qquad (8.0.6)$$

(Hier und im folgenden sind nicht definierte Koeffizienten zu Null zu setzen, beispielsweise ist für $m < n$, $n_n = 0$.) Die robuste Stabilität des geschlossenen Regelkreises kann mit den vier Kharitonov-Polynomen von (8.0.5) überprüft werden. Das charakteristische Polynom des geschlossenen Regelkreises (im folgenden auch abkürzend als geschlossenes charakteristisches Polynom bezeichnet) hat, auch bei einer Intervallstrecke, nur bei sehr spezieller Reglerstruktur die Intervalleigenschaft. Betrachten wir dazu die Rückführungsstruktur in Abb. 8.2, bei der die Koeffizienten der Strecke, $n_i, d_i, i = 0, 1,$

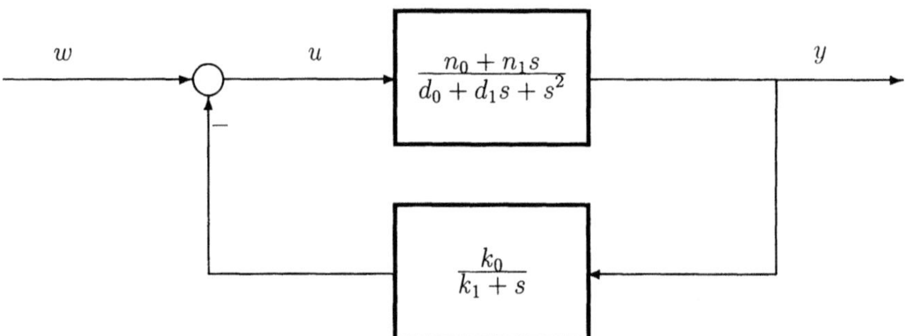

Abb. 8.2: Das charakteristische Polynom des geschlossenen Regelkreises ist kein Intervallpolynom

als unsicher innerhalb zugehöriger Intervalle angenommen seien. Die Werte der Reglerkoeffizienten seien fest vorgegeben, $k_0 = k_0^*$ und $k_1 = k_1^*$. Das charakteristische Polynom des geschlossenen Kreises

$$\begin{aligned} p(s, n_0, n_1, d_0, d_1) &= k_0^*(d_0 + d_1 s + s^2) + (k_1^* + s)(n_0 + n_1 s) \\ &= k_0^* d_0 + k_1^* n_0 + (k_0^* d_1 + k_1^* n_1 + n_0)s + (k_0^* + n_1)s^2 \qquad (8.0.7) \end{aligned}$$

ist affin in den unsicheren Koeffizienten und nur für den Fall $k_1^* = 0$ ist es vom Intervalltyp. Daher existiert schon für einen Regler erster Ordnung im allgemeinen kein Kharitonov-Ergebnis mehr. Es gibt nur ein Kharitonov-ähnliches Ergebnis und für einen Regler beliebiger Ordnung erhalten wir sogar nur einen speziellen Kantensatz. Beide Ergebnisse werden in Abschnitt 8.1 hergeleitet.

Wenn die Übertragungsfunktionen der Intervallstrecke und des Reglers streng positiv reell sind, so können ebenfalls Kharitonov-ähnliche Ergebnisse zur Überprüfung der robusten Stabilität angewendet werden, wie in Abschnitt 8.2 gezeigt wird. In Abschnitt 8.3 betrachten wir nicht mehr nur Übertragungsfunktionen vom Intervalltyp oder streng positiv reelle Übertragungsfunktionen, sondern untersuchen, ob eine unsichere Übertragungsfunktion $g(s, \boldsymbol{q})$ von allgemeiner Art in eine Form mit Baumstruktur gebracht werden kann. Wir werden sehen, daß die Verallgemeinerung der in Abschnitt 6.5 eingeführten Baumstruktur auf rationale Funktionen, die Konstruktion der Wertemenge des offenen Kreises wesentlich erleichtert. Das klassischen Nyquist-Kriterium führt dann zum Nachweis der robusten Stabilität. In Abschnitt 8.4 gehen wir zu Intervallstrecken zurück, jetzt aber in Verbindung mit einer nichtlinearen Kennlinie innerhalb eines Sektors und wir werden auch dafür ein Kharitonov-ähnliches Robustheitsergebnis angeben.

8.1 Intervallstrecke mit Regler

Mit dem Vektor der unsicheren Parameter

$$\boldsymbol{q} := [q_1 \ldots q_\ell]^T = [n_0\, n_1 \ldots n_m\, d_0\, d_1 \ldots d_n]^T = [\boldsymbol{n}^T\, \boldsymbol{d}^T]^T, \quad \ell = m + n + 2 \qquad (8.1.1)$$

wird eine Familie von Übertragungsfunktionen

$$G_I = G(s, Q) := \left\{ g(s, \boldsymbol{q}) = \frac{n(s, \boldsymbol{n})}{d(s, \boldsymbol{d})} \mid \boldsymbol{q} \in Q \right\} \qquad (8.1.2)$$

für die Q-Box

$$Q = \{ [\boldsymbol{n}^T\, \boldsymbol{d}^T]^T \mid n_i \in [n_i^- \,;\, n_i^+],\ d_j \in [d_j^-, d_j^+],\ i = 0, 1, \ldots, m, \quad j = 0, 1, \ldots, n \} \qquad (8.1.3)$$

eingeführt. Dabei sind $n(s, \boldsymbol{n})$ und $d(s, \boldsymbol{d})$ Intervallpolynome, die die Polynomfamilien $N(s, Q_n)$ und $D(s, Q_d)$ erzeugen.

$$\begin{aligned} N(s, Q_n) &:= \{ n(s, \boldsymbol{n}) \mid \boldsymbol{n} \in Q_n \} \\ D(s, Q_d) &:= \{ d(s, \boldsymbol{d}) \mid \boldsymbol{d} \in Q_d \} \end{aligned} \qquad (8.1.4)$$

Es sind Q_n und Q_d die Unsicherheitsboxen der Zähler- und der Nennerkoeffizienten.

$$Q_n := \{ \boldsymbol{n} \mid n_i \in [n_i^- \,;\, n_i^+], \quad i = 0, 1, \ldots, m \} \qquad (8.1.5)$$

$$Q_d := \{ \boldsymbol{d} \mid d_i \in [d_i^- \,;\, d_i^+], \quad i = 0, 1, \ldots, n \} \qquad (8.1.6)$$

Die Übertragungsfunktion

$$g(s, \boldsymbol{n}, \boldsymbol{d}) = \frac{n(s, \boldsymbol{n})}{d(s, \boldsymbol{d})} \qquad (8.1.7)$$

die die Familie G_I der Übertragungsfunktionen (8.1.2) erzeugt, wird als *Intervallüber-tragungsfunktion* bezeichnet. Für eine Vereinfachung der Bezeichnungsweise werden die vier Kharitonov-Polynome von N und D aus (8.1.4) durch Indizes gekennzeichnet

$$n^{(1)}(s) := n^{+-}(s)\,,\ n^{(2)}(s) := n^{++}(s)\,,\ n^{(3)}(s) := n^{-+}(s)\,,\ n^{(4)}(s) := n^{--}(s)$$
$$d^{(1)}(s) := d^{+-}(s)\,,\ d^{(2)}(s) := d^{++}(s)\,,\ d^{(3)}(s) := d^{-+}(s)\,,\ d^{(4)}(s) := d^{--}(s) \tag{8.1.8}$$

Mit diesen acht Kharitonov-Polynomen bezeichnen wir die *Kharitonov-Familie* G_I^K von G_I als die Menge

$$G_I^K := \left\{ \frac{n^{(i)}(s)}{d^{(j)}(s)}\,; \quad i,j \in \{1,2,3,4\} \right\} \tag{8.1.9}$$

von 16 Übertragungsfunktionen. Wie wir schon wissen, ist es zur Überprüfung der robusten Stabilität einer Intervallübertragungsfunktion notwendig und hinreichend, die Stabilität der vier Kharitonov-Polynome des Nenners $d^{(i)}(s)$, $i = 1,2,3,4$ zu überprüfen. Jedoch ist für den Standardregelkreis aus Abb. 8.3 mit einer festen (Regler-)Übertragungsfunktion

$$\hat{g}(s) = \frac{\hat{n}(s)}{\hat{d}(s)} = \frac{\hat{n}_0 + \hat{n}_1 s + \ldots + \hat{n}_{\hat{m}} s^{\hat{m}}}{\hat{d}_0 + \hat{d}_1 s + \ldots + \hat{d}_{\hat{n}} s^{\hat{n}}} \tag{8.1.10}$$

das charakteristische Polynom des geschlossenen Kreises

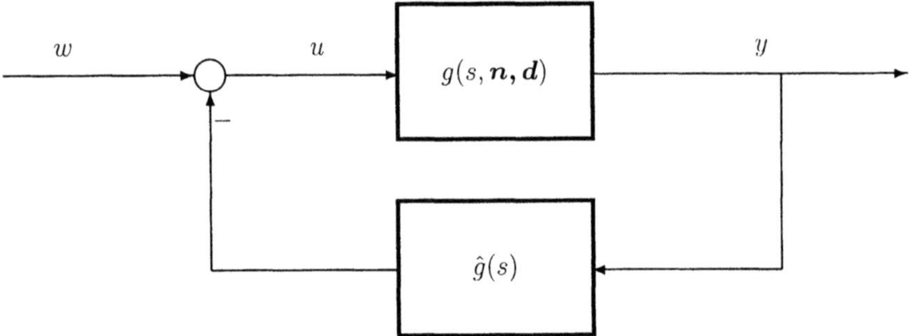

Abb. 8.3: Intervallregelstrecke mit festem Regler

$$p(s, \boldsymbol{n}, \boldsymbol{d}) = \hat{n}(s) n(s, \boldsymbol{n}) + \hat{d}(s) d(s, \boldsymbol{d}) \tag{8.1.11}$$

nicht mehr vom Intervalltyp. Setzt man die entsprechenden Polynome in (8.1.11) ein, so wird

$$p(s, \boldsymbol{n}, \boldsymbol{d}) = \sum_{i=0}^{\hat{n}+n} \sum_{j=0}^{i} \left(\hat{n}_j n_{i-j} + \hat{d}_j d_{i-j} \right) s^i =: \sum_{i=0}^{\hat{n}+n} a_i s^i \tag{8.1.12}$$

Die Koeffizienten des geschlossenen charakteristischen Polynoms

$$a_i = \sum_{j=0}^{i} \left(\hat{n}_j n_{i-j} + \hat{d}_j d_{i-j} \right)\,, \quad i = 0, 1, \ldots, \hat{n}+n \tag{8.1.13}$$

behalten eine spezielle affine Abhängigkeit in den unsicheren Parametern n_i und d_j. Für spezielle Klassen von Reglern führt dies zu Kharitonov-Ergebnissen oder zu Kharitonov-ähnlichen Ergebnissen, wie später gezeigt wird.

Da die Parameterabhängigkeit des geschlossenen charakteristischen Polynoms für den Regelkreis aus Abb. 8.3 affin ist, wissen wir vom Kantensatz her, daß es zum Nachweis der robusten Stabilität genügt, $\ell 2^{\ell-1}$ Kanten der ℓ-dimensionalen Q-Box zu überprüfen. Wir fragen nun, ob uns die spezielle affine Abhängigkeit der Polynomkoeffizienten von n_i und d_j in (8.1.13) zu einem einfacheren Robustheitstest führt. Für das charakteristische Polynom des geschlossenen Kreises (8.1.11) ist

$$\mathcal{P}(j\omega^*, \boldsymbol{n}, \boldsymbol{d}) = \hat{n}(j\omega^*)\mathcal{N}(j\omega^*, \boldsymbol{n}) + \hat{d}(j\omega^*)\mathcal{D}(j\omega^*, \boldsymbol{d}), \quad \boldsymbol{n} \in Q_n, \ \boldsymbol{d} \in Q_d \qquad (8.1.14)$$

die Wertemenge für festes $s = j\omega^*$. Da das charakteristische Polynom Baumstruktur besitzt (siehe Abschnitt 6.5) können die Wertemengen $\hat{n}(j\omega^*)\mathcal{N}(j\omega^*, \boldsymbol{n})$ und $\hat{d}(j\omega^*)\mathcal{D}(j\omega^*, \boldsymbol{d})$ unabhängig voneinander erzeugt werden. Um die Wertemenge

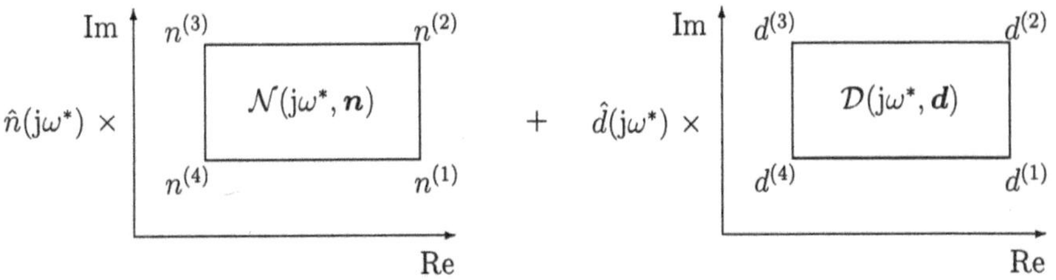

Abb. 8.4: Wertemengenoperationen für Intervallstrecken

$\mathcal{P}(j\omega^*, \boldsymbol{n}, \boldsymbol{d})$ des charakteristischen Polynoms zu erhalten, müssen dann nur noch beide Mengen addiert werden. Die Mengen $\hat{n}(j\omega^*)\mathcal{N}(j\omega^*, \boldsymbol{n})$ und $\hat{d}(j\omega^*)\mathcal{D}(j\omega^*, \boldsymbol{d})$ können leicht konstruiert werden. Wir wissen, daß $\mathcal{N}(j\omega^*, \boldsymbol{n})$ ein Rechteck ist, dessen Ecken genau die Werte der vier Kharitonov-Polynome von $N(s, Q_n)$ für $\omega = \omega^*$ sind, siehe Abb. 8.4. Dieses Rechteck muß mit der komplexen Zahl $\hat{n}(j\omega^*)$ multipliziert werden. Dies führt, entsprechend dem Betrag und der Phase von $\hat{n}(j\omega^*)$, zu einer Drehung und Dehnung des Rechtecks $\mathcal{N}(j\omega^*, \boldsymbol{n})$. Das Ergebnis ist wieder ein Rechteck. Genauso erhält man die Menge $\hat{d}(j\omega^*)\mathcal{D}(j\omega^*, \boldsymbol{d})$. Die Addition der beiden Mengen geschieht mit den Regeln aus Abschnitt 6.3. Es müssen die Operationen

$$\begin{aligned}
\hat{n}(j\omega^*)n^{(1)}(j\omega^*) + \hat{d}(j\omega^*)\mathcal{D}(j\omega^*, \boldsymbol{d}), &\quad \hat{n}(j\omega^*)\mathcal{N}(j\omega^*, \boldsymbol{n}) + \hat{d}(j\omega^*)d^{(1)}(j\omega^*) \\
\hat{n}(j\omega^*)n^{(2)}(j\omega^*) + \hat{d}(j\omega^*)\mathcal{D}(j\omega^*, \boldsymbol{d}), &\quad \hat{n}(j\omega^*)\mathcal{N}(j\omega^*, \boldsymbol{n}) + \hat{d}(j\omega^*)d^{(2)}(j\omega^*) \\
\hat{n}(j\omega^*)n^{(3)}(j\omega^*) + \hat{d}(j\omega^*)\mathcal{D}(j\omega^*, \boldsymbol{d}), &\quad \hat{n}(j\omega^*)\mathcal{N}(j\omega^*, \boldsymbol{n}) + \hat{d}(j\omega^*)d^{(3)}(j\omega^*) \\
\hat{n}(j\omega^*)n^{(4)}(j\omega^*) + \hat{d}(j\omega^*)\mathcal{D}(j\omega^*, \boldsymbol{d}), &\quad \hat{n}(j\omega^*)\mathcal{N}(j\omega^*, \boldsymbol{n}) + \hat{d}(j\omega^*)d^{(4)}(j\omega^*)
\end{aligned} \qquad (8.1.15)$$

durchgeführt werden. Die vier Rechtecke auf der linken Seite von (8.1.15) haben dieselbe Gestalt und Orientierung in der komplexen Ebene und dies gilt auch für die vier Rechtecke auf der rechten Seite von (8.1.15). Weiterhin kann man leicht sehen, daß jede Ecke eines beliebigen Rechtecks der linken Seite von (8.1.15) auch eine Ecke eines Rechtecks auf der rechten Seite ist und umgekehrt. Somit folgt, daß die Wertemenge

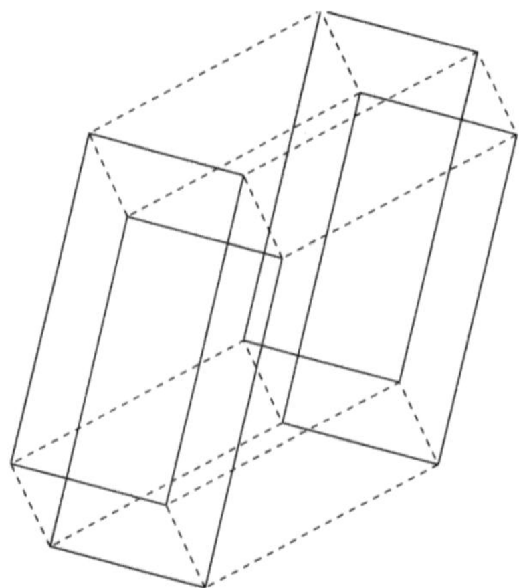

Abb. 8.5: Die Wertemenge $\mathcal{P}(j\omega^*, \boldsymbol{n}, \boldsymbol{d}) = \hat{n}(j\omega^*)\mathcal{N}(j\omega^*, \boldsymbol{n}) + \hat{d}(j\omega^*)\mathcal{D}(j\omega^*, \boldsymbol{d})$, $\boldsymbol{n} \in Q_n, \boldsymbol{d} \in Q_d$

$\mathcal{P}(j\omega^*, \boldsymbol{n}, \boldsymbol{d})$, die die Vereinigung der acht Rechtecke (8.1.15) ist, so aussehen muß wie in Abb. 8.5.

Wenn $\hat{n}(j\omega^*)n^{(i)}(j\omega^*) + \hat{d}(j\omega^*)\mathcal{D}(j\omega^*, \boldsymbol{d}), i = 1, \ldots, 4$ die gestrichelten Rechtecke sind, dann sind $\hat{n}(j\omega^*)\mathcal{N}(j\omega^*, \boldsymbol{n}) + \hat{d}(j\omega^*)d^{(i)}(j\omega^*), i = 1, \ldots, 4$ die Rechtecke mit ausgezogenen Linien.

Da obige Argumentation für jedes beliebige $\omega^* \geq 0$ gilt, erhalten wir aus dem Prinzip des Nullausschlusses den folgenden Satz (der zuerst in [44] angegeben und als Boxsatz bezeichnet wurde):

Satz 8.1.   (Boxsatz von Chapellat und Bhattacharyya)

Das unsichere Polynom (8.1.11) ist genau dann robust stabil in Q, wenn

i) ein $\boldsymbol{q}^* = [\boldsymbol{n}^{*T} \ \boldsymbol{d}^{*T}]^T \in Q$ existiert, so daß $p(s, \boldsymbol{n}^*, \boldsymbol{d}^*)$ stabil ist und

ii) wenn die Kanten der Wertemengen (8.1.15) den Ursprung für alle $\omega^* \geq 0$ nicht berühren.

$\square$

Die erste Bedingung ist sehr leicht zu überprüfen. Um dann die robuste Stabilität zu zeigen, genügt es, die $8 \cdot 4$ Kanten des obigen Rechtecks für alle $\omega \geq 0$ auf Nullausschluß zu überprüfen. Unabhängig von der Anzahl der unsicheren Parameter der Intervallstrecke kann die robuste Stabilität des einschleifigen Regelkreises aus Abb. 8.3 durch Überprüfung des Nullausschlusses von nicht mehr als 32 Kanten für $\omega \geq 0$ nachgewiesen werden. Satz 8.1 ist äquivalent zu folgendem Satz:

Satz 8.2.

Das unsichere Polynom (8.1.11) ist genau dann robust stabil in Q, wenn die Kantenpolynome

$$\{\hat{n}(s)n^{(i)}(s) + \hat{d}(s)[d^{(j)}(s) + \lambda(d^{(k)}(s) - d^{(j)}(s))] \mid \lambda \in [0\,;1]\}, \quad i,j \in \{1,\ldots,4\}$$

$$\{\hat{n}(s)[n^{(i)}(s) + \lambda(n^{(k)}(s) - n^{(j)}(s))] + \hat{d}(s)d^{(i)}(s) \mid \lambda \in [0,1]\}, \quad i,j \in \{1,\ldots,4\}$$

$$\tag{8.1.16}$$

stabil sind, wobei $k = j + 1$ falls $j < 4$ und $k = 1$ für $j = 4$.

$$\square$$

Die Kantenpolynome (8.1.16) werden als *Kharitonov-Segmente* bezeichnet. Mit Satz 8.2 kann der Robustheitstest mit dem Kantentest von Bialas (Satz 4.7) für die 32 Kharitonov-Segmente aus (8.1.16) durchgeführt werden.

Für einige sehr einfache Regler kann der Robustheitstest anhand der Ecken statt der Kanten durchgeführt werden. Falls der Regler in Abb. 8.3 ein Proportionalregler ist

$$\hat{g}(s) = k_P \tag{8.1.17}$$

ist das geschlossene charakteristische Polynom

$$\begin{aligned}
p(s,\boldsymbol{n},\boldsymbol{d}) &= k_P(n_0 + n_1 s + \ldots + n_m s^m) + (d_0 + d_1 s + \ldots + d_n s^n) \\
&= a_0 + a_1 s + \ldots + a_n s^n = p(s,\boldsymbol{a})
\end{aligned} \tag{8.1.18}$$

Für $n_n \in [n_n^- \,;\, n_n^+]$, $d_n \in [d_n^- \,;\, d_n^+]$ sei vorausgesetzt:

$$a_n = k_p n_n + d_n > 0 \tag{8.1.19}$$

Die Koeffizienten a_i des charakteristischen Polynoms (8.1.18)

$$a_i = k_P n_i + d_i, \qquad i = 0, 1, \ldots, n \tag{8.1.20}$$

sind offensichtlich voneinander unabhängig und jeder Koeffizientenwert ist im Intervall

$$a_i \in [k_P n_i^- + d_i^- \,;\, k_P n_i^+ + d_i^+], \qquad i = 0, 1, \ldots, n \tag{8.1.21}$$

enthalten. Daher ist p wieder ein Intervallpolynom, dessen vier Kharitonov-Polynome zur Überprüfung der robusten Stabilität getestet werden müssen [74].

Das Ergebnis kann auf einen rein integrierenden Regler der Ordnung k

$$\hat{g}(s) = \frac{k_I}{s^k} \tag{8.1.22}$$

verallgemeinert werden. Das geschlossene charakteristische Polynom wird dafür

$$\begin{aligned}
p(s,\boldsymbol{n},\boldsymbol{d}) &= k_I(n_0 + n_1 s \ldots + n_m s^m) + s^k(d_0 + d_1 s + \ldots + d_n s^n) \\
&= a_0 + a_1 s + \ldots + a_{n+k-1} s^{k+n-1} + a_{n+k} s^{k+n}
\end{aligned} \tag{8.1.23}$$

$$\tag{8.1.24}$$

Wieder sind die Koeffizienten

$$a_i = k_I n_i + d_{i-k}, \qquad i = 0, 1, \ldots, k+n \tag{8.1.25}$$

unabhängig voneinander mit der Intervalleigenschaft

$$a_i \in [k_I n_i^- + d_{i-k}^- \,;\, k_I n_i^+ + d_{i-k}^+], \qquad i = 0, 1, \ldots, k+n \tag{8.1.26}$$

Die Ergebnisse für einen Proportionalregler (8.1.17) oder einen Integralregler (8.1.22) folgen unmittelbar aus dem Satz von Kharitonov.

Erst kürzlich wurde ein neues *Kharitonov-ähnliches* Ergebnis gefunden, d.h. ein Ergebnis mit einer endlichen Anzahl von Testpunkten, unabhängig von der Anzahl der unsicheren Parameter. Man betrachte den allgemeinen Regler erster Ordnung

$$\hat{g}(s) = \frac{\hat{n}(s)}{\hat{d}(s)} = \frac{\hat{n}_0 + \hat{n}_1 s}{\hat{d}_0 + s} \tag{8.1.27}$$

mit dem PI-Regler ($\hat{d}_0 = 0$) als Spezialfall. Hollot et al. [84] gelang es, für diesen Regler die Testmenge auf sechzehn Ecken zu reduzieren.

Satz 8.3.   (Hollot, Kraus, Tempo, Barmish)

Der geschlossene Regelkreis aus Abb. 8.3, für den $g(s, \boldsymbol{n}, \boldsymbol{d})$ eine Intervallübertragungsfunktion ist, ist mit dem festen Regler (8.1.27) genau dann stabil, wenn die 16 charakteristischen Polynome der Menge

$$P^{\mathcal{K}} := \{\hat{n}(s)n^{(i)}(s) + \hat{d}(s)d^{(j)}(s) \,|\, i, j \in \{1, 2, 3, 4\}\} \tag{8.1.28}$$

stabil sind.

$$\square$$

Für den etwas schwierigeren Beweis sei der Leser auf [32] verwiesen. Die Menge $P^{\mathcal{K}}$ der 16 charakteristischen Polynome erhält man, wenn die 16 Übertragungsfunktionen der Kharitonov-Strecken $G_I^{\mathcal{K}}$ aus (8.1.9) gewählt werden.

Beispiel 8.1.   Für die Verladebrücke aus Abschnitt 1.1 wurde die Übertragungsfunktion (1.1.10) von der Kraft u zur Greiferposition y_C hergeleitet

$$g_C(s, g, \ell, m_C, m_L) = \frac{g + \ell s^2}{[(m_L + m_C)g + m_C \ell s^2]s^2} \tag{8.1.29}$$

Diese Übertragungsfunktion ist nicht vom Intervalltyp, da g, ℓ und m_C in mehr als nur einer einzigen Koeffizientenfunktion vorkommen. Mit festen Werten $g = 10$ [m/s^2], $\ell = 10$ [m] und $m_C = 1000$ [kg] erhalten wir die Übertragungsfunktion

$$g_C(s, m_L) = \frac{1 + s^2}{(m_L + 1000)s^2 + 1000s^4} \tag{8.1.30}$$

die nur noch in der Lastmasse unsicher ist, $m_L \in [m_L^- \, ; \, m_L^+]$. Nun ist $g_C(s, m_L)$ offensichtlich eine Intervallübertragungsfunktion. Daher können wir für einen Regler des Typs (2.3.4) mit $k_3 = 0$

$$\hat{g}(s) = k_1 + \frac{k_2 s}{1 + Ts} = \frac{k_1/T + (k_1 + k_2/T)s}{1/T + s} =: \frac{\hat{n}_0 + \hat{n}_1 s}{\hat{d}_0 + s} \qquad (8.1.31)$$

die robuste Stabilität des geschlossenen Kreises für irgendeinen Satz von Reglerkoeffizienten k_1, k_2 und T überprüfen, indem wir Satz 8.3 anwenden. Da wir nur einen unsicheren Koeffizienten haben, hat die Menge (8.1.28) nur zwei Elemente:

$$\begin{aligned}
P^{\mathcal{K}} = \{ &(\hat{n}_0 + \hat{n}_1 s)\left[(m_L^- + 1000)s^2 + 1000s^4\right] + (\hat{d}_0 + s)(1 + s^2), \\
&(\hat{n}_0 + \hat{n}_1 s)\left[(m_L^+ + 1000)s^2 + 1000s^4\right] + (\hat{d}_0 + s)(1 + s^2)\}
\end{aligned} \qquad (8.1.32)$$

Damit ist der geschlossene Regelkreis mit der Intervallstrecke (8.1.30) und dem Regler (8.1.31) erster Ordnung genau dann robust stabil, wenn er für m_L^- und m_L^+ stabil ist.

$\square$

Wir wollen die Robustheitsergebnisse, die wir bisher für eine Intervallstrecke mit festem linearen Regler gefunden haben, zusammenfassen, siehe Abb. 8.3.

Unabhängig von Regler- und Streckenordnung kann die robuste Stabilität mit den 32 Kharitonov-Segmenten (8.1.16) überprüft werden. Dies kann mit dem Bialas-Test oder durch Konstruktion der Wertemengen (8.1.14) erfolgen (Satz 8.1 und Satz 8.2).

Für einen Regler erster Ordnung müssen wir nur die Stabilität von höchstens 16 Eckenpolynomen $P^{\mathcal{K}}$ aus (8.1.28) überprüfen. Dieses Ergebnis ist unabhängig von der Anzahl unsicherer Parameter der Intervallstrecke, d.h. es liegt ein Kharitonov-ähnliches Ergebnis vor (Satz 8.3).

Hat man einen Proportionalregler oder einen Regler vom rein integrierenden Typ, so kann man leicht die Intervalleigenschaft des geschlossenen charakteristischen Polynoms erkennen und es genügt somit, die entsprechenden Kharitonov-Polynome zu überprüfen.

8.2 Positive Intervallstrecken

Es gibt eine Klasse von Systemen, die durch die spezielle Eigenschaft, „streng positiv reell" zu sein, gekennzeichnet ist. Diese Eigenschaft führt zu wichtigen Aussagen bezüglich der (robusten) Stabilität eines Regelkreises. Wir wollen uns weiterhin auf den speziellen und einfachsten Fall des linearen, zeitinvarianten Eingrößensystems konzentrieren. Dieses sei durch eine rationale Übertragungsfunktion gegeben

$$g(s) = \frac{n(s)}{d(s)} \qquad (8.2.1)$$

mit dem Zählerpolynom

$$n(s) = n_0 + n_1 s + \ldots + n_m s^m \qquad (8.2.2)$$

und dem Nennerpolynom ($m \leq n$)

$$d(s) = d_0 + d_1 s + \ldots + d_n s^n \tag{8.2.3}$$

Definition 8.1. Eine Übertragungsfunktion $g(s)$ mit $m \leq n$ ist *streng positiv reell*, wenn gilt

    i) $d(s)$ ist ein Hurwitz-Polynom (alle n Nullstellen von $d(s)$ liegen in der linken offenen s-Halbebene) und

    ii) Re $g(\mathrm{j}\omega) > 0$, für alle $\omega \in \mathbb{R}$.

$\square$

Mit anderen Worten: Eine Intervallübertragungsfunktion ist streng positiv reell, wenn sie stabil ist und wenn ihre Nyquist-Ortskurve vollständig in der rechten s-Halbebene verläuft. Damit ergibt sich für die Phasendrehung φ von g, $|\varphi| \leq \pi/2$ für alle $\omega \in \mathbb{R}$. Da die n stabilen Pole von $g(s)$ für $\omega \to \infty$ zu einer Phasendrehung von $-n \cdot \pi/2$ beitragen, müssen alle m Nullstellen von $z(s)$ in der linken offenen s-Halbebene liegen, um eine genügend hohe und entgegengesetzte Phasendrehung zu erreichen, so daß φ unterhalb von $|\varphi| = \pi/2$ bleibt. Das heißt, damit eine Übertragungsfunktion $g(s)$ streng positiv reell ist, ist es notwendig (aber nicht hinreichend), daß $g(s)$ ein stabiles Minimumphasensystem mit $n - 1$ oder n Nullstellen ist.

Anmerkung 8.1. Mit der ursprünglichen Definition einer positiv reellen rationalen Funktion (wie z.B. in [133]) wird $g(s)$ genau dann als streng positiv reell bezeichnet, wenn $g(s - \epsilon)$ *positiv reell* ist. Daraus folgt, daß eine rationale Übertragungsfunktion $g(s)$ genau dann streng positiv reell ist, wenn gilt, $d(s)$ ist Hurwitz-stabil, Re $g(\mathrm{j}\omega) > 0$ für alle $\omega \in \mathbb{R}$ (wie in Definition 8.1) und zusätzlich $\lim_{\omega^2 \to \infty} \omega^2 \mathrm{Re}\, |g(\mathrm{j}\omega)| > 0$. $\square$

Betrachten wir zuerst den Standardregelkreis von Abb. 8.6 mit bekannten Übertragungsfunktionen g und $\hat{g}$, also

$$\begin{aligned} y(s) &= g(s)u(s) \\ u(s) &= -\hat{g}(s)y(s) + w(s) \end{aligned} \tag{8.2.4}$$

Wie üblich repräsentiert dabei g eine Strecke und $\hat{g}$ einen Regler. Wir nehmen an, daß $g(s)$ streng positiv reell ist. Mit der zusätzlichen Annahme einer stabilen Übertragungsfunktion $\hat{g}(s)$ im Rückführzweig von Abb. 8.6 besagt das Nyquist-Stabilitätskriterium, daß das geschlossene System genau dann stabil ist, wenn die Nyquist-Ortskurve des offenen Kreises

$$g_0(s) := \hat{g}(s)g(s) \tag{8.2.5}$$

den kritischen Punkt -1 nicht im Gegenuhrzeigersinn umschlingt. Da man die Phase von g_0 durch Addition der Phasen von g und $\hat{g}$ erhält, wird dies durch die Annahme einer $\hat{g}$-Phase die kleiner als $\pi/2$ für alle $\omega \in \mathbb{R}$ ist, garantiert. Das ist aber, wie wir schon wissen, für eine streng positiv reelle Übertragungsfunktion $\hat{g}$ der Fall. Mit diesen Überlegungen können wir nun eine wichtige Stabilitätsaussage für den Regelkreis aus Abb. 8.6 machen:

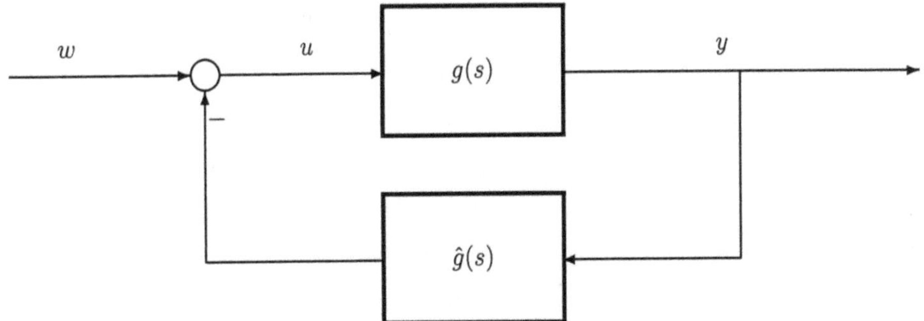

Abb. 8.6: Standardregelkreis

Satz 8.4.

Der geschlossene Regelkreis aus Abb. 8.6 ist stabil, wenn die beiden Übertragungsfunktionen g und $\hat{g}$ jeweils streng positiv reell sind.

$\square$

Wir kommen zum Problem der robusten Stabilität zurück. Dazu betrachten wir eine Familie unsicherer Übertragungsfunktionen $g(s, \boldsymbol{q})$ und/oder $\hat{g}(s, \boldsymbol{q})$ für den Regelkreis aus Abb. 8.6. Aus Satz 8.4 folgt, daß das geschlossene System für alle Elemente der zwei unsicheren Systemfamilien stabil ist, falls jede Familie streng positiv reell ist. Sei nun die unsichere Übertragungsfunktion vom Intervalltyp und zusätzlich als robust stabil angenommen. Für eine solche stabile Intervallübertragungsfunktion ist es sehr einfach zu überprüfen, ob sie streng positiv reell ist, wie der folgende Satz aus [51, 45] zeigt:

Satz 8.5.

Eine Familie G_{Is} von Übertragungsfunktionen, die von einer robust stabilen Intervallübertragungsfunktion $g(s, \boldsymbol{n}, \boldsymbol{d}) = n(s, \boldsymbol{n})/d(s, \boldsymbol{d})$ erzeugt wird, ist genau dann streng positiv reell, wenn die folgenden acht Übertragungsfunktionen der Kharitonov-Familie $G_{Is}^{\mathcal{K}}$ von G_{Is} streng positiv reell sind (zur Bezeichnungsweise siehe (8.1.8)):

$$g^{(1)}(s) := n^{(2)}(s)/d^{(1)}(s), \quad g^{(2)}(s) := n^{(3)}(s)/d^{(1)}(s),$$

$$g^{(3)}(s) := n^{(1)}(s)/d^{(2)}(s), \quad g^{(4)}(s) := n^{(4)}(s)/d^{(2)}(s),$$

$$g^{(5)}(s) := n^{(1)}(s)/d^{(3)}(s), \quad g^{(6)}(s) := n^{(4)}(s)/d^{(3)}(s),$$

$$g^{(7)}(s) := n^{(2)}(s)/d^{(4)}(s), \quad g^{(8)}(s) := n^{(3)}(s)/d^{(4)}(s).$$

$$(8.2.6)$$

$\square$

Beweis.

Die Wertemengen von Zähler $n(s, \boldsymbol{n})$ und Nenner $d(s, \boldsymbol{d})$ für festes $s = \mathrm{j}\omega^*$ sind Rechtecke, parallel zu den Koordinatenachsen der komplexen Ebene. Damit eine stabile Übertragungsfunktion

$$g(s) = \frac{n(s)}{d(s)} = \frac{|n(s)|}{|d(s)|} \cdot \mathrm{e}^{\mathrm{j}(\varphi_n - \varphi_d)} \tag{8.2.7}$$

streng positiv reell ist, muß die Phasenbedingung

$$|\varphi_c| := |\varphi_n - \varphi_d| < \frac{\pi}{2} \tag{8.2.8}$$

erfüllt sein. Das heißt aber, damit eine stabile Intervallübertragungsfunktion streng positiv reell ist, müssen die beiden Wertemengen $\mathcal{N}(\mathrm{j}\omega^*, \boldsymbol{n})$ und $\mathcal{D}(\mathrm{j}\omega^*, \boldsymbol{d})$ in einem $\pi/2$-Sektor enthalten sein, siehe Abb. 8.7. Das ist sicherlich dann der

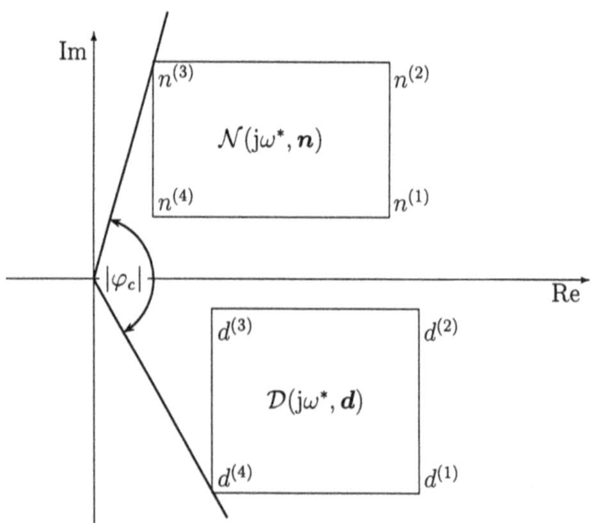

Abb. 8.7: Wertemenge des Zählers $\mathcal{N}(\mathrm{j}\omega^*, \boldsymbol{n})$, und des Nenners $\mathcal{D}(\mathrm{j}\omega^*, \boldsymbol{d})$

Fall, wenn die 16 stabilen Übertragungsfunktionen (8.1.9) von $G_{Is}^{\mathcal{K}}$ diese Phasenbedingung erfüllen. Wenn sich der $\pi/2$-Sektor in der rechten Halbebene befindet, dann wird die maximale Phasendifferenz durch $n^{(3)}$ und $d^{(4)}$ wie in Abb. 8.7 oder durch $d^{(3)}$ und $n^{(4)}$ bestimmt. Für den $\pi/2$-Sektor in der oberen, der linken und der unteren komplexen Halbebene bekommen wir die restlichen Polynomkombinationen aus (8.2.6).

$\square$

Mit Satz 8.4 und Satz 8.5 ist das geschlossene System aus Abb. 8.6 für die durch stabile Intervallübertragungsfunktionen erzeugten Familien G_{Is} und $\hat{G}_{Is}$ robust stabil, wenn die acht Übertragungsfunktionen (8.2.6) von $G_{Is}^{\mathcal{K}}$ und die entsprechenden acht Übertragungsfunktionen von $\hat{G}_{Is}^{\mathcal{K}}$ streng positiv reell sind.

Anmerkung 8.2. Für ein Mehrgrößensystem mit gleicher Anzahl von Eingangs- und Ausgangsgrößen ist die Eigenschaft, streng positiv reell zu sein, ebenfalls definiert, [133]: Eine quadratische Übertragungsmatrix $G(s)$ mit rationalen Elementen mit Zählergrad $\le$ Nennergrad wird streng positiv reell genannt, wenn alle ihre Elemente keine Pole in der geschlossenen rechten Halbebene haben und wenn die Matrix $G(\mathrm{j}\omega) + G^T(-\mathrm{j}\omega)$ für alle $\omega \in \mathbb{R}$ positiv definit hermitesch ist. Es gibt auch äquivalente Bedingungen in der Zustandsraumdarstellung [133]. Für ein vollständig steuerbares und beobachtbares, zeitinvariantes System

$$\begin{aligned}
\dot{x} &= Ax + Bu \\
y &= Cx + Du
\end{aligned} \tag{8.2.9}$$

mit gleicher Anzahl von Ein- und Ausgangsgrößen ist die zugehörige Übertragungsmatrix

$$G(s) = C(sI - A)^{-1}B + D \tag{8.2.10}$$

genau dann streng positiv reell, wenn Matrizen L, V und P existieren mit nichtsingulärem L und positiv definitem P, so daß die folgenden Gleichungen erfüllt sind:

$$\begin{aligned}
PA + A^T P &= -LL^T \\
C^T &= PB + LV \\
D^T + D &= V^T V
\end{aligned} \tag{8.2.11}$$

$\square$

Anmerkung 8.3. Die Modellierung mechanischer Systeme, wie z.B. großer flexibler Strukturen, mit finite Elementemethoden führt zu linearen dynamischen Gleichungen der Form

$$M\ddot{p} + \tilde{D}\dot{p} + Kp = \tilde{B}u \tag{8.2.12}$$

mit positiv definiter Massenmatrix M, einer Dämpfungsmatrix $\tilde{D}$ und symmetrischer Steifigkeitsmatrix K. Die Komponenten von p stellen dabei generalisierte Lagen und die von u stellen generalisierte Kräfte, die über die Matrix $\tilde{B}$ das System beeinflussen, dar. Durch Einführung des Zustandsvektors $x = [p^T\, v^T]^T$ mit $v = \dot{p}$ kann (8.2.12) in die Standardform eines Differentialgleichungssystems erster Ordnung gebracht werden

$$\dot{x} = \begin{pmatrix} 0 & I \\ -M^{-1}K & -M^{-1}\tilde{D} \end{pmatrix} x + \begin{pmatrix} 0 \\ \tilde{B} \end{pmatrix} u =: Ax + Bu \tag{8.2.13}$$

Mit obigen Annahmen an M und K kann gezeigt werden [127], daß eine Matrix Φ existiert, so daß gilt,

$$\Phi^T M \Phi = I, \qquad \Phi^T K \Phi = \Omega^2 = \mathrm{diag}\,\{\omega_i^2\} \tag{8.2.14}$$

Wenn Φ so gewählt werden kann, daß zusätzlich

$$\Phi^T D \Phi = \Delta = \mathrm{diag}\,\{\zeta_i\} \tag{8.2.15}$$

und wenn kollokierte Sensoren verwendet werden mit der systemtheoretischen Bedeutung, daß es eine positiv definite Matrix $\boldsymbol{P}$ gibt, so daß

$$\boldsymbol{C}^T = \boldsymbol{P}\boldsymbol{B} \qquad (8.2.16)$$

gilt, dann kann für die Gesamtübertragungsmatrix

$$\boldsymbol{G}(s) = \boldsymbol{C}(s\boldsymbol{I} - \boldsymbol{A})^{-1}\boldsymbol{B} \qquad (8.2.17)$$

gezeigt werden, daß sie (streng) positiv reell ist, [26]. Außerdem ist diese Eigenschaft dann auch noch robust gegenüber Änderungen in unsicheren positiven Koeffizienten von $\boldsymbol{M}, \tilde{\boldsymbol{D}}$ und $\boldsymbol{K}$. Das heißt aber, daß eine solche Klasse unsicherer Systeme schon durch die zugehörige Struktur der Systemgleichungen robust positiv reell ist. Für weitere Einzelheiten sei auf [26] verwiesen. $\qquad\qquad\square$

Auf Grund der Definition 8.1 ist eine Familie G_s stabiler Übertragungsfunktionen streng positiv reell, wenn

$$\inf_{g \in G_s} \inf_{\omega} \operatorname{Re} g(\mathrm{j}\omega, \boldsymbol{q}) \geq 0 \qquad (8.2.18)$$

und

$$\operatorname{Re} g(\mathrm{j}\omega, \boldsymbol{q}) \neq 0, \quad \forall \omega \in \mathbb{R}, \; \forall g \in G_s \qquad (8.2.19)$$

Der Beweis von Satz 8.5 führt leicht zu folgendem Satz, der in [45] angegeben ist:

Satz 8.6.

Für die Familie G_{Is} von Übertragungsfunktionen, die von einer stabilen Intervallübertragungsfunktion erzeugt wird, wird das Infimum von $\operatorname{Re} g(\mathrm{j}\omega, \boldsymbol{q})$ über alle ω und alle $g \in G_{Is}$ durch eine der 16 Übertragungsfunktionen der Kharitonov-Familie $G_{Is}^{\mathcal{K}}$ von G_{Is} bestimmt

$$\inf_{g \in G_{Is}} \inf_{\omega} \operatorname{Re} g(\mathrm{j}\omega, \boldsymbol{q}) = \inf_{g \in G_{Is}^{\mathcal{K}}} \inf_{\omega} \operatorname{Re} g(\mathrm{j}\omega, \boldsymbol{q}) \qquad (8.2.20)$$

$$\square$$

Man beachte, daß auf der rechten Seite von (8.2.20) das endliche Kharitonov-System $G_{Is}^{\mathcal{K}}$ mit 16 Übertragungsfunktionen aus G_{Is} steht, während auf der linken Seite das Infimum über die Polynomfamilie G_{Is} (mit unendlich vielen Elementen) bestimmt wird. Die Übertragungsfunktion, die das Infimum in (8.2.20) bestimmt, muß nicht notwendigerweise zu den obigen acht Übertragungsfunktionen aus (8.2.6) gehören. Satz 8.6 wird in Abschnitt 8.4 benutzt.

Beispiel 8.2. Für das Busmodell, das in Abschnitt 1.2 eingeführt wurde, betrachten wir die Übertragungsfunktion vom Lenkwinkel δ_f zur Giergeschwindigkeit r

$$\frac{r}{\delta_f} = \frac{b_0(\tilde{m}, v) + b_1(\tilde{m})s}{a_0(\tilde{m}, v) + a_1(\tilde{m}, v)s + s^2}$$

mit

$$b_0 = \frac{48031}{\tilde{m}^2 v}, \quad b_1 = \frac{66.9733}{\tilde{m}}$$

$$a_0 = \frac{16.6304}{\tilde{m}} + \frac{268973}{\tilde{m}^2 v^2}, \quad a_1 = \frac{1075.15}{\tilde{m}v}$$

Der analytische Ausdruck für Re $g(j\omega, \tilde{m}, v)$ ist

$$\text{Re } g(j\omega, \tilde{m}, v) = \frac{[a_0(\tilde{m}, v) - \omega^2]\, b_0(\tilde{m}, v) + a_1(\tilde{m}, v)\, b_1(\tilde{m})\, \omega^2}{[a_0(\tilde{m}, v) - \omega^2]^2 + a_1^2(\tilde{m}, v)\, \omega^2}$$

Man überprüft leicht, daß

$$\text{Re } g(j\omega, \tilde{m}, v) > 0$$

für alle positiven Werte von $\tilde{m}, v$. Daher ist obige Übertragungsfunktion, unabhängig von der virtuellen Masse $\tilde{m} > 0$ und der Geschwindigkeit $v > 0$, streng positiv reell. $\square$

8.3 Baumstrukturierte Übertragungsfunktionen

In diesem Abschnitt setzen wir nicht mehr voraus, daß die betrachteten Übertragungsfunktionen vom Intervalltyp oder daß sie (streng) positiv reell sind. Statt dessen fragen wir uns, ob nicht die Wertemenge einer unsicheren Übertragungsfunktion, durch Verallgemeinerung der Idee der Baumstruktur aus Abschnitt 6.5, einfach konstruiert werden kann. Ein Stabilitätstest für ein System mit sehr vielen unsicheren Parametern kann äußerst schnell durchgeführt werden, wenn das charakteristische Polynom Baumstruktur besitzt. Dies wurde in Kapitel 6 gezeigt. Baumstrukturen ergeben sich, wenn verschiedene Untersysteme, mit voneinander unabhängigen unsicheren Parametern, zu einem Gesamtsystem zusammengesetzt werden.

Beispiel 8.3. In diesem Beispiel nehmen wir an, daß die Übertragungsfunktionen verschiedene Parametermengen im Zähler und Nenner haben und daß unterschiedliche Übertragungsfunktionen keine unsicheren Parameter gemeinsam haben.

Für den Regelkreis aus Abb. 8.8 hat das geschlossene charakteristische Polynom ($\boldsymbol{n} := [\boldsymbol{n}_1^T\, \boldsymbol{n}_2^T\, \boldsymbol{n}_c^T]^T$, $\boldsymbol{d} := [\boldsymbol{d}_1^T\, \boldsymbol{d}_2^T\, \boldsymbol{d}_c^T]^T$)

$$\begin{aligned}
p(s, \boldsymbol{n}, \boldsymbol{d}) &= n_1(s, \boldsymbol{n}_1) n_2(s, \boldsymbol{n}_2) n_c(s, \boldsymbol{n}_c) + \\
&\quad + d_1(s, \boldsymbol{d}_1) d_2(s, \boldsymbol{d}_2) d_c(s, \boldsymbol{d}_c)
\end{aligned} \tag{8.3.1}$$

Baumstruktur. Dagegen hat das charakteristische Polynom des Regelkreises aus Abb. 8.9 keine Baumstruktur:

$$\begin{aligned}
p(s, \boldsymbol{n}, \boldsymbol{d}) &= [n_1(s, \boldsymbol{n}_1) d_2(s, \boldsymbol{d}_2) + n_2(s, \boldsymbol{n}_2) d_1(s, \boldsymbol{d}_1)] n_c(s, \boldsymbol{n}_c) + \\
&\quad + d_1(s, \boldsymbol{d}_1) d_2(s, \boldsymbol{d}_2) d_c(s, \boldsymbol{d}_c)
\end{aligned} \tag{8.3.2}$$

Die Parameter $\boldsymbol{d}_1$ und $\boldsymbol{d}_2$ treten in zwei verschiedenen Termen von p auf. Jedoch zeigt

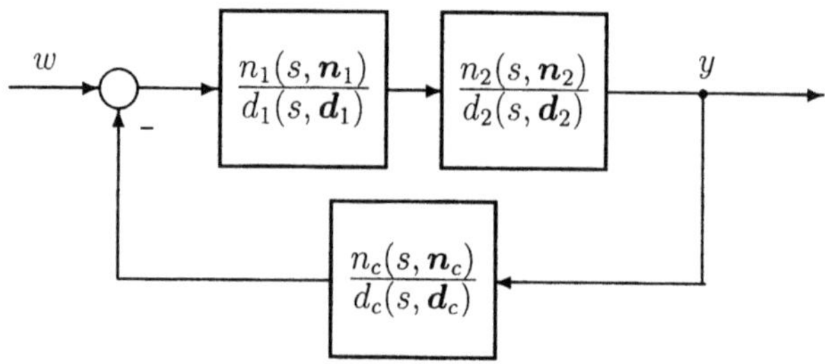

Abb. 8.8: Serienschaltung mit Rückführung

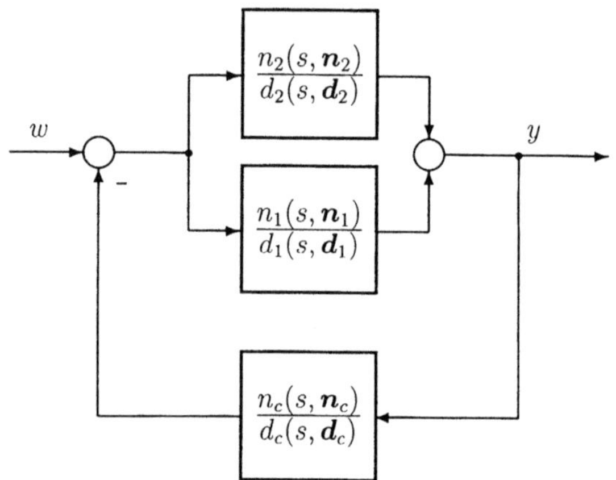

Abb. 8.9: Parallelschaltung mit Rückführung

die charakteristische Gleichung dieses Regelkreises

$$
\begin{aligned}
r(s, \boldsymbol{n}, \boldsymbol{d}) &= 1 + g(s, \boldsymbol{n}, \boldsymbol{d}) \\
&= 1 + \left[\frac{n_1(s, \boldsymbol{n}_1)}{d_1(s, \boldsymbol{d}_1)} + \frac{n_2(s, \boldsymbol{n}_2)}{d_2(s, \boldsymbol{d}_2)} \right] \frac{n_c(s, \boldsymbol{n}_c)}{d_c(s, \boldsymbol{d}_c)}
\end{aligned}
\tag{8.3.3}
$$

wobei $g(s, \boldsymbol{n}, \boldsymbol{d})$ die Übertragungsfunktion des offenen Kreises ist, daß jeder Unsicherheitsvektor nur ein einziges Mal vorkommt, nämlich entweder in einem Zähler- oder in einem Nennerpolynom. Daher kann die Wertemenge der Übertragungsfunktion $g(s, \boldsymbol{n}, \boldsymbol{d})$ des offenen Kreises sequentiell erzeugt werden, wenn wir noch die Operation zum Invertieren einer komplexen Menge einführen. Auch die Wertemenge der Übertragungsfunktion des geschlossenen Kreises

$$
g_c(s, \boldsymbol{n}, \boldsymbol{d}) := \frac{1}{\dfrac{n_c(s, \boldsymbol{n}_c)}{d_c(s, \boldsymbol{d}_c)} + \dfrac{1}{\dfrac{n_1(s, \boldsymbol{n}_1)}{d_1(s, \boldsymbol{d}_1)} + \dfrac{n_2(s, \boldsymbol{n}_2)}{d_2(s, \boldsymbol{d}_2)}}}
\tag{8.3.4}
$$

kann aus den Wertemengen der drei Untersysteme sequentiell erzeugt werden.

$\square$

Beispiel 8.4. Die Verladebrücke mit vollständiger Zustandsvektorrückführung hat von der Eingangsgröße u zur Greiferposition x_1 die Übertragungsfunktion

$$\frac{x_1(s)}{u(s)} = \frac{g + \ell s^2}{gk_1 + gk_2 s + (k_1\ell - k_3 + g(m_C + m_L))s^2 + (k_2\ell - k_4)s^3 + \ell m_C s^4}$$

Der Zähler ist gegenüber der Übertragungsfunktion (1.1.10) des offenen Kreises nicht verändert. Der Nenner wurde durch die Zustandsvektorrückführung zu (2.2.17) verändert. Zähler und Nenner haben den unsicheren Parameter der Seillänge ℓ gemeinsam. Dividiert man Zähler- und Nennerpolynom durch den Zähler, so erhält man einen Kettenbruch, in dem jeder unsichere Parameter jeweils nur an einer einzigen Stelle auftritt

$$\frac{x_1(s)}{u(s)} = \frac{1}{k_1 + k_2 s + m_C s^2 + \dfrac{gm_L s^2 - (k_3 s^2 + k_4 s)s^2}{g + \ell s^2}}$$

Daher kann die Wertemenge der geschlossenen Übertragungsfunktion sequentiell erzeugt werden. $\square$

Für einen Stabilitätstest wird nun das Prinzip des Nullausschlusses auf den Nenner der Übertragungsfunktion des geschlossenen Kreises angewendet. Der Nenner muß nicht unbedingt in Polynomform vorliegen. Die obigen beiden Beispiele haben gezeigt, daß eine rationale Darstellung für die sequentielle Erzeugung der Wertemenge vorteilhafter sein kann. Eine Standardform der charakteristischen Gleichung ist $1 + g(s, \boldsymbol{q})$, wobei $g(s, \boldsymbol{q})$ die Übertragungsfunktion des offenen Kreises ist. Man erinnere sich, daß $g(s, \boldsymbol{q})$ nicht notwendigerweise in rationaler Form vorliegen muß. So haben die beiden Beispiele zu einer Kettenbruchentwicklung geführt. Wichtig zur Erzeugung einer Wertemenge für $g(s, \boldsymbol{q})$ ist nur, daß g in eine Form gebracht werden kann, in der jeder unsichere Parameter jeweils nur ein einziges Mal erscheint.

Nyquist-Wertemenge

Der klassische Nyquist-Stabilitätstest für fest vorgegebene Übertragungsfunktionen kann leicht auf unsichere Übertragungsfunktionen erweitert werden: Das geschlossene System ist robust stabil, d.h. die Wurzeln von $1 + g(s, \boldsymbol{q})$ liegen in der linken s-Halbebene, wenn gilt

- es gibt ein $\boldsymbol{q}^* \in Q$, so daß $1 + g(s, \boldsymbol{q}^*)$ stabil ist und

- der kritische Punkt (-1) ist nicht in der Wertemenge von $g(\mathrm{j}\omega, \boldsymbol{q})$ enthalten:

$$-1 \notin \mathcal{G}(\mathrm{j}\omega, Q) = \{g(\mathrm{j}\omega, \boldsymbol{q}) |\ \omega \in [0\,;\,\infty)\,,\ \boldsymbol{q} \in Q\} \tag{8.3.5}$$

Die Nyquist-Menge für die Übertragungsfunktion des offenen Kreises zeigt auch die Stabilitätsreserve für das geschlossene System an. Der minimale Abstand der Nyquist-Menge vom kritischen Punkt -1 ist ein direktes Maß für die Stabilitätsreserve.
Zur Erzeugung der Wertemenge einer unsicheren Übertragungsfunktion $n(s, \boldsymbol{q}^I)/d(s, \boldsymbol{q}^{II})$ mit unterschiedlichen Indexmengen des Zählers und Nenners muß die Menge $\mathcal{N}(\mathrm{j}\omega, Q_n)$ durch $\mathcal{D}(\mathrm{j}\omega, Q_d)$ dividiert werden. Das macht man über die Inversion

der Menge $\mathcal{D}(\mathrm{j}\omega, Q_d)$ und anschließende Multiplikation der Ergebnismenge $1/\mathcal{D}(\mathrm{j}\omega, Q_d)$ mit $\mathcal{N}(\mathrm{j}\omega, Q_n)$. Die Wertemengenmultiplikation wurde schon in Abschnitt 6.2 definiert. Daher müssen wir nur noch die Inversion einer komplexen Menge erläutern. Die Inversion einer komplexen Menge $\mathcal{A} \subset \mathbb{C}, 0 \notin \mathcal{A}$ wird wie folgt definiert,

$$\mathcal{A}^{-1} = \{1/a \mid a \in \mathcal{A}\} \tag{8.3.6}$$

Jeder Punkt der Menge $\mathcal{A}$ muß invertiert werden. Wenn der Nullpunkt nicht in $\mathcal{A}$ enthalten ist, dann ist die Inversion $w = 1/z$ eine bijektive und stetige Funktion. Ein innerer Punkt von $\mathcal{A}$ wird wieder in einen inneren Punkt von $\mathcal{A}^{-1}$ abgebildet. Ein Randpunkt von $\mathcal{A}$ wird wieder ein Randpunkt von $\mathcal{A}^{-1}$. Daher müssen nur die Randpunkte von $\mathcal{A}$ invertiert werden, um den Rand von $\mathcal{A}^{-1}$ zu erhalten,

$$\partial(\mathcal{A}^{-1}) = (\partial\mathcal{A})^{-1}, \qquad (0 \notin \mathcal{A}) \tag{8.3.7}$$

Mit der Darstellung der Inversion durch Polarkoordinaten erhalten wir für den Punkt $z = |z|e^{\mathrm{j}\varphi}$ den Bildpunkt

$$w = \frac{1}{|z|}e^{-\mathrm{j}\varphi} \tag{8.3.8}$$

Man sieht leicht, daß das Innere (Äußere) des Einheitskreises in der z-Ebene auf das Äußere (Innere) des Einheitskreises in der w-Ebene abgebildet wird. Schreibt man dies mit Real- und Imaginärteil von $z = x + \mathrm{j}y$ und $w = u + \mathrm{j}v$, so ergibt sich die Abbildungsvorschrift zu

$$w = u + \mathrm{j}v = \frac{1}{x + \mathrm{j}y} = \frac{x}{x^2 + y^2} + \mathrm{j}\frac{-y}{x^2 + y^2} \tag{8.3.9}$$

und daher ist

$$u = \frac{x}{x^2 + y^2}, \quad v = \frac{-y}{x^2 + y^2} \tag{8.3.10}$$

und umgekehrt ist

$$x = \frac{u}{u^2 + v^2}, \quad y = \frac{-v}{u^2 + v^2} \tag{8.3.11}$$

Für die rechnergestützte Wertemengenerzeugung wird der Rand einer Menge durch Polygonzüge approximiert. Daher sind wir hauptsächlich daran interessiert, wie ein Geradensegment durch die Inversion abgebildet wird.

Dazu betrachten wir alle Punkte $z = x + \mathrm{j}y$ auf der Geraden die durch die Gleichung

$$2ax + 2by = 1 \tag{8.3.12}$$

beschrieben wird. Ersetzen wir x und y aus (8.3.11), so wird

$$2a\frac{u}{u^2 + v^2} + 2b\frac{-v}{u^2 + v^2} = 1$$

und nach einigen elementaren Umformungen ergibt sich

$$(u - a)^2 + (v + b)^2 = a^2 + b^2 \tag{8.3.13}$$

Das ist die Gleichung für einen Kreis mit Mittelpunkt $(a,\,-b)$ und Radius $\sqrt{a^2+b^2}$. Dieser Kreis geht immer durch den Ursprung $(0,\,0)$ des Koordinatensystems. Der Punkt $w=0$ ist das Bild des Punktes bei $z=\infty$ auf der Geraden. Der bei der Inversion entstehende Kreis kann auch leicht mit Hilfe zweier zusätzlicher Punkte der abzubildenden Geraden bestimmt werden. Da wir das Geradensegment mit den Endpunkten z_1 und z_2 abbilden wollen, sind diese beiden Punkte dazu geeignet. Die drei Punkte bestimmen dann den Kreis, siehe Abb. 8.10. Das Bild des Geradensegments $\overline{z_1 z_2}$ ist der Kreisbogen, der nicht den Ursprung enthält.

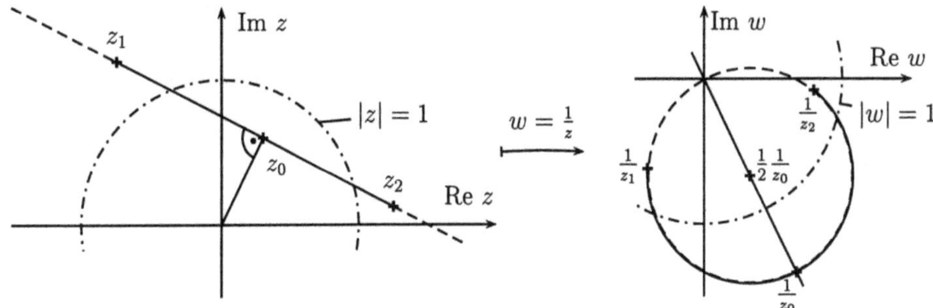

Abb. 8.10: Inversion eines Geradensegments

Beispiel 8.5. Wir betrachten das mechanische System, das in Abb. 6.15 gezeigt ist. In Beispiel 6.10 wurde die Wertemenge seines charakteristischen Polynoms erzeugt. Im Beispiel wurde erwähnt, daß das System passiv ist, womit Hurwitz-Stabilität für beliebige positive Parameterwerte garantiert ist. Wenn jedoch z.B. die Dämpfung des Systems nicht genügend groß ist, muß ein Regler verwendet werden. Für das Beispiel betrachten wir die Übertragungsfunktion vom Eingang u zur Lage x_1 der Masse m_1,

$$\frac{x_1(s)}{u(s)} = \frac{c_{12}}{p_1(s,\boldsymbol{q}^{I_1},c_{12})\cdot p_2(s,\boldsymbol{q}^{I_2},c_{12}) - c_{12}^2} =: \frac{c_{12}}{p_p(s,\boldsymbol{q}^{I_1},\boldsymbol{q}^{I_2},c_{12})}$$

mit $p_1(s,\boldsymbol{q}^{I_1},c_{12})$ und $p_2(s,\boldsymbol{q}^{I_2},c_{12})$ wie in (6.5.18). Die Parameterintervalle waren wie folgt vorgegeben: $m_1 \in [1\,;\,3]$, $d_1 \in [0.5\,;\,2]$, $c_1 \in [1\,;\,2]$, $m_2 \in [2\,;\,5]$, $d_2 \in [0.5\,;\,2]$, $c_2 \in [2\,;\,4]$. In [18] wurde der Regler

$$\frac{n_c(s)}{d_c(s)} = 471250\,\frac{0.5 + 1.9s + 1.7s^2 + s^3}{19000 + 1450s + 62s^2 + s^3}$$

für die Lageregelung der Masse m_1 vorgeschlagen. Für diesen Regler erhalten wir folgende Übertragungsfunktion des geschlossenen Kreises

$$F_c(s) = \frac{\dfrac{n_c(s)}{d_c(s)}\dfrac{c_{12}}{p_p(s,\boldsymbol{q}^{I_1},\boldsymbol{q}^{I_2},c_{12})}}{1 + \dfrac{n_c(s)}{d_c(s)}\dfrac{c_{12}}{p_p(s,\boldsymbol{q}^{I_1},\boldsymbol{q}^{I_2},c_{12})}} = \frac{n_c(s)c_{12}}{d_c(s)p_p(s,\boldsymbol{q}^{I_1},\boldsymbol{q}^{I_2},c_{12}) + d_c(s)c_{12}} \tag{8.3.14}$$

Der Regler wurde mit Polvorgabe für den Mittelpunkt der Q-Box bestimmt. Die Stabilitätsanalyse des gesamten Betriebsbereiches muß nun noch durchgeführt werden. Das charakteristische Polynom $p_p(s, \boldsymbol{q}^{I_1}, \boldsymbol{q}^{I_2}, c_{12})$ hat Baumstruktur, falls der Parameter c_{12} als fest vorgegeben betrachtet wird, $c_{12} = c_{12}^*$. (Für unsicheres c_{12} muß dieser Parameter gerastert werden.) Auch das geschlossene charakteristische Polynom hat Baumstruktur bei festem c_{12}. Dies gilt sogar für unsichere Reglerkoeffizienten. Die charakteristische Gleichung

$$1 + \frac{n_c(s)}{d_c(s)} \frac{c_{12}^*}{p_p(s, \boldsymbol{q}^{I_1}, \boldsymbol{q}^{I_2}, c_{12}^*)}$$

hat rationale Baumstruktur. Im folgenden wird die Wertemenge der Übertragungsfunktion des offenen Kreises erzeugt und auf Ausschluß des kritischen Punktes -1 überprüft. Für eine feste Frequenz $\omega = \omega^*$ wird die Wertemenge des charakteristischen Polynoms

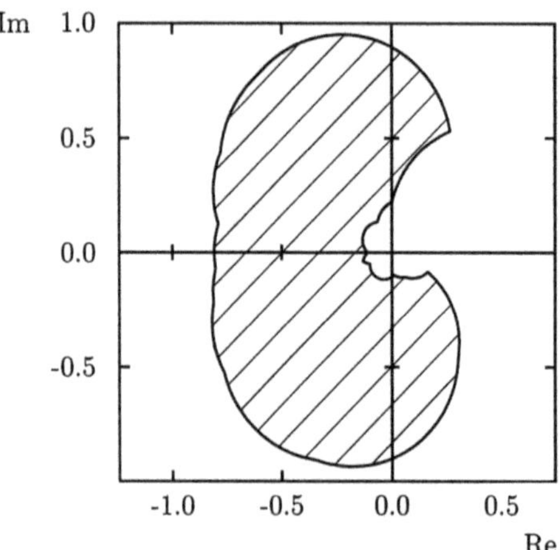

Abb. 8.11: Wertemenge für $\omega = 1$

$p_p(s, \boldsymbol{q}^{I_1}, \boldsymbol{q}^{I_2}, c_{12}^*)$, wie in Beispiel 6.10 gezeigt, erzeugt. Die Ergebnismenge wird invertiert und mit c_{12}^* multipliziert. Die Wertemenge für $\omega^* = 1$ und $c_{12}^* = 1$ ist in Abb. 8.11 dargestellt. Um die Wertemenge der Übertragungsfunktion des offenen Kreises zu erhalten, muß diese Menge mit der Übertragungsfunktion des Reglers multipliziert werden. Für feste Frequenz ist dies eine komplexe Zahl. In Abb. 8.12 ist die Vereinigung der Nyquist-Mengen der Übertragungsfunktion des offenen Kreises

$$\frac{n_c(s)}{d_c(s)} \frac{c_{12}^*}{p_p(s, \boldsymbol{q}^{I_1}, \boldsymbol{q}^{I_2}, c_{12}^*)}$$

gezeigt. Abb. 8.13 zeigt eine genauere Darstellung der Nachbarschaft des kritischen Punktes -1. Der kritische Punkt -1 ist nicht in der Wertemenge enthalten. Also ist das geregelte Gesamtsystem robust stabil. Der minimale Abstand der Nyquist-Menge vom kritischen Punkt ist ein Maß für die Stabilitätsreserve des geschlossenen Systems. Er kann grafisch bestimmt werden, indem man den Kreis um den Punkt -1 so lange vergrößert, bis er den Rand der Nyquist-Menge berührt. In unserem Beispiel ist der Radius dieses maximalen Kreises ungefähr 0.24.   □

Durch die Möglichkeit, Wertemengenoperationen für rationale Übertragungsfunktionen durchführen zu können, kann eine Baumstruktur für relativ komplex strukturierte

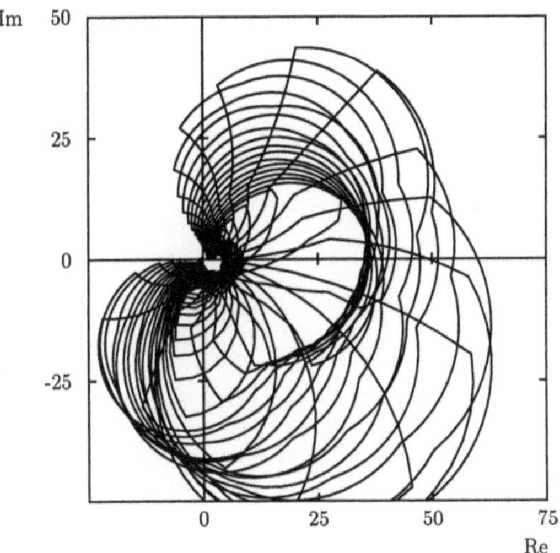

Abb. 8.12: Vereinigung der Nyquist-Mengen

Regelungssysteme ausgenutzt werden. Für kompliziertere Verschaltungen kann man die Formel von Mason [181] anwenden, um das charakteristische Polynom zu berechnen. Ähnlich wie bei Polynomen sollte auch bei der Modellierung strukturierter Systeme die grundsätzliche Regel beachtet werden:

Führe nie Additionen oder Multiplikationen bei Übertragungsfunktionen mit disjunkten Mengen unsicherer Parameter durch.

Die baumstrukturierte Zerlegung von Polynomen und Übertragungsfunktionen ist ein wichtiges Hilfsmittel zur Robustheitsanalyse. Man kann damit Probleme mit vielen unsicheren Parametern behandeln, wie in folgendem Beispiel demonstriert wird.

Beispiel 8.6. Für die serielle Verbindung von Massen durch Federn und Dämpfer wie in Abb. 8.14, [19], sollen folgende Probleme gelöst werden:

1. Gibt es eine baumstrukturierte Zerlegung des Masse-Feder-Dämpfersystems?

2. Falls das der Fall ist, soll die Wertemenge für $N = 17$, $m_i \in [1\,;\,2]$, $a_i \in [2\,;\,5]$ und $d_i \in [10\,;\,12.5]$ erzeugt werden.

Das System wird durch das Differentialgleichungssystem

$$
\begin{aligned}
m_1\ddot{x}_1 + d_1\dot{x}_1 + c_1x_1 - d_2s\dot{x}_2 - c_2x_2 &= 0 \\
m_2(\ddot{x}_1 + \ddot{x}_2) + d_2\dot{x}_2 + c_2x_2 - d_3\dot{x}_3 - c_3x_3 &= 0 \\
&\;\;\vdots \\
m_i\textstyle\sum_{j=1}^{i}\ddot{x}_j + d_i\dot{x}_i + c_ix_i - d_{i+1}\dot{x}_{i+1} - c_{i+1}x_{i+1} &= 0 \\
&\;\;\vdots \\
m_N\textstyle\sum_{j=1}^{N}\ddot{x}_j + d_N\dot{x}_N + c_Nx_N &= u
\end{aligned}
\tag{8.3.15}
$$

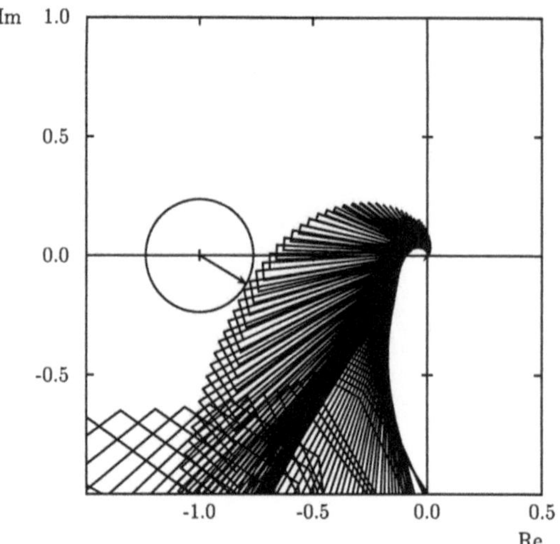

Abb. 8.13: Abstand der Nyquist-Menge zum kritischen Punkt

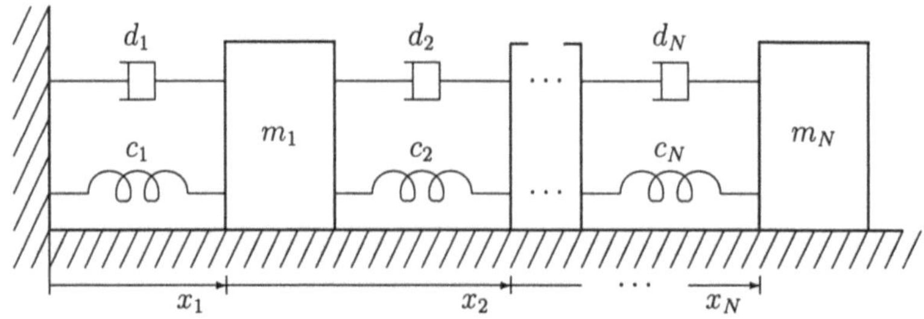

Abb. 8.14: Masse-Feder-Dämpfersystem

beschrieben, mit der Laplace-transformierten Darstellung

$$
\boldsymbol{M}(s,\boldsymbol{q}) \cdot
\begin{bmatrix}
x_1(s) \\
x_2(s) \\
\vdots \\
x_i(s) \\
\vdots \\
x_N(s)
\end{bmatrix}
=
\begin{bmatrix}
0 \\
0 \\
\vdots \\
0 \\
\vdots \\
u(s)
\end{bmatrix}
\tag{8.3.16}
$$

wobei

$$
M(s, q) =
\begin{bmatrix}
a_1 + 1/b_1 & -1/b_2 & 0 & \cdots\cdots\cdots\cdots & & 0 \\
a_2 & a_2 + 1/b_2 & -1/b_3 & 0 & \cdots & 0 \\
\vdots & & \ddots & \ddots & & \vdots \\
a_i & \cdots & a_i + 1/b_i & -1/b_{i+1} & 0 \cdots & 0 \\
\vdots & & & & & \vdots \\
a_N & a_N & & \cdots\cdots\cdots\cdots\cdots & & a_N + 1/b_N
\end{bmatrix}
\tag{8.3.17}
$$

und

$$
\begin{aligned}
a_i(s, m_i) \quad &= m_i s^2 \\
1/b_i(s, c_i, d_i) &= d_i s + c_i, \qquad i = 1, \ldots, N
\end{aligned}
\tag{8.3.18}
$$

Eine rationale Form der charakteristischen Gleichung von (8.3.16) ist die Determinante der Matrix (8.3.17),

$$
d(s, q) = \text{Det } M(s, q)
\tag{8.3.19}
$$

Mit einigen Umformungen kann die charakteristische Gleichung wie folgt geschrieben werden:

$$
d(s, q) = \prod_{i=1}^{N} t_i(s, q^{I_i})
\tag{8.3.20}
$$

mit

$$
t_i(s, q^{I_i}) = a_i + 1/b_i + \cfrac{1}{b_{i+1} + \cfrac{1}{a_{i+1} + \cfrac{1}{b_{i+2} + \cdots + a_{N-1} + \cfrac{1}{1/a_N + b_N}}}}
\tag{8.3.21}
$$

und

$$
q^{I_i} = [q_i \; q_{i+1} \; \cdots \; q_N]^T
\tag{8.3.22}
$$

Die Terme $t_i(s, q^{I_i})$ lauten

$$
t_i(s, q^{I_i}) = w_i(s, q^{I_i}) + 1/b_i
\tag{8.3.23}
$$

wobei $w_i(s, q^{I_i})$ mit

$$
\begin{aligned}
w_N(s, q^{I_i}) \quad &= a_N \\
w_{i-1}(s, q^{I_i}) &= a_{i-1} + \frac{1}{b_i + 1/w_i}
\end{aligned}
\tag{8.3.24}
$$

rekursiv berechnet werden kann. Die Art der Darstellung der charakteristischen Gleichung wie in (8.3.20) hat keine baumstrukturierte Zerlegung im ursprünglich eingeführten Sinn. Die Indexmengen der Faktoren t_i sind nicht disjunkt. Dennoch kann der Nullausschluß über die Wertemenge überprüft werden: Die Wertemenge $\mathcal{D}(\mathrm{j}\omega, q)$ enthält nicht den Ursprung, wenn dies für die Wertemengen $\mathcal{T}_i(s, Q^{I_i})$ zutrifft:

$$
0 \notin \mathcal{T}_i(\mathrm{j}\omega, Q^{I_i}), \qquad i = 1, \ldots, N
\tag{8.3.25}
$$

Jeder Faktor $t_i(s, \boldsymbol{q}^{I_i})$ hat Baumstruktur, d.h. jeder unsichere Parameter erscheint nur einmal im Kettenbruch (8.3.21). Daher können die Wertemengen jedes $t_i(s, \boldsymbol{q}^{I_i})$ sequentiell erzeugt und dann auf Nullausschluß überprüft werden.

Physikalisch bedeutet der Test von $\prod_{i=1}^{N} t_i(s, \boldsymbol{q}^{I_i})$ einen Stabilitätstest für ein Untersystem mit den Massen $j, j+1, \ldots, N$, wobei die Masse $j-1$ inertial festgehalten ist. Für $j = 1$ wird das Gesamtsystem aus Abb. 8.14 überprüft.

In Abb. 8.15 ist die Vereinigung von $\mathcal{T}_1(\mathrm{j}\omega^*, \boldsymbol{q})$ dargestellt. Dabei wurde ein Frequenzraster mit $\omega = i \cdot 0.1$, $i = 1, 2, \ldots$ gewählt. Das Bild wurde für 17 Massen, d.h. für 51

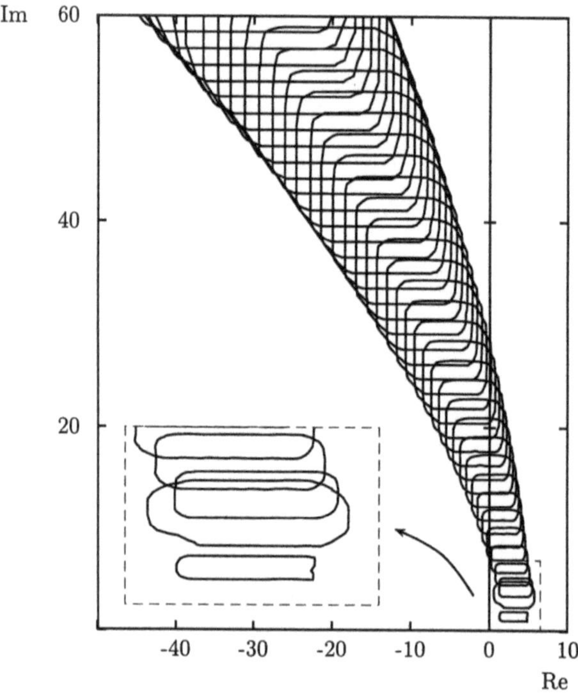

Abb. 8.15: Vereinigung der Wertemengen von $\mathcal{T}_1(\mathrm{j}\omega^*, Q)$

unsichere Parameter erzeugt. Die Mengen sind für niedrige Frequenzen im gestrichelten Bildausschnitt vergrößert dargestellt. Hier erkennt man deutlich, daß die Mengen nicht konvex sind. Die Rechenzeit pro Frequenzrasterpunkt betrug ca. acht Sekunden auf einer Hewlett Packard 9000/425t. Grobes Rastern hätte $10^{51} \cdot 1\mathrm{ms} \approx 10^{35}$ Jahre erfordert, wenn man 10 Rasterpunkte pro Dimension und eine Millisekunde pro Stabilitätstest annimmt. Für eine Stabilitätsanalyse müssen auch die Mengen $\mathcal{T}_{17}(\mathrm{j}\omega^*, \boldsymbol{q})$ bis $\mathcal{T}_2(\mathrm{j}\omega^*, \boldsymbol{q})$ überprüft werden.

□

8.4 Robustheit bei nichtlinearer Kennlinie

In diesem Abschnitt betrachten wir den Regelkreis mit den Systemgleichungen

$$\begin{aligned} y(s) &= g(s)u(s) \\ u &= -f(y) \end{aligned} \qquad (8.4.1)$$

der in Abb. 8.16 gezeigt ist.

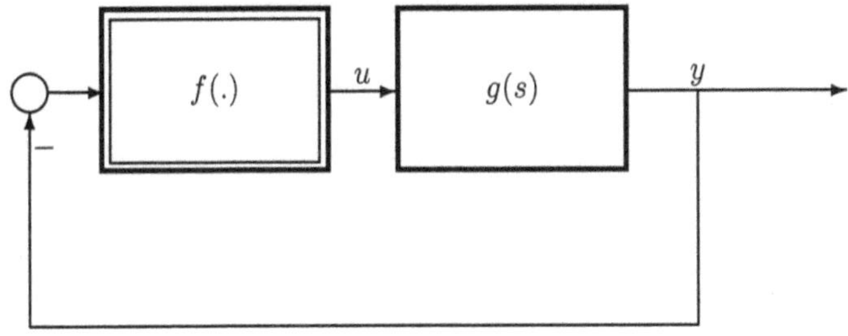

Abb. 8.16: Nichtlineare Kennlinie im Regelkreis

Im Vorwärtszweig befindet sich eine rationale Übertragungsfunktion

$$g(s) = \frac{n(s)}{d(s)} \qquad (8.4.2)$$

mit dem Zählerpolynom

$$n(s) = n_0 + n_1 s + \ldots + n_m s^m \qquad (8.4.3)$$

und dem Nennerpolynom

$$d(s) = d_0 + d_1 s + \ldots + d_n s^n \qquad (8.4.4)$$

Zunächst sei $g(s)$ als bekannte Übertragungsfunktion angenommen. Jedoch wird die Funktion f im Rückführzweig als unsicher angenommen. Es wird nur vorausgesetzt, daß f eine stetige Funktion ist und zur folgenden Funktionenklasse gehört:

$$\mathcal{F}_k := \{f(.) \mid f(0) = 0,\ 0 \leq yf(y) \leq ky^2\},\ 0 < k < \infty \qquad (8.4.5)$$

Man weiß also nur, daß der Graph von f in einem Sektor $[0\,;\,k]$ enthalten ist, der nach unten durch die Abszisse und nach oben durch die Gerade

$$f(y) = k\,y \qquad (8.4.6)$$

begrenzt ist. Wir nennen diesen Sektor den k-Sektor und kennzeichnen ihn mit $[0\,;\,k]$. Im k-Sektor kann der Graph der stetigen Funktion f beliebig aussehen, siehe Abb. 8.17. Wenn für eine gegebene Übertragungsfunktion g obiger Regelkreis stabil ist, dann nennt man das System *absolut stabil*. Ein klassisches Ergebnis für absolute Stabilität stellt das hinreichende *Popov-Kriterium* dar, [140, 154, 172]:

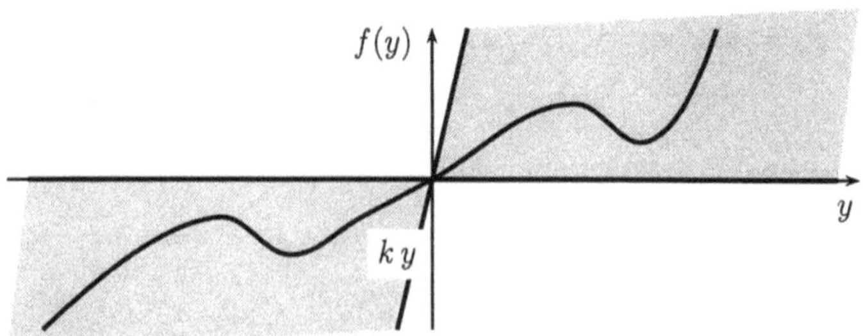

Abb. 8.17: Sektor einer nichtlinearen Kennlinie

Satz 8.7.   *(Popov)*

Für eine stetige Funktion f aus der Funktionenklasse $\mathcal{F}_k$ von (8.4.5) und eine rationale Übertragungsfunktion g mit $m < n$ und allen Polen in der linken offenen s-Halbebene ist der Regelkreis aus Abb. 8.16 absolut stabil, wenn ein $\theta \in \mathbb{R}$ existiert, mit dem die Ungleichung

$$1/k + \mathrm{Re}\,\{(1 + \mathrm{j}\omega\theta)g(\mathrm{j}\omega)\} > 0, \quad \forall \omega \geq 0 \tag{8.4.7}$$

erfüllt ist. (Der skalare Faktor k ist dabei als beliebig, aber fest vorgegeben, mit $0 \leq k < \infty$, zu betrachten.)

$\square$

Dieses klassische Popov-Kriterium stellt an sich schon ein starkes Robustheitsergebnis dar, denn f wird ja als vollkommen unsichere (stetige) Funktion in einem Sektor $[0\,;\,k]$ angenommen. Ganz gleich wie f innerhalb des Sektors verläuft, das geschlossene System ist stabil, wenn ein θ existiert, mit dem die Ungleichung (8.4.7) erfüllt wird.

Bei instabilem $g(s)$ kann das Popov-Kriterium für keinen Sektor $[0\,;\,k]$ mit $k > 0$ erfüllt sein, da die Nullfunktion ($f(y) = 0, \forall y \in \mathbb{R}$) in $\mathcal{F}_k$ enthalten ist. Man kann dann fragen, ob es einen Sektor $[k_1\,;\,k_2]$ mit $k_1 > 0$, $k_2 > 0$ gibt (der also nicht die Nullfunktion enthält), für den absolute Stabilität garantiert werden kann. In [154, 172] wird gezeigt, daß dieses verallgemeinerte Problem auf das kanonische Problem von oben transformiert werden kann: Wenn die Übertragungsfunktion $g(s)$ des offenen Regelkreises aus Abb. 8.16 instabil ist, aber mit der konstanten Rückführung $u = -\rho y$, $\rho > 0$ stabilisiert werden kann, dann ersetze man in obigem Popov-Kriterium die Übertragungsfunktion $g(s)$ durch $\tilde{g}(s) = g(s)/[1 + \rho g(s)]$ und die nichtlineare Funktion $f(.)$ durch $\tilde{f}(.) = (f - \rho)(.)$, siehe Abb. 8.18. Wenn das Popov-Kriterium für das so transformierte System absolute Stabilität im Sektor $[0\,;\,k]$ für $\tilde{f}$ ergibt, dann ist das ursprüngliche System im Sektor $[\rho\,;\,k + \rho]$ absolut stabil.

Werte für die Sektorgrenze k, innerhalb derer absolute Stabilität gesichert ist, können, mit Hilfe der *Popov-Ortskurve* g_p der stabilen Übertragungsfunktion g

$$g_p(\mathrm{j}\omega) := \mathrm{Re}\,g(\mathrm{j}\omega) + \mathrm{j}\omega\,\mathrm{Im}\,g(\mathrm{j}\omega), \quad \omega \geq 0 \tag{8.4.8}$$

sehr einfach grafisch bestimmt werden. Man betrachte die Gerade $1/k + x + (-\theta)y = 0$ in der (x, y)-Ebene mit $k > 0$ die die negative x-Achse bei $-1/k$ schneidet und

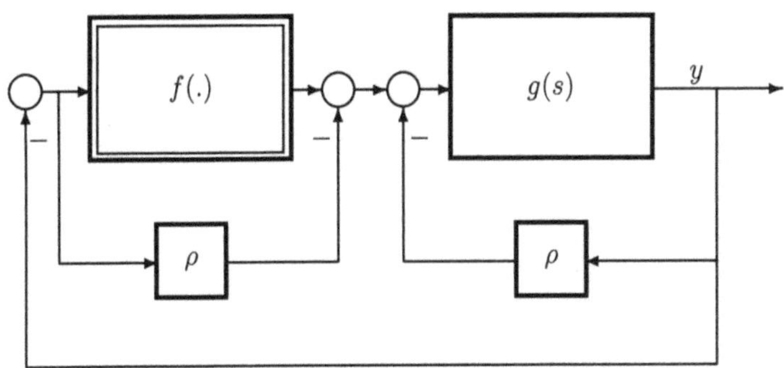

Abb. 8.18: Transformation auf die Standardform

die Steigung $1/\theta$ besitzt. Für alle Punkte, die rechts von dieser Geraden liegen, gilt $1/k + x + (-\theta)y > 0$. Setzen wir $x = \mathrm{Re}\ g(\mathrm{j}\omega)$, $y = \omega\mathrm{Im}\ g(\mathrm{j}\omega)$, dann ergibt sich

$$1/k + \mathrm{Re}\ g(\mathrm{j}\omega) - \theta\,\omega\,\mathrm{Im}\ g(\mathrm{j}\omega) > 0 \qquad (8.4.9)$$

für alle $\omega \geq 0$, wenn die Popov-Ortskurve $g_p(\mathrm{j}\omega) := \mathrm{Re}\ g(\mathrm{j}\omega) + \mathrm{j}\omega\,\mathrm{Im}\ g(\mathrm{j}\omega)$ ganz auf der rechten Seite der obigen Geraden verläuft. Der Ausdruck (8.4.9) ist aber identisch mit (8.4.7). Somit haben wir das folgende Ergebnis: Für jede Gerade in der komplexen Ebene, die die negativ reelle Achse im Punkt $z < 0$ schneidet und für die die Popov-Ortskurve ganz auf ihrer rechten Seite verläuft, ist $k = -1/z$ eine obere Schranke eines Sektors $[0\,;\,k]$ für absolute Stabilität. Für solch ein k und mit der Steigung $1/\theta$ der zugehörigen Geraden ist das Popov-Kriterium (8.4.7) erfüllt. Mit der Popov-Ortskurve können wir sehr einfach das maximale k mit absoluter Stabilität bestimmen. Dieser maximale Sektor wird als *Popov-Sektor* bezeichnet. Zum Beispiel ist $\tilde{k} = -1/\tilde{z}$ der Popov-Sektor für ein g mit der Popov-Ortskurve aus Abb. 8.19 (mit der zugehörigen Geradensteigung $1/\tilde{\theta} = \tan(\tilde{\alpha})$). Man beachte jedoch, daß das Popov-Kriterium nur eine hinreichende Stabilitätsbedingung darstellt. Man kann also i.a. nicht ausschließen, daß es einen noch größeren Sektor als den Popov-Sektor für absolute Stabilität gibt.

Anmerkung 8.4.   Einen guten Anhaltspunkt für den Popov-Sektor gibt die sog. *Aizermansche Vermutung*. Sie setzt den Popov-Sektor mit dem (Nyquist-) Sektor der stabilen linearen Rückführverstärkungen in Beziehung. Den Nyquist-Sektor erhält man aus dem Schnittpunkten der Nyquist-Ortskurve mit der negativ reellen Achse. Wegen (8.4.8) sind die Schnittpunkte identisch mit denen der Popov-Ortskurve. Häufig hat man die Situation wie in Abb. 8.20. Dort ist die Tangente an die Popov-Ortskurve eine mögliche Gerade, für die das Popov-Kriterium erfüllt ist, d.h. Popov- und Nyquist-Sektor haben dieselbe obere Schranke, die im konstruierten Fall offensichtlich sogar notwendig und hinreichend für absolute Stabilität ist.

$\square$

Wenn im Popov-Kriterium (8.4.7) der freie Parameter θ zu Null gesetzt wird (für den grafischen Popov-Test bedeutet das, daß man nur Geraden parallel zur imaginären

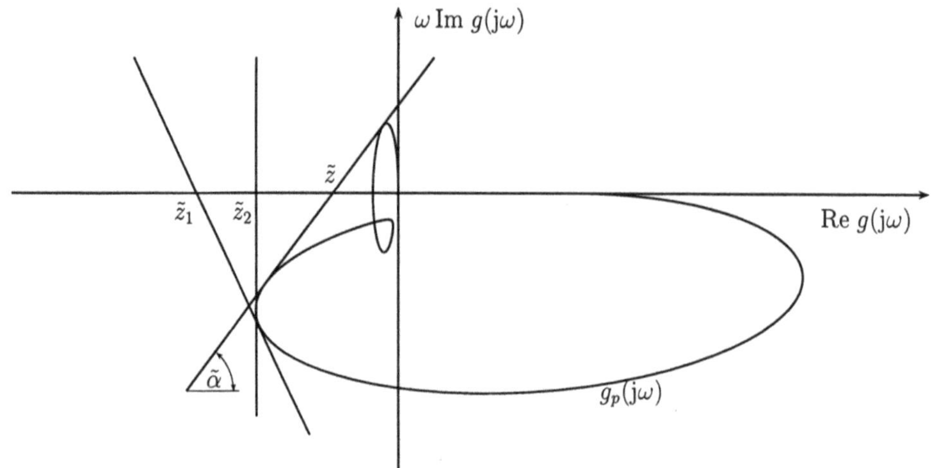

Abb. 8.19: Absolute Stabilität und der Popov-Sektor

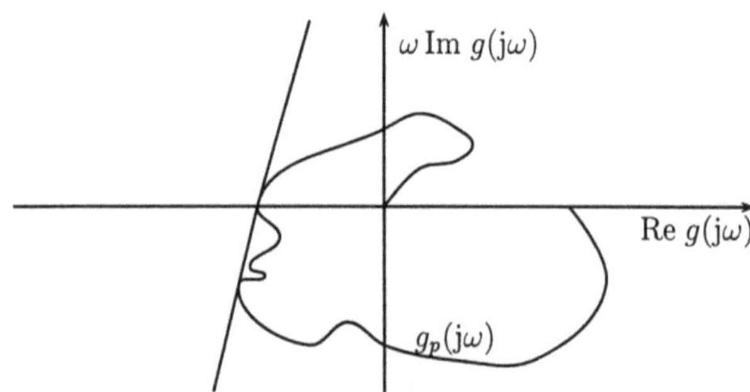

Abb. 8.20: Ein Beispiel mit identischem Nyquist- und Popov-Sektor

Achse betrachtet), erhält man das konservativere Kriterium

$$1/k + \mathrm{Re}\ g(\mathrm{j}\omega) > 0, \quad \forall \omega \geq 0 \tag{8.4.10}$$

zur Überprüfung der absoluten Stabilität. Dieses Kriterium ist jedoch für ein Robustheitskriterium geeignet, bei dem nicht nur f, sondern auch die Übertragungsfunktion g unsicher sein darf. Die Übertragungsfunktion g wird nun als stabile Intervallübertragungsfunktion vorausgesetzt, d.h. g ist in der Menge

$$G_{Is} := \{g(s, \boldsymbol{q}) = g(s, \boldsymbol{n}, \boldsymbol{d}) = \frac{n(s, \boldsymbol{n})}{d(s, \boldsymbol{d})} \mid \boldsymbol{q} \in Q,\, d(s, \boldsymbol{d})\,\text{stabil}\} \tag{8.4.11}$$

enthalten. In (8.4.11) ist Q die Box (8.1.3). Die Gleichung (8.2.20) aus Satz 8.6 und (8.4.10) führen zum folgenden Satz aus [45], der die Bestimmung eines k-Sektors für robuste absolute Stabilität erlaubt:

Satz 8.8.   *(Chapellat,Dahleh,Bhattacharyya)*

Der Regelkreis in Abb. 8.16 mit $g \in G_{Is}$, wobei die Familie der Übertragungsfunktion G_{Is} von einer stabilen Intervallübertragungsfunktion erzeugt wird, ist absolut stabil für

$$k < \infty \quad \text{wenn} \quad \inf_{G_{Is}^{\mathcal{K}}} \inf_{\omega \in \mathbb{R}} \operatorname{Re} g(\mathrm{j}\omega, \boldsymbol{q}) \geq 0 \tag{8.4.12}$$

und

$$k < -\frac{1}{\inf_{G_{Is}^{\mathcal{K}}} \inf_{\omega \in \mathbb{R}} \operatorname{Re} g(\mathrm{j}\omega, \boldsymbol{q})} \tag{8.4.13}$$

sonst.

$\square$

Anmerkung 8.5.   Für den Standardregelkreis aus Abb. 8.16 haben Tsypkin und Polyak die robuste Stabilität für frequenzabhängige Unsicherheiten

$$| g(\mathrm{j}\omega, \boldsymbol{q}) - g^0(\mathrm{j}\omega)| \leq \gamma r(\omega) \tag{8.4.14}$$

untersucht. Dabei ist $g^0(s) = g(s, \boldsymbol{q}^0)$ eine nominale Streckenübertragungsfunktion, $\gamma > 0$ ist ein gewisser Unsicherheitsradius und $r(\omega) \geq 0$ eine gegebene beschränkte skalarwertige Funktion. In [168] wird ein Kreiskriterium, ein Mikhailov-ähnliches Kriterium und ein Popov-Kriterium für robuste Stabilität angegeben. $\square$

In Satz 8.8 ist $G_{Is}^{\mathcal{K}}$ die Kharitonov-Streckenfamilie (8.1.9) von G_{Is}, die 16 Übertragungsfunktionen enthält. Gilt für eine Familie G_{Is} von Übertragungsfunktionen, die von einer stabilen Intervallübertragungsfunktion erzeugt wird

$$\inf_{G_{Is}^{\mathcal{K}}} \inf_{\omega \in \mathbb{R}} \operatorname{Re} g(\mathrm{j}\omega, \boldsymbol{q}) \geq 0 \tag{8.4.15}$$

so führt (8.4.12) zum größtmöglichen k-Sektor für robuste absolute Stabilität (nämlich zum gesamten ersten und dritten Quadranten). Falls (8.4.13) erfüllt ist, erhalten wir i.a. nicht den Popov-Sektor für G_{Is}. Denn wir können nicht ausschließen, daß es ein $\theta \neq 0$ gibt, mit dem (8.4.10) für alle $g \in G_{Is}$, mit einem noch größeren k-Wert als dem aus (8.4.13) erfüllt ist. Für $\theta \neq 0$ ist aber $\tilde{g}(\mathrm{j}\omega, \theta, \boldsymbol{q}) := (1 + \mathrm{j}\omega\theta)g(\mathrm{j}\omega, \boldsymbol{q})$ keine Intervallübertragungsfunktion mehr, auf die Satz 8.8 angewendet werden kann. Bei komplizierterer Abhängigkeit der Streckenübertragungsfunktion $g(s, \boldsymbol{q})$ von den unsicheren Parametern $\boldsymbol{q}$ kann das hinreichende Popov-Kriterium für absolute Stabilität auf die *Popov-Wertemenge*

$$G_p(\mathrm{j}\omega, Q) := \{g_p(\mathrm{j}\omega, \boldsymbol{q}) \mid \boldsymbol{q} \in Q\} = \{\operatorname{Re} g(\mathrm{j}\omega, \boldsymbol{q}) + \mathrm{j}\omega\operatorname{Im} g(\mathrm{j}\omega, \boldsymbol{q}) \mid \boldsymbol{q} \in Q\} \tag{8.4.16}$$

angewendet werden. Für feste Frequenz $\omega = \omega^*$ kann die Popov-Wertemenge $G_p(\mathrm{j}\omega^*, Q)$ leicht aus der Nyquist-Wertemenge $G(\mathrm{j}\omega^*, Q)$ durch Multiplikation des Imaginärteils mit ω^* erzeugt werden. Wenn wir also eine baumstrukturierte Zerlegung der unsicheren Streckenübertragungsfunktion $g(s, \boldsymbol{q})$ gefunden haben, dann kann sowohl die Nyquist- als auch die Popov-Wertemenge sequentiell erzeugt werden.

Beispiel 8.7. Die Verladebrücke (1.1.6) ist unsicher in der Seillänge $\ell \in [8\,;\,16]\,[\mathrm{m}]$, der Lastmasse $m_L \in [50\,;\,2000]\,[\mathrm{kg}]$ und der Greifermasse $m_C \in [800\,;\,1200]\,[\mathrm{kg}]$. Mit vollständiger Zustandsvektorrückführung, $\boldsymbol{u} = \boldsymbol{k}^T \boldsymbol{x} = k_1\,x_1 + k_2\,x_2 + k_3\,x_3 + k_4\,x_4$, kann das geschlossene System mit beliebigen Koeffizienten aus den Intervallen $k_1 \in [500\,;\,700]$, $k_2 \in [3000\,;\,4000]$, $k_3 \in [-30000\,;\,-25000]$, $k_4 \in [-2800\,;\,-2400]$ robust stabilisiert werden. Wir nehmen jetzt an, daß das nicht modellierte Stellglied eine nichtlineare, aber unbekannte Kennlinie aus der Klasse (8.4.5) besitzt. Wir wollen den größten Sektor für die nichtlineare Funktion bestimmen, für den das geschlossene System absolut stabil ist. Der lineare Systemteil wird durch die folgende Übertragungsfunktion beschrieben ($\boldsymbol{q} = [\ell\ m_L\ m_C\ k_1\ k_2\ k_3\ k_4]^T$):

$$g(s,\boldsymbol{q}) = \frac{(k_1 + k_2 s)(\ell s^2 + g) - (k_3 + k_4 s)s^2}{s^2[m_C(s^2\ell + g) + m_L g]} \tag{8.4.17}$$

Da g instabil ist, kann Satz 8.7 nicht direkt angewendet werden. Daher muß das System in die Standardform aus Abb. 8.18 gebracht werden. Wir wissen, daß der geschlossene lineare Regelkreis für $\rho = 1$ robust stabil ist. Mit diesem Wert für ρ wird die Popov-Wertemenge von $\tilde{g} = g\,/\,(1 + g) = 1/(1 + 1/g)$ erzeugt. In der Übertragungsfunktion (8.4.17) treten alle unsicheren Parameter, außer der Seillänge, nur ein einziges Mal auf, d.h. die Übertragungsfunktion hat Baumstruktur, wenn man die Seillänge rastert. Im folgenden wird für ℓ ein fester Wert, $\ell = 12\,[\mathrm{m}]$, angenommen. Die Popov-Wertemenge kann jetzt sequentiell erzeugt werden, siehe Abb. 8.21. Aus der Popov-

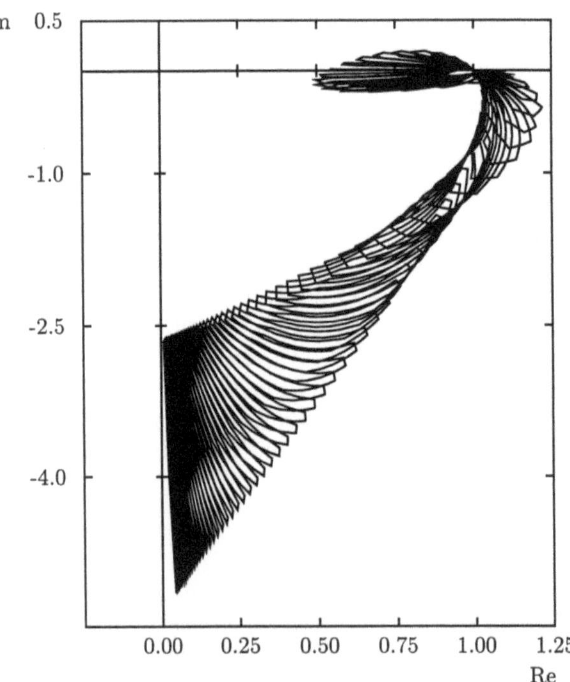

Abb. 8.21: Popov-Wertemenge

Wertemenge kann sofort der Popov-Sektor $[0\,;\infty)$ für die nichtlineare Funktion $\tilde{f}(.) = (f - \rho)(.)$ abgelesen werden. Daher ist absolute Stabilität der unsicheren Übertragungsfunktion g (d.h. für die Verladebrücke mit obiger Zustandsvektorrückführung) im k-Sektor $[1\,;\infty)$ garantiert. $\qquad\qquad\qquad\qquad\qquad\qquad\qquad\qquad\qquad\qquad\qquad$ $\square$

8.5 Übungen

8.1. Betrachten Sie die Übertragungsfunktion (8.1.30) der Verladebrücke

$$y_C/u = g_C(s, m_L) = (1 + s^2)/[(m_L + 1000)s^2 + 1000s^4]$$

Für den Regler (8.1.31),

$$u = -\hat{g}(s)\,y_C = -[(\hat{n}_0 + \hat{n}_1 s)/(10 + s)]\,y_C$$

soll überprüft werden, ob beliebige Koeffizienten aus dem Rechteck

$$Q_{\hat{n}} := \{\hat{n}_0 \in [0.1\,;0.1], \hat{n}_1 \in [1\,;2]\} \qquad\qquad (8.5.1)$$

die Verladebrücke für eine unsichere Lastmasse im Intervall

$$m_L \in [50\,;3000]\,[\mathrm{kg}] \qquad\qquad (8.5.2)$$

robust stabilisieren. Untersuchen Sie robuste Stabilität auch für das Rechteck

$$Q_{\hat{n}} := \{\hat{n}_0 \in [0.2\,;0.2], \hat{n}_1 \in [1\,;2]\}$$

Es seien irgendwelche Reglerkoeffizienten $\hat{n}_0, \hat{n}_1$ gewählt, mit denen die Verladebrücke für Lastmassen m_L aus obigem Intervall robust stabilisiert wird. Finden Sie die minimale Lastmasse m_{Lmin} und die maximale Lastmasse m_{Lmax}, für welche die Stabilität im Intervall $[m_{Lmin}\,;m_{Lmax}]$ nicht verloren geht.

8.2. Betrachten Sie den Regler für den Roboterarm aus Abb. 2.13. Setzen Sie $q_3 := 1/q_1$.

a) Überprüfen Sie die Stabilität des Regelkreises für $q_2 \in [0.05\,;0.2]$, $q_3 \in [0.1\,;1.0]$.

b) Analysieren Sie die absolute robuste Stabilität für eine zusätzliche nichtlineare Stellgliedkennlinie innerhalb eines Sektors $[0.8\,;1.2]$. Ist Aizermans Vermutung erfüllt?

8.3. Überprüfen Sie, ob folgende Übertragungsfunktionen streng positiv reell sind:

$$\frac{1}{s + (q_1^2 + q_2^2)(q_3 + 2)}, \qquad q_i \in [-1\,;1], \quad i = 1, 2, 3$$

$$\frac{1}{s + (q_1^2 + q_2^2 - 0.01)(q_3 + 2)}, \qquad q_i \in [-1\,;1], \quad i = 1,2,3$$

$$\frac{1}{(s + q_1)(s + q_2)}, \qquad q_i \in [1\,;2], \quad i = 1,2$$

$$\frac{s}{(s + q_1)(s + q_2)}, \qquad q_i \in [1\,;2], \quad i = 1,2$$

$$\frac{s - 1}{(s + q_1)(s + q_2)}, \qquad q_i \in [1\,;2], \quad i = 1,2$$

8.4. Betrachten Sie für das Busmodell, das in Abschnitt 1.2 eingeführt wurde, die Übertragungsfunktion vom Lenkwinkel δ_f zur Giergeschwindigkeit r,

$$\frac{r}{\delta_f} = \frac{b_0 + b_1 s}{a_0 + a_1 s + s^2}$$

mit

$$b_0 = \frac{48031}{\tilde{m}^2 v}, \quad b_1 = \frac{66.9733}{\tilde{m}}$$

$$a_0 = \frac{16.6304}{\tilde{m}} + \frac{268973}{\tilde{m}^2 v^2}, \quad a_1 = \frac{1075.15}{\tilde{m} v}$$

Berechnen Sie für die Unsicherheitsintervalle

$$\tilde{m} \in [9950\,;32000]\,[\text{kg}], \quad v \in [1\,;20]\,[\text{m/s}]$$

die Werte $x_i^+ = \max_{\tilde{m},v}(x_i)\,, x_i^- = \min_{\tilde{m},v}(x_i)\,,\ x = a, b,\ i = 0, 1$ und wenden Sie Satz 8.5 für die resultierende Intervallübertragungsfunktion an. Vergleichen Sie das Ergebnis mit Beispiel 8.2.

8.5. Erzeugen Sie für Beispiel 8.7 die Popov-Ortskurve für die festen Werte

$$\ell = 12\,[\text{m}]\,, m_L = 1000\,[\text{kg}]\,, m_C = 1000\,[\text{kg}]$$

$$k_1 = 600\,, k_2 = 3500\,, k_3 = -27500\,, k_4 = -2600$$

Bestimmen Sie den Popov-Sektor. Wird der Popov-Sektor für das unsichere System mit den Parameterintervallen aus Beispiel 8.7 reduziert? (Warum?)

9 Gamma-Stabilität

In den Kapiteln 4 bis 8 befaßten wir uns ausschließlich mit der robusten Hurwitz-Stabilität, d.h. mit der Forderung, daß alle Wurzeln einer Polynomfamilie in der linken offenen Halbebene liegen. In Kapitel 3 wurde gezeigt, wie nicht zufriedenstellendes Verhalten von stabilen Systemen dadurch verbessert werden kann, daß man zusätzliche Forderungen an die Lage der Wurzeln stellt. Sie sollen in einem Gebiet Γ der komplexen s-Ebene liegen. Es wurden dort auch Vorschläge gemacht, wie man Γ wählen sollte. Für Abtastsysteme ist dies der Einheitskreis oder eine Untermenge davon. In diesem Kapitel zeigen wir, welche Ergebnisse über die robuste Stabilität verallgemeinert werden können, welche modifiziert werden müssen und welche Resultate nicht mehr gültig sind. Das einzige Verfahren, das nicht modifiziert werden muß, ist die Berechnung der Wurzelmenge. Andere Methoden basieren auf dem Grenzüberschreitungssatz 4.3. Offensichtlich bleibt dieser Satz auch für Gamma-Stabilität gültig. Zunächst aber benötigen wir eine Beschreibung von Γ. Eine geeignete Methode ist die Beschreibung von Γ durch die Berandung $\partial\Gamma$.

9.1 Darstellung von Gamma-Stabilitätsgrenzen

Zuerst soll die mathematische Beschreibung von Γ diskutiert werden. Wir verwenden dazu die Gleichung des Randes $\partial\Gamma$. Im Falle der linken Halbebene können wir die Berandung durch

$$\partial\Gamma := \{\, s \mid s = \mathrm{j}\omega \,,\ 0 \leq \omega < \infty \,\} \tag{9.1.1}$$

beschreiben. Die Beschränkung auf nichtnegative ω kann gemacht werdem, weil wir Polynome mit reellen Koeffizienten voraussetzen. Diese Voraussetzung bleibt weiterhin gültig, da die gewählten Wurzelgebiete immer symmetrisch in Bezug auf die reelle Achse sein müssen. Allgemein läßt sich der Rand $\partial\Gamma$ des erwünschten Wurzelgebiets Γ in der Form

$$\partial\Gamma := \{\, s \mid s = \sigma(\alpha) + \mathrm{j}\omega(\alpha),\ \alpha \in [\alpha^- \,;\, \alpha^+] \,\} \tag{9.1.2}$$

beschreiben. Die unteren und oberen Grenzen α^- und α^+ können auch $+\infty$ oder $-\infty$ sein. Der skalare Parameter α heißt *verallgemeinerte Frequenz*. Um die Ergebnisse der Kapitel 4 bis 8 zu verallgemeinern, muß $s = \mathrm{j}\omega$ durch $s = \sigma(\alpha) + \mathrm{j}\omega(\alpha)$ ersetzt werden und an die Stelle des Punkts $s = 0$ treten die Punkte $s = a$, wobei a die Schnittpunkte von $\partial\Gamma$ mit der reellen Achse sind.

Die (reellen) Funktionen $\sigma(\alpha)$ und $\omega(\alpha)$ werden i.a. Polynome oder einfache trigonometrische Funktionen sein. Wählen wir Polynome von höchstens zweitem Grad, dann können Gebiete beschrieben werden, die durch Kegelschnitte begrenzt sind. Dazu gehören Geraden, Kreise, Ellipsen, Hyperbeln und Parabeln. In den meisten Anwendungen genügt es, die Begrenzung $\partial\Gamma$ aus Segmenten von Kegelschnitten zusammenzusetzen. Beispiele dafür wurden bereits in den Abb. 3.6, 3.7 und 3.9 gegeben. Die Parametrisierung durch den Parameter α wird nun in den nächsten Beispielen gezeigt.

Beispiel 9.1. Geraden konstanter Dämpfung D, siehe Abb. 3.2. Mit $\omega^2 = \omega_0^2(1-D^2) = \sigma^2(1 - D^2)/D^2$ ergibt sich die Parametrisierung $\alpha = \sigma$, d.h.

$$s = \sigma + \mathrm{j}\sigma\sqrt{1 - D^2}/D\,, \quad \sigma \le 0 \tag{9.1.3}$$

Speziell für $D = 1/\sqrt{2}$ ist $s = \sigma + \mathrm{j}\sigma$. Eine reelle Grenze ist durch $s = 0$ gegeben. □

Beispiel 9.2. Die Wurzeln sollen in einem Intervall $[-b\,;\,-a]$, $a,b > 0$ der negativ reellen Achse liegen. Dann ist

$$s = \sigma\,, \quad \sigma \in [-b\,;\,-a] \tag{9.1.4}$$

Dieses Segment erzeugt bei $\sigma = -b$ und $\sigma = -a$ zwei reelle Grenzen. Die komplexe Grenze wird gebildet durch eine Doppelwurzel im Intervall $[-b\,;\,-a]$. Hat das Polynom nur eine Wurzel im obigen Intervall, dann kann diese Wurzel das Segment nur bei $\sigma = -b$ oder $\sigma = -a$ verlassen und es existiert keine komplexe Grenze. Existieren im Intervall mehrere Wurzeln, dann kann ein Wurzelpaar auch in allen Punkten σ des Intervalls die reelle Achse verlassen, siehe auch (9.3.5). □

Beispiel 9.3. Linker Ast der Hyperbel $(\frac{\sigma}{a})^2 - (\frac{\omega}{b})^2 = 1$

Die Hyperbel ist in Abb. 9.1 dargestellt.

Diese Hyperbel garantiert mindestens eine Dämpfung $D = \frac{a}{\sqrt{a^2+b^2}}$ entsprechend den Asymptoten und einen maximalen Realteil der Eigenwerte von $\sigma = -a$. Sei $\alpha = \sigma$, dann ist $\omega^2 = b^2(\sigma^2/a^2 - 1)$ und

$$s = \sigma + \mathrm{j}b\sqrt{\sigma^2/a^2 - 1}\,, \quad \sigma \le -a \tag{9.1.5}$$

Eine reelle Grenze ergibt sich für $\sigma = -a$. □

Beispiel 9.4. Kreis mit Mittelpunkt $s = 0$ und Radius R: $\sigma^2 + \omega^2 = R^2$. Sei $\alpha = \sigma$, $\omega^2 = R^2 - \sigma^2$, dann ist

$$s = \sigma + \mathrm{j}\sqrt{R^2 - \sigma^2}\,, \quad \sigma \in [-R\,;\,R] \tag{9.1.6}$$

□

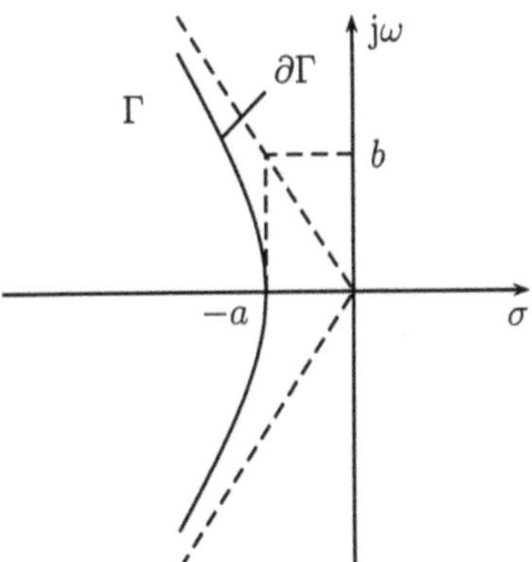

Abb. 9.1: Die Hyperbel ergibt Einschränkungen für die Dämpfung und für den Realteil der Eigenwerte

Beispiel 9.5. Γ-Stabilitätsgebiet von Abb. 3.6. Es kann aus den beiden vorhergehenden Beispielen zusammengesetzt werden. Der Kreis und die Hyperbel schneiden sich im reellen Punkt $\sigma_1 = -\sqrt{\frac{a^2(R^2+b^2)}{a^2+b^2}}$. Daher ist

$$s = \begin{cases} \sigma + j\sqrt{R^2 - \sigma^2} & \text{für } \sigma \in [-R\,;\,\sigma_1] \\ \sigma + jb\sqrt{\sigma^2/a^2 - 1} & \text{für } \sigma \in [\sigma_1\,;\,-a] \end{cases}$$

Es gibt zwei reelle Grenzen für $\sigma = -R$ und $\sigma = -a$. $\qquad\qquad\Box$

Beispiel 9.6. Die Berandung der Segmente kann auch durch verschiedene Parameter $\alpha, \beta, \gamma, \ldots$ beschrieben werden. Nehmen wir das „Ananassegment" von Abb. 9.2.

Die Berandung setzt sich aus denen aus Beispiel 9.1 und Beispiel 9.4 zusammen. Es ist

$$s = \begin{cases} \alpha + j\sqrt{R_2^2 - \alpha^2} & \text{für } \alpha \in [-R_2\,;\,-R_2D] \\ \beta + j\beta\sqrt{1 - D^2}/D & \text{für } \beta \in [-R_2D\,;\,-R_1D] \\ \gamma + j\sqrt{R_1^2 - \gamma^2} & \text{für } \gamma \in [-R_1D\,;\,-R_1] \end{cases}$$

Die $\partial\Gamma$-Parameter α, β und γ können alle gleich dem Realteil σ gesetzt werden. Für festes σ erhält man entweder zwei oder drei Punkte der Berandung mit $\omega > 0$. Die reellen Grenzen sind $\sigma = -R_2$ und $\sigma = -R_1$. $\qquad\qquad\Box$

In den letzten beiden Beispielen wurde das Γ-Gebiet durch den Durchschnitt mehrerer Gebiete definiert. Auch die Vereinigungsmenge von Gebieten kann nützlich sein. Besteht die Vereinigungsmenge aus disjunkten Mengen, dann muß auch angegeben werden, wieviele Wurzeln in jeder disjunkten Teilmenge liegen sollen. Ein praktisches Beispiel ist das folgende. Nehmen wir an, daß für eine nominale Strecke ein Regler entworfen wurde, d.h. die Lage der Eigenwerte des geschlossenen Kreises ist bekannt. Falls nun die unsicheren Parameter variieren, so wollen wir sicher sein, daß die Eigenwerte in einer wohldefinierten Umgebung ihrer nominalen Lage bleiben.

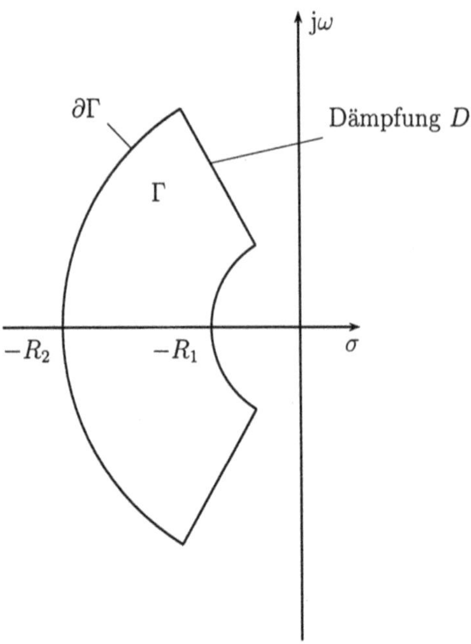

Abb. 9.2: Ananassegment. Diese Art von Γ-Stabilität wird von Flugregelungssystemen gefordert.

Beispiel 9.7.   Gegeben sei das nominale Polynom in faktorisierter Form

$$p(s) = (4 + 2s + s^2)(2 + s)(5 + s)(8 + s)(72 + 12s + s^2)$$

Die Lage der Wurzeln ist in Abb. 9.3 dargestellt, sie bilden eine dominante Butterworth-Polkonfiguration mit dem Abstand zwei vom Ursprung. Weitere Eigenwerte liegen deutlich weiter links. Γ-Stabilität wird nun definiert durch eine zulässige Änderung der einzelnen Eigenwerte oder von Gruppen von Eigenwerten. Nehmen wir z.B. einen Kreis mit Radius 0.3 für die Eigenwerte bei $s_{1,2} = -1 + \mathrm{j}\sqrt{3}$. Hier ist es erforderlich, daß der reelle Eigenwert bei $s = -2$ im Intervall $\sigma \in [-2.3\,;\,-1.7]$ bleibt, sonst ergäbe die Dämpfung $D = 0.5$ der beiden Eigenwerte $s_{1,2}$ ein zu starkes Überschwingen der Sprungantwort, siehe Abb. 3.5. Es ist nicht nötig, sich um die anderen Eigenwerte zu kümmern, solange sie nicht das dominante Verhalten beeinflussen. Daraus ergibt sich die Forderung, daß ihr Realteil kleiner als $\sigma_1 = -4$ bleiben muß. Die disjunkten Teile $\partial\Gamma_1$, $\partial\Gamma_2$ und $\partial\Gamma_3$ der Berandung sind in Abb. 9.3 dargestellt. Man beachte, daß Γ_2 nur einen reellen Eigenwert enthält. $\partial\Gamma_2$ besteht daher nur aus den reellen Grenzen $\sigma_2 = -2.3$ und $\sigma_3 = -1.7$. Das linke Gebiet Γ_1 hat eine reelle Grenze bei $\sigma_1 = -4$ und die komplexe Grenze ist $s = -4 + \mathrm{j}\omega$, $\omega \geq 0$. Der Kreis um die dominanten komplexen Nullstellen wird durch

$$\partial\Gamma_3 = \{s \mid s = -1 + 0.3\cos\alpha + \mathrm{j}(\sqrt{3} + 0.3\sin\alpha),\ \alpha \in [0\,;\,2\pi)\} \tag{9.1.7}$$

beschrieben.   □

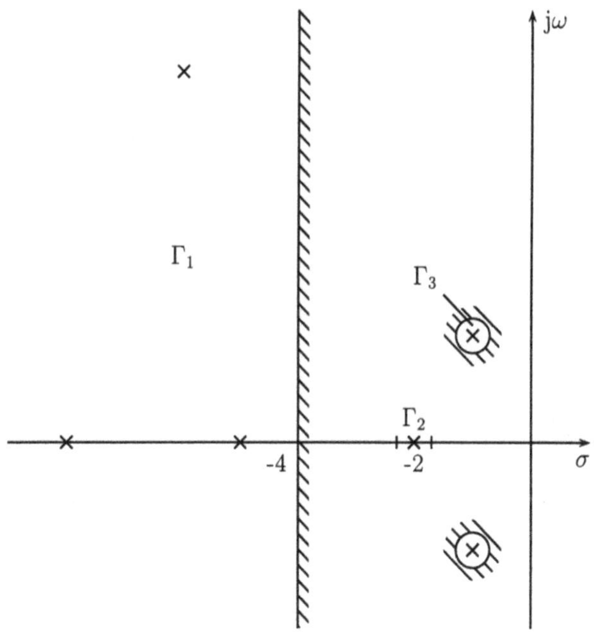

Abb. 9.3: Ein Γ-Stabilitätsgebiet kann aus mehreren Komponenten zusammengesetzt sein

9.2 Grenzüberschreitung

Der Grenzüberschreitungssatz von Frazer und Duncan (Satz 4.3) kann unmittelbar auf andere Polgebiete übertragen werden. Dazu ist jedoch eine kleine Modifikation erforderlich.

Satz 9.1. (Grenzüberschreitungssatz für Polgebiete Γ)

Gegeben sei eine Menge von Polynomen $P(s, Q)$ nach den Gleichungen (4.0.1.-4.0.7). Die Menge $P(s, Q)$ ist genau dann robust Γ-stabil, wenn

1) ein Γ-stabiles Polynom $p(s) \in P(s, Q)$ existiert,

2) $\sigma(\alpha) + j\omega(\alpha) \notin \text{Roots}[P(s, Q)]$ für alle $\alpha \in [\alpha^- ; \alpha^+]$.

$\square$

Besteht Γ aus dem Durchschnitt oder der Vereinigung von mehreren Gebieten mit den Berandungen $\partial\Gamma_i$, dann muß die zweite Bedingung für alle Äste von $\partial\Gamma_i$ erfüllt sein, d.h. die Wurzeln dürfen keinen Teil der Berandung überschreiten.

9.3 Algebraische Problemformulierung

Entsprechend zu den notwendigen und hinreichenden Bedingungen von Hurwitz ist es möglich, eine Menge von Ungleichungen herzuleiten, siehe [158]. Offensichtlich hängt die Anzahl der Ungleichungen von der Komplexität von Γ bzw. $\partial\Gamma$ (z.B. von der Ordnung der begrenzenden Kurven) ab. Man kann sich auf die kritischen Γ-Stabilitätsbedingungen beschränken, da ein Γ-stabiles $\boldsymbol{q}^0$ bekannt ist und eine Grenzüberschreitung nur dann eintritt, wenn eine dieser Bedingungen verletzt wird.

Für Hurwitz-Stabilität sind die drei Hyperflächen

$$\mathrm{Re}\, p(\mathrm{j}\omega, \boldsymbol{q}) = 0\,, \quad \mathrm{Im}\, p(\mathrm{j}\omega,\ \boldsymbol{q}) = 0 \tag{9.3.1}$$

$$a_0(\boldsymbol{q}) = 0 \tag{9.3.2}$$

$$a_n(\boldsymbol{q}) = 0 \tag{9.3.3}$$

die begrenzenden Flächen um den nominalen Punkt $\boldsymbol{q}^0$, der einem stabilen Polynom entspricht. Die Elimination von ω aus der Gleichung (9.3.1) ergibt die vorletzte Hurwitz-Determinante Δ_{n-1}, die komplexe Begrenzungsfläche, siehe Satz 4.5 und (4.3.3).

Die Erweiterung auf andere Polgebiete Γ ist offensichtlich. Für $s = \mathrm{j}\omega$ in (9.3.1) ist $s = \sigma(\alpha) + \mathrm{j}\omega(\alpha)$ zu setzen. Im Vergleich zur Hurwitz-Stabilität sind nur geringfügige Änderungen zu machen. Die resultierenden Gleichungen sind komplizierter, abhängig von der Komplexität der Funktionen $\sigma = \sigma(\alpha)$, $\omega = \omega(\alpha)$, die den Rand von Γ beschreiben. Die Elimination von α durch die Resultantenmethode ergibt das Analogon zur vorletzten Hurwitz-Determinante, nämlich

$$\mathrm{Res}_\alpha\big(\mathrm{Re}\, p[\sigma(\alpha) + \mathrm{j}\omega(\alpha), \boldsymbol{q}]\,,\ \mathrm{Im}\, p[\sigma(\alpha) + \mathrm{j}\omega(\alpha), \boldsymbol{q}]\big) = 0 \tag{9.3.4}$$

Diese Elimination muß für jede Komponente der Berandung $\partial\Gamma$ durchgeführt werden. Ein spezieller Fall ist die Aperiodizitätsbedingung, die nur Wurzeln auf der negativ reellen Achse zuläßt, siehe Beispiel 9.2. Ein Polynom $p(s)$ hat eine Doppelwurzel bei $s = s^*$ genau dann, wenn $p(s^*) = 0$ und $p'(s^*) = 0$, wobei $p'(s) = dp(s)/ds$. Deshalb muß (9.3.1) durch

$$p(\alpha, \boldsymbol{q}) = 0\,, \quad p'(\alpha, \boldsymbol{q}) = 0 \tag{9.3.5}$$

ersetzt werden. Die Resultante von $p(s)$ und $p'(s)$ heißt *Diskriminante* von $p(s)$, siehe Anhang B.

9.4 Gamma-Stabilitätsgrenzen im Parameterraum

Eine Alternative zur algebraischen Formulierung ist das Parameterraumverfahren. Dabei wird die Berandung $\partial\Gamma$ in den $\boldsymbol{q}$-Raum abgebildet, um $Q_{\Gamma-stabil}$ zu erhalten. Bei der Robustheitsanalyse eines gegebenen Betriebsbereichs muß überprüft werden, ob

$Q \subset Q_{\Gamma-stabil}$. Eine nützliche Anwendung des Parameterraumverfahrens ist auch der Entwurf, bei dem die Elemente des q-Vektors die freien Reglerparameter k_i sind. Dann kann die Menge aller Γ-stabilisierenden Regler mit vorgegebener Struktur beschrieben werden. Dies wird in Kapitel 11 näher erläutert. Der folgende Satz [15] zeigt eine systematische Vorgehensweise auf, wie die Abbildung der Berandung $s = \sigma(\alpha) + \mathrm{j}\omega(\alpha)$ in den q-Raum erfolgt.

Satz 9.2.   (Satz über die Darstellung der Berandung, Ackermann, Kaesbauer)

Gegeben sei die Polynomfamilie $p(s, q) = [1\ s\ \dots\ s^n]\, a(q)$ und

$$Q_{Im}(\alpha) := \{\ q \mid p(\sigma(\alpha) + \mathrm{j}\omega(\alpha), q) = 0,\ \ \alpha \in [\alpha^-\,;\,\alpha^+]\ \} \tag{9.4.1}$$

(Dies ist die Menge der Parametervektoren q, die zu einem Polynom mit einem Wurzelpaar bei $s = \sigma(\alpha) \pm \mathrm{j}\omega(\alpha)$ führt.) Nun ist $q \in Q_{Im}(\alpha)$ genau dann, wenn

$$\begin{bmatrix} d_0(\alpha) & d_1(\alpha) & \dots & d_n(\alpha) \\ 0 & d_0(\alpha) & \dots & d_{n-1}(\alpha) \end{bmatrix} a(q) = \begin{bmatrix} 0 \\ 0 \end{bmatrix} \tag{9.4.2}$$

für ein $\alpha \in [\alpha^-\,;\,\alpha^+]$, wobei

$$\begin{aligned} d_0(\alpha) &= 1 \\ d_1(\alpha) &= 2\sigma(\alpha) \\ d_{i+1}(\alpha) &= 2\sigma(\alpha)d_i(\alpha) - [\sigma^2(\alpha) + \omega^2(\alpha)]\,d_{i-1}(\alpha), \quad i = 1, 2, \dots, n-1 \end{aligned} \tag{9.4.3}$$

$\square$

Beweis.

Betrachten wir das Polynom $p(s, q)$ für festes $q = q^*$. Es hat ein konjugiert komplexes Nullstellenpaar auf $\partial\Gamma$ bei $\sigma(\alpha) \pm \mathrm{j}\omega(\alpha)$ genau dann, wenn

$$p(s, q^*) = [\sigma^2(\alpha) + \omega^2(\alpha) - 2\sigma(\alpha)s + s^2)]\, r(s, q^*) \tag{9.4.4}$$

$$r(s, q^*) = r_0 + r_1 s + r_{n-2}s^{n-2} = [1\ s\ \dots\ s^{n-2}]\, r \tag{9.4.5}$$

Hierbei ist r ein beliebiges Polynom vom Grad $n-2$ mit reellen Koeffizienten. Gleichbedeutend damit ist (die Abhängigkeit von σ und ω von α wird weggelassen)

$$a(q^*) = \begin{bmatrix} 1 & -2\sigma & \sigma^2 + \omega^2 & 0 & . & & 0 \\ 0 & 1 & -2\sigma & & . & & \\ 0 & 0 & 1 & & . & . & 0 \\ & & & & . & . & \sigma^2 + \omega^2 \\ & & & & & . & -2\sigma \\ 0 & & & & & & 1 \end{bmatrix} \begin{bmatrix} 0 \\ 0 \\ r_0 \\ . \\ . \\ r_{n-2} \end{bmatrix} \tag{9.4.6}$$

Die Matrix in (9.4.6) hat Dreiecksgestalt mit identischen Elementen auf den Diagonalen. Daher hat ihre Inverse $\boldsymbol{D}$ die gleiche Struktur. Die Elemente d_i von $\boldsymbol{D}$ können aus

$$
\begin{bmatrix} d_0 & d_1 & & d_n \\ 0 & d_0 & . & \\ & & . & . \\ & & . & d_1 \\ & & & d_0 \end{bmatrix}
\begin{bmatrix} 1 & -2\sigma & \sigma^2+\omega^2 & 0 & & 0 \\ 0 & 1 & -2\sigma & . & & \\ 0 & 0 & 1 & . & & 0 \\ & & & . & . & \sigma^2+\omega^2 \\ 0 & & & & & -2\sigma \\ & & & & & 1 \end{bmatrix} = \boldsymbol{I}
\tag{9.4.7}
$$

bestimmt werden. Es folgt

$$
\begin{aligned}
d_0 &= 1 \\
-2\sigma d_0 + d_1 &= 0 \\
(\sigma^2+\omega^2)d_0 - 2\sigma d_1 + d_2 &= 0 \\
&\;\;\vdots \\
(\sigma^2+\omega^2)d_{n-2} - 2\sigma d_{n-1} + d_n &= 0
\end{aligned}
$$

und die Auflösung nach den d_i ergibt

$$
\begin{aligned}
d_0 &= 1 \\
d_1 &= 2\sigma \\
d_2 &= 2\sigma d_1 - (\sigma^2+\omega^2)d_0 \\
&\;\;\vdots \\
d_n &= 2\sigma d_{n-1} - (\sigma^2+\omega^2)d_{n-2}
\end{aligned}
$$

Nach Linksmultiplikation von (9.4.6) mit $\boldsymbol{D}$ folgt, daß $p(s(\alpha),\boldsymbol{q}^*) = 0$ genau dann, wenn

$$
\begin{bmatrix} d_0 & d_1 & . & . & . & d_n \\ 0 & d_0 & & & & \\ & & . & & & \\ & & & . & & \\ & & & & d_1 & \\ 0 & & & & 0 & d_0 \end{bmatrix}
\boldsymbol{a}(\boldsymbol{q}^*) =
\begin{bmatrix} 0 \\ 0 \\ r_0 \\ . \\ . \\ r_{n-2} \end{bmatrix}
\tag{9.4.8}
$$

Die letzten $n-1$ Zeilen von (9.4.8) haben eine unbestimmte rechte Seite, da das Restpolynom $r(s,\boldsymbol{q}^*)$ frei wählbar ist. Durch geeignete Wahl der r_i können diese Gleichungen erfüllt werden. Es bleiben nur die beiden ersten Reihen. Daraus kann geschlossen werden, daß $\boldsymbol{q}^* \in Q_{Im}(\alpha)$ genau dann, wenn

$$
\begin{bmatrix} d_0(\alpha) & d_1(\alpha) & \ldots & d_n(\alpha) \\ 0 & d_0(\alpha) & \ldots & d_{n-1}(\alpha) \end{bmatrix}
\boldsymbol{a}(\boldsymbol{q}^*) =
\begin{bmatrix} 0 \\ 0 \end{bmatrix}
\tag{9.4.9}
$$

Der feste Wert $\boldsymbol{q}^*$ kann durch den allgemeinen Vektor $\boldsymbol{q}$ ersetzt werden, um zu (9.4.2) zu gelangen.

$\square$

Offensichtlich hat das Polynom $p(s, \boldsymbol{q})$ genau dann ein konjugiert komplexes Wurzelpaar auf $\partial\Gamma$, wenn es ein $\alpha \in [\alpha^- \, ; \alpha^+]$ gibt, sodaß (9.4.2) erfüllt ist. Mit anderen Worten, analog zu der ω-Rasterung entlang der imaginären Achse bei einem Test auf robuste Stabilität wie in Kapitel 4, muß nunmehr eine α-Rasterung entlang aller Äste von $\partial\Gamma$ gemacht werden. Für jedes α kann die Menge $Q_{Im}(\alpha)$, mit Ausnahme der verallgemeinerten isolierten Frequenzen α_s, aus (9.4.2) berechnet werden. Die Werte von α_s werden wie nach Definition 4.1 unter Ersetzen von $\mathrm{j}\omega$ durch $\sigma(\alpha) + \mathrm{j}\omega(\alpha)$ berechnet.

Beispiel 9.8. Sei $\partial\Gamma$ die imaginäre Achse, d.h. $\sigma = 0$, $\omega^2(\alpha) = \alpha$, $\alpha \in [0 \, ; \infty)$

$$
\begin{aligned}
d_0 &= 1 \\
d_1 &= 0 \\
d_{i+1} &= -\alpha \, d_{i-1}
\end{aligned}
$$

$$
\begin{bmatrix}
1 & 0 & -\alpha & 0 & \alpha^2 & \cdots \\
0 & 1 & 0 & -\alpha & 0 & \cdots
\end{bmatrix}
\boldsymbol{a}(\boldsymbol{q}) =
\begin{bmatrix}
0 \\
0
\end{bmatrix}
\tag{9.4.10}
$$

Diese Darstellung wurde in (4.5.1) benutzt. Die reellen Grenzen sind $a_0(\boldsymbol{q}) = 0$ und $a_n(\boldsymbol{q}) = 0$.

$\square$

Beispiel 9.9. Betrachten wir die Hyperbel von Abb. 9.1 mit $s = \sigma + \mathrm{j}b\sqrt{\sigma^2/a^2 - 1}$. Die Rekursionsformel für die $d_i(\sigma)$ lautet

$$
\begin{aligned}
d_0(\sigma) &= 1 \\
d_1(\sigma) &= 2\sigma \\
d_{i+1}(\sigma) &= 2\sigma \, d_i(\sigma) - [\sigma^2(1 + b^2/a^2) - b^2] \, d_{i-1}(\sigma)
\end{aligned}
$$

Die reelle Grenze ist $p(-a, \boldsymbol{q}) = 0$.

$\square$

Beispiel 9.10. Man betrachte den Kreis von Beispiel 9.4 mit $R = 1$ und $s = \sigma + \mathrm{j}\sqrt{1 - \sigma^2}$, $\sigma \in [-1 \, ; 1]$. Die d_i in (9.4.3) lauten

$$
\begin{aligned}
d_0(\sigma) &= 1 \\
d_1(\sigma) &= 2\sigma \\
d_{i+1}(\sigma) &= 2\sigma \, d_i(\sigma) - d_{i-1}(\sigma)
\end{aligned}
$$

Die sich ergebende Gleichung kann weiter vereinfacht werden, wie in Kapitel 10 gezeigt wird. Die reellen Grenzen sind $p(-1, \boldsymbol{q}) = 0$ und $p(1, \boldsymbol{q}) = 0$.

$\square$

Beispiel 9.11. Sei $\partial\Gamma$ die logarithmische Spirale $z = e^{c\alpha}e^{j\alpha}$, $\alpha \in [-\pi\,;\,0]$. Diese Kurve ist für Abtastsysteme interessant. Geraden konstanter Dämpfung $\sigma = \pm c\omega$ ($c = -D/\sqrt{1-D^2}$, D = Dämpfung) werden mit $z = e^{sT} = e^{\sigma T}e^{j\omega T}$ in die z-Ebene abgebildet (siehe auch Abschnitt 10.3). Sei $\alpha = \omega T$, $\alpha \in [-\pi\,;\,0]$, $z = \tau + j\eta = e^{c\alpha}\cos\alpha + je^{c\alpha}\sin\alpha$. Der Realteil τ und der Imaginärteil η spielen nunmehr die Rolle von σ und ω in (9.1.2).

$$
\begin{aligned}
d_0 &= 1 \\
d_1 &= 2\tau = 2e^{c\alpha}\cos\alpha && \text{(9.4.11)} \\
d_{i+1} &= 2\tau\,d_i - (\tau^2 + \omega^2)\,d_{i-1} \\
&= 2e^{c\alpha}\cos\alpha\,d_i - e^{2c\alpha}\,d_{i-1} && \text{(9.4.12)}
\end{aligned}
$$

Dies ist ein Beispiel, wo die (Hurwitz-ähnliche) algebraische Methode versagt. Die Abbildung der Berandung ist jedoch nicht besonders schwierig. Die reellen Grenzen sind $p(1, \boldsymbol{q}) = 0$ und $p(-e^{c\pi}, \boldsymbol{q}) = 0$. $\square$

Anmerkung 9.1. Eine andere Darstellung der Berandung wurde von Šiljak [154] abgeleitet. Anstelle des Ausgangspunkts (9.4.3) benutzt er Real- und Imaginärteil von $p[\sigma(\alpha) + j\omega(\alpha)]$. Die k-te Potenz von s wird durch $[s(\alpha)]^k = [\sigma(\alpha) + j\omega(\alpha)]^k = X_k(\alpha) + jY_k(\alpha)$ ausgedrückt. Dann ist

$$
\begin{aligned}
p[\sigma(\alpha) + j\omega(\alpha)] &= \operatorname{Re} p(X_1(\alpha) + j\,Y_1(\alpha)) + j\operatorname{Im} p(X_1(\alpha) + jY_1(\alpha)) \\
&= \sum_{k=0}^{n} a_k X_k(\alpha) + j\sum_{k=0}^{n} b_k Y_k(\alpha) = 0 && \text{(9.4.13)}
\end{aligned}
$$

Der Zusammenhang der beiden Gleichungen für Real- und Imaginärteil zu (9.4.2) ist durch

$$
\begin{bmatrix} \operatorname{Re} p[\sigma(\alpha) + j\omega(\alpha)] \\ \operatorname{Im} p[\sigma(\alpha) + j\omega(\alpha)] \end{bmatrix} = \begin{bmatrix} 1 & -\sigma(\alpha) \\ 0 & \omega(\alpha) \end{bmatrix} \begin{bmatrix} d_0(\alpha) & d_1(\alpha) & \ldots & d_n(\alpha) \\ 0 & d_0(\alpha) & \ldots & d_{n-1}(\alpha) \end{bmatrix} \boldsymbol{a}(\boldsymbol{q})
\tag{9.4.14}
$$

gegeben. Der Vorteil der Form (9.4.2) liegt darin, daß für die d_k nur ein Rekursion erforderlich ist anstelle von zwei Rekursionen für X_k und Y_k. $\square$

Grafik im Parameterraum

Die Abbildungsgleichungen (9.4.2) der Berandung sind besonders gut geeignet, um eine Computergrafik der Γ-Stabilitätsgebiete im $\boldsymbol{q}$-Raum zu erzeugen. 3D-Grafiken wurden von Putz und Wozny [142] verwendet. Die Darstellungen von $Q_{\Gamma-stabil}$ können gedreht und vergrößert werden. Es können auch Lichtquellen variabel positioniert werden, um das Objekt aus den unterschiedlichsten Richtungen zu beleuchten. Zusätzliche Information kann durch Verwendung von Farbe bei der Darstellung der Oberfläche der Γ-Stabilitätsgebiete gewonnen werden.

Eine solche grafische Entwicklungsumgebung erleichtert das Verständnis der Geometrie der Γ-Stabilitätsgebiete im Raum der unsicheren Parameter.

Ein Kritiker könnte nun die Frage stellen, was bei vier Parametern zu machen ist. Sicherlich ist es mühsam, die 3D-Visualisierung für mehrere Rasterpunkte von q_4 zu wiederholen. Eine Animation mit q_4 als Zeit mag sich als hilfreich erweisen. Ideal wäre eine online-Berechnung, bei der wir uns interaktiv durch Änderung von q_4 vorwärts und rückwärts in der q_4-Richtung bewegen könnten und dabei beobachten könnten, wie das $3D$-Objekt seine Form ändert. Hier stoßen wir aber schnell an die Grenzen der Rechenkapazität und unser Kritiker wird sicherlich fragen, was bei noch mehr Parametern zu tun ist.

Stellen wir eine Gegenfrage: Wie würden Sie es machen? Die Antwort wäre wahrscheinlich der Vorschlag, ein skalares Maß für $Q_{\Gamma-stabil}$ einzuführen, z.B. einen Γ-stabilen nominalen Punkt und eine Norm, die die Kantenlängen einer Box um den nominalen Punkt festlegt. Dies ist sicher dann eine vernünftige Methode, wenn wir nur daran interessiert sind, ob eine gegebene Q-Box vollständig in $Q_{\Gamma-stabil}$ enthalten ist. Wir werden auf diesen Punkt im Abschnitt über den Γ-Stabilitätsradius zurückkommen.

In Kapitel 11 werden wir Γ-stabile Regelungssysteme durch simultane Polgebietszuweisung, wie sie Abb. 3.14. eingeführt wurde, entwerfen. Dort werden die Γ-Stabilitätsgrenzen in den k-Raum der Reglerverstärkungen abgebildet. Daran anschließend wird überprüft, ob es für die verschiedenen Betriebsbereiche zulässige Reglermengen gibt. Den Durchschnitt solcher Mengen kann man am besten in einer $2D$-Grafik darstellen. Solche Grafiken können so rasch berechnet werden, daß das interaktive Ändern weiterer Parameter, wie wir es bereits bei der $3D$-Grafik erläuterten, möglich wird. Schon bei der Robustheitsanalyse mit nur zwei Parametern können nichttriviale Probleme auftreten, z.B. für die nichtlinear in die Polynomkoeffizienten eingehenden Parameter Geschwindigkeit v und virtuelle Masse $\tilde{m}$ $(= m/\mu)$ eines Fahrzeugs. In diesen Fällen ist eine Robustheitsanalyse in der Parameterebene sehr informativ.

Für ein gegebenes unsicheres Polynom

$$p(s, \boldsymbol{q}) = [1 \ s \ s^2 \ \ldots \ s^n] \, \boldsymbol{a}(\boldsymbol{q}) \tag{9.4.15}$$

werden die reellen und komplexen Grenzen in der (q_1, q_2)-Ebene konstruiert. Liegen noch weitere unsichere Parameter $q_3, q_4, \ldots, q_\ell$ vor, dann müssen diese gerastert werden. Die reelle Grenze wird durch die Schnittpunkte s_i von $\partial\Gamma$ mit der reellen Achse gegeben, d.h.

$$p(s_i, \boldsymbol{q}) = [1 \ s_i \ s_i^2 \ \ldots \ s_i^n] \, \boldsymbol{a}(\boldsymbol{q}) = 0 \tag{9.4.16}$$

Im Fall einer affinen Abhängigkeit von $\boldsymbol{a}(\boldsymbol{q})$ stellt diese Gleichung in der Parameterebene eine Gerade dar. Im Falle polynomialer Abhängigkeit liegt eine Kurve vor.

Die komplexe Grenze wird durch Rasterung des $\partial\Gamma$-Parameters α und durch Lösung von (9.4.2), einem System von zwei Gleichungen in q_1 und q_2, erzeugt. Hängen die Koeffizienten a_i affin von q_1 und q_2 ab, dann ist dieses System linear und die Gleichungen können explizit nach q_1 und q_2 aufgelöst werden. Es entsteht eine parametrische Darstellung der komplexen Grenze mit dem Parameter α.

Komplizierter ist der Fall, wenn die Koeffizienten $\boldsymbol{a}(\boldsymbol{q})$ polynomial von den unsicheren Parametern abhängen. Dann kann (9.4.2) auch in der folgenden Form geschrieben werden:

$$f = f_0(q_2) + f_1(q_2)q_1 + \ldots + f_k(q_2)q_1^k = 0 \tag{9.4.17}$$

$$g = g_0(q_2) + g_1(q_2)q_1 + \ldots + g_m(q_2)q_1^m = 0 \tag{9.4.18}$$

Die f_i und g_i sind Polynome in q_2 und stetige Funktionen von α. (9.4.17) und (9.4.18) beschreiben die Schnittpunkte von zwei algebraischen Kurven in der (q_1, q_2)-Ebene. Die Lösungspaare (q_1, q_2) können entweder mit der Resultantenmethode oder durch die Konstruktion einer Gröbnerbasis gefunden werden, siehe Anhang B.

Beispiel 9.12.   Betrachten wir den spurgeführten Bus mit dem charakteristischen Polynom aus Beispiel 7.5. Die Pole des geschlossenen Kreises liegen zur Linken des linken Astes der Hyperbel

$$\left(\frac{\sigma}{0.35}\right)^2 - \left(\frac{\omega}{1.75}\right)^2 = 1 \tag{9.4.19}$$

Die reelle Grenze für $\sigma = -0.35$ ist durch

$$
\begin{aligned}
p(-0.35, q_1, q_2) = \\
-79.66(q_1^2 q_2^2 - 5339 q_1^2 q_2 - 3077 q_1 q_2 - 3540213 q_1^2 + 9946676 q_1 + 22088293) = 0
\end{aligned}
\tag{9.4.20}
$$

gegeben. Diese Kurve kann durch Rastern von q_2 und Lösung der entstehenden quadratischen Gleichung gezeichnet werden.

Die komplexe Grenze $\partial\Gamma$ ist durch $\sigma(\alpha) = \alpha$, $\omega^2(\alpha) = 25\alpha^2 - 1.75^2$, $\alpha \in (-\infty\,;\,-0.35]$. parametrisiert. Die Koeffizienten d_i in der Darstellung (9.4.2) sind durch

$$
\begin{aligned}
d_0(\alpha) &= 1 \tag{9.4.21}\\
d_1(\alpha) &= 2\alpha \tag{9.4.22}\\
d_{i+1}(\alpha) &= 2\alpha\, d_i(\alpha) - (26\alpha^2 - 3.0625)\, d_{i-1}(\alpha) \tag{9.4.23}
\end{aligned}
$$

gegeben. Nach Einsetzen der d_i und $\boldsymbol{a}(\boldsymbol{q})$ in (9.4.2) und Zusammenfassung gleicher Potenzen von q_1 erhält man die folgenden Gleichungen:

$$
\begin{aligned}
f_0(\alpha) + [f_{10}(\alpha) + f_{11}(\alpha)q_2]q_1 + [f_{20} + f_{21}(\alpha)q_2 + f_{22}(\alpha)q_2^2]q_1^2 &= 0 \tag{9.4.24}\\
g_0(\alpha) + [g_{10}(\alpha) + g_{11}(\alpha)q_2]q_1 + [g_{20} + g_{21}(\alpha)q_2 + g_{22}(\alpha)q_2^2]q_1^2 &= 0 \tag{9.4.25}
\end{aligned}
$$

Die Resultante hat die Form

$$\mathrm{Res}_{q_1}(\alpha, q_2) = h_0(\alpha) + h_1(\alpha)q_2 + h_2(\alpha)q_2^2 + h_3(\alpha)q_2^3 + h_4(\alpha)q_2^4 = 0 \tag{9.4.26}$$

Sind für ein gegebenes $\alpha = \alpha^*$ die Wurzeln komplex, dann existiert kein reelles Paar (q_1, q_2), für das der geschlossene Kreis einen Eigenwert bei $\sigma(\alpha^*) + \mathrm{j}\omega(\alpha^*)$ besitzt. Gibt es andererseits reelle Lösungen $q_2^{(i)}(\alpha^*)$, dann wird das zugehörige $q_1^{(i)}(\alpha^*)$ durch die Wurzeln des größten gemeinsamen Teilers von (9.4.24) und (9.4.25) gegeben. In diesem Beispiel kann das zu $q_2^{(i)}(\alpha^*)$ gehörende $q_1^{(i)}(\alpha^*)$ unmittelbar durch die Koeffizienten f_i und g_i ausgedrückt werden (siehe Anhang B):

$$
q_1 = -\begin{vmatrix} f_0 & f_1 \\ g_0 & g_1 \end{vmatrix} : \begin{vmatrix} f_0 & f_2 \\ g_0 & g_2 \end{vmatrix} = -\begin{vmatrix} f_0 & f_{10} + f_{11}q_2 \\ g_0 & g_{10} + g_{11}q_2 \end{vmatrix} : \begin{vmatrix} f_0 & f_{20} + f_{21}q_2 + f_{22}q_2^2 \\ g_0 & g_{20} + g_{21}q_2 + g_{22}q_2^2 \end{vmatrix}
\tag{9.4.27}
$$

Es zeigt sich, daß das Polynom (9.4.26) zwei reelle Wurzeln besitzt, so daß die komplexe Grenze aus zwei Ästen besteht. In Abb. 9.4 sind die im interessierenden Betriebsbereich der Geschwindigkeit ($= q_1$) und der virtuellen Masse ($= q_2$) existierenden Grenzen grafisch dargestellt. Die reelle Grenze ist die gestrichelte Kurve, die komplexe Grenze die durchgezogene Kurve. Nehmen wir den Betriebsbereich mit $v \in [3\,;\,20][\mathrm{ms}^{-1}]$ und $\tilde{m} \in [9.9\,;\,32][10^3\,\mathrm{kg}]$ an, so ist der spurgeführte Bus robust Γ-stabil.

Bei niedrigen Geschwindigkeiten v ist die reelle Grenze bei $\sigma = -0.35$ kritisch. Bei hohen Geschwindigkeiten gibt es zwei kritische Eigenwertpaare, eines bei der minimalen virtuellen Masse mit $\alpha = -2.97$ ($s = -2.97 \pm \mathrm{j}14.75$), eines bei der maximalen virtuellen Masse mit $\alpha = -0.69$ ($s = -0.69 \pm \mathrm{j}2.97$).

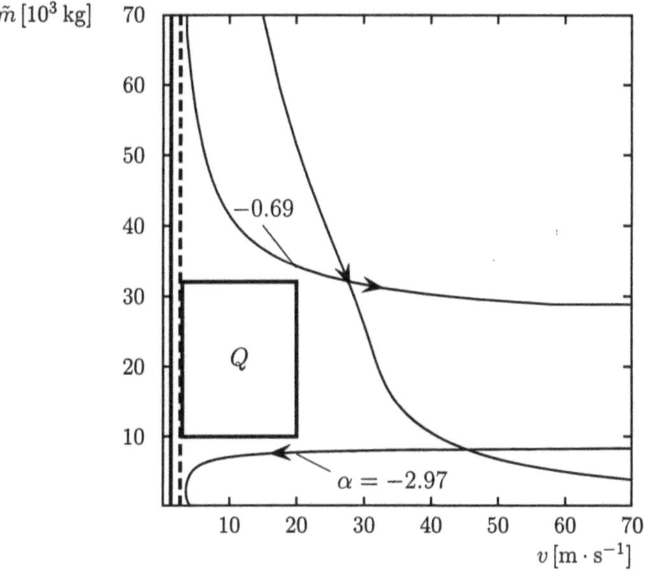

Abb. 9.4: Der spurgeführte Bus ist im Betriebsbereich Q robust Γ-stabil

$\square$

9.5 Wertemengen für Gamma-Stabilität

Die Methode des Nullausschlusses zur Stabilitätsanalyse für eine Polynomfamilie $P(s, Q)$ basiert auf den folgenden Bedingungen:

1) es existiert ein stabiles Polynom $p(s, \boldsymbol{q}) \in P(s, Q)$,

2) $0 \notin \mathcal{P}(\mathrm{j}\omega, Q)$ für alle $\omega \geq 0$

Die Erweiterung auf Γ-Stabilität ist offensichtlich.

Satz 9.3.

Gegeben sei die Polynomfamilie $P(s, Q)$ wie in (4.0.1) - (4.0.7). Die Menge $P(s, Q)$ ist robust Γ-stabil genau dann, wenn

1) ein Γ-stabiles Polynom $p(s, \boldsymbol{q}) \in P(s, Q)$ existiert

2) $0 \notin \mathcal{P}(\sigma(\alpha) + \mathrm{j}\omega(\alpha), Q)$ für alle $\alpha \in [\alpha^- \,; \alpha^+]$

Ist $\partial\Gamma$ aus mehreren Segmenten zusammengesetzt, dann muß die Bedingung 2 für alle Segmente erfüllt sein.

$\square$

Ist $\omega(\alpha) \neq 0$, dann kann die inverse Beziehung zu (9.4.14) benutzt werden. Anstatt zu prüfen, ob $\mathrm{Re}\, p[\sigma(\alpha) + \mathrm{j}\omega(\alpha)] + \mathrm{jIm}\, p[\sigma(\alpha) + \mathrm{j}\omega(\alpha)] \neq 0$, kann ebenso

$$c(\alpha, \boldsymbol{q}) = \mathrm{Re}\, p[\sigma(\alpha) + \mathrm{j}\omega(\alpha)] + \frac{\sigma(\alpha)}{\omega(\alpha)}\mathrm{Im}\, p[\sigma(\alpha) + \mathrm{j}\omega(\alpha)] + \mathrm{j}\frac{1}{\omega(\alpha)}\mathrm{Im}\, p[\sigma(\alpha) + \mathrm{j}\omega(\alpha)] \neq 0$$

benutzt werden und mit (9.4.14)

$$c(\alpha, \boldsymbol{q}) = [1\ \mathrm{j}] \begin{bmatrix} d_0(\alpha) & d_1(\alpha) & \ldots & d_n(\alpha) \\ 0 & d_0(\alpha) & \ldots & d_{n-1}(\alpha) \end{bmatrix} \boldsymbol{a}(\boldsymbol{q}) \neq 0$$

Ist hingegen eine baumstrukturierte Zerlegung des Polynoms möglich, also

$$p(s, \boldsymbol{q}) = [1\ s\ \ldots\ s^n]\, \boldsymbol{a}(\boldsymbol{q}) = \mathrm{TSD}\,(p_1(s, \boldsymbol{q}^{I_1}), \ldots, p_m(s, \boldsymbol{q}^{I_m}))$$

dann sollte diese durch Bilden von $\boldsymbol{a}(\boldsymbol{q})$ nicht zerstört werden. Die Wertemenge $\mathcal{P}[\sigma(\alpha) + \mathrm{j}\omega(\alpha), Q]$ kann direkt durch

$$\mathrm{TSD}\,(p_1[\sigma(\alpha) + \mathrm{j}\omega(\alpha), \boldsymbol{q}^{I_1}], \ldots, p_m[\sigma(\alpha) + \mathrm{j}\omega(\alpha), \boldsymbol{q}^{I_m}])$$

erzeugt werden, d.h. bei festem α^* wird s durch die komplexe Zahl $s^* = \sigma(\alpha^*) + \mathrm{j}\omega(\alpha^*)$ ersetzt.

Bei einer kleinen Anzahl von unsicheren Parametern, d.h. $\ell \leq 3$, kann die Wertemenge unter Verwendung der in Kapitel 5 eingeführten Jacobi-Matrix erzeugt werden. Diese Methode ist auch auf den Fall der nichtlinearen Parameterabhängigkeit anwendbar.

Beispiel 9.13.   Betrachten wir der spurgeführten Bus O 305 mit den Daten aus Tabelle 1.3 und der in Abb. 2.4 vorgegebenen Reglerstruktur. In [131] wurde der Regler

$$f_C(s) = 25^3 \frac{0.6 + 0.7s + 0.15s^2}{(25 + s)(25^2 + 25s + s^2)}$$

vorgeschlagen. Er garantiert für den Betriebsbereich $v \in [3\,; 20]\,[\mathrm{m} \cdot \mathrm{s}^{-1}]$ und $\tilde{m} \in [9950\,; 32000]\,[\mathrm{kg}]$ Γ-Stabilität. $\tilde{m} \in [9950\,; 32000]\,[\mathrm{kg}]$, wobei Γ das Gebiet zur Linken der Hyperbel

$$\partial\Gamma = \{\sigma + \mathrm{j}\omega \mid \sigma = \alpha,\ \omega^2 = 25\alpha^2 - 49/16,\ \alpha \leq -0.25\}$$

ist. Eine Stabilitätsanalyse kann durch Erzeugung der Wertemengen für alle Frequenzen durchgeführt werden. Das System hat zwei unsichere Parameter, die polynomial in das charakteristische Polynom eingehen. In Kapitel 5 wurde die Jacobi-Matrix zur Konstruktion der Wertemenge eines unsicheren Polynoms mit multilinearer Abhängigkeit eingeführt. Dieses Ergebnis gilt auch für beliebige Parameterabhängigkeit und für beliebige Polgebiete Γ. Außer den Kanten des Betriebsbereichs müssen auch Punkte behandelt werden, für die die Jacobi-Determinante verschwindet. In diesem Beispiel soll die Wertemenge für $\alpha = -0.6$, d.h. $s = -0.6 + \mathrm{j}\sqrt{5.9375}$ konstruiert werden. Real- und Imaginärteil des charakteristischen Polynoms werden für diese Frequenz gebildet und daraus die Jacobi-Matrix $\boldsymbol{J}(\alpha, v, \tilde{m})$. Ihre Determinante ist

$$\mathrm{Det}\ \boldsymbol{J}(-0.6, v, \tilde{m}) = 5.18 \cdot 10^9 v + (-7.26 \cdot 10^9 - 51057\tilde{m})v^2 + (7.8 \cdot 10^8 - 44694\tilde{m} + \tilde{m}^2)v^3$$

Diejenigen Parameterwerte, für die die Determinante verschwindet, sind in Abb. 9.5 dargestellt. Zur Konstruktion der Wertemenge werden zuerst die Kanten des Betriebs-

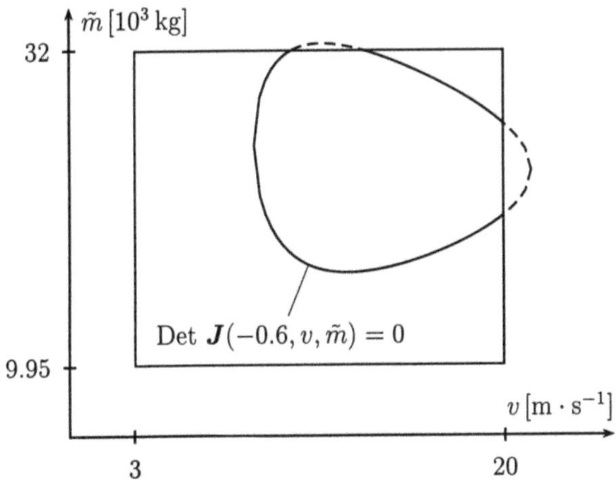

Abb. 9.5: Die Jacobi-Kurve des spurgeführten Busses für $\alpha = -0.6$

bereichs über das charakteristische Polynom in die komplexe Ebene abgebildet. Aus Abb. 9.5 erkennt man, daß die Q-Box von der Jacobi-Kurve geschnitten wird. Daher müssen ihre Punkte ebenfalls abgebildet werden. Die sich ergebende Wertemenge ist in Abb. 9.6 dargestellt. Die Menge wird auch vom Bild der Jacobi-Kurve begrenzt, d.h. innere Punkte des Betriebsbereichs tragen zur Berandung der Wertemenge bei. Der Ursprung ist nicht in der Wertemenge enthalten. Für eine Stabilitätsanalyse müssen alle $\partial\Gamma$-Parameter α mit $\alpha \leq -0.25$ geprüft werden. $\qquad\Box$

Das vorhergehende Beispiel zeigte, daß die Konstruktion von Wertemengen, unabhängig vom gewählten Polgebiet Γ, möglich ist. Eine Farbkodierung wird nun eingeführt, um zu erkennen, welche Betriebsbedingungen in Bezug auf Γ-Stabilität am kritischsten sind.

Beispiel 9.14. Betrachten wir den spurgeführten Bus des vorhergehenden Beispiels. Es soll wieder die Wertemenge konstruiert werden. Dazu soll nunmehr eine Farbkodierung des Betriebsbereichs verwendet werden. Jeder Ecke des Bereichs wird eine Farbe

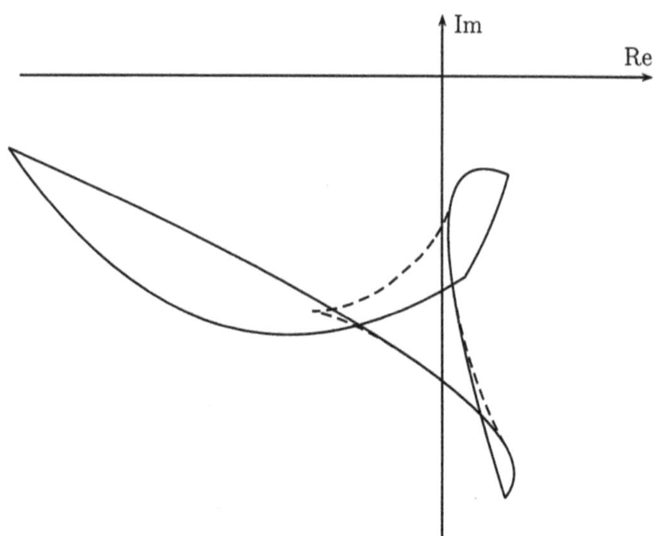

Abb. 9.6: Wertemenge des spurgeführten Busses für $\alpha = -0.6$. Ihre Berandung setzt sich aus dem Bild der Kanten des Betriebsbereiches (durchgezogen) und dem Bild der Jacobi-Kurve (gestrichelt) zusammen.

zugeordnet. Zum Beispiel weist die Farbe rot darauf hin, daß es sich um den Punkt mit minimaler virtueller Masse $\tilde{m}$ und maximaler Geschwindigkeit v handelt. Ein Raster wird über die Q-Box gelegt, jedem Rasterpunkt wird eine Farbe zugeordnet, die durch Interpolation aus den Farben der Ecken hervorgeht. Der farbige Betriebsbereich des Busses ist in der Farbtafel 1 dargestellt (siehe Seiten am Ende des Buches). Dieses Raster wird nun für eine feste Frequenz in die komplexe Ebene abgebildet. In der Farbtafel 3 sind die Wertemengen des Busses für verschiedene Frequenzen dargestellt. Für kleine Frequenzen wird die Berandung der Wertemenge durch die Berandung des Betriebsbereichs gebildet. Bei höheren Frequenzen tragen auch innere Punkte zur Berandung bei. Bei kleinen Frequenzen ist die niedrige Geschwindigkeit der kritische Parameter ($\alpha = -0.36, -0.4, -0.5$), bei $\alpha = -0.7$ liegt die Ecke mit der blauen Farbe, d.h. maximale virtuelle Masse und maximale Geschwindigkeit, dem Ursprung am nächsten.

□

9.6 Gamma-Stabilitätsradius

Analog zu dem in Kapitel 7 eingeführten Stabilitätsradius setzen wir nun ein Γ-stabiles Polynom voraus und fragen nach der minimalen Störung, die die Eigenschaft der Γ-Stabilität zerstört. Verallgemeinerungen der Sätze von Tsypkin und Polyak für andere Gebiete sind, abgesehen von Intervallpolynomen und abgesehen vom Einheitskreis [166], nicht bekannt. Aber das Ergebnis von Abschnitt 7.2 (affine Abhängigkeit und größte

Hyperkugel) kann unmittelbar modifiziert werden. Anstatt von $s = 0$ müssen die Schnittpunkte $s = \sigma_i$ von $\partial\Gamma$ mit der reellen Achse benutzt werden. In den Gleichungen (7.2.10) und (7.2.11) wird wieder $s = \mathrm{j}\omega$ durch $s = \sigma(\alpha) + \mathrm{j}\omega(\alpha)$ ersetzt. Dies muß für alle Äste der Berandung $\partial\Gamma$ gemacht werden.

Die relevanten Gleichungen der reellen Grenzen sind durch (9.3.2) und (9.3.3) gegeben. Die Gleichung der komplexen Grenze ist das Ergebnis der Elimination von α aus (9.3.1).

$$\mathrm{Res}_\alpha\big(\mathrm{Re}\, p[\sigma(\alpha) + \mathrm{j}\omega(\alpha), \boldsymbol{q}]\,,\ \mathrm{Im}\, p[\sigma(\alpha) + \mathrm{j}\omega(\alpha), \boldsymbol{q}]\big) = 0 \tag{9.6.1}$$

Man beachte, daß im Gegensatz zu (9.4.26) jetzt α eliminiert werden muß. Diese Elimination erfordert wegen der umfangreichen und komplizierten Terme wieder die Verwendung symbolischer Programme.

Beispiel 9.15. Der Stabilitätsradius der spurgeführten Busses aus Beispiel 7.5 in Bezug auf die in Beispiel 9.3 definierte Hyperbel soll bestimmt werden. Die reelle Grenze wird durch (9.3.20) gegeben und die definierenden Gleichungen für die komplexe Grenze sind (9.3.24) und (9.3.25). Zunächst wird der Parameter α eliminiert. Der nächste Schritt ist die Transformation $q_1 = v - 20$ und $q_2 = \tilde{m} - 20$, die schon in Beispiel 7.5 durchgeführt wurde. Die Lösung der vier Gleichungssysteme (7.3.1) und (7.3.2) und die Wahl des Lösungsvektors mit der kleinsten Norm ergibt den Stabilitätsradius $\rho = 8.91$. Diesem entsprechen die kritischen, physikalischen Parameter $v = 28.91\,[\mathrm{m}\cdot\mathrm{s}^{-1}]$ und $\tilde{m} = 28.91\,[10^3\,\mathrm{kg}]$. Das charakteristische Polynom mit diesen Parametern liefert auch die kritischen Eigenwerte. Ein komplexes Wurzelpaar $s = -0.50 \pm 1.82\mathrm{j}$ $(\alpha = -0.5)$ liegt auf der Hyperbel (Fig. 9.7).

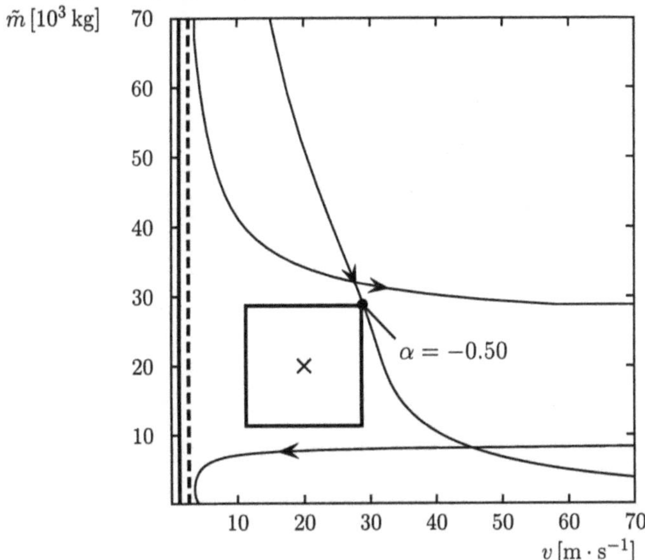

Abb. 9.7: Stabilitätsradius für ein charakteristisches Polynom mit polynomialer Abhängigkeit und einer Hyperbel als Berandung des Eigenwertgebiets

9.7 Testmengen

Ergebnisse über Extrempolynome

Definition 9.1. Gegeben sei ein Intervallpolynom. Ein Gebiet Γ heißt ein *schwaches Kharitonov-Gebiet*, falls aus der Γ-Stabilität aller Ecken die Γ-Stabilität der gesamten Polynomfamilie folgt. Gibt es eine feste Anzahl N von Ecken, deren Γ-Stabilität die Γ-Stabilität der gesamten Familie, unabhängig vom Grad, garantiert, dann heißt Γ ein *starkes Kharitonov-Gebiet.* $\square$

Die linke Halbebene ist ein starkes Kharitonov-Gebiet mit $N = 4$ für reelle Intervallpolynome und mit $N = 8$ für komplexe Intervallpolynome [105].

Man beachte, daß der Einheitskreis kein schwaches Kharitonov-Gebiet ist, siehe dazu das folgende Gegenbeispiel von Bose und Zeheb [40]. Die Polynomfamilie

$$P(s, q_1) = \{\, p(s) = s^4 + q_1 s^3 + 3/2 s^2 - 1/3 \mid q_1 \in [-17/8\,;\,17/8]\,\}$$

hat zwei Eckenpolynome, deren Wurzeln im Einheitskreis liegen, aber die Wurzeln des Polynoms $p(s) = s^4 + 3/2 s^2 - 1/3$ aus der Polynomfamilie liegen nicht alle im Einheitskreis.

Diese zunächst entmutigende Tatsache über Gebiete mit Extrempunktergebnissen hinderte Wissenschaftler nicht daran, nach weiteren schwachen Kharitonov-Gebieten zu suchen oder ihre Nichtexistenz zu beweisen. Eine vollständige Charakterisierung dieser Gebiete bei Polynomen mit komplexen Koeffizienten wurde von Rantzer [143] angegeben:

Satz 9.4.   *(Rantzer)*

Für ein offenes Γ-Stabilitätsgebiet sind die beiden folgenden Bedingungen äquivalent:

1. Die komplexe Familie von Intervallpolynomen

$$\begin{aligned}
P(s, Q) = \{\, p(s, \mathbf{q}) \\
= (q_1 + jq_{n+1}) + (q_2 + jq_{n+2})s + \ldots + (q_n + jq_{2n})s^{n-1} + s^n \\
\mid q_i \in [q_i^-\,;\,q_i^+]\,,\ i = 1, 2, \ldots, 2n\,\}
\end{aligned}$$

   ist genau dann Γ-stabil, wenn die 2^{2n} Extrempolynome Γ-stabil sind.

2. Die Menge Γ und die „inverse" Menge $\Gamma^{-1} = \{s \mid s^{-1} \in \Gamma\}$ sind beide konvex.

$\square$

Für den Beweis des Satzes von Rantzer sei der Leser auf die Originalarbeit [143] verwiesen.

Anmerkung 9.2. Jedes Gebiet, welches den Ursprung enthält, ist kein schwaches Kharitonov-Gebiet. So ist z.B. der Einheitskreis kein Kharitonov-Gebiet. Der Kreis mit Radius 1 und Mittelpunkt -1 ist ein Kharitonov-Gebiet. Die inverse Menge ist die Halbebene, die zur Linken einer Parallelen zur imaginären Achse bei $\sigma = -1/2$ liegt. Weitere Ergebnisse über Extrempunkte bei Kreisen werden wir in Zusammenhang mit Abtastsystemen in Kapitel 10 behandeln. Für die Konstruktion der Menge Γ^{-1} sei der Leser an Abschnitt 8.3 erinnert. $\square$

Anmerkung 9.3. Man beachte, daß die Konvexität von Γ und Γ^{-1} notwendig ist, damit Γ ein schwaches Kharitonov-Gebiet ist. Dieses Ergebnis wurde für Polynome mit komplexen Koeffizienten bewiesen. Der Satz von Rantzer umfaßt noch ein weiteres Ergebnis, welches alle offenen Mengen mit der Eigenschaft 2 des Satzes 9.4 charakterisiert. Die Menge Γ ist der Durchschnitt von (nicht notwendig endlich vielen) offenen Kreisen und Halbebenen. Dies bedeutet z.B., daß jeder Kreis, der nicht den Ursprung enthält, ein schwaches Kharitonov-Gebiet ist. Die offene Menge Γ, die durch einen Hyperbelast begrenzt ist, hat die Eigenschaft, daß Γ^{-1} ebenfalls konvex ist. Viele der in Kapitel 3 beschriebenen wünschenswerten Gebiete der Eigenwertlagen sind schwache Kharitonov-Gebiete. $\square$

Anmerkung 9.4. Offensichtlich ist ein schwaches Kharitonov-Gebiet für komplexe Polynome auch ein schwaches Gebiet für reelle Polynome, aber nicht umgekehrt. Starke Kharitonov-Gebiete wurden von Foo und Soh [157] gefunden. Sei Γ der Sektor, der durch die Berandung

$$\partial \Gamma = \{ s \mid s = e^{j\Phi}\alpha,\ \alpha \in [0\,;\,\infty)\,\}$$

beschrieben sei. Ist $\Phi = \frac{p}{q}\pi$ mit teilerfremden positiven ganzen Zahlen p und q und $1 > \frac{p}{q} \geq \frac{1}{2}$, $\frac{\pi}{2} \leq \Phi \leq \pi$, dann genügt es, $2q$ speziell gewählte Eckpolynome zu prüfen.
$$\square$$

Kantenergebnisse

Der Beweis des Kantensatzes in Abschnitt 5.2 basiert auf der Tatsache, daß die Wertemenge ein Parpolygon ist, dessen Kanten aus den Kanten der Q-Box hervorgehen, und der Ursprung kann nur in die Wertemenge wandern, wenn eine der Kanten des Parpolygons durch den Ursprung geht. In (5.2.64) wurde $s = j\omega^*$ eingesetzt. Die Argumentation bleibt weiter gültig, falls $s = \sigma(\alpha^*) + j\omega(\alpha^*)$ eingesetzt wird. Es ergibt sich die Verallgemeinerung von Satz 5.3 auf Γ-Stabilität.

Satz 9.5.   (Bartlett, Hollot, Huang)

Die Polynomfamilie

$$P(s,Q) = \{ p(s,\boldsymbol{q}) = \sum_{i=0}^{n} a_i(\boldsymbol{q})s^i \mid \boldsymbol{q} \in Q\,\}$$

mit affinen Koeffizientenfunktionen $a_i(\boldsymbol{q})$ und $Q = \{\boldsymbol{q} \mid q_i \in [q_i^- ; q_i^+], \ i = 1, 2, \ldots, \ell\}$ ist genau dann Γ-stabil, wenn die Kanten von Q Γ-stabil sind.

$\square$

Es soll noch ein Γ-Stabilitätstest für eine Kante mit den Eckpunkten $\boldsymbol{q}_a$ und $\boldsymbol{q}_b$, entsprechend den Polynomen $p_a(s) = p(s, \boldsymbol{q}_a)$ und $p_b(s) = p(s, \boldsymbol{q}_b)$, angegeben werden. Da $\boldsymbol{a}(q)$ affin ist, ist die Menge der Kantenpolynome einer Q-Box durch

$$P(s, Q) = \{ (1 - q)p_a(s) + qp_b(s) \mid q \in [0 ; 1] \}$$

gegeben.

Eine Verallgemeinerung des Tests von Bialas (Satz 4.6 oder 4.7) erfordert eine algebraische Formulierung der Stabilitätsbedingungen, siehe Abschnitt 9.3. Eine Verallgemeinerung für den Einheitskreis, d.h. Schur-Stabilität, wird in Kapitel 10 angegeben.

Eine naheliegende, einfache Methode ist das Zeichnen der Wurzelortskurve von

$$(1 - q)p_a(s) + qp_b(s) = 0$$

was auch in der Form

$$1 + q\frac{p_b(s) - p_a(s)}{p_a(s)} = 0$$

geschrieben werden kann. Der Wurzelort für $q \in [0 ; 1]$ muß Γ-stabile Endpunkte haben und darf keinen Ast von $\partial\Gamma$ schneiden. Dies ist eine notwendige und hinreichende Bedingung für Γ-Stabilität der Kante, die die Ecken $\boldsymbol{q}_a$ und $\boldsymbol{q}_b$ verbindet.

Seien σ_i die Schnittpunkte der reellen Achse mit $\partial\Gamma$ und bezeichne $F(q)$ die in (9.6.1) definierte Resultante, dann ist eine Verallgemeinerung von Satz 4.7, der auch für polynomiale Abhängigkeit gilt:

Satz 9.6.

Die eindimensionale Polynomfamilie

$$P(s, Q) = \{ p(s) = (1 - q)p_a(s) + qp_b(s) \mid q \in [0 ; 1] \}$$

ist Γ-stabil genau dann, wenn

1. $p_a(s)$ Γ-stabil ist

2. $p(\sigma_i, q)$ für $q \in (0 ; 1]$ nicht verschwindet

3. $F(q)$ für $q \in (0 ; 1]$ nicht verschwindet

$\square$

Ein Γ-Stabilitätstest kann daher auf die Faktorisierung eines Polynoms zurückgeführt werden. Anschließend ist zu prüfen, ob Polynome in einer Variablen Wurzeln im Intervall $[0 ; 1]$ besitzen.

9.8 Übungen

9.1. Die Wurzeln des Polynoms $p(s) = p_0 + p_1 s + s^2$, $s = \sigma + j\omega$, sollen zur Linken des linken Astes der Hyperbel $\sigma^2 - \omega^2 = 1$, $\sigma \leq -1$ und innerhalb des Bandbreitenkreises $|s| \leq 3$ liegen. Stellen Sie das Gebiet für Γ-Stabilität in der (p_0, p_1)-Ebene dar.

9.2. Man betrachte das unsichere Polynom

$$p(s, k_1, k_2) = (4 + k_1) + (2 + k_1 + k_2)s + (1 + 2k_2)s^2 + s^3$$

Welche Paare (k_1, k_2) ergeben eine Dämpfung $D > 1/\sqrt{2}$ für die Wurzeln des Polynoms?

9.3. Es soll das System

$$\dot{x} = \begin{bmatrix} 1 & 30 \\ -4 & -7 \end{bmatrix} x + \begin{bmatrix} 0 \\ 1 \end{bmatrix} u$$

mit der Zustandsvektorrückführung $u = -[k_1 \ k_2]\, x$ untersucht werden.

Der Realteil der Eigenwerte des geschlossenen Kreises soll ≤ -2 sein.

a) Bestimmen Sie aus der zulässige Menge der Rückführungen diejenige mit der kleinsten Norm $\|k\| = \sqrt{k_1^2 + k_2^2}$.

b) Multiplizieren Sie diesen Rückführvektor mit dem Skalar β und zeichnen Sie die Wurzelortskurve für $\beta > 0$.

9.4. Zu untersuchen ist das System

$$\dot{x} = \begin{bmatrix} 0 & 1 & 0 \\ 0 & 0 & 1 \\ 0 & 1 & 0 \end{bmatrix} x + \begin{bmatrix} 0 \\ 0 \\ 1 \end{bmatrix} u$$

$$y = \begin{bmatrix} 1 & 0 & 0 \\ 0 & 4 & 1 \end{bmatrix} x$$

mit der Ausgangsvektorrückführung $u = -[k_1 \ k_2]\, y$.

a) Bestimmen Sie die Menge aller k_1, k_2, so daß das System Γ-stabil, wobei Γ das Gebiet zur Linken der linken Astes der Hyperbel $\sigma^2 - \omega^2 = 1$ ist.

b) Wählen Sie die Lösung mit minimaler Norm $\sqrt{k_1^2 + k_2^2}$ aus und zeichnen Sie die Eigenwerte des offenen und geschlossenen Kreises.

c) Verwenden Sie diese Lösung als nominalen Punkt und bestimmen Sie den Stabilitätsradius in Bezug auf ein Quadrat bzw. auf einen Kreis.

9.5. Gegeben sei das System

$$
\dot{x} = \begin{bmatrix} 0 & 1 & 0 \\ 0 & 0 & 1 \\ 0 & 0 & 0 \end{bmatrix} x + \begin{bmatrix} 0 \\ 0 \\ 1 \end{bmatrix} u
$$

mit der Zustandsvektorrückführung $u = -[0.125 \; k_1 \; k_2]\, x$.

a) Bestimmen Sie in der (k_1, k_2)-Ebene das Gebiet, das für die Pole des geschlossenen Kreises eine Dämpfung D von mindestens $1/\sqrt{2}$ garantiert.

b) Bestimmen Sie die Rückführung mit minimaler Norm $\sqrt{k_1^2 + k_2^2}$, die eine Dämpfung D von mindestens $1/\sqrt{2}$ ergibt. Wo liegen die entsprechenden Eigenwerte?

c) Verwenden Sie diese Lösung als nominalen Punkt und bestimmen Sie den Stabilitätsradius in Bezug auf ein Quadrat bzw. auf einen Kreis.

9.6. Die Verladebrücke habe die festen Parameter $g = 10\,[\mathrm{m \cdot s^{-2}}]$ und $m_C = 1000\,[\mathrm{kg}]$. Mit $m_L \in [50\,;\,2395]$ Γ-stabilisiert der Regler

$$
u = -[500 \quad 2769 \quad -21556 \quad 0]\, x
$$

das System, wobei $\partial\Gamma$ die Hyperbel $4\sigma^2 - \omega^2 = 0.25$ ist.

a) Bestimmen Sie die maximale mögliche Lastmassenänderung für $\ell = 10$.

b) Ist es möglich, das System für $\ell = 10$ und $\ell = 20$ bei festem $m_L = 1000$ simultan zu Γ-stabilisieren?

10 Robustheit von Abtastsystemen

Regler werden üblicherweise in einem digitalen Rechner implementiert. Abb. 10.1 zeigt ein einschleifiges Abtastregelungssystem mit $c_z(z)$ als z-Übertragungsfunktion des digitalen Reglers. Die Übertragungsfunktion des Haltegliedes ist $(1 - e^{-sT})/s$ und T ist das Abtastintervall.

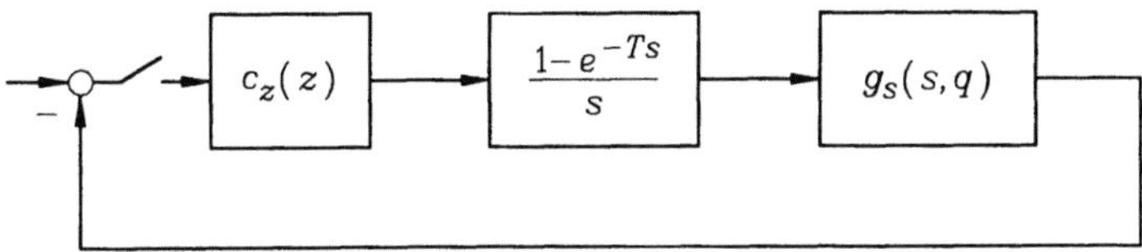

Abb. 10.1: Abtastregelungssystem mit unsicheren physikalischen Parametern q in der kontinuierlichen Strecke

Die Probleme und Lösungsansätze, die in den Kapiteln 1 bis 9 behandelt wurden, können auf Abtastregelungssysteme übertragen werden. Dementsprechend sind auch die Abschnitte 10.1 bis 10.9 gegliedert. Bevor wir in Einzelheiten gehen, soll zunächst eine offensichtliche Frage diskutiert werden.

Nehmen wir an, daß ein robuster kontinuierlicher Regler für die Strecke $g_s(s, q)$ bereits entworfen wurde. Ist es möglich, dazu einen entsprechenden Abtastregler $c_z(z)$ zu finden, der die Eigenschaft der robusten Stabilität bewahrt?

Die Diskretisierung eines kontinuierlichen Reglers gehört gegenwärtig zu den aktuellsten Forschungsthemen. Vor kurzem wurde in [125] ein Verfahren zur Diskretisierung eines kontinuierlichen Reglers für eine nominale Strecke $g_s(s)$ vorgestellt, das die Stabilität des geschlossenen Kreises auf das Abtastsystem überträgt. Der Regler hängt jedoch vom nominalen Streckenmodell ab und genügt deshalb unserer Forderung nicht, daß der robuste Regler feste Rückführverstärkungen bei einer unsicheren Strecke besitzt.

Da nach der Diskretisierung des Reglers die robuste Stabilität nicht gewährleistet ist, bleiben zwei Alternativen:

a) Man probiert es mit einem Verfahren zur Reglerdiskretisierung, welches die Streckenübertragungsfunktion nicht berücksichtigt, z.B. mit der Tustin-Approximation

$$s \approx \frac{2(z - 1)}{T(z + 1)} \tag{10.0.1}$$

und macht anschließend eine Analyse auf robuste Stabilität für das resultierende diskrete System. Für „genügend kleine" Abtastintervalle T ist die Approximation ausreichend. Im wesentlichen wird durch die diskrete Approximation jeder Integrator $1/s$ im Regler durch die z-Übertragungsfunktion $T(z + 1)/2(z - 1)$ ersetzt. Die Integration wird dabei näherungsweise mit der Trapezregel durchgeführt.

b) Man diskretisiert das Streckenmodell und versucht irgendein Entwurfswerkzeug zur simultanen Stabilisierung für einige repräsentative Betriebspunkte. Anschließend wird für das Kontinuum der Parameterwerte eine Analyse auf robuste Stabilität durchgeführt. Mit dieser *Multimodellmethode* ist der Entwurf eines diskreten Reglers nicht komplizierter als der Entwurf in kontinuierlicher Zeit. Die Zähler- und Nennerkoeffizienten von $c_z(z)$ in Abb. 10.1 gehen, wie im kontinuierlichen Fall, linear in das charakteristische Polynom des geschlossenen Kreises ein.

Beide Verfahren erfordern eine Analyse des geschlossenen, diskreten Systems auf robuste Stabilität. Im Falle a) ist sie notwendig, weil nach der approximativen Reglerdiskretisierung die Stabilität nicht gewährleistet werden kann, im Falle b) ist sie erforderlich, weil in den Entwurf nur einige repräsentative Betriebspunkte einbezogen wurden.

10.1 Diskretisierung der Regelstrecke

Im Kapitel 1 begegneten uns Beispiele für parametrische Zustandsraumdarstellungen und Übertragungsfunktionen von kontinuierlichen Streckenmodellen. Nunmehr wird der Streckeneingang $u(t)$ durch einen Abtaster mit Halteglied erzeugt, d.h.

$$u(t) = u(iT), \quad t \in [iT; iT + T), \quad i = 0, 1, 2, \ldots \tag{10.1.1}$$

Das Streckenmodell sei bereits diskretisiert, um eine Beschreibung der Zustände und Signale zu den Abtastzeitpunkten $t = iT$ zu erhalten. Das Verfahren zur Diskretisierung ist in vielen Textbüchern über Abtastregelungssysteme beschrieben, z.B. [23, 67, 5]. Deshalb erfolgt hier nur eine kurze Darstellung der Ergebnisse.

Ein Zustandsraummodell

$$\begin{aligned} \dot{\boldsymbol{x}} &= \boldsymbol{A}(\boldsymbol{q})\boldsymbol{x} + \boldsymbol{B}(\boldsymbol{q})\boldsymbol{u} \\ \boldsymbol{y} &= \boldsymbol{C}(\boldsymbol{q})\boldsymbol{x} \end{aligned} \tag{10.1.2}$$

mit dem Eingang (10.1.1) ergibt das diskretisierte System

$$\begin{aligned} \boldsymbol{x}(iT + T) &= \boldsymbol{A}_d(\boldsymbol{q})\boldsymbol{x}(iT) + \boldsymbol{B}_d(\boldsymbol{q})\boldsymbol{u}(iT) \\ \boldsymbol{y}(iT) &= \boldsymbol{C}(\boldsymbol{q})\boldsymbol{x}(iT) \end{aligned} \tag{10.1.3}$$

Sei

$$\boldsymbol{R}(\boldsymbol{q}) \quad := \quad \int\limits_{0}^{T} e^{\boldsymbol{A}(\boldsymbol{q})v}\,dv \tag{10.1.4}$$

Dann gilt

$$\begin{aligned}
\boldsymbol{A}_d(\boldsymbol{q}) &= e^{\boldsymbol{A}(\boldsymbol{q})T} = \boldsymbol{I} + \boldsymbol{R}(\boldsymbol{q})\boldsymbol{A}(\boldsymbol{q}) \\
\boldsymbol{B}_d(\boldsymbol{q}) &= \boldsymbol{R}(\boldsymbol{q})\boldsymbol{B}(\boldsymbol{q})
\end{aligned} \tag{10.1.5}$$

Jeder Eigenwert s_i von $\boldsymbol{A}$ geht mit der gleichen Multiplizität in einen Eigenwert $z_i = e^{s_i T}$ von $\boldsymbol{A}_d$ über.

Die z-Übertragungsfunktion des Systems (10.1.3) mit $z = e^{sT}$ lautet

$$H_z(z,\boldsymbol{q}) = \boldsymbol{C}(\boldsymbol{q})[z\boldsymbol{I} - \boldsymbol{A}_d(\boldsymbol{q})]^{-1}\boldsymbol{B}_d(\boldsymbol{q}) \tag{10.1.6}$$

und im Falle eines Eingangs und eines Ausgangs

$$h_z(z,\boldsymbol{q}) = \boldsymbol{c}^T(\boldsymbol{q})[z\boldsymbol{I} - \boldsymbol{A}_d(\boldsymbol{q})]^{-1}\boldsymbol{b}_d(\boldsymbol{q}) \tag{10.1.7}$$

Eine andere Möglichkeit der Streckendiskretisierung geht von der Streckenübertragungsfunktion $g_s(s,\boldsymbol{q})$ aus. ($g_s(s,\boldsymbol{q})$ kann auch ein Element der Streckenübertragungsmatrix sein.) Die z-Übertragungsfunktion für Abtaster, Halteglied und Strecke ist bestimmt durch

$$h_z(z,\boldsymbol{q}) = \frac{z-1}{z}\mathcal{Z}\left\{\frac{g_s(s,\boldsymbol{q})}{s}\right\} \tag{10.1.8}$$

oder auch durch die Poisson-Summe [119, 118]

$$h_z(e^{sT},\boldsymbol{q}) = (1 - e^{-sT})\sum_{m=-\infty}^{\infty}\frac{g_s(s + jm2\pi/T,\boldsymbol{q})}{sT + jm2\pi} \tag{10.1.9}$$

Beispiel 10.1.

$$g_s(s,q) = \frac{1}{s(1 + s/q)} \tag{10.1.10}$$

$$h_z(z,q) = \frac{(1 - qTe^{-qT} - e^{-qT}) - (1 - qT - e^{-qT})z}{q(z-1)(z - e^{-qT})} \tag{10.1.11}$$

Die Pole von $g_s(s,\boldsymbol{q})$ bei $s_1 = 0$ und $s_2 = -q$ gehen in die Pole von $h_z(z,\boldsymbol{q})$ bei $z_1 = e^{s_1 T} = 1$ und $z_2 = e^{s_2 T} = e^{-qT}$ über. Die Nullstelle von $h_z(z,\boldsymbol{q})$ hat jedoch kein kontinuierliches Gegenstück. Im Zähler ist es nicht möglich, anstelle von q einen neuen unsicheren Parameter e^{-qT} einzuführen, weil qT auch in einer Summe und als Faktor auftritt. Wir haben also eine exponentielle Parameterabhängigkeit vorliegen, die auch im charakteristischen Polynom des geschlossenen Kreises auftritt.

Die Poisson-Form der z-Übertragungsfunktion ist

$$h_z(e^{sT},q) = \frac{1 - e^{-sT}}{T}\sum_{m=-\infty}^{\infty}\frac{1}{(s + jm2\pi/T)^2[1 + (s + jm2\pi/T)/q]} \tag{10.1.12}$$

Für numerisch gegebenes q ist die Form (10.1.11) der z-Übertragungsfunktion besser geeignet. Für unsicheres q jedoch ist (10.1.12) die nützlichere Form, weil $h_z(e^{sT}, q)$ durch eine endliche Anzahl von Reihengliedern angenähert werden kann, siehe Abschnitt 10.8. Diese Approximation ist rational in q. □

10.2 Abtastregler

Die Steuerbarkeit und Beobachtbarkeit einer steuerbaren Strecke mit einem Eingang und einem Ausgang geht beim Diskretisierungsprozeß verloren, wenn zwei verschiedene Eigenwerte $s_1 \neq s_2$ der kontinuierlichen Strecke in identische Eigenwerte $e^{s_1 T} = e^{s_2 T}$ der diskreten Strecke übergehen [100].

Beispiel 10.2. Verladebrücke

Nach (1.1.7) liegen die Eigenwerte die Verladebrücke auf der imaginären Achse bei $s_{3,4} = \pm j\sqrt{g(m_L + m_C)/\ell m_C}$. Die Steuerbarkeit geht für $e^{s_3 T} = e^{s_4 T}$ verloren, d.h.

$T_k = k\pi\sqrt{\ell m_C/g(m_L + m_C)}$, $k = 1, 2, \ldots$. Die zwei verschiedenen Eigenwerte des kontinuierlichen Systems fallen für $T = T_1$ nach der Transformation im diskreten System bei $z = -1$ zusammen. Eine geeignete Wahl der Abtastzeit ist $T \leq T_1/4$.

Bei Parameterabhängigkeit muß das Abtastintervall entsprechend dem ungünstigsten Fall $T_1 = T_1^-$ gewählt werden, d.h.

$$T \leq \frac{\pi}{4}\sqrt{\frac{\ell^-}{g(1 + m_L^+/m_C^-)}} \tag{10.2.1}$$

Lassen wir die minimale Seillänge ℓ^- gegen Null gehen, dann geht auch T gegen Null. Deshalb ist es erforderlich, positive Werte für ℓ^- und m_C^- festzulegen, um ein nichtverschwindendes T zu erhalten. □

Anmerkung 10.1. Vom praktischen Standpunkt aus gesehen erscheint es wünschenswert, das Abtastintervall T bereits in einem frühen Stadium der Analyse und des Entwurfs festzulegen. Bei unsicheren Parametern gelten die üblichen Regeln zur Wahl des Abtastintervalls für diejenigen Betriebspunkte q^*, die die schnellste Dynamik oder größte Bandbreite aufweisen. Alternativ kann man T als weiteren unsicheren Parameter in der Robustheitsanalyse betrachten. Das Abtastintervall T ist kein zusätzlicher Parameter, falls das System *skalierbar* ist [14]. Vereinfacht ausgedrückt heißt ein System mit ℓ unsicheren Parametern q skalierbar, falls eine Skalierung von q existiert, die nur die Zeitskala aller Lösungen der Differentialgleichungen, die die Strecke beschreiben, ändert. Es ist dann möglich, ℓ neue Parameter einzuführen und in einem ℓ-Vektor $r = r(q, T)$ zusammenzufassen, d.h. die Anzahl der unsicheren Parameter ändert sich nicht. Die Skalierbarkeit ist konzeptionell dann wichtig, wenn man kontinuierliche Systeme und Abtastsysteme bezüglich ihrer Stabilitätsgebiete im skalierten Parameterraum vergleichen will. Für $T \to 0$ erhält man die gleichen Grenzen. □

Die allgemeinen Aussagen über Reglerstrukturen in Kapitel 2 sind auch für Abtastregler gültig. Es sind jedoch einige zusätzliche Bemerkungen zu machen. Der Grad des Zählerpolynoms für Abtastkompensatoren in einschleifigen Regelkreisen wird immer gleich dem Grad des Nennerpolynoms gesetzt. Ein relativer Grad ungleich Null würde unerwünschte Zeitverzögerungen im Regelkreis mit sich bringen. In kontinuierlichen Systemen ist häufig ein kleinerer Zählergrad erwünscht, um den Einfluß höherfrequenter Störungen zu reduzieren (z.B. Meßrauschen, nichtmodellierte oder unbekannte höhere Frequenzen). In einem Abtastsystem kann der gleiche Effekt durch Verwendung eines analogen Anti-aliasing-Filter vor dem Abtaster erreicht werden. Es handelt sich dabei um ein Tiefpaßfilter mit der Bandbreite ω_B, die höchstens gleich der Hälfte der Abtastfrequenz ist, d.h. $\omega_B \leq 2\pi/T$.

Die in Abschnitt 2.7 erwähnten Problemklassen von parametrischen Polynomen (Intervallpolynome, affine, multilineare und polynomiale Abhängigkeit) muß um Polynome mit *exponentieller* Abhängigkeit der Koeffizienten erweitert werden. Dieser Fall ist weit schwieriger zu behandeln.

Beispiel 10.3. Betrachten wir den Abtastregelkreis von Abb. 10.1 mit $g_s(s,q)$ aus (10.1.10) und einem Proportionalregler $c_z(z) = k$. Das charakteristische Polynom des geschlossenen Kreises ist

$$
\begin{aligned}
p(z,q,k) &= a_0 + a_1 z + a_2 z^2 \\
a_0 &= qe^{-qT} + k(1 - qTe^{-qT} - e^{-qT}) \\
a_1 &= -q(1 + e^{-qT}) - k(1 - qT - e^{-qT}) \\
a_2 &= q
\end{aligned}
\tag{10.2.2}
$$

Die Koeffizientenfunktionen sind exponentiell abhängig vom unsicheren Streckenparameter q, aber affin abhängig vom Reglerparameter k. $\square$

10.3 Eigenwertspezifikationen

Die Lage der Eigenwerte des offenen Kreises hängt bei Abtastsystemen vom Abtastintervall ab. Ein Extremfall ergibt sich, wenn T gegen Null geht. Dann wandern alle Eigenwerte $z_i = e^{s_i T}$ nach $z = 1$. In der Praxis wird T so gewählt, daß die Eigenwerte in der Umgebung von $z = 1$ liegen. In [5] wird eine Daumenregel angegeben: T sollte so gewählt werden, daß die Eigenwerte des offenen Kreises in einem Kreis mit Radius Eins und Mittelpunkt $z = \sqrt{2}$ liegen.

Um Stabilität des geschlossenen Kreises zu erreichen, müssen die Eigenwerte in den Einheitskreis verschoben werden. Die in Abschnitt 3.1 empfohlenen Eigenwertlagen s_i können unmittelbar über $z_i = e^{s_i T}$ in die z-Ebene abgebildet werden. Die Art der Lösungen in diskreter Zeit ist den entsprechenden Lösungen in kontinuierlicher Zeit sehr ähnlich, solange Re $z_i > 0$ gilt. Die Abbildung der Geraden konstanter Dämpfung und der Kreise mit konstanter natürlicher Frequenz von der s-Ebene in die z-Ebene ist in Abb. 10.2 illustriert.

Eine Besonderheit bei Abtastsystemen ist die Existenz von Deadbeat-Lösungen. Sie treten dann auf, wenn alle Eigenwerte bei $z = 0$ liegen. Praktisch erfordert dies relativ lange Abtastintervalle, um die Beträge der Signale am Streckeneingang nicht zu groß werden zu lassen. Deadbeat-Regelung ist ein Idealfall, der mit endlichen Reglerverstärkungen erreichbar ist. Man kommt diesem Idealfall sehr nahe, wenn man die Eigenwerte nahe an den Ursprung legt.

Ein weiterer Spezialfall bei Abtastsystemen liegt dann vor, wenn ein Eigenwert bei $z = -1$ liegt. Der entsprechende Lösungsterm am Streckeneingang ist in Abb. 10.3 dargestellt.

Betrachten wir die Situation, wenn das Abtastintervall T sehr lang ist im Vergleich zur Einschwingzeit der Strecke auf einen sprungförmigen Eingang. Die Sprungantwort hat dann den stationären Wert fast erreicht, bevor die nächste Abtastung geschieht. Die Streckenantwort auf ein Eingangssignal wie in Abb. 10.3 besteht aus aufeinanderfolgenden Sprungantworten. Diese Art der Lösung oder auch nur wenig davon abweichende Lösungen ist offensichtlich nicht wünschenswert. Es ist ein Anzeichen dafür, daß das Abtastintervall, verglichen mit der Streckendynamik, zu lang ist oder daß ein schlechter Entwurf vorliegt. Die Eigenwerte des geschlossenen Kreises wurden zu nahe an $z = -1$ gelegt. Pole des geschlossenen Kreises auf der negativen reellen Achse im Intervall $(-1\,;\,0)$ führen zu exponentiell abfallenden Lösungstermen mit wechselndem Vorzeichen von $u(iT)$. Solche Anforderungen an das Stellglied sollten vermieden werden.

In den folgenden Abschnitten werden wir die reellen Stabilitätsgrenzen für $z = 1$ und $z = -1$ formal gleich behandeln. Man sollte dabei aber bedenken, daß eine praktische Lösung nicht zu nahe an der Grenze für $z = -1$ liegen sollte. Was die Grenze für $z = 1$ betrifft, so ist eine Lösung in deren Nähe tolerierbar, wenn das Abtastintervall T kurz ist. Beispielsweise liefert ein Eigenwert bei $z = 0.98$ einen Lösungsterm 0.98^i, der nur um 2% von Abtastung zu Abtastung abnimmt. Für kleines T kann dies in der reellen Zeit t ein genügend rascher, weil exponentieller, Amplitudenabfall sein.

Im folgenden werden wir nun eine Definition von sinnvollen Γ-Stabilitätsgebieten in der z-Ebene geben. Es werden dabei die oben diskutierten Gesichtspunkte berücksichtigt werden und auch die rechnerische Behandlung dieser Gebiete wird eine Rolle spielen. Betrachten wir das Γ-Stabilitätsgebiet von Abb. 10.4.

Geraden in der s-Ebene, die einer konstanten Dämpfung entsprechen, bilden sich auf logarithmische Spiralen in der z-Ebene ab. Geraden mit einem konstanten Realteil bilden sich auf Kreise mit Mittelpunkt $z = 0$ ab. Drei Beispiele von Gebieten mit zunehmender Dämpfung (0.35, 0.5, 0.707) und abnehmenden Realteil bilden sich über $z = e^{sT}$ in entsprechende Gebiete in die z-Ebene ab.

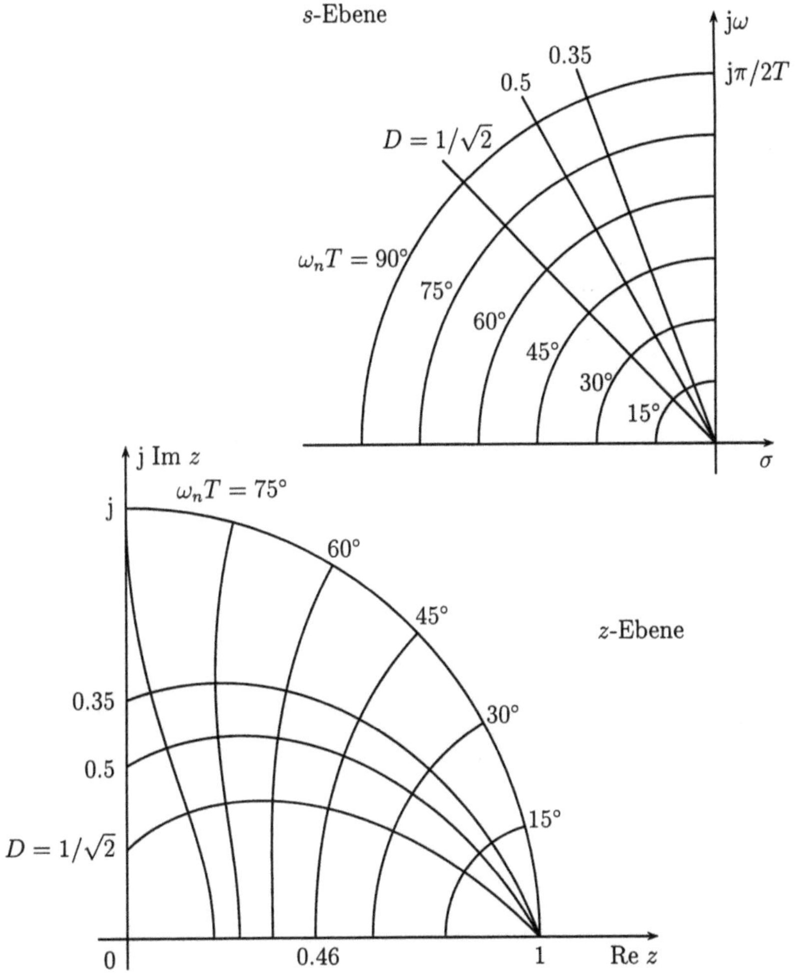

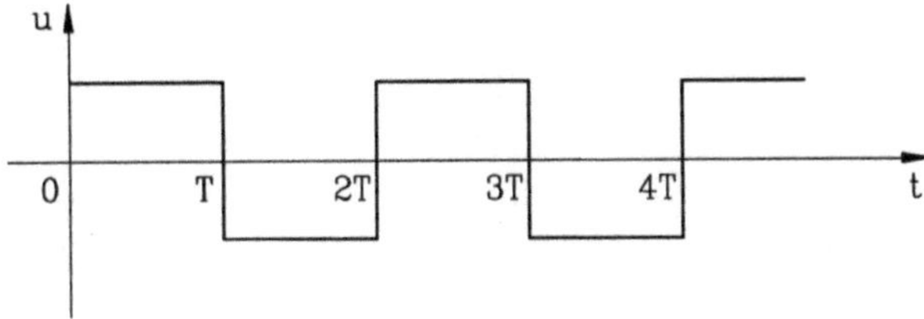

Abb. 10.2: Die Abbildung der Geraden konstanter Dämpfung (D) und der Kreise mit konstanter natürlicher Frequenz (ω_n) von der s-Ebene in die z-Ebene mit $z = e^{sT}$

Abb. 10.3: Lösungsterm, wenn ein Eigenwert bei $z = -1$ liegt

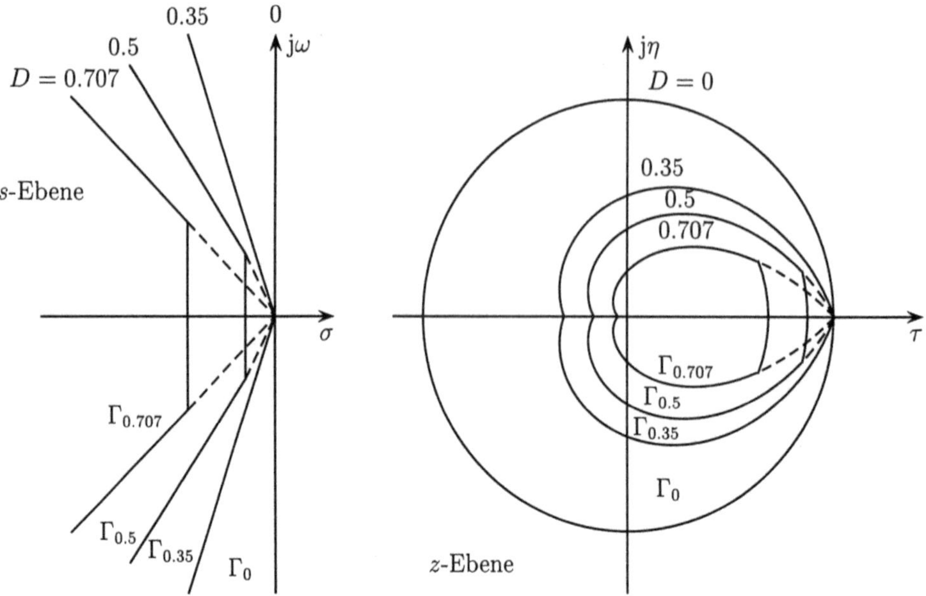

Abb. 10.4: Die Abbildung von Γ-Stabilitätsgebieten von der s-Ebene in die z-Ebene

In der s-Ebene hatten wir die stückweise definierte Berandung durch eine Hyperbel angenähert, siehe Abb. 3.6. Eine Hyperbel ist als Γ-Stabilitätsgrenze vom praktischen Standpunkt aus sinnvoll und auch rechnerisch relativ einfach zu handhaben. In der z-Ebene kann man das gewünschte Eigenwertgebiet sogar noch einfacher durch einen Kreis beschreiben. In der Ebene $z = \tau + \mathrm{j}\eta$ betrachten wir den Kreis

$$(\tau - \tau_0)^2 + \eta^2 = r^2 \tag{10.3.1}$$

Dieser Kreis hat den Mittelpunkt in τ_0 und den Radius r. Nun sei

$$\tau_0 = \begin{cases} r & \text{für} \quad 0 \ \le \ r \ \le 0.5 \\ 1 - r & \text{für} \quad 0.5 \le \ r \ \le 1 \\ 0 & \text{für} \quad 1 \ \le \ r \end{cases} \tag{10.3.2}$$

Abb. 10.5 zeigt eine Schar von Kreisen mit $r = 1,\ 0.8,\ 0.6,\ 0.5,\ 0.44,\ 0.33$.

Als Daumenregel können wir annehmen, daß für die Γ-Stabilitätsgebiete durch die folgende Wahl von Werten für D, r und τ_0 eine hinreichend genaue Approximation erreicht wird:

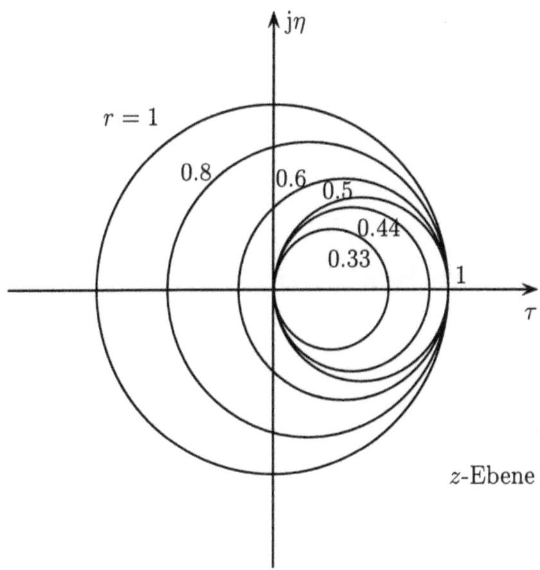

Abb. 10.5: Eine Approximation von Γ-Stabilitätsgebieten von Abb. 10.4 durch Kreise

D	r	τ_0
0	1	0
0.35	0.5	0.5
0.5	0.44	0.44
0.707	0.33	0.33

Grundsätzlich kann man einen Entwurfsprozeß wie folgt sehen. Durch Wahl des Abtastintervalls T werden die Eigenwerte des offenen Kreises in den Einheitskreis mit Mittelpunkt $\sqrt{2}$ gelegt. Daher liegen für alle Betriebspunkte $q \in Q$ alle Eigenwerte in einem Kreis mit dem Radius $r = 1 + \sqrt{2} \sim 2.4$. Der offene Kreis ist ($r = 2.4$)-stabil. Im Entwurfsprozeß bewegen wir uns dann vom Punkt $k = 0$ im k-Raum, was dem offenen Kreis entspricht, weg. Die Entwurfsrichtung sollte dabei so gewählt werden, daß r verkleinert wird. Für $r = 1$ wird Schur-Stabilität erreicht, für $r = 0.6$ sind noch Lösungsterme der Form $(-0.2)^i$ zugelassen, aber keine weiteren, alternierenden Terme, die langsamer abnehmen. Für $r = 0.5$ sind alternierende Terme ausgeschlossen. Nur noch die Deadbeat-Lösung ist zugelassen. Eine weitere Verbesserung des Stabilitätsgrades kann nun noch erreicht werden, wenn die Eigenwerte in der rechten Hälfte der z-Ebene noch näher an den Ursprung geschoben werden. Die ideale Deadbeat-Lösung kann nicht erreicht werden, da ja eine Streckenfamilie vorliegt. Eine sinnvolle Fragestellung ist jedoch die Frage nach dem kleinsten r_{min}, das mit einem Regler vorgegebener Struktur erreicht werden kann.

Anmerkung 10.2.   Wird eine striktere Kontraktion der Kreise gefordert, dann kann die Beziehung zwischen τ_0 und r abgeändert werden auf

$$\tau_0(1 - \tau_0) = \alpha r(1 - r) \tag{10.3.3}$$

mit $\alpha < 1$ anstelle von $\alpha = 1$ in (10.3.2). $\square$

10.4   Klassische Stabilitätstests

Definition 10.1.   Ein Polynom $p(s) = (s - s_1)(s - s_2)\ldots(s - s_n)$ heißt *Schur-stabil*, wenn alle s_i im Einheitskreis liegen. $\square$

Die klassischen Methoden von Kapitel 4 sind leicht erweiterbar, um Polynomfamilien

$$P(z, \boldsymbol{q}) = \{\, p(z, \boldsymbol{q}) = \sum_{i=0}^{n} a_i(\boldsymbol{q}) z^i \mid \boldsymbol{q} \in Q \,\} \tag{10.4.1}$$

auf Schur-Stabilität zu überprüfen. Die Berechnung der Wurzelmengen durch Rastern aller Parameterintervalle geschieht ebenso wie im kontinuierlichen Fall. Ihre Interpretation muß aber geändert werden, da wir daran interessiert sind, wie die Wurzeln relativ zum Einheitskreis liegen. Wenden wir die Rastermethode zur Analyse auf robuste Stabilität an, dann kann die Diskretisierung nach (10.1.3) auch numerisch auf einem $\boldsymbol{q}$-Raster durchgeführt werden.

Grenzüberschreitung

Die Idee der Grenzüberschreitung für diskrete Systeme wurde von Jury and Pavlidis [95] formuliert. Es gibt drei Begrenzungsflächen:

i) eine reelle Begrenzungsfläche für $z = 1$, d.h.

$$p(1, \boldsymbol{q}) = 0 \tag{10.4.2}$$

ii) eine reelle Begrenzungsfläche für $z = -1$, d.h.

$$p(-1, \boldsymbol{q}) = 0 \tag{10.4.3}$$

iii) eine komplexe Begrenzungsfläche für eine Wurzel auf der oberen Hälfte des Einheitskreises, d.h.

$$p(e^{j\omega T}, \boldsymbol{q}) = 0, \quad \omega T \in [0\,;\,\pi] \tag{10.4.4}$$

Ein Polynom mit reellen Koeffizienten hat dann auch eine symmetrische Wurzel in der unteren Hälfte des Einheitskreises.

Algebraische Problemformulierung

Die algebraische Problemformulierung, entsprechend Satz 4.5 (Frazer, Duncan) ist

Satz 10.1. (Jury, Pavlidis)

Die Polynomfamilie $P(z, Q) = \{\, p(z, \boldsymbol{q}) \mid \boldsymbol{q} \in Q \,\}$ mit stetigen Funktionen $p(z, \boldsymbol{q})$ ist genau dann Schur-stabil, wenn die folgenden Bedingungen erfüllt sind:

1. Es existiert ein $\boldsymbol{q}^0 \in Q$ mit der Eigenschaft, daß das Polynom $p_0(z) = p(z, \boldsymbol{q}_0)$ Schur-stabil ist

2. $p(1, \boldsymbol{q}) \neq 0$ für alle $\boldsymbol{q} \in Q$

3. $p(-1, \boldsymbol{q}) \neq 0$ für alle $\boldsymbol{q} \in Q$

4. Det $\boldsymbol{S}(\boldsymbol{q}) \neq 0$ für alle $\boldsymbol{q} \in Q$ mit $\boldsymbol{S}(\boldsymbol{q}) = \boldsymbol{X}(\boldsymbol{q}) - \boldsymbol{Y}(\boldsymbol{q})$ und unter Weglassung der Abhängigkeit von $\boldsymbol{q}$

$$
\boldsymbol{X} = \begin{bmatrix}
a_n & a_{n-1} & a_{n-2} & \cdots & a_2 \\
0 & a_n & a_{n-1} & \cdots & a_3 \\
0 & 0 & a_n & \cdots & a_4 \\
\vdots & \vdots & \vdots & & \vdots \\
0 & 0 & 0 & \cdots & a_n
\end{bmatrix}, \quad
\boldsymbol{Y} = \begin{bmatrix}
0 & 0 & 0 & \cdots & a_0 \\
\vdots & \vdots & \vdots & & \vdots \\
0 & 0 & a_0 & \cdots & a_{n-4} \\
0 & a_0 & a_1 & \cdots & a_{n-3} \\
a_0 & a_1 & a_2 & \cdots & a_{n-2}
\end{bmatrix}
$$

$$(10.4.5)$$

$\square$

Beweis.

In [95] wurde die Formel von Orlando für den Einheitskreis

$$
\text{Det } \boldsymbol{S} = a_n^{n-1} \prod_{i=1}^{n-1} \prod_{k=i+1}^{n} (1 - z_i z_k)
\tag{10.4.6}
$$

abgeleitet. Hierbei sind z_i, z_k die Wurzeln von $p(z)$. Betrachten wir eine stetige Änderung von $\boldsymbol{q}$ beginnend mit $\boldsymbol{q}^0$, d.h. einem stabilem Polynom. Falls ein konjugiert komplexes Paar von Wurzeln z_i, z_k den Einheitskreis überschreitet, dann ist $1 - z_i z_k = 0$ und Det $\boldsymbol{S} = 0$. Die verbleibenden Möglichkeiten dafür, daß das Polynom instabil wird, ergeben sich dann, wenn eine reelle Wurzel den Einheitskreis überschreitet, d.h. $z = 1$ (Bedingung 2) oder $z = -1$ (Bedingung 3). Dann ergibt sich Satz 10.1 aus dem Grenzüberschreitungssatz 9.1.

$\square$

Anmerkung 10.3. Notwendige und hinreichende Bedingungen dafür daß alle Wurzeln im Einheitskreis liegen, wurden von Schur [148, 149] und Cohn [47] angegeben. Eine einfachere Form für Polynome mit reellen Koeffizienten fand Jury [94]. Da wir immer von einem stabilem Polynom ausgehen und den Grenzüberschreitungssatz anwenden, ist es nicht erforderlich, den vollständigen Satz von Ungleichungen anzuwenden. Es genügt, die Ungleichungen entsprechend den Bedingungen 2, 3 und 4 von Satz 10.1.

$$\begin{aligned}
p(1) &> 0 \\
(-1)^n p(-1) &> 0 \\
\text{Det } \mathbf{S} &> 0
\end{aligned} \qquad (10.4.7)$$

anzuwenden.   □

Beispiel 10.4. Betrachten wir das charakteristische Polynom (10.2.2). Sei $T = 1$, $Q = \{ q, k \mid q \in [0.1\,;\,2],\ k \in [0.1\,;\,2] \}$. Ist diese Polynomfamilie Schur-stabil?

$$\begin{aligned}
p(z, q, k) &= a_0 + a_1 z + a_2 z^2 \\
a_0 &= qe^{-q} + k(1 - qe^{-q} - e^{-q}) \\
a_1 &= -q(1 + e^{-q}) - k(1 - q - e^{-q}) \\
a_2 &= q
\end{aligned}$$

1. Sei $q = 1$, $k = 1$, dann liegen die Wurzeln von $p_z(z, 1, 1) = (1 - e^{-1}) - z + z^2$ im Einheitskreis. Die drei Stabilitätsgrenzen sind gegeben durch

2. $p(1, q, k) = kq(1 - e^{-q}) \neq 0$

3. $p(-1, q, k) = 2q(1 + e^{-q}) + k[2(1 - e^{-q}) - q(1 + e^{-q})] \neq 0$

4. $X = a_2$, $Y = a_0$, $S = a_2 - a_0 = q(1 - e^{-q}) - k(1 - qe^{-q} - e^{-q}) \neq 0$

Bedingung 2 ergibt die Grenzen $q = 0$ und $k = 0$, die außerhalb von Q liegen. Die Bedingungen 3 und 4 können durch Zeichnen der Stabilitätsgrenzen in der (q, k)-Ebene überprüft werden.

Aus Bedingung 3 folgt die Stabilitätsgrenze für $z = -1$

$$k_{-1} = \frac{2q(1 + e^{-q})}{q(1 + e^{-q}) - 2(1 - e^{-q})}$$

Aus Bedingung 4 ergibt sich die komplexe Begrenzungsfläche

$$k_c = \frac{q(1 - e^{-q})}{1 - qe^{-q} - e^{-q}}, \qquad \lim_{q \to 0} k_c = 2$$

Die Stabilitätsgrenzen k_{-1} und k_c sind in Abb. 10.6 zusammen mit den Grenzen $k = 0$ und $q = 0$, die sich aus Bedingung 2 ergeben, dargestellt. Abb. 10.6 liefert nicht nur einen Test für die gegebene Q-Box. Das gesamte Stabilitätsgebiet wird dargestellt. Zum Vergleich betrachten wir das kontinuierliche System (10.1.10) mit konstanter Rückführung k. Das zugehörige charakteristische Polynom ist $qk + qs + s^2$, das für $q > 0$, $k > 0$ stabil ist, d.h. im ganzen ersten Quadranten, siehe Abb. 10.6. Als Regel kann man sagen, daß Abtastung das Stabilitätsgebiet reduziert. Es ist aber möglich, Beispiele zu konstruieren, bei denen die Abtastung ein instabiles System in ein stabiles System überführt [14].

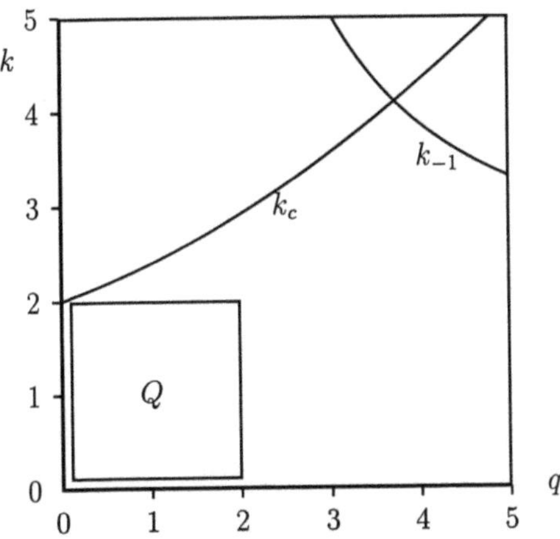

Abb. 10.6: Die Stabilitätsgrenzen schneiden Q nicht und Q enthält einen stabilen Punkt für $q = 1$, $k = 1$. Die Polynomfamilie ist robust Schur-stabil.

Man beachte, daß in diesem Beispiel die Kreisverstärkung k affin in das charakteristische Polynom eingeht. Deshalb ist es möglich, die Gleichungen für die Stabilitätsgrenzen explizit nach k aufzulösen. Im allgemeinen ist es ohne Rasterung von $\boldsymbol{q}$ nicht möglich, die Bedingungen 3 und 4 von Satz 10.1 zu überprüfen. □

Eine andere algebraische Formulierung der Stabilitätskriterien benutzt die bilineare Transformation des Polynoms $p(z)$ durch

$$w := \frac{z-1}{z+1} \, , \quad z = \frac{1+w}{1-w} \tag{10.4.8}$$

Der Einheitskreis der z-Ebene wird dadurch auf die linke w-Ebene abgebildet. Einsetzen von $z = (1+w)/(1-w)$ in $p(z)$ von (10.4.1) ergibt das neue Polynom

$$p_w(w) = (1-w)^n p\left(\frac{1+w}{1-w}\right)$$

$$= \sum_{i=0}^{n} a_i (1+w)^i (1-w)^{n-i}$$

$$= \sum_{i=0}^{n} b_i w^i \tag{10.4.9}$$

$p(z)$ ist genau dann ein Schur-Polynom, wenn $p_w(w)$ ein Hurwitz-Polynom ist. Daher können die Resultate aus den Kapiteln 4 bis 9 auf den diskreten Fall übertragen werden. Natürlich bleibt eine exponentielle Abhängigkeit der $a_i(\boldsymbol{q})$ in den $b_i(\boldsymbol{q})$ erhalten und die Robustheitsanalyse bleibt bei unsicheren Streckenparametern $\boldsymbol{q}$ ein schwieriges Problem.

Beispiel 10.5. Betrachten wir wieder Beispiel 10.4. Das transformierte Polynom ergibt sich zu

$$p_w(w, q, k) \;=\; b_0 + b_1 w + b_2 w^2$$

$$b_0 \;=\; a_0 + a_1 + a_2 = kq(1 - e^{-q})$$

$$b_1 \;=\; 2(a_2 + a_0) = 2[q(1 - e^{-q}) - k(1 - qe^{-q} - e^{-q})]$$

$$b_2 \;=\; a_0 - a_1 + a_2 = 2q(1 + e^{-q}) + k[2(1 - e^{-q}) - q(1 + e^{-q})]$$

Die Grenzen für Hurwitz-Stabilität, nämlich $b_0 = 0, b_1 = 0, b_2 = 0$, sind identisch mit den Grenzen für Schur-Stabilität aus Beispiel 10.4, die in Abb. 10.6 gezeigt sind. $\square$

Der Zusammenhang zwischen den kritischen Stabilitätsbedingungen von $p(z, \boldsymbol{q})$ und $p_w(w, \boldsymbol{q})$ zeigen die folgenden Gleichungen:

$$p(1, \boldsymbol{q}) \;=\; 0 \iff b_0(\boldsymbol{q}) \;=\; 0$$

$$p(-1, \boldsymbol{q}) \;=\; 0 \iff b_n(\boldsymbol{q}) \;=\; 0 \tag{10.4.10}$$

$$\text{Det } \boldsymbol{S}(\boldsymbol{q}) \;=\; 0 \iff \text{Det } \boldsymbol{H}_{n-1}(\boldsymbol{q}) \;=\; 0$$

Die bilineare Transformation liefert uns auch einen Satz von sehr einfachen notwendigen Stabilitätsbedingungen

$$b_i(\boldsymbol{q}) > 0, \quad i = 0, 1, \dots, n \tag{10.4.11}$$

Die notwendige Bedingung (10.4.11), ausgedrückt in den ursprünglichen Koeffizienten a_i, steht in enger Beziehung zu der folgenden Aussage über die konvexe Hülle des Stabilitätsgebiets im Koeffizientenraum [64].

Satz 10.2. *(Fam, Meditch)*

Man betrachte das Stabilitätsgebiet von

$$p(z) = a_0 + a_1 z + \dots + a_{n-1} z^{n-1} + z^n \tag{10.4.12}$$

im Raum der Koeffizienten $a_0, a_1, \ldots, a_{n-1}$. Seine konvexe Hülle ist ein Polytop mit $n+1$ Ecken, die den Polynomen

$$p_i(z) = (z+1)^i (z-1)^{n-i}, \quad i = 0, 1, \ldots, n \tag{10.4.13}$$

entsprechen.

$\square$

In [5] wurde gezeigt, daß die oben erwähnte konvexe Hülle aus Hyperebenen besteht, die die notwendigen Stabilitätsbedingungen $b_i(a_0, a_1, \ldots, a_{n-1}) > 0, \quad i = 0, 1, \ldots, n$. bilden.

Beispiel 10.6. Notwendige Bedingungen für die Schur-Stabilität eines gegebenen Polynoms

$$p(z) \;=\; a_0 + a_1 z + a_2 z^2 + a_3 z^3 + z^4$$

Die Eckpolynome sind

$$p_0 \;=\; (1-w)^4 = 1 - 4w + 6w^2 - 4w^3 + w^4$$

$$p_1 \;=\; (1-w)^3(1+w) = 1 - 2w + 2w^3 - w^4$$

$$p_2 \;=\; (1-w)^2(1+w)^2 = 1 - 2w^2 + w^4$$

$$p_3 \;=\; (1-w)(1+w)^3 = 1 + 2w - 2w^3 - w^4$$

$$p_4 \;=\; (1+w)^4 = 1 + 4w + 6w^2 + 4w^3 + w^4$$

Das transformierte Polynom ist

$$p_w(w) \;=\; \sum_{i=0}^{4} a_i p_i(w) = \sum_{i=0}^{4} b_i w^i$$

Notwendige Bedingungen für die Schur-Stabilität von $p(z)$ sind daher

$$b_0 \;=\; a_0 + a_1 + a_2 + a_3 + 1 \;\; > 0$$

$$b_1 \;=\; 2(-2a_0 - a_1 - a_3 + 2) \;\; > 0$$

$$b_2 \;=\; 2(3a_0 - a_2 + 3) \;\; > 0$$

$$b_3 \;=\; 2(-2a_0 + a_1 - a_3 + 2) \;\; > 0$$

$$b_4 \;=\; a_0 - a_1 + a_2 - a_3 + 1 \;\; > 0$$

Diese fünf linearen Ungleichungen entsprechen fünf dreidimensionalen Hyperebenen im vierdimensionalen Raum mit den Koordinaten a_0, a_1, a_2, a_3. Die Hyperebenen bilden die konvexe Hülle des Stabilitätsgebiets.

Die fünf Ungleichungen können zu

$$|a_1 + a_3| - (1 + a_0) \quad < \quad a_2 \quad < \quad 3(1 + a_0)$$

$$|a_1 - a_3| \quad < \quad 2(1 - a_0)$$

zusammengefaßt werden. $\square$

Notwendige Stabilitätsbedingungen haben für die Robustheitsanalyse nur einen begrenzten Wert, da wir in der Analyse immer pessimistisch sein sollten. Für den Entwurf hingegen (q ersetzt durch die unbestimmten Reglerparameter k) sind notwendige Bedingungen insofern nützlich, weil sie ein endliches Gebiet im k-Raum festlegen, wo mögliche Lösungen liegen können.

Problemformulierung im Frequenzbereich

Bei der Problemformulierung im Frequenzbereich wird $s = j\omega$ durch $z = e^{j\omega T}$ ersetzt. Ein ursprünglich stabiles Polynom $p(z, q)$ wird durch Änderung von q instabil, wenn gleichzeitig

$$\begin{aligned}
\mathrm{Re}\, p(e^{j\omega T}, q) &= 0 \\
\mathrm{Im}\, p(e^{j\omega T}, q) &= 0
\end{aligned} \tag{10.4.14}$$

für irgendein $\omega T \in [0; \pi]$ wird. Für $\omega T = 0$ oder $\omega T = \pi$ ist die zweite Bedingung von (10.4.14) immer erfüllt und es bleibt nur die erste Bedingung $p(1, q) = 0$ oder $p(-1, q) = 0$.

Parameterraumverfahren

Beim Parameterraumverfahren mit zwei unsicheren Parametern $q = [q_1\ q_2]$ versucht man, q_1 oder q_2 aus den beiden Gleichungen (10.4.14) zu eliminieren. Dies ist für polynomiale Koeffizientenfunktionen möglich, wie in Kapitel 9 gezeigt wurde. Diese Vorgehensweise versagt, wenn q_1 und q_2 exponentiell eingehen.

Das Parameterraumverfahren wird in Kapitel 11 als Entwurfswerkzeug im k-Raum verwendet. Bei Strecken mit einem Eingang kann der Regler immer in einer Form angesetzt werden, in der die unbestimmten Reglerparameter k affin in die Koeffizienten von $p(z, k)$ eingehen. Für Strecken mit mehreren Eingängen kann die Reglerstruktur so angesetzt werden, daß die Koeffizientenfunktionen multilinear sind. Für Entwurfsüberlegungen dieser Art ist es nützlich, eine Vorstellung über die Form des Stabilitätsgebiets im Raum der Koeffizienten a_i zu haben. Wir behandeln als Beispiele Polynome mit Grad $n = 2$ und $n = 3$.

Beispiel 10.7. $p(z) = a_0 + a_1 z + z^2$

Das Polynom ist Schur-stabil für $a_0 = 0$, $a_1 = 0$. Es soll die stabile Umgebung dieses Punktes in der Koeffizientenebene bestimmt werden.

Nach (10.4.2) und (10.4.3) ergeben sich die reellen Grenzen aus

$$p(1) \quad = \quad a_0 + a_1 + 1 \ = \ 0$$
$$p(-1) \quad = \quad a_0 - a_1 + 1 \ = \ 0$$

Diese beiden Geraden sind in Abb. 10.7. in der (a_1, a_2)-Ebene dargestellt. Nach (10.4.4) ist die komplexe Grenze durch

$$p(e^{j\omega T}) = a_0 + a_1 e^{j\omega T} + e^{j2\omega T}, \quad \omega T \in [0\,;\,\pi]$$

gegeben. Es ist jedoch bequemer, den Einheitskreis in der Ebene $z = \tau + j\eta$ durch den Realteil τ anstelle des Phasenwinkels ωT zu parametrisieren. Auf dem Einheitskreis besteht zwischen τ und η der Zusammenhang $\tau^2 + \eta^2 = 1$, $\tau \in [-1\,;\,1]$ und ein Polynom mit einem Paar konjugiert komplexer Wurzeln auf dem Einheitskreis hat die Form

$$(z - \tau - j\eta)(z - \tau + j\eta) = z^2 - 2\tau z + 1, \quad \tau \in [-1\,;\,1]$$

Durch Vergleich mit dem Polynom zweiten Grades ergibt sich demnach die komplexe Grenze aus

$$a_0 = 1, \quad a_1 = -2\tau, \quad \tau \in [-1\,;\,1]$$

Dieser Geradenabschnitt ist ebenfalls in Abb. 10.7 dargestellt.

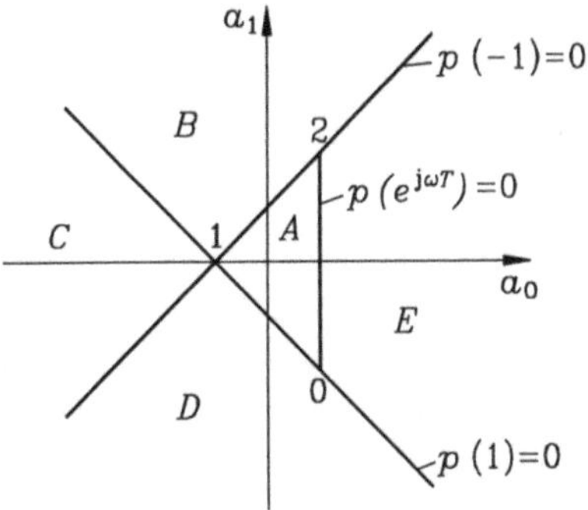

Abb. 10.7: Die Aufteilung der Koeffizientenebene für $n = 2$

Der Punkt 0 in Abb. 10.7 gehört sowohl zu $p(e^{j\omega T})=0$ als auch zu $p(1)=0$. Bei $z = 1$ liegt eine Doppelwurzel, d.h.

$$p_0(z) \quad = \quad (z-1)^2 \quad = \quad z^2 - 2z + 1$$

und entsprechend

$$p_1(z) \quad = \quad (z-1)(z+1) \quad = \quad z^2 - 1$$
$$p_2(z) \quad = \quad (z+1)^2 \quad\quad\ \ = \quad z^2 + 2z + 1$$

Die beiden Geraden $p(1) = 0$ und $p(-1) = 0$ und die komplexe Grenze $p(e^{j\omega T}) = 0$ teilen die Koeffizientenebene in die folgenden Gebiete auf (EW = Eigenwert, EK = Einheitskreis).

A: Beide Eigenwerte im EK

B: Ein EW im EK, einer links davon

C: Ein EW links vom EK, einer rechts davon

D: Ein EW im EK, einer rechts davon

E: Beide EW außerhalb des EK, entweder ein konjugiert komplexes Paar oder beide links bzw. rechts vom EK. (Man beachte, daß diese Fälle durch eine stetige Bewegung der EW über die Verzweigungspunkte der Wurzelortskurve hinweg ineinander überführt werden können, ohne daß der Einheitskreis überschritten wird.)

In erster Linie interessiert uns natürlich das Stabilitätsgebiet A, das vollkommen durch die Kanten des Dreiecks 012 bestimmt ist. $\qquad\qquad\qquad\qquad\qquad\qquad\square$

Beispiel 10.8.   Gegeben sei das Polynom

$$p(z) = a_0 + a_1 z + a_2 z^2 + z^3$$

Die reellen Grenzen sind

$$\begin{aligned}
p(1) &= a_0 + a_1 + a_2 + 1 = 0 \\
p(-1) &= a_0 - a_1 + a_2 - 1 = 0
\end{aligned}$$

Im Raum der Koeffizienten a_0, a_1, a_2 beschreibt die lineare Gleichung $p(1) = 0$ eine Ebene, in Abb. 10.8 ist es die Ebene, die die Punkte 0, 1 und 2 enthält. Die Ebene $p(-1) = 0$ enthält die Punkte 1, 2 und 3.

$p(z) = (z^2 - 2\tau z + 1)(z + r) = z^3 + (r - 2\tau)z^2 + (1 - 2r\tau)z + r$ hat für beliebiges reelles r und $\tau \in [-1\,;\,1]$ eine konjugiert komplexes Wurzelpaar auf dem Einkeitskreis. Daher ist die komplexe Grenze

$$\begin{aligned}
a_0 &= r \\
a_1 &= 1 - 2r\tau \qquad\qquad \tau \in [-1\,;\,1] \\
a_2 &= r - 2\tau
\end{aligned}$$

Die Grenze ist bilinear in r und τ, d.h. für konstantes r liegt eine Schar von Geradenabschnitten vor, beginnend mit $\tau = -1$ auf der Kante 23 und endend mit $\tau = 1$ auf der Kante 01. Für konstantes $\tau \in [-1\,;\,1]$ haben wir eine Schar von Geraden, beginnend mit der Kante 02 und endend mit der Kante 13. Relevanter Teil der Stabilitätsgrenze ist aber der Geradenabschnitt für $r \in [-1\,;\,1]$.

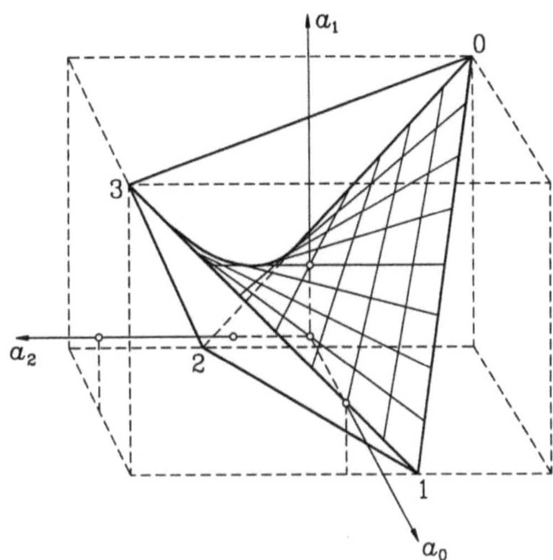

Abb. 10.8: Stabilitätsgebiet im Raum der Polynomkoeffizienten für $n = 3$

Die Ecken des Stabilitätsgebiets entsprechen den vier Polynomen mit Nullstellen aus $\{-1, 1\}$, d.h.

$$p_0(z) = (z-1)^3 = -1 + 3z - 3z^2 + z^3$$

$$p_1(z) = (z+1)(z-1)^2 = 1 - z - z^2 + z^3$$

$$p_2(z) = (z+1)^2(z-1) = -1 - z + z^2 + z^3$$

$$p_3(z) = (z+1)^3 = 1 + 3z + 3z^2 + z^3$$

Ändern sich die Koeffizienten entlang der Kante von der Ecke i zur Ecke $i+1$, dann wandert eine Wurzel von $z = 1$ nach $z = -1$ und die anderen Wurzeln bleiben unverändert bei $z = -1$ oder $z = 1$. Ändern sich die Koeffizienten entlang der Kante von der Ecke i zur Ecke $i+2$, dann wandert ein konjugiert komplexes Wurzelpaar auf dem Einheitskreis von $z = 1$ nach $z = -1$ und die restliche Wurzel liegt in $z = 1$ oder $z = -1$.

Die komplexe Grenze ist Teil einer Sattelfläche (siehe Abb. 10.8), die zur Klasse der Regelflächen gehört (d.h. von einer Geradenschar erzeugt). Sie kann einfach gezeichnet werden, indem man die Kanten 02 und 13 in die gleiche Anzahl von gleich großen Abschnitten unterteilt und entsprechende Punkte miteinander verbindet. Das gleiche Verfahren kann auch auf die Kanten 01 und 23 angewandt werden. Das Stabilitätsgebiet muß den Ursprung enthalten, in Abb. 10.8 liegt es deshalb unter der Sattelfläche. Nach Satz 10.2 ist das Tetraeder 0123 die konvexe Hülle des Stabilitätsgebiets.

Wir werden auf Abb. 10.8 noch mehrere Male hinweisen, um verschiedene Resultate für $n = 3$ zu veranschaulichen. □

Sind die Polynomkoeffizienten Funktionen der unsicheren Parameter $\boldsymbol{q}$, dann bietet der Grenzüberschreitungssatz 9.2 einen systematischen Weg, um die Gleichungen zu erzeugen, die die Stabilitätsgrenzen in den Raum der Parameter $\boldsymbol{q}$ abbilden.

Wenden wir nun Satz 9.2 auf den Einheitskreis an.

$$\begin{bmatrix} d_0 & d_1 & d_2 & \ldots & d_n \\ 0 & d_0 & d_1 & \ldots & d_{n-1} \end{bmatrix} \boldsymbol{a}(\boldsymbol{q}) = \begin{bmatrix} 0 \\ 0 \end{bmatrix} \tag{10.4.15}$$

Dieser allgemeine Ausdruck kann für den Einheitskreis vereinfacht werden [15]. Seine parametrische Beschreibung sei gegeben durch den Realteil von $z = \tau + \mathrm{j}\eta$, d.h. $\tau \in [-1\,;\,1]$, $\tau^2 + \eta^2 = 1$. Dann ist

$$\begin{aligned} d_0 &= 1 \\ d_1 &= 2\tau \\ d_{i+1} &= 2\tau\, d_i - d_{i-1}\,, \quad i = 1, 2, \ldots, n-1 \end{aligned}$$

Durch Linksmultiplikation von (10.4.15) mit

$$s = \begin{bmatrix} 0 & 1 \\ -1 & 2\tau \end{bmatrix} \tag{10.4.16}$$

folgt

$$\begin{bmatrix} 0 & d_0 & d_1 & d_2 & \ldots & d_{n-1} \\ -d_0 & 0 & d_0 & d_1 & \ldots & d_{n-2} \end{bmatrix} \boldsymbol{a}(\boldsymbol{q}) = \begin{bmatrix} 0 \\ 0 \end{bmatrix} \tag{10.4.17}$$

Der Term d_n mit der höchsten Potenz von τ ist eliminiert worden. Dieses Reduktionsverfahren kann $n/2$-mal für gerades n und $(n+1)/2$-mal für ungerades n fortgesetzt werden. Die resultierenden Gleichungen sind für gerades n

$$\begin{bmatrix} -d_{\frac{n}{2}-2} & \ldots & -d_0 & 0 & d_0 & d_1 & \ldots & d_{\frac{n}{2}} \\ -d_{\frac{n}{2}-1} & \ldots & -d_1 & -d_0 & 0 & d_0 & \ldots & d_{\frac{n}{2}-1} \end{bmatrix} \boldsymbol{a}(\boldsymbol{q}) = \begin{bmatrix} 0 \\ 0 \end{bmatrix} \tag{10.4.18}$$

und für ungerades n

$$\begin{bmatrix} -d_{\frac{n+1}{2}-2} & \ldots & -d_0 & 0 & d_0 & d_1 & \ldots & d_{\frac{n+1}{2}-1} \\ -d_{\frac{n+1}{2}-1} & \ldots & -d_1 & -d_0 & 0 & d_0 & \ldots & d_{\frac{n+1}{2}-2} \end{bmatrix} \boldsymbol{a}(\boldsymbol{q}) = \begin{bmatrix} 0 \\ 0 \end{bmatrix} \tag{10.4.19}$$

Die Polynome mit den höchsten Graden in τ in (10.4.18) und (10.4.19) besitzen nunmehr einen Grad, der gegenüber den Polynomen in (10.4.15) nur noch etwa die Hälfte beträgt.

Beispiel 10.9. Die Schur-Stabilitätsgrenze des Polynoms

$$p(z, q_1, q_2) = (-0.825 + 0.225q_1 + 0.1q_2) + (0.895 + 0.025q_1 + 0.09q_2)z +$$
$$+ (-2.475 + 0.675q_1 + 0.3q_2)z^2 + z^3$$

soll in der (q_1, q_2)-Ebene dargestellt werden. Die reellen Grenzen $p(1, q_1, q_2) = 0$ und $p(-1, q_1, q_2) = 0$ ergeben in der (q_1, q_2)-Ebene zwei Geraden, siehe Abb. 10.9. Die komplexe Grenze wird durch

$$\begin{bmatrix} -d_0 & 0 & d_0 & d_1 \\ -d_1 & -d_0 & 0 & d_0 \end{bmatrix} \boldsymbol{a}(\boldsymbol{q}) = \begin{bmatrix} 0 \\ 0 \end{bmatrix}$$

$$\begin{bmatrix} -1 & 0 & 1 & 2\tau \\ -2\tau & -1 & 0 & 1 \end{bmatrix} \boldsymbol{a}(\boldsymbol{q}) = \begin{bmatrix} 0 \\ 0 \end{bmatrix}$$

beschrieben.

Für das Beispiel gilt

$$\boldsymbol{a}(\boldsymbol{q}) = \begin{bmatrix} a_0(\boldsymbol{q}) \\ a_1(\boldsymbol{q}) \\ a_2(\boldsymbol{q}) \\ 1 \end{bmatrix} = \begin{bmatrix} -0.825 \\ 0.895 \\ -2.475 \\ 1 \end{bmatrix} + \begin{bmatrix} 0.225 & 0.1 \\ 0.025 & 0.09 \\ 0.675 & 0.3 \\ 0 & 0 \end{bmatrix} \begin{bmatrix} q_1 \\ q_2 \end{bmatrix}$$

Die resultierenden Gleichungen

$$\begin{bmatrix} -1.65 + 2\tau \\ 0.105 + 1.65\tau \end{bmatrix} + \begin{bmatrix} 0.45 & 0.2 \\ -0.025 - 0.45\tau & -0.09 - 0.2\tau \end{bmatrix} \begin{bmatrix} q_1 \\ q_2 \end{bmatrix} = \begin{bmatrix} 0 \\ 0 \end{bmatrix}$$

können nach q_1 und q_2 aufgelöst werden

$$\begin{bmatrix} q_1 \\ q_2 \end{bmatrix} = \begin{bmatrix} 3.592 \\ 0.169 \end{bmatrix} + \begin{bmatrix} -5.070 \\ 1.408 \end{bmatrix} \tau + \begin{bmatrix} -11.268 \\ 25.352 \end{bmatrix} \tau^2, \quad \tau \in [-1\,;\,1]$$

Die komplexe Grenze ist ebenfalls in Abb. 10.9 dargestellt, es handelt sich hierbei um einen ebenen Schnitt durch das affine Bild der Stabilitätsgebiets von Abb. 10.8.   □

Für $n \geq 4$ kann das Stabilitätsgebiet nicht visualisiert werden, aber einige offensichtliche Schlüsse können gezogen werden.

1. Das Stabilitätsgebiet ist endlich und einfach-zusammenhängend. Es läßt sich auf den Ursprung des Koeffizientenraums, entsprechend dem Polynom $p(z) = z^n$, zusammenziehen.

2. Das Stabilitätsgebiet wird von zwei Hyperebenen, entsprechend $p(1) = 0$ und $p(-1) = 0$, und einer komplexen Hyperfläche begrenzt.

3. Das Stabilitätsgebiet ist für $n \geq 3$ nicht konvex.

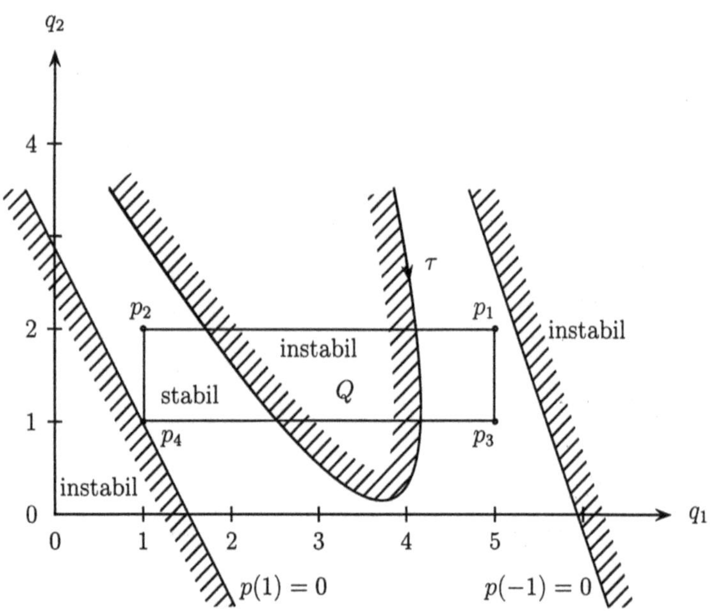

Abb. 10.9: Die Kanten des Betriebsbereichs Q sind stabil, aber Q ist nicht robust stabil

4. Die konvexe Hülle des Stabilitätsgebiets ist ein Polytop, dessen Kanten den $n+1$ Polynomen

$$p_i(z) = (z + 1)^i (z - 1)^{n-i} \, , \quad i = 0, 1, \ldots, n$$

entsprechen, siehe Satz 10.2.

5. Kanten, deren zugehörige Eckenindizes sich um eins oder zwei unterscheiden, gehören zur Stabilitätsgrenze. Ist die Differenz $m > 2$, dann gehören die Kanten nicht dazu. Eine Bewegung entlang dieser Kanten entspricht der Bewegung eines konjugiert komplexen Nullstellenpaars entlang der Wurzelortskurve von $(z-1)^m +$ $K(z+1)^m = 0$. Diese besteht aus Kreisen, die durch $z = 1$ und $z = -1$ verlaufen und sich unter einem Winkel von $180°/m$ schneiden.

Anmerkung 10.4.   Eine hinreichende Stabilitätsbedingung wurde von Cohn [47] angegeben. Das Polynom

$$p(z) = a_0 + a_1 z + \ldots + a_{n-1} z^{n-1} + z^n$$

ist stabil, wenn

$$\sum_{i=0}^{n-1} |a_i| < 1 \qquad\qquad (10.4.20)$$

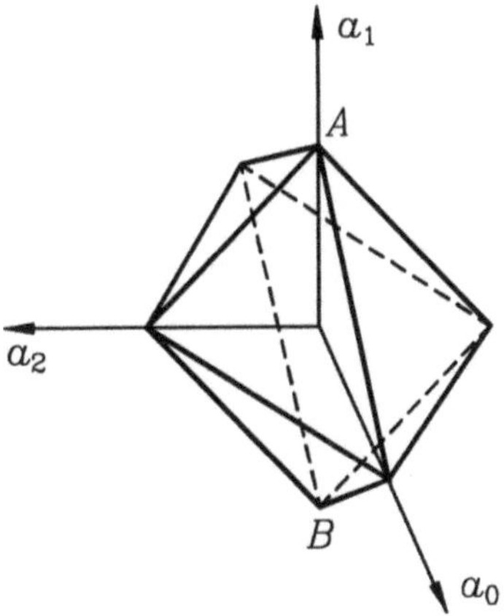

Abb. 10.10: Eine hinreichende Stabilitätsbedingung für $n = 3$ ist $|a_0| + |a_1| + |a_2| < 1$

For $n = 3$ repräsentiert diese Ungleichung ein Oktaeder, siehe Abb. 10.10.

Der Punkt A mit den Koordinaten [0 1 0] ist der Sattelpunkt, siehe Abb. 10.8. Der Punkt B mit den Koordinaten [0 − 1 0] ist der Mittelpunkt der Kante 12 von Abb. 10.8. Diese hinreichende Bedingung ist sehr konservativ, wie der Abb. 10.10 für den Fall $n = 3$ zu entnehmen ist.   □

10.5 Testmengen

Ergebnisse über Extrempunkte

In Abschnitt 9.7 wurde gezeigt, daß der Einheitskreis kein schwaches Kharitonov-Gebiet ist. Die Schur-Stabilität eines Intervallpolynoms folgt nicht aus der Schur-Stabilität der Eckpolynome. Daher gelten Resultate über Extrempunkte nur unter der Annahme weiterer einschränkender Voraussetzungen oder für sehr spezielle Problemklassen.

Ergebnisse über schwache Extrempunkte (d.h. alle Ecken der Koeffizientenbox $\mathcal{A}$ müssen überprüft werden) existieren offensichtlich für die konvexe notwendige Bedingung von Satz 10.2 und für die hinreichende Bedingung (10.4.20). Sind alle Ecken von $\mathcal{A}$ stabil (und daher in der konvexen Hülle von Satz 10.2), dann liegt $\mathcal{A}$ ganz in der konvexen Hülle, d.h. die notwendige Stabilitätsbedingung ist in ganz $\mathcal{A}$ erfüllt. Daher muß nur die Bedingung

$$\inf_{a \in \mathcal{A}} \mathrm{Det}\, S(a) > 0 \qquad (10.5.1)$$

überprüft werden. Dies ist jedoch der schwierige Teil des Problems.

Dieselbe Schlußweise zeigt, daß, wenn alle Ecken von $\mathcal{A}$ die hinreichende Bedingung (10.4.20) erfüllen, dies für alle Punkte von $\mathcal{A}$ erfüllt ist. Dieses Ergebnis ist jedoch sehr konservativ, wie man Abb. 10.10 entnehmen kann. Dort wird eine kleine Teilmenge des Stabilitätsgebiets von Abb. 10.8 gezeigt und nun muß aus dem Oktaeder eine weitere kleine Teilmenge in der Form einer Box gebildet werden.

Es ist auch möglich, die Koeffizienten in einem Gebiet variieren zu lassen, das durch die ℓ_1-Norm (10.4.20) festgelegt wird. Ergebnisse für diese Klasse von Problemen wurden von Mansour, Kraus und Anderson [109, 123] und Tempo [163] angegeben.

Ein schwaches Ergebnis für Extrempunkte für die $\mathcal{A}$-Box wurde von Hollot und Bartlett [83] gefunden. Die zusätzliche Annahme an die Koeffizienten $a_i \in [a_i^- ; a_i^+]$ ist, daß $a_i^- = a_i^+$ für $i = [\frac{n}{2}] + 1, [\frac{n}{2}] + 2, \ldots, n$. Hierbei bezeichnet $[\frac{n}{2}]$ die größte ganze Zahl kleiner oder gleich $n/2$. Das Intervallpolynom ist robust Schur-stabil genau dann, wenn alle extremen Polynome Schur-stabil sind.

Konvexe Richtungen

Eine interessante Forschungsrichtung zum Auffinden weiterer Ergebnisse über Extrempunkte wurde von Rantzer [144] initiiert. Er führt den Begriff der konvexen Richtungen ein, siehe dazu den Übersichtsartikel von Barmish [33].

Zwei Beispiele sollen die Idee der konvexen Richtungen mit Hinsicht auf die Bedingung (10.5.1) veranschaulichen. Betrachten wir die folgende Frage:

Für welche a_i ist es möglich, daß a_i^- und a_i^+ zu stabilen Polynomen führen, währenddessen für einen Zwischenwert eine Instabilität auftritt? Nach (10.5.1) kann dies nur dann auftreten, wenn die Gleichung für die komplexen Wurzeln

$$c(a_i) = \operatorname{Det} \boldsymbol{S}(a_i) > 0 \qquad\qquad (10.5.2)$$

im Intervall $[a_i^- ; a_i^+]$ ein Minimum besitzt, d.h.

$$\frac{\partial c(a_i)}{\partial a_i} = 0 \qquad \text{und} \qquad \frac{\partial^2 c(a_i)}{\partial a_i^2} > 0 \qquad\qquad (10.5.3)$$

Beispiel 10.10. $n = 3$
$c = 1 - a_1 + a_0 a_2 - a_0^2 = 0$. Ein Extremum kann nur in der a_0-Richtung auftreten. Es ist dann ein Maximum wegen $\partial^2 c/\partial a_0^2 = -2$. Ein Ergebnis für Extrempunkte ist für alle Richtungen a_0, a_1 und a_2 gültig. Dies wurde von Cieslik [46] und Kraus et al. [108] angegeben.

□

Beispiel 10.11. $n = 4$
$c = (1 - a_0)^2(1 - a_2 + a_0) + (a_3 - a_1)(a_1 - a_0 a_3)$
a_2 geht linear ein, für a_1 gilt

$$\frac{\partial^2 c(a_1)}{\partial a_1^2} = -2$$

d.h. das Extremum in a_1-Richtung ist ein Maximum. Für a_0 ist

$$\frac{\partial^2 c(a_0)}{\partial a_0^2} = 6a_0 - 2(1 + a_2)$$

Ist $a_0 < (a_2 + 1)/3$, so ergibt sich ein Minimum. In Bezug auf a_3 gilt

$$\frac{\partial^2 c(a_3)}{\partial a_3^2} = -2a_0$$

Ein Minimum ergibt sich, falls $a_0 < 0$. Ergebnisse über Extrempunkte existieren in der a_1- und a_2-Richtung. In der a_0-Richtung existiert ein Ergebnis, falls $a_0^- > (a_2^+ + 1)/3$ und in der a_3-Richtung, falls $a_0^- > 0$. Diese letzte Bedingung ist zum Beispiel für $a_0 = -0.5$, $a_1 = 0$, $a_2 = 0.6$ und $a_3 \in [-0.8\,;0.8]$ nicht erfüllt. Dieses Polynom ist stabil für $a_3 = -0.8$ und $a_3 = 0.8$, aber instabil für $a_3 = 0$. $\qquad\square$

Der Vorteil des Satzes von Kharitonov liegt darin, daß nur vier Polynome überprüft werden müssen. Diese Eigenschaft ändert sich nicht nach einer bilinearen Transformation und einer Überabschätzung des resultierenden Polynoms in w, welches auf Hurwitz-Stabilität überprüft werden muß, siehe (10.4.9).

Beispiel 10.12. Betrachten wir Beispiel 10.5 mit den Unsicherheitsintervallen $q \in [0.1\,;2]$, $k \in [0.1\,;2]$ wie in Beispiel 10.4. Die Koeffizienten des transformierten Polynoms $p_w(w, q, k) = b_0 + b_1 w + b_2 w^2$ liegen in den Intervallen $b_0 \in [0.0009\,;3.459]$, $b_1 \in [0.0003\,;3.34]$, $b_2 \in [0.3806\,;4.49]$. Alle Koeffizienten sind positiv, d.h. $p_w(w, q, k)$ ist robust Hurwitz-stabil und $p(z, q, k)$ ist robust Schur-stabil. Dieses Beispiel zeigt eine Überabschätzung mit einem überraschend guten Ergebnis, siehe dazu auch Abb. 10.6. $\qquad\square$

Anmerkung 10.5. Neben den beiden Fällen der a_i-Intervalle von $p(z)$ und der b_i-Intervalle von $p_w(w)$ gibt es als weitere Möglichkeit die δ-Transformation [128] mit

$$\delta = \frac{z - 1}{T}$$

Das transformierte Polynom ist

$$p_\delta(\delta) = p(\delta T + 1) = \sum_{i=0}^{n} a_i (\delta T + 1)^i = \sum_{i=0}^{n} c_i \delta^i$$

Vermutlich besteht zwischen dem kontinuierlichen Streckenmodell und den Koeffizienten c_i eine nähere Verwandtschaft als mit den a_i. Das Polynom $p(z)$ ist Schur-stabil genau dann, wenn die Wurzeln von $p_\delta(\delta)$ alle im Einheitskreis mit dem Mittelpunkt $\delta = -1/T$ liegen. Dieser verschobene Kreis erfüllt die Bedingung von Rantzer. Sowohl Γ als auch Γ^{-1} sind konvex, siehe Satz 9.4. Daher gilt ein Eckenergebnis im Raum der Koeffizienten c_i für Polynome mit komplexen Koeffizienten, siehe dazu auch [155]. $\qquad\square$

Der Kantensatz

Kann aus Aussagen über die Ecken keine weitere Folgerung gezogen werden, dann sind die Kanten der Q-Box eine nützliche Testmenge. Der Beweis des Kantensatzes [35] gilt auch für den Einheitskreis. Daher ist die entscheidende Bedingung an die Polynomkoeffizienten, daß sie affin von den unsicheren Parametern q abhängen. In diesem Fall genügt es, die Kanten der Q-Box zu überprüfen. Ist diese Testmenge Schur-stabil, dann ist die ganze Q-Box Schur-stabil.

Der folgende Test auf Schur-Stabilität für eine einzelne Kante wurde in [13] angegeben.

Satz 10.3. (Ackermann, Barmish)

Seien S_b und S_c die Matrizen, (10.4.5), die zur Überprüfung der beiden Polynome

$$\begin{aligned} p_b(z) &= b_0 + b_1 z + \ldots + b_n z^n \\ p_c(z) &= c_0 + c_1 z + \ldots + c_n z^n \end{aligned}$$

herangezogen werden müssen. Die konvexe Kombination der beiden Polynome

$$p(z, q) = (1 - q)p_b(z) + q p_c(z), \quad q \in [0\,;\,1] \tag{10.5.4}$$

ist genau dann Schur-stabil, wenn

1. $p_b(z)$ Schur-stabil ist
2. $\operatorname{sign} p_b(1) = \operatorname{sign} p_c(1)$
3. $\operatorname{sign} p_b(-1) = \operatorname{sign} p_c(-1)$
4. die Matrix $S_b^{-1} S_c$ keine nichtnegativen reellen Eigenwerte hat.

$\square$

Der Beweis verläuft analog dem Beweis von Satz 4.6.

Beispiel 10.13. Es wird das Beispiel 10.9 mit der Parameterbox $Q = \{q \mid q_1 \in [1\,;\,5],\, q_2 \in [1\,;\,2]\}$ untersucht. Abb. 10.9 zeigt das Rechteck (und die Stabilitätsgrenzen). Die vier extremen Polynome sind

$$\begin{aligned} p_1(z) &= p(z, 5, 2)\,, & p_3(z) &= p(z, 5, 1) \\ p_2(z) &= p(z, 1, 2)\,, & p_4(z) &= p(z, 1, 1) \end{aligned}$$

und es läßt sich unmittelbar verifizieren, daß alle Wurzeln im Einheitskreis liegen. Die vier Matrizen $S_i = S(p_i)$ sind

$$S_1 = \begin{bmatrix} 1 & 1 \\ -0.5 & -0.2 \end{bmatrix}, \quad S_3 = \begin{bmatrix} 1 & 0.8 \\ -0.4 & -0.11 \end{bmatrix}$$

$$S_2 = \begin{bmatrix} 1 & -0.8 \\ 0.4 & -0.1 \end{bmatrix}, \quad S_4 = \begin{bmatrix} 1 & -1 \\ 0.5 & -0.01 \end{bmatrix}$$

Es ist ausreichend, zwei der S_i zu invertieren, um $S_i S_j^{-1}$ für die vier Kanten zu erhalten.

i) Kante $p_1 p_2$

$$S_1 S_2^{-1} = \frac{1}{0.22} \begin{bmatrix} -0.5 & 1.8 \\ 0.13 & -0.6 \end{bmatrix}$$

mit den Eigenwerten $\lambda_1 = -0.289$ und $\lambda_2 = -4.711$.

ii) Kante $p_4 p_2$

$$S_4 S_2^{-1} = \frac{1}{0.22} \begin{bmatrix} 0.3 & -0.2 \\ -0.046 & -0.399 \end{bmatrix}$$

mit den Eigenwerten $\lambda_1 = 2.079$ und $\lambda_2 = 1.098$.

iii) Kante $p_1 p_3$

$$S_1 S_3^{-1} = \frac{1}{0.21} \begin{bmatrix} 0.29 & 0.2 \\ -0.025 & 0.2 \end{bmatrix}$$

mit den Eigenwerten $\lambda_{1,2} = 1.167 \pm j\, 0.260$.

iv) Kante $p_4 p_3$

$$S_4 S_3^{-1} = \frac{1}{0.21} \begin{bmatrix} -0.51 & -1.8 \\ -0.059 & -0.41 \end{bmatrix}$$

mit den Eigenwerten $\lambda_1 = -0.621$ und $\lambda_2 = -3.760$.

Die Kanten $p_4 p_2$ und $p_1 p_3$ ergeben keine negativ reellen Eigenwerte, d.h. sie sind Schurstabil. Die Kanten $p_1 p_2$ und $p_4 p_3$ erzeugen jedoch negativ reelle Eigenwerte. Daher ist die Q-Box nicht robust Schur-stabil. $\qquad\square$

Anmerkung 10.6. Für kleine Abtastzeiten T verhält sich das Regelungssystem von Abb. 10.1 mit $c_z(z) = k$ ähnlich wie das kontinuierliche Gegenstück ohne Abtaster und Halteglied. Daraus ergibt sich eine interessante Fragestellung: Wenn das charakteristische Polynom des kontinuierlichen Systems affine Koeffizientenfunktionen besitzt (der Kantensatz ist gültig), kann man dann behaupten, daß der Kantensatz auch für das Abtastsystem gilt, wenn T genügend klein gewählt wird? Diese Behauptung wurde in [89] bewiesen. Es bleibt aber eine offene Frage, ob auf die robuste Stabilität von Abtastsystemen, die aus affinen kontinuierlichen Strecken hervorgehen, aus dem Kantentest geschlossen werden kann. $\qquad\square$

10.6   Konstruktion von Wertemengen

Es gibt bisher keine Resultate über Baumstrukturen von charakteristischen Polynomen von Abtastsystemen. In [89] wird ein Beispiel einer affinen kontinuierlichen Strecke betrachtet. Die Wertemenge $p(e^{j\omega T}, q)$ des abgetasteten Systems wird nicht nur durch die Bilder der Kanten von Q begrenzt, sondern auch durch die Bilder von inneren Punkten von Q. Die Konstruktion von Wertemengen von Abtastsystemen bleibt ein schwieriges Problem.

10.7   Stabilitätsradius

Die Bestimmung des reellen Stabilitätsradius eines Abtastsystems im Raum der Streckenparameter ist außergewöhnlich schwierig. Für Reglerparameter, die affin in die Koeffizienten eintreten, können die Ergebnisse aus den Kapiteln 7 und 9 unmittelbar verwendet werden. Im Kapitel 7 wurden Verfahren zur Bestimmung des Stabilitätsradius angegeben, wenn die linke Halbebene zugrunde gelegt wird. Kapitel 9 zeigte die Verallgemeinerung dieser Methode, wenn von anderen Gebieten ausgegangen wird. Dies kann sofort auf den Einheitskreis übertragen werden, indem die vereinfachte Darstellung der Berandung in (10.4.18) oder (10.4.19) angewandt wird.

10.8   Einschleifige Regelkreise

Im Abschnitt 8.3 wurde die Nützlichkeit von Nyquist-Wertemengen bei kontinuierlichen Strecken diskutiert. Der Nullausschluß von der Wertemenge des charakteristischen Polynoms wurde dabei ersetzt durch den Nullausschluß des kritischen Punkts -1 von der Nyquist-Wertemenge. Dieses Ergebnis wird nun auf den diskreten Fall übertragen.

Betrachtet wird das einschleifige Abtastregelungssystem von Abb. 10.1 mit dem Frequenzgang

$$h_0(e^{j\omega T}, \boldsymbol{q}) = c_z(e^{j\omega T}) h_z(e^{j\omega T}, \boldsymbol{q}) \tag{10.8.1}$$

des offenen Kreises. Der diskrete Frequenzgang hat die folgenden Eigenschaften:

1. er ist periodisch in ωT mit der Periode 2π

2. er ist symmetrisch zur reellen Achse, d.h.

$$\begin{aligned} \operatorname{Re} h_0(e^{j\omega T}, \boldsymbol{q}) &= \operatorname{Re} h_0(e^{-j\omega T}, \boldsymbol{q}) \\ \operatorname{Im} h_0(e^{j\omega T}, \boldsymbol{q}) &= -\operatorname{Im} h_0(e^{-j\omega T}, \boldsymbol{q}) \end{aligned} \tag{10.8.2}$$

3. für $\omega T = \pi$ ist

$$h_0(e^{j2\pi}, \boldsymbol{q}) = h_0(-1, \boldsymbol{q}) \tag{10.8.3}$$

reell, d.h.

$$h_0(-1, \boldsymbol{q}) = -1 \tag{10.8.4}$$

ergibt die reelle Grenze für $z = -1$.

4.

$$h_z(1, \boldsymbol{q}) = g_s(0, \boldsymbol{q}) \tag{10.8.5}$$

(siehe [14]). Deshalb gilt

$$h_0(1, \boldsymbol{q}) = c_z(1)h_z(1, \boldsymbol{q}) = c_z(1)g_s(0, \boldsymbol{q}) \tag{10.8.6}$$

Aus 1. und 2. folgt, daß es ausreicht, sich für ωT auf das Intervall $[0\,;\,\pi]$ zu beschränken. Die vier Bedingungen von Satz 10.1 haben ihre Gegenstücke beim Frequenzgang des offenen Kreises, die im nächsten Satz zusammengefaßt werden.

Satz 10.4.

Ein einschleifiges Abtastsystem mit dem Frequenzgang $h_0(e^{j\omega T}, \boldsymbol{q})$ des offenen Kreises ist Schur-stabil für alle $\boldsymbol{q} \in Q$ genau dann, wenn die folgenden Bedingungen erfüllt sind

1. es existiert ein $\boldsymbol{q}^0 \in Q$, sodaß der geschlossene Kreis Schur-stabil ist,
2. $h_0(1, \boldsymbol{q}) \quad \neq -1$ für alle $\boldsymbol{q} \in Q$
3. $h_0(-1, \boldsymbol{q}) \neq -1$ für alle $\boldsymbol{q} \in Q$
4. $h_0(e^{j\omega T}, \boldsymbol{q}) \neq -1$ für alle $\boldsymbol{q} \in Q$ und alle $\omega \in [0\,;\,\pi]$

$\square$

Die Bedingung 1 kann leicht durch ein beliebiges $\boldsymbol{q}^0 \in Q$ überprüft werden. Bedingung 2 ist relativ einfach zu prüfen, wegen (10.8.5) geht $\boldsymbol{q}$ nicht exponentiell ein. Die Bedingungen 3 und 4 hingegen enthalten exponentielle Terme in $\boldsymbol{q}$ und sind daher nur schwer zu überprüfen, es sei denn, wir sind bereit, Q zu rastern.

Eine andere Möglichkeit, die Bedingungen 3 und 4 zu formulieren, besteht darin, die Poisson-Summe der z-Übertragungsfunktion zu verwenden, siehe (10.1.9). Für $z = -1$, d.h. $\omega T = \pi$, kann diese Summe vereinfacht werden:

$$\begin{aligned}
h_z(-1, \boldsymbol{q}) &= 2 \sum_{m=-\infty}^{\infty} \frac{g_s[j(1+2m)\pi/T, \boldsymbol{q}]}{j(1+2m)\pi} \\[2mm]
&= 2 \sum_{m=0}^{\infty} \frac{g_s[j(1+2m)\pi/T, \boldsymbol{q}]}{j(1+2m)\pi} + 2 \sum_{i=0}^{\infty} \frac{g_s[-j(1+2i)\pi/T, \boldsymbol{q}]}{-j(1+2i)\pi} \\[2mm]
&= 2 \sum_{m=0}^{\infty} \left(\frac{g_s[j(1+2m)\pi/T, \boldsymbol{q}]}{j(1+2m)\pi} + \frac{g_s[-j(1+2m)\pi/T, \boldsymbol{q}]}{-j(1+2m)\pi} \right) \\[2mm]
&= 4 \sum_{m=0}^{\infty} \mathrm{Re}\, \frac{g_s[j(1+2m)\pi/T, \boldsymbol{q}]}{j(1+2m)\pi} \tag{10.8.7}
\end{aligned}$$

Daher kann Satz 10.4 auch unter Verwendung der kontinuierlichen Übertragungsfunktion $g_s(s, \boldsymbol{q})$ formuliert werden.

Satz 10.5.

Das einschleifige Abtastregelungssystem mit der kontinuierlichen Strecke $g_s(s, \boldsymbol{q})$ und Abtaster, Halteglied und diskretem Kompensator $c_z(z)$ (siehe Abb. 10.1) ist genau dann stabil für alle $\boldsymbol{q} \in Q$, wenn

1. ein $\boldsymbol{q}^0 \in Q$ existiert, so daß der geschlossene Kreis Schur-stabil ist

2. $c_z(1)g_s(0, \boldsymbol{q}) \neq -1$ für alle $\boldsymbol{q} \in Q$

3.

$$c_z(-1)\, 4 \sum_{m=0}^{\infty} \operatorname{Re} \frac{g_s[\mathrm{j}(1+2m)\pi/T, \boldsymbol{q}]}{\mathrm{j}(1+2m)\pi} \neq -1 \text{ für alle } \boldsymbol{q} \in Q \qquad (10.8.8)$$

4. für alle $\boldsymbol{q} \in Q$ und alle $\omega \in [0;\pi]$

$$c_z(e^{\mathrm{j}\omega T})(1 - e^{\mathrm{j}\omega T}) \sum_{m=-\infty}^{\infty} \frac{g_s(s + \mathrm{j}m2\pi/T, \boldsymbol{q})}{sT + \mathrm{j}m2\pi} \neq -1 \qquad (10.8.9)$$

$\square$

Der Vorteil der in Satz 10.5 verwendeten Formulierung liegt darin, daß für eine Strecke $g_s(s, \boldsymbol{q})$ mit Zählergrad kleiner Nennergrad die unendliche Reihe mit jeder gewünschten Genauigkeit berechnet werden kann und $\boldsymbol{q}$ dabei in jeden Term mit der gleichen Komplexität wie im kontinuierlichen Fall eingeht.

Viele Strecken $g_s(s)$ haben Tiefpaßcharakteristik, bei denen der Nennergrad den Zählergrad um zwei übersteigt. Die Konvergenz der Reihen (10.8.8) und (10.8.9) wird verstärkt durch den $1/s$-Term des Haltegliedes. In diesem Fall konvergiert die Summe sehr rasch und der Haupteffekt der Abtastung wird durch den Term $m = 0$ beschrieben. Es ergibt sich für die *reelle Grenze* bei $z = -1$

$$h_z(-1, \boldsymbol{q}) \approx 4 \operatorname{Re} \frac{g_s(\mathrm{j}\pi/T, \boldsymbol{q})}{\mathrm{j}\pi} \qquad (10.8.10)$$

und für die *komplexe Grenze* mit $z = e^{\mathrm{j}\omega T}$

$$h_z(e^{\mathrm{j}\omega T}, \boldsymbol{q}) \approx \frac{1 - e^{-\mathrm{j}\omega T}}{\mathrm{j}\omega T} g_s(\mathrm{j}\omega, \boldsymbol{q}) \qquad (10.8.11)$$

Man beachte, daß der Faktor $(1 - e^{-\mathrm{j}\omega T})/\mathrm{j}\omega T$ der Frequenzgang des Haltegliedes, geteilt durch T, ist. Er kann auch geschrieben werden als

$$\frac{1 - e^{-\mathrm{j}\omega T}}{\mathrm{j}\omega T} = \frac{e^{\mathrm{j}\omega T/2} - e^{-\mathrm{j}\omega T/2}}{\mathrm{j}\omega T} \cdot e^{-\mathrm{j}\omega T/2}$$

$$= \frac{\sin \omega T/2}{\omega T/2} \cdot e^{-\mathrm{j}\omega T/2} \qquad (10.8.12)$$

Bei der Berechnung der komplexen Grenze kommt der wesentliche Einfluß vom Term $e^{-\mathrm{j}\omega T/2}$, d.h. wir haben eine Phasenverzögerung, die genau einer Totzeit von einem halben Abtastintervall entspricht. Der Verstärkungsfaktor ist eins für $\omega T = 0$ und nimmt mit zunehmenden ωT ab.

Die Approximation (10.8.11) ist sehr gut für kleine Abtastintervalle T, d.h. für große Frequenzintervalle $2\pi/T$, an denen die Werte des Frequenzgangs $g_s(\mathrm{j}\omega, \boldsymbol{q})/\mathrm{j}\omega$ genommen werden und in die Summe (10.8.9) eingehen. Mit wachsendem T nimmt die Güte der Approximation ab. Ab einem gewissen Abtastintervall überwiegt dann die Schwingung, die in Abb. 10.3 zu sehen ist und durch die Bedingung (10.8.10) gekennzeichnet ist. Für solche Abtastintervalle ist die Approximation wieder gut, weil ein zweiter Term von (10.8.9) mit eingeht.

Beispiel 10.14. Betrachten wir wieder Beispiel 10.1 mit $T = 1$. Die approximierten Gleichungen der Grenze sind für $z = -1$

$$4\,\mathrm{Re}\,\frac{k}{(\mathrm{j}\pi)^2(1 + \mathrm{j}\pi/q)} = -1$$

und für $z = e^{\mathrm{j}\omega T}$ aus (10.1.12)

$$\frac{-(1 - e^{-\mathrm{j}\omega})k}{(\omega + m2\pi)^2[1 + \mathrm{j}(\omega + m2\pi)/q]} = -1$$

Die approximierten Grenzen (gepunktet) sind in Abb. 10.11 dargestellt. Die exakten Grenzen (durchgezogen) sind wie in Abb. 10.6. Die Approximation ist für kleines q gut. Man beachte, daß die Variable T nur im Term qT auftaucht. Daher hat ein kleines q den gleichen Effekt wie ein kleines T. Für wachsendes q nimmt die Genauigkeit der Approximation der komplexen Grenze k_c für $z = e^{\mathrm{j}\omega T}$ ab. Eine gute Approximation wird nun für größeres q erreicht, wo die Stabilitätsgrenze k_1 für $z = -1$ entscheidend ist. $\hfill\square$

Beispiel 10.15. Nach den Beispielen 7.5 und 9.4, die den spurgeführten Bus behandelten, wird nun der Kompensator

$$c(s) = 25^3\,\frac{0.15s^2 + 0.7s + 0.6}{(s^2 + 25s + 25^2)(s + 25)}$$

mit Hilfe der Tustin-Approximation (10.0.1) diskretisiert mit einem Abtastintervall $T = 10\,[\mathrm{ms}]$:

$$c_z(z) = 9.3464\,\frac{(z - 0.988986)(z - 0.965028)(z + 1)}{(z - 0.7788)(z^2 - 1.7238z + 0.7788)}$$

Die resultierenden Stabilitätsgrenzen sind in Abb. 10.12 dargestellt.

Die durchgezogene Linie ist die Grenze für das Γ-Stabilitätsgebiet $\partial\Gamma = \{\sigma + \mathrm{j}\omega \mid \omega^2 = 25\sigma^2 - 49/16,\ \sigma \le -0.25\}$ beim kontinuierlichen System. Die gestrichelte Linie ist die approximierte Γ-Stabilitätsgrenze für das System und den diskretisierten Kompensator $c_z(z)$. Die Güte der Approximation wurde durch die Bestimmung der Wurzeln

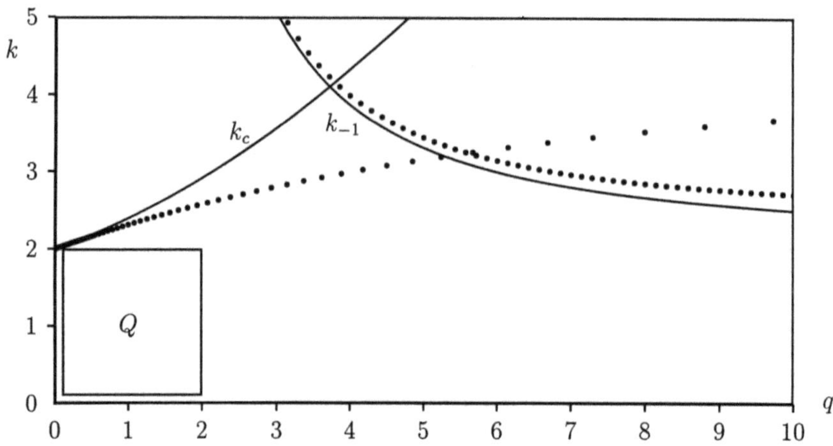

Abb. 10.11: Die Approximation of Abb. 10.6 durch abgebrochene Poisson-Reihen

einiger Polynome, die zu beiden Seiten der approximierten Grenze liegen, überprüft. Die Übereinstimmung ist sehr gut, so daß die gestrichelte Linie auch als die exakte Γ-Stabilitätsgrenze des diskretisierten Systems angesehen werden kann. Dieser Effekt ist nicht überraschend, da die kontinuierliche Strecke einen Polüberschuß von drei besitzt, d.h. die Poisson-Reihen konvergieren wie $1/\omega^4$ und das Abtastintervall $T = 10$ [ms], mit dem der Regler arbeitet, ist für diese Strecke klein. In diesem Beispiel wird das Γ-Stabilitätsgebiet durch die Diskretisierung des Kompensators nur sehr geringfügig verkleinert. $\Box$

10.9 Kreisstabilität

Im Abschnitt 10.3 diskutierten wir Spezifikationen für die Eigenwerte bei Abtastsystemen. Eine Schlußfolgerung war, daß Kreise mit Mittelpunkt auf der reellen Achse sinnvolle Gebiete für Γ-Stabilität bei Abtastsystemen liefern. In diesem Abschnitt wollen wir zeigen, wie die Ergebnisse hinsichtlich Schur-Stabilität auf Γ-Stabilität, definiert durch Kreise mit reellem Mittelpunkt (siehe Abb. 10.13), erweitert werden können.

Definition 10.2. Ein Polynom heißt *kreisstabil*, wenn alle Wurzeln in einem vorgegebenen Kreis mit gegebenem Radius r und reellem Mittelpunkt τ_0 liegen. $\Box$

Kreisstabilität ist durch zwei Parameter gekennzeichnet, den Mittelpunkt τ_0 und den

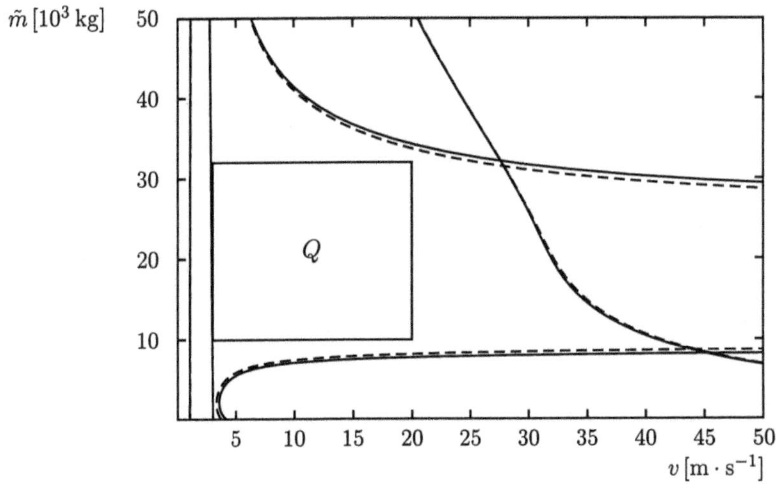

Abb. 10.12: Die Γ-Stabilitätsgrenzen in der $(v, \tilde{m})$-Ebene für kontinuierliche Zeit (durchgezogen) und für diskrete Zeit (gestrichelt)

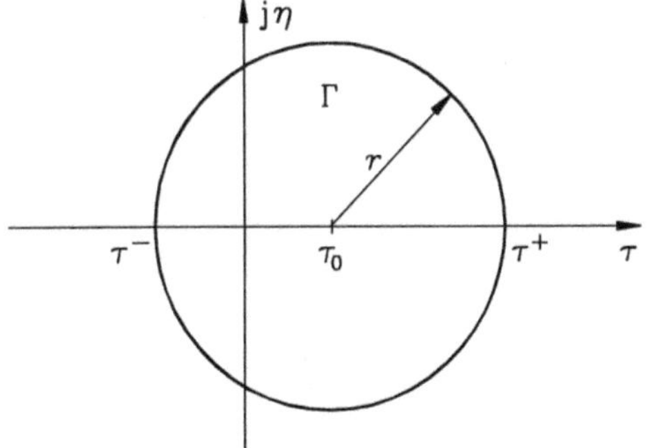

Abb. 10.13: Kreisstabilität

Radius r oder auch

$$
\begin{aligned}
\tau^- &:= \tau_0 - r \\
\tau^+ &:= \tau_0 + r
\end{aligned}
\tag{10.9.1}
$$

Anmerkung 10.7. Für $\tau^- > 0$ (oder $\tau^+ < 0$, was für Abtastsysteme nicht von Interesse ist) sind sowohl Γ als auch Γ^{-1} konvex und Γ ist ein Kharitonov-Gebiet im Sinne der Def. 9.1. $\square$

Der Kreis von Abb. 10.13 kann durch eine affine Transformation

$$
\tilde{z} := (z - \tau_0)/r, \quad z = r\tilde{z} + \tau_0
\tag{10.9.2}
$$

auf den Einheitskreis abgebildet werden. Daher ist ein Polynom $p(z) = a_0 + a_1 z + \ldots + a_n z^n$ genau dann kreisstabil, wenn das Polynom

$$
\tilde{p}(\tilde{z}) = p(r\tilde{z} + \tau_0)
$$

$$= \sum_{i=0}^{n} a_i (r\tilde{z} + \tau_0)^i$$

$$= \sum_{i=0}^{n} \tilde{a}_i \tilde{z}^i \tag{10.9.3}$$

Schur-stabil ist.

Die affine Transformation (10.9.2) läßt sich direkt mit der bilinearen Transformation (10.4.7) verbinden. Es ist

$$w = \frac{\tilde{z} - 1}{\tilde{z} + 1} = \frac{z - \tau_0 - r}{z - \tau_0 + r}, \quad z = r\frac{1 + w}{1 - w} + \tau_0 \tag{10.9.4}$$

oder unter Verwendung der Parameter τ^-, τ^+

$$w = \frac{z - \tau^+}{z - \tau^-}, \quad z = \frac{\tau^+ - \tau^- w}{1 - w} \tag{10.9.5}$$

Ein Polynom $p(z) = a_0 + a_1 z + \ldots + a_n z^n$ ist genau dann kreisstabil, wenn das Polynom

$$p_w(w) = (1 - w)^n p\left(\frac{\tau^+ - \tau^- w}{1 - w}\right)$$

$$= \sum_{i=0}^{n} a_i (\tau^+ - \tau^- w)^i (1 - w)^{n-i}$$

$$= \sum_{i=0}^{n} b_i w^i \tag{10.9.6}$$

Hurwitz-stabil ist.

Wieder beschreiben die notwendigen Stabilitätsbedingungen $b_i > 0$, $i = 0, 1, \ldots, n$ die konvexe Hülle des Stabilitätsgebiets im Raum der Koeffizienten a_i.

Beispiel 10.16. Die Nullstellen des Polynoms $p(z) = a_0 + a_1 z + a_2 z^2 + z^3$ sollen im Kreis mit dem Mittelpunkt $\tau_0 = 0.4$ und dem Radius $r = 0.4$ liegen, also $\tau^- = 0$, $\tau^+ = 0.8$.

$$p_w(w) = \sum_{i=0}^{3} a_i \, 0.8^i (1 - w)^{3-i} = \sum_{i=0}^{3} b_i \, w^i \tag{10.9.7}$$

$$\begin{aligned}
b_0 &= p(0.8) = a_0 + 0.8 a_1 + 0.64 a_2 + 0.512 \\
b_1 &= -(3 a_0 + 1.6 a_1 + 0.64 a_2) \\
b_2 &= 3 a_0 + 0.8 a_1 \\
b_3 &= -a_0
\end{aligned}$$

Die konvexe Hülle des Stabilitätsgebiets wird durch die Ungleichungen $b_i > 0$ beschrieben. Die kritischen Bedingungen, die zur Berandung des Stabilitätsgebiets beitragen, sind $b_0 > 0, b_3 > 0$ und $b_1 b_2 - b_0 b_3 > 0$. $\square$

Die modifizierte Form von Satz 10.2 kann auch durch baryzentrische Koordinaten ausgedrückt werden [5]. Das Ergebnis ist

Satz 10.6.

Man betrachte das Stabilitätsgebiet von

$$p(z) = a_0 + a_1 z + \ldots + a_{n-1} z^{n-1} + z^n \tag{10.9.8}$$

in Bezug auf einen Kreis im Raum der Koeffizienten $a_0, a_1, \ldots, a_n$. Seine konvexe Hülle ist das Polytop mit den $n+1$ Ecken, entsprechend den Polynomen

$$p_i(z) = (z - \tau^-)^i (z - \tau^+)^{n-i}, \quad i = 0, 1, 2, \ldots, n \tag{10.9.9}$$

$\square$

Eine Darstellung der Berandung (9.2.15) zur Anwendung von Frequenzbereichsmethoden erhält man durch Einsetzen von

$$\eta^2 + (\tau - \tau_0)^2 = r^2, \quad \text{d.h. } \eta^2 + \tau^2 = r^2 + 2\tau_0\tau - \tau_0^2 \tag{10.9.10}$$

in (9.2.16)

$$\begin{aligned} d_0 &= 1 \\ d_1 &= 2\tau \\ d_{i+1} &= 2\tau\, d_i - (r^2 + 2\tau_0\tau - \tau_0^2)\, d_{i-1} \end{aligned} \tag{10.9.11}$$

und (9.2.15) liefert die Beschreibung der Grenze.

Beispiel 10.17. Betrachten wir wieder Beispiel 10.16 mit $\tau_0 = 0.4$, $r = 0.4$

$$\begin{aligned} d_0 &= 1 \\ d_1 &= 2\tau \\ d_2 &= 4\tau^2 - 0.8\tau \\ d_3 &= 4\tau^3 - 3.2\tau^2 \end{aligned}$$

Die Koeffizienten a_i des Polynoms dritter Ordnung mit Nullstellen auf dem Kreis mit Radius $r = 0.4$ und dem Mittelpunkt $\tau_0 = 0.4$ erfüllen die folgenden Gleichungen.

$$\begin{bmatrix} d_0 & d_1 & d_2 & d_3 \\ 0 & d_0 & d_1 & d_2 \end{bmatrix} \begin{bmatrix} a_0 \\ a_1 \\ a_2 \\ 1 \end{bmatrix} = \begin{bmatrix} 0 \\ 0 \end{bmatrix}$$

$$\begin{bmatrix} 1 & 2\tau & 4\tau^2 - 0.8\tau & 4\tau^3 - 3.2\tau^2 \\ 0 & 1 & 2\tau & 4\tau^2 - 0.8\tau \end{bmatrix} \begin{bmatrix} a_0 \\ a_1 \\ a_2 \\ 1 \end{bmatrix} = \begin{bmatrix} 0 \\ 0 \end{bmatrix}, \quad \tau \in [0\,;\,0.8]$$

Der kubische Term in τ kann durch Linksmultiplikation der obigen Gleichungen mit

$$\begin{bmatrix} 1 & -\tau \\ 0 & 1 \end{bmatrix}$$

eliminiert werden. Es ergibt sich somit

$$\begin{bmatrix} 1 & \tau & 2\tau^2 - 0.8\tau & -2.4\tau^2 \\ 0 & 1 & 2\tau & 4\tau^2 - 0.8\tau \end{bmatrix} \begin{bmatrix} a_0 \\ a_1 \\ a_2 \\ 1 \end{bmatrix} = \begin{bmatrix} 0 \\ 0 \end{bmatrix}$$

$\square$

10.10 Übungen

10.1. Zu untersuchen ist die diskrete Strecke

$$x(i+1) = \begin{bmatrix} -3 & 2 \\ -7+q & 4 \end{bmatrix} x(i) + \begin{bmatrix} 1 \\ 2+q \end{bmatrix} u(i)$$

mit der Zustandsvektorrückführung

$$u(i) = -[k_1 \ k_2] \, x(i)$$

a) Es sei $q = 0$. Bestimmen Sie die Deadbeat-Lösung und bestimmen Sie grafisch in der (k_1, k_2)-Ebene die Schur-stabile Umgebung.

b) Für welchen maximalen Wert von $q = q^+$ ist es möglich, eine gleichzeitige Stabilisierung für $q = 0$ und $q = q^+$ zu erreichen? Welche Zustandsvektorrückführung ist dazu erforderlich?

10.2. Gegeben sei das Polynom

$$p(z) = a_0 + a_1 z + a_2 z^2 + a_3 z^3 + a_4 z^4 + z^5$$

Bestimmen Sie die notwendigen Stabilitätsbedingungen, die sich aus der konvexen Hülle des Stabilitätsgebiets herleiten lassen.

10.3. Das Gebiet für Schur-Stabilität eines Polynoms $p(z) = a_0 + a_1 z + a_2 z^2 + z^3$ ist in Abb. 10.8 dargestellt. Legen Sie einen ebenen Schnitt durch dieses Gebiet, der sich für $a_1 = 1.5$ ergibt.

10.4. Es sei

$$\boldsymbol{x}(i+1) = \begin{bmatrix} 0 & 1 & 0 & 0 \\ 0 & 0 & 1 & 0 \\ 0 & 0 & 0 & 1 \\ 0.6 & -2 & 0.8 & 0.2 \end{bmatrix} \boldsymbol{x}(i) + \begin{bmatrix} 0 \\ 0 \\ 0 \\ 1 \end{bmatrix} u(i)$$

$$\boldsymbol{y}(i) = \begin{bmatrix} -0.4 & -2.2 & 0 & 0 \\ 0.6 & -1 & 1 & 0 \end{bmatrix} \boldsymbol{x}(i)$$

Bestimmen Sie die Menge aller Schur-stabilisierenden Ausgangsvektorrückführungen

$$u(i) = -[k_a \ k_b] \, \boldsymbol{y}(i)$$

und ihre konvexe Hülle.

10.5. Die Nullstellen des Polynoms

$$p(z) = a_0 + a_1 z + a_2 z^2 + a_3 z^3 + z^4$$

sollen alle im Kreis mit Mittelpunkt $z = 0.5$ und dem Radius 0.5 liegen. Bestimmen Sie die algebraischen Bedingungen und überprüfen Sie damit

$$p(z) = 0.25 - 1.2z + 2.3z^2 + 2.3z^3 + z^4$$

10.6. Betrachten Sie die diskrete Strecke

$$\boldsymbol{x}(i+1) = \begin{bmatrix} 0 & 1 & 0 \\ 0 & 0 & 1 \\ a & b & 1 \end{bmatrix} \boldsymbol{x}(i) + \begin{bmatrix} 0 \\ 0 \\ 1 \end{bmatrix} u(i)$$

mit der Zustandsvektorrückführung

$$u(i) = [k_1 \ k_2 \ k_3] \, x(i)$$

Führen Sie einen Deadbeat-Entwurf für die nominalen Parameterwerte $a = 2$, $b = 1$ durch. Bestimmen Sie grafisch bei festen k_1, k_2, k_3 die stabile Umgebung in der (a, b)-Ebene.

10.7. Es sei

$$\begin{aligned} p(z, q_1, q_2) &= (q_1 + q_2) + (2q_1 + q_2)z + (3q_1 + q_2)z^2 \\ &\quad + (4q_1 + q_2)z^3 + z^4 \end{aligned}$$

Bestimmen Sie die notwendigen Stabilitätsbedingungen in der (q_1, q_2)-Ebene, die sich aus der konvexen Hülle ergeben. Welche weiteren Schritte sind erforderlich, um die Frage nach der robusten Stabilität zu entscheiden?

Part IV

Einige Entwurfswerkzeuge für robuste Regelungssysteme

11 Entwurf im Parameterraum

11.1 Einführung in den Reglerentwurf durch simultane Gamma-Stabilisierung

Mit Kapitel 11 treten wir nun in den Teil IV dieses Buchs ein, der sich mit dem Reglerentwurf beschäftigt. Für ein unsicheres charakteristisches Polynom $p(s, q, k)$ eines geschlossenen Regelkreises soll ein $k = k^0$ so bestimmt werden, daß das Polynom $p(s, q, k^0)$ Γ-stabil für alle $q \in Q$ ist. Mögliche Situationen sind hierbei:

1. Es existieren Reglerkoeffizienten k^0 mit dieser Eigenschaft und ebenso eine Umgebung K_Γ von k^0, die die gleiche Eigenschaft besitzt, siehe Abb. 3.10. Es soll das beste $k \in K_\Gamma$ unter Berücksichtigung weiterer Entwurfsanforderungen ausgewählt werden.

2. Es existieren keine Reglerkoeffizienten k^0, siehe Abb. 3.11 und Beispiel 2.1.

Leider gibt es noch keine Kriterien, mit denen eine Streckenfamilie und eine Reglerstruktur auf Zugehörigkeit zu Fall 1 oder 2 überprüft werden kann. Sogar das einfachere Problem der simultanen Stabilisierung einer endlichen Polynomfamilie $\{p(s, q^{(i)}, k) \mid i = 1, 2, \ldots, N\}$ ist bislang nur für den Fall $N = 2$ gelöst worden [174]. Eine offensichtliche notwendige Bedingung ist, daß alle instabilen Eigenwerte steuerbar und beobachtbar sein müssen; diese Bedingung allein ist aber im Gegensatz zur Stabilisierung einer einzelnen nominalen Strecke nicht ausreichend. Viele Autoren haben ausreichende Bedingungen unter der Annahme verschiedenster restriktiver Annahmen oder Abschätzungen entwickelt. Jedoch konnte bisher noch keine Methode gefunden werden, mit der die obige Zuordnung getroffen werden könnte. Auf die Literatur soll hier nicht näher eingegangen werden, der interessierte Leser sei auf einige Veröffentlichungen zu dieser Frage verwiesen: Desoer *et al.* [54], Saeks und Murray [147], Vidyasagar *et al.* [173,174], Ghosh *et al.* [77, 74–76], Kimura [107], Doyle *et al.* [58], Khargonekar *et al.* [103, 104], Wei *et al.* [34, 178, 177, 165], Wu *et al.* [179], Kwakernaak [113], Debowski und Kurylowicz [52], Howitt und Luus [88], Youla *et al.* [180], Emre [60], Djaferis [56], Leitmann [115] und Poolla *et al.* [139].

Für den Entwurf einer robusten Regelung gibt es zwei prinzipiell verschiedene Kategorien der Problembehandlung. In der ersten Kategorie wird eine einmalig auszuführende

Prozedur angestrebt, die zu einem Regler führt, der die Robustheit der Streckenfamilie
garantiert und somit keiner weiteren Robustheitsanalyse mehr bedarf. Typischerweise
muß bei dieser Kategorie ein skalares Maß für die Robustheitsgüte formuliert werden.
Ein Beispiel ist die von Doyle entwickelte μ-*Optimierung* [25, 159]. Die Werkzeuge
der zweiten Kategorie sollen dem Entwurfsingenieur die Entwurfskonflikte bei verschiedenen Betriebszuständen und Entwurfsanforderungen verständlich machen und einen
interaktiven, auf „trial and error" basierenden Entwurfsprozeß unterstützen. Der dabei
resultierende Regler muß einer genauen Robustheitsanalyse unterzogen werden. Ein
Beispiel ist die von Horowitz [87] entwickelte „Quantitative Feedback Theory" (QFT).

Vom Standpunkt der Ingenieurwissenschaft aus erscheint nur die erste Kategorie auf
den ersten Blick attraktiv. Solange jedoch die fundamentalen Existenzfragen ungeklärt
bleiben, werden all diese Entwurfsprozeduren lediglich konservative Ergebnisse liefern
können. Dies führt oft zu Reglern mit unnötig hoher Ordnung und mit einem un-
genügenden Maß an Flexibilität zur Berücksichtigung weiterer Entwurfsanforderungen.
Wird die Regelgüte anhand anderer Kriterien als der im Entwurf verwendeten untersucht (z.B. Sprungantworten oder andere Simulationen mit dem nichtlinearen Streckenmodell), so wird der Reglerentwurf ohnehin zu einer „trial and error"-Prozedur.

Im Teil IV dieses Buchs wird mehr die Ingenieurkunst als die Ingenieurwissenschaft betont. Es werden Werkzeuge für die zweite der oben vorgestellten Kategorien entwickelt.
In diesem Kapitel wird der Entwurf in der Parameterebene [3, 5] behandelt, in Kapitel
12 der Entwurf durch Optimierung eines Gütekriterienvektors [110, 112]. Die Anwendung dieser Entwurfswerkzeuge wird anhand der im Kapitel 1 vorgestellten Beispiele
demonstriert.

Zuerst soll die Rolle von „trial and error" beim Entwurf diskutiert werden. Dazu wird
angenommen, daß bereits ein Regler für einen nominalen Betriebspunkt q^0 der Strecke
entworfen wurde. Wird nun das Regelungssystem auf robuste Γ-Stabilität für eine Q-
Box mit Mittelpunkt q^0 hin untersucht, dann ist es sehr unwahrscheinlich, eine positive
Antwort zu erhalten. Die Lösung gibt auch keinen Hinweis darauf, in welche Richtung
das Ergebnis zu verbessern ist, damit ein größerer Teil der Q-Box Γ-stabilisiert wird.
Dies wäre blindes „trial and error". Eine sehr viel mehr zielgerichtete Methode ist der
Entwurf eines Reglers, der simultan die Ecken $q_v^{(i)}$ des Betriebsbereichs stabilisiert. Das
Ergebnis einer Γ-Robustheitsanalyse ist schematisch in Abb. 3.13 dargestellt. Sie gibt
klare Auskunft darüber, wie die Q-Box im nächsten Entwurfsschritt besser repräsen-
tiert werden kann Im Beispiel von Abb. 3.13 geschieht dies durch Einbeziehung des
Betriebspunktes E. Bei einer größeren Anzahl von unsicheren Parametern kann der
Stabilitätsradius des Mittelpunktes ermittelt werden. Sind die Ecken der Q-Box mit
eingeschlossen, so ist die robuste Γ-Stabilität für alle $q \in Q$ gewährleistet. Andernfalls
kann der „worst case"-Betriebsfall des Betriebsbereichs bestimmt und beim nächsten
Entwurfschritt als zusätzlicher Repräsentant mit aufgenommen werden.

Für Intervallstrecken mit einem Kompensator erster Ordnung wurde bereits in Abschnitt 8.1 gezeigt, daß die simultane Stabilisierung der Ecken des Betriebsbereichs die
robuste Stabilität für den gesamten Betriebsbereich bedingt. In diesem Fall ist keine
Robustheitsanalyse notwendig. Es gibt guten Grund zur Annahme, daß solche Extrem-
punktresultate für viele Streckenfamilien gültig sind. Tatsächlich gibt es unter den,

den Autoren bekannten, technischen Anwendungen keinen einzigen Fall, bei dem weitere Repräsentanten als die Ecken $\boldsymbol{q}_v^{(i)}$ des Betriebsbereichs notwendig gewesen wären. Basierend auf dieser Erfahrung kann man davon ausgehen, daß die Arbeitshypothese „Eckenstabilisierung genügt" eine hilfreiche und praktische Annahme ist. An dieser Stelle soll der Leser an die dritte Grundregel der robusten Regelung erinnert werden:

Wenn man bei der Analyse ein Pessimist ist, dann kann man es sich leisten, ein Optimist beim Entwurf zu sein.

Mit der obigen Rechtfertigung soll nun das Problem der simultanen Γ-Stabilisierung für die Ecken der Q-Box, auch *Multimodellproblem* genannt, gelöst werden.

11.2 Polgebietsvorgabe

In diesem Abschnitt wird ein Zustandsregler

$$u = -\boldsymbol{k}^T \boldsymbol{x} \tag{11.2.1}$$

angenommen. Wie bereits oben diskutiert, soll dieser Regler die Ecken des Betriebsbereichs simultan stabilisieren. In einem ersten Schritt soll nur ein Betriebspunkt $\boldsymbol{q}^{(1)}$ (z.B. eine der Ecken oder der Mittelpunkt des Betriebsbereichs) Γ-stabilisiert werden. Eine naheliegende Möglichkeit ist die Festlegung der n Eigenwerte des geschlossenen Regelkreises in Γ und anschließende Polvorgabe. Bei Systemen mit einem Eingang erhält man bei Polvorgabe eine eindeutige Lösung $\boldsymbol{k}$, d.h. es bleiben keinerlei Freiheiten, um noch andere Betriebszustände zu berücksichtigen.

Die Diskussion in Kapitel 3 über Eigenwertspezifikationen hat gezeigt, daß gute Regelkreisgüte nicht eine genau spezifizierte Eigenwertlage notwendig macht. Es genügt vielmehr, die Eigenwerte des geregelten Systems in einem gewünschten Polgebiet Γ für alle $\boldsymbol{q} \in Q$ zu plazieren. Es soll nun die Menge $K_\Gamma^{(1)}$ aller Zustandsrückführvektoren $\boldsymbol{k}$ bestimmt werden, die die Strecke für den festen Betriebspunkt $\boldsymbol{q}^{(1)}$ Γ-stabilisieren.

In den vorausgehenden Kapiteln wurden Stabilitätstests für ein unsicheres Polynom $p(s, \boldsymbol{q})$ entwickelt. Nun spielt $\boldsymbol{k}$ die Rolle eines unsicheren Parameters: Es soll die Menge aller $\boldsymbol{k}$ bestimmt werden, für die das Polynom $p(s, \boldsymbol{q}^{(1)}, \boldsymbol{k})$ Γ-stabil ist. Diese Γ-stabilisierenden $\boldsymbol{k}$ bilden die Menge $K_\Gamma^{(1)}$. Aus dem Grenzüberschreitungssatz in Kapitel 4 folgt, daß das geregelte System mit dem charakteristischen Polynom $p(s, \boldsymbol{q}, \boldsymbol{k})$ nur dann mindestens einen Eigenwert auf der Berandung $\partial\Gamma$ des Polgebiets besitzt, wenn der gewählte Punkt $\boldsymbol{k}$ auf der Berandung $\partial K_\Gamma^{(1)}$ der Menge der simultan Γ-stabilisierenden Reglerparameter liegt. Somit reicht es aus, die Berandung des Polgebiets Γ in den $\boldsymbol{k}$-Raum abzubilden. Das resultierende Abbild unterteilt den $\boldsymbol{k}$-Raum in eine endliche Anzahl von Mengen. Durch Überprüfen von beliebigen Punkten aus diesen Mengen kann die Menge der simultan Γ-stabilisierenden Reglerparameter bestimmt werden, Abb. 11.1 zeigt eine schematische Darstellung. Hier ergibt die Abbildung von $\partial\Gamma$ eine Kurve, die den k-Raum in drei Untermengen unterteilt. Von jeder dieser Mengen werden beliebige Punkte gewählt (zum Beispiel k_1, k_2 und k_3) und damit das charakteristische Polynom $p(s, q^{(1)}, k_i)$, $i = 1, 2, 3$ auf Γ-Stabilität hin überprüft. In dem Beispiel erwies sich das Polynom $p(s, q^{(1)}, k_1)$ als Γ-stabil und somit repräsentiert das Gebiet 1 die gesuchte Menge $K_\Gamma^{(1)}$.

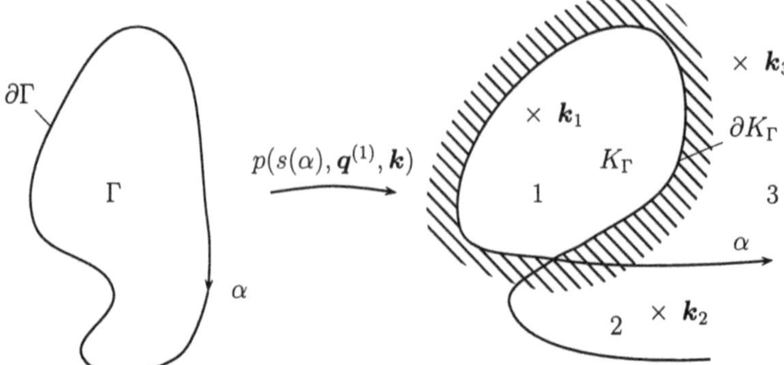

Abb. 11.1: Abbildung der Berandung des Polgebiets Γ in den k-Raum über das nominale charakteristische Polynom $p(s, q^{(1)}, k)$. Die Berandung $\partial\Gamma$ wird durch α parametrisiert.

Bei Systemen mit einer Eingangsgröße hängt das charakteristische Polynom affin von den Reglerparametern k ab. Eine grafische Darstellung der Menge $K_\Gamma^{(1)}$ ist einfach, wenn $n - 2$ Parameter des Rückführvektors, z.B. $k_3, k_4, \ldots, k_n$, festgelegt werden und $\partial K_\Gamma^{(1)}$ in der (k_1, k_2)-Ebene dargestellt wird. Die Berandung des Polgebiets Γ wird in den zweidimensionalen k-Raum abgebildet. Die Berandung $\partial\Gamma$ wird durch die Gleichung (9.4.2) repräsentiert, wobei $a = a(k_1, k_2)$ der Koeffizientenvektor des charakteristischen Polynoms des geschlossenen Kreises ist. Die beiden Zeilen von (9.4.2) sind dann

$$\mathrm{Re}(p(\alpha)) = b_0(\alpha) + b_1(\alpha) \cdot k_1 + b_2(\alpha) \cdot k_2 = 0$$
$$\mathrm{Im}(p(\alpha)) = c_0(\alpha) + c_1(\alpha) \cdot k_1 + c_2(\alpha) \cdot k_2 = 0$$

die explizit nach $k(\alpha)$ gelöst werden können:

$$k(\alpha) = \begin{bmatrix} k_1(\alpha) \\ k_2(\alpha) \end{bmatrix} = - \begin{bmatrix} b_1(\alpha) & b_2(\alpha) \\ c_1(\alpha) & c_2(\alpha) \end{bmatrix}^{-1} \cdot \begin{bmatrix} b_0(\alpha) \\ c_0(\alpha) \end{bmatrix} \tag{11.2.2}$$

Der Berandungsparameter α parametrisiert die Berandung von Γ für $\alpha \in [\alpha^-; \alpha^+]$. Die Berandungen in der (k_1, k_2)-Ebene werden berechnet und auf dem Grafikbildschirm ausgegeben. Kann die Matrix in Gleichung (11.2.2) nicht invertiert werden, dann strebt die Begrenzung in der (k_1, k_2)-Ebene gegen Unendlich oder eine isolierte Frequenz tritt auf.

Die Polgebietsvorgabe wird durch das folgende Beispiel illustriert.

Beispiel 11.1. Die Verladebrücke aus (1.1.6) soll für $\ell = 12\,[\mathrm{m}]$, $m_L = 1500\,[\mathrm{kg}]$, $m_C = 1000\,[\mathrm{kg}]$ und $g = 10\,[\mathrm{m} \cdot \mathrm{s}^{-2}]$ durch Zustandsrückführung

$$u = - \begin{bmatrix} k_1 & k_2 & k_3 & k_4 \end{bmatrix}^T x$$

Γ-stabilisiert werden. Der Seilwinkel ist schwer meßbar; dieser Sensor soll deshalb vermieden werden und somit $k_4 = 0$. Bei einem typischen Transportvorgang von der Position $x_1(0)$ zur Position 0 ist die anfängliche Stellkraft proportional zu $k_1 \cdot x_1(0)$. Der Reglerparameter k_1 wird nun anhand des maximal möglichen Transportvorgangs $\hat{x}_1(0)$ bestimmt, um die anfängliche Stellkraft zu beschränken, z.B. $k_1 = 500$. Das verbleibende Problem ist die Bestimmung der Menge der Γ-stabilisierenden Reglerparameter in der (k_2, k_3)-Ebene. Als Polgebiet Γ wurde die Hyperbel

$$\omega^2 = 4\sigma^2 - 0.25 \tag{11.2.3}$$

gewählt, um genügende Dämpfung und kurze Einschwingzeit zu gewährleisten. Sie ist in Abb. 11.2 dargestellt. Somit ergibt sich die Abbildungsgleichung (9.4.2) mit $\alpha = \sigma$ zu

$$\begin{bmatrix} 1 & 2\alpha & -\alpha^2 + 0.25 & -12\alpha^3 + \alpha & 19 - \alpha^4 + 0.5\alpha^2 + 0.0625 \\ 0 & 1 & 2\alpha & -\alpha^2 + 0.25 & -12\alpha^3 + \alpha \end{bmatrix} \boldsymbol{a}(k_1, k_2) = \begin{bmatrix} 0 \\ 0 \end{bmatrix} \tag{11.2.4}$$

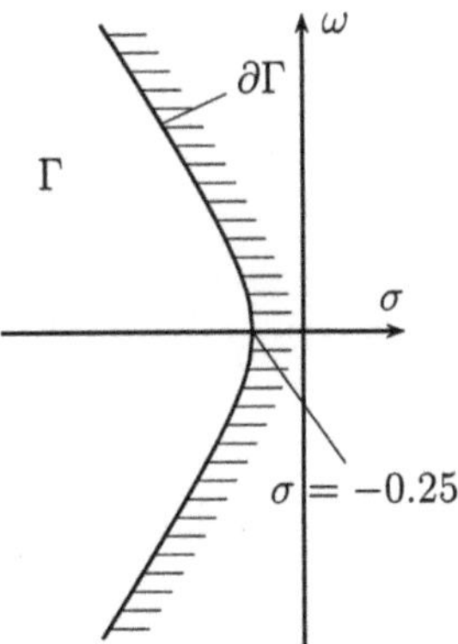

Abb. 11.2: Zulässiges Eigenwertgebiet Γ für die Verladebrücke

Das charakteristische Polynom der Verladebrücke mit den gegebenen Parameterwerten für m_L, m_C, ℓ, g, k_1 und k_4 ergibt sich laut (2.2.16) zu

$$p(s, k_2, k_3) = 5000 + 10k_2 s + (31000 - k_3)s^2 + 12k_2 s^3 + 12000 s^4 = 0$$

d.h. $\boldsymbol{a}(k_1, k_2) = [5000 \quad 10k_2 \quad 31000 - k_3 \quad 12k_2 \quad 12000]^T$ muß in der Gleichung (11.2.4) substituiert werden:

$$\begin{bmatrix} 13500 - 25000\alpha^2 - 228000\alpha^4 & + & \alpha(32 - 144\alpha^2)k_2 & + & (-0.25 + \alpha^2)k_3 \\ 74000\alpha - 144000\alpha^3 & + & (13 - 12\alpha^2)k_2 & - & 2\alpha k_3 \end{bmatrix} = \begin{bmatrix} 0 \\ 0 \end{bmatrix}$$

Diese beiden linearen Gleichungen werden nach k_2 und k_3 aufgelöst. Die komplexe Grenze bestimmt sich dann zu

$$k_2(\alpha) \;=\; 2000\,\frac{17\alpha + 120\alpha^3 - 1200\alpha^5}{13 - 320\alpha^2 + 1200\alpha^4}$$

und

$$k_3(\alpha) \;=\; 2000\,\frac{351 - 5710\alpha^2 + 25200\alpha^4 - 36000\alpha^6}{13 - 320\alpha^2 + 1200\alpha^4}$$

mit $\alpha \in (-\infty\,;\ -0.25]$. Eine Asymptote ergibt sich für $13 - 320\alpha^2 + 1200\alpha^4 = 0$, d.h. $\alpha = -\frac{1}{2}\sqrt{13/15}$ im betrachteten α-Intervall. Auch eine reelle Grenze bei $s = -0.25$ existiert. Sie lautet

$$r(k_2, k_3) = p(-0.25, k_2, k_3) = 6984.37 - 2.6875k_2 - 0.0625k_3 = 0$$

Die grafischen Darstellungen werden in Abb. 11.3 gezeigt. Dabei wurde die reelle Grenze gestrichelt eingezeichnet. Die (k_2,k_3)-Ebene wird in sechs Gebiete unterteilt. Durch Überprüfen beliebiger Punkte k_2, k_3 aus diesen Gebieten ergibt sich Γ-Stabilität für das Gebiet A; somit ist A das Gebiet aller zulässigen Reglerkoeffizienten. Jedes der

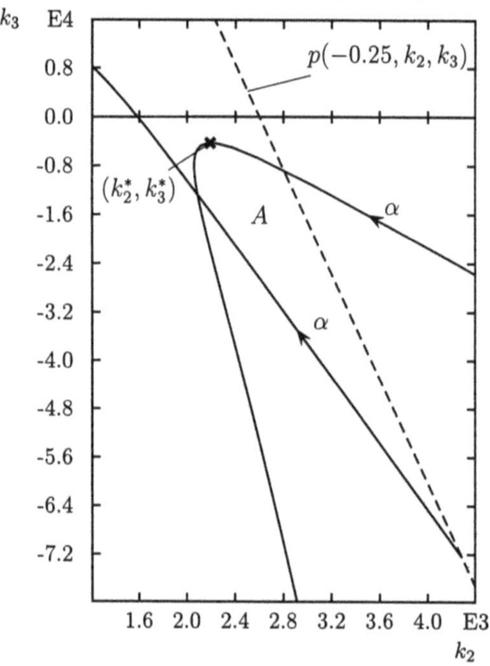

Abb. 11.3: Menge der Γ-stabilisierenden Reglerparameter

(k_2, k_3)-Paare im Gebiet A Γ-stabilisiert die Verladebrücke. Eine interessante Wahl des Rückführvektors ist diejenige mit der geringsten Norm. Die Lösung mit minimalem Abstand $\sqrt{k_2^2 + k_3^2}$ zum Ursprung bestimmt sich zu $k_2^* = 2191$ und $k_3^* = -4299$, siehe Abb. 11.3. Das Regelgesetz lautet somit

$$u = -\begin{bmatrix} 500 & 2191 & -4299 & 0 \end{bmatrix} x \qquad (11.2.5)$$

$\square$

Invarianzebenen

In dem vorhergehenden Beispiel konnte der vierdimensionale Reglerparameterraum durch einige einfache Überlegungen auf einen zweidimensionalen Raum reduziert werden. Dies vereinfachte die grafische Darstellung der stabilisierenden Mengen. Ist eine Reduzierung der Anzahl der freien Reglerparameter nicht möglich, dann muß eine Schnittebene im Raum der Zustandsrückführverstärkungen gewählt werden. Die Stabilitätsgrenzen werden dann in dieser zweidimensionalen Ebene dargestellt. Natürlich ist die Lage dieser Schnittebene entscheidend, besonders, wenn der Reglerparameterraum hochdimensional ist. In [20] wurde ein systematischer Lösungsansatz zur Festlegung der Schnittebene vorgestellt. Er basiert auf der Idee, daß in einem bestimmten Entwurfsstadium die kritischsten Eigenwerte bestimmt und in das Polgebiet Γ verschoben werden. Die restlichen Eigenwerte sollen dabei in ihren alten Positionen verbleiben. Die Γ-Stabilisierung ist damit eine sequentielle Prozedur, bei der in jedem Entwurfsschritt jeweils nur zwei Eigenwerte verschoben werden.

Für einen gegebenen Rückführvektor $\boldsymbol{k}_1$ aus einem vorhergegangenen Entwurfsschritt können die Eigenwerte berechnet und daraus die kritischsten bestimmt werden, z.B. $p(s) = h(s) \cdot d(s)$, wobei $d(s) = d_0 + d_1 s + s^2$ die beiden kritischsten Eigenwerte enthält. Eine gute Strategie wäre nun, nur jeweils die kritischsten Eigenwerte zu verschieben, während die weniger kritischen Eigenwerte in $h(s) = h_0 + h_1 s + \ldots + h_{n-2} s^{n-2}$ auf ihren alten Positionen verbleiben. Das neue charakteristische Polynom ist dann $h(s) \cdot t(s)$, wobei $t(s) = t_0 + t_1 s + s^2$ die neue Position der aus $d(s)$ stammenden Eigenwerte enthält. Dazu muß ein neuer Regler $\boldsymbol{k}_2$ bestimmt werden. Im nächsten Entwurfsschritt werden wiederum nur die kritischsten Eigenwerte verschoben. Dieses Vorgehen wird solange wiederholt, bis alle Eigenwerte in dem gewünschten Polgebiet Γ enthalten sind.

Das Problem ist nun, wie die Reglerparameter, ausgehend von $\boldsymbol{k} = \boldsymbol{k}_1$, verändert werden sollen, so daß $(n–2)$ Eigenwerte auf ihren alten Positionen verbleiben. Dieses Problem wurde durch Ackermanns Formel gelöst [2, 5, 99].

Satz 11.1. (Ackermann)

Für ein steuerbares System $(\boldsymbol{A}, \boldsymbol{b})$ werden mit dem Rückführvektor

$$\boldsymbol{k}^T = \boldsymbol{e}^T p(\boldsymbol{A}) \tag{11.2.6}$$

mit

$$\boldsymbol{e}^T = \begin{bmatrix} 0 & 0 & \ldots & 1 \end{bmatrix} \begin{bmatrix} \boldsymbol{b} & \boldsymbol{A}\boldsymbol{b} & \boldsymbol{A}^2\boldsymbol{b} & \ldots & \boldsymbol{A}^{n-1}\boldsymbol{b} \end{bmatrix}^{-1} \tag{11.2.7}$$

die Eigenwerte von $\boldsymbol{A} - \boldsymbol{b}\boldsymbol{k}^T$ durch die Wurzeln des Polynoms $p(s)$ vorgegeben.

$\square$

Mit dem Koeffizientenvektor $\hat{\boldsymbol{a}}$ (d.h. $p(s)/a_n = [1 \; s \; \ldots \; s^{n-1} \; s^n][\hat{\boldsymbol{a}}^T \; 1]^T$) des geschlossenen Kreises kann Gleichung (11.2.6) als

$$\boldsymbol{k}^T = \hat{\boldsymbol{a}}^T \boldsymbol{E} \tag{11.2.8}$$

dargestellt werden, wobei

$$\boldsymbol{E} = \begin{bmatrix} \boldsymbol{e}^T \\ \boldsymbol{e}^T \boldsymbol{A} \\ \vdots \\ \boldsymbol{e}^T \boldsymbol{A}^n \end{bmatrix}$$

die *Polvorgabematrix* genannt wird.

Sollen nun zwei Eigenwerte eines steuerbaren Systems $(\boldsymbol{A}, \boldsymbol{b})$ in ihre neue Lage $h(s) \cdot t(s)$ verschoben werden, so ist nach diesem Satz dazu der Rückführvektor

$$\boldsymbol{k}^T = \boldsymbol{e}^T \cdot h(\boldsymbol{A}) \cdot t(\boldsymbol{A}) = \boldsymbol{e}_h^T \cdot t(\boldsymbol{A}) \tag{11.2.9}$$

notwendig, wobei $\boldsymbol{e}_h^T = \boldsymbol{e}^T h(\boldsymbol{A})$ bereits bekannt ist.

$$\boldsymbol{k}^T = \boldsymbol{e}_h^T \cdot (t_0 \cdot \boldsymbol{I} + t_1 \cdot \boldsymbol{A} + \boldsymbol{A}^2) = \begin{bmatrix} t_0 & t_1 & 1 \end{bmatrix} \begin{bmatrix} \boldsymbol{e}_h^T \\ \boldsymbol{e}_h^T \boldsymbol{A} \\ \boldsymbol{e}_h^T \boldsymbol{A}^2 \end{bmatrix} \tag{11.2.10}$$

Im Fall $t(s) = d(s)$ sind die Eigenwerte des geregelten Systems identisch zu denen des offenen Kreises. Das kann nur für $\boldsymbol{k}^T = \boldsymbol{0}^T$ erreicht werden:

$$\boldsymbol{0}^T = \boldsymbol{e}_h^T \cdot d(\boldsymbol{A}) \tag{11.2.11}$$

Die Differenz zwischen (11.2.9) und (11.2.11) berechnet sich zu

$$\boldsymbol{k}^T = \boldsymbol{e}_h^T \cdot (t(\boldsymbol{A}) - d(\boldsymbol{A})) = \begin{bmatrix} t_0 - d_0 & t_1 - d_1 & 0 \end{bmatrix} \begin{bmatrix} \boldsymbol{e}_h^T \\ \boldsymbol{e}_h^T \boldsymbol{A} \\ \boldsymbol{e}_h^T \boldsymbol{A}^2 \end{bmatrix}$$

Diese Gleichung läßt sich zu

$$\boldsymbol{k}^T = \begin{bmatrix} \kappa_a & \kappa_b \end{bmatrix} \begin{bmatrix} \boldsymbol{e}_h^T \\ \boldsymbol{e}_h^T \boldsymbol{A} \end{bmatrix} \tag{11.2.12}$$

reduzieren, wobei $\kappa_a = t_0 - d_0$, $\kappa_b = t_1 - d_1$. Im n-dimensionalen $\boldsymbol{k}$-Raum spannen die Vektoren $\boldsymbol{e}_h^T$ und $\boldsymbol{e}_h^T \boldsymbol{A}$ einen zweidimensionalen Unterraum auf, so daß die Eigenwerte von $h(s)$ von $\boldsymbol{k}^T \boldsymbol{x}$ aus nicht mehr beobachtbar sind. Werden nun die Parameter κ_a und κ_b in dieser *Invarianzebene* variiert, so verschiebt man dadurch zwei Eigenwerte, während die restlichen in ihren alten Positionen verbleiben. Diese Ebene wird für eine grafische Darstellung verwendet.

Beispiel 11.2. Verladebrücke

Gegeben ist wiederum die Verladebrücke aus Beispiel 11.1. Das System soll durch vollständige Zustandsrückführung geregelt werden, das gewünschte Polgebiet mit der hyperbolischen Begrenzung (11.2.3) wurde bereits in Abb. 11.2 dargestellt.

Die Zustandsdarstellung (1.1.6) ist

$$\dot{x} = \begin{bmatrix} 0 & 1 & 0 & 0 \\ 0 & 0 & 15 & 0 \\ 0 & 0 & 0 & 1 \\ 0 & 0 & -25/12 & 0 \end{bmatrix} x + \begin{bmatrix} 0 \\ 1/1000 \\ 0 \\ -1/12000 \end{bmatrix} u$$

und das charakteristische Polynom des offenen Kreises ergibt sich zu

$$p(s) = s^2\left(\frac{25}{12} + s^2\right)$$

Der offene Kreis besitzt somit einen Doppelpol im Ursprung, $d(s) = s^2$, und ein konjugiert komplexes Polpaar auf der imaginären Achse, $h(s) = 25/12 + s^2$. Es soll nun eine Invarianzebene bestimmt werden, so daß zunächst nur der Doppelpol im Ursprung verschoben wird. Das konjugiert komplexe Polpaar verbleibt in seiner alten Position und der Doppelpol im Ursprung soll nun zu seiner neuen Position $t_0 + t_1 s + s^2$ verschoben werden. Das charakteristische Polynom $p(s)$ des geschlossenen Kreises ist somit

$$p(s) = t(s) \cdot h(s) = (t_0 + t_1 s + s^2)\left(\frac{25}{12} + s^2\right)$$

Für den gegebenen Betriebspunkt erhält man für (11.2.7)

$$e^T = \begin{bmatrix} 1200 & 0 & 14400 & 0 \end{bmatrix}$$

und entsprechend zu (11.2.9) berechnet sich e_h als

$$e_h^T = e^T h(A) = \begin{bmatrix} h_0 & h_1 & 1 \end{bmatrix} \begin{bmatrix} e^T \\ e^T A \\ e^T A^2 \end{bmatrix}$$

$$= \begin{bmatrix} \frac{25}{12} & 0 & 1 \end{bmatrix} \begin{bmatrix} 1200 & 0 & 14400 & 0 \\ 0 & 1200 & 0 & 14400 \\ 0 & 0 & -1200 & 0 \end{bmatrix}$$

$$= \begin{bmatrix} 2500 & 0 & 18000 & 0 \end{bmatrix}$$

Aus (11.2.12) ergibt sich der Rückführvektor zu

$$k_1^T = [\kappa_a \ \ \kappa_b] \begin{bmatrix} 2500 & 0 & 18000 & 0 \\ 0 & 2500 & 0 & 18000 \end{bmatrix} = \begin{bmatrix} 2500\kappa_a & 2500\kappa_b & 18000\kappa_a & 18000\kappa_b \end{bmatrix}$$

$$(11.2.13)$$

und damit ist die Invarianzebene festgelegt. Im Falle vollständiger Zustandsrückführung kann nun jede beliebige Lage der verschiebbaren Eigenwerte $t(s) = t_0 + t_1 s + s^2$ durch $\kappa_a = t_0 - d_0 = t_0$ und $\kappa_b = t_1 - d_1 = t_1$ gewählt werden. Das Γ-stabile Gebiet in der (κ_a,κ_b)-Ebene erhält man durch dessen Grenzbeschreibung $t_0(\alpha) = \sigma^2(\alpha) + \omega^2(\alpha)$, $t_1(\alpha) = -2\sigma(\alpha)$, $\sigma < -0.25$ und $\omega^2 = 4\sigma(\alpha)^2 - 0.25$, $\sigma = \alpha$:

$$\left.\begin{array}{rcl} \kappa_a &=& 5\alpha^2 - 0.25 \\[2mm] \kappa_b &=& -2\alpha \end{array}\right\} \quad \alpha < -0.25$$

Die reelle Grenze errechnet sich zu $t(-0.25) = t_0 - 0.25t_1 + 0.0625 = \kappa_a - 0.25\kappa_b + 0.0625$. Beide Grenzen sind in Abb. 11.4 dargestellt. Aus dem Γ-stabilen Gebiet wird zum

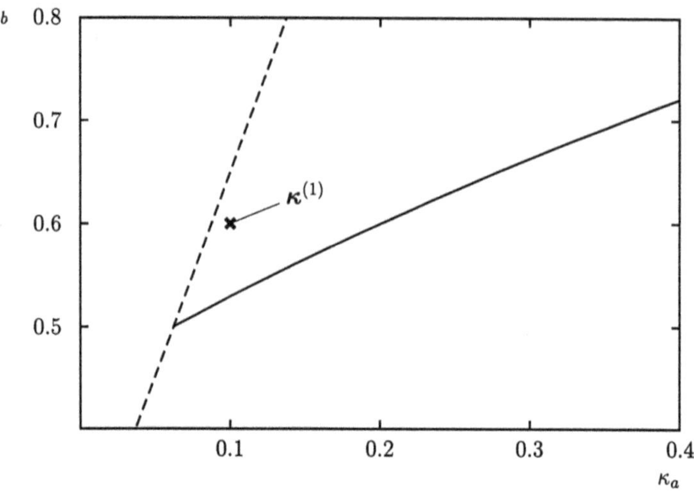

Abb. 11.4: Die beiden Eigenwerte auf der imaginären Achse sind in dieser Ebene invariant. Der Doppelpol im Ursprung wird zum Beispiel durch $\boldsymbol{\kappa}^{(1)}$ Γ-stabilisiert.

Beispiel das Parameterpaar

$$\boldsymbol{\kappa}^{(1)} = \begin{bmatrix} \kappa_a \\ \kappa_b \end{bmatrix} = \begin{bmatrix} 0.1 \\ 0.6 \end{bmatrix}, \quad \text{d.h.} \quad \boldsymbol{k}_1^T = \begin{bmatrix} 250 & 1500 & 1800 & 10800 \end{bmatrix}$$

gewählt, das $t(s)$ Γ-stabilisiert. Es verschiebt den Doppelpol bei $s = 0$ zu den Wurzeln des Polynoms $t(s) = 0.1 + 0.6s + s^2$. Im zweiten Entwurfschritt werden die Wurzeln von $t(s)$ festgehalten und die Wurzeln des Polynoms $h(s) = 25/12 + s^2$ werden nun durch einen zweiten Rückführvektor $\boldsymbol{k}_2^T$ Γ-stabilisiert, so daß sich das gesamte Regelgesetz zu $\boldsymbol{k} = \boldsymbol{k}_1 + \boldsymbol{k}_2$ ergibt. $\boldsymbol{k}_2$ muß unter den gleichen Anforderungen an das Polgebiet Γ wie im vorausgehenden Entwurfschritt gewählt werden, so daß auch die von $h(s)$ zum Polynom $r(s) = r_0 + r_1 s + s^2$ verschobenen Wurzeln Γ-stabilisiert werden. Zur Berechnung der Polvorgabematrix des Systems $(\boldsymbol{A} - \boldsymbol{b}\boldsymbol{k}_1^T, \boldsymbol{b})$ ist ein allgemeines Resultat von Nutzen; das Beispiel wird kurz zu dessen Einführung unterbrochen. $\qquad\square$

Satz 11.2. (Ackermann)

Die Polvorgabematrizen $\boldsymbol{E}$ und $\boldsymbol{E}_F$ zweier Systeme $(\boldsymbol{A}, \boldsymbol{b})$ und $(\boldsymbol{F}, \boldsymbol{b}) = (\boldsymbol{A} - \boldsymbol{b}\boldsymbol{k}^T, \boldsymbol{b})$ stehen in folgendem Zusammenhang:

$$\boldsymbol{E}_F = \begin{bmatrix} \boldsymbol{e}_F^T \\ \boldsymbol{e}_F^T \boldsymbol{F} \\ \vdots \\ \boldsymbol{e}_F^T \boldsymbol{F}^{n-1} \\ \boldsymbol{e}_F^T \boldsymbol{F}^n \end{bmatrix} = \begin{bmatrix} \boldsymbol{e}^T \\ \boldsymbol{e}^T \boldsymbol{A} \\ \vdots \\ \boldsymbol{e}^T \boldsymbol{A}^{n-1} \\ \boldsymbol{e}^T \boldsymbol{A}^n - \boldsymbol{k}^T \end{bmatrix} = \boldsymbol{E} - \begin{bmatrix} 0 \\ 0 \\ \vdots \\ 0 \\ \boldsymbol{k}^T \end{bmatrix} \tag{11.2.14}$$

wobei $e_F^T = [0 \; \ldots \; 0 \; 1][b \; Fb \; F^{n-1}b]^{-1}$. Für den Beweis wird der Leser auf [5] verwiesen.

$\square$

Laut Satz 11.2 ergibt sich die Invarianzebene in allen Entwurfsiterationen aus der gleichen Matrix

$$\bar{E} = \begin{bmatrix} e_F^T \\ e_F^T F \\ \vdots \\ e_F^T F^{n-1} \end{bmatrix} = \begin{bmatrix} e^T \\ e^T A \\ \vdots \\ e^T A^{n-1} \end{bmatrix} \tag{11.2.15}$$

Gleichung (11.2.12) kann nun als

$$\begin{aligned} k^T &= [\kappa_a \; \kappa_b] \begin{bmatrix} e_h^T \\ e_h^T A \end{bmatrix} \\ &= [\kappa_a \; \kappa_b] \begin{bmatrix} h_0 & h_1 & \ldots & h_{n-2} & 0 \\ 0 & h_0 & \ldots & h_{n-3} & h_{n-2} \end{bmatrix} \bar{E} \end{aligned} \tag{11.2.16}$$

dargestellt werden.

Beispiel 11.3. (Fortsetzung)

Mit Satz 11.2 erhält man im zweiten Entwurfsschritt $F = A - bk_1^T$ und

$$e_t^T := e_F^T t(F) = [t_0 \; t_1 \; 1] \begin{bmatrix} e_F^T \\ e_F^T F \\ e_F^T F^2 \end{bmatrix} = [t_0 \; t_1 \; 1] \begin{bmatrix} e^T \\ e^T A \\ e^T A^2 \end{bmatrix}$$

Nun nimmt (11.2.12) die Form

$$k_2^T = [\kappa_a \; \kappa_b] \begin{bmatrix} e_t^T \\ e_t^T F \end{bmatrix}$$

an. Der Term $e_t^T F$ enthält Potenzen von A nur bis zu A^3. Deshalb ergibt sich durch (11.2.14) $e_t^T F = e_t^T A$ und

$$k_2^T = [\kappa_a \; \kappa_b] \begin{bmatrix} e_t^T \\ e_t^T A \end{bmatrix}$$

In anderen Worten, man erhält das gleiche Ergebnis $k = k_1 + k_2$ unabhängig davon, ob zuerst $h(s)$ oder $d(s)$ verschoben wird. Für festes $t_0 = 0.1$, $t_1 = 0.6$ erhält man

$$\begin{aligned} e_t^T &= \begin{bmatrix} 0.1 & 0.6 & 1 \end{bmatrix} \begin{bmatrix} 1200 & 0 & 14400 & 0 \\ 0 & 1200 & 0 & 14400 \\ 0 & 0 & -12000 & 0 \end{bmatrix} \\ &= \begin{bmatrix} 120 & 720 & -10560 & 8640 \end{bmatrix} \end{aligned}$$

$$k_2^T = [\kappa_c \; \kappa_d] \begin{bmatrix} 120 & 720 & -10560 & 8640 \\ 0 & 120 & -7200 & -10560 \end{bmatrix}$$

wobei $\kappa_c = r_0 - h_0 = r_0 - 25/12$, $\kappa_d = r_1 - h_1 = r_1$. Der vollständige Zustandsrück-
führvektor ergibt sich somit zu

$$\boldsymbol{k} = \boldsymbol{k}_1 + \boldsymbol{k}_2 = \begin{bmatrix} k_1 & k_2 & k_3 & k_4 \end{bmatrix}^T$$

mit

$$\begin{aligned}
k_1 &= 250 + 120\kappa_c \\
k_2 &= 1500 + 720\kappa_c + 120\kappa_d \\
k_3 &= 1800 - 10560\kappa_c - 7200\kappa_d \\
k_4 &= 10800 + 8640\kappa_c - 10560\kappa_d
\end{aligned}$$

Das Γ-Stabilitätsgebiet in der (κ_c, κ_d)-Ebene hat die gleiche Gestalt wie Abb. 11.4,
wenn κ_a durch $\kappa_c + 25/12$ und κ_b durch κ_d ersetzt wird. Es ist in Abb. 11.5 dargestellt.

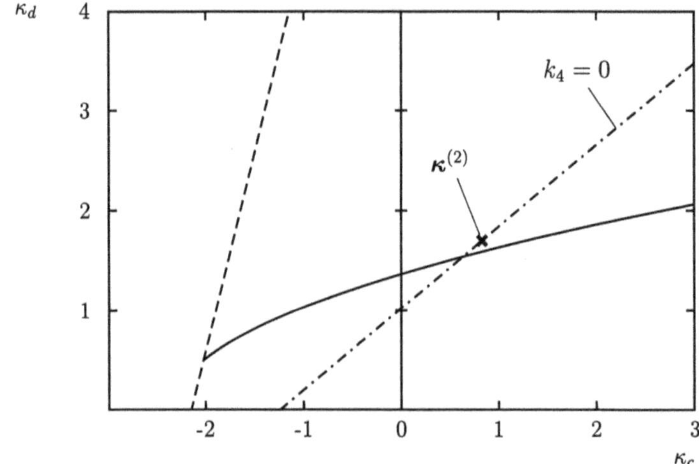

Abb. 11.5: Invarianzebene im zweiten Entwurfsschritt

Eine praktisch nützliche Wahl für κ_c, κ_d aus dem Γ-stabilen Gebiet ist diejenige, bei der
der Seilwinkel nicht zurückgeführt werden muß, d.h.

$$k_4 = 10800 + 8640\kappa_c - 10560\kappa_d = 0$$

Diese Gerade ist in Abb. 11.5 ebenfalls dargestellt. Auf dieser Linie wird das Paar
$\kappa_c = 0.83$ und $\kappa_d = 1.7$ gewählt. Somit wandert das zweite Polpaar von der imaginären
Achse zu den Wurzeln des Polynoms $r(s) = \kappa_c + 25/12 + \kappa_d s + s^2 = 2.91 + 1.7s + s^2$
und der gesamte Rückführvektor berechnet sich zu

$$\boldsymbol{k}^T = \begin{bmatrix} 349 & 2300 & -19181 & 0 \end{bmatrix}$$

$\square$

Das Beispiel hat verdeutlicht, daß eine Polgebietsvorgabe durch sequentielles Verschieben der Polpaare in das Polgebiet Γ möglich ist. Am Ende des nächsten Abschnitts
werden wir auf diesen Lösungsansatz zurückkommen, um damit Ecken des Betriebsbereichs simultan zu Γ-stabilisieren.

11.3 Schnittmengen im Reglerparameterraum

Dieser Abschnitt befaßt sich wieder mit dem Problem der simultanen Γ-Stabilisierung von Ecken eines gegebenen Betriebsbereichs. Das allgemeine Konzept der simultanen Γ-Stabilisierung wurde bereits in Abschnitt 3.3 erläutert, siehe Abb. 3.14. Mit den Ergebnissen aus Abschnitt 11.2 können nun die Stabilitätsgrenzen der Menge der simultan Γ-stabilisierenden Reglerparameter $K_\Gamma^{(1)}$ in einer zweidimensionalen Ebene des Reglerparameterraums berechnet werden. Die gleiche Prozedur muß auf alle Ecken des Betriebsbereichs angewandt werden, um die Schnittmenge K_Γ der simultan Γ-stabilisierenden Regler bestimmen zu können. Diese Vorgehensweise soll zuerst anhand einer Reglerstruktur mit nur zwei freien Reglerparametern verdeutlicht werden. Es können auch Fälle auftreten, in denen die Schnittmenge leer ist. In diesem Fall müssen entweder einige Entwurfsanforderungen abgeschwächt oder die Reglerstruktur verändert werden.

Beispiel 11.4. Es soll wiederum Beispiel 11.1 betrachtet werden, aber diesmal sollen die Seillänge ℓ und die Lastmasse m_L in den Intervallen $\ell \in [8\,;\,16]\,[\mathrm{m}]$ und $m_L \in [1000\,;\,2000]\,[\mathrm{kg}]$ variieren. Zuerst wird eine Robustheitsanalyse mit dem in Beispiel 11.1 entworfenen Zustandsregler (11.2.5) durchgeführt, der für den nominalen Betriebspunkt $q^0 = [m_L^0\,;\,\ell^0]^T = [1500\,[\mathrm{kg}]\,;\,12\,[\mathrm{m}]]^T$ entworfen wurde. Die Γ-Stabilitätsgrenzen in der (m_L,ℓ)-Ebene sind in Abb. 11.6 dargestellt. Der Regler wurde

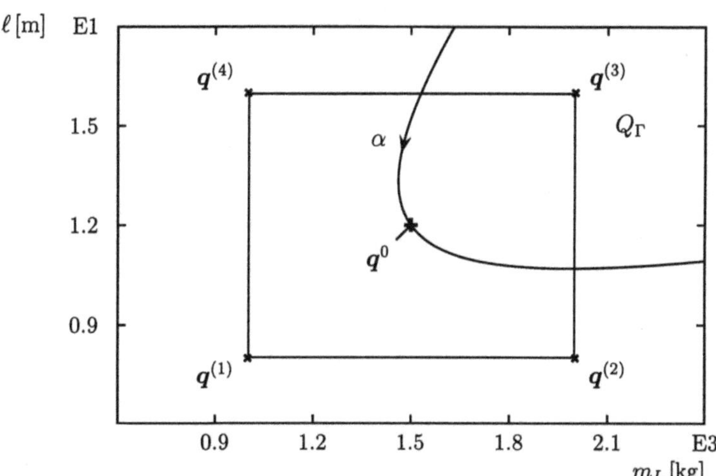

Abb. 11.6: Γ-Stabilitätsgebiet in der (m_L,ℓ)-Ebene für den Rückführvektor (11.2.5)

durch Minimierung des Terms $k_2^2 + k_3^2$ erhalten und somit besitzt das System für den nominalen Betriebspunkt q^0 Eigenwerte auf der Berandung des Polgebiets Γ. Deshalb läuft eine Γ-Stabilitätsgrenze durch den Betriebspunkt q^0 in Abb. 11.6 hindurch.

Dieses Beispiel illustriert einen typischen Konflikt zwischen Robustheit und Optimierung in Bezug auf weitere Regelgütekriterien, in diesem Beispiel $\|k\|$. Durch die Optimierung wurde die Lösung an die Grenze der Γ-Stabilität gedrängt, ohne dabei den Aspekt der Robustheit zu beachten.

Für das Beispiel soll nun der Regler $u = -[500\ k_2\ k_3\ 0]\boldsymbol{x}$ nochmals neu entworfen werden, so daß er die vier Ecken des Betriebsbereichs mit den Parametervektoren

$$\boldsymbol{q}^{(1)} = \begin{bmatrix} 1000 \\ 8 \end{bmatrix} \quad \boldsymbol{q}^{(2)} = \begin{bmatrix} 2000 \\ 8 \end{bmatrix} \quad \boldsymbol{q}^{(3)} = \begin{bmatrix} 2000 \\ 16 \end{bmatrix} \quad \boldsymbol{q}^{(4)} = \begin{bmatrix} 1000 \\ 16 \end{bmatrix} \tag{11.3.1}$$

simultan stabilisiert.

Das charakteristische Polynom des geschlossenen Kreises für $m_C = 1000\,[\text{kg}]$ und $g = 10\,[\text{m} \cdot \text{s}^{-2}]$ ergibt sich zu

$$p(s, k_3, k_4, m_L, \ell) = 5000 + 10k_2 s + (10000 - k_3 + 500\ell + 10m_L)s^2 + k_2\ell s^3 + 1000\ell s^4$$

Die Γ-Stabilitätsgrenzen werden für jeden der vier Eckpunkte erzeugt und in die (k_2,k_3)-Ebene abgebildet. Die Ergebnisse sind in den Abbildungen 11.7–11.10 zu sehen. Die Schnittmenge K_Γ der vier Mengen $K_\Gamma^{(i)}$ ist in Abb. 11.11 dargestellt. Abb. 11.12 zeigt eine detaillierte Darstellung der simultan stabilisierenden Menge. Alle in dieser Menge enthaltenen Regler stabilisieren jede der vier Ecken des rechteckigen Betriebsbereichs Q. Entsprechend der Vorgehensweise in Beispiel 11.1 wird der Punkt gewählt, der $k_2^2 + k_3^2$ minimiert. Er hat die Koordinaten $k_2^* = 2639$ und $k_3^* = -15255$. Somit ergibt sich das Regelgesetz zu

$$u = -\begin{bmatrix} 500 & 2639 & -15255 & 0 \end{bmatrix} \boldsymbol{x} \tag{11.3.2}$$

Nun wird eine Robustheitsanalyse mit diesem neuen Regler durchgeführt. Der Punkt in der Menge der simultan Γ-stabilisierenden Regler mit minimalem Abstand zum Ursprung liegt exakt auf dem Schnittpunkt der komplexen Grenzen von $K_\Gamma^{(2)}$ und $K_\Gamma^{(4)}$. Laut dem Grenzüberschreitungssatz (Satz 4.3) müssen somit bei den Betriebspunkten $\boldsymbol{q}^{(2)}$ und $\boldsymbol{q}^{(4)}$ konjugiert komplexe Eigenwerte auftreten, die exakt auf der Berandung des Stabilitätsgebiets Γ liegen. Dies läßt sich anhand der Abb. 11.13 überprüfen, in der die Stabilitätsgrenzen des geschlossenen Regelkreises in der (m_L,ℓ)-Ebene dargestellt sind. Die komplexe Stabilitätsgrenze berührt die Q-Box genau in den Betriebspunkten $\boldsymbol{q}^{(2)}$ und $\boldsymbol{q}^{(4)}$, schneidet aber den Betriebsbereich an keiner anderen Stelle. Durch geringfügiges Verschieben des gewählten Punktes in Abb. 11.12 in das Stabilitätsgebiet hinein erhält man einen robust Γ-stabilisierenden Regler. $\square$

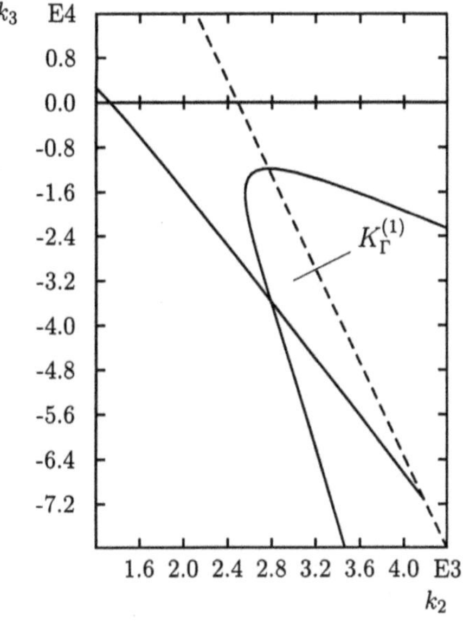

Abb. 11.7: Menge der Γ-stabilisierenden Regler
für $\ell = 8\,[\mathrm{m}]$, $m_L = 1000\,[\mathrm{kg}]$

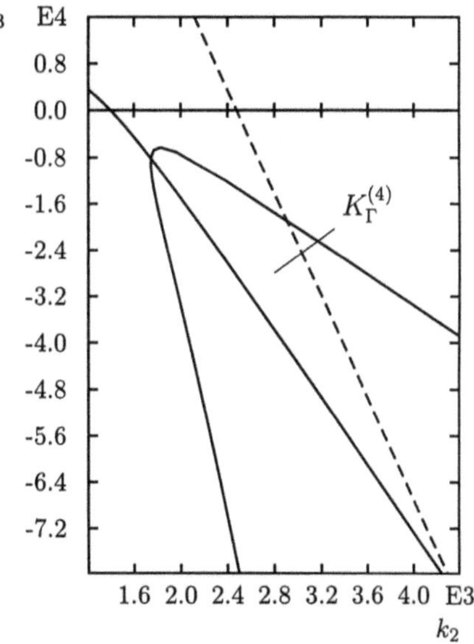

Abb. 11.9: Menge der Γ-stabilisierenden Regler
für $\ell = 16\,[\mathrm{m}]$, $m_L = 2000\,[\mathrm{kg}]$

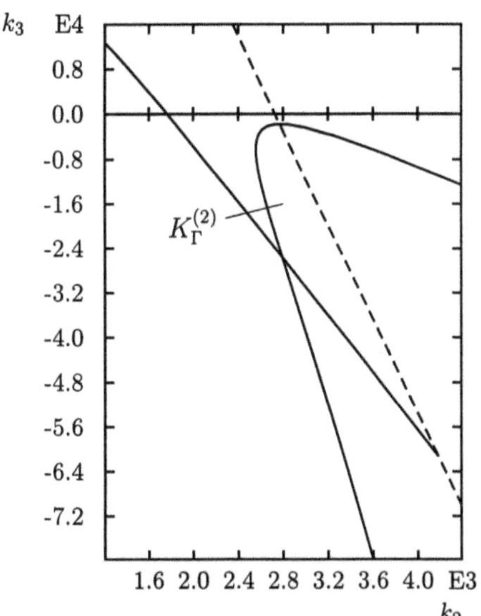
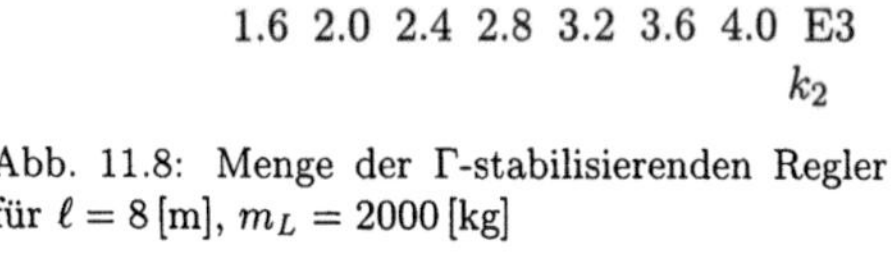

Abb. 11.8: Menge der Γ-stabilisierenden Regler
für $\ell = 8\,[\mathrm{m}]$, $m_L = 2000\,[\mathrm{kg}]$

Abb. 11.10: Menge der Γ-stabilisierenden Regler
für $\ell = 16\,[\mathrm{m}]$, $m_L = 1000\,[\mathrm{kg}]$

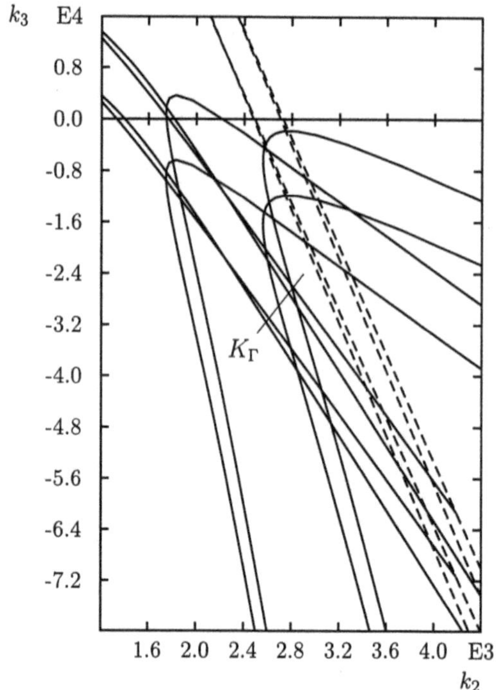

Abb. 11.11: Menge der simultan Γ-stabilisierenden Regler der Ecken des Betriebsbereichs

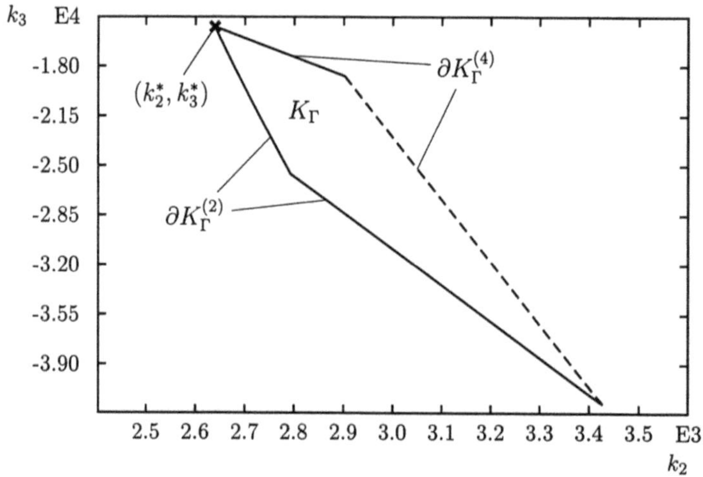

Abb. 11.12: Detaillierte Ansicht der Γ-stabilisierenden Menge

Simultane Gamma-Stabilisierung in einer Invarianzebene

Es wird nun angenommen, daß m ($m > 2$) Reglerparameter zur robusten Γ-Stabilisierung verfügbar seien. Die Menge der zulässigen Regler K_Γ wird als Schnitt-

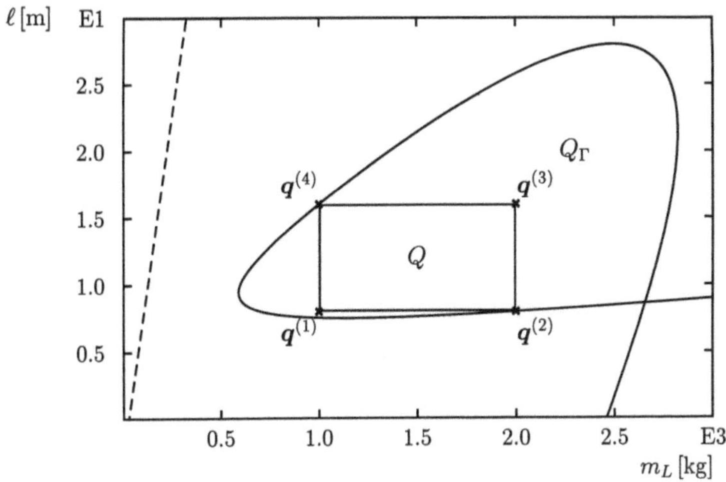

Abb. 11.13: Γ-Stabilitätsgebiet in der (m_L,ℓ)-Ebene für den Rückführvektor (11.3.2)

menge in einem m-dimensionalen Raum gebildet. Die Bestimmung eines Lösungspunktes, der etwa zentriert in dieser Menge K_Γ liegt, ist ein schwieriges Problem. Es ist noch schwieriger als die Ermittlung des Stabilitätsradius. Dort ist der nominale Punkt q^0 gegeben, und es muß die kleinste destabilisierende Störung in q berechnet werden. Nun soll zum Beispiel das k^0 mit dem größten Stabilitätsradius bestimmt werden.

Es soll hier ein grafischer Lösungsansatz verfolgt werden. Dieser ist naturgemäß auf zwei oder drei Dimensionen beschränkt. In der 3D-Grafik [142] sind Schnitte von Objekten nur schwer zu erkennen, es sei denn, die Durchdringungslinien der Grenzflächen werden berechnet. Dies wäre eine sehr zeitaufwendige Aufgabe. In der 2D-Grafik sind jedoch die Schnittmengen, wie z.B. in Abb. 11.11, leicht erkennbar. Zur Kurvenberechnung müssen lediglich Funktionsauswertungen $k_1(\alpha)$, $k_2(\alpha)$, aber keine Iterationen ausgeführt werden. Die Bestimmung der Schnittpunkte von Linien (welche den Durchdringungslinien in der 3D-Grafik entsprechen) ist ein zeitaufwendiger Rechenschritt. Deshalb wird das Erkennen und die Interpretation der Schnitte dem Entwurfsingenieur überlassen. Da 2D-Grafik sehr schnell ist, kann sie auch sehr schnell modifiziert werden, zum Beispiel durch Verändern der Schnittebene in höherdimensionalen Γ-Stabilitätsräumen.

Für eine unsichere Strecke mit Zustandsrückführung $u = -k^T x$ ist die Idee der Invarianzebene ein nützliches Werkzeug für Entwurfsstrategien, die an die jeweilige Problemformulierung angepaßt werden müssen. Der Grundgedanke besteht darin, daß der Rückführvektor durch

$$k = k_1 + k_2 + \ldots + k_N$$

ausgedrückt werden kann, wobei zuerst k_1 bestimmt wird, so daß zunächst die beiden kritischsten Eigenwerte des kritischsten Betriebspunktes $j^{(0)}$ Γ-stabilisiert werden, während die restlichen Eigenwerte des Betriebspunktes $j^{(0)}$ unverändert bleiben. Dazu wird eine zweidimensionale Schnittebene (11.2.12) für die grafische Darstellung festgelegt. Die Γ-Stabilitätsgrenzen für alle Ecken des Betriebsbereichs werden dann in dieser Schnittebene dargestellt. Von $\kappa_1 = 0$, $\kappa_2 = 0$ aus beginnend wird ein Pfad gesucht, so daß soviel Eigenwerte wie möglich Γ-stabilisiert werden. Anschließend wird die modifizierte Strecke mit der Systemmatrix $\boldsymbol{A}^{(1)} = \boldsymbol{A} - \boldsymbol{b}\boldsymbol{k}_1^T$ analysiert. In der nächsten Iteration werden die kritischsten Eigenwerte, die dem kritischsten Betriebsfall $j^{(1)}$ zugeordnet sind, ermittelt und dazu eine neue Invarianzebene bestimmt, in der wiederum so viel Eigenwerte wie möglich Γ-stabilisiert werden, usw. Es ist dabei nicht notwendig, die Matrix $\bar{\boldsymbol{E}}$ in (11.2.16) während der einzelnen Iterationen jeweils neu zu berechnen, da $\bar{\boldsymbol{E}}$ unabhängig von der gewählten Rückführung ist, d.h. das System $(\boldsymbol{A}, \boldsymbol{b})$ und das System $(\boldsymbol{A} - \boldsymbol{b}\boldsymbol{k}_1^T, \boldsymbol{b})$ ergeben dieselbe $\bar{\boldsymbol{E}}$-Matrix in (11.2.15). Nachdem $\boldsymbol{k}$ in einem Entwurfschritt festgelegt wurde, geht in das charakteristische Polynom wegen (2.2.12) die gleiche Matrix $\boldsymbol{W}(\boldsymbol{A}, \boldsymbol{b}) = \boldsymbol{W}(\boldsymbol{A} - \boldsymbol{b}\boldsymbol{k}^T, \boldsymbol{b})$ ein und kann daher in allen Entwurfsschritten verwendet werden. Die Matrix $\bar{\boldsymbol{E}}$ bestimmt sich aus der Matrix $\boldsymbol{W}$ zu $\bar{\boldsymbol{E}} = \boldsymbol{W}^{-1}$ [5]. Ein Beispiel für den Reglerentwurf in einer Invarianzebene wird in Abschnitt 11.5 vorgestellt werden.

Bei dieser iterativen Entwurfsstrategie können natürlich in jedem Entwurfsschritt verschiedene Γ-Stabilitätsgebiete verwendet werden. Anfangs kann man mit einem großen Gebiet Γ beginnen, so daß lediglich die beiden kritischsten Eigenwerte von dem Gebiet Γ ausgeschlossen sind. In weiteren Entwurfsschritten wird das Polgebiet kontrahiert, bis das gewünschte Polgebiet Γ erreicht ist.

Ein iterativer Lösungsansatz für simultane Γ-Stabilisierung wurde in [96] entwickelt. Durch schrittweise Kontraktion des Polgebiets werden die Eigenwerte des Systems in das gewünschte Polgebiet Γ geschoben. Dabei wurde jeweils das kleinstmögliche Polgebiet gewählt, das die Eigenwerte für einen oder mehrere nominale Betriebspunkte enthielt. Danach wurden die Reglerparameter optimiert, so daß dadurch der minimale Abstand von den Stabilitätsgrenzen im $\boldsymbol{k}$-Raum maximiert wurde, d.h. die Eigenwerte wurden von der Berandung des Polgebiets weg in das Innere des Gebiets geschoben. Diese Prozedur wurde solange wiederholt, bis das Polgebiet dem gewünschten Polgebiet Γ entsprach.

Im Fall eines einfachen Regelkreises mit einem Kompensator kann eine beliebige zweidimensionale Schnittebene im $\boldsymbol{k}$-Raum definiert werden und darin die Schnittmenge für eine endliche Anzahl von Strecken dargestellt werden. Falls die Schnittmenge sehr klein ist oder nicht existiert, so muß die Schnittebene verschoben werden. Dank der Einfachheit der Abbildungsgleichungen (11.2.2) können diese Gleichungen in Bruchteilen einer Sekunde auf einer Workstation oder auf einem schnellen PC selbst bei einer größeren Anzahl von nominalen Strecken errechnet werden. Eine Schnittebene wird definiert, indem alle freien Reglerparameter k_3 bis k_m festgelegt werden. Die Stabilitätsgrenzen werden dann in der (k_1, k_2)-Ebene dargestellt. Durch interaktives Verändern der festen Reglerparameter durch geeignete Eingabegeräte (zum Beispiel Maus, Dialbox, Steuerkugel) kann der Entwurfsingenieur des Anwachsen oder Verschwinden der Schnittmenge betrachten. Bereits nach kurzer Zeit wird er die Richtungen in dem $(m{-}2)$-dimensionalen Raum herausfinden, für die die Schnittmenge wächst oder schrumpft. In [16] wurde gezeigt, daß diese intuitive Suche schnell einen brauchbaren Regler liefern kann.

11.4 Wahl eines Reglers aus der zulässigen Menge

Bislang wurde versucht, ein globales Bild der zulässigen Lösungsmenge zu erhalten. Natürlich muß letztendlich ein Punkt mit den gewünschten Eigenschaften aus dieser Lösungsmenge ausgesucht werden. Bei vielen herkömmlichen Verfahren wird der Entwurf als ein Optimierungsproblem aufgefaßt. Hier formulieren wir jedoch Entwurf als Konflikt zwischen mehreren Zielen, die durch „weiche" Ungleichungen beschrieben werden, d.h Grenzen, die während des Entwurfs verschoben werden können. Eine Entwurfsmethodik sollte Einblick gewähren, welche Entwurfsanforderungen im Konflikt miteinander stehen und welche nicht. Auch sollte der Entwurfsingenieur erfahren, welche weiteren oder strikteren Spezifikationen erfüllt werden können, und für welche ein hoher Preis bezahlt werden muß.

In diesem Abschnitt werden einige typische Anforderungen diskutiert, die einfach im k-Raum interpretiert werden können. In den darauffolgenden beiden Abschnitten wird die Anwendung auf eine automatische Spurführung und eine Flugzeugregelung gezeigt.

Simulationen mit der nichtlinearen Strecke

Das Multimodellproblem ergibt sich häufig bei nichtlinearen Strecken, die für mehrere Betriebspunkte linearisiert werden. Für das Beispiel der Flugzeugregelung ist die linearisierte Darstellung (1.4.2) nur für kleine Abweichungen von den Flugzuständen bei konstanter Flughöhe und konstanter Geschwindigkeit gültig. Die langsame Phygoidschwingung und die Kopplung mit der Querbewegung werden ebenfalls vernachlässigt. Für das manövrierende Flugzeug sind nichtlineare Simulationen notwendig, in denen der Regler überprüft und verfeinert wird. Die Lösungsmenge des Multimodell-Problems erfüllt also nur eine notwendige, aber keine hinreichende Bedingung für die Γ-Stabilität der nichtlinearen Regelstrecke. Man erhält eine Reglerstruktur und Bereiche im Parameterraum, die als Reglerkandidaten in der nichtlinearen Simulation untersucht werden können. Oder anders ausgedrückt: Es werden viele Regler von der aufwendigen Simulation ausgeschlossen, die nicht einmal die notwendige Bedingung erfüllen, daß das lokal linearisierte Flugzeug Γ-stabil sein muß.

Lösungen mit kleiner Kreisverstärkung

In Regelungssystemen steht häufig nur eine beschränkte Stellamplitude $|u| \leq U$ zur Verfügung, zum Beispiel, wenn u eine Kraft darstellt, die eine Masse beschleunigt. Bei der Zustandsvektorrückführung $u = -k^T x$ ist die Stellamplitude u beschränkt durch

$$|u| = |k^T x| \leq ||k^T|| \times ||x|| \tag{11.4.1}$$

Über die Verteilung der Zustände x ist meist wenig bekannt, so daß eine gleichmäßige Verteilung über die Einheitskugel der Einfachheit halber angenommen wird, d.h. $||x|| = |x^T x| = 1$. Dabei ist vorausgesetzt, daß die einzelnen Zustandsgrößen x_i jeweils auf ihren maximal möglichen oder zu erwartenden Wert normiert werden. Der ungünstigste Fall der Gleichheit tritt in (11.4.1) dann auf, wenn $k = cx$ ist. Die Norm $||k||$ ist dann als ein direktes Maß für die maximal benötigte Stellamplitude $|u|$ geeignet.

Auch aus einem zweiten praktischen Grund sollte die Kreisverstärkung nicht zu hoch gewählt werden. Anstelle des idealen Regelgesetzes $u = -\boldsymbol{k}^T \boldsymbol{x}$ wird praktisch

$$u = -\boldsymbol{k}^T (\boldsymbol{x} + \Delta \boldsymbol{x}) \qquad (11.4.2)$$

gebildet, wobei $\Delta \boldsymbol{x}$ ein Meßrauschen oder ein Quantisierungsfehler einer Analog-Digital-Wandlung sein kann. Je kleiner die Verstärkung $\|\boldsymbol{k}\|$ ist, umso weniger wirkt sich ein solcher Fehler $\boldsymbol{k}^T \Delta \boldsymbol{x}$ aus.

Nach diesen Überlegungen ist es sinnvoll, aus der zulässigen Lösungsmenge den Punkt mit dem geringsten Abstand vom Ursprung des $\boldsymbol{k}$-Raums zu wählen. In dem Beispiel von Abb. 11.14 ist dies die Ecke D des zulässigen Vierecks.

Sicherheitsabstand von den Grenzflächen

Wählt man einen Eckpunkt der zulässigen Lösungsmenge, etwa D in Abb. 11.14, dann können bereits kleine Parameteränderungen in k_1 oder k_2 das System aus dem zulässigen Gebiet herausbringen. Diese können z.B. durch quantisierte Speicherung der Reglerkoeffizienten als $\boldsymbol{k}^T + \Delta \boldsymbol{k}^T$ verursacht werden oder dadurch, daß die Systemmodelle nicht genau gestimmt haben. Man wird also praktisch stets einen gewissen Sicherheitsabstand von den Begrenzungen des Γ-stabilen Bereichs vorsehen, der sicherstellt, daß z.B. der Hyperwürfel $k_i \pm \Delta k, i = 1, 2, \ldots, n$ für einen maximalen Quantisierungsfehler Δk in der Lösungsmenge enthalten ist. Im Beispiel von Abb. 11.14 ist dies ein Quadrat der Kantenlänge $2\Delta k$ parallel zu den Achsen. (Man kann auch eine Hyperkugel verwenden, im Beispiel also einen Kreis mit Mittelpunkt $\boldsymbol{k}$.)

In Abb. 11.14 erhält man für den Punkt E den maximalen Sicherheitsabstand Δk, der Punkt F stellt einen günstigen Kompromiß zur Forderung nach minimaler Kreisverstärkung $\|\boldsymbol{k}\|$ für gegebenes Δk_0 dar.

Auch bei Lösungen, die man z.B. mit Optimierungsverfahren gefunden hat, ist es hilfreich, die Umgebung der Lösung, insbesondere ihren Abstand von den Stabilitätsgrenzen, in verschiedenen zweidimensionalen Schnitten zu untersuchen (Analyse der Stabilitätsreserve).

Verstärkungsreduktionsreserve

Bei einigen Entwurfsproblemen ist man an der vorhandenen Γ-Stabilitätsreserve der Verstärkung interessiert, vor allem dann, wenn eine von mehreren parallelen Komponenten ausfallen kann oder falls ein Aktuator eine nichtlineare Sättigungskennlinie wie in Abb. 11.15 besitzt.

Bei der maximalen Eingangsamplitude $A > 1$ erfolgt eine Reduktion der linearen Verstärkung auf $1/A$. Hier gibt es verschiedene Entwurfsmöglichkeiten:

a) Man wählt eine kleine Kreisverstärkung, um das Stellglied im linearen Arbeitsbereich zu halten. In diesem Bereich gewährleistet die Polgebietsvorgabe Γ-Stabilität.

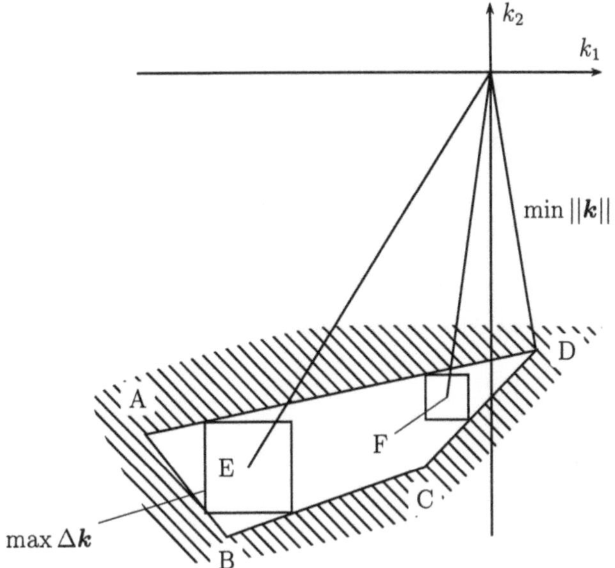

Abb. 11.14: D: Minimale Kreisverstärkung $\|\boldsymbol{k}\|$, E: Maximaler Sicherheitsabstand $\Delta\boldsymbol{k}$, F: Bester Kompromiß für gegebenes Δk_0

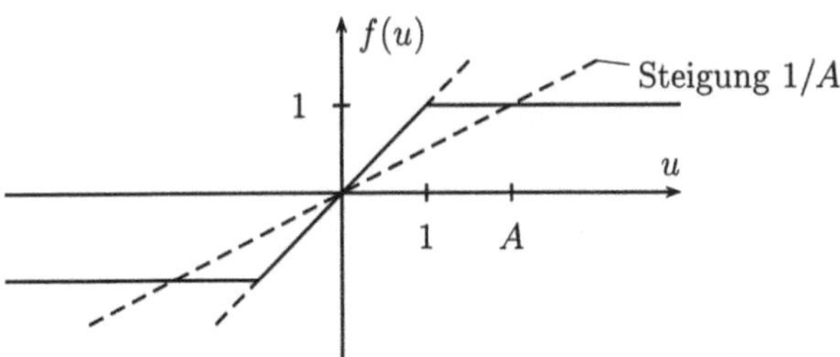

Abb. 11.15: Sättigung und Verstärkungsreduktion

b) Man läßt das Stellglied bewußt in den Sättigungsbereich laufen, um die volle maximale Ausgangsamplitude nutzen zu können. In diesem Fall muß die Stabilität des nichtlinearen Kreises überprüft werden. Das Popov-Kriterium eignet sich zu diesem Zweck. Die absolute Stabilität muß dann für den Sektor $1/A \leq k \leq 1$ gesichert sein. Dies wiederum setzt eine zulässige Verstärkungsreduktion von 1 auf $1/A$ für das lineare System voraus.

Wichtig ist auch die Position im Kreis, an der die Verstärkungsreduktion auftreten kann. In Abb. 11.16 kommen z.B. die drei Kandidaten a, b und c in Betracht. Wenn das Γ-stabile Gebiet in der (k_1,k_2)-Ebene durch das Dreieck in Abb. 11.17 beschrieben wird, so besitzt der Punkt A die größte Verstärkungsreduktionsreserve in Richtung k_1, dies entspricht dem Fall a in Abb. 11.16. Entsprechend erweist sich als beste Lösung der Punkt B im Falle b und Punkt C im Fall c.

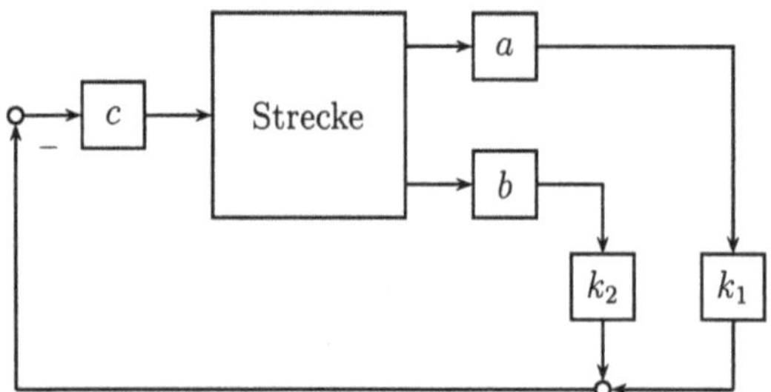

Abb. 11.16: Verstärkungsreduktion kann bei a, b oder c auftreten

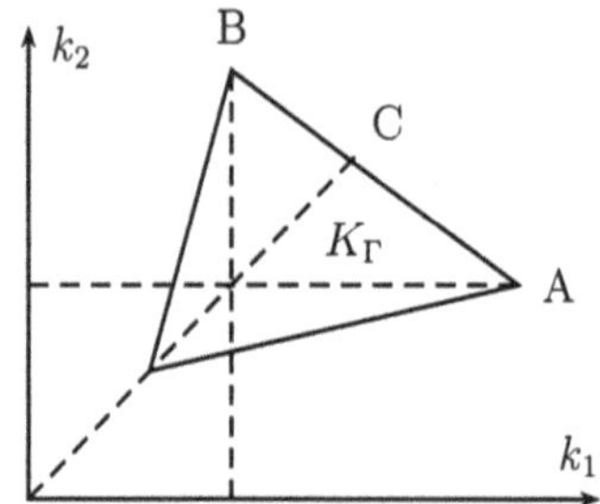

Abb. 11.17: Maximale Verstärkungsreduktionsreserven

Robustheit gegen Sensorausfall

Üblicherweise werden Regelungssysteme unter der Annahme entworfen, daß Sensoren nicht ausfallen. Ein Fehlererkennungssystem muß dann bei Ausfall eines Sensors innerhalb kürzester Zeit geeignete Maßnahmen treffen. Handelt es sich bei dem System zum Beispiel um ein instabiles Flugzeug, so bedeutet dies, daß die Fehlererkennung ein lebenswichtiger Bestandteil zur Stabilisierung ist. Die Erkennung muß sehr rasch geschehen, was wiederum einen Konflikt mit der Forderung nach möglichst wenig Falschalarmen darstellt.

Eine Alternative dazu bietet ein hierarchisches Konzept. Auf unterster Ebene wird die Strecke von einem fest eingestellten Regler stabilisiert, der so entworfen wurde, daß die Polgebietsforderungen bei unsicheren Parametern und Komponentenausfällen erfüllt bleiben [4]. Alle Verfeinerungen, wie zum Beispiel Fehlererkennung, Umschalten auf redundante Sensoren, Identifikation von Streckenparametern und Adaption von Reglerparametern erfolgen auf einer höheren Ebene, falls sie für eine bessere Regelgüte erforderlich sind. In den höheren Ebenen werden mehr Informationen verarbeitet und deshalb arbeiten sie in einem langsameren Zeittakt als das Basissystem. Da die höheren Ebenen nicht mehr lebensnotwendig für die Stabilisierung sind, können sie ihre Entscheidungen ohne Zeitdruck treffen.

Es wird nun das in Abb. 11.18 illustrierte Modell eines Sensorausfalls angenommen.

1. Der multiplikative Effekt reduziert die Verstärkung V vom nominalen Wert 1 auf Null oder einen anderen Wert $0 < V < 1$.

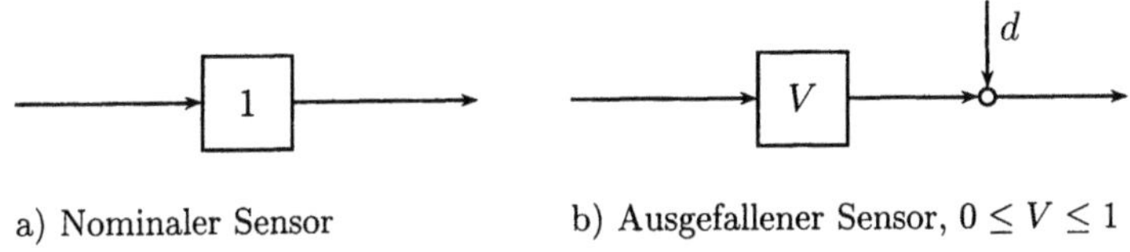

Abb. 11.18: Modell eines Sensorausfalls

2. Der additive Effekt führt zu Rauschen oder einem konstanten Ausgangswert d.

Für die Eigenwertlage ist nur der multiplikative Effekt wichtig. Der additive Effekt macht es eventuell erforderlich, den defekten Sensor abzuschalten. Die Entscheidung des Fehlererkennungssystems kann dabei lange dauern, wenn sich zum Beispiel die Strecke in einem stationären Zustand befindet und einer der Sensoren bei einem festen Wert „hängenbleibt".

Werden die gemessenen Variablen zugleich als Zustandsvariable verwendet („Sensorkoordinaten"), so entspricht ein Sensorausfall einer Verminderung der entsprechenden Rückführverstärkung. Im Fall $V = 0$ existiert dann eine Γ-stabile Lösungsmenge bei Ausfall des Meßsensors für die Variable x_i, wenn die Projektion von $\boldsymbol{k}$ auf die Untermenge $k_i = 0$ in K_Γ enthalten ist. Ein zweidimensionaler Schnitt durch den Raum der Reglerparameter ist in Abb. 11.19 dargestellt. Dabei stellt das Dreieck ABC das zulässige Gebiet K_Γ dar. Robustheit gegen Ausfall des Sensors i kann erreicht werden, wenn die Projektion der entsprechenden Verstärkung auf GE liegt. Dies ist in dem Dreieck DEFG der Fall. In ähnlicher Weise sind Regler aus HCJKL robust bei Ausfall des Sensors j und Regler aus dem Gebiet KLMN sind robust bei Ausfall einer der beiden Sensoren i und j.

Existiert kein solcher Schnitt des Γ-stabilen Gebiets mit den Koordinatenachsen, so hat der Entwurfsingenieur zwei verschiedene Möglichkeiten:

1. Es sollen die bestmöglichen Systemeigenschaften bei Sensorausfall erzielt werden.

2. Es werden parallele redundante Sensoren benutzt.

Die erste Möglichkeit ist in Abb. 11.20 illustriert. Robustheit gegen Sensorausfälle kann nicht für Γ_1-Stabilität erreicht werden. Für Betriebsstörungen, wie z.B. Sensorausfall, existieren meist Notfallspezifikationen. Anhand dieser Spezifikationen kann ein abgeschwächtes Polgebiet Γ_2 festgelegt werden. In dem Beispiel von Abb. 11.20 kann, wie in Abb. 11.19, eine Lösungsmenge $K_{\Gamma_{2a}} \subset K_{\Gamma_2}$ bestimmt werden, die Γ_2-Stabilität bei Sensorausfall garantiert. Eine gute Wahl ist ein Regler aus der Schnittmenge der Lösungsmengen K_{Γ_1} und $K_{\Gamma_{2a}}$. Während des Normalbetriebs ist das System Γ_1-stabil, bei Sensorausfall wird immerhin noch Γ_2-Stabilität gewährleistet. In Abb. 11.20 ist dies im Dreieck ABC der Fall.

Die einfachste Möglichkeit für den zweiten Lösungsvorschlag ist der Einsatz zweier paralleler Sensoren. Deren Ausgangssignale werden jeweils mit dem Faktor 1/2 multipliziert und addiert. Damit erhält man im ungestörten Betrieb x_i. Fällt einer der

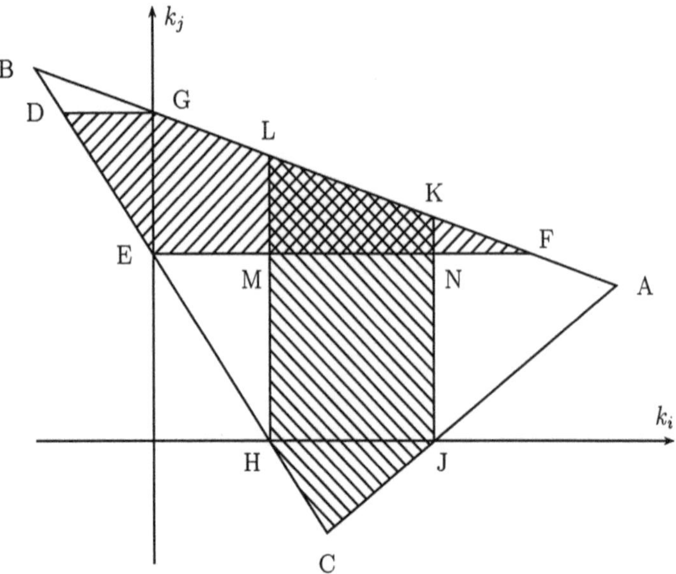

Abb. 11.19: Regler aus dem Gebiet KLMN sind Γ-stabil bei Sensorausfällen der Art $k_i = 0$ oder $k_j = 0$.

beiden Sensoren aus, so wird k_i um 50% vermindert. Soll die Robustheit für diesen Fall erhalten bleiben, so muß k_i so gewählt werden, daß es in dem Γ-stabilen Gebiet eine Verstärkungsreduktionsreserve von 50% besitzt. Stellt das Dreieck ABC die zulässige Lösungsmenge K_Γ in Abb. 11.21 dar, so ist DEF das Gebiet, für das Γ-Stabilität bei einer 50%igen Reduktion von k_i erhalten bleibt. Somit enthält das Dreieck EGH die zulässigen Regler, die selbst bei einem Verstärkungsabfall von 50% noch Γ-stabil sind.

Für den Fall, daß bei zwei parallelen Sensoren keine Schnittmenge existiert, können drei Sensoren parallel eingesetzt werden. Der Vorteil dabei ist, daß es mit einem Fehlererkennungssystem in der nächsthöheren Hierarchieebene verbunden werden kann. Die Struktur ist in Abb. 11.22 dargestellt.

Das Fehlererkennungssystem bildet die drei Entscheidungsfunktionen

$$
\begin{aligned}
d_1(t) &= [x_{i_1}(t) - x_{i_2}(t)][x_{i_1}(t) - x_{i_3}(t)] \\
d_2(t) &= [x_{i_2}(t) - x_{i_3}(t)][x_{i_2}(t) - x_{i_1}(t)] \\
d_3(t) &= [x_{i_3}(t) - x_{i_1}(t)][x_{i_3}(t) - x_{i_2}(t)]
\end{aligned}
\qquad (11.4.3)
$$

Die d_k's sind nominal Null; $|d_k| \geq \varepsilon$ zeigt einen Ausfall des Sensors k an. Um Falschalarm durch kurzzeitige Impulse zu vermeiden, wird $d_k(t)$ tiefpaßgefiltert und mit einem Schwellwert verglichen.

$$
\begin{aligned}
\dot{f}_1(t) &= a f_1(t) + d_1(t) \\
\dot{f}_2(t) &= a f_2(t) + d_2(t) \\
\dot{f}_3(t) &= a f_3(t) + d_3(t)
\end{aligned}
\qquad (11.4.4)
$$

Die Entscheidungslogik ist dann:

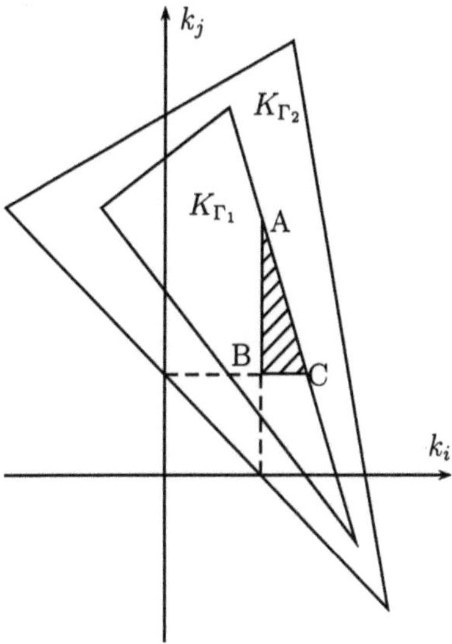

Abb. 11.20: Robustheit gegen Sensorausfall kann zwar nicht für Γ_1-Stabilität, aber für Γ_2-Stabilität erreicht werden.

Nominalfall:

$$|f_1(t)| < \varepsilon, \quad |f_2(t)| < \varepsilon, \quad |f_3(t)| < \varepsilon$$
$$\alpha_1 = \alpha_2 = \alpha_3 = 1/3 \tag{11.4.5}$$

Ausfall des Sensors k:

$$|f_k(t)| > \varepsilon, \quad |f_j(t)| < \varepsilon \text{ für } j \neq k$$
$$\alpha_k = 0, \quad \alpha_j = 1/2 \text{ für } j \neq k \tag{11.4.6}$$

Bei einem weiteren Sensorausfall ist nicht mehr zu entscheiden, welcher Sensor die korrekte Messung liefert, es wird weiterhin der Mittelwert nach (11.4.6) gebildet. Die Parameter a und ε werden nicht zu klein gewählt, um Falschalarm möglichst zu vermeiden. Zwischen dem ersten Ausfall und dessen Erkennung wird die Verstärkung auf 2/3 reduziert. Fällt ein zweiter Sensor aus, nachdem der erste Ausfall erkannt wurde, wird die Verstärkung auf 1/2 reduziert. In dem unwahrscheinlichen Fall, daß ein zweiter Sensor ausfällt, während der Ausfall des ersten Sensors noch nicht erkannt worden ist, beträgt die Verstärkung nur 1/3. Deshalb sollte das Regelungssystem auf der untersten Ebene so entworfen werden, daß es Γ-Stabilität bei einer Verstärkungsreduktion um 50% oder 67% gewährleistet.

In Anwendungen, in denen die Sensoren kostspielig sind, ist es wünschenswert, einige Meßgrößen aus anderen Meßwerten zu rekonstruieren. Ein Zustandsbeobachter kann zu diesem Zweck eingesetzt werden, andere Reglerstrukturen können jedoch im Entwurfsprozeß vorteilhafter sein. Dies trifft besonders bei Entwürfen zu, bei denen es auf Robustheit bei Sensorausfall ankommt. Ein Beobachter mit reduzierter Sensorverstärkung arbeitet noch immer mit voller Verstärkung für den Stellgrößeneingang u. Somit ist sein

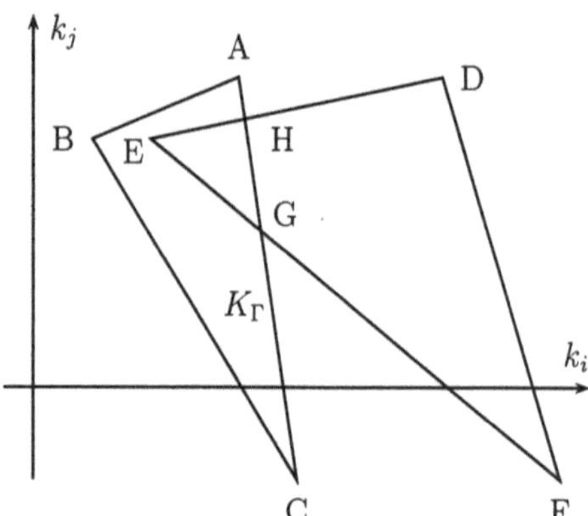

Abb. 11.21: In EGH bleibt Γ-Stabilität bei einem 50%igen Verstärkungsabfall in k_i erhalten.

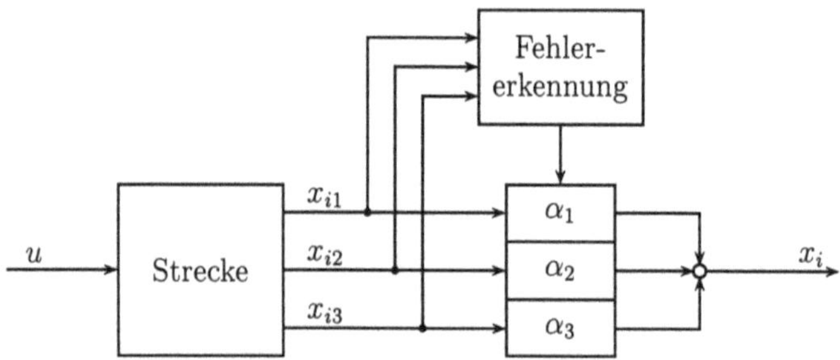

Abb. 11.22: Ein Triplexsystem

Verhalten sehr verschieden vom nominalen Beobachter. Die Rückkopplungsstruktur mit Filter in Abb. 11.23 ist dagegen vorteilhafter.

Hier erzeugt ein Filter eine Ersatzvariable $\overline{x}_j$ für den wirklichen Zustand x_j. Die Filterübertragungsfunktion wird dabei so gewählt, daß die Übertragungsfunktion von u nach $\overline{x}_j$ die Übertragungsfunktion von u nach x_j ungefähr in der gewünschten Bandbreite und über den gesamten Bereich der unsicheren Parameter annähert. Die Reglerstruktur in Abb. 11.23 ist besonders nützlich, wenn die Übertragungsfunktion von u nach x_i phasenminimal ist, da dann eine Kürzung oder eine Beinahekürzung der Filterpole erfolgen kann. Eine Instabilität der Filterübertragungsfunktion ist kein Problem, wenn die gleiche Instabilität in der Übertragungsfunktion von u nach x_j auftritt. In Abschnitt 11.6 wird dieses Konzept anhand des Beispiels eines instabilen Flugzeugs erläutert.

Bei dieser Filterstruktur wirkt sich ein Sensorausfall auf beide Rückführkanäle gleichzeitig aus, d.h. beide Verstärkungen $\overline{k}_i$ und $\overline{k}_j$ werden reduziert. Als Beispiel wird ein Sensorausfall angenommen, so daß die Sensor- und Rückführverstärkung um 1/3 reduziert wird. Ist das Dreieck ABC in Abb. 11.24 das Γ-stabile Gebiet, dann ist DEF das Gebiet, in dem Γ-Stabilität nach einer Verstärkungsreduktion in $\overline{k}_i$ und $\overline{k}_j$ auf 2/3 erhalten bleibt. Somit ist AGH das Gebiet, in dem Γ-Stabilität sowohl für den störungsfreien Betrieb, als auch bei Ausfall eines Sensors gegeben ist.

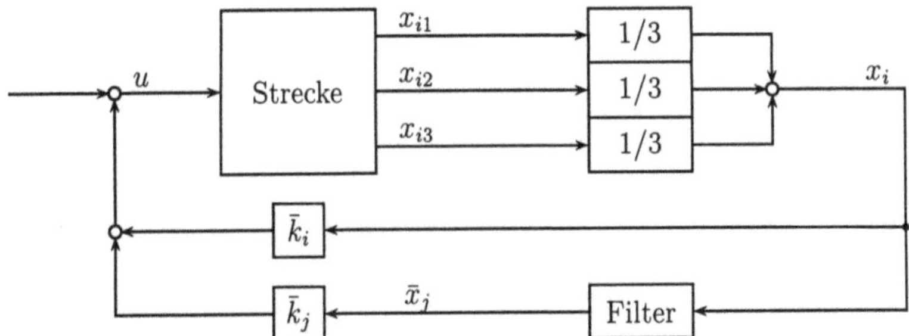

Abb. 11.23: Die Meßgröße x_j wird durch das Filtersignal $\bar{x}_j$ ersetzt.

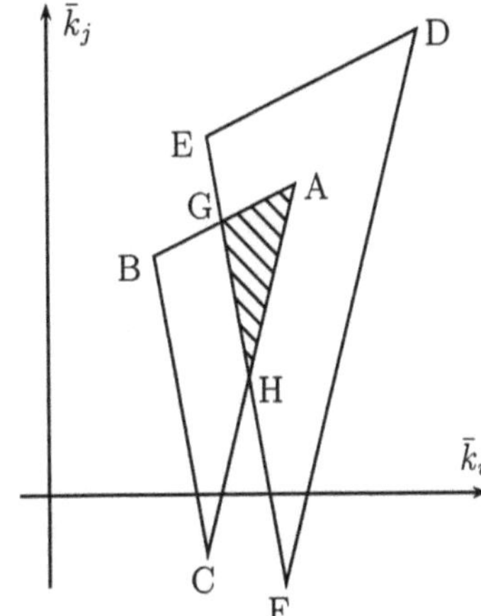

Abb. 11.24: In dem Dreieck AGH bleibt Γ-Stabilität bei einer Verstärkungsreduktion um 1/3 in beiden Kanälen erhalten.

Die Konfiguration in Abb. 11.23 mit nur einem gemessenen Zustand ergibt sofort die gleiche Verstärkungsreduktion in beiden Kanälen $\bar{k}_i$ und $\bar{k}_j$, falls einer von mehreren parallelen Sensoren ausfällt.

11.5 Fallstudie: Automatische Spurführung eines Stadtomnibusses

In Teil I wurde die Problemstellung der automatischen Spurführung von Fahrzeugen vorgestellt. Ein linearisiertes Modell (1.3.4) wurde anhand der nichtlinearen Systemgleichungen eines Einspurmodells erarbeitet. Dieses lineare Modell wird für den Reglerentwurf verwendet. Im folgenden soll ein automatischer Spurführungsregler für den Stadtomnibus O 305 mit den in Tabelle 1.3 gegebenen Daten entworfen werden. Der Bus wird nur mit den Vorderrädern gelenkt.

Die Entwurfsspezifikationen gestatten eine maximale Abweichung von 15 [cm] vom Leit-kabel, der maximale Lenkwinkel beträgt 40 [deg] und die Lenkgeschwindigkeit ist auf 23 [deg $\cdot$ s^{-1}] begrenzt. Aus Sicherheitsgründen darf die maximale Querbeschleunigung nicht größer als 4 [m $\cdot$ s^{-2}] werden (Kippgrenze). Um Fahrkomfort für die Passagiere zu gewährleisten, sollte sie 2 [m $\cdot$ s^{-2}] nicht übersteigen.

Soll der Entwurf mit Hilfe der Parameterraummethode durchgeführt werden, so müssen zunächst die Entwurfsanforderungen in ein adäquates Stabilitätsgebiet Γ „über-setzt" werden. Nach dem Reglerentwurf müssen die Spezifikationen durch Simu-lationen im Zeitbereich überprüft werden. Besonders kritische Manöver, wie zum Beispiel die Einfahrt in eine enge Haltestelle bei niedriger Geschwindigkeit oder die Hand/Automatikumschaltung, müssen hier untersucht werden.

In Kapitel 1 konnte die Anzahl der unsicheren Parameter durch einige Vorüberlegungen von anfangs vier (Masse, Geschwindigkeit, Trägheitsmoment und Kraftschlußkoeffizi-ent) auf zwei unsichere Parameter reduziert werden: Geschwindigkeit v und virtuelle Masse $\tilde{m}$. Sie können in den Intervallen $v \in [3\,;\,20]\,[\text{m} \cdot \text{s}^{-1}]$ und $\tilde{m} \in [9950\,;\,32000]\,[\text{kg}]$ variieren. Der zugehörige Betriebsbereich ist in Abb. 11.25 dargestellt.

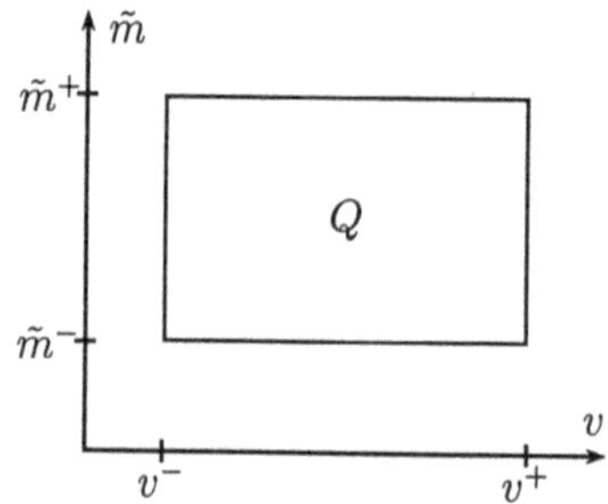

Abb. 11.25: Betriebsbereich des Busses

Ein erster Lösungsvorschlag für dieses Problem, basierend auf Zustandsrückführung, wurde in [20] vorgestellt. Der Bus war mit drei Sensoren ausgerüstet: Zwei Abwei-chungssensoren an der Front und am Heck des Busses, sowie ein Sensor zur Erfassung des vorderen Lenkwinkels δ_f. Zusätzlich wurden die zeitlichen Änderungen der vorde-ren und hinteren Abweichungen zur Rückführung verwendet. Sie wurden jedoch nicht direkt gemessen, sondern durch Differentiation und Tiefpaßfilter angenähert. Das dazu verwendete Filter war

$$f_D(s) = \frac{s}{s^2/\omega_0^2 + 2D\,s/\omega_0 + 1} \tag{11.5.1}$$

Eine Darstellung dieser Reglerstruktur wurde bereits in Abb. 2.5 gezeigt. Die herkömm-liche Servolenkung des Busses wurde auch als Aktuator verwendet. Dieser wird als ein Tiefpaß mit der Zeitkonstanten 1/4.7 [s] modelliert. Für den Entwurf wurde zunächst eine vollständige Zustandsrückführung angenommen. Danach wurden die Filterkoeffizi-enten so bestimmt, daß die dominanten Eigenwerte dadurch nicht signifikant verschoben wurden. Für den Entwurf wurde eine Zustandsdarstellung in Sensorkoordinaten

$$\boldsymbol{x} = [y_f\ \dot{y}_f\ y_r\ \dot{y}_r\ \delta_f]^T$$

gewählt. y_f und y_r sind die Abweichung von der Sollspur an Front und Heck des Busses. Das Zustandsmodell (1.3.4) verwendete den Zustandsvektor $[\beta \ r \ \Delta\psi \ y_f]^T$. Es muß durch die Transformation

$$
\begin{bmatrix} y_f \\ \dot{y}_f \\ y_r \\ \dot{y}_r \end{bmatrix} =
\begin{bmatrix}
0 & 0 & 0 & 1 \\
v & \ell_{sf} & v & 0 \\
0 & 0 & -(\ell_{sf}+\ell_{sr}) & 1 \\
v & -\ell_{sr} & v & 0
\end{bmatrix}
\begin{bmatrix} \beta \\ r \\ \Delta\psi \\ y_f \end{bmatrix}
$$

in die neuen Zustandsvariablen überführt werden. Die Größen ℓ_{sf} und ℓ_{sr} bezeichnen den Abstand zwischen Schwerpunkt und Front- und Hecksensoren des Busses. Für den Bus O 305 betragen sie $\ell_{sf} = 6.12\,[\text{m}]$ und $\ell_{sr} = 4.99\,[\text{m}]$. Das neue Zustandsmodell muß zunächst um den zusätzlichen Zustand δ_f erweitert werden. Das resultierende Zustandsmodell hat die Form

$$
\begin{bmatrix} \dot{y}_f \\ \ddot{y}_f \\ \dot{y}_r \\ \ddot{y}_r \\ \dot{\delta}_f \end{bmatrix} =
\begin{bmatrix}
0 & 1 & 0 & 0 & 0 \\
d_{21} & d_{22} & d_{23} & d_{24} & d_{25} \\
0 & 0 & 0 & 1 & 0 \\
d_{41} & d_{42} & d_{43} & d_{44} & d_{45} \\
0 & 0 & 0 & 0 & -4.7
\end{bmatrix}
\begin{bmatrix} y_f \\ \dot{y}_f \\ y_r \\ \dot{y}_r \\ \delta_f \end{bmatrix}
+
\begin{bmatrix} 0 \\ 0 \\ 0 \\ 0 \\ 4.7 \end{bmatrix} u
$$

Der offene Kreis besitzt zwei Pole im Ursprung, einen Aktuatorpol bei $s = -4.7$, sowie zwei weitere Pole, die mit Masse und Geschwindigkeit variieren. Die Lage dieser Pole für die extremen Betriebzustände sind in Tabelle 11.1 gegeben.

$\tilde{m}$ [kg]	$v\,[\text{m}\cdot\text{s}^{-1}]$	Eigenwerte des offenen Kreises
9950	3	$s_1 = -13.48, \quad s_2 = -22.58$
32000	3	$s_1 = -4.33, \quad s_2 = -6.89$
9950	20	$s_{1,2} = -2.71 \pm \text{j}1.09$
32000	20	$s_{1,2} = -0.84 \pm \text{j}0.69$

Tabelle 11.1: Lage der parameterabhängigen Eigenwerte des Busses für die Eckpunkte des Betriebsbereichs

Die Hyperbel

$$
\left(\frac{\sigma}{0.08}\right)^2 - \left(\frac{\omega}{0.12}\right)^2 = 1 \tag{11.5.2}
$$

wurde als Begrenzung des Stabilitätsgebiets Γ gewählt. Somit ist jedes der in Tabelle 11.1 berechneten Eigenwertpaare Γ-stabil. Das Problem ist die Γ-Stabilisierung des Doppelpols bei $s = 0$, ohne dabei die Γ-Stabilität der anderen Pole zu zerstören. Der Entwurf in einer Invarianzebene ist hierfür besonders geeignet. Für einen nominalen Betriebspunkt wird diese Ebene so bestimmt, daß alle Eigenwerte bis auf den Doppelpol im Ursprung in ihrer alten Lage verbleiben. Als nominaler Betriebspunkt $q^0 =: q_{inv}$, für den die Invarianzebene ermittelt werden soll, wird der Punkt $v = 10\,[\text{m} \cdot \text{s}^{-1}]$ und $\tilde{m} = \tilde{m}^+ = 32000\,[\text{kg}]$ gewählt. Die Systemmatrix $\boldsymbol{A}(\boldsymbol{q}_{inv})$ ist somit

$$\boldsymbol{A}(\boldsymbol{q}_{inv}) = \begin{bmatrix} 0 & 1 & 0 & 0 & 0 \\ 1.59 & -1.45 & -1.59 & -0.32 & 19.0 \\ 0 & 0 & 0 & 1 & 0 \\ 2.11 & -0.43 & -2.11 & -1.92 & -4.28 \\ 0 & 0 & 0 & 0 & -4.7 \end{bmatrix} \tag{11.5.3}$$

Der Eingangsvektor $\boldsymbol{b} = [0\ 0\ 0\ 0\ 4.7]^T$ ist unabhängig von den unsicheren Parametern $\tilde{m}$ und v. Das charakteristische Polynom des offenen Kreises ergibt sich zu

$$p(s, \boldsymbol{q}^0) = s^2(s + 4.7)(s^2 + 3.36s + 3.16)$$

Das gewünschte charakteristische Polynom des geschlossenen Kreises sei

$$\begin{aligned} p(s, \boldsymbol{q}_{inv}, \boldsymbol{k}^0) &= (s^2 + t_1 s + t_0)(s + 4.7)(s^2 + 3.36s + 3.16) \\ &= (s^2 + t_1 s + t_0)(s^3 + 8.06s^2 + 18.97s + 14.84) \end{aligned}$$

wobei $s^2 + t_1 s + t_0$ die neue Lage des vorher instabilen Eigenwertpaars im Ursprung beschreibt, d.h.

$$h(s) = s^3 + 8.06s^2 + 18.97s + 14.84$$

Mit (11.2.16) berechnet sich die Invarianzebene zu

$$\begin{aligned} \boldsymbol{k}^T &= [\kappa_a\ \kappa_b] \begin{bmatrix} \boldsymbol{e}_h(\boldsymbol{q}_{inv})^T \\ \boldsymbol{e}_h(\boldsymbol{q}_{inv})^T \boldsymbol{A}(\boldsymbol{q}_{inv}) \end{bmatrix} \\ &= [\kappa_a\ \kappa_b] \begin{bmatrix} 14.84 & 18.97 & 8.06 & 1 & 0 \\ 0 & 14.84 & 18.97 & 8.06 & 1 \end{bmatrix} \bar{\boldsymbol{E}}_{inv} \end{aligned} \tag{11.5.4}$$

mit

$$\bar{\boldsymbol{E}}_{inv}^{-1} = \boldsymbol{W}_{inv} = \begin{bmatrix} 221 & 178 & 89.4 & 0 & 0 \\ 0 & 221 & 178 & 89.4 & 0 \\ 221 & -67.6 & -20.1 & 0 & 0 \\ 0 & 221 & -67.6 & -20.1 & 0 \\ 0 & 0 & 14.8 & 15.8 & 4.7 \end{bmatrix}$$

Die Invarianzebene (11.5.4) ist dann

$$\boldsymbol{k}^T = [\kappa_a\ \kappa_b] \begin{bmatrix} 0.0711 & 0.0141 & -0.0040 & 0.0132 & 0 \\ 0.0504 & 0.0449 & -0.0504 & -0.0338 & 0.2128 \end{bmatrix} \tag{11.5.5}$$

Für den Reglerentwurf werden die Stabilitätsgrenzen des Polgebiets Γ für die Ecken des Betriebsbereichs in diese zweidimensionale Ebene abgebildet. Die vier Lösungsmengen sind in den Abb. 11.26–11.29 dargestellt, die Schnittmenge in Abb. 11.30.

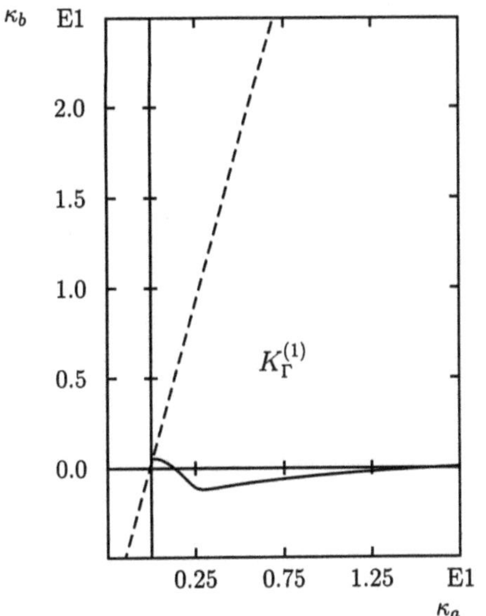

Abb. 11.26: Menge der Γ-stabilisierenden Regler für $\tilde{m} = 9950\,[\mathrm{kg}]$, $v = 3\,[\mathrm{m}\cdot\mathrm{s}^{-1}]$

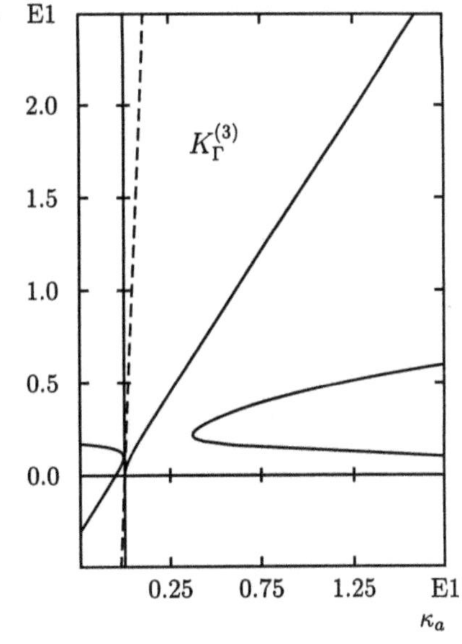

Abb. 11.28: Menge der Γ-stabilisierenden Regler für $\tilde{m} = 32000\,[\mathrm{kg}]$, $v = 20\,[\mathrm{m}\cdot\mathrm{s}^{-1}]$

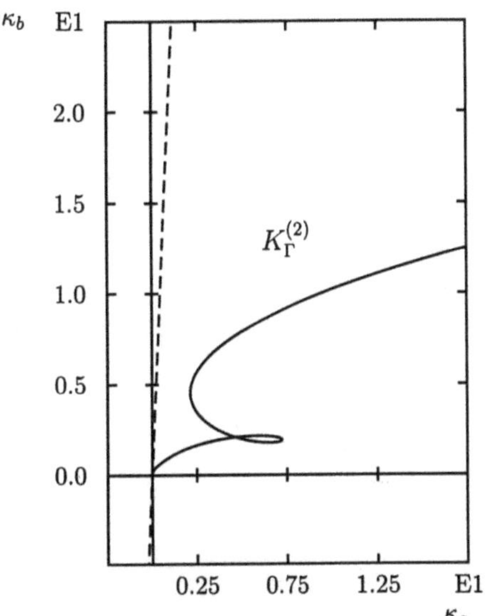

Abb. 11.27: Menge der Γ-stabilisierenden Regler für $\tilde{m} = 9950\,[\mathrm{kg}]$, $v = 20\,[\mathrm{m}\cdot\mathrm{s}^{-1}]$

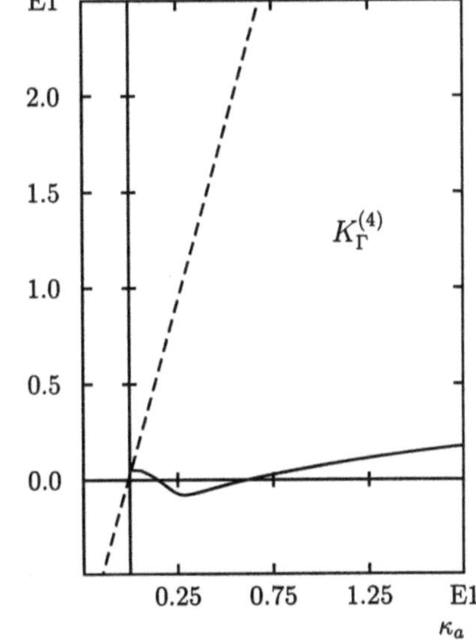

Abb. 11.29: Menge der Γ-stabilisierenden Regler für $\tilde{m} = 32000\,[\mathrm{kg}]$, $v = 3\,[\mathrm{m}\cdot\mathrm{s}^{-1}]$

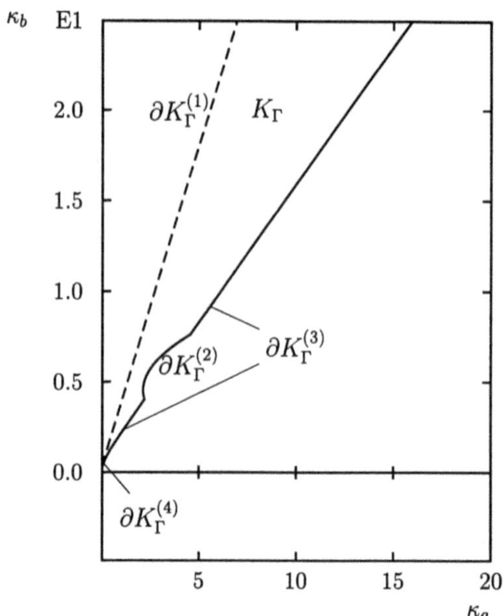

Abb. 11.30: Menge der simultan Γ-stabilisierenden Regler der Ecken des Betriebsbereichs

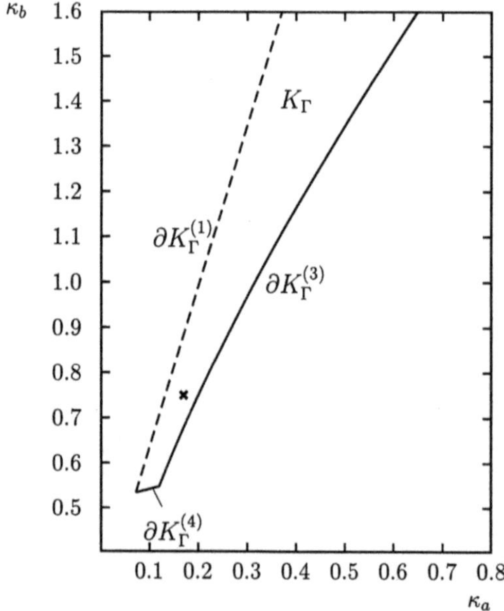

Abb. 11.31: Detaillierte Ansicht der Menge der simultan Γ-stabilisierenden Regler für kleine Kreisverstärkungen

Laut Abb. 11.30 sind auch Lösungen mit hoher Verstärkung zulässig. Im Hinblick auf andere Entwurfsanforderungen, wie z.B. beschränkte Stellgeschwindigkeit und beschränkte Querbeschleunigung, ist es ratsam, eine Lösung mit kleiner Verstärkung vorzuziehen. Abb. 11.31 zeigt eine detaillierte Ansicht der Menge der simultan Γ-stabilisierenden Reglerparameter mit kleiner Reglerverstärkung. Der Punkt mit den Koordinaten $\kappa_a = 0.18$ und $\kappa_b = 0.75$ wurde gewählt. Damit ergibt sich der Rückführvektor zu

$$k^T = \begin{bmatrix} 0.0506 & 0.0363 & -0.0385 & -0.0231 & 0.1596 \end{bmatrix} \qquad (11.5.6)$$

Der Regler ist zwar Γ-stabil für die Ecken des Betriebsbereichs, ob allerdings die Γ-Stabilität für den gesamten Betriebsbereich gewährleistet ist, muß in einer Stabilitätsanalyse überprüft werden. In Abb. 11.32 sind die Begrenzungen des Γ-stabilen Gebiets in der $(\tilde{m},v)$-Ebene für den geschlossenen Regelkreis dargestellt. Die Ecken sind Γ-stabil

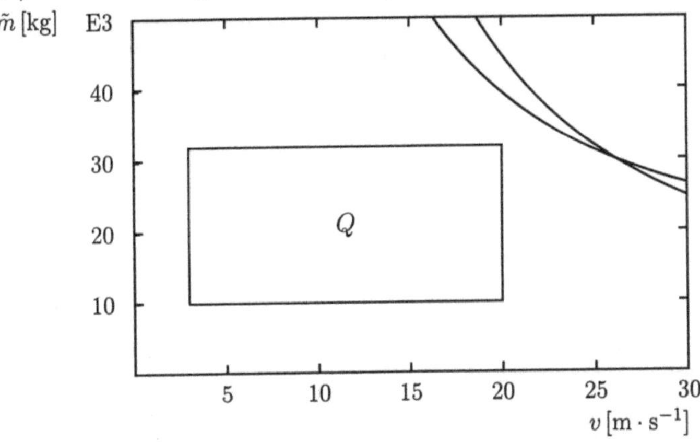

Abb. 11.32: Γ-Stabilitätsgrenzen in der $(\tilde{m},v)$-Ebene für den Rückführvektor (11.5.6)

und die Q-Box wird von keiner der Stabilitätsgrenzen geschnitten. Somit ist der Bus für den gesamten Betriebsbereich robust Γ-stabil. Der Stabilitätsanalyse müssen nun Simulationen im Zeitbereich folgen, in denen die bereits oben erwähnten Anforderungen im Detail überprüft werden.

In einer späteren Entwurfsstudie wurden einige der Annahmen abgeändert. Die Reglerstruktur in Abb. 2.5 benötigt drei Sensoren, zwei für die Abweichungen an Front und Heck des Busses und einen dritten Sensor zur Messung des Lenkwinkels δ_f. Jeder der Sensoren muß ausfallsicher sein, da sie lebenswichtige Komponenten des Regelungssystems sind. Aus Kostengründen ist es wünschenswert, die Anzahl der Sensoren so gering wie möglich zu halten. Besonders der Sensor für den vorderen Lenkwinkel δ_f verursacht eine beträchtliche Kostensteigerung. Der Sensor selbst ist ein billiges Potentiometer, das unter dem Chassis angebracht wird. Dort muß es allerdings vor unerwünschten Umwelteinflüssen, wie z.B. Wasser, Schnee, Salz und Staub, geschützt werden. Das ist nur mit hohen Kosten im Vergleich zu den Sensorkosten möglich. Deshalb soll auf diesen Sensor für den nächsten Entwurf verzichtet werden.

Die Sensorantenne zur Messung der hinteren Abweichung des Busses vom Leitkabel kann erheblich von der Sollspur abweichen, besonders, wenn der Bus in eine enge Kurve fährt. Zusätzlich wird durch den Metallaufbau des Busses das elektromagnetische Feld des in der Straße verlegten Leitkabels verändert. Deshalb liefert diese Messung lediglich

Meßdaten schlechter Qualität; dieser Sensor soll ebenfalls vermieden werden. Somit ist
der einzig verbleibende Meßaufnehmer die Sensorantenne am Bug des Busses.

Für den neuen Reglerentwurf wurde außerdem die Servolenkung durch einen zusätzlichen hydraulischen Aktuator ohne Positionsrückführung ersetzt. Dabei blieb die ursprüngliche Servolenkung für Notfälle als Reservelenkung unverändert erhalten. Mit
dem integrierenden Regler wird auch die bleibende Regelabweichung bei Seitenwind zu
Null. Das resultierende Regelungssystem ist in Abb. 11.33 dargestellt, ein Regler $g_C(s)$
wurde in [131] entworfen.

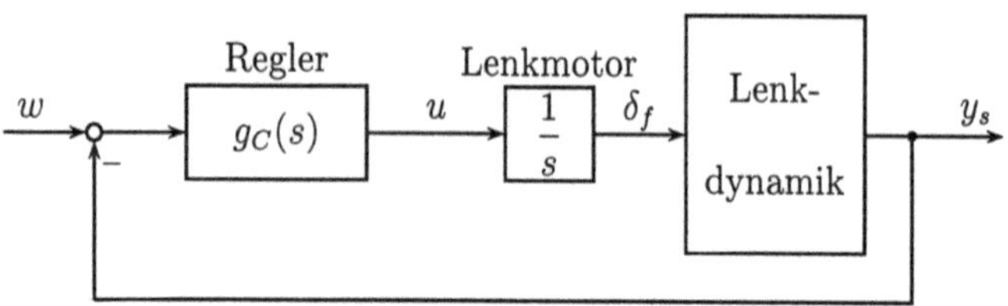

Abb. 11.33: Spurgeführter Bus mit Sensor für die Frontabweichung und integrierendem Stellglied

Praktische Fahrversuche zeigten, daß das durch (11.5.2) begrenzte Polgebiet etwas zu
vorsichtig abgeschätzt wurde. Der neue Regler soll nun für das durch die Hyperbel

$$\left(\frac{\sigma}{0.35}\right)^2 - \left(\frac{\omega}{1.75}\right)^2 = 1 \tag{11.5.7}$$

begrenzte Polgebiet Γ entworfen werden.

Der Bus ist nun ein System mit einem Eingang u für den integrierenden hydraulischen
Aktuator und einem Ausgang y_s, die Abweichung des Bugs von der Sollspur. Die
Übertragungsfunktion (1.3.7) vom Aktuatoreingang u zur lateralen Abweichung y_s mit
den in der Tabelle 1.3 gegebenen Daten ist

$$\frac{y_s(s)}{u(s)} = \frac{4.803 \cdot 10^{10} v^2 + 3.866 \cdot 10^{11} vs + 6.079 \cdot 10^5 \tilde{m} v^2 s^2}{s^3 (2.690 \cdot 10^{11} + 1.663 \cdot 10^4 \tilde{m} v^2 + 9.818 \cdot 10^5 \tilde{m} v s + \tilde{m}^2 v^2 s^2)}$$

In Kapitel 2 wurde eine Reglerstruktur (2.3.15) aus Wurzelortskurvenüberlegungen gewonnen:

$$g_C(s) = \frac{k_1 + k_2 s + k_3 s^2}{(1 + s/\omega_0 + s^2/\omega_0^2)(1 + s/\omega_0)}$$

Diese Überlegungen zeigten, daß die Plazierung eines Nullstellenpaars in der Nachbarschaft des Ursprungs wesentlich ist, um damit die beiden Zweige in der rechten
komplexen Halbebene in das Polgebiet Γ zu ziehen. Für den Nenner der Reglerübertragungsfunktion wurde eine Butterworth-Konfiguration in einer etwas größeren Entfernung vom Ursprung angenommen. Obwohl diese Polkonfiguration im geschlossenen
Kreis nicht erhalten bleibt, stellt sie immerhin einen guten Ausgangspunkt für den
Reglerentwurf dar.

Die (k_2, k_3)-Ebene wurde für eine grafische Darstellung der Stabilitätsgrenzen gewählt.
Als Startwerte für ω_0 und k_1 werden $\omega_0 = 100$ und $k_1 = 2.5$ angenommen. Die
Γ-Stabilitätsgrenzen für die vier extremen Betriebspunkte des Busses sind in den
Abb. 11.34–11.37 dargestellt. Damit läßt sich einfach eine Schnittmenge bestimmen,
siehe Abb. 11.38.

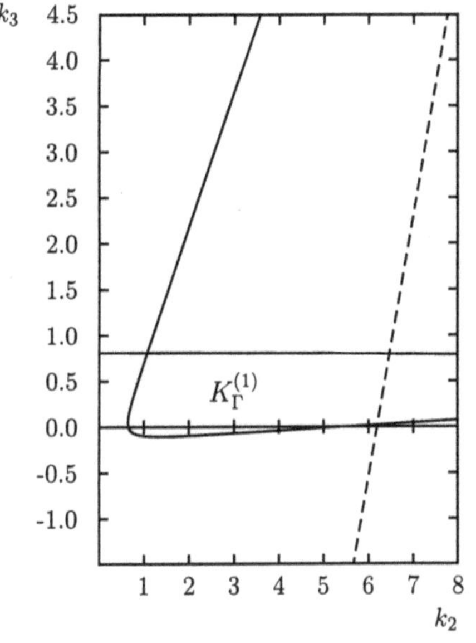

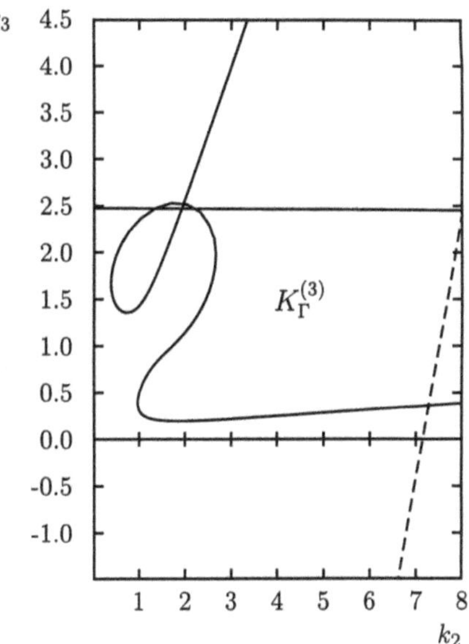

Abb. 11.34: Γ-Stabilisierende Regler für $\tilde{m} = 9950\,[\text{kg}]$, $v = 3\,[\text{m}\cdot\text{s}^{-1}]$, $\omega_0 = 100$, $k_1 = 2.5$

Abb. 11.36: Γ-Stabilisierende Regler für $\tilde{m} = 32000\,[\text{kg}]$, $v = 20\,[\text{m}\cdot\text{s}^{-1}]$, $\omega_0 = 100$, $k_1 = 2.5$

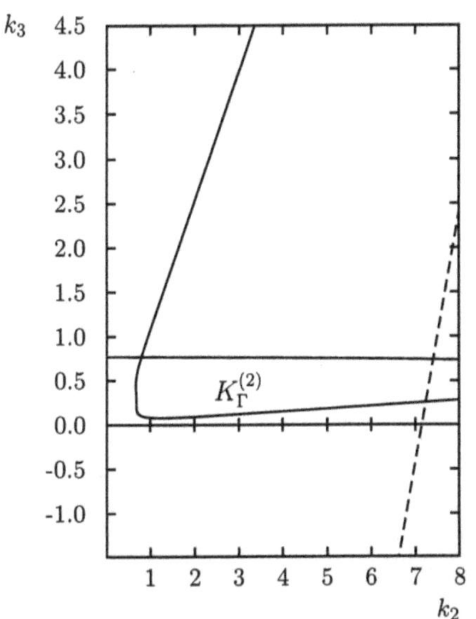

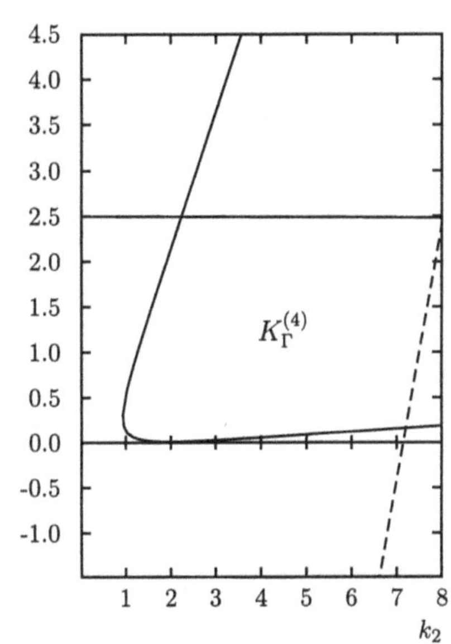

Abb. 11.35: Γ-Stabilisierende Regler für $\tilde{m} = 9950\,[\text{kg}]$, $v = 20\,[\text{m}\cdot\text{s}^{-1}]$, $\omega_0 = 100$, $k_1 = 2.5$

Abb. 11.37: Γ-Stabilisierende Regler für $\tilde{m} = 32000\,[\text{kg}]$, $v = 3\,[\text{m}\cdot\text{s}^{-1}]$, $\omega_0 = 100$, $k_1 = 2.5$

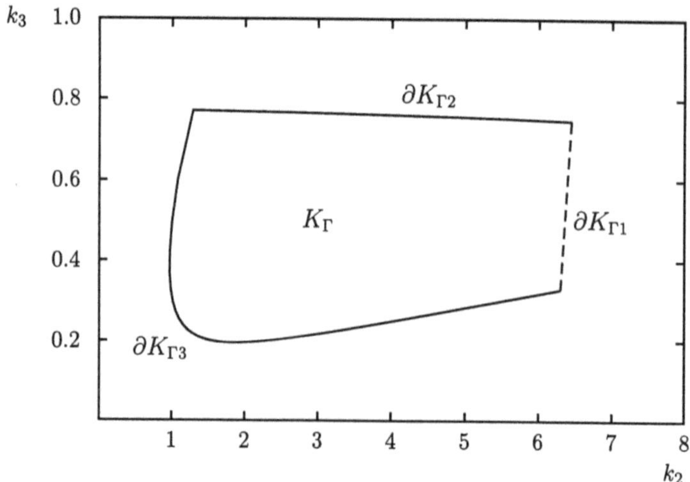

Abb. 11.38: Simultan Γ-stabilisierende Regler der Ecken des Betriebsbereichs für $\omega_0 = 100$, $k_1 = 2.5$

Der anfängliche Wert der Bandbreite war relativ groß. Der Bus würde nun selbst auf kleine Knicke im Leitkabel oder andere Störungen sehr schnell und unerwünscht reagieren. Andererseits ist das Γ-stabilisierende Gebiet groß genug, so daß die beiden Reglerparameter k_1 und ω_0 noch modifiziert werden können. Beginnend mit den Startwerten $\omega_0 = 100$ und $k_1 = 2.5$, für die bereits eine Lösungsmenge bekannt ist, wird die Bandbreite ω_0 schrittweise reduziert. Nach jedem Schritt wird der Parameter k_1 so verändert, daß das simultan Γ-stabilisierende Gebiet in der (k_2, k_3)-Ebene so groß wie möglich wird. Schließlich gelangt man an einen Punkt, an dem keine weitere Reduktion der Bandbreite mehr möglich ist. Die resultierenden Parameterwerte für k_1 und ω_0 sind $\omega_0 = 25$ und $k_1 = 0.6$. Die Menge der Γ-stabilisierenden Regler für die Ecken des Betriebsbereichs ist in den Abb. 11.39–11.42 dargestellt, die Schnittmenge dieser vier Mengen wird in Abb. 11.43 gezeigt.

Aus der Menge wird der Punkt mit den Koordinaten $k_2 = 0.7$ und $k_3 = 0.15$ ausgewählt. Die damit sich ergebende Reglerübertragungsfunktion ist

$$g_c(s) = 25^3 \frac{0.6 + 0.7s + 0.15s^2}{(s + 25)(s^2 + 25s + 625)}$$

Dieser Regler Γ-stabilisiert die Regelstrecke zumindest für die extremen Betriebspunkte. In einer Stabilitätsanalyse muß der gesamte Betriebsbereich auf Γ-Stabilität hin überprüft werden. Die Γ-Stabilitätsgrenzen in der $(v, \tilde{m})$-Ebene wurden bereits für Abb. 9.4 berechnet. Die Ecken des Betriebsbereichs sind Γ-stabil und keine der Stabilitätsgrenzen schneidet die Q-Box. Eine reelle Grenze verläuft sehr nahe am Betriebsbereich, dies jedoch nur bei kleinen Geschwindigkeiten. Das wiederum ist nicht kritisch, da ein reeller Pol nahe am Ursprung zwar eine träge Zeitantwort verursacht, es wird jedoch wegen der niedrigen Geschwindigkeit nur eine kurze Fahrstrecke zurückgelegt.

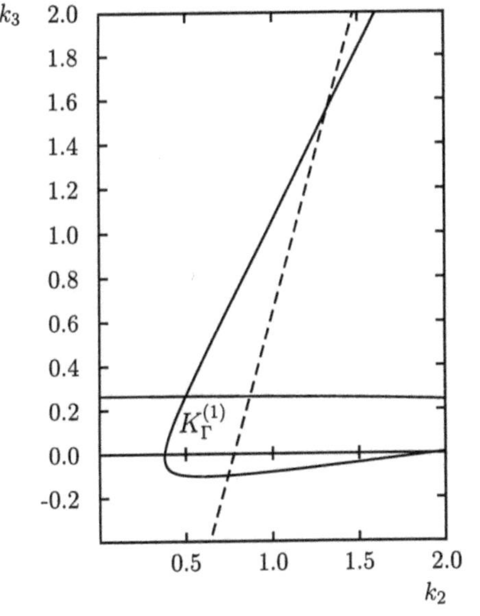

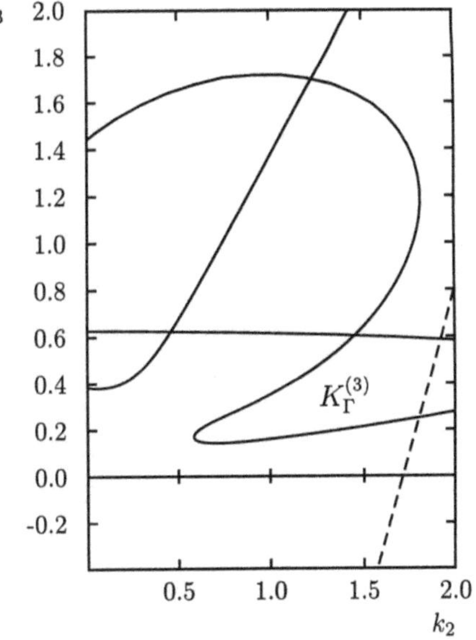

Abb. 11.39: Γ-Stabilisierende Regler für $\tilde{m} = 9950\,[\text{kg}]$, $v = 3\,[\text{m}\cdot\text{s}^{-1}]$, $\omega_0 = 25$, $k_1 = 0.6$

Abb. 11.41: Γ-Stabilisierende Regler für $\tilde{m} = 32000\,[\text{kg}]$, $v = 20\,[\text{m}\cdot\text{s}^{-1}]$, $\omega_0 = 25$, $k_1 = 0.6$

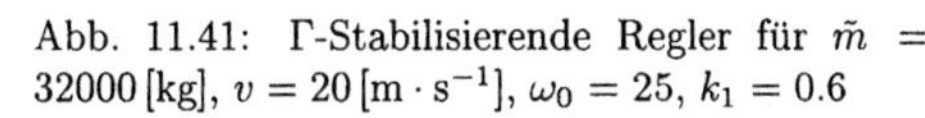

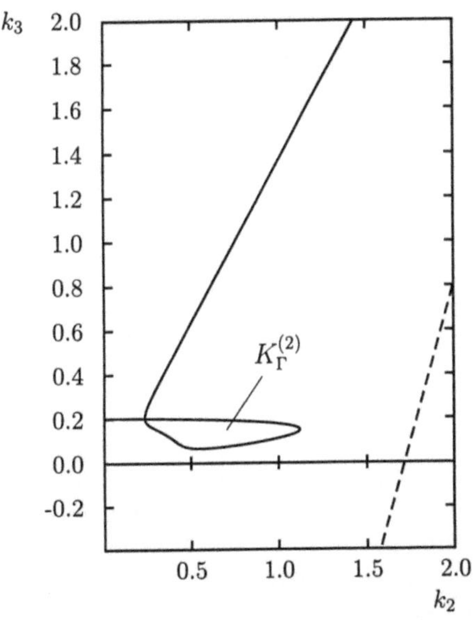

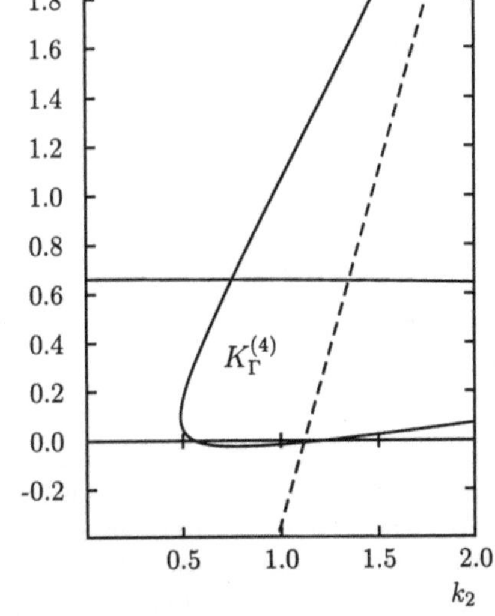

Abb. 11.40: Γ-Stabilisierende Regler für $\tilde{m} = 9950\,[\text{kg}]$, $v = 20\,[\text{m}\cdot\text{s}^{-1}]$, $\omega_0 = 25$, $k_1 = 0.6$

Abb. 11.42: Γ-Stabilisierende Regler für $\tilde{m} = 32000\,[\text{kg}]$, $v = 3\,[\text{m}\cdot\text{s}^{-1}]$, $\omega_0 = 25$, $k_1 = 0.6$

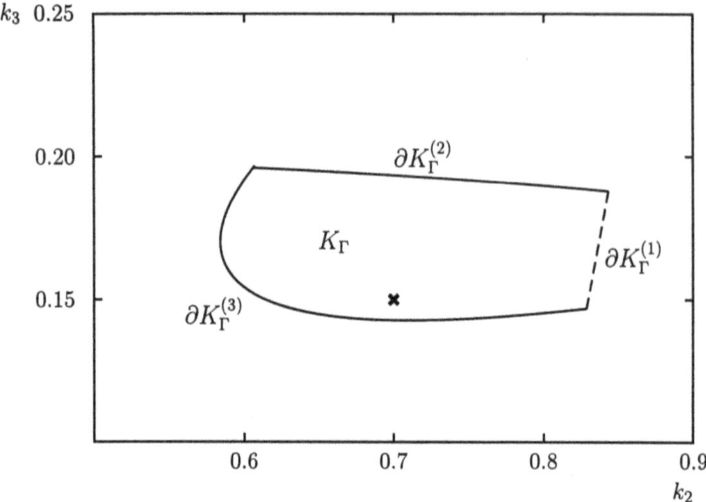

Abb. 11.43: Simultan Γ-stabilisierende Regler der Ecken des Betriebsbereichs für $\omega_0 = 25$, $k_1 = 0.6$

Der Regler muß nun in Simulationen im Zeitbereich überprüft werden. Die Simulation der Hand/Automatikumschaltung ist in Abb. 11.44 dargestellt. Dieses Manöver ist

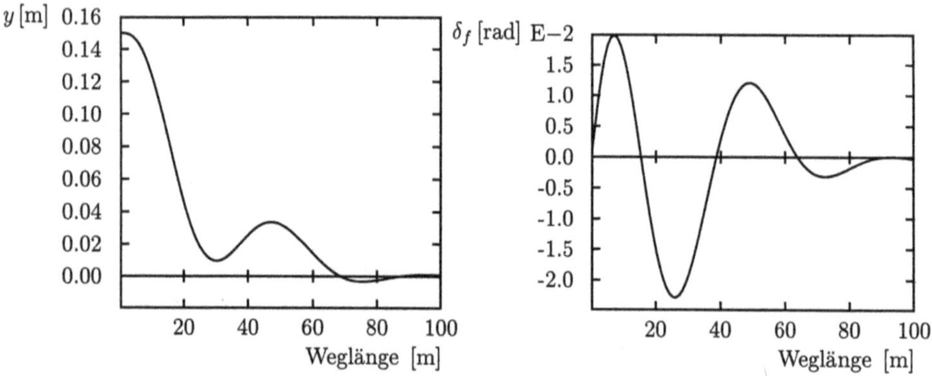

Abb. 11.44: Simulation der Hand/Automatikumschaltung für $\bar{m} = 32000\,[\mathrm{kg}]$ und $v = 20\,[\mathrm{m \cdot s^{-1}}]$

besonders kritisch, da hier die größten Abweichungen vom Leitkabel auftreten können. Zusätzlich ist dies die einzige Fahrsituation, in dem ein Sprungsignal am Eingang auftritt. Die anstehende Regeldifferenz wird allerdings schon vor der Umschaltung auf den Regler geschaltet, so daß sich dieser bereits in einem eingeschwungenen Zustand befindet. Beim Umschalten wird lediglich der Reglerausgang auf den Aktuatoreingang geschaltet. Somit erfolgt keine Differentiation des Sprungs. Alle anderen Eingangssignale sind glatt, zum Beispiel, wenn der Bus in eine Kurve einfährt. Die gezeigte Simulation wurde für eine anfängliche Abweichung von 15 [cm] vom Leitkabel durchgeführt. Im Zeitpunkt $t = 0$ schaltet der Fahrer auf Automatikbetrieb um. Auch in anderen Fahrsituationen, wie zum Beispiel Seitenwind, Kurveneinfahrt usw., zeigt der Regler gutes Regelverhalten.

Anmerkung 11.1. In Kapitel 2 wurde gezeigt, daß eine strukturelle Entkopplung unter einigen Modellierungsannahmen möglich ist. Das Regelgesetz ist in (2.5.4) gegeben: Die Giergeschwindigkeit r muß dazu auf den vorderen Lenkwinkel δ_f zurückgeführt werden. Im idealen Fall erfolgt eine Pol/Nullstellen-Kürzung in der Übertragungsfunktion von Lenkwinkeleingang zur Querbeschleunigung an der Vorderachse. Dadurch wird die Fahrzeugdynamik erheblich vereinfacht.

Der Stadtbus O 305 verletzt die dazu notwendigen Annahmen. Dennoch erfolgt bei Giergeschwindigkeitsrückführung eine Beinahekürzung eines Polpaares, so daß es wenig Einfluß auf die Busdynamik nimmt. Ein Reglerentwurf für einen spurgeführten Bus mit Giergeschwindigkeitsrückkopplung wurde in [17] durchgeführt. $\qquad\Box$

11.6 Fallstudie: Flugzeugregelung

Das robuste Regelungsproblem wurde in Abschnitt 1.4 vorgestellt.

Robustheit bei verschiedenen Flugzuständen

Basierend auf Bewertungen von Piloten wurden zulässige Intervalle für Dämpfung und Frequenz der kurzperiodischen Anstellwinkelschwingung ermittelt und müssen nun bei der Zulassung eines neuen Flugzeugs nachgewiesen werden [1]. Für das charakteristische Polynom $p(s) = a_0 + a_1 s + s^2 = \omega_0^2 + 2D\omega_0 s + s^2$ wurden die folgenden Grenzen für die Dämpfung und die natürliche Frequenz ω_0 festgelegt:

$$0.35 \leq D \leq 1.3\,; \quad \omega_a \leq \omega_0 \leq \omega_b \qquad (11.6.1)$$

Die Grenzen ω_a und ω_b hängen von den Flugzuständen ab und sind in Tabelle 11.2 gegeben.

Flug-zustand	Geschwindigkeit (Mach)	Flughöhe (Fuß)	ω_a	ω_b (Radian / Sekunde)
1	0.50	5000	2.02	7.23
2	0.85	5000	3.50	12.60
3	0.90	35000	2.19	7.86
4	1.50	35000	3.29	11.80

Tabelle 11.2: Militärische Spezifikationen für die zulässige natürliche Frequenz ω_0 der kurzperiodischen Anstellwinkelschwingung eines Flugzeugs

Vergleicht man die Lage der Eigenwerte des ungeregelten Systems Tabelle 1.2 und die Eigenwertspezifikationen für das geregelte System in Tabelle 11.2, so stellt man fest, daß hier die zweite Grundregel der robusten Regelung für beschränkte Stellamplituden beachtet wurde: *Man soll ein schnelles System bei Schließung des Regelkreises schnell belassen und ein langsames System langsam belassen.*

Durch Gleichung (11.6.1) wird das zulässige Gebiet in der Ebene der Koeffizienten a_0, a_1 bestimmt. Es wird durch die Geraden $a_0 = \omega_a^2$ und $a_0 = \omega_b^2$, sowie durch die beiden Parabeln $a_0 = \omega_0^2$, $a_1 = 2D_{min}\omega_0 = 0.7\omega_0$ und $a_0 = \omega_0^2$, $a_1 = 2D_{max}\omega_0 = 2.6\omega_0$ begrenzt. Dieses Gebiet ist für den Flugzustand 2 in Abb. 11.45 dargestellt.

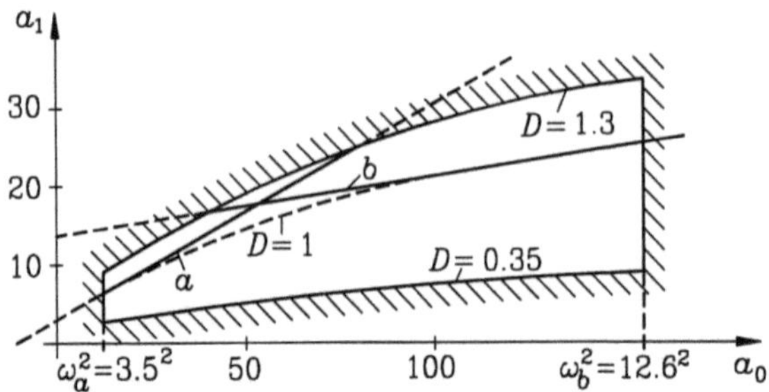

Abb. 11.45: Stabilitätsgebiet für Flugzustand 2 in der Koeffizientenebene und Ersatz der Grenze $D = 1.3$ durch die beiden Grenzen a und b

Wird D über den Werte Eins hinaus erhöht, so vereinigt sich das komplexe Polpaar in der s-Ebene für $D = 1$ zu einem Verzweigungspunkt und teilt sich anschließend wieder in zwei reelle Eigenwerte, wobei sich für anwachsendes D einer davon nach links und der andere nach rechts bewegt. Der sich nach rechts bewegende Pol führt oft zu einer unerwünschten Verminderung der Bandbreite des geschlossenen Kreises, bzw. im Zeitbereich zu einem trägen Einschwingvorgang. Dieser weniger erwünschte Bereich liegt in Abb. 11.45 oberhalb der Parabel für $D = 1$.

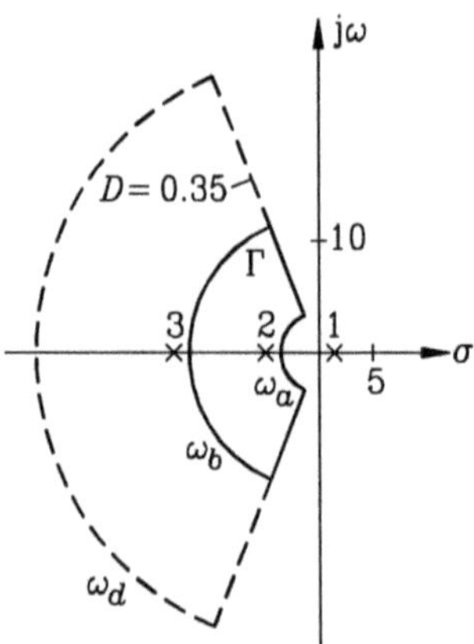

Abb. 11.46: Γ-Stabilitätsgebiet in der s-Ebene

Das zulässige Gebiet im Koeffizientenraum wird deshalb hier etwas verkleinert, indem die obere Grenze für a_1 durch die beiden Geraden a und b (Tangenten an die Kurve $D = 1$ bei $\omega_a^2 = 3.5^2$ bzw. $\omega_b = 12.6^2$) ersetzt wird. Das Koeffizientengebiet zwischen a, b

und der Kurve $D = 1$ beschreibt exakt die Polynome mit einem Paar reeller Wurzeln im Intervall $s \in [-\omega_a\,;\ -\omega_b]$. Das verkleinerte Koeffizientengebiet entspricht daher genau dem Kreisringsegment („Ananasscheibensegment"), das in Abb. 11.46 mit ausgezogenen Linien dargestellt ist. Das gestrichelt dargestellte, erweiterte Gebiet ist für die weiteren Eigenwerte maßgebend, die nicht zur Anstellwinkelschwingung gehören, siehe Kapitel 3. Die Werte ω_a und ω_b, sowie die Eigenwertlagen 1, 2 und 3 für den offenen Kreis wurden für den Flugzustand 2 dargestellt.

Wie bereits in Kapitel 2 diskutiert wurde, ist die am einfachsten zu realisierende Reglerstruktur

$$u = - \begin{bmatrix} k_{n_z} & k_q & 0 \end{bmatrix} x = -k^T x \tag{11.6.2}$$

wobei x_1 mit einem Beschleunigungsmesser und x_2 mit einem Kreisel gemessen wird. Der hiermit festgelegte zweidimensionale Schnitt durch das dreidimensionale Γ-Stabilitätsgebiet ist mit $\omega_d = 70$ [Radian/Sekunde] für den Flugfall 2 in Abb. 11.47 dargestellt.

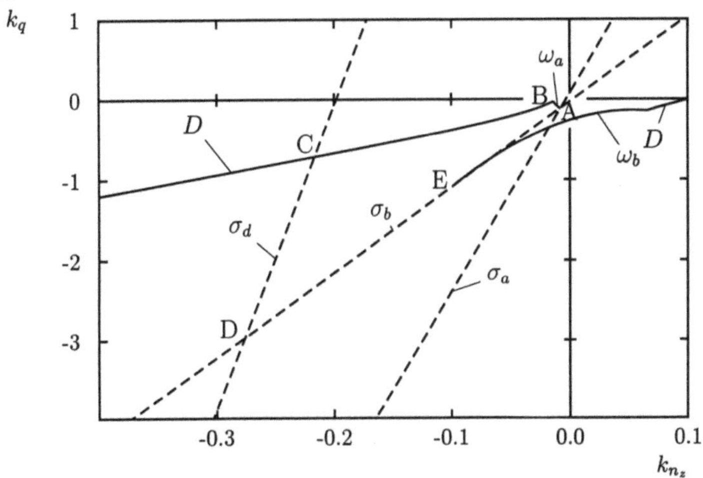

Abb. 11.47: Zweidimensionaler Schnitt durch das Γ-Stabilitätsgebiet im k-Raum

Für $k = 0$ sind die Eigenwerte diejenigen des offenen Kreises, siehe 1, 2 und 3 in Abb. 11.46. Überschreitet man die Grenze σ_a im k-Raum durch Verändern der Reglerparameter k beginnend bei $k = 0$, so wandert der Eigenwert 2 nach rechts über den Punkt σ_a.

Das Eigenwertpaar (1, 2), das die kurzperiodische Anstellwinkelschwingung beschreibt, wandert nun als konjugiert komplexes Polpaar in das Polgebiet Γ, wenn die Grenze ω_a oder D überschritten wird. Das gewünschte Gebiet ist demnach ABCDEA. Auf AB liegen die Eigenwerte 1 und 2 auf dem Kreis ω_a, auf BC liegen sie auf D und auf CD liegt der Eigenwert 3 bei σ_d. Auf DE liegt einer der beiden Eigenwerte (1, 2) bei σ_b, auf EA liegt Eigenwert 3 bei σ_b.

Anmerkung 11.2. Auf dem beschriebenen Weg in der (k_q, k_{n_z})-Ebene ist eine eindeutige Zuordnung der Eigenwerte des geschlossenen Kreises zu denen des offenen Kreises

möglich. Eine solche Zuordnung geht verloren, wenn sich zum Beispiel die Eigenwerte
2 und 3 zu einem komplexen Paar vereinigen. Dies wäre der Fall, wenn, ausgehend
von $k = 0$, zuerst σ_b und dann ω_b überschreitet. Der Eigenwert 3 wandert zuerst nach
rechts und das Paar $(2, 3)$ wandert danach über die Grenze ω_b in der s-Ebene. $\Box$

Für die drei anderen Flugzustände werden entsprechende Γ-stabile Gebiete bestimmt.
Alle vier Gebiete schneiden sich in dem in Abb. 11.48 dargestellten Gebiet. Die ange-
setzte Reglerstruktur führt also zu einer zulässigen Lösungsmenge.

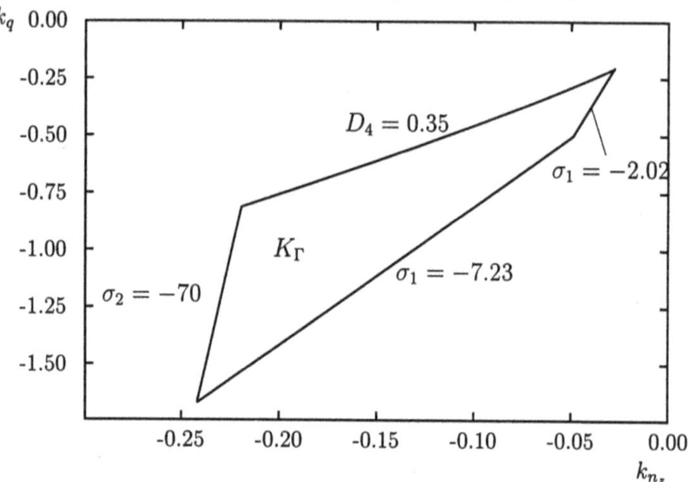

Abb. 11.48: Schnitt der Γ-stabilen Gebiete für die vier Flugzustände

Abb. 11.48 gibt dem Entwurfsingenieur wesentliche Informationen darüber, welche Forderungen in welchen Flugzuständen kritisch sind. Die Nummern der Flugzustände
werden als Indizes zur Bezeichnung der Stabilitätsgrenzen verwendet. Die Anregung
von Strukturschwingungen ist besonders in der Nähe der Grenze $\sigma_2 = -70$ kritisch,
d.h. beim Hochgeschwindigkeits-Tiefflug (Flugzustand 2). Ungenügende Dämpfung ist
in der Nähe der Grenze D_4 beim schnellen Flug in großer Höhe (Flugzustand 4) kritisch.
Die anderen beiden Grenzen stammen von Flugzustand 1 (Landeanflug). In der Nähe
der Grenze $\sigma_1 = -2.02$ wandert ein reeller Pol dem Ursprung zu, ein reeller Pol würde
die Grenze bei $\sigma_1 = -7.23$ nach links überschreiten. Der Flugzustand 3 (langsamer
Flug in großer Höhe) erweist sich bei dieser Reglerstruktur als nicht kritisch.

Solche Informationen über die möglichen Anforderungen, die von einem Regelungssystem erfüllt werden können, und über die Kompromißlösungen, sind normalerweise für
einen Ingenieur hilfreicher als Optimierungsverfahren, die verlangen, daß vorab für alle
nur denkbaren Konflikte durch die Wahl der Gewichtungen in einem skalaren Gütekriterium der optimale Kompromiß definiert wird.

Ausgehend von Abb. 11.48 gibt es nun verschieden Möglichkeiten, um einer Auswahl
eines Punktes aus der Lösungsmenge näherzukommen. Eine Möglichkeit ist die Ver-
kleinerung des Polgebiets Γ in Abb. 11.46. Abb. 11.49 zeigt das reduzierte Gebiet, das
durch eine Reduktion von ω_d von 70 auf 50 [Radian/Sekunde], durch eine Erhöhung
der minimalen Dämpfung von 0.35 auf 0.5 und durch eine Erhöhung aller minimalen

natürlichen Frequenzen ω_a um 50% enstanden ist. Für dieses neue Polgebiet läßt sich noch immer eine Schnittmenge für die vier Flugzustände bestimmen und der Entwurfsingenieur kann nun entscheiden, welche dieser Spezifikationen eventuell noch weiter verschärft werden sollen, um damit die Lösungsmenge noch mehr einzuengen.

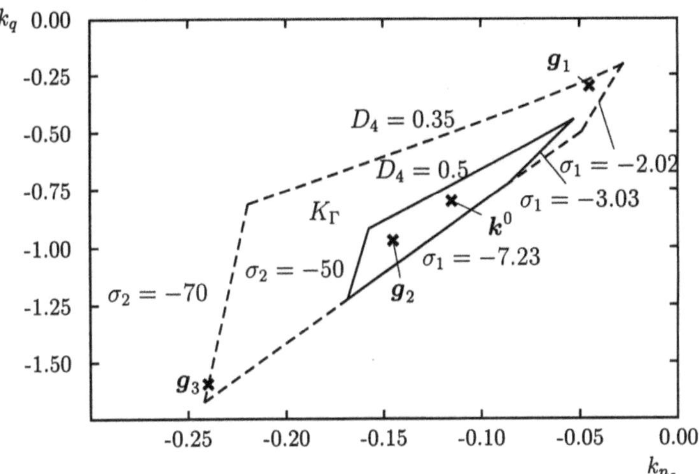

Abb. 11.49: Verschärfte Spezifikationen verkleinern die Lösungsmenge.

Es können nun aber auch andere, im Entwurf bisher noch nicht berücksichtigte Aspekte zur Auswahl einer Lösung mit einbezogen werden. Als Beispiel kann hier die Beschränkung des Stellausschlags x_3 oder dessen Stellgeschwindigkeit $\dot{x}_3 = -14x_3 + 14k^T x$ genannt werden. In diesen beiden Fällen muß aus der Schnittmenge ein Regler mit kleiner Kreisverstärkung, wie bereits in Abschnitt 11.4 erläutert, gewählt werden. Um diesen Effekt zu illustrieren, werden die in Abb. 11.49 eingezeichneten Punkte g_1, g_2 und g_3 ausgewählt. Zur Beurteilung der Regelgüte wird jeweils die c^*-Antwort auf einen, vom Piloten eingegebenen, Einheitssprung berechnet, siehe Abb. 11.51.

$$c^* = (n_z + 12.43q)/c_\infty$$

ist eine übliche Größe in der Flugmechanik zur Beurteilung der Sprungantwort. Der stationäre Wert c_∞ dient der Normierung. Die c^*-Antwort sollte in der in Abb. 11.50 dargestellten Einhüllenden liegen. Liegen die Eigenwerte in dem Stabilitätsgebiet Γ, so erhält man ein etwas schnelleres Einschwingen als das in Abb. 11.50 erforderliche. Durch eine kleine Verzögerung im Vorfilter wird die Sprungantwort dann in die Einhüllende gebracht. Für diese Entwurfsstudie war das Vorfilter $1/(s+6)$ vorgegeben [36].

Der Stellausschlag wird für kleine Kreisverstärkung g_1 wesentlich reduziert und die Sprungantwort wird dabei entsprechend verlangsamt. Eine hohe Kreisverstärkung g_3 ist wegen stärkerem Überschwingen, größerer Stellamplitude und Erweiterung der Bandbreite bis in die Nähe der Strukturanregungsfrequenz nicht vorteilhaft. Die mittlere Kreisverstärkung erweist sich in diesem Vergleich als die beste; sie erzeugt eine Lösung, die näher an der von g_3 als an der von g_1 liegt und es wurde ein Punkt k^0 in der Nähe von g_2 in Richtung von g_1 gewählt. Das Regelgesetz lautet damit

$$u = -k^{0^T} x = \begin{bmatrix} -0.115 & -0.8 & 0 \end{bmatrix} x \qquad (11.6.3)$$

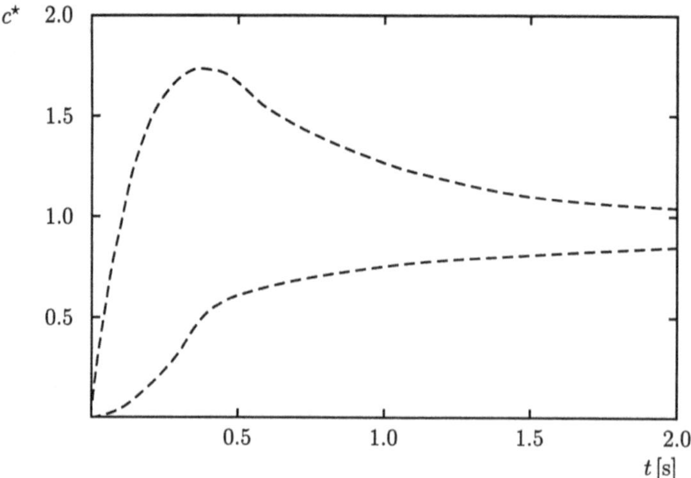

Abb. 11.50: Zulässige Einhüllende für die c^*-Antworten

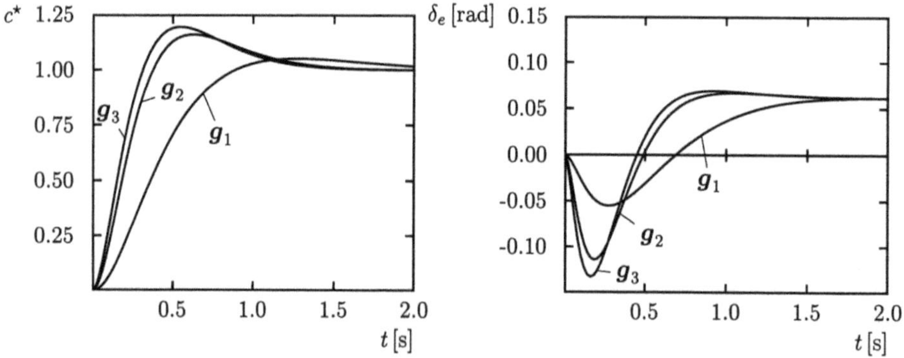

Abb. 11.51: c^*-Antwort und Stellausschlag δ_e für kleine (g_1), mittlere (g_2) und große (g_3) Kreisverstärkung. Die Stellausschläge wurden auf den stationären Wert von $-\delta_e(t, g_1)$ normiert.

k^0 ist in Abb. 11.49 eingezeichnet. Die Überprüfung der Eigenwerte ergibt, daß sie in allen vier Flugzuständen in den jeweils vorgeschriebenen Γ-Gebieten liegen.

Robustheit bei Sensorausfällen

In einer weiteren Verfeinerung des Entwurfs soll nun zusätzlich die Forderung nach Robustheit gegen Ausfall des Kreisels oder des Beschleunigungsmessers mit einbezogen werden. Das in Abb. 11.48 dargestellte Γ-Stabilitätsgebiet schneidet nicht die Achsen k_{n_z} und k_q. Deshalb reicht eine der Rückführungen allein zur Stabilisierung nicht aus.

Eine erste Möglichkeit wäre die Verwendung paralleler Sensoren, d.h. zwei Kreisel und zwei Beschleunigungsmesser. Abb. 11.48 zeigt jedoch, daß auch mit diesem erhöhten Aufwand keine Stabilisierung bei Sensorausfall möglich ist, da in dem Γ-Stabilitätsgebiet keine Punkte enthalten sind, die eine 50%ige Verminderung in k_{n_z} und k_q zulassen. Lediglich die Notfallspezifikationen (Level 3 der Flugeigenschaften [1]) können eingehalten werden.

Interessanterweise ist das Gebiet K_Γ in Abb. 11.48 mit seiner länglichen Ausdehnung zum Ursprung hin so gestaltet, daß die Flugeigenschaften verbessert werden, wenn zusätzlich ein zweiter Sensorausfall im anderen Kanal erfolgt, d.h. 50%ige Reduktion sowohl bei der Kreiselverstärkung als auch bei der Verstärkung des Beschleunigungsmessers. Dies läßt vermuten, daß eine Reglerstruktur wie in Abb. 11.23, die nur Beschleunigungsmesser oder nur Kreisel verwendet, vorteilhafter ist. Hier erfolgt der Verstärkungsabfall in beiden Kanälen gleichzeitig.

Selbstverständlich kann die nicht gemessene Variable nicht für alle vier Betriebszustände mit einem konstanten Filter konstruiert werden. Zusätzlich wird durch das Filter die Systemordnung erhöht, so daß weitere Eigenwerte entstehen. Deshalb muß das Γ-Stabilitätsgebiet in der Reglerparameterebene erneut berechnet werden. Wird das Filter so berechnet, daß es zumindest eine Näherung der zu konstruierenden Variablen liefert, so ist auch eine ähnliche Form des Stabilitätsgebiets zu erwarten.

Zur Entscheidung über die Art des zu verwendenden Sensors, Kreisel oder Beschleunigungsmesser, werden die Nullstellen der beiden Übertragungsfunktionen von u zum Kreisel und zum Beschleunigungsmesser betrachtet. Die Nullstellen der Übertragungsfunktion zum Beschleunigungsmesser variieren für die vier Flugzustände zwischen $-0.4 \pm \mathrm{j}5.7$ und $-0.9 \pm \mathrm{j}9.1$. Sie sind phasenminimal, liegen aber außerhalb des Polgebiets Γ. Sie variieren relativ stark, so daß eine ungefähre Kürzung durch das gemittelte Polynom $s^2 + 1.172s + 49.9$ nicht ratsam ist. Dadurch könnten Eigenwerte entstehen, die vielleicht nicht stabil sind.

Die Kreiselübertragungsfunktion hat eine reelle Nullstelle, die zwischen -0.64 und -1.57 variiert. Hier ist die ungefähre Kürzung durch die gemittelte Nullstelle -0.98 kein Problem. Durch die Beinahekürzung wird dieser Filterpol von u aus nur schlecht steuerbar sein und wird durch die Schließung des Regelkreises nicht stark verschoben. Der Pol ist ebenfalls von der Nickgeschwindigkeit aus nur schwer beobachtbar und hat nur geringe Auswirkung auf die c^*-Antwort. Er kann deshalb von der Polgebietsforderung ausgenommen werden.

Die beiden Übertragungsfunktionen von u nach $n_z = x_1$ und $q = x_2$ besitzen die gleichen Pole. Ein Pol davon ist im Unterschallflug instabil. Das Filter muß den Zähler der Kreiselübertragungsfunktion durch den Zähler der Übertragungsfunktion des Beschleunigungsmessers ersetzen. Mit den gemittelten Nullstellen der beiden Übertragungsfunktionen ergibt sich das Filter zu

$$f(s) = a \cdot \frac{s^2 + 1.172s + 49.9}{s + 0.98} \cdot \frac{10}{s + 10} \tag{11.6.4}$$

Mit dem Term $10/(s + 10)$ wird das Filter realisierbar gemacht. Das Verstärkungsverhältnis a variiert für die vier Flugzustände zwischen 0.527 und 0.577; der Mittelwert $a = 0.543$ wurde gewählt.

Durch das Filter wird die Systemordnung auf $n = 5$ angehoben. Durch die gewählte Reglerstruktur in Abb. 11.23 wird die Ebene der freien Reglerparameter $\overline{k}_{n_z}$ und $\overline{k}_q$ festgelegt. In dieser Ebene werden die Schnitte der Γ-stabilen Gebiete für die vier Flugzustände untersucht. Das Ergebnis ist in Abb. 11.52 dargestellt. Das zulässige Gebiet unterscheidet sich deutlich von dem in Abb. 11.48. Nun trägt der Flugzustand

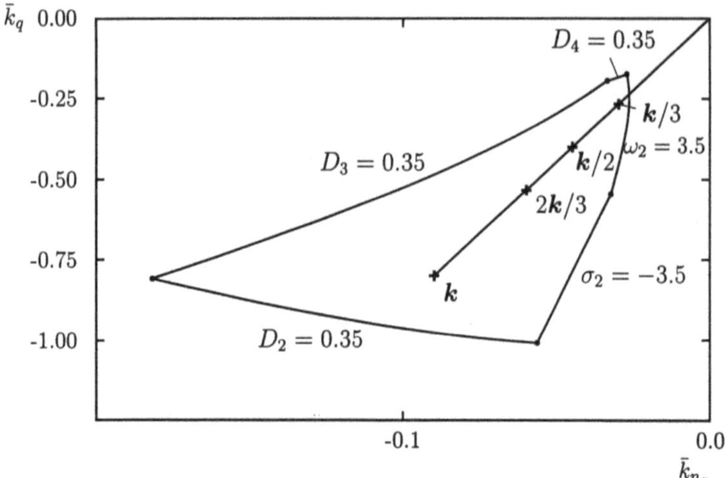

Abb. 11.52: Schnitt der Γ-stabilen Gebiete für die vier Flugzustände bei Verwendung eines Kreisels als alleinigen Sensor mit Filter

3 anstelle des Flugzustands 1 zu der Berandung bei. Trotzdem wird die Vermutung bestätigt, daß eine große Verstärkungsreduktionsreserve erreicht wurde, im Extremfall sogar 80%. Wird der durch $k = [-0.09 \quad -0.8 \quad 0]^T$ gekennzeichnete Punkt gewählt, so liegen auch die Punkte $2k/3$, $k/2$ und $k/3$ in der Lösungsmenge. Somit kann das System den Ausfall von zwei von drei Kreiseln verkraften, sogar dann, wenn der Ausfall des zweiten Kreisels erfolgt, bevor der Ausfall des ersten erkannt wurde. An den $c^\star$-Antworten in Abb. 11.53 ist bemerkenswert, wie wenig sich die Sprungantworten für die vier Flugzustände ändern, wenn k (rasch ansteigende Kurve) auf $k/2$ reduziert wird. Werden die beiden Rückführpfade über $\bar{k}_q$ und $\bar{k}_{n_z}$ zusammengefaßt, so erhält man den Regler

$$
\frac{-u_S(s)}{x_{2S}(s)} = -0.8 - 0.09 \cdot 0.543 \cdot \frac{s^2 + 1.172s + 49.9}{s + 0.98} \cdot \frac{10}{s + 10}
$$

$$
= -\frac{1.29s^2 + 9.36s + 32.23}{s^2 + 10.98s + 9.8} \tag{11.6.5}
$$

Das negative Vorzeichen erklärt sich aus der in der Flugmechanik üblichen Definition der Vorzeichen von Höhenruderausschlag x_3 und Nickwinkel q, die ein negatives Vorzeichen der Übertragungsfunktion bewirkt.

Die Vorgehensweise beim Entwurf der robusten Stabilisierung für die F4-E ist sicherlich kein allgemeingültiges Entwurfsrezept, dennoch können ähnliche Resultate für andere Flugzeuge erwartet werden. Beim Entwurf einer Backup-Regelung für das schwedische Kampfflugzeug JAS 39 wurden von Beginn an nur Kreisel als Sensoren vorgesehen. Ein robuster Level 1 Regler wurde für 10 Flugzustände sowohl mit der Parameterraumme-thode also auch mit Hilfe der Vektoroptimierung, die in Kapitel 12 beschrieben wird, entworfen [80].

Das ausführliche F4-E Beispiel zeigt, wie das Entwurfswerkzeug der zweidimensionalen Schnitte durch das Γ-stabile Gebiet eingesetzt und mit anderen Entwurfsüberlegungen

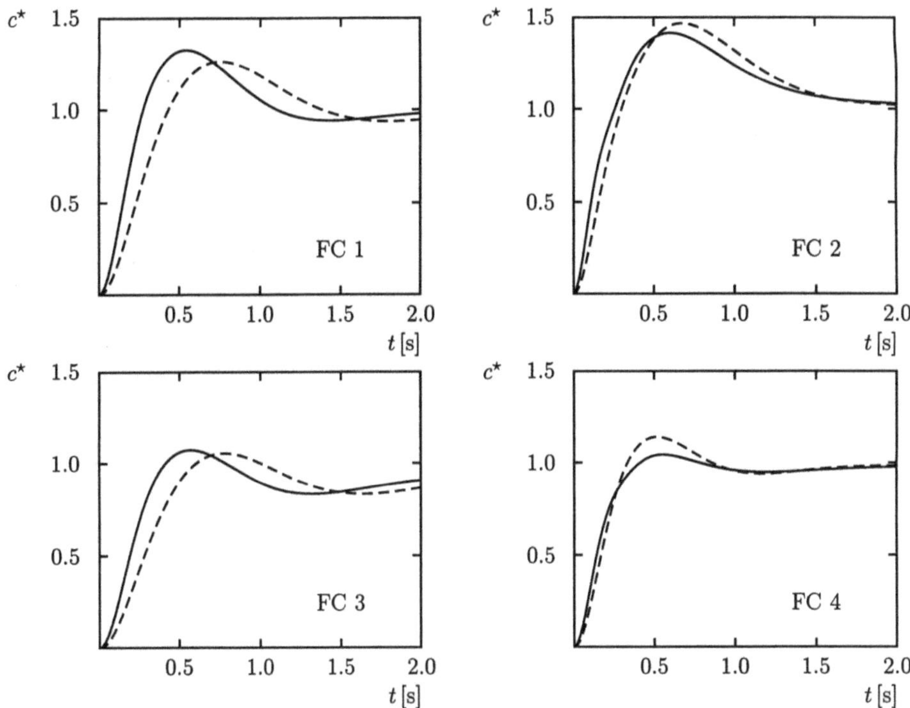

Abb. 11.53: c^*-Sprungantwort für die vier Flugzustände mit jeweils nominaler und 50% reduzierter Kreisverstärkung. Die nominale Kreisverstärkung ist durch einen rascherer Anstieg der Sprungantwort gekennzeichnet.

kombiniert werden kann. Die Reglerstruktur kann dabei schrittweise entwickelt werden. Der Reglerentwurf wäre weit weniger transparent gewesen, hätte man den Regler (11.6.5) mit fünf freien Reglerparametern von Beginn an angenommen.

11.7 Übungen

11.1. Gegeben ist die Verladebrücke mit unsicherer Lastmasse $m_L \in [0\,;\ 5000]\,[\text{kg}]$. Alle anderen Parameter seien mit $m_C = 1000\,[\text{kg}]$, $\ell = 5\,[\text{m}]$ und $g = 10\,[\text{m} \cdot \text{s}^{-1}]$ als konstant angenommen. Die Verladebrücke wird mit Zustandsrückführung

$$u = -\begin{bmatrix} k_1 & k_2 & 0 & 0 \end{bmatrix} x$$

geregelt. Bestimmen Sie die Menge der simultan Γ-stabilisierenden Regler für die beiden extremen Betriebspunkte, so daß die Eigenwerte des geschlossenen Kreises links von der Geraden

$$\partial\Gamma = \{-0.25 + \mathrm{j}\omega \mid \omega \in [0\,;\ \infty)\}$$

liegen. Wählen Sie einen Regler aus und überprüfen Sie den gesamten Betriebsbereich auf Γ-Stabilität. Wie groß ist der maximal mögliche Betriebsbereich für den gewählten Regler, so daß das System weiterhin Γ-stabil bleibt?

11.2. Gegeben ist die Verladebrücke mit $m_C = 1000\,[\text{kg}]$, $\ell = 10\,[\text{m}]$, $g = 10\,[\text{m} \cdot \text{s}^{-1}]$ und unsicherer Lastmasse $m_L \in [50\,;\, m_{L,max}]\,[\text{kg}]$. Die Verladebrücke soll mit der Zustandsrückführung

$$u = - \begin{bmatrix} 500 & k_2 & k_3 & 0 \end{bmatrix} x$$

geregelt werden. Für welche maximale Lastmasse $m_{L,max}$ können die beiden extremen Strecken gerade noch simultan Γ-stabilisiert werden, wenn Γ das Gebiet links der Hyperbel

$$\partial\Gamma = \{\sigma + j\omega \mid \omega^2 = 4\sigma^2 - 0.25,\ \sigma < -0.25\}$$

ist. Wie lauten die Reglerkoeffizienten?

11.3. Gegeben ist die Verladebrücke mit $\ell \in [8\,;\, 16]\,[\text{m}]$, $m_L \in [1000\,;\, 2000]\,[\text{kg}]$, $m_C = 1000\,[\text{kg}]$ und $g = 10\,[\text{m} \cdot \text{s}^{-2}]$. Das System soll durch Zustandsrückführung

$$u = - \begin{bmatrix} k_1 & k_2 & k_3 & k_4 \end{bmatrix} x$$

stabilisiert werden. Entwerfen Sie einen Regler in einer Invarianzebene, so daß die Eigenwerte des geschlossenen Kreises für den gesamten Betriebsbereich links von der Hyperbel (11.2.3) liegen. Versuchen Sie dabei, eine Lösung mit $k_4 = 0$ zu bestimmen.

11.4. Gegeben ist das System

$$\dot{x} = \begin{bmatrix} q & q+2 \\ 2 & 3-2q \end{bmatrix} x + \begin{bmatrix} 1 \\ 0 \end{bmatrix} u$$

das durch Zustandsrückführung

$$u = - \begin{bmatrix} k_1 & k_2 \end{bmatrix} x + w$$

geregelt werden soll. Der unsichere Parameter q variiert in dem Intervall $q \in [1\,;\, 5]$. Die Eigenwerte des geschlossenen Kreises sollen links des Geradenpaars konstanter Dämpfung $\omega = -5\sigma$ liegen. Bestimmen Sie die Menge der simultan Γ-stabilisierenden Regler für die Ecken des Betriebsbereichs. Für welche maximale Dämpfung können diese beiden Strecken gerade noch simultan Γ-stabilisiert werden?

11.5. Gegeben ist der Bus O 305 mit der in Abb. 11.33 dargestellten Reglerstruktur. Der Bus sei zusätzlich mit einem Kreisel ausgerüstet. Die damit gemessene Giergeschwindigkeit wird auf den Eingang des Hydraulikaktuators mit

$$\dot{\delta}_f = u - 0.89r$$

zurückgeführt. Entwerfen Sie einen Regler, der den Bus für den gesamten Betriebsbereich $\tilde{m} \in [9950\,;\,32000]\,[\mathrm{kg}]$ und $v \in [3\,;\,20]\,[\mathrm{m}\cdot\mathrm{s}^{-1}]$ Γ-stabilisiert. Das Polgebiet Γ wird dabei durch die Hyperbel (11.5.7) begrenzt. Überprüfen Sie die in Abschnitt 11.5 gegebenen Spezifikationen anhand der Fahrmanöver Hand/Automatikumschaltung und Kurveneinfahrt. Ein besonders kritisches Manöver ist die Einfahrt in eine enge Haltestelle bei kleiner Geschwindigkeit $v = 3\,[\mathrm{m}\cdot\mathrm{s}^{-1}]$. Das Referenzsignal dazu ist in Abb. 11.54 gegeben. Entwerfen Sie

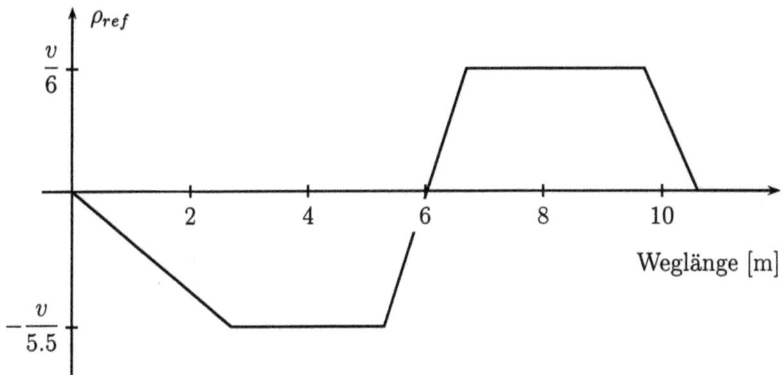

Abb. 11.54: Referenzsignal ρ_{ref} für die Einfahrt in eine enge Haltestelle

Ihren Regler neu, falls er diese Spezifikationen bei diesem Manöver nicht einhält. Wenn Sie Erfolg haben, so schicken Sie die Lösung den Autoren zu.

12 Reglerentwurf durch Optimierung eines vektoriellen Gütekriteriums

Mit dem Parameterraumverfahren des vorherigen Kapitels werden zuerst Gebiete im Raum der Reglerkoeffizienten bestimmt, in denen simultane Γ-Stabilität einer endlichen Streckenfamilie garantiert ist. Mit der Entwurfsmethode aus [111, 110], die in diesem Kapitel vorgestellt wird, kann auch nach simultan stabilisierenden Reglerkoeffizienten gesucht werden. Im Gegensatz zum Parameterraumverfahren werden jedoch dabei nicht die Stabilitätsgrenzen im Raum der Reglerkoeffizienten erzeugt. Es werden vielmehr simultan stabilisierende Reglerkoeffizienten aus der (i.a. nicht bekannten) zulässigen Lösungsmenge durch Optimierung eines vektoriellen Gütekriteriums bestimmt. Der Reglerentwurf durch Optimierung eines vektoriellen Gütekriteriums ist ein iteratives Verfahren, bei dem freie Koeffizienten in einer gewählten Reglerstruktur so bestimmt werden, daß eine systematische Verbesserung des Entwurfsergebnisses nach jedem Iterationsschritt garantiert ist, auch wenn sehr viele Entwurfsspezifikationen zu berücksichtigen sind. Vor jedem Iterationsschritt werden freie Entwurfsparameter vorgegeben, so daß die Komponenten des Gütevektors, die klein werden sollen, in ihrem Wert reduziert werden, ohne vorgegebene obere Schranken der restlichen Gütekriterien zu verletzen. Mit der Entwurfsstrategie kann man das Entwurfsergebnis in jedem Schritt in eine gewünschte Richtung lenken, bis schließlich ein bestmöglicher Kriterienkompromiß gefunden ist.

Wenn man z.B. den Entwurf mit Reglerkoeffizienten beginnt, die schon die Γ-Stabilisierung einer endlichen Streckenfamilie garantieren, so kann eine zusätzliche Entwurfsforderung durch ein entsprechendes Gütekriterium im Entwurf berücksichtigt werden, ohne die Eigenschaft der simultanen Γ-Stabilisierung im weiteren Entwurfsverlauf zu verletzen. Wir bewegen uns also in solch einem Fall von Entwurfsbeginn an innerhalb der zulässigen Lösungsmenge Γ-stabilisierender Reglerkoeffizienten. Der Entwurf kann aber auch mit Koeffizienten außerhalb der Γ-Stabilitätsmenge starten. Dann müssen zuerst Γ-Stabilitätskriterien der gegebenen Streckenfamilie solange verkleinert werden, bis man sich in der Γ-stabilisierenden Menge befindet.

Im ersten Abschnitt dieses Kapitels wird zuerst erläutert, wie die Entwurfsforderungen durch Gütekriterien im Entwurf berücksichtigt werden. Im zweiten Abschnitt wird gezeigt, wie in aufeinanderfolgenden Optimierungsschritten das Entwurfsergebnis systematisch verbessert werden kann. Die Entwurfsmethode wird dann anhand eines Problems zur Fahrzeuglenkung demonstriert.

Wir beginnen nun mit dem Multimodellproblem. Dazu nehmen wir an, daß schon eine endliche Menge von Betriebspunkten

$$q^{(1)}, q^{(2)}, \ldots, q^{(N)} \in Q, \qquad q^{(i)} = [q_1^{(i)} \ldots q_\ell^{(i)}]^T \qquad (12.0.1)$$

als relevante Repräsentanten des Systemverhaltens für das gesamte Betriebskontinuum Q ausgewählt wurden, siehe Abb. 12.1.

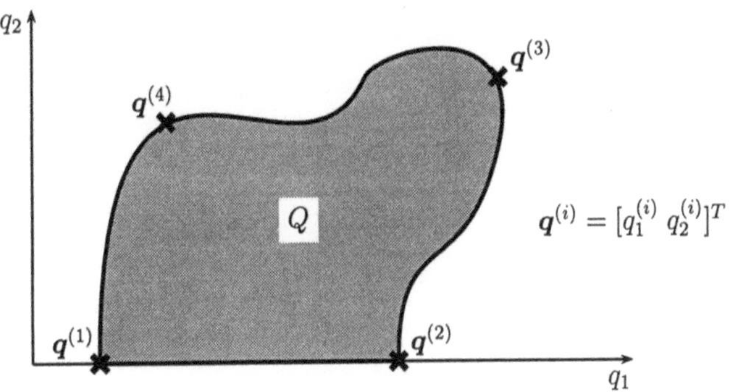

Abb. 12.1: Relevante Betriebspunkte für das Multimodellproblem

Weiterhin nehmen wir an, daß grundsätzliche Überlegungen zur Regelstrecke schon zu einer geeigneten Reglerstruktur geführt haben. Beispiele zur Wahl der Reglerstruktur findet man in Kapitel 2. Damit verbleibt das Problem, die freien Koeffizienten

$$k = [k_1 \ldots k_m]^T \qquad (12.0.2)$$

in der gewählten Reglerstruktur so zu bestimmen, daß gegebene Spezifikationen für die diskreten Betriebspunkte $q^{(i)}, i = 1, \ldots, N$ gleichzeitig erfüllt werden, siehe Abb. 12.2. Die Koeffizienten k_i repräsentieren i.a. Pole und Nullstellen von Regler-Übertragungsfunktionen oder Koeffizienten von Reglermatrizen.

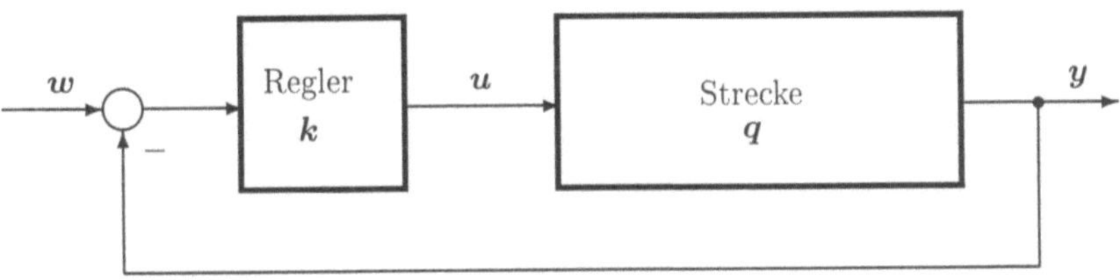

Abb. 12.2: Regelkreis mit freien Reglerkoeffizienten k und unsicheren Streckenparametern q

12.1 Formulierung von Entwurfsspezifikationen für endliche Streckenfamilien

Für beliebige, aber festgehaltene Werte der Reglerkoeffizienten k, können die Eigenschaften des geschlossenen Regelkreises mit bekannten Methoden analysiert werden (z.B. Berechnung von Sprungantworten, Frequenzgängen, Eigenwerten, usw.). Diese Systemanalyse macht es möglich, die Güte des Regelungssystems, gemessen an den einzelnen Entwurfsanforderungen, qualitativ zu beurteilen und darüberhinaus quantitativ in Form von Gütekriterien zu erfassen.

Zu diesem Zweck wird für jede Entwurfsanforderung ein eigenes Gütekriterium c_i so gebildet, daß der Wert dieses Kriteriums immer größer Null ist und umso kleiner wird, je besser die zugehörige Entwurfsanforderung erfüllt ist

$$c_i = c_i(k) \geq 0 \tag{12.1.1}$$

$$c_i \quad \textit{wird kleiner mit Verbesserung der zugehörigen Entwurfsspezifikation} \tag{12.1.2}$$

In den meisten Fällen gibt es mehrere Möglichkeiten der Zuordnung eines Kriteriums zu einer gegebenen Entwurfsspezifikation.

Eigenwert-Spezifikationen

Bei der robusten Regelung ist die Stabilität des geschlossenen Regelkreises in jedem der ausgewählten Betriebspunkte $q^{(i)} \in Q, i = 1, \ldots, N$ eine Entwurfsspezifikation, die notwendigerweise erfüllt werden muß. Die Formulierung dieser Stabilitätsforderungen für die ausgewählten Betriebspunkte $q^{(i)}$ durch Gütekriterien mit den obigen Eigenschaften (12.1.1), (12.1.2) ist einfach und kann z.B. durch folgende Ausdrücke vorgenommen werden

$$c_i(k) = \left\{ \begin{array}{ll} 1/[1 - \max_j[\operatorname{Re} s_j(A_c^{(i)}(k))]] & \text{für} \quad \max_j \operatorname{Re} s_j < 0 \\ 1 + \max_j[\operatorname{Re} s_j(A_c^{(i)}(k)] & \text{sonst} \end{array} \right\}, \quad i = 1, \ldots, N \tag{12.1.3}$$

Hierbei ist $s_j(A_c^{(i)}(k))$ ein Eigenwert s_j der Systemmatrix des geschlossenen Kreises $A_c^{(i)}(k) = A_c(q^{(i)}, k)$ im Betriebspunkt $q^{(i)}$. Das Kriterium ist größer Null und es ist umso kleiner, je weiter der am weitesten rechts gelegene Eigenwert nach links verschoben wird. Für simultane Hurwitz-Stabilität müssen Reglerkoeffizienten so gefunden werden, daß alle N Gütekriterien in ihrem Wert kleiner sind als 1. Je kleiner ein Kriterienwert unterhalb von 1 ist, umso besser ist die Stabilitätsreserve bzgl. der imaginären Achse im entsprechenden Betriebspunkt.

Eine zusätzliche Forderung nach minimaler Dämpfung aller Eigenwerte in jedem Betriebspunkt $q^{(i)}, i = 1, \ldots, N$ wird z.B. mit den Kriterien

$$c_{i+N}(k) = 1 - \min_j \{D_j(A_c^{(i)}(k))\}, \qquad i = 1, \ldots, N \tag{12.1.4}$$

mit

$$D_j(A_c^{(i)}(k)) = \operatorname{Re} s_j(A_c^{(i)}(k)) / |s_j(A_c^{(i)}(k))|, \qquad s_j \neq 0 \tag{12.1.5}$$

zum Ausdruck gebracht. Für einen stabilen Betriebspunkt $q^{(i)}$ liegt der Wert eines solchen Kriteriums zwischen 0 und 1, für einen instabilen Betriebspunkt zwischen 1 und 2. Je kleiner die minimale Dämpfungskonstante D aller Eigenwerte für einen stabilen Betriebspunkt ist, umso größer ist der entsprechende Kriterienwert.

Die zusätzliche Forderung, daß alle Eigenwerte innerhalb eines Kreises liegen, mit dem Ursprung der komplexen Ebene als Mittelpunkt, kann z.B. durch die Kriterien

$$c_{i+2N}(\boldsymbol{k}) = \max_j |\, s_j(\boldsymbol{A}_c^{(i)}(\boldsymbol{k}))\,|, \qquad i = 1,\dots,N \qquad (12.1.6)$$

formuliert werden.

Durch Kombination verschiedener Typen von Eigenwertkriterien lassen sich Forderungen nach Eigenwertlagen in speziellen Gebieten zum Ausdruck bringen (Γ-Stabilitätsforderungen). Ist z.B. die simultane Γ-Stabilität in N ausgewählten diskreten Betriebspunkten $q^{(i)} \in Q$ mit einem Γ wie in Abb. 12.3 gefordert, so müssen Reglerkoeffizienten

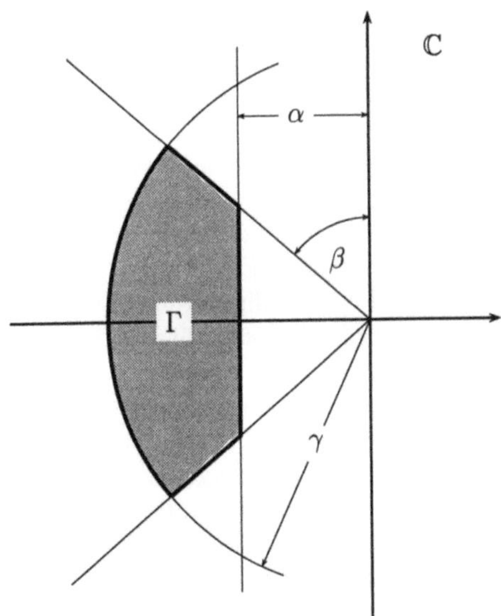

Abb. 12.3: Stabilitätsgebiet Γ

$\boldsymbol{k}$ so gefunden werden, daß für jeden Betriebspunkt $q^{(i)}$ die folgenden Ungleichungen erfüllt sind

$$\begin{aligned}
c_i(\boldsymbol{k}) &\leq \bar{d}_i &&:= 1/(1-\alpha) \\
c_{i+N}(\boldsymbol{k}) &\leq \bar{d}_{i+N} &&:= 1 - \sin(\beta) \\
c_{i+2N}(\boldsymbol{k}) &\leq \bar{d}_{i+2N} &&:= \gamma, & i = 1,\dots,N
\end{aligned} \qquad (12.1.7)$$

(Die Konstanten α, β, und γ können aber auch für jeden Betriebspunkt $q^{(i)}$ verschieden vorgegeben werden, d.h. es können Betriebspunkt-abhängige Stabilitätsgebiete $\Gamma^{(i)}$ gewählt werden. Ein Beispiel dafür ist das Flugregelungsproblem aus Abschnitt 11.6.)

Anmerkung 12.1. Für Abtastsysteme wurden in (10.3.2) Kreise definiert, die in Abb. 10.5 dargestellt sind. Für diesen Fall verwenden wir

$$c_i(\boldsymbol{k}) = \max_j |z_j(\boldsymbol{A}_c^{(i)}(\boldsymbol{k})) - \tau_0|$$

$$c_i(\boldsymbol{k}) \le \bar{d}_i := r$$

Man beachte, daß für die Eigenwerte des offenen Kreises in allen Betriebspunkten $c_i < 1 + \sqrt{2}$ gilt, wenn die Abtastzeit geeignet gewählt wird, siehe Abschnitt 10.3. $\square$

Der Vektor

$$\bar{\boldsymbol{d}} := [\bar{d}_1, \ldots, \bar{d}_N, \bar{d}_{N+1}, \ldots, \bar{d}_{2N}, \bar{d}_{2N+1}, \ldots, \bar{d}_{3N}]^T \tag{12.1.8}$$

wird als Anforderungsniveau bezeichnet. Wenn wir mit simultaner Γ-Stabilität für die N diskreten Betriebspunkte $\boldsymbol{q}^{(1)}, \ldots, \boldsymbol{q}^{(N)} \in Q$ zufrieden sind, dann sind wir mit der mathematischen Formulierung unserer Entwurfsspezifikationen durch obige $3N$ Gütekriterien schon fertig. Im allgemeinen müssen jedoch noch weitere Spezifikationen in den N Betriebspunkten $\boldsymbol{q}^{(i)} \in Q$ erfüllt werden. (Wir nehmen weiterhin an, daß das Kontinuum Q des Betriebsbereichs genügend gut durch die gewählten N Betriebspunkte repräsentiert wird.)

Die Entwurfsanforderungen, die üblicherweise auftreten, können grob unterteilt werden in Anforderungen, die die Regelgüte und in Anforderungen, die den Realisierungsaufwand betreffen. Zur Regelgüte gehören Forderungen an das Führungs- und Störverhalten, wobei man diese jeweils unterteilt in Forderungen an das Übergangs- und in Forderungen an das Stationärverhalten. Häufig werden dabei für bestimmte Regelgrößen bei vorgegebenen (Führungsgrößen- und Störgrößen-) Testfunktionen, Spezifikationen an Anregel- und Ausregelzeiten, an maximales Über- und Unterschwingen bzw. allgemein an die dynamische und die stationäre Genauigkeit, aufgestellt. Zu den Anforderungen an den Realisierungsaufwand gehören die, daß maximale Stellausschläge und -geschwindigkeiten bei verschiedenen Regelvorgängen eingehalten werden müssen und daß keine unnötig hohen Rückführverstärkungen in der gewählten Reglerstruktur vorkommen. Meist wird auch noch gefordert, daß ein zufriedenstellendes Regelungsergebnis mit einer möglichst einfachen Reglerstruktur erhalten werden soll. Es können noch weitere Entwurfsanforderungen hinzukommen, wie zum Beispiel Zustandsbeschränkungen, vorgeschriebene Toleranzstreifen für Betragskennlinien bestimmter Frequenzgänge usw., sowie Forderungen, die sich ganz spezifisch aus der jeweils praktischen Problemstellung ergeben.

Spezifikationen im Zeitbereich

Für die Formulierung von Spezifikationen an das dynamische Verhalten sind Kriterien vom Typ

$$\int_{t_1}^{t_2} [y(t, \boldsymbol{k}) - y_M(t)]^2 \, dt \, / \, (t_2 - t_1) \tag{12.1.9}$$

sehr wichtig, siehe Abb. 12.4. Es wird der durch eine bestimmte Systemanregung (Sprungfunktion, Rampe, Anfangswerte im Zustandsvektor) verursachte, quadratische

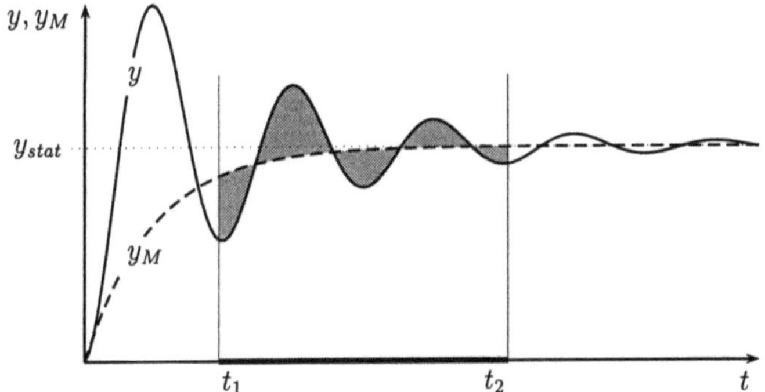

Abb. 12.4: Spezifikationen an Übergangs- und Stationärverhalten

Regelfehler zwischen einer Ausgangsgröße y und einer vorgegebenen Modelltrajektorie y_M über ein frei vorzugebendes Zeitintervall $[t_1 \, ; \, t_2]$, berechnet. Im speziellen Fall könnte y_M als konstant vorgegeben sein, $y_M = y_{stat}$, z.B. wenn eine geringe Stationärabweichung $(y - y_{stat})^2$ gefordert ist. In solch einem Fall könnte t_1 eine gewünschte Ausregelzeit sein. Es sei aber betont, daß ein Zeitintervall beliebig zwischen den später noch zu beschreibenden Entwurfsiterationen verändert werden kann. Bei gewünschtem Übergangsverhalten, wie z.B. dem einer vorgegebenen Modelltrajektorie y_M, könnte eine geforderte Anregel- und Ausregelzeit eine geeignete Anfangswahl für t_1 und t_2 sein.

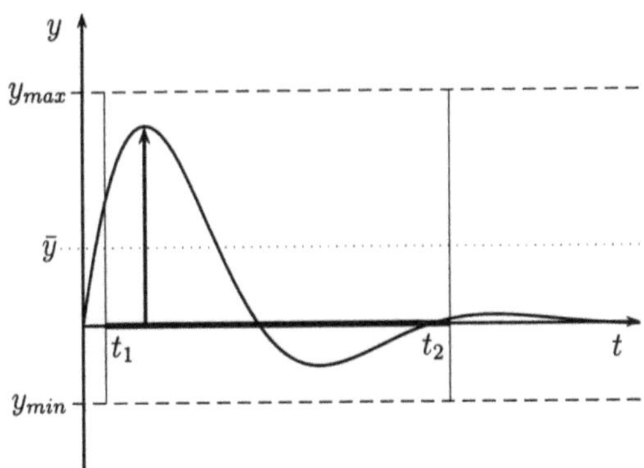

Abb. 12.5: Beschränkungen im Zeitbereich

Ein weiterer wichtiger Typ von Zeitbereichskriterien, nämlich

$$\max_{t_1 \leq t \leq t_2} |y(t, \boldsymbol{k}) - \bar{y}| \qquad (12.1.10)$$

mit

$$\bar{y} := (y_{max} + y_{min})/2 \qquad (12.1.11)$$

bringt die Forderung zum Ausdruck, daß die Variable y, im Zeitintervall $[t_1, t_2]$, einen vorgegebenen Maximalwert y_{max} nicht überschreiten und einen Minimalwert y_{min} nicht unterschreiten darf, siehe Abb. 12.5

$$y_{min} \leq y(t, \boldsymbol{k}) \leq y_{max} \tag{12.1.12}$$

Spezifikationen im Frequenzbereich

Genauso, wie wir den quadratischen Fehler bei Zeitfunktionen als Gütekriterium benutzt haben, können wir dies auch bei frequenzabhängigen Funktionen tun. Zum Beispiel wird durch das Kriterium

$$\int\limits_{\omega_1}^{\omega_2} \left[|\, g(\mathrm{j}\omega, \boldsymbol{k})\,| - |\, g_M(\mathrm{j}\omega)\,| \right]^2 d\omega / (\omega_2 - \omega_1) \tag{12.1.13}$$

die Forderung nach einer geringen Abweichung des Betrages der Übertragungsfunktion $|g(\mathrm{j}\omega, \boldsymbol{k})|$ von einer vorgegebenen Modellfunktion $|g_M(\mathrm{j}\omega)|$ im frei gewählten Frequenzintervall $[\omega_1, \omega_2]$ berücksichtigt. Auch Beschränkungen können im Frequenzbereich formuliert werden, wofür

$$\max_{\omega_1 \leq \omega \leq \omega_2} |\, g(\mathrm{j}\omega, \boldsymbol{k})\,| - \bar{g} \tag{12.1.14}$$

mit

$$\bar{g} := (g_{max} + g_{min})/2 \tag{12.1.15}$$

ein Beispiel ist.

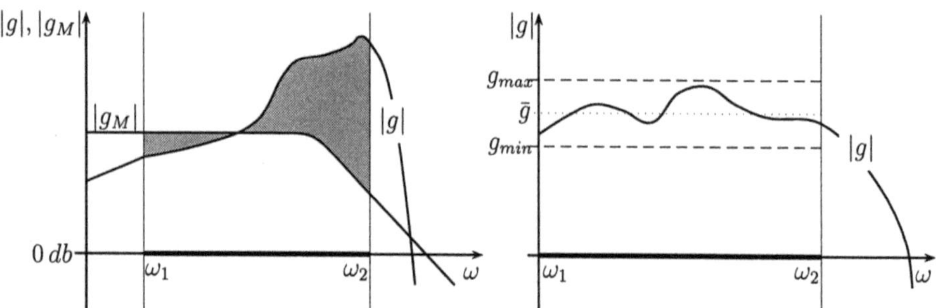

Abb. 12.6: Spezifikationen im Frequenzbereich

Andere Spezifikationen

Wir können auch ein Kriterium vom Typ

$$k_i^2 \tag{12.1.16}$$

verwenden, mit dem direkt die Größe eines Reglerkoeffizienten im Entwurf berücksichtigt wird. Dieses Kriterium ist auch für Untersuchungen zur Reglervereinfachung nützlich, indem man versucht bestimmte Koeffizienten zu Null zu reduzieren. Auch die Norm des Reglervektors

$$\|\boldsymbol{k}\| \tag{12.1.17}$$

kann direkt in den Entwurf einbezogen werden.

Ein typisches Beispiel für ein anwendungsspezifisches Kriterium aus der Flugregelung ist der Ausdruck

$$\left| \frac{q(0, \boldsymbol{k})}{n_{z,stat}(\boldsymbol{k})} \right| \tag{12.1.18}$$

bei dem nach einer sprungförmigen Anregung einer Normalbeschleunigung n_z das Verhältnis einer Nickgeschwindigkeit q bei $t = 0$ und der stationären Normalbeschleunigung als relevantes Bewertungsmaß durch den Piloten angesehen wird.

12.2 Konzept des Reglerentwurfs durch Optimierung eines vektoriellen Gütekriteriums

Wir nehmen nun an, daß die Entwurfsspezifikationen durch L Gütekriterien c_i, $i = 1, \dots, L$ formuliert sind. Die L Kriterien werden in einem Gütevektor $\boldsymbol{c}$ zusammengefaßt

$$\boldsymbol{c} := [c_1, \dots, c_L]^T \tag{12.2.1}$$

Der Wert des Gütevektors hängt von den Reglerkoeffizienten $\boldsymbol{k}$ ab,

$$\boldsymbol{c} = \boldsymbol{c}(\boldsymbol{k}) \tag{12.2.2}$$

Mit den Startwerten der Reglerkoeffizienten, $\boldsymbol{k} = \boldsymbol{k}^0$, erhält man den anfänglichen Gütevektor

$$\boldsymbol{c}^0 := \boldsymbol{c}(\boldsymbol{k}^0) \tag{12.2.3}$$

Die Reglerkoeffizienten $\boldsymbol{k}^0$ können willkürlich gewählt werden. Häufig wird man aber aus systemtechnischen Vorkenntnissen über geeignetere Startwerte $\boldsymbol{k}^0$ verfügen. Unser Entwurfsziel ist es, Reglerkoeffizienten $\boldsymbol{k}$ zu finden, die zu einem zufriedenstellenden Systemverhalten führen. Das heißt, die Werte der Gütekriterien müssen genügend klein gemacht werden, um ein bestimmtes Anforderungsniveau $\bar{d}_i$ zu erreichen

$$c_i \leq \bar{d}_i, \qquad i = 1, \dots, L \tag{12.2.4}$$

Mit dem Vektor des Anforderungsniveaus $\bar{\boldsymbol{d}} := [\bar{d}_1 \dots \bar{d}_L]^T$ schreiben wir

$$\boldsymbol{c} \leq \bar{\boldsymbol{d}} \tag{12.2.5}$$

Im allgemeinen ist das Anforderungsniveau $\bar{\boldsymbol{d}}$ von vornherein nicht vollständig bekannt. Man kann es nur für die Kriterien angeben, die gegebene physikalische oder regelungstechnische Begrenzungen repräsentieren, wie z.B. Kriterien für maximale Stellsignale, maximal erlaubtes Überschwingen, Eigenwertstabilität und ähnliches. Sonst kann das Anforderungsniveau, wie z.B bei einer quadratischen Regelabweichung, nicht von vornherein vorgegeben werden. Das Anforderungsniveau $\bar{\boldsymbol{d}}$ ist eine subjektive Entscheidung des Entwurfsingenieurs und es kann durchaus zwischen verschiedenen Entwurfsiterationen verändert werden, wie später noch zu sehen sein wird. Für den Moment nehmen wir aber einfach ein fest vorgegebenes Anforderungsniveau $\bar{d}$ an.

Die folgenden Überlegungen werden grafisch anhand eines zweidimensionalen Gütevektors verdeutlicht. Jedoch gelten alle Aussagen im gleichen Sinne auch für einen L-dimensionalen Gütevektor. In Abb. 12.7, in dem C_a die Menge aller erreichbaren Gütevektoren ist, ist

$$C_a := \{c \,|\, \exists k : c = c(k)\} \tag{12.2.6}$$

für ein konstruiertes Beispiel der Anfangs-Gütevektor $c^0 = c(k^0)$ und die Menge der Gütevektoren, die das gegebene Anforderungsniveau $\bar{d}$ erfüllen, eingezeichnet. Diese Gütevektoren werden als die Menge der zufriedenstellenden Gütevektoren $\bar{C}$ bezeichnet,

$$\bar{C} := \{c \,|\, c \le \bar{d}\} \tag{12.2.7}$$

Im allgemeinen existiert jedoch nicht notwendigerweise ein Reglervektor k mit der

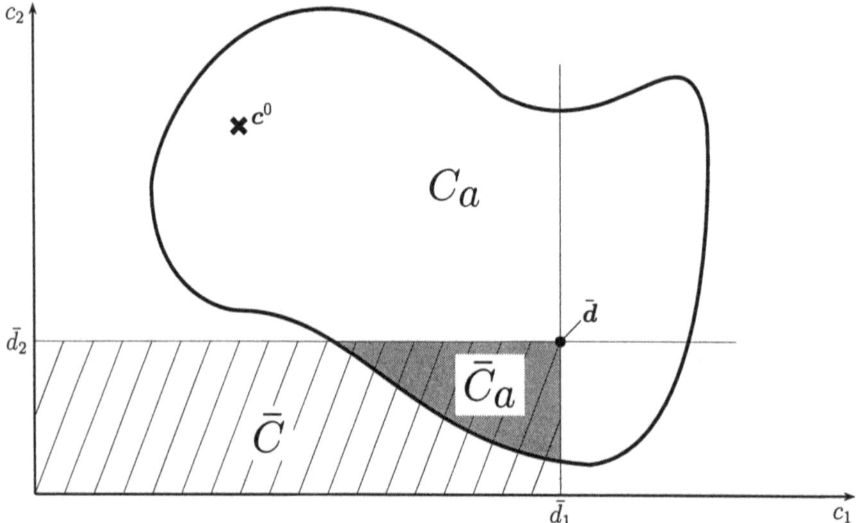

Abb. 12.7: Anforderungsniveau $\bar{d}$, zufriedenstellende Gütevektoren $\bar{C}$, erreichbare Gütevektoren C_a und zufriedenstellende Lösungen $\bar{C}_a$

Eigenschaft $c(k) < \bar{d}$. In solch einem Fall ist das Anforderungsniveau mit der gewählten Reglerstruktur nicht erreichbar. Das Anforderungsniveau in unserem Beispiel aus Abb. 12.7 ist erreichbar. Die erreichbaren Gütevektoren, die zufriedenstellend sind, werden als Menge der zufriedenstellenden Lösungen $\bar{C}_a$ bezeichnet,

$$\bar{C}_a := \bar{C} \cap C_a \tag{12.2.8}$$

Es muß betont werden, daß im allgemeinen weder die Menge der erreichbaren Gütevektoren C_a, insbesondere deren Rand, noch die Menge der zufriedenstellenden Lösungen

$\bar{C}_a$, bekannt ist. (Außerdem wissen wir im allgemeinen auch nicht, ob eine bestimmte Menge zusammenhängend ist.)

Nun führen wir auf der Menge der Gütevektoren eine Relation ein. Man sagt, daß ein Gütevektor $\tilde{c}$ besser als ein Gütevektor $\hat{c}$ ist und schreibt dies wie folgt,

$$\tilde{c} \leq \hat{c} \tag{12.2.9}$$

wenn jede Komponente $\tilde{c}_i$ kleiner oder gleich $\hat{c}_i$ ist,

$$\tilde{c}_i \leq \hat{c}_i, \qquad i = 1, \ldots, L \tag{12.2.10}$$

Die Menge der besseren Gütevektoren von $\hat{c}$ wird durch

$$B(\hat{c}) := \{c \mid c \leq \hat{c}\} \tag{12.2.11}$$

gekennzeichnet. Da die Relation $' \leq '$ keine vollständige Ordnungsstruktur auf der Menge aller Gütevektoren ist, ist es leider nicht möglich, zwei beliebige Gütevektoren auf diese Weise miteinander zu vergleichen.

Die besseren Lösungen von c sind die erreichbaren Gütevektoren im linken unteren Quadranten eines Koordinatensystems mit Achsen parallel zu den Kriterienachsen und Ursprung c. Somit gehören die zufriedenstellenden Lösungen $\bar{C}_a$ des konstruierten Beispiels nicht zur Menge der besseren Gütevektoren $B(c^0)$ unseres anfänglichen Gütevektors c^0, wie in Abb. 12.8 gezeigt ist. Daher genügt es nicht, nur in der Menge $B(c^0)$ der besseren Gütevektoren von c^0 nach zufriedenstellenden Lösungen zu suchen. Mit der zu einem Gütevektor gehörenden Menge besserer Lösungen können wir noch eine weitere spezielle Menge erreichbarer Gütevektoren charakterisieren. Es ist dies die Menge der sogenannten Kompromißlösungen P. Eine Kompromißlösung ist dadurch gekennzeichnet, daß sie eine offene Umgebung U besitzt, die keinen besseren Punkt als c selbst enthält

$$P := \{c \mid \exists\, U(c) : B(c) \cap U(c) = \{c\}\} \tag{12.2.12}$$

Daher hat eine Kompromißlösung eine Umgebung, in der man kein Kriterium verkleinern kann, ohne zumindest ein anderes zu vergrößern. Die Kompromißlösungen gehören zum Rand ∂C_a aller erreichbaren Gütevektoren C_a. In unserem Beispiel sind alle Punkte der dick ausgezogenen Kurve in Abb. 12.8 Kompromißlösungen.

Von einem Punkt ausgehend, der nicht zu P gehört, kann zumindest ein Kriterium verkleinert werden, ohne daß irgendein anderes größer wird. Ein solcher Punkt ist keine Kompromißlösung, da wir alle Komponenten des Gütevektors verkleinern können, d.h. in jeder Umgebung U eines solchen Punktes gibt es bessere erreichbare Gütevektoren. Kompromißlösungen sind in einem gewissen Sinn optimal. In der Literatur werden sie meistens (nach einem italienischen Volkswirtschaftler, der solche Punkte schon um 1890 untersucht hat [138]) als Pareto-optimale Punkte bezeichnet.

Pareto-optimale Punkte $c \in P$ sind in jeder Menge zufriedenstellender Lösungen $\bar{C}_a$ enthalten. Diese Punkte werden als zufriedenstellende Kompromißlösungen bezeichnet, siehe Abb. 12.8

$$\bar{P} := P \cap \bar{C}_a \tag{12.2.13}$$

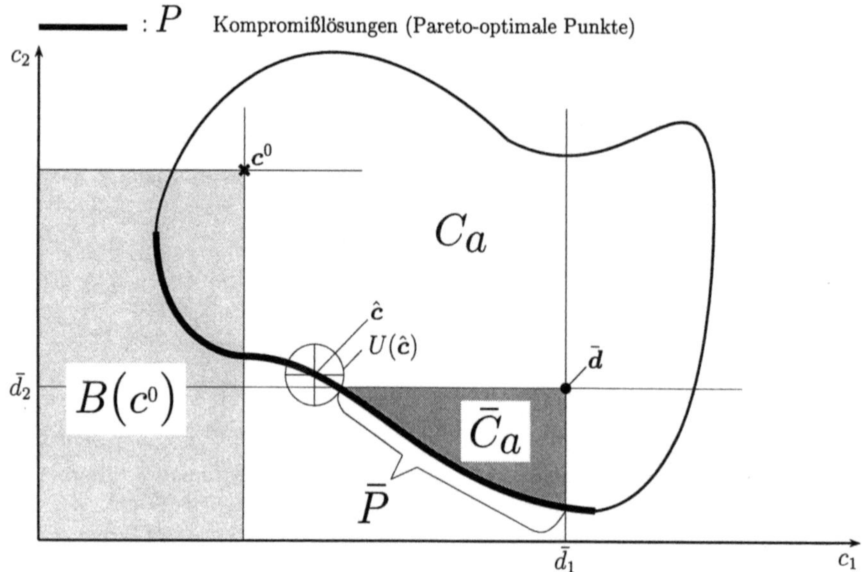

Abb. 12.8: Bessere Gütevektoren $B(c^0)$, Kompromißlösungen P, zufriedenstellende Kompromißlösungen $\bar{P}$

Ausgehend von $c^0 = c(k^0)$ ist es nun unser Ziel, eine solche zufriedenstellende Kompromißlösung zu finden, d.h. wir wollen Reglerkoeffizienten mit $c(k) \in \bar{P}$ bestimmen. Dazu führen wir für jedes Gütekriterium c_i einen Entwurfsparameter d_i ein, der größer als Null gewählt wird

$$d_i > 0, \qquad i = 1, \ldots, L \tag{12.2.14}$$

Die Funktion

$$\alpha(k) := \max_i \left(\frac{c_i(k)}{d_i} \right) \tag{12.2.15}$$

wird bzgl. k, mit Anfangswert k^0, minimiert,

$$\min_k \alpha(k), \qquad \text{Anfangswert } k^0 \tag{12.2.16}$$

Dann erhalten wir ein k^*, für das eine Umgebung existiert, in der zumindest ein Kriterium nicht weiter verkleinert werden kann.

Anmerkung 12.2. Mit einem k^*, das α minimiert, haben wir entweder eine Kompromißlösung $c(k^*) \in P$ erreicht oder einen Punkt mit einer Umgebung, in der weniger als L Kriterien verkleinert werden können, ohne eines der restlichen Kriterien zu vergrößern (diese sind dann also lokal konstant). Eine solche Lösung wird als schwache Kompromißlösung bezeichnet, siehe Abb. 12.9. Da schwache Kompromißlösungen gewöhnlich nicht in Anwendungen vorkommen, betrachten wir solche Punkte im folgenden nicht.

$\square$

Die obige Optimierung führt also zu einer (starken) Kompromißlösung $c^* = c(k^*) \in P$ mit dem zugehörigen Vektor der Reglerkoeffizienten k^*.

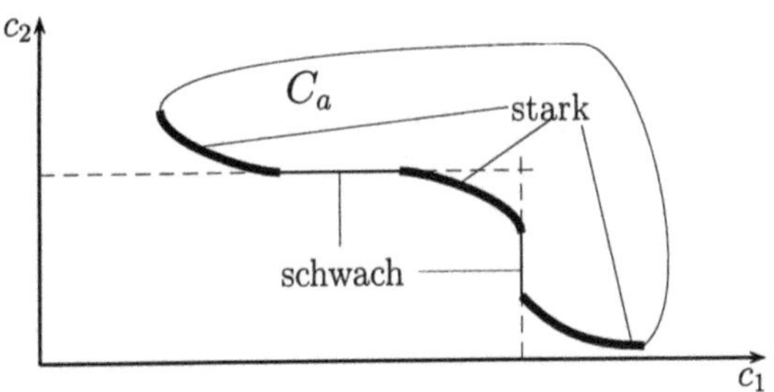

Abb. 12.9: Starke und schwache Kompromißlösung

Zu jeder Kompromißlösung $\hat{c} = c(\hat{k}) \in P$, die mit einer anderen Kompromißlösung $\tilde{c} \in P$ durch eine ganz in P verlaufende Kurve verbunden werden kann, gibt es mindestens einen Vektor von Entwurfsparametern $\hat{d} = [\hat{d}_1 \dots \hat{d}_N]^T$ der, in obiges Problem (12.2.15) eingesetzt, $\tilde{c}$ als Lösung der Optimierung (12.2.16) mit Startwert $k^0 = \hat{k}$ ergibt. Daher wäre es für unser konstruiertes Beispiel aus Abb. 12.7 bzw. aus Abb. 12.8 möglich, jede beliebige Kompromißlösung durch Wahl eines geeigneten Entwurfsvektors d bei Optimierung mit Startwert k^0 zu erreichen. Leider kennen wir aber nicht die richtigen Entwurfsparameter d, die unmittelbar zu einem bestimmten $\tilde{c} \in P$, insbesondere zu einem $\tilde{c}$ innerhalb der Menge $\bar{P}$ zufriedenstellender Kompromißlösung, führt. Jedoch können wir versuchen, einen zufriedenstellenden Kompromiß systematisch durch eine Folge von Entwurfsiterationen zu finden.

Dazu wird im ersten Entwurfsschritt jeder Entwurfsparameter d_i größer als der zugehörige Kriterienwert

$$c_i(k^0) \leq d_i^1, \qquad i = 1, \dots, L \qquad (12.2.17)$$

gewählt. (Hochgesetzte Indizes kennzeichnen die Entwurfsiteration.) Da für jedes i gilt $c_i(k^0)/d_i^1 \leq 1$, ist trivialerweise $\alpha(k^0) = \max_i(c_i(k^0)/d_i^1) \leq 1$. Da α über k minimiert wird, folgt für k^1, dem Ergebnis des ersten Optimierungsschrittes, $\alpha(k^1) \leq 1$ und deshalb

$$c_i(k^1) \leq d_i^1, \qquad i = 1, \dots, L \qquad (12.2.18)$$

Mit der Wahl von Entwurfsparametern wie in (12.2.17) kann also nach einem Optimierungsschritt kein Kriterium c_i größer als der zugehörige Entwurfsparameter d_i werden. Daher bewegen wir uns immer innerhalb des durch die Entwurfsparameter vorgegebenen Niveaus d^1.

In unserem Beispiel ist das Anforderungsniveau $\bar{d}_1$ für Kriterium c_1 schon mit dem angenommenen Startwert c^0 erfüllt, siehe Abb. 12.10. Es wird nach dem ersten Optimierungsschritt nicht überschritten, wenn wir $d_1^1 \leq \bar{d}_1$ setzen. Da Kriterium $c_2(k^0)$ noch nicht das zugehörige Anforderungsniveau $\bar{d}_2$ erfüllt, ordnen wir ihm eine höhere Priorität als c_1 zu. Dies kommt durch eine Wahl von Entwurfsparametern zum Ausdruck, die nicht unnötigerweise den Raum der Gütekriterien in Bezug auf c_1 (das schon sein Anforderungsniveau $\bar{d}_1$ erfüllt) einschränkt und durch einen Entwurfsparameter für

c_2, der so weit wie möglich an den entsprechenden Kriterienwert herangezogen wird

$$d_1^1 = \bar{d}_1$$
$$d_2^1 = c_2^0 \tag{12.2.19}$$

Im ersten Optimierungsschritt wird der Gütevektor innerhalb der Menge erreichbarer Gütevektoren, die durch obiges Niveau $\boldsymbol{d}^1$ begrenzt wird, bis zu einer Kompromißlösung verbessert.

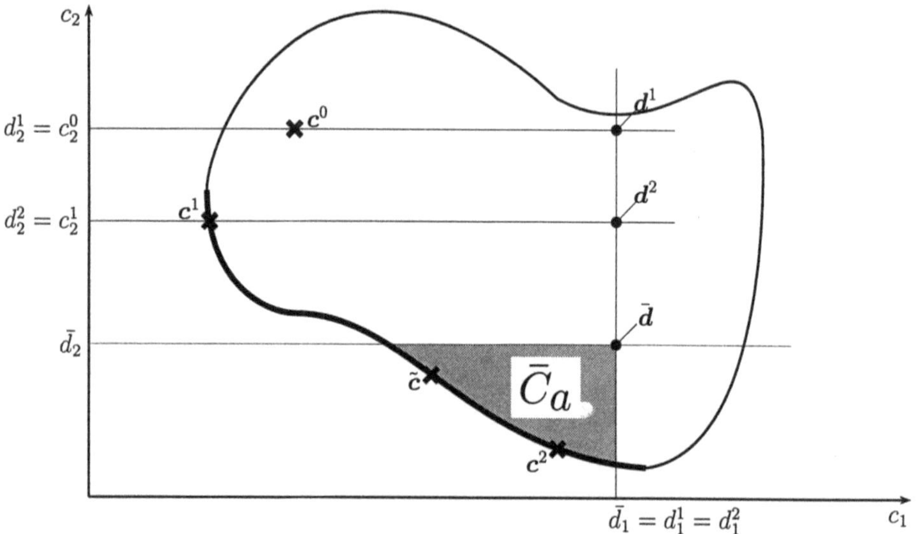

Abb. 12.10: Zwei Entwurfsschritte

Das Ergebnis des ersten Entwurfsschrittes sei $\boldsymbol{c}^1 = \boldsymbol{c}(\boldsymbol{k}^1)$ aus Abb. 12.10. Damit ist noch keine zufriedenstellende Kompromißlösung erreicht $(c_2^1 > \bar{d}_2)$. Wenn wir nun aber die Entwurfsparameter wie folgt wählen

$$d_1^2 = d_1^1 = \bar{d}_1$$
$$d_2^2 = c_2^1 \tag{12.2.20}$$

dann ist eine Kompromißlösung unterhalb von d_2^2 nach dem zweiten Optimierungsschritt garantiert. Wenn wir als Lösung $\boldsymbol{c}^2 = \boldsymbol{c}(\boldsymbol{k}^2)$ aus Abb. 12.10 annehmen, dann ist eine zufriedenstellende Kompromißlösung gefunden. In allen weiteren Entwurfsschritten wird die Lösung eine zufriedenstellende Kompromißlösung bleiben, wenn wir nur $\boldsymbol{d}$ so vorgeben, daß

$$c_1^{i-1} \leq d_1^i \leq \bar{d}_1$$
$$c_2^{i-1} \leq d_2^i \leq \bar{d}_2, \qquad i > 2 \tag{12.2.21}$$

für die Entwurfsparameter d_1, d_2 gilt. Wäre unser Ziel $c_2 \leq \tilde{c}_2$, so würden wir sicherlich die Kompromißlösung $\tilde{c}$ aus Abb. 12.10 mit der Wahl von

$$d_1^i = c_1^{i-1}$$
$$d_2^i = \tilde{c}_2, \qquad i > 2 \tag{12.2.22}$$

nach wenigen Optimierungsschritten erreichen. Durch die Wahl von

$$c^\nu := c(k^\nu) \le d^{\nu+1} \le d^\nu\,, \qquad d^{\nu+1} \ne d^\nu \tag{12.2.23}$$

im Entwurfsschritt $(\nu + 1)$ ist es möglich, sich einer gewünschten Kompromißlösung systematisch anzunähern. Der neue Entwurfsvektor wird kleiner als der vorherige gewählt, aber größer als der Gütevektor des letzten Entwurfsschrittes. Die Folge der vorzugebenden Entwurfsparameter nimmt damit monoton ab. Die Optimierung des Gütevektors bei gegebenem $d^{\nu+1}$ führt zum Reglervektor $k^{\nu+1}$ und schließt den Entwurfsschritt $(\nu + 1)$ ab.

Die oben beschriebene Iteration mit Startwert k^0 führt bei praktischen Problemstellungen sicherlich zu einer Kompromißlösung, aber gewöhnlich nicht auf Anhieb zu einem zufriedenstellenden Kompromiß. In den meisten Fällen hat dies die folgenden Gründe:

i) Das Entwurfsproblem wurde durch die gewählten Gütekriterien nicht genügend genau formuliert. Insbesondere werden bei Entwurfsbeginn häufig Kriterien eingeführt, die, ohne es zu wissen, unnötigerweise widersprüchlich sind, oder es wird eine unerwünschte Systemeigenschaft nicht von vornherein durch die gewählten Kriterien berücksichtigt. Im allgemeinen kann dies aber der Entwurfsingenieur schon nach wenigen Optimierungsversuchen erkennen und für Abhilfe sorgen.

ii) Das gewünschte Anforderungsniveau $\bar{d}$ ist mit der gewählten Reglerstruktur nicht erreichbar ($\bar{C}_a = \bar{C} \cap C_a = \emptyset$), siehe Abb. 12.11. Wenn dann eine Lockerung des Anforderungsniveaus nicht akzeptiert werden kann, muß die Reglerstruktur verändert werden.

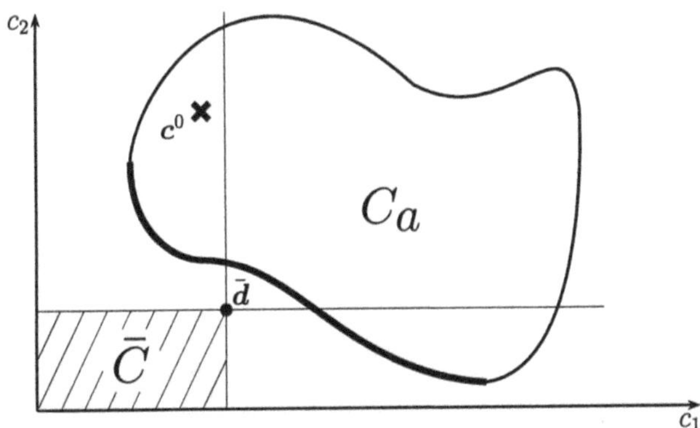

Abb. 12.11: Nicht erreichbares Anforderungsniveau $\bar{d}$

iii) Der Anfangswert k^0 führt bei der Optimierung zu einem nicht zufriedenstellenden lokalen Minimum, siehe Abb. 12.12. Man kann dann versuchen, Anfangswerte k^0 zu finden, die hinreichend nahe zu einem Gebiet zufriedenstellender Kompromißlösungen liegen. Zu diesem Zweck kann z.B. ein anderes Entwurfsverfahren eingesetzt werden. Man kann aber auch zu einem besseren Ausgangspunkt kommen, indem man zunächst nur solche Gütekriterien in den Entwurf einbezieht,

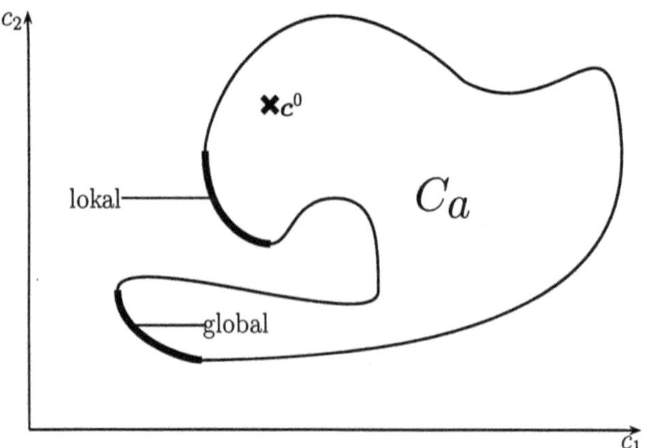

Abb. 12.12: Lokale und globale Kompromißlösungen

deren Anforderungsniveau noch nicht erreicht ist, um danach den Entwurf nach
Einbezug der restlichen Kriterien fortzusetzen.

iv) Die Wahl von $d^{\nu+1}$ schränkt unnötigerweise die Lösungsmenge ein. So können
wir mit der beschriebenen Systematik zur Wahl der Entwurfsparameter d, $c^{\nu} \leq$
$d^{\nu+1} \leq d^{\nu}$ und der Wahl von $d_1^{\nu+1} = \bar{d}_1$ für das Beispiel aus Abb. 12.13 keine Kompromißlösungen erreichen, die das Anforderungsniveau $\bar{d}$ erfüllen. Jedoch wäre
dies, z.B. mit der Wahl von $\tilde{d}_1^{\nu+1}$, möglich.

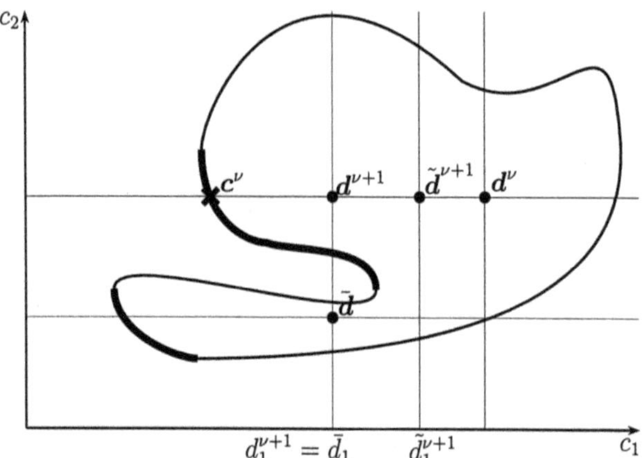

Abb. 12.13: Unnötige Einschränkung der Lösungsmenge durch Wahl von $d^{\nu+1}$

Natürlich weiß der Entwurfsingenieur zunächst nicht, warum das Entwurfsergebnis nach
einem Optimierungsschritt nicht verbessert worden ist. Wir betonen nochmals, daß er
die Menge der erreichbaren Gütevektoren nicht kennt. Insbesondere kennt er nicht die
Menge der Kompromißlösungen. Anhand der schon durchgeführten Iterationen und
der physikalisch regelungstechnischen Interpretation bisher erzielter Ergebnisse kann

der Entwurfsingenieur aber zu Einsichten gelangen, die ihm helfen, geeignete Maßnahmen zu ergreifen. Mit dem folgenden Iterationsschema fassen wir die praktische
Vorgehensweise des Entwurfsverfahrens zusammen:

Ausgehend vom mathematischen Modell der zu regelnden Strecke und dem gewünschten Systemverhalten führt man folgende Schritte durch (der zusätzliche obere Index
t kennzeichnet die, für die Iterationsschleife 5-6-7-5-..., durchgeführten Vorbereitun-
gen, d.h. die Wahl einer Reglerstruktur, die Vorgabe der Reglerkoeffizienten k^0, die
Formulierung von Gütekriterien c_i und die Vorgabe des ersten Entwurfsvektors d^1):

$t = 1$

1.   Wahl einer Reglerstruktur

2.   Vorgabe von Anfangswerten $^t k^0$ für die Reglerkoeffizienten

3.   Formulierung des gewünschten Systemverhaltens durch den
   Gütevektor $^t c$

4. $\nu = 1$ Wahl des Entwurfsvektors $^t d^1$ für die erste Entwurfs (t-)Iteration
   $$^t c^0 := c(^t k^0) \leq {}^t d^1$$
   gehe zu 6.

5. $\nu = \nu + 1$ Wahl des Entwurfsvektors $^t d^\nu$ für den (ν)-ten Entwurfsschritt
   $$^t c^{\nu-1} \leq {}^t d^\nu \leq {}^t d^{\nu-1}, \quad {}^t d^\nu \neq {}^t d^{\nu-1}$$

6.   Minimierung der Zielfunktion $\alpha(k) = \max_i(^t c_i(k) \,/\, {}^t d_i^\nu)$
   mit dem Ergebnis $^t k^\nu$ und $^t c^\nu = c(^t k^\nu)$

7.   falls keine (signifikante) Verbesserung $(^t c^\nu \approx {}^t c^{\nu-1})$:
   $$t = t + 1, \quad {}^t k^0 = {}^{t-1} k^\nu, \quad \text{gehe zu 4. (oder 3. oder 2. oder 1.)}$$

8.   Auswertung des Systemverhaltens: falls nicht zufriedenstellend,
   gehe zu 5.

Wenn das resultierende Systemverhalten noch nicht zufriedenstellend ist, muß eine weitere Iteration (von 5. bis 7.) durchgeführt werden. Dies wird so lange durchgeführt,
bis keine signifikante Verbesserung des Entwurfsergebnisses mehr erreicht wird. Wenn
das Entwurfsziel dann immer noch nicht erreicht ist, kann der Entwurf mit folgenden
Möglichkeiten fortgesetzt werden:

- gehe zu 4. und wähle neue Anfangswerte für die Entwurfsparameter d^1,

- gehe zu 3. und formuliere das gewünschte Systemverhalten durch Änderung des
  Gütevektors c.

- gehe zu 2. und gebe neue Anfangswerte k^0 der Reglerkoeffizienten vor,

- gehe zu 1. und ändere die Reglerstruktur.

Verläßt man eine innere Iterationsschleife, so bedeutet dies nicht, daß man an den Ausgangspunkt des Entwurfs zurückgehen muß. Man kann den Entwurf auf einem beliebigen der schon erzielten Iterationsergebnisse aufsetzen.

Anmerkung 12.3.   Zur Realisierung des Verfahrens mittels Gütevektoroptimierung hat man im wesentlichen ein aufgabenspezifisches Unterprogramm zu erstellen, das für gegebene Reglerparameter k zunächst den Wert des Gütevektors $c(k)$ und daraus mit dem Vorgabevektor d den Wert der Zielfunktion α berechnet. Die eigentliche Minimumsuche kann dann von einem entsprechenden Bibliotheksprogramm übernommen werden.   □

Anmerkung 12.4.   Das Entwurfsverfahren ist kein analytisches Verfahren, wie z.B. das der Polfestlegung, sondern es ist ein rein numerisches Verfahren. Es setzt somit auch keine spezielle Systemstruktur voraus, insbesondere kein lineares Streckenmodell und keinen linearen Regler. Gütekriterien können auch für nichtlineare Systeme ausgewertet werden. So versucht man, für ein nichtlineares System, z.B. allein durch Verbesserung der Regelgüte über übliche Zeitbereichskriterien, indirekt auch die Stabilität zu gewährleisten. Es ist aber auch möglich, Zeitbereichskriterien für das nichtlineare System, gleichzeitig durch Eigenwertkriterien für das um verschiedene Betriebspunkte linearisierte System, zu ergänzen. Ein großer Vorteil numerischer Verfahren auf der Basis einer Parameteroptimierung besteht in der Möglichkeit, realitätsnahe Modelle des Gesamtsystems direkt im Entwurf verwenden zu können. So ist es z.B. auch möglich, einen diskreten Regelalgorithmus (unter Einbezug von Effekten wie begrenzter Wortlänge, Analog-Digital-Wandlung u.ä.) mit der kontinuierlichen, möglicherweise nichtlinearen Strecke zusammenzuschalten. Eine genauere Modellierung erfordert zur Auswertung der Gütekriterien i.a. erhöhte Rechenzeit. Da die Parameteroptimierung üblicherweise sehr viele Funktionsauswertungen benötigt, sollte zuvor der Rechenzeitbedarf grob abgeschätzt werden.   □

Anmerkung 12.5.   Bei der Wahl einer Optimierungsroutine ist es wichtig, die zugehörigen Voraussetzungen an die Zielfunktion (12.2.15) zu berücksichtigen. Im interaktiven, Datenbank-unterstützten Softwarepaket der DLR [92] stehen optional verschiedene Unterprogramme zur Verfügung, mit denen die drei Standardverfahren der nichtlinearen Programmierung

− direkte Suchoptimierung,
− unbeschränkte Optimierung,
− beschränkte Optimierung

angewendet werden können. Zum Beispiel verlangt die unbeschränkte Optimierungsmethode von Fletcher und Powell [66], daß die Zielfunktion α mindestens (zweimal) stetig differenzierbar ist. Da die max-Funktion (12.2.15) bzgl. der c_i nicht stetig differenzierbar ist, kann sie es auch nicht bzgl. der k_i sein. Daher wurde die Zielfunktion durch die Funktion

$$\bar{\alpha}(\boldsymbol{k}) := \frac{1}{\rho}\ln\left(\sum_{i=1}^{L}\exp\{\rho\,c_i(\boldsymbol{k})/d_i\}\right), \qquad \rho > 0 \tag{12.2.24}$$

ersetzt, die nun bzgl. der c_i stetig differenzierbar ist. Für die numerische Berechnung kann die Funktion transformiert werden zu

$$\bar{\alpha}(\boldsymbol{k}) := \alpha(\boldsymbol{k}) + \frac{1}{\rho}\ln\left(\sum_{i=1}^{L}\exp\{\rho\,c_i(\boldsymbol{k})/d_i - \alpha(\boldsymbol{k})\}\right) \tag{12.2.25}$$

Da die Argumente der Exponentialfunktion alle negativ sind, folgt $\bar{\alpha} - \alpha \leq (\ln L)/\rho$. Für einen hinreichend großen Wert für ρ folgt $\bar{\alpha}(\boldsymbol{k}) \geq \alpha(\boldsymbol{k})$ ($\rho = 20$ erwies sich als genügend groß, mit einem Unterschied zwischen α und $\bar{\alpha}$ von typischerweise 2 bis 5% bei $\alpha \approx 1$). Die Optimierung von α kann also genügend genau durch die Optimierung von $\bar{\alpha}$ vorgenommen werden.

Ein weiterer Vorteil der modifizierten Optimierungsaufgabe ist die Abhängigkeit der Zielfunktion $\bar{\alpha}$ von allen Komponenten c_i des Gütevektors $\boldsymbol{c}$, während α normalerweise nur von einer Komponente abhängt. Damit werden durch Optimierung von $\bar{\alpha}$ schwache Kompromißlösungen ausgeschlossen, siehe Anmerkung 12.2, und wir erhalten einen echten Pareto-optimalen Punkt, also eine starke Kompromißlösung. Für weitere Einzelheiten zur Rechnerrealisierung der Entwurfsmethode verweisen wir auf [92,93,79,65]. Zahlreiche praktische Anwendungen der beschriebenen Entwurfsmethode wurden durchgeführt. Für den Entwurf robuster Regler seien [160,112,80,27] erwähnt. $\qquad\square$

12.3 Fallstudie: Fahrzeuglenkung

Die Durchführung des Reglerentwurfs mittels Optimierung eines vektoriellen Gütekriteriums wird am Beispiel der aktiven Lenkung eines Busses gezeigt. Dieser Entwurf geht vom linearisierten Fahrzeugmodell aus Abschnitt 1.2

$$\begin{bmatrix} \dot{\beta} \\ \dot{r} \end{bmatrix} = \begin{bmatrix} a_{11}(\tilde{m}, v) & a_{12}(\tilde{m}, v) \\ a_{21}(\tilde{m}, v) & a_{22}(\tilde{m}, v) \end{bmatrix} \begin{bmatrix} \beta \\ r \end{bmatrix} + \begin{bmatrix} b_1(\tilde{m}, v) \\ b_2(\tilde{m}, v) \end{bmatrix} \delta_f \tag{12.3.1}$$

aus, das die Lenkdynamik bei alleiniger Vorderradlenkung beschreibt, wobei der Lenkwinkel der Vorderräder δ_f die einzige Eingangsgröße ist. Die beiden Zustandsvariablen sind der Schwimmwinkel β und die Giergeschwindigkeit r.

Die Matrizenkoeffizienten hängen von zwei Parametern ab, der virtuellen Masse $\tilde{m}$ und der Fahrzeuggeschwindigkeit v. Diese beiden Parameter werden in den Intervallen

$$\begin{aligned} \tilde{m} &\in [\tilde{m}^- \,;\, \tilde{m}^+] \\ v &\in [v^- \,;\, v^+] \end{aligned} \tag{12.3.2}$$

als unsicher betrachtet. Die Parameterabhängigkeit ist in (1.2.1) gegeben. Die anderen Parameter in diesen Gleichungen werden konstant angenommen. Es sind dies die Seitensteifigkeiten c_f und c_r (die Unsicherheit in der Bodenhaftung $\mu \in [0.5\,;\,1.0]$ ist schon in einer größeren virtuellen Masse berücksichtigt), die Schwerpunktlage zwischen den Achsen, die sich aus den Abständen ℓ_f und ℓ_r (wobei $\ell = \ell_r + \ell_f$ der Radstand ist) ergibt und der Trägheitsradius i. Der Betriebsbereich ist somit ein Rechteck mit den vier Ecken

$$
\begin{aligned}
&\text{Betriebspunkt 1}: \left(\tilde{m}^-, v^-\right)\\
&\text{Betriebspunkt 2}: \left(\tilde{m}^-, v^+\right)\\
&\text{Betriebspunkt 3}: \left(\tilde{m}^+, v^-\right)\\
&\text{Betriebspunkt 4}: \left(\tilde{m}^+, v^+\right)
\end{aligned}
\tag{12.3.3}
$$

Die Seitenbeschleunigung a_f der Vorderachse wird durch die lineare Ausgangsgleichung (A.2.10) mit $d_2 = 0$ gegeben. Setzt man $\tilde{J} = i^2\tilde{m}$ in (A.2.10) ein und nimmt man zunächst $i^2 = \ell_f\ell_r$ (siehe (2.5.9)) an, so wird

$$
a_f = d\left(-\beta - \frac{\ell_f}{v}r + \delta_f\right) = \begin{bmatrix} -d & -d\dfrac{\ell_f}{v} & d \end{bmatrix}\begin{bmatrix} \beta \\ r \\ \delta_f \end{bmatrix} =: \boldsymbol{c}^T \begin{bmatrix} \beta \\ r \\ \delta_f \end{bmatrix}
\tag{12.3.4}
$$

mit $d = c_f(\ell/\ell_r)/\tilde{m}$. In Abschnitt 2.5 wurde unter der Annahme einer Massenverteilung $i^2 = \ell_f\ell_r$ gezeigt, daß die Integration der Abweichung in der Giergeschwindigkeit von einem vorgegebenen Sollwert,

$$
\dot{\delta}_f = k_I(w - r)\,, \qquad k_I = 1.0
\tag{12.3.5}
$$

siehe Abb. 12.14, zu einer speziellen Struktureigenschaft des geschlossenen Systems führt:

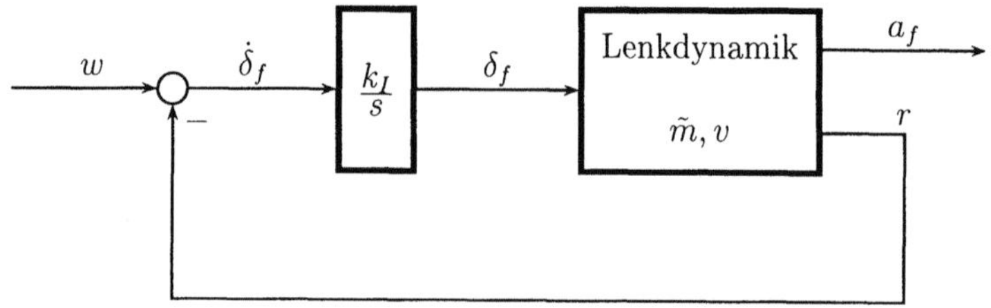

Abb. 12.14: Fahrzeuglenkung mit integrierender Regelung

Das Ein-Ausgangsverhalten

$$
a_f = g_f(s, \tilde{m}, v)w
\tag{12.3.6}
$$

wird durch die einfache Übertragungsfunktion erster Ordnung

$$
g_f(s, \tilde{m}, v) = \frac{v}{1 + T(\tilde{m}, v)s}
\tag{12.3.7}
$$

wiedergegeben, mit der virtuellen Masse $\tilde{m}$ und der von der Geschwindigkeit abhängigen Zeitkonstanten $T(\tilde{m}, v) = \tilde{m}v\ell_r/(\ell c_f)$. Da das geschlossene System durch die drei Zustandsvariablen (β, r, δ_f) beschrieben wird, impliziert diese strukturelle Eigenschaft zwei Pol/Nullstellenkürzungen in dem rationalen Ausdruck $\boldsymbol{c}^T[sI - \boldsymbol{A}_c]^{-1}[0\ 0\ 1]^T$ (in dem die Abhängigkeit von $\tilde{m}$ und v unterdrückt ist), mit der Systemmatrix $\boldsymbol{A}_c$ des geschlossenen Kreises aus (2.5.3). Tatsächlich werden durch den Integrator in der Rückführung, (12.3.5) zwei Eigenwerte zu den Nullstellen der offenen Übertragungsfunktion a_f/δ_f verschoben und es erfolgt eine Kürzung. Die beiden Nullstellen sind invariant gegenüber Zustandsvektorrückführung und damit insbesondere invariant gegenüber einer Rückführung der Giergeschwindigkeit. Mit der obigen rein integrierenden Rückführungsstruktur haben diese Nullstellen die zusätzliche Eigenschaft, „ausgangsentkoppelnde Nullstellen" [121] des geschlossenen Systems zu sein.

Im Zustandsraum wird die ausgangsentkoppelnde Eigenschaft dadurch charakterisiert, daß es einen zweidimensionalen Unterraum des dreidimensionalen Zustandsraums $[\beta\ r\ \delta_f]^T$ gibt, der invariant bzgl. der geschlossenen Systemmatrix $\boldsymbol{A}_c$ aus (2.5.3) ist und der zusätzlich im Nullraum der Ausgangsmatrix $\boldsymbol{c}^T$ aus (12.3.4) enthalten ist. Alle Bewegungen, die vollständig in diesem Unterraum stattfinden, sind von der Ausgangsgröße a_f aus nicht beobachtbar, d.h. jede Anfangsbedingung des Zustandsvektors in diesem Unterraum führt dazu, daß $a_f \equiv 0$ ist.

Aus (12.3.4) wird der nicht beobachtbare Unterraum durch die Gleichung

$$-\beta - \frac{\ell_f}{v}r + \delta_f = 0 \tag{12.3.8}$$

bestimmt. Da in Abschnitt 2.5 gefunden wurde, daß die Entkopplungseigenschaft unabhängig von $\tilde{m}$ und v ist, haben wir sie robuste Entkopplung genannt.

Bei hoher Geschwindigkeit v hat das ausgangsentkoppelnde (konjugiert komplexe) Nullstellenpaar den Nachteil, daß das mit diesen Nullstellen gekürzte Eigenwertpaar eine sehr geringe Dämpfung besitzt. Von jetzt ab beschränken wir unsere Betrachtungen auf hohe Geschwindigkeit und betrachten im folgenden nur noch den kritischsten Wert $v = v^+$. Damit verbleibt nur noch ein unsicherer Parameter, nämlich die virtuelle Masse $\tilde{m} \in [\tilde{m}^-\,;\,\tilde{m}^+]$.

Wir fragen nun: Können wir für $v = v^+$ und $\tilde{m} \in [\tilde{m}^-\,;\,\tilde{m}^+]$ eine Giergeschwindigkeitsregelung finden mit guter Dämpfung der Eigenwerte und der zusätzlichen ausgangsentkoppelnden Eigenschaft?

In Abschnitt 2.6 wurde gezeigt, daß dies mit zusätzlicher Hinterradlenkung möglich ist. Damit kann die Dämpfung des konjugiert komplexen Eigenwertpaares beliebig erhöht werden, ohne den Entkopplungseffekt aufgeben zu müssen. Durch (verstärkungsangepaßte) Rückkopplung der Giergeschwindigkeit r auf den Lenkwinkel der Hinterräder δ_r kann ein ausgangsentkoppelndes Nullstellenpaar in a_f/δ_f geeignet vorgegeben werden.

Für den Reglerentwurf dieses Abschnitts wollen wir aber keine Hinterradlenkung zulassen. Dann sind mit der einzigen Eingangsgröße δ_f die Nullstellen in a_f/δ_f invariant. Also ist bei exakter Entkopplung die Dämpfung des Eigenwertpaares, welches durch diese Nullstellen gekürzt wird, vorgegeben und die Nullstellen können nicht zusätzlich verschoben werden. Wir müssen daher unsere Forderungen lockern und fragen: Wenn nur die Vorderradlenkung verwendet wird, können wir dann einen Giergeschwindigkeitsregler so finden, daß die Eigenwerte des geschlossenen Systems genügend gut gedämpft sind und daß zusätzlich eine angenäherte Entkopplungseigenschaft erhalten wird? Angenäherte Entkopplung bedeutet, daß der Giereinfluß auf die Querbeschleunigung a_f an der Vorderachse genügend klein sein soll.

Diese Untersuchung führen wir für den Stadtbus O 305 von Daimler-Benz mit den Daten aus Tabelle 1.3 und $v = v^+ = 20\,[\mathrm{ms}^{-1}]$ durch. Die Voraussetzung für robuste Entkopplung

$$i^2 = \ell_f \ell_r \tag{12.3.9}$$

ist nicht erfüllt, so daß eine exakte Pol/Nullstellenkürzung nicht möglich ist. Jedoch kann mit dem integrierenden Verstärkungsfaktor

$$k_I = 0.89 \tag{12.3.10}$$

der in [17] vorgeschlagen wurde, angenäherte Entkopplung erreicht werden. Das erkennt man in Abb. 12.15, in der für Betriebspunkt 2 ($\tilde{m} = \tilde{m}^- = 9.95$) und Betriebspunkt 4 ($\tilde{m} = \tilde{m}^+ = 32.0$) die Systemantwort auf die Anfangsbedingung

$$\beta(0) = 0, \quad r(0) = 1, \quad \delta_f(0) = \beta(0) + \frac{\ell_f}{v} r(0) \tag{12.3.11}$$

gezeigt ist. Drei Systeme werden dabei verglichen. Bei System 1 ist das Trägheitsmoment soweit reduziert, daß die Voraussetzung der idealen Massenverteilung erfüllt ist, d.h.

$$S1: \qquad i^2 = 7.0831 = \ell_f \ell_r\,, \qquad k_I = 1.0 \tag{12.3.12}$$

Bei System 2 wird das reale Trägheitsmoment und die integrierende Rückführverstärkung (12.3.10) verwendet

$$S2: \qquad i^2 = 10.85\,, \qquad k_I = 0.89 \tag{12.3.13}$$

Bei System 3 wurde die integrierende Rückführverstärkung so weit abgesenkt, bis gute Eigenwertdämpfung erreicht war

$$S3: \qquad i^2 = 10.85\,, \qquad k_I = 0.1086 \tag{12.3.14}$$

Da die oben gewählte Anfangsbedingung (12.3.11) im nicht beobachtbaren Unterraum von S1 liegt (siehe (12.3.8)), haben wir für S1 $a_f \equiv 0$ bei allen virtuellen Massen $\tilde{m} \in [\tilde{m}^-; \tilde{m}^+]$. Bei S2 und S3 ist die exakte Entkopplung nicht möglich, jedoch haben wir für S2 einen angenäherten Entkopplungseffekt im Sinne einer gut unterdrückten Beschleunigungsantwort auf eine Anfangsstörung (12.3.11) in der Giergeschwindigkeit. In jedem Fall garantiert der Integralregler bei stationärer Störung $a_f \to 0$ für $t \to \infty$.

Die exakte Entkopplungseigenschaft von S1 und die angenäherte Entkopplungseigenschaft von S2 spiegelt sich auch in den Pol/Nullstellenmustern von Abb. 12.15 wider. Bei S1 haben wir exakte Kürzung, bei S2 liegt das konjugiert komplexe Eigenwertpaar nahe beim invarianten Nullstellenpaar.

Die Dämpfung ist bei beiden Systemen sehr schwach. Der Wurzelortskurve entnimmt man, daß die Verstärkung $k_I = 0.1086$ bei S3 zu einem zufriedenstellenden Dämpfungsfaktor in Betriebspunkt 2 und 4 führt

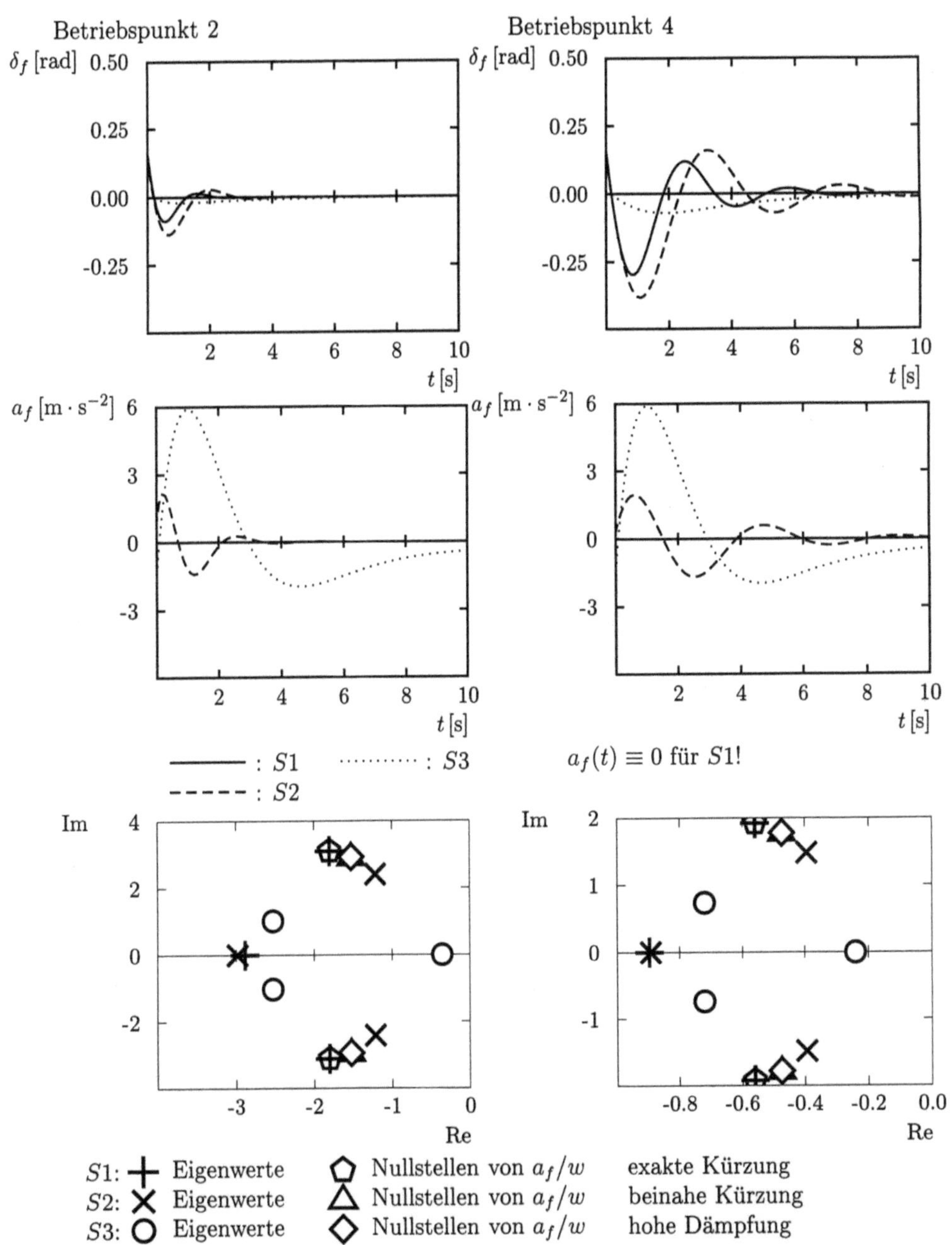

Abb. 12.15: Eigenwert- und Simulationsvergleich für die Systeme S1, S2 und S3

$$D^{(2)} = 0.928, \qquad D^{(4)} = 0.7 \qquad\qquad (12.3.15)$$

Mit abnehmendem k_I bewegt sich jedoch der reelle Eigenwert zum Nullpunkt hin (zum Integratorpol des offenen Systems) und das dynamische Verhalten von S3 wird zu träge. Dieses Verhalten verschlechtert sich noch mit $v < v^+$. Hinzu kommt, daß der Einfluß der Giergeschwindigkeit auf die Querbeschleunigung wesentlich verstärkt wurde, siehe Abb. 12.15.

Die charakteristischen Eigenschaften der drei Systeme S1, S2 und S3 mit unterschiedlich integraler Verstärkung k_I sind in Tabelle 12.1 zusammengefaßt:

System	Regler	Trägheits-radius i^2	Eigenwert	Dämpfung $D^{(2)}$ $D^{(4)}$	Entkopplungs-eigenschaft
S1	$k_I = 1.0000$	$7.0831 = \ell_f \ell_r$	schlecht:	0.500 0.280	exakt
S2	$k_I = 0.8900$	10.850	schlecht:	0.450 0.257	annähernd
S3	$k_I = 0.1086$	10.850	gut:	0.928 0.7	schlecht
Entwurfsziel	?	10.850	gut:	um 0.7	annähernd

Tabelle 12.1: Integralregler mit unterschiedlicher Verstärkung und das Entwurfsziel

System S2 wird als Referenzsystem bezüglich der angenäherten Entkopplungseigenschaft betrachtet. (Beachte, daß bei S1 eine ideale Massenverteilung angenommen wurde, so daß dieses System als Vergleichsbasis nicht geeignet ist.) Als Ausgangspunkt für den Entwurf wählen wir System S3, das unsere Hauptforderung nach guter Eigenwertdämpfung schon erfüllt. Wir führen nun den Reglerentwurf nach dem in Abschnitt 12.2 eingeführten Iterationsschema durch.

Schritt 1: Wahl einer Reglerstruktur ($t = 1$)

Da wir weiterhin konstante Störungen (wie z.B. Seitenwind) stationär ausregeln wollen, wird die Integration der Giergeschwindigkeit beibehalten. Ein Integrator kann leicht als elektrisches oder hydraulisches Stellglied ohne innere Positionsrückführung realisiert werden.

Wir wissen, daß der einfache Regler k_I/s aus Abb. 12.14 nicht genügt, um unser Entwurfsziel zu erreichen. Daher erweitern wir den Regler wie in Abb. 12.16. Im Rückführzweig ist die Übertragungsfunktion zweiter Ordnung

$$g_c(s) = \tilde{g}_c(s) + d = \frac{\hat{k}(s + b_0)}{s^2 + a_1 s + a_0} + d = \frac{ds^2 + (da_1 + \hat{k})s + (da_0 + \hat{k})}{s^2 + a_1 s + a_0} \qquad (12.3.16)$$

hinzugefügt. Zum stationären Ausregeln der Giergeschwindigkeit bei konstanten Störungen muß gelten,

$$\hat{r}_{stat} = r_{stat} \quad \text{bei } r_{stat} = \text{konst.} \qquad\qquad (12.3.17)$$

Dies wird durch die Bedingung an die Reglerkoeffizienten

$$d = 1 - \hat{k}b_0/a_0 \qquad\qquad (12.3.18)$$

erreicht. Damit sind jetzt nur noch die fünf Reglerkoeffizienten

$$\boldsymbol{k} = [k_I \; \hat{k} \; a_0 \; a_1 \; b_0]^T \tag{12.3.19}$$

für die Optimierung frei.

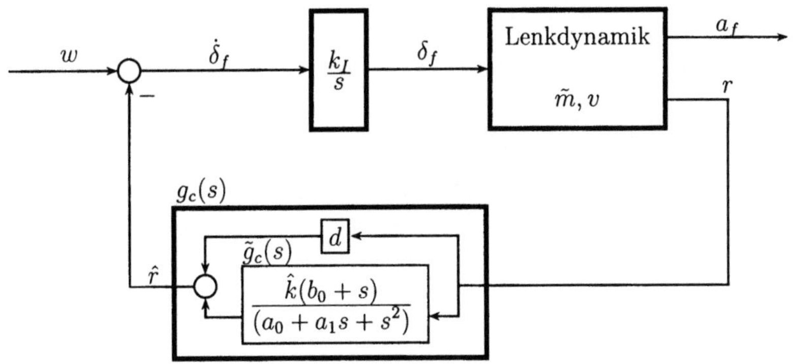

Abb. 12.16: Erweiterung der Reglerstruktur

Schritt 2: Vorgabe von Anfangswerten ${}^t\boldsymbol{k}^0$ für die Reglerkoeffizienten ($t = 1$, $\nu = 0$)
Die Startwerte für den ersten Optimierungsschritt sind

$$
{}^1\boldsymbol{k}^0 =
\begin{bmatrix} k_I^0 \\ \hat{k}^0 \\ a_0^0 \\ a_1^0 \\ b_0^0 \end{bmatrix}
=
\begin{bmatrix} 0.1086 \\ 0.0000 \\ 9.0000 \\ 6.0000 \\ 4.0000 \end{bmatrix}
\tag{12.3.20}
$$

Dieser Reglervektor ist eigentlich obiger Integralregler (mit $k_I = 0.1086$), denn wir haben die Reglerübertragungsfunktion zweiter Ordnung $\tilde{g}_c(s)$ im Regelkreis von Abb. 12.16 nicht geschlossen ($\hat{k} = 0$, $d = 1$). Die Übertragungsfunktion $\tilde{g}_c(s)$ in (12.3.16) ist als stabiles Minimumphasensystem mit zwei Polen bei -3.0 und einer Nullstelle bei -4.0 gewählt.

Schritt 3: Formulierung des gewünschten Systemverhaltens durch einen Gütevektor ${}^t\boldsymbol{c}$ ($t = 1$, $\nu = 0$)

Das gewünschte Systemverhalten besteht primär in einer guten Dämpfung mit angenäherter Entkopplungseigenschaft für die beiden Betriebspunkte 2 und 4. Weiterhin sollte eine Stabilitätsreserve eingehalten werden und die Stellaktivität sollte nicht zu groß werden. Dieses gewünschte Systemverhalten muß durch Formulierung entsprechender Gütekriterien mathematisch präzisiert werden:

Formulierung der Dämpfungsspezifikation (mit D_j aus (12.1.5)):

$$\tilde{c}_1^{(i)}(\boldsymbol{k}) = 1 - \min_{j}\{D_j(\boldsymbol{A}_c^{(i)}(\boldsymbol{k}))\}, \qquad i = 2, 4 \tag{12.3.21}$$

Formulierung der Spezifikation zur angenäherten Entkopplung:

$$\text{bei Anfangsbedingung (12.3.11)}: \begin{cases} \tilde{c}_2^{(i)}(\boldsymbol{k}) = \sqrt{\int_4^{10}[a_f^{(i)}(\boldsymbol{k},t)]^2 dt}\,, & i = 2,4 \\[2mm] \tilde{c}_3^{(i)}(\boldsymbol{k}) = \max_{0\leq t\leq 4}|a_f^{(i)}(\boldsymbol{k},t)|\,, & i = 2,4 \end{cases}$$

$$(12.3.22)$$

Formulierung einer Stellgliedbegrenzung:

$$\text{bei Anfangsbedingung (12.3.11)}: \quad \tilde{c}_4^{(i)}(\boldsymbol{k}) = \max_{0\leq t\leq 4}|\delta_f^{(i)}(\boldsymbol{k},t)|\,, \qquad i = 2,4 \qquad (12.3.23)$$

Formulierung einer Stabilitätsreserve:

$$\tilde{c}_5^{(i)}(\boldsymbol{k}) = \left\{ \begin{array}{ll} 1/[1 - \max_j[\operatorname{Re} s_j(\boldsymbol{A}_c^{(i)}(\boldsymbol{k}))]] & \text{für}\quad \max_j \operatorname{Re} s_j < 0 \\[2mm] 1 + \max_j[\operatorname{Re} s_j(\boldsymbol{A}_c^{(i)}(\boldsymbol{k}))] & \text{sonst} \end{array} \right\}, \qquad i = 2,4$$

$$(12.3.24)$$

Der $\tilde{c}_1$-Kriterientyp ist ein Maß für die minimale Eigenwertdämpfung (vgl. die Diskussion zu (12.1.4) in Abschnitt 12.1). Sein Wert nimmt mit zunehmender Minimaldämpfung ab.

Der $\tilde{c}_5$-Kriterientyp wird umso kleiner, je kleiner der Realteil des am weitesten rechts gelegenen Eigenwertes ist.

Da bzgl. des Einflusses der Giergeschwindigkeit auf die Querbeschleunigung die Systemantwort bei den Anfangswerten (12.3.11) als repräsentativ angesehen wird, ist die Bedeutung der restlichen Kriterientypen selbsterklärend. Für das Integralkriterium $\tilde{c}_2^{(2)}, \tilde{c}_2^{(4)}$ wurde das Zeitintervall [4; 10] gewählt, da die entsprechende Zeitantwort der Querbeschleunigung für System S2 (mit dem wir unser späteres Entwurfsergebnis vergleichen wollen) dort schon fast vollständig ausgeregelt ist. Die Maximalwerte von a_f und δ_f treten im Zeitintervall [0; 4] auf, siehe Abb. 12.15. Der Gütevektor wird nun in folgende Reihenfolge gebracht:

$$\begin{aligned} \boldsymbol{c} &= [c_1 \; \ldots \; c_5 \; c_6 \; \ldots \; c_{10}]^T \\[2mm] &= [\tilde{c}_1^{(1)} \ldots \tilde{c}_5^{(1)} \; \tilde{c}_1^{(2)} \ldots \tilde{c}_5^{(2)}]^T \end{aligned} \qquad (12.3.25)$$

Schritt 4: Wahl des Entwurfsvektors $^t\boldsymbol{d}^1$ für die erste Entwurfs(t-)Iteration $^t\boldsymbol{c}^0 < {}^t\boldsymbol{d}^1(t = 1, \nu = 1)$

Wir wählen den Entwurfsvektor $^1\boldsymbol{d}^1$ aus Spalte 2 in Tabelle 12.2 für den ersten Optimierungslauf. Ausgehend vom integralen Verstärkungsfaktor $k_I = 0.1086\,(\doteq S3)$, der eine gute Eigenwertdämpfung zur Folge hat, ist es unser primäres Ziel, die Dämpfung nicht zu verschlechtern. Dies wird mit der Wahl von $^1d_1^1 = {}^1d_6^1 = 0.3$ erreicht. Dieser Wert ist gleichzeitig das Anforderungsniveau $\bar{d}_1 = \bar{d}_6 = 0.3$ für Kriterium c_1 und c_6. Aus der Argumentation des letzten Abschnittes wird garantiert, daß damit in beiden Betriebspunkten die minimale Eigenwertdämpfung nicht kleiner als $1 - 0.3 = 0.7$ (siehe (12.3.21)) werden kann.

Gleichzeitig sollte die Querbeschleunigung auf eine Anfangsstörung in der Giergeschwindigkeit besser ausgeregelt werden (um die instationäre Entkopplungseigenschaft zu verbessern). Deshalb haben wir die folgenden Entwurfsparameter gesetzt: $^1d_2^1 = {}^1c_2^0, {}^1d_3^1 =$

$^1c_3^0$ und $^1d_7^1 = {}^1c_7^0$, $^1d_8^1 = {}^1c_8^0$. Für diese vier Kriterien kann das Anforderungsniveau $\bar{d}_2, \bar{d}_3, \bar{d}_7, \bar{d}_8$ nicht von vornherein angegeben werden.

Eine verbesserte Störgrößenunterdrückung sollte nicht auf Kosten zu großer Stellaktivität erzielt werden und deshalb sollte der maximale Lenkwinkel nicht die Werte für System S2, $\delta_{f,max}^{(2)}(S2) \approx 0.2$ und $\delta_{f,max}^{(4)}(S2) \approx 0.45$ überschreiten. Dies wird durch die Vorgabe von $^1d_4^1 = 0.2 \doteq \bar{d}_4$, $^1d_9^1 = 0.45 \doteq \bar{d}_9$ garantiert.

Bezüglich der Beschränkung an die Stabilitätsreserve sind wir damit zufrieden, wenn der maximale Realteil der Eigenwerte, wie er sich zu Beginn ($k_I = 0.1086$) bei Betriebspunkt 4 ergibt, nicht vergrößert wird und deshalb setzen wir $^1d_5^1 = {}^1d_{10}^1 = 0.81 \approx \tilde{c}_5^{(4)}(\boldsymbol{k}^0) \doteq \bar{d}_5 = \bar{d}_{10}$.

Schritt 6: Minimierung der Zielfunktion $\alpha(\boldsymbol{k})$ mit dem Ergebnis $^t\boldsymbol{k}^\nu$ und $^t\boldsymbol{c}^\nu$ ($t = 1, \nu = 1$)

Die Optimierung selbst wird hier als „black box" betrachtet. Wir geben keine Daten zur Optimierung selbst an, da diese sehr stark vom gewählten Algorithmus und den zugehörigen Parametern (wie z.B. Konvergenzschranken) abhängen. Wie im vorigen Abschnitt erwähnt (Anmerkung 12.5), stehen in der Entwurfsumgebung [92] verschiedene Optimierungsalgorithmen zur Verfügung.

Wir zeigen hier nur noch das Optimierungsergebnis in Tabelle 12.2 mit $^1\boldsymbol{k}^1$ für die Reglerkoeffizienten und mit $^1\boldsymbol{c}^1$ für den Gütevektor. In dieser Tabelle kann das Ergebnis $^1\boldsymbol{c}^1$ mit dem Gütevektor vor der Optimierung $^1\boldsymbol{c}^0$ verglichen werden. Wir stellen eine wesentliche Verbesserung im Gütevektor fest und gehen daher zu Schritt 8.

Schritt 8: Auswertung des Systemverhaltens: falls nicht zufriedenstellend, gehe zu 5.

Das Systemverhalten kann anhand der Kriterientabelle 12.2 in Verbindung mit den zugehörigen Simulationen und Analysen beurteilt werden. Dazu sind die Ergebnisse des Systems S2 mit den Ergebnissen des mit den optimierten Koeffizienten $^1\boldsymbol{k}^1$ geregelten Systems in Abb. 12.17 verglichen. Zum Vergleich werden auch die Simulations- und Eigenwertergebnisse zum Startvektor $^1\boldsymbol{k}^0$ noch einmal gezeigt. Es wird klar, daß wir mit dem angenäherten Entkopplungseffekt noch nicht zufrieden sein können und wir wollen daher die Störunterdrückung weiter verbessern. Deshalb wird der Entwurf in der systematischen Weise unseres Entwurfsschemas mit Schritt 5 fortgesetzt:

Schritt 5: Wahl des Entwurfsvektors $^t\boldsymbol{d}^\nu$ für den (ν)-ten Entwurfsschritt $^t\boldsymbol{c}^{\nu-1} \leq {}^t\boldsymbol{d}^\nu \leq {}^t\boldsymbol{d}^{\nu-1}$, $^t\boldsymbol{d}^\nu \neq {}^t\boldsymbol{d}^{\nu-1}$ ($t = 1, \nu = 2$)

Die Wahl des Vektors der Entwurfsparameter $^1\boldsymbol{d}^2$ nach der Systematik $^1\boldsymbol{c}^1 \leq {}^1\boldsymbol{d}^2 \leq {}^1\boldsymbol{d}^1$ und die zugehörigen Kriterienwerte vor und nach dem zweiten Optimierungslauf findet man in Tabelle 12.2. Es kann nur eine geringfügige Verbesserung der zu reduzierenden Kriterienwerte festgestellt werden. Jedoch zeigt Abb. 12.18 keine signifikante Veränderung.

In der nächsten Entwurfsiteration mit $^1\boldsymbol{c}^2 \leq {}^1\boldsymbol{d}^3 \leq {}^1\boldsymbol{d}^2$ konnte der Gütevektor nicht weiter verbessert werden ($^1\boldsymbol{c}^3 \approx {}^1\boldsymbol{c}^2$). Daher verlassen wir die t-Iterationsschleife für $t = 1$ mit der monoton fallenden Folge

$$^1\boldsymbol{c}^3 \approx {}^1\boldsymbol{c}^2 \leq {}^1\boldsymbol{d}^3 \leq {}^1\boldsymbol{d}^2 \leq {}^1\boldsymbol{d}^1 \quad (^1\boldsymbol{d}^3 \neq {}^1\boldsymbol{d}^2 \neq {}^1\boldsymbol{d}^1) \tag{12.3.26}$$

	${}^1c^0$	${}^1d^1$	${}^1c^1$	${}^1d^2$	${}^1c^2$	
Betriebspunkt 2	7.22388E-02	3.00000E-01	2.93459E-01	3.00000E-01	3.00000E-01	c_1: Dämpfung
	9.28356E-01	9.28356E-01	5.26327E-01	5.26327E-01	4.78094E-01	c_2: Integral $(a_f)^2$
	4.73051E+00	4.73051E+00	1.97781E+00	1.97781E+00	1.72517E+00	c_3: max. $\|a_f\|$
	3.37430E-02	2.00000E-01	9.33174E-02	2.00000E-01	1.00195E-01	c_4: max. $\|\delta_f\|$
	7.37423E-01	8.10000E-01	7.33652E-01	8.10000E-01	7.18450E-01	c_5: Stabilitäts- reserve
Betriebspunkt 4	3.00000E-01	3.00000E-01	3.00000E-01	3.00000E-01	3.00000E-01	c_6: Dämpfung
	3.32162E+00	3.32162E+00	2.17297E+00	2.17297E+00	2.07490E+00	c_7: Integral (a_f^2)
	5.48661E+00	5.48661E+00	3.77899E+00	3.77899E+00	3.59112E+00	c_8: max. $\|a_f\|$
	8.01315E-02	4.50000E-01	1.64699E-01	4.50000E-01	1.76627E-01	c_9: max. $\|\delta_f\|$
	8.05835E-01	8.10000E-01	7.80087E-01	8.10000E-01	7.66160E-01	c_{10}: Stabilitäts- reserve

${}^1k^0$		${}^1k^1$		${}^1k^2$	
1.08586E-01		1.72539E-01		1.89730E-01	k_I
0.00000E+00		-6.77709E+00		-7.15832E+00	$\hat{k}$
9.00000E+00		1.05993E+01		1.12409E+01	a_0
6.00000E+00		6.28741E+00		6.50198E+00	a_1
4.00000E+00		4.00142E+00		4.03874E+00	b_0

Tabelle 12.2: Entwurfsiterationen für $t = 1$

Schritt 7: falls keine (signifikante) Verbesserung: $t = t + 1$, ${}^tk^0 = {}^{t-1}k^\nu$, gehe zu 4. (oder zu 3. oder 2. oder 1.) $(t = 1, \nu = 3)$

Wir erhöhen t, $t = 2$ und setzen ${}^2k^0 = {}^1k^3$. Wenn man die Folge der Kriterienwerte für die Eigenwertdämpfung ${}^1c_6^\nu$, $\nu = 0, 1, 2$ in Tabelle 12.2 betrachtet, so fällt auf, daß genau diese Dämpfungseinschränkung ein besseres Ergebnis verhindert. Aus unserer früheren Argumentation ist dies keineswegs überraschend, da eine Erhöhung der Dämpfung die Eigenwerte weiter von dem für die angenäherte Entkopplungseigenschaft verantwortlichen Nullstellenpaar wegbringt. Deshalb interessiert uns jetzt, was man in der Entkopplungseigenschaft gewinnen kann, wenn man die Entwurfsparameter der Dämpfungsbeschränkung d_1 und d_6 etwas lockert. Dazu sind wir mit einer minimalen Dämpfung von etwa 0.6 zufrieden, die immer noch wesentlich höher ist, als die Dämpfung, die mit dem Integralregler des Systems S2 erreicht worden ist. Der Iterationsschritt ist in Tabelle 12.3 zusammengefaßt und das relevante Systemverhalten in Abb. 12.19 gezeigt. Wir stellen fest, daß eine Lockerung der Beschränkung der Eigenwertdämpfung zu einer Verbesserung der angenäherten Entkopplung führt. Ein Eigenwertpaar bewegt sich zum invarianten Nullstellenpaar hin, wie es vom Ergebnis mit exakter Entkopplung (System S1), von dem unsere Überlegungen ausgegangen sind, erwartet werden konnte.

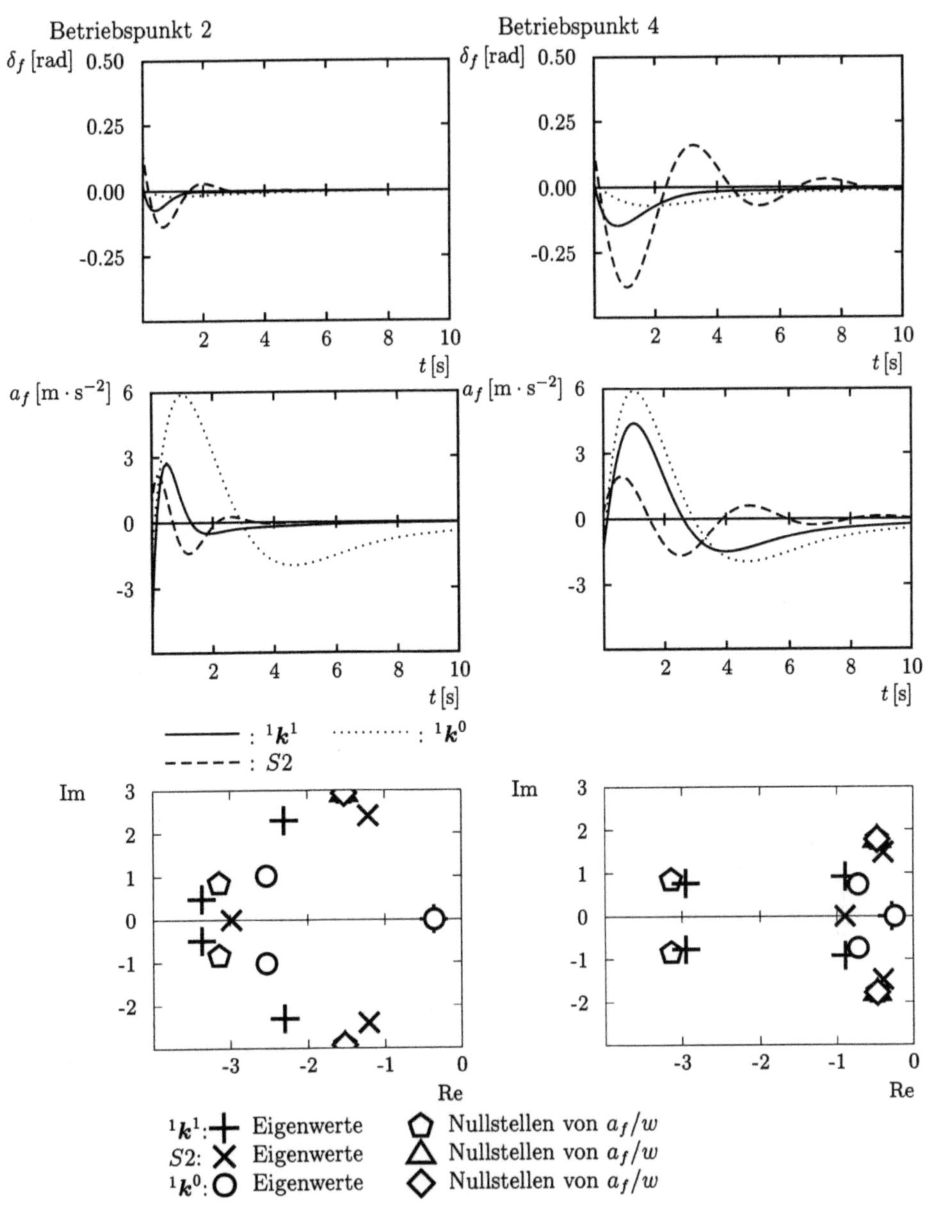

Abb. 12.17: Eigenwert und Simulationsvergleich nach der ersten Entwurfsiteration

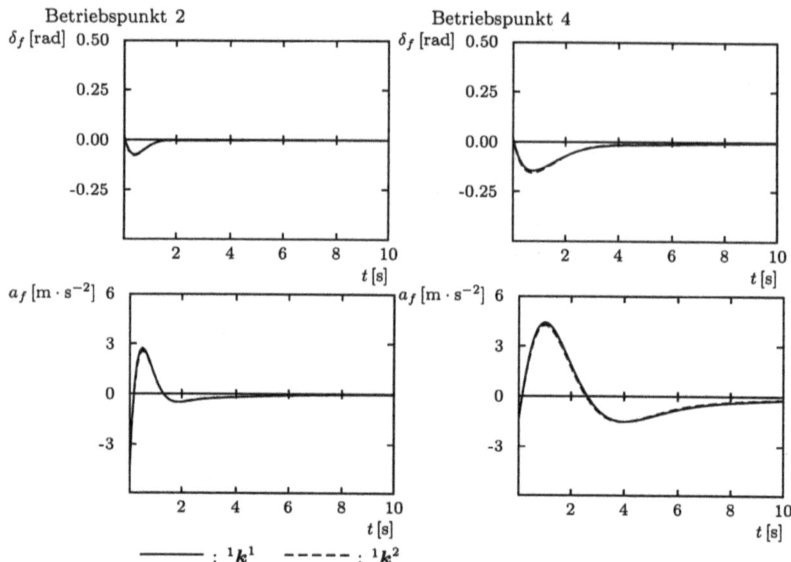

Abb. 12.18: Konvergenz in der Iterationsschleife für $t = 1$

	$^2c^0 = {}^1c^3$	$^2d^1$	$^2c^1$	
Betriebspunkt 4	3.00000E-01	4.00000E-01	3.89105E-01	c_1: Dämpfung
	7.18450E-01	8.10000E-01	5.99422E-01	c_2: Integral $(a_f)^2$
	4.78094E-01	4.78094E-01	1.80816E-01	c_3: max. $|a_f|$
	1.72517E+00	1.72517E+00	9.13054E-01	c_4: max. $|\delta_f|$
	1.00195E-01	2.00000E-01	1.48668E-01	c_5: Stabilitäts- reserve
Betriebspunkt 2	3.00000E-01	4.00000E-01	3.89420E-01	c_6: Dämpfung
	7.66160E-01	8.10000E-01	6.63298E-01	c_7: Integral $(a_f)^2$
	2.07490E+00	2.07490E+00	1.18552E+00	c_8: max. $|a_f|$
	3.59112E+00	3.59112E+00	2.12207E+00	c_9: max. $|\delta_f|$
	1.76627E-01	4.50000E-01	2.72345E-01	c_{10}: Stabilitäts- reserve
	$^2k^0$		$^2k^1$	
	1.89730E-01		3.59216E-01	k_I
	-7.15832E+00		-4.38347E+00	$\hat{k}$
	1.12409E+01		1.26831E+01	a_0
	6.50198E+00		6.78429E+00	a_1
	4.03874E+00		5.12270E+00	b_0

Tabelle 12.3: Iteration für $t = 2$

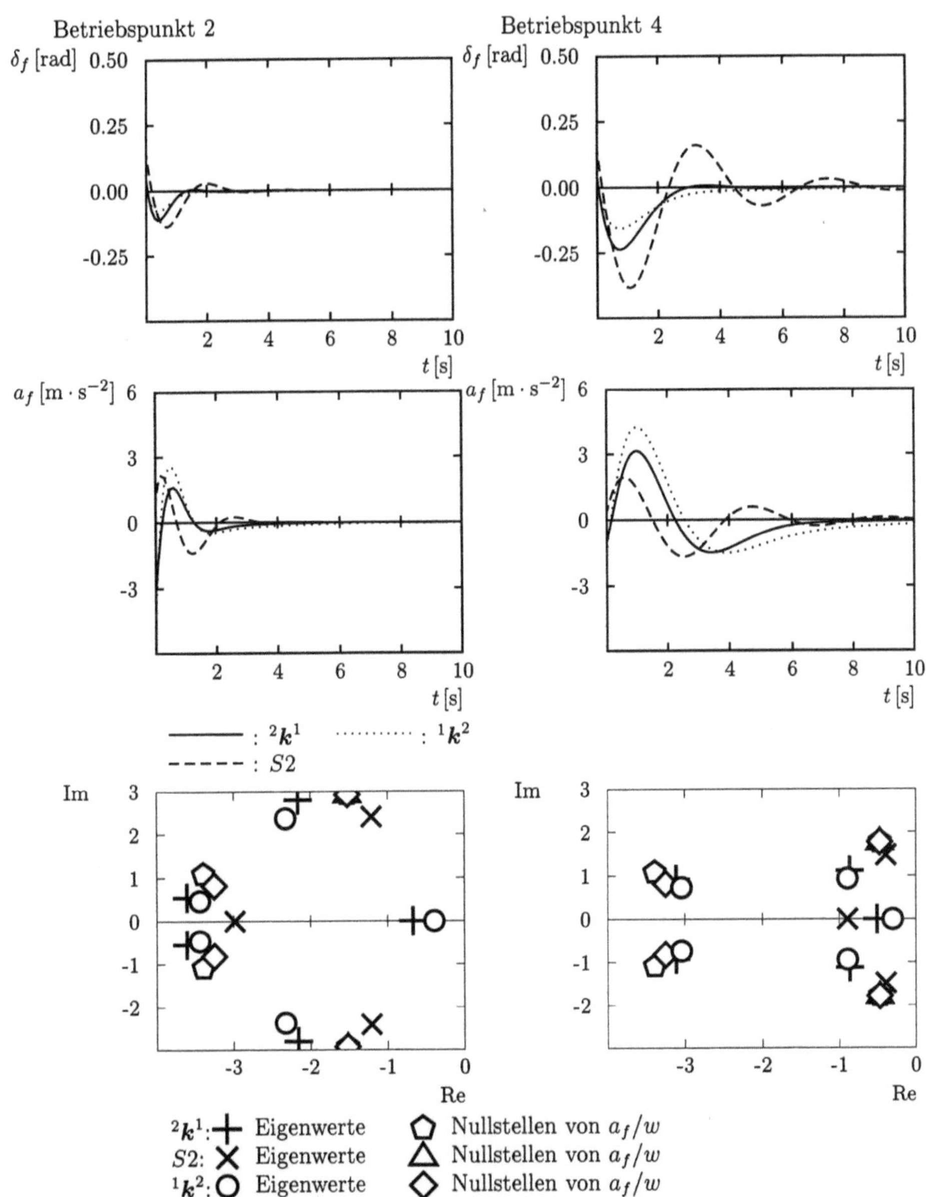

Abb. 12.19: Eigenwert- und Simulationsvergleich nach der Iterationsschleife für $t = 2$

A Das Modell des allradgelenkten Autos

In diesem Anhang werden einige Ergebnisse aus der automobiltechnischen Literatur, z.B. [130, 183], unter dem Aspekt der robusten Regelung aufbereitet.

A.1 Das Einspurmodell

Die wesentlichen Eigenschaften der Lenkdynamik in einer Horizontalebene werden durch das klassische Einspurmodell von Riekert und Schunck [145] beschrieben. Man erhält es, indem man die beiden Vorderräder zu einem Rad in der Fahrzeugmitte vereinigt, das gleiche geschieht mit den beiden Hinterrädern. Dadurch wird das Fahrzeugmodell von Abb. 1.3 reduziert auf das von Abb. A.1 und die Kopplung mit der Wank-, Nick- und Hubbewegung wird nicht modelliert.

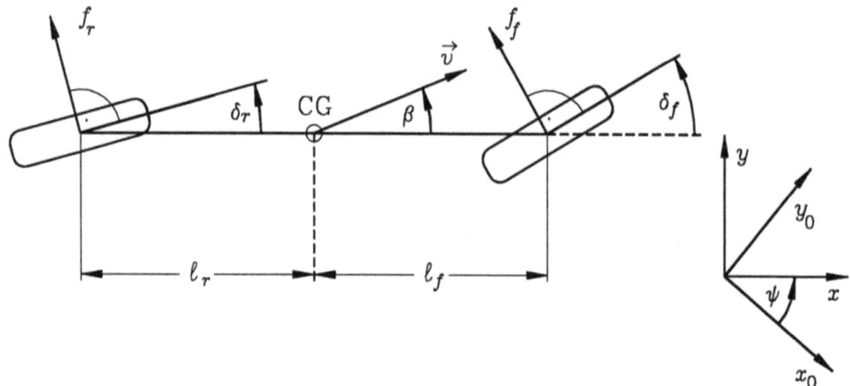

Abb. A.1: Einspurmodell der Autolenkung

Die Winkel δ_f und δ_r sind die vorderen (f = front) und hinteren (r = rear) Lenkwinkel. Der Abstand zwischen Schwerpunkt (CG) und Vorder- bzw. Hinterachse ist ℓ_f (bzw. ℓ_r) und ihre Summe $\ell = \ell_r + \ell_f$ ist der Radstand.

Der Geschwindigkeitsvektor $\vec{v}$ hat den Absolutwert $v = |\vec{v}|$. Der Winkel β zwischen der Fahrzeugmittellinie und $\vec{v}$ wird als „Schwimmwinkel" bezeichnet. In der Horizontalebene von Abb. A.1 ist ein inertialfestes Koordinatensystem (x_0, y_0) gezeigt zusammen mit einem fahrzeugfesten Koordinatensystem (x, y), das um einen „Gierwinkel" ψ gedreht ist. In den Gleichungen der Lenkdynamik tritt die Giergeschwindigkeit $r := \dot{\psi}$ als Zustandsgröße auf, nicht jedoch der Gierwinkel ψ selbst, da das Lenkverhalten unabhängig davon ist, in welcher Himmelsrichtung das Auto fährt.

Die Kräfte, die von der Fahrbahn über die Räder auf das Fahrzeugchassis übertragen werden, sind in Abb. A.1 als Seitenkräfte f_f und f_r dargestellt. Die Kräfte in Längsrichtung des Reifens werden zu Null angenommen, d.h. die Räder drehen sich frei ohne Brems- oder Beschleunigungskräfte.

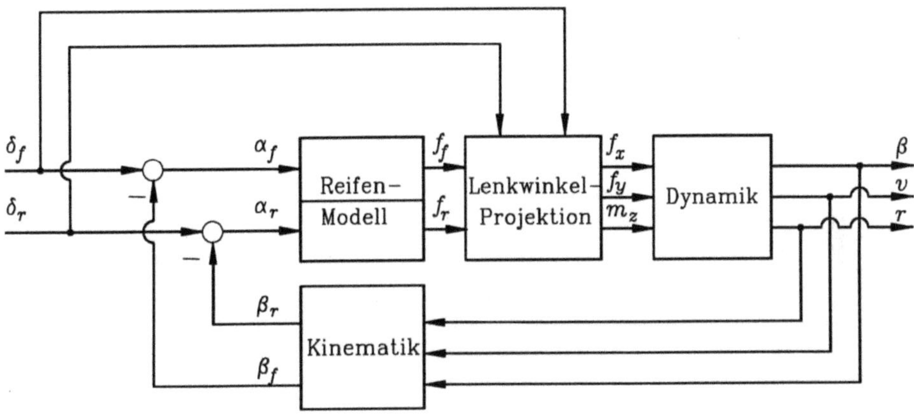

Abb. A.2: Blockdiagramm der Lenkdynamik

Abb. A.2 zeigt ein Blockdiagramm des Modells. Die Reifen-Seitenkräfte f_f und f_r werden über die Lenkwinkel in die Chassis-Koordinaten (x, y) projiziert, wo sie als Chassis-Seitenkräfte f_x und f_y und als Drehmoment m_z um eine senkrechte Achse durch den Schwerpunkt erscheinen, d.h.

$$\begin{bmatrix} f_x \\ f_y \\ m_z \end{bmatrix} = \begin{bmatrix} -\sin\delta_f & -\sin\delta_r \\ \cos\delta_f & \cos\delta_r \\ \ell_f\cos\delta_f & -\ell_r\cos\delta_r \end{bmatrix} \begin{bmatrix} f_f \\ f_r \end{bmatrix} \tag{A.1.1}$$

Über die Dynamik des Fahrzeugs werden aus den Kräften die Bewegungs(Zustands-)-Größen β, v und r. Die Bewegungsgleichungen für die drei Freiheitsgrade in der Horizontalebene sind mit der Fahrzeugmasse m und dem Trägheitsmoment J bezüglich der vertikalen Achse durch den Schwerpunkt

a) Längsbewegung

$$-mv(\dot{\beta} + \dot{\psi})\sin\beta + m\dot{v}\cos\beta = f_x \tag{A.1.2}$$

b) Querbewegung

$$m v(\dot\beta + \dot\psi)\cos\beta + m\dot v \sin\beta = f_y \tag{A.1.3}$$

c) Gierbewegung

$$J\ddot\psi = m_z \tag{A.1.4}$$

Mit $r := \dot\psi$ erhält man aus (A.1.2) bis (A.1.4)

$$\begin{bmatrix} m v(\dot\beta + r) \\ m\dot v \\ J\dot r \end{bmatrix} = \begin{bmatrix} -\sin\beta & \cos\beta & 0 \\ \cos\beta & \sin\beta & 0 \\ 0 & 0 & 1 \end{bmatrix} \begin{bmatrix} f_x \\ f_y \\ m_z \end{bmatrix} \tag{A.1.5}$$

Im nächsten Schritt werden die Schräglaufwinkel α_f und α_r an den Vorder- und Hinter-reifen mit einem „kinematischen Modell" aus den Zustandsgrößen β, r und v und den Lenkwinkeln δ_f und δ_r bestimmt. Abb. A.3 illustriert die Fahrzeugbewegung um einen „Momentanpol" MP. Die örtlichen Geschwindigkeitsvektoren vorn ($\vec v_f$) und hinten ($\vec v_r$) sind senkrecht zur Verbindungslinie zum Momentanpol orientiert. Die vorderen und hinteren Schwimmwinkel sind β_f und β_r.

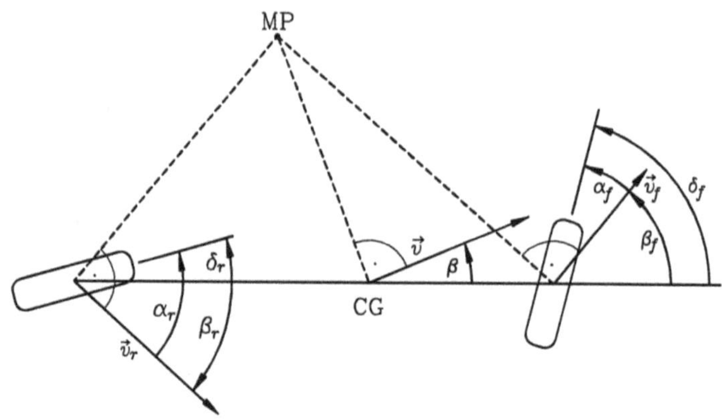

Abb. A.3: Kinematische Größen

Die Geschwindigkeitskomponenten in Längsrichtung des Fahrzeugs müssen hinten, vorn und am Schwerpunkt untereinander gleich sein, d.h.

$$v_r \cos\beta_r = v_f \cos\beta_f = v\cos\beta \tag{A.1.6}$$

Die Geschwindigkeitskomponenten senkrecht zur Mittellinie hängen von der Gierge-schwindigkeit ab, gemäß

$$v_f \sin\beta_f = v\sin\beta + \ell_f r$$
$$v_r \sin\beta_r = v\sin\beta - \ell_r r \tag{A.1.7}$$

Die Terme v_f und v_r werden nun eliminiert durch Division durch die entsprechenden Terme in (A.1.6). Damit lautet das kinematische Modell

$$\tan \beta_f = \frac{v \sin \beta + \ell_f r}{v \cos \beta} = \tan \beta + \frac{\ell_f r}{v \cos \beta}$$

$$\tan \beta_r = \frac{v \sin \beta - \ell_r r}{v \cos \beta} = \tan \beta - \frac{\ell_r r}{v \cos \beta} \tag{A.1.8}$$

und die Reifenschräglaufwinkel sind

$$\begin{aligned}
\alpha_f &= \delta_f - \beta_f \\
\alpha_r &= \delta_r - \beta_r
\end{aligned} \tag{A.1.9}$$

Die Rückkopplungsstruktur des Modells von Abb. A.2 schließt sich nun über das nichtlineare Reifenmodell

$$\begin{aligned}
f_f &= f_f(\alpha_f) \\
f_r &= f_r(\alpha_r)
\end{aligned} \tag{A.1.10}$$

Alle Variablen, wie sie in einer Linkskurve auftreten, sind für das Hinterrad in Abb. A.4 dargestellt. Für das Vorderrad ist der Index r durch f zu ersetzen.

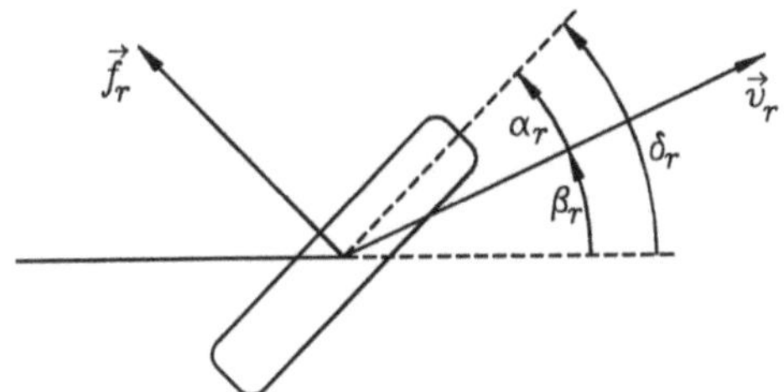

Abb. A.4: Variablen des Reifenmodells

Die Seitenkraft $\vec{f}_r$ mit dem Betrag $f_r = |\vec{f}_r|$ wirkt auf das Fahrzeug in Richtung der Radachse.

Für die experimentelle Bestimmung eines Reifenmodells kann ein einzelnes auf einem Rollprüfstand rotierendes Rad untersucht werden. Unter der Wirkung der auf die Achse aufgebrachten Reaktionskraft $-f_r$ bewegt sich das Rad nicht mehr in seiner Längsrichtung. Es bewegt sich seitwärts, so daß ein Reifen-Schräglaufwinkel α_r zwischen der Reifen-Längsrichtung und dem örtlichen Geschwindigkeitsvektor $\vec{v}_r$ entsteht. Der nichtlineare Zusammenhang zwischen Kraft f_r und Schräglaufwinkel α_r kann damit bestimmt werden. Eine typische Reifenkennlinie $f_r(\alpha_r)$ ist in Abb. A.5 dargestellt.

Abb. A.5 zeigt außerdem den Einfluß des Kraftschlusses zwischen Reifen und Fahrbahn. Auf einer vereisten Fahrbahn hat die Seitenkraft f_r ein Maximum, es wird damit eine physikalische Grenze erreicht. Wenn der Fahrer das Lenkrad rasch bewegt, erzeugt er einen Schräglaufwinkel. Wenn dieser Winkel auf vereister Straße größer als 6° bis 8° wird, ist eine Grenze erreicht, jenseits der die Seitenkraft wieder abnimmt. Ein Regelungssystem kann selbstverständlich solche physikalischen Grenzen nicht überwinden, es kann jedoch dafür sorgen, daß keine großen Schräglaufwinkel auftreten.

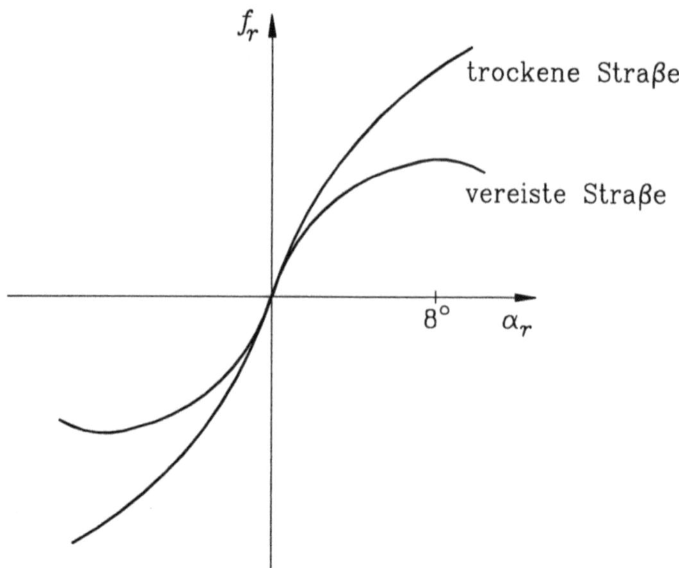

Abb. A.5: Gemessene Abhängigkeit zwischen Seitenkraft f_r und Schräglaufwinkel α_r auf trockener und vereister Straße (prinzipieller Verlauf)

A.2 Das linearisierte Einspurmodell

Alle vier Blöcke in Abb. A.2 sind nichtlinear und können durch die Annahmen A1) bis A4) linearisiert werden.

A1) Der Schwimmwinkel β wird als klein angenommen. Dann wird aus (A.1.5)

$$\begin{bmatrix} mv(\dot{\beta} + r) \\ m\dot{v} \\ J\dot{r} \end{bmatrix} = \begin{bmatrix} -\beta & 1 & 0 \\ 1 & \beta & 0 \\ 0 & 0 & 1 \end{bmatrix} \begin{bmatrix} f_x \\ f_y \\ m_z \end{bmatrix} \tag{A.2.1}$$

A2) Die Geschwindigkeit wird als konstant angenommen, $\dot{v} = 0$. Die zweite Zeile von (A.2.1) ergibt $f_x = -\beta f_y$ und mit $\beta^2 \ll 1$

$$\begin{bmatrix} mv(\dot{\beta} + r) \\ J\dot{r} \end{bmatrix} = \begin{bmatrix} f_y \\ m_z \end{bmatrix} \tag{A.2.2}$$

Die Geschwindigkeit v wird nun als unsicherer konstanter Parameter behandelt.

A3) Die Lenkwinkel δ_f und δ_r sind klein. Dann folgt aus (A.1.1)

$$\begin{bmatrix} f_y \\ m_z \end{bmatrix} = \begin{bmatrix} 1 & 1 \\ \ell_f & -\ell_r \end{bmatrix} \begin{bmatrix} f_f(\alpha_f) \\ f_r(\alpha_r) \end{bmatrix} \tag{A.2.3}$$

A4) Die Schwimmwinkel β_f und β_r an der Vorder- und Hinterachse sind klein. Dann folgt aus (A.1.8)

$$\begin{aligned} \beta_f &= \beta + \ell_f r/v \\ \beta_r &= \beta - \ell_r r/v \end{aligned} \qquad \text{(A.2.4)}$$

Die nichtlineare Reifencharakteristik von Abb. A.5 wird durch die Tangente approximiert. Bei Geradeausfahrt ist $\alpha_r = 0$ maßgebend, bei stationärer Kreisfahrt ist α_r die Abweichung vom stationären Schräglaufwinkel.

$$\begin{aligned} f_f(\alpha_f) &= c_f^* \alpha_f = c_f \mu \alpha_f, \quad \alpha_f = \delta_f - \beta_f \\ f_r(\alpha_r) &= c_r^* \alpha_r = c_r \mu \alpha_r, \quad \alpha_r = \delta_r - \beta_r \end{aligned} \qquad \text{(A.2.5)}$$

In der Automobilliteratur werden c_r^* und c_f^* als „Schräglaufsteifigkeiten" bezeichnet. Sie hängen von mehreren Parametern ab, wie Normalkraft, Längsbeschleunigung $\dot{v}$, Reifendruck, Reifentemperatur und ganz besonders stark vom Kraftschlußkoeffizienten μ zwischen Fahrbahn und Reifen. Typische Werte von μ sind

$$\begin{aligned} \mu &= \quad 1 \qquad \text{trockene Straße} \\ \mu &= \quad 0.5 \qquad \text{nasse Straße} \\ \mu &= \quad 0.15 \quad \text{vereiste Straße} \end{aligned}$$

Für die Vorder- und Hinterräder wird der gleiche μ-Wert angenommen. Das linearisierte Modell der Regelstrecke folgt dann aus (A.2.2) bis (A.2.5) als

$$\begin{bmatrix} mv(\dot{\beta} + r) \\ J\dot{r} \end{bmatrix} = \begin{bmatrix} 1 & 1 \\ \ell_f & -\ell_r \end{bmatrix} \begin{bmatrix} c_f \mu(\delta_f - \beta - \ell_f r/v) \\ c_r \mu(\delta_r - \beta + \ell_r r/v) \end{bmatrix} \qquad \text{(A.2.6)}$$

Die unsicheren Parameter in diesem Modell sind die Masse m, das Trägheitsmoment J, die Geschwindigkeit v und der Kraftschlußkoeffizient μ. Die lineare Differentialgleichung (A.2.6) zeigt, daß glatte Straße (d.h. kleines μ) den gleichen Effekt hat wie vergrößertes m und J. Wir können daher neue Parameter einführen, nämlich die „virtuelle Masse" $\tilde{m} := m/\mu$ und das „virtuelle Trägheitsmoment" $\tilde{J} := J/\mu$. Die Unsicherheit aufgrund sich ändernder Straßenverhältnisse wird durch eine entsprechend größere Unsicherheit in $\tilde{m}$ und $\tilde{J}$ erfaßt.

Die übliche Form des Zustandsmodells erhält man, indem man (A.2.6) nach $\dot{\beta}$ und $\dot{r}$ auflöst.

$$\begin{bmatrix} \dot{\beta} \\ \dot{r} \end{bmatrix} = \begin{bmatrix} a_{11} & a_{12} \\ a_{21} & a_{22} \end{bmatrix} \begin{bmatrix} \beta \\ r \end{bmatrix} + \begin{bmatrix} b_{11} & b_{12} \\ b_{21} & b_{22} \end{bmatrix} \begin{bmatrix} \delta_f \\ \delta_r \end{bmatrix} \qquad \text{(A.2.7)}$$

wobei

$$
\begin{aligned}
a_{11} &= -(c_r + c_f)/\tilde{m}v \\
a_{12} &= -1 + (c_r\ell_r - c_f\ell_f)/\tilde{m}v^2 \\
a_{21} &= (c_r\ell_r - c_f\ell_f)/\tilde{J} \\
a_{22} &= -(c_r\ell_r^2 + c_f\ell_f^2)/\tilde{J}v \\
b_{11} &= c_f/\tilde{m}v \\
b_{12} &= c_r/\tilde{m}v \\
b_{21} &= c_f\ell_f/\tilde{J} \\
b_{22} &= -c_r\ell_r/\tilde{J}
\end{aligned}
$$

Eine Größe von besonderem Interesse ist die Querbeschleunigung a_f an der Vorderachse. Wir berechnen zunächst die Querbeschleunigung am Schwerpunkt $\vec{a}_{CG}$. Da wir keine Beschleunigung in der Richtung von $\vec{v}$ annehmen, ist $\vec{a}_{CG}$ senkrecht zu $\vec{v}$, siehe Abb. A.6, und der Absolutwert ist $a_{CG} = |\vec{a}_{CG}| = v(\dot{\beta} + \dot{\psi})$. Seine Komponente quer zur Fahrzeugrichtung ist $a_y = v(\dot{\beta} + \dot{\psi})\cos\beta$. Für kleine β und mit $\dot{\psi} = r$ erhält man

$$
a_y = a_{CG} = v(\dot{\beta} + r) \tag{A.2.8}
$$

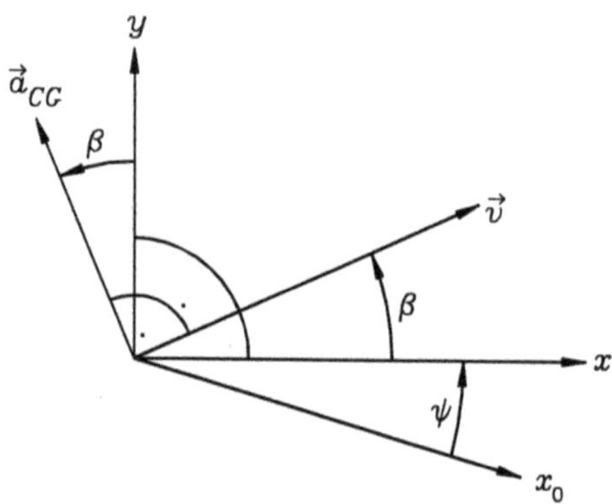

Abb. A.6: x_0 = inertialfeste Richtung, x = Fahrzeuglängsrichtung

An der Vorderachse kommt aufgrund der Gierbeschleunigung ein Term $\ell_f\dot{r}$ hinzu, d.h. $a_f = v(\dot{\beta} + r) + \ell_f\dot{r}$. Man setzt nun $\dot{\beta}$ und $\dot{r}$ aus der Differentialgleichung (A.2.7) ein.

$$
a_f = (va_{11} + \ell_f a_{21})\beta + [v(1 + a_{12}) + \ell_f a_{22}]r + (vb_{11} + \ell_f b_{21})\delta_f + (vb_{12} + \ell_f b_{22})\delta_r \tag{A.2.9}
$$

(A.2.9) wird als Ausgangsgleichung für (A.2.7) geschrieben, d. h.

$$
a_f = [\,c_1\ c_2\,]\begin{bmatrix} \beta \\ r \end{bmatrix} + [\,d_1\ d_2\,]\begin{bmatrix} \delta_f \\ \delta r \end{bmatrix} \tag{A.2.10}
$$

wobei

$$\begin{aligned}
c_1 = va_{11} + \ell_f a_{21} &= -\frac{c_r + c_f}{\tilde{m}} + \frac{\ell_f(c_r\ell_r - c_f\ell_f)}{\tilde{J}} \\[2mm]
c_2 = v(1 + a_{12}) + \ell_f a_{22} &= \frac{c_r\ell_r - c_f\ell_f}{\tilde{m}v} - \frac{\ell_f(c_r\ell_r^2 + c_f\ell_f^2)}{\tilde{J}v} \\[2mm]
d_1 = vb_{11} + \ell_f b_{21} &= \frac{c_f}{\tilde{m}} + \frac{c_f\ell_f^2}{\tilde{J}} \\[2mm]
d_2 = vb_{12} + \ell_f b_{22} &= \frac{c_r}{\tilde{m}} - \frac{c_r\ell_r\ell_f}{\tilde{J}}
\end{aligned}$$

B Polynome und polynomiale Gleichungssysteme

In diesem Anhang werden einige Ergebnisse der klassischen Algebra zusammengestellt, die sich auf Polynome in einer oder mehrerer Variablen beziehen. Wir erwähnen nur solche Eigenschaften von Polynomen, deren Kenntnis für das Verstehen und Anwenden der Methoden der robusten Regelung fast unerläßlich ist. Weitere Einzelheiten können den üblichen Büchern über dieses Gebiet wie [39] und [71] entnommen werden.

B.1 Polynome in einer Variablen

Ein Polynom $f(x)$ ist ein Ausdruck der Form

$$f(x) = a_0 + a_1 x + \ldots + a_{n-1} x^{n-1} + a_n x^n$$

mit einer nichtnegativen ganzen Zahl n. Man nennt x eine Unbestimmte oder Variable. Die Koeffizienten a_i, $i = 1, 2, \ldots, n$ sind im allgemeinen komplexe Zahlen, wir benötigen in diesem Buch fast ausschließlich als Koeffizienten nur reelle Zahlen. Der letzte nichtverschwindende Koeffizient a_n legt den *Grad n* des Polynoms fest. Der Term $a_n x^n$ wird als *führender Term* bezeichnet, und falls $a_n = 1$, heißt das Polynom *monisch*. Der Fundamentalsatz der Algebra (Gauss) besagt, daß ein Polynom $f(x)$ mit positivem Grad eine Nullstelle (oder Wurzel) besitzt, d.h. es gibt eine komplexe Zahl x_0 derart, daß

$$f(x_0) = 0$$

Die Addition, Subtraktion und Multiplikation von Polynomen ergibt wieder Polynome, wohingegen die Division zu den rationalen Funktionen führt. Ist $g(x)$ ein weiteres Polynom, dann kann eine Division mit Rest durchgeführt werden, d.h. es gibt eine Darstellung

$$f(x) = s(x)g(x) + r(x)$$

wobei der Grad des Restpolynoms $r(x)$ kleiner ist als der Grad von $g(x)$. Ist $g(x) = x - x_0$ ein Polynom mit Grad eins, dann kann man

$$f(x) = s(x)(x - x_0) + r \tag{B.1.1}$$

schreiben, wobei r eine konstante Zahl bezeichnet. Ist x_0 eine Nullstelle von $f(x)$, also $f(x_0) = 0$, dann ergibt Einsetzen von $x = x_0$ in (B.1.1)

$$f(x_0) = r = 0$$

d.h. $f(x)$ ist durch $x - x_0$ ohne Rest teilbar.

$$f(x) = s(x)(x - x_0)$$

Der Grad des Polynoms $s(x)$ ist $n-1$. Eine erneute Anwendung des Fundamentalsatzes auf $s(x)$ zeigt, daß $s(x)$ eine Wurzel hat. Die Wiederholung dieses Verfahrens bedeutet, daß ein Polynom genau n Nullstellen hat. Daher existiert, wenn x_i die n Wurzeln von $f(x)$ sind, eine eindeutige Faktorisierung

$$f(x) = a_n(x - x_1)(x - x_2)\ldots(x - x_n) \tag{B.1.2}$$

Man beachte, daß die x_i nicht notwendigerweise voneinander verschieden sind, es können *mehrfache Wurzeln* auftreten. Bedingungen dafür werden unten angegeben.

Sind die Koeffizienten a_i reell und ist die nichtreelle Zahl $x_1 = u_1 + jv_1$ eine Wurzel von $f(x)$, dann ist die konjugiert komplexe Zahl $x_2 = u_1 - jv_1$ ebenfalls eine Nullstelle von $f(x)$ (Übungsaufgabe). Zwei Faktoren in (B.1.2), die zu einem solchen Paar gehören, können zusammengefaßt werden und die Faktorisierung (B.1.2) von $f(x)$ hat die spezielle Form

$$f(x) = a_n(x) \prod(x - x_i) \prod(x^2 + b_j x + c_j)$$

d.h. das Produkt enthält nur lineare und quadratische Terme mit reellen Koeffizienten. Ein reelles Polynom mit ungeradem Grad besitzt mindestens eine reelle Nullstelle.

Für Polynome, deren Grad höchstens vier beträgt, gibt es Formeln, um die Nullstellen zu berechnen. Dabei werden nur die elementaren arithmetischen Operationen und das Ziehen von Wurzeln auf die Koeffizienten des Polynoms angewandt. Für Polynome mit Grad fünf oder höher haben Abel und Galois bewiesen, daß es nicht möglich ist, die Nullstellen auf diese Art auszudrücken. Aber es ist interessant zu bemerken, daß die Nullstellen mit beliebiger Genauigkeit eingegrenzt werden können, d.h. es ist möglich, die Anzahl der Nullstellen in einem Intervall, in einem Rechteck (oder sogar in einem allgemeineren Gebiet) der komplexen Ebene durch rationale Operationen aus den Koeffizienten zu ermitteln. Diese grundlegende Eigenschaft ist der Ausgangspunkt für die klassischen Methoden zur Nullstellenbestimmung. Einige davon sind in [169] angegeben.

Eine weitere wichtige Eigenschaft der Nullstellen ist, daß sie stetige Funktionen der Polynomkoeffizienten sind. Betrachten wir ein Polynom $f(x)$, in dem der führende Koeffizient a_n stetig variiert, die restlichen Koeffizienten seien fest. Ändert sich a_n, so bewegen sich die Nullstellen stetig in der komplexen Ebene. Geht a_n nach Null, dann wächst der Betrag einer Nullstelle unbegrenzt. Man kann sagen, daß eine Nullstelle nach Unendlich geht und falls $a_n = 0$, dann hat das entsprechende Polynom eine Nullstelle im Unendlichen. Neben den endlichen Nullstellen kann ein Polynom Nullstellen im Unendlichen besitzen, deren Anzahl davon abhängt, wieviele Koeffizienten $a_n, a_{n-1}, \ldots$ verschwinden.

Wir betrachten nun zwei Polynome $f(x)$ und $g(x)$. Die Frage, ob sie gemeinsame Nullstellen besitzen, wird durch die *Resultante* von zwei (festen) Polynomen beantwortet.

Definition 2.1. Die *Resultante* von zwei Polynomem

$$f(x) = a_n x^n + a_{n-1} x^{n-1} + \ldots a_1 x + a_0 \, , \ a_n \neq 0$$

$$g(x) = b_m x^m + b_{m-1} x^{m-1} + \ldots b_1 x + b_0 \, , \ b_m \neq 0$$

ist die Determinante der Resultantenmatrix

$$\boldsymbol{R}(f,g) = \begin{bmatrix} a_n & a_{n-1} & a_{n-2} & \cdots & a_0 & 0 & 0 & 0 & \cdots & 0 \\ 0 & a_n & a_{n-1} & \cdots & a_1 & a_0 & 0 & 0 & \cdots & 0 \\ \vdots & & & & & \ddots & & & & \vdots \\ 0 & \cdots & 0 & a_n & a_{n-1} & a_{n-2} & \cdots & a_2 & a_1 & a_0 \\ b_m & b_{m-1} & b_{m-2} & \cdots & b_1 & b_0 & 0 & 0 & \cdots & 0 \\ 0 & b_m & b_{m-1} & \cdots & b_2 & b_1 & b_0 & 0 & \cdots & 0 \\ \vdots & & & & & \ddots & & & & \vdots \\ 0 & \cdots & 0 & b_m & b_{m-1} & b_{m-2} & \cdots & b_2 & b_1 & b_0 \end{bmatrix}$$

$\square$

Satz 2.1.

Zwei Polynome f, g haben eine gemeinsame Nullstelle genau dann, wenn

$$\mathrm{Res}(f, g) := \mathrm{Det}\ \boldsymbol{R}(f, g) = 0$$

$\square$

Die Ordnung der Resultantenmatrix ist $(m + n) \times (m + n)$. Die Koeffizienten des Polynoms f erscheinen in m (dem Grad von g) Zeilen und die Koeffizienten von g in n (dem Grad von f) Zeilen. Dieser Satz beantwortet auch die Frage, ob ein Polynom f mehrfache Nullstellen besitzt. Hat f eine doppelte Nullstelle in x_0, dann existiert eine Faktorisierung $f(x) = a_n (x - x_0)^2 g(x)$. Die erste Ableitung $f'(x) = a_n (2(x - x_0) g(x) + (x - x_0)^2 g'(x))$ verschwindet ebenfalls für $x = x_0$. Daher ist x_0 auch eine Nullstelle von $f'(x)$. Dies gilt auch für eine höherer Vielfachheit der Nullstelle. Ist x_0 eine Nullstelle von f mit der Vielfachheit k, dann ist x_0 eine Nullstelle von f' mit der Vielfachheit $k - 1$, eine Nullstelle von f'' der Vielfachheit $k - 2$ und eine Nullstelle der Vielfachheit 1 von $f^{(k-1)}$, d.h. eine einfache Nullstelle. Die Anwendung von Satz 2.1 auf f und $g = f'$, der ersten Ableitung zeigt, daß die Resultante $\mathrm{Res}(f, f')$ bestimmt, ob f eine Doppelwurzel besitzt. Diese Determinante, genauer

$$D(f) := (-1)^{\frac{n(n-1)}{2}} \mathrm{Res}(f, f')/a_n$$

heißt die *Diskriminante* des Polynoms $f(x)$. Sie stimmt mit der Diskriminante überein, die aus der quadratischen Gleichung bekannt ist. Aus dieser Definition folgt eine weitere Darstellung, nämlich

$$D(f) = a_n^{2n-2} \prod_{1 \le i < j \le n} (x_i - x_j)^2$$

Die Resultantenmatrix, die in Kapitel 4 eingeführt wurde, beantwortet die Frage, ob ein Polynom p eine Nullstelle auf der imaginären Achse besitzt. Die Polynome f und g werden aus den Koeffizienten des ursprünglichen Polynoms p konstruiert.

B.2 Polynome in zwei Variablen

Ein Polynom in zwei Variablen x und y ist ein Ausdruck der Form

$$f(x, y) = \sum a_{ij} x^i y^j$$

Wichtig hierbei ist, daß nur eine endliche Anzahl der Koeffizienten a_{ij} von Null verschieden ist. Dieses Polynom kann entweder als Polynom in x

$$f(x, y) = a_n(y) x^n + a_{n-1}(y) x^{n-1} + \ldots + a_1(y) x + a_0(y)$$

oder als Polynom in y

$$f(x, y) = b_m(x) y^n + b_{m-1}(x) y^{m-1} + \ldots + b_1(y) y + b_0(x)$$

geschrieben werden.

Die maximale Summe $i+j$ mit einem nichtverschwindenden Koeffizienten heißt der *Grad* des Polynoms. Eine Nullstelle von f ist ein Paar (x_0, y_0) von Zahlen mit $f(x_0, y_0) = 0$.

B.3 Einige Eigenschaften von zweidimensionalen Kurven

Eine polynomiale Gleichung $f(x, y) = 0$ kann als eine (reelle) Kurve in der (x, y)-Ebene aufgefaßt werden. Um diese Kurve zu zeichnen, muß eine Variable, z.B. x, gerastert werden und die Nullstellen von $f(x^*, y) = 0$ ergeben die zweite Komponente. Dabei können komplexe Nullstellen auftreten. Deshalb variiert i.a. die Anzahl der reellen Lösungspaare (x, y). Die Tangente im Punkt $P = (x_0, y_0)$ ist mit $f_x := \frac{\partial f}{\partial x}$ und $f_y := \frac{\partial f}{\partial y}$ durch

$$f_x(x_0, y_0)(x - x_0) + f_y(x_0, y_0)(y - y_0) = 0$$

definiert. Verschwinden beide partiellen Ableitungen für (x_0, y_0), dann versagt diese Definition. Solche Punkte werden *singuläre Punkte* genannt. Mit $f_{xx} := \dfrac{\partial^2 f}{\partial x^2}$, $f_{xy} := \dfrac{\partial^2 f}{\partial x \partial y}$ und $f_{yy} := \dfrac{\partial^2 f}{\partial y^2}$ sind die Steigungen m der Tangenten in P durch die Nullstellen der quadratischen Gleichung $f_{xx} + 2f_{xy}m + f_{yy}m^2 = 0$ bestimmt. Abhängig vom Vorzeichen der Diskriminante gibt es drei Arten von singulären Punkten. Sind beide Nullstellen reell ($D > 0$), dann gibt es zwei reelle Steigungen und P wird als *Doppelpunkt* bezeichnet, die Kurve schneidet sich selbst. Ist $D = 0$, dann fallen die Steigungen zusammen, die Kurve hat eine *Spitze*. Ist $D < 0$, dann sind die Steigungen komplex und P wird als isolierter Punkt bezeichnet. In einer genügend kleinen Umgebung von P gibt es keine weiteren (reellen) Punkte der Kurve. Verschwinden auch alle zweiten partiellen Ableitungen in P, dann ist die Singularität von P von höherer Ordnung. Die *Krümmung* ρ in P ist definiert durch

$$\rho := \frac{-f_y^2 f_{xx} + 2f_x f_y f_{xy} - f_x^2 f_{yy}}{(f_x^2 + f_y^2)^{3/2}}$$

Ein *Wendepunkt* ergibt sich für $\rho = 0$. Die Krümmung der Berandung eines konvexen Gebiets wechselt ihr Vorzeichen nicht. Die Mikhailov-Kurve eines stabilen Polynoms (siehe Kapitel 4) ist eine Kurve ohne Wendepunkte. Die Asymptoten einer Kurve, die nicht parallel zur y-Achse verlaufen, können wie folgt bestimmt werden. Sei $y = mx + b$ die Gleichung der Asymptote. Die Gleichung $f(x, mx + b) = 0$ ist ein Polynom in x mit Koeffizienten, die von m und b abhängen. Sei n der Grad der Polynoms. Der führende Koeffizient hängt nur von m ab. Durch Nullsetzen dieses Terms ergibt sich die Steigung m der Asymptote. Der zweite Parameter b ergibt sich durch Einsetzen von m in den Koeffizienten von x^{n-1} und die Bedingung an b ist, daß dieser Koeffizient ebenfalls verschwindet.

Eine Kurve kann auch durch eine parametrische Darstellung

$$x = x(\alpha), \;\; y = y(\alpha), \quad \alpha \in [\alpha^- ; \alpha^+]$$

gegeben sein, wobei $x(\alpha)$ und $y(\alpha)$ rationale Funktionen sind. Der höchste Grad der Zähler- bzw. Nennerpolynome bestimmt den Grad der Kurve. Eine parametrische Darstellung kann immer in eine parameterfreie Darstellung umgewandelt werden (siehe nächster Abschnitt), aber es gibt Kurven, die keine parametrische Dastellung besitzen. Die Parameterwerte, für die Asymptoten vorliegen, ergeben sich aus den Nullstellen der Nennerpolynome von $x(\alpha)$ und $y(\alpha)$. Beispiele für parametrische Kurven, die in diesem Buch behandelt werden, sind die Mikhailov-Kurve, die Nyquist-Kurve und die komplexe Grenze im affinen Fall.

B.4   Zwei Polynome in zwei Variablen

Betrachten wir nun zwei Gleichungen

$$f(x, y) = 0, \;\; g(x, y) = 0$$

in zwei Variablen, wobei f und g Polynome sind. Die Nullstellen dieses Systems von zwei Gleichungen sind diejenigen Paare (x^*, y^*), für die $f(x^*, y^*) = 0$ und $g(x^*, y^*) = 0$. Werden f und g als (reelle) Kurven aufgefaßt, dann sind die Nullstellen die Schnittpunkte der beiden Kurven. Man kann voraussetzen, daß f und g keinen gemeinsamen, nichtkonstanten Faktor $h(x, y)$ besitzen. (Existiert ein solcher Faktor, dann könnte dieser mit dem Euklidschen Algorithmus [169] gefunden werden und beide Gleichungen könnten durch diesen Faktor dividiert werden). Es erheben sich zwei Fragen: Gibt es Nullstellen und wie können diese gefunden werden? Die erste Frage beantwortet

Satz 2.2.   (Bezout)

> Zwei polynomiale Gleichungen f und g (ohne gemeinsamen Faktor) mit den Graden n bzw. m haben genau nm Lösungspaare.

$\square$

Diese Lösungen können auch komplex sein, es können Mehrfachlösungen auftreten und es können Lösungen im Unendlichen liegen.

Das Finden einer Lösung erfolgt ähnlich wie die Lösung eines linearen Gleichungssystems. In einem ersten Schritt wird versucht, eine Variable zu eliminieren, was zu einem Polynom führt, das nur noch eine Variable enthält. Nach dem Theorem von Bezout ist der Grad dieses Polynoms i.a. nm, ist der Grad geringer, dann gibt es Mehrfachlösungen oder Lösungen im Unendlichen. In einem zweiten Schritt werden die Nullstellen dieses Polynoms in f und g eingesetzt und die Nullstellen des größten gemeinsamen Teilers von f und g (ein Polynom) bestimmen die anderen Komponenten der Lösungspaare. Diese Elimination kann mit Hilfe der Resultantenmethode ausgeführt werden. Die Koeffizienten a_i und b_i sind nunmehr keine festen Zahlen. Soll zum Beispiel y eliminiert werden, dann schreibt man f und g als Polynome in y mit Koeffizientenpolynomen in x und die entsprechende Resultante wird als

$$R(x) = \mathrm{Res}_y(x, y)$$

geschrieben. Anstatt den größten gemeinsamen Teiler von f und g für festes $x = x^*$ zu bestimmen, kann auch die klassische Methode verwendet werden. Danach kann die zweite Komponente $y = y^*$ als Quotient zweier Determinanten ausgedrückt werden, siehe [41].

Die elegantere und moderne Methode verwendet Gröbnerbasen [42]. Dieser Algorithmus ist für Rechnungen von Hand nicht geeignet. In Softwarepaketen für symbolische Rechnungen, wie REDUCE oder MATHEMATICA, ist dieser Algorithmus implementiert. Dabei werden mit den beiden Polynome f und g elementare Operationen ausgeführt, die zu zwei weiteren Polynomen führen. Das erste Polynom ist die Resultante, d.h. ein Polynom mit Grad mn in einer Variablen, z.B. x. Das zweite Polynom hat die Form

$$h(y) + \sum_{i=0}^{nm-1} c_i x^i$$

wobei $h(y)$ ein Polynom in y ist. Das Einsetzen der Nullstellen x_i^* der Resultante in dieses Polynom ergibt die zweite Komponente y^*. Hat $h(y)$ den Grad eins, dann gehört genau ein y_i^* zu jedem x_i^*. Ist der Grad von h größer als eins, dann gibt es Lösungen mit der gleichen x-Komponente, aber verschiedenen y-Komponenten.

Die Transformation der Parameterdarstellung einer Kurve in die parameterfreie Darstellung kann auch mit der Resultantenmethode durchgeführt werden. Ist $x(\alpha) = n_x(\alpha)/d_x(\alpha)$ und $y(\alpha) = n_y(\alpha)/d_y(\alpha)$, dann werden die Polynome $xd_x - n_x$ und $yd_y - n_y$ als Polynome in α geschrieben mit Koeffizienten, die von x und y abhängen und die parameterfreie Darstellung ist

$$f(x,y) = \mathrm{Res}_\alpha(xd_x - n_x, yd_y - n_y) = 0$$

Diese Form kann mehr Punkte umfassen als die ursprüngliche, da eine mögliche Einschränkung an den Parameter α bei der Elimination verloren geht.

Eine weitere Anwendung der Resultantenmethode ist die Bestimmung der Einhüllenden einer Kurvenschar $f(x,y,a) = 0$, die durch den Parameter a erzeugt wird. Existiert die Einhüllende, dann ergibt sich ihre Gleichung durch Elimination von a aus den beiden Polynomen

$$f(x,y,a) = 0\,, \quad \frac{\partial f(x,y,a)}{\partial a} = 0$$

B.5   Mehrere Polynome in mehreren Variablen

Nur zwei Bemerkungen sollen in diesem Schlußabschnitt gemacht werden. Die Struktur der Lösung eines Systems von polynomialen Gleichungen in mehreren Variablen ist weitaus komplexer als im Falle eines linearen Gleichungssystems. Einzelheiten und Beispiele dazu können in [42] gefunden werden. Im allgemeinen ist es nicht möglich, die Struktur zu finden, ohne das System explizit zu lösen.

Des weiteren ist die Methode der Gröbnerbasen in der Praxis eingeschränkt auf nur wenige Variable. Ein einfaches Beispiel soll diese Tatsache erläutern. Die Erweiterung des Satzes von Bezout besagt, daß ein System von drei Polynomen mit den Graden m, n bzw. k in drei Variablen im allgemeinen $m \times n \times k$ Lösungsvektoren besitzt. Das bedeutet, daß das resultierende Polynom, das nur noch eine Variable enthält, den Grad $m \times n \times k$ besitzt.

Literaturverzeichnis

[1] "Flying qualities of piloted airplanes." MIL-F-8785 B (ASG), August 1969.

[2] J. Ackermann, "Der Entwurf linearer Regelungssysteme im Zustandsraum," *Regelungstechnik*, vol. 20, pp. 297–300, 1972.

[3] J. Ackermann, "Parameter space design of robust control systems," *IEEE Trans. on Automatic Control*, vol. 25, pp. 1058–1072, 1980.

[4] J. Ackermann, "Robustness against sensor failures," *Automatica*, vol. 20, pp. 211–215, 1984.

[5] J. Ackermann, *Sampled-data control systems: analysis and synthesis, robust system design.* Berlin: Springer, 1985.

[6] J. Ackermann, "Robust car steering by yaw rate control," in *Proc. IEEE Conf. Decision and Control*, (Honolulu), pp. 2033–2034, 1990.

[7] J. Ackermann, "Verfahren zum Lenken von Straßenfahrzeugen mit Vorder- und Hinterradlenkung." Patent No. P 4028 320.8 Deutsches Patentamt München, Sept. 1990.

[8] J. Ackermann, "Uncertainty structures and robust stability analysis," in *Proc. First European Control Conference*, (Grenoble), pp. 2318–2327, 1991.

[9] J. Ackermann, "Does it suffice to check a subset of multilinear parameters in robustness analysis?," *IEEE Trans. on Automatic Control*, vol. 37, pp. 487–488, 1992.

[10] J. Ackermann, "Robust yaw damping of cars with front and rear wheel steering," in *Proc. IEEE Conf. Decision and Control*, (Tuscon, Arizona), 1992.

[11] J. Ackermann, "Robust nonlinear decoupling and yaw stabilization of 4 WS cars," in *Proc. 12th IFAC World Congress*, (Sydney), 1993.

[12] J. Ackermann, "Robust nonlinear decoupling and yaw stabilization of four-wheel steering cars," *Automatica*, 1993. accepted for publication.

[13] J. Ackermann and B. Barmish, "Robust Schur stability of a polytope of polynomials," *IEEE Trans. on Automatic Control*, vol. 33, pp. 984–986, 1988.

[14] J. Ackermann and H. Hu, "Robustness of sampled-data control systems with uncertain physical plant parameters," *Automatica*, vol. 27, pp. 705–710, 1991.

[15] J. Ackermann, D. Kaesbauer, and R. Münch, "Robust Γ-stability analysis in a plant parameter space," *Automatica*, vol. 27, pp. 75–85, 1991.

[16] J. Ackermann, D. Kaesbauer, and W. Sienel, "Design by search," in *Proc. First IFAC Symposium on Design Methods of Control Systems*, (Zürich), 1991.

[17] J. Ackermann and W. Sienel, "Robust control for automatic steering," in *Proc. American Control Conference*, (San Diego), pp. 795–800, 1990.

[18] J. Ackermann and W. Sienel, "What is a 'large' number of parameters in robust systems," in *Proc. IEEE Conf. Decision and Control*, (Honolulu), pp. 3496–3497, 1990.

[19] J. Ackermann and W. Sienel, "On the computation of value sets for robust stability analysis," in *Proc. First European Control Conference*, (Grenoble), pp. 2318–2327, 1991.

[20] J. Ackermann and S. Türk, "A common controller for a family of plant models," in *Proc. 21st IEEE Conf. Decision and Control*, (Orlando), pp. 240–244, 1982.

[21] J. Anagnost, C. Desoer, and R. Minichelli, "Generalized Nyquist test for robust stability: Frequency domain generalizations of Kharitonov's theorem," in *Robustness in Identification and Control* (M. Milanese, R. Tempo, and A. Vicino, eds.), pp. 79–96, New York: Plenum Press, 1989.

[22] B. Anderson, E. Jury, and M. Mansour, "On robust Hurwitz polynomials," *IEEE Trans. on Automatic Control*, vol. 32, pp. 909–912, 1987.

[23] K. Åström and B. Wittenmark, *Computer controlled systems*. Englewood Cliffs, N.J.: Prentice-Hall, 1984.

[24] F. Bailey and C. Hui, "A fast algorithm for computing parametric rational functions," *IEEE Trans. on Automatic Control*, vol. 34, pp. 1209–1212, 1989.

[25] G. Balas, J. Doyle, K. Glover, A. Packard, and R. Smith, *The μ analysis and synthesis toolbox*. The MathWorks, 1991.

[26] J. Bals, *Aktive Schwingungsdämpfung flexibler Strukturen*. PhD thesis, Universität Karlsruhe (TH), 1989.

[27] J. Bals, "A hyperstability/multiobjective optimization approach for active flexible structures," in *IFAC Symposium on Design Methods for Control Systems*, vol. 2, (Zürich), pp. 621–626, 1991.

[28] B. Barmish, "New tools for robustness analysis," in *Proc. IEEE Conf. Decision and Control*, (Austin), pp. 1–6, 1988.

[29] B. Barmish, "A generalization of Kharitonov's four-polynomial concept for robust stability problems with linearly dependent coefficient perturbations," *IEEE Trans. on Automatic Control*, vol. 34, no. 2, pp. 157–165, 1989.

[30] B. Barmish, *New tools for robustness of linear systems*. New York: Macmillan, to appear 1993.

[31] B. Barmish, J. Ackermann, and H. Hu, "The tree structured decomposition: a new approach to robust stability analysis," in *Proc. Conf. on Information Sciences and Systems*, (Princeton), 1990.

[32] B. Barmish, C. Hollot, F. Kraus, and R. Tempo, "Extreme point results for robust stabilization of interval plants with first order compensators," in *Proc. American Control Conference*, (San Diego), 1990.

[33] B. Barmish and H. Kang, "A survey of extreme point results of robust control systems," *Automatica*, vol. 29, pp. 13–35, 1993.

[34] B. Barmish and K. Wei, "Simultaneous stabilizability of single input–single output systems," in *Proc. Int. Symposium on Mathematical Theory of Networks and Systems*, (Stockholm), 1985.

[35] A. Bartlett, C. Hollot, and Huang-Lin, "Root locations of an entire polytope of polynomials: it suffices to check the edges," *Mathematics of Control, Signals and Systems*, vol. 1, pp. 61–71, 1988.

[36] R. Berger, J. Hess, and D. Anderson, "Compatibility of maneuver load control and relaxed static stability applied to military aircraft," AFFDL-TR-73-33, Air Force Flight Dynamics Laboratory, 1973.

[37] S. Bialas, "A necessary and sufficient condition for the stability of convex combinations of stable polynomials or matrices," *Bulletin of the Polish Academy of Sciences*, vol. 33, pp. 473–480, 1985.

[38] M. Biehler, "Sur une classe d'équations algébriques dont toutes les racines sont réelles," *J. Reine Angewandte Mathematik*, vol. 87, pp. 350–352, 1879.

[39] G. Birkhoff and S. M. Lane, *A survey of modern algebra*. New York: The Macmillan Company, 1965.

[40] N. Bose and E. Zeheb, "Kharitonov's theorem and stability test of multidimensional digital filters," in *IEE Proceedings*, vol. G-133, pp. 187–190, 1986.

[41] A. Brill, *Vorlesungen über ebene algebraische Kurven und algebraische Funktionen*. Braunschweig: Vieweg, 1925.

[42] B. Buchberger, "Gröbner bases: an algorithmic method in polynomial ideal theory," in *Recent trends in multidimensional system theory* (N. Bose, ed.), Reidel, 1985.

[43] F. Cellier, *Continuous system modelling*. New York: Springer, 1991.

[44] H. Chapellat and S. Bhattacharyya, "A generalization of Kharitonov's theorem: Robust stability of interval plants," *IEEE Trans. on Automatic Control*, vol. 34, pp. 306–311, 1989.

[45] H. Chapellat, M. Dahleh, and S. Bhattacharyya, "On robust nonlinear stability of interval control systems," *IEEE Transaction on Automatic Control*, vol. 36, no. 1, pp. 59–67, 1991.

[46] J. Cieslik, "On possibilities of the extension of Khartitonov's stability test for interval polynomials to the discrete-time case," *IEEE Trans. on Automatic Control*, vol. 32, pp. 237–238, 1987.

[47] A. Cohn, "Über die Anzahl der Wurzeln einer algebraischen Gleichung in einem Kreise," *Mathematische Zeitschrift*, vol. 14, pp. 110–148, 1922.

[48] L. Cremer, "Ein neues Verfahren zur Beurteilung der Stabilität linearer Regelungssysteme," *ZAMM*, p. 161, 1947.

[49] W. Darenberg, "Automatische Spurführung von Kraftfahrzeugen," *Automobil-Industrie*, pp. 155–159, 1987.

[50] S. Dasgupta, "Kharitonov's theorem, revisited," *Systems and Control Letters*, vol. 11, pp. 381–384, 1988.

[51] S. Dasgupta and A. Bhagwat, "Conditions for designing spr transfer functions for adaptive output error identification," *IEEE T-CAS*, vol. 34, 1987.

[52] A. Debowski and A. Kurylowicz, "Simultaneous stabilization of linear single-input/single-putput plants," *Int. Journal of Control*, vol. 44, no. 5, pp. 1257–1264, 1986.

[53] R. deGaston and M. Safonov, "Exact calculation of the multiloop stability margin," *IEEE Trans. on Automatic Control*, vol. 33, pp. 156–171, 1988.

[54] C. Desoer, R.-W. Liu, J. Murray, and R. Saeks, "Feedback system design: the fractional representation approach to analysis and synthesis," *IEEE Trans. on Automatic Control*, vol. 25, pp. 399–412, 1980.

[55] E. Dickmanns and T. Christians, "Relative 3D state estimation for autonomous visual guidance of road vehicles," *Intelligent Autonomous Systems*, vol. IAS-2, 1989.

[56] T. Djaferis, "Stabilization of systems with real parameter variations," in *Proc. IEEE Conf. Decision and Control*, (Tampa), pp. 1870–1871, 1989.

[57] E. Donges, R. Aufhammer, P. Fehrer, and T. Seidenfuß, "Funktion und Sicherheitskonzept der Aktiven Hinterachskinematik von BMW," *Automobiltechnische Zeitschrift*, vol. 10, pp. 580–587, 1990.

[58] J. Doyle, K. Glover, P. Khargonekar, and B. Francis, "State–space solution to standard h_2 and h_∞ control problems," *IEEE Trans. on Automatic Control*, vol. 34, pp. 831–847, 1989.

[59] Y. El-Deen and A. Seireg, "Mechatronics for cars: integrating machines and electronics to prevent skidding on icy roads," *Computers in Mechanical Engineering*, pp. 10–22, 1987.

[60] E. Emre, "Simultaneous stabilization with fixed closed–loop characteristic polynomial," *IEEE Trans. on Automatic Control*, vol. 28, pp. 103–104, 1983.

[61] B. Etkin, *Dynamics of atmospheric flight*. New York: Wiley, 1972.

[62] W. Evans, "Graphical analysis of control systems," *Trans. AIEE*, vol. 67, no. 2, pp. 547–551, 1948.

[63] S. Faedo, "Un nuovo problema di stabilita per le equazioni algebriche a coefficienti reali," *Ann. Scuola Norm. Super Pisa, Sci. Fis. Mat.*, vol. 7, pp. 53–63, 1953.

[64] A. Fam and J. Meditch, "A canonical parameter space for linear system design," *IEEE Trans. on Automatic Control*, vol. 23, pp. 454–458, 1978.

[65] R. Finsterwalder, "A parallel coordinate editor as a visual decision aid in a multi-objective concurrent control engineering environment," in *Proc. 5th IFAC/IMACS symposium on Computer Aided Design in Control Systems, University of Wales, Swansea, UK*, pp. 118–122, Pergamon Press, Oxford, 1991.

[66] R. Fletcher and M. Powell, "A rapidly convergent descent method for minimization," *Computer J.*, vol. 6, pp. 163–171, 1963.

[67] G. Franklin and J. Powell, *Digital control*. Reading, Massachusetts: Addison-Wesley, 1980.

[68] S. Franklin and J. Ackermann, "Robust flight control: a design example," *AIAA J. Guidance and Control*, vol. 4, pp. 597–605, 1981.

[69] R. Frazer and W. Duncan, "On the criteria for the stability of small motions," in *Proc. Royal Society A*, vol. 124, pp. 642–654, 1929.

[70] M. Fu, "Polytopes of polynomials with zeros in a prescribed region: New criteria and algorithms," *Systems and Control Letters*, vol. 15, pp. 125–145, 1990.

[71] W. Fulton, *Algebraic Curves*. Reading, Massachusetts: Addison-Wesley, 1989.

[72] F. Gantmacher, *The theory of matrices*. New York: Chelsea, 1959.

[73] F. Gantmacher, *Matrizenrechnung*. Berlin: VEB Deutscher Verlag der Wissenschaften, 1965.

[74] B. Ghosh, "Some new results on the simultaneous stabilizability of a family of single input, single output systems," *Systems and Control Letters*, vol. 6, pp. 39–45, 1985.

[75] B. Ghosh, "An approach to simultaneous system design. Part i: Semialgebraic geometric methods," *SIAM Journal of Control and Optimization*, vol. 24, pp. 480–496, 1986.

[76] B. Ghosh, "An approach to simultaneous system design. Part ii: Nonswitching gain and dynamic feedback by algebraic methods," *SIAM Journal of Control and Optimization*, vol. 26, pp. 919–963, 1988.

[77] B. Ghosh and C. Byrnes, "Simultaneous stablization and simultaneous pole-placement by nonswitching dynamic compensators," *IEEE Trans. on Automatic Control*, vol. 28, pp. 735–741, 1983.

[78] E. Gilbert, "Controllability and observability in multivariable control systems," *SIAM Journal of Control and Optimization*, pp. 128–151, 1963.

[79] G. Grübel, "A coherent technology for optimization-based control system design," in *9th IFAC Workshop Control Applications of Optimization*, (München), 1992.

[80] G. Grübel, D. Joos, D. Kaesbauer, and R. Hillgren, "Robust back-up stabilization for artificial-stability aircraft," in *Proc. 14th ICAS Congress*, (Toulouse), 1984.

[81] P. Gutman, C. Baril, and L. Neumann, "An image processing approach for computing value sets of uncertain transfer functions," in *Proc. IEEE Conf. Decision and Control*, (Honolulu), pp. 1224–1229, 1990.

[82] C. Hermite, "Sur le nombre des racines d'une équation algébrique comprise entre des limites données," *J. Reine Angewandte Mathematik*, vol. 52, pp. 39–51, 1852. English translation Int. Journal of Control 1977.

[83] C. Hollot and A. Bartlett, "Some discrete time counterparts to Kharitonov's stability criterion for uncertain systems," *IEEE Trans. on Automatic Control*, vol. 31, no. 4, pp. 355–356, 1986.

[84] C. Hollot, F. Kraus, R. Tempo, and B. Barmish, "Extreme point results for robust stabilization of interval plants with first order compensator," in *Proc. American Control Conference*, (San Diego), pp. 2533–2538, 1990.

[85] I. Horowitz, *Synthesis of feedback systems*. New York: Academic Press, 1963.

[86] I. Horowitz, "Quantitative feedback theory," in *IEE Proc.*, vol. 129 D, pp. 215–226, 1982.

[87] I. Horowitz, "Survey of quantitative feedback theory (qft)," *Int. Journal of Control*, vol. 53, pp. 255–291, 1991.

[88] G. Howitt and R. Luus, "Simultaneous stabilization of linear single–input systems by linear state feedback control," *Int. Journal of Control*, vol. 54, no. 4, pp. 1015–1030, 1991.

[89] H. Hu, C. Hollot, R. Tempo, and J. Ackermann, "Absence of extreme-point results in sampled-data control systems," in *Proc. First European Control Conference*, (Grenoble), pp. 1356–1359, 1991.

[90] A. Hurwitz, "Über die Bedingungen, unter welchen eine Gleichung nur Wurzeln mit negativen reellen Teilen besitzt," *Mathematische Annalen*, vol. 46, pp. 273–284, 1895.

[91] H. Inoue, H. Harada, and Y. Yokoya, "Allradlenksystem im Toyota Soarer." Presented at Tagung Allradlenksysteme bei Personenwagen, Haus der Technik, Essen, Dec. 1991.

[92] H.-D. Joos, "Automatic evolution of a decision-supporting design project database in concurrent control engineering," in *Proc. 5th IFAC/IMACS symposium on Computer Aided Design in Control Systems, University of Wales, Swansea, UK*, pp. 113–117, Pergamon Press, Oxford, 1991.

[93] H.-D. Joos and M. Otter, "Control engineering data structures for concurrent engineering," in *Proc. 5th IFAC/IMACS symposium on Computer Aided Design in Control Systems, University of Wales, Swansea, UK*, pp. 107–112, Pergamon Press, Oxford, 1991.

[94] E. Jury, *Theory and application of the z-transform method*. New York: John Wiley, 1964.

[95] E. Jury and T. Pavlidis, "Stability and aperiodicity constraints for systems design," *IEEE Trans. on Circuit Theory*, pp. 137–141, 1963.

[96] D. Kaesbauer, *Robuster Reglerentwurf durch Kontraktion eines Polgebiets*. PhD thesis, Institut für Elektrotechnik, Technische Universität Graz, 1986.

[97] D. Kaesbauer, "On robust stability of polynomials with polynomial parameter dependency: two/three parameter case," *Automatica*, vol. 29, no. 1, pp. 215–217, 1993.

[98] D. Kaesbauer and J. Ackermann, "The distance from stability or gamma-stability boundaries," in *Proc. 11th IFAC Congress*, (Tallinn), pp. 130–134, 1990.

[99] T. Kailath, *Linear systems*. Englewood Cliffs, N.J.: Prentice-Hall, 1980.

[100] R. Kalman, "On the general theory of control systems," in *First IFAC Congress*, (Moskow), pp. 481–492, 1960.

[101] R. Kalman, "Mathematical description of linear dynamical systems," *SIAM Journal of Control and Optimization*, pp. 152–192, 1963.

[102] J. Kasselmann and T. Keranen, "Adaptive steering," *Bendix Technical Journal*, vol. 2, pp. 152–192, 1969.

[103] P. Khargonekar, I. Petersen, and K. Zhou, "Robust stabilization of uncertain linear systems: quadratic stability and the h_∞ control theory," *IEEE Trans. on Automatic Control*, vol. 34, pp. 831–847, 1989.

[104] P. Khargonekar and A. Tannenbaum, "Non-Euklidian metrics and the robust stabilization of systems with parameter uncertainty," *IEEE Trans. on Automatic Control*, vol. 30, pp. 1005–1013, 1985.

[105] V. Kharitonov, "On a generalization of a stability criterion," in *Seria fiziko-matematicheskaia*, vol. 1, pp. 53–57, Izvestiia Akademii nauk Kazakhskoi SSR, 1978.

[106] V. Kharitonov, "Asymptotic stability of an equilibrium position of a family of systems of linear differential equations," *Differential Equations*, vol. 14, no. 3, pp. 26–35, 1979.

[107] H. Kimura, "Robust stabilization for a class of transfer functions," *IEEE Trans. on Automatic Control*, vol. 29, pp. 788–793, 1984.

[108] F. Kraus, B. Anderson, E. Jury, and M. Mansour, "On robustness of low order Schur polynomials," in *IEEE Trans. on Circuits and Systems*, pp. 570–577, 1988.

[109] F. Kraus, B. Anderson, and M. Mansour, "Robust Schur polynomial stability and Khartitonov's theorem," *Int. Journal of Control*, vol. 47, pp. 1213–1275, 1988.

[110] G. Kreisselmeier and R. Steinhauser, "Systematic control design by optimizing a vector performance index," in *IFAC Symposium on Computer Aided Design of Control Systems*, (Zürich), pp. 113–117, 1979.

[111] G. Kreisselmeier and R. Steinhauser, "Systematische Auslegung von Reglern durch Optimierung eines vektoriellen Gütekriteriums," *Regelungstechnik*, vol. 27, pp. 76–79, 1979.

[112] G. Kreisselmeier and R. Steinhauser, "Application of vector performance optimization to a robust control loop design for a fighter aircraft," *Int. Journal of Control*, vol. 37, pp. 251–284, 1983.

[113] H. Kwakernaak, "A condition for robust stabilizability," *Systems and Control Letters*, vol. 3, pp. 1–5, 1982.

[114] D. Lazard, "System of algebraic equations (algorithms and complexity)," in *Symposium on symbolic and algebraic computation*, (Bonn), 1991.

[115] G. Leitmann, "Guaranteed asymptotic stability for some linear systems with bounded uncertainties," *J. of Dynamic Systems, Measurement, and Control*, vol. 1, pp. 212–216, 1979.

[116] A. Leonhard, "Neues Verfahren zur Stabilitätsuntersuchung," *Archiv für Elektrotechnik*, vol. 38, pp. 17–28, 1944.

[117] A. Liénard and A. Chipart, "On the sign of the real part of the roots of an algebraic equation," *J. Math. Pures et Appl.*, vol. 10, pp. 291–346, 1914.

[118] W. Linvill, "Sampled-data control systems studied through comparison of sampling with amplitude modulation," *AIEE Transactions*, vol. 70, pp. 1779–1788, 1951.

[119] L. MacColl, *Fundamental theory of servomechanisms*, pp. 88–101. NewYork: Van Nostrand, 1945.

[120] A. MacFarlane, G. Grübel, and J. Ackermann, "Future design environments for control engineering," *Automatica*, vol. 25, No. 2, pp. 165–176, 1989.

[121] A. MacFarlane and N. Karcanias, "Poles and zeros of linear multivariable systems: a survey of the algebraic, geometric and complex-variable theory," *Int. Journal of Control*, vol. 24, pp. 33–74, 1976.

[122] M. Mansour, "On Robust Stability of Linear Systems," in *Systems and Control Letters*, (North Holland), 1993.

[123] M. Mansour, F. Kraus, and B. Anderson, "Strong Kharitonov theorem for discrete systems," in *Proc. IEEE Conf. Decision and Control*, (Austin, Texas), 1988.

[124] M. Marden, *The geometry of the zeros of a polynomial in a complex variable.* Math Surveys, no. 3, Providence, RI: American Math. Society, 1949.

[125] A. Markazie and N. Hori, "A new method with guaranteed stability for discretization of continuous-time control systems," in *Proc. American Control Conference*, (Chicago), pp. 1397–1402, 1992.

[126] D. McRuer, I. Ashkenas, and D. Graham, *Aircraft dynamics and automatic control.* Princeton: Princeton University Press, 1973.

[127] L. Meirovitch, *Computational methods in structural dynamics.* Alphen van den Rijn, The Netherlands: Sijthoff & Noordhoff, 1980.

[128] R. Middleton and G. Goodwin, *Digital control and estimation.* Englewood Cliffs, N.J.: Prentice-Hall, 1990.

[129] A. Mikhailov, "Method of harmonic analysis in control theory," *Avtomatika i Telemekhanika*, vol. 3, pp. 27–81, 1938.

[130] M. Mitschke, *Dynamik der Kraftfahrzeuge*, vol. C. Berlin: Springer, 1990.

[131] R. Münch, "Reglerauslegung und Robustheitsanalyse für einen spurgeführten Bus," Tech. Rep. IB 515-86-14, DLR, Oberpfaffenhofen, Germany, 1986.

[132] T. Murdock and W. Schmittendorf, "Use of a genetic algorithm to analyze robust stability problems," in *preprint*, 1991.

[133] K. Narendra and A. Annaswamy, *Stable Adaptive Systems*. Englewood Cliffs, N.J.: Prentice-Hall, 1989.

[134] Y. Neimark, "On the root distribution of polynomials," *Dokl. Akad. Nauk.*, vol. 58, pp. 357–360, 1947.

[135] H. Nyquist, "Regeneration theory," *Bell Systems Technical Journal*, pp. 126–?, 1932.

[136] L. Orlando, "Sul problema di Hurwitz relativo alle parti reali delle radici di un'equazione algebraica," *Mathematische Annalen*, vol. 71, pp. 233–245, 1911.

[137] E. Panier, M. Fan, and A. Tits, "On the robust stability of polynomials with no cross–coupling between the perturbations in the coefficients of even and odd powers," *Systems and Control Letters*, vol. 12, pp. 291–299, 1989.

[138] V. Pareto, *Cours d'Economie Politique*. Lausanne: Rouge, 1896.

[139] K. Poolla, J. Shamma, and K. Wise, "Linear and nonlinear controllers for robust stabilization problems: A survey," in *Proc. IFAC Congress*, (Tallinn), pp. 176–183, 1990.

[140] V. Popov, "Absolute stability of nonlinear systems of automatic control," *Autom.& Rem. Control*, vol. 22, pp. 857–875, 1962.

[141] F. Preparata and M. Shamos, *Computational geometry*. New York: Springer, 1985.

[142] P. Putz and M. Wozny, "A new computer graphics approach to parameter space design of control systems," *IEEE Trans. on Automatic Control*, vol. 32, pp. 294–302, 1987.

[143] A. Rantzer, "Kharitonov's weak theorem holds if and only if the stability region and its reciprocal are convex," *Int. Journal of Nonlinear and Robust Control*, 1992.

[144] A. Rantzer, "Stability conditions for polytopes of polynomials," *IEEE Trans. on Automatic Control*, vol. 37, pp. 79–89, 1992.

[145] P. Riekert and T. Schunck, "Zur Fahrmechanik des gummibereiften Kraftfahrzeugs," *Ingenieur Archiv*, vol. 11, pp. 210–224, 1940.

[146] E. Routh, *A treatise on the stability of a given state of motion*. London: Macmillan, 1877.

[147] R. Saeks and J. Murray, "Fractional representation, algebraic geometry, and the simultaneous stabilization problem," *IEEE Trans. on Automatic Control*, vol. 27, pp. 895–903, 1982.

[148] I. Schur, "Über Potenzreihen, die im Inneren des Einheitskreises beschränkt sind," *Journal für Mathematik*, vol. 147, pp. 205–232, 1917.

[149] I. Schur, "Über Potenzreihen, die im Inneren des Einheitskreises beschränkt sind," *Journal für Mathematik*, vol. 148, pp. 122–145, 1918.

[150] K. Senger, "Dynamik und Regelung allradgelenkter Fahrzeuge," in *Fortschritts-berichte VDI*, no. 126 in Reihe 12: Verkehrstechnik/Fahrzeugtechnik, Düsseldorf: VDI-Verlag, 1989.

[151] A. Sideris and R. deGaston, "Multivariable stability margin calculation with uncertain correlated parameters," in *Proc. IEEE Conf. Decision and Control*, (Athens), pp. 766–771, 1986.

[152] A. Sideris and R. S. Peña, "Fast computation of the multivariable stability margin for real interrelated uncertain parameters," *IEEE Trans. on Automatic Control*, vol. 34, pp. 1272–1276, 1989.

[153] W. Sienel, "Algorithms for tree structured decomposition," in *Proc. IEEE Conf. Decision and Control*, (Tuscon), pp. 739–740, 1992.

[154] D. Siljak, *Nonlinear systems: the parameter analysis and design*. New York: Wiley, 1969.

[155] C. Soh, "Robust stability of discrete-time systems using delta operators," in *IEEE Trans. on Automatic Control*, vol. 36, pp. 377–380, 1991.

[156] C. Soh, C. Berger, and K. Dabke, "On the stability properties of polynomials with perturbed coefficients," *IEEE Trans. on Automatic Control*, vol. 30, pp. 1033–1036, 1985.

[157] C. Soh and Y. Foo, "On the existence of strong Kharitonov theorems for interval polynomials," in *Proc. IEEE Conf. Decision and Control*, vol. 3, pp. 1882–1887, 1989.

[158] K. Sondergeld, "A generalization of the Routh-Hurwitz stability criteria and an application to a problem in robust controller design," *IEEE Trans. on Automatic Control*, vol. 28, pp. 965–970, 1983.

[159] G. Stein and J. Doyle, "Beyond singular values and loop shapes," *AIAA Journal of Guidance, Control, and Dynamics*, vol. 14, pp. 5–16, 1991.

[160] R. Steinhauser, "Design of a feedback controller for a cryogenic windtunnel," in *Proc. 10th IFAC World Congr. on Automatic and Control*, vol. 3, (Munich), pp. 39–44, 1987.

[161] B. Stevens and F. Lewis, *Aircraft control and simulation*. New York: Wiley, 1992.

[162] M. Stieber, *Das Konzept des Tandemreglers zur automatischen Spurführung nicht schienengebundener Fahrzeuge*. MAN, Internal Report B 094002-EDS-005, 1980.

[163] R. Tempo, "A dual result to Khartitonov's theorem," in *IEEE Trans. on Automatic Control*, vol. 35, pp. 195–197, 1990.

[164] J. Truxal, "Adaptive control systems," in *Control systems - some unusual design problems* (E. Mishkin and L. Braun, eds.), ch. 4, New York: McGraw, 1961.

[165] T. Tsijino, T. Fujii, and K. Wei, "On the connection between controllability and stabilizability of linear systems with structural uncertain parameters," *Automatica*, vol. 29, pp. 7–12, 1993.

[166] Y. Tsypkin and B. Polyak, "Frequency domain criteria for l^p-robust stability of continuous linear systems," *IEEE Trans. on Automatic Control*, vol. 36, no. 12, pp. 1464–1469, 1991.

[167] Y. Tsypkin and B. Polyak, "Frequency domain criteria for robust stability of polytope of polynomials," in *Control of uncertain dynamic systems* (S. Bhattacharyya and L. Keel, eds.), pp. 491–499, CRC Press, 1991.

[168] Y. Tsypkin and B. Polyak, "Robust absolute stability of continuous systems," in *Robustness of dynamic systems with parameter uncertainties* (M. M. et al., ed.), Basel: Birkhäuser, 1992.

[169] B. van der Waerden, *Algebra*. Berlin: Springer, 1966.

[170] P. Varaiya, "Smart cars on smart roads: design and evaluation," *IEEE Trans. on Automatic Control*, vol. 38, pp. 195–207, 1993.

[171] A. Vicino, A. Tesi, and M. Milanese, "An algorithm for nonconservative stability bounds computation for systems with nonlinearly correlated parametric uncertainties," *IEEE Trans. on Automatic Control*, vol. 35, pp. 835–841, 1990.

[172] M. Vidyasagar, *Nonlinear systems analysis*. Englewood Cliffs, N.J.: Prentice-Hall, 1978.

[173] M. Vidyasagar, H. Schneider, and B. Francis, "Algebraic and topological aspects of feedback stabilization," *IEEE Trans. on Automatic Control*, vol. 27, pp. 880–894, 1982.

[174] M. Vidyasagar and N. Viswanadham, "Algebraic design techniques for reliable stabilization," *IEEE Trans. on Automatic Control*, vol. 27, pp. 1085–1095, 1982.

[175] I. Vishnegradsky, "Sur la théorie générale des régulateurs," *Compt. Rend. Acad. Sci.*, vol. 83, pp. 318–321, 1876.

[176] E. Walach and E. Zeheb, "Generalized zero sets of multiparameter polynomials and feedback stabilization," *IEEE Trans. on Circuits and Systems*, vol. 29, pp. 15–23, 1982.

[177] K. Wei, "Asymptotic stabilization of single–input linear systems having unknown but bounded parameters," in *Proc. American Control Conference*, (Chicago), pp. 1004–1008, 1992.

[178] K. Wei and B. Barmish, "An iterative procedure for simultaneous stabilization of mimo systems," *Automatica*, vol. 24, pp. 643–652, 1988.

[179] D. Wu, W. Gao, and M. Chen, "Algorithm for simultaneous stabilization of single–input systems via dynamic feedback," *Int. Journal of Control*, vol. 51, pp. 631–642, 1990.

[180] D. Youla, J. Bongiorno, and C. Lu, "Single–loop feedback–stabilization of linear multivariable dynamical plants," *Automatica*, vol. 10, pp. 159–173, 1974.

[181] L. Zadeh and C. Desoer, *Linear system theory: the state space approach*. New York: MacGraw-Hill, 1963.

[182] M. Zedek, "Continuity and location of zeros of linear combinations of polynomials," *Proceedings of the American Math. Society*, vol. 16, pp. 78–84, 1965.

[183] A. Zomotor, *Fahrwerktechnik: Fahrverhalten*. Würzburg: Vogel-Verlag, 1987.

Stichwortverzeichnis

Farbtafeln

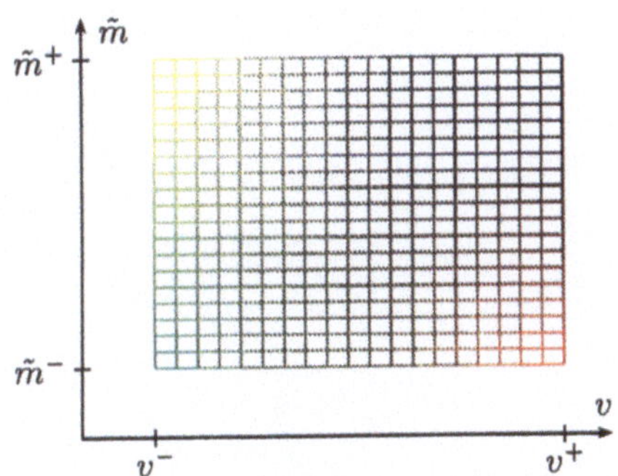

Farbtafel 1: Farbkodierter Unsicherheitsbereich des Busses

Farbtafel 2: Farbkodierte Wertemengen der Gierdynamik des Busses für $s = -0.8 + i \cdot \mathrm{j}0.2$, $i = 1, \ldots, 6$

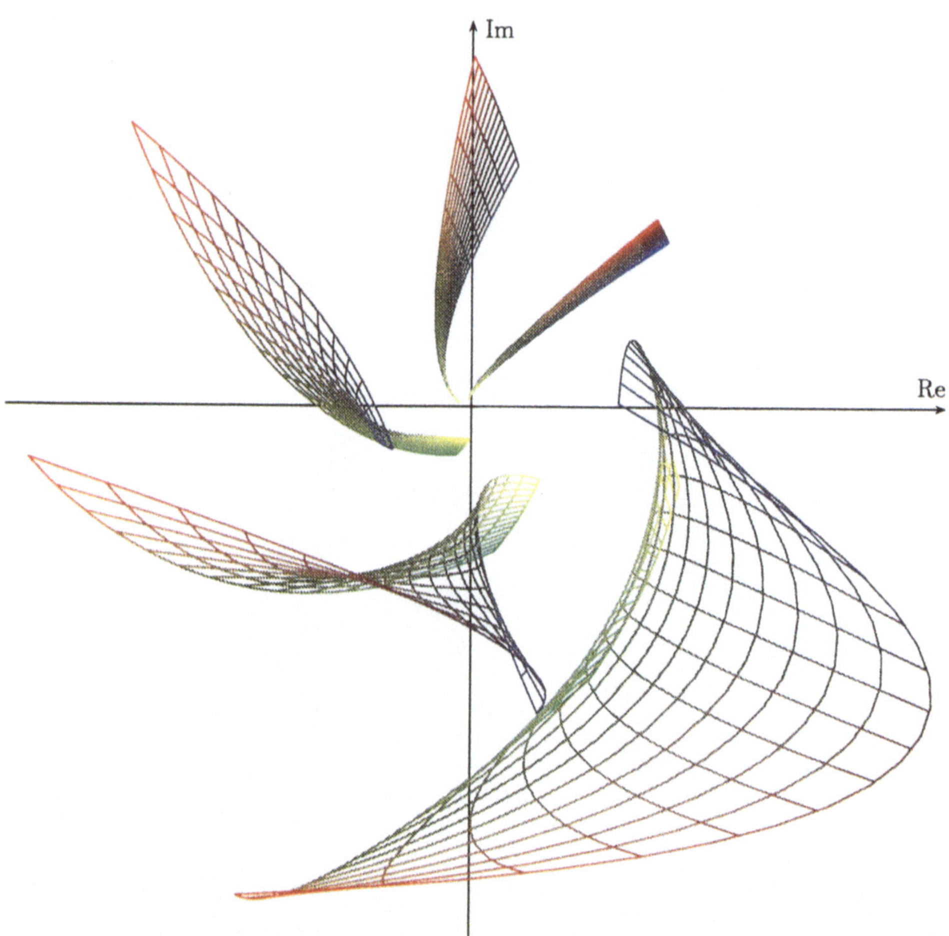

Farbtafel 3: Farbkodierte Wertemengen des spurgeführten Busses für $\alpha = -0.36, -0.4, -0.5, -0.6$ und $\alpha = -0.7$

Springer-Verlag und Umwelt

$\mathbf{A}$ls internationaler wissenschaftlicher Verlag sind wir uns unserer besonderen Verpflichtung der Umwelt gegenüber bewußt und beziehen umweltorientierte Grundsätze in Unternehmensentscheidungen mit ein.

$\mathbf{V}$on unseren Geschäftspartnern (Druckereien, Papierfabriken, Verpackungsherstellern usw.) verlangen wir, daß sie sowohl beim Herstellungsprozeß selbst als auch beim Einsatz der zur Verwendung kommenden Materialien ökologische Gesichtspunkte berücksichtigen.

$\mathbf{D}$as für dieses Buch verwendete Papier ist aus chlorfrei bzw. chlorarm hergestelltem Zellstoff gefertigt und im pH-Wert neutral.